系統体系学の世界

生物学の哲学とたどった道のり

三中信宏

keiso shobo

Λάδι βιώσας

まえがき——では、トレッキングに出発しましょうか

著名な古生物学者だった故スティーヴン・ジェイ・グールド（Stephen Jay Gould：一九四一－二〇〇二）は、処女作『個体発生と系統発生：進化の観念史と発生学の最前線』の冒頭に置いた謝辞で、こう述べています。

「私は本書を一個の生きものとみなしている。六年このかた、私はこれと生活をともにしてきた。その間、同僚との日常的なやりとりから得た洞察に富む数々のコメントが、本書の個体発生にほぼ決定的な前進をもたらしてくれた。深く感謝を捧げたいわが同僚たちは、たぶん本書に対する自分たちの寄与を覚えてはいないだろうが、私としては彼らがインスピレーションを与えてくれたことを、ここに記しておきたい」（Gould 1977, p. vii, 訳書 p. 9）

本を「生きもの（organism）」にたとえるグールドの三〇年も前の比喩を記憶に留めるとき、私は自分が書いてきた本たちのことをつらつら思わないわけにはいきません。私が一冊の本を書くときは「自分

のために書く」ことをいつも心がけるようにしています。他人のために書きたいと考えたことは一度もありません。そして、ひとりの科学者として生きてきた経歴のときどきに機会を得て書いた本たちは、書き手が同一であるという意味以上に、内容の点で〝系統的に近縁〟であることは自明でしょう。『進化思考の世界：ヒトは森羅万象をどう体系化するか』のあとがきで私はこう書き記しました。

「『生物系統学』以降の私の「思考本」たちは、本書を含めて、いずれもこの問題意識を共有しつつ書かれてきた姉妹本である。その意味で、私はなお未完成の単一仮想本を今も連綿と書き続けているのかもしれない。装幀と造本の上では確かに個別分割された別個の書物であることは否定しようもない。もちろん、本書だけ単独で読んでもらえるようにはなっている。しかし、内容のつながりからいえば、私はこの一〇年あまりをかけて一冊の仮想本を書き続け、なおそれは完結しそうにないという夢想すらしてしまうことがある」(三中 2010a, p. 250)

その「夢想」は、幸か不幸か、紛れもない現実となりつつあります。私の処女作『生物系統学』(三中 1997) をルーツとする〝本の系統樹〟は、上述の『進化思考の世界』を含む二冊の姉妹本——『系統樹思考の世界：すべてはツリーとともに』(三中 2006) と『分類思考の世界：なぜヒトは万物を「種」に分けるのか』(三中 2009) ——を生んだだけではおさまらず、さらなる分岐進化と前進進化を繰り返しながら、その枝葉を今なお伸ばし続けています。本書『系統体系学の世界：生物学の哲学とたどってきた道のり』もまたこの〝本の系統樹〟の末端に実ったひとつの〝果実〟といえるでしょう。

前著『思考の体系学：分類と系統から見たダイアグラム論』（三中 2017a）を書き終えた二〇一七年四月からの約八か月で本書の原稿のほとんどを書き上げました。しかし、本書の礎石ともいえる「体系学曼荼羅」は、結果からいえば私が過去一〇年以上をかけて構想してきたことになります。本書第1章に載っている「体系学曼荼羅〔1〕：分類学‐進化学チャート 一九三〇‐一九七五」を最初に描いたのは二〇〇五年のことでした。歴史にその名を刻む進化学者エルンスト・マイアー（Ernst Mayr：一九〇四‐二〇〇五）の追悼特集号を日本動物分類学会の会誌『タクサ』が企画したとき、私は「Ernst Mayr と Willi Hennig：生物体系学論争をふたたび鳥瞰する」というタイトルで寄稿しました（三中 2005）。一九六〇〜七〇年代の体系学論争を鳥瞰するこの記事には体系学曼荼羅〔1〕とその詳細な説明文が掲載されています。

その後、二〇一三年一一月に、本書のもう一人の主役である系統体系学者ヴィリ・ヘニック（Willi Hennig：一九一三‐一九七六）の生誕百年記念国際シンポジウムがロンドンのリンネ協会で開催されました（The Linnean Society of London 2013）。このシンポジウムの論文集が出版されることになったときに、体系学曼荼羅〔1〕を見た編者のひとりから寄稿を依頼されて私が描いたのが、本書第3章に示した「体系学曼荼羅〔3〕：体系学チャート 一九七〇‐二〇一〇」です（Minaka 2016, p. 426, fig. 17.8）。

時代の区分からいえば、体系学曼荼羅〔1〕と〔3〕の二枚だけあれば、過去一世紀近くに及ぶ生物体系学の歴史を見渡すことはできます。しかし、体系学論争がもっとも激化した時代をよりきめ細かく見るためにはもっと解像度を上げた拡大図が必要です。そこで、本書を書くにあたっては、もう一枚の「体系学曼荼羅〔2〕：分類学‐系統学チャート 一九五〇‐一九八一」を新たに描きました（第2章参照）。

今回みなさんに味わっていただく〝果実〟は、これら三枚の体系学曼荼羅を道案内として、生物の**体系学**（systematics）――すなわち**分類学**（taxonomy）と**系統学**（phylogenetics）――という科学の一分野がこの一世紀あまりの間にどのような変貌を遂げてきたかをたどる物語です。現代のキーワードのひとつである生物多様性（biodiversity）を研究対象とする科学が体系学です。生物体系学は、古代ギリシャのアリストテレス（Aristotle：三八四―三二二ＢＣ）の『動物誌（*Historia Animalium*）』と『動物部分論（*De Partibus Animalium*）』に始まり（Boylan 1983）、一八世紀のカール・フォン・リンネ（Carl von Linné：一七〇七―一七七八）の『自然の体系（*Systema Naturae*）』（Linné 1735）による確立を経て、現代にまで連なる長い歴史をもつ研究分野です（体系学の諸相については下記参照。Daudin 1926a, b; Hegberg 1977; Knight 1981; 八馬 1987; Ogilvie 2006; Papavero and Llorente 2007, 2008; Stevens 1994; Tassy 1991; Traub 1964; Wilkins and Ebach 2014; Zunino and Zunini 2003）。しかし、本書で詳細にあとづけるように、二〇世紀以降の体系学の歴史は、単に生物に関する観察や知見の蓄積にとどまらず、それらの情報や知識をどのように「体系化（systematize）」するかという問題をめぐってはてしない論争を繰り広げてきました。

いまや生物体系学の根本的理念や哲学的基礎は、生物学という一分野の内部だけにはとどまらず、周辺の関連分野との交わりのなかで議論と考察が深められるという、きわめて〝学際的〟な様相を呈しています。

生物体系学の案内ガイドブックである本書は複数の学問分野をまたいでトレッキングすることを前提に書かれています。中心となる系統学と分類学は、それぞれが周辺の関連分野と相互的に関わります【図】。複数の分野にまたがる〝学際的〟な理解には複数倍の前提知識が必要です（「半分＋半分＝学際」で

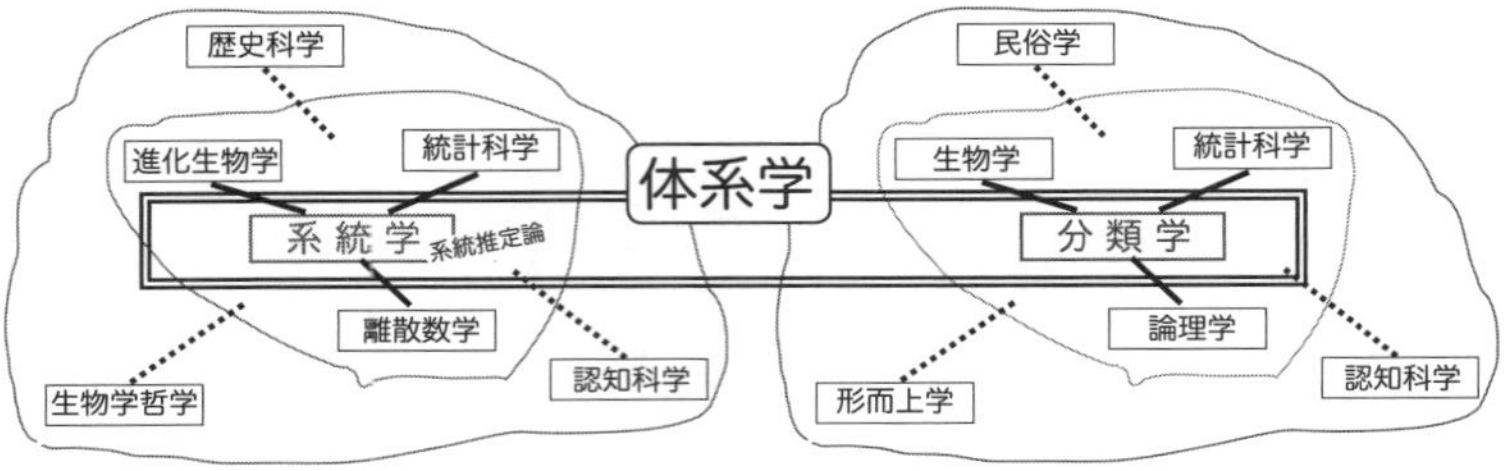

【図】系統学と分類学それぞれの学問的相互関係（原図）
実線で示した分野は直接的に関わりをもち、点線で結んだ分野は間接的な関わりをもつ。

はけっしてありません）。
とりわけ、本書が照準を合わせる**系統体系学**（phylogenetic systematics）では、「**系統推定**（phylogeny reconstruction）」すなわち生物の系統発生史をデータからどのようにして推定すればいいのかが大きな論点となってきました。また、データから系統発生に関する未知パラメーターの推定値を得るという意味では、系統推定は統計科学としての性格をも有しています。とくに、近年の分子系統学では遺伝子配列情報（DNA塩基配列やタンパク質アミノ酸配列情報）に基づく確率論的な配列置換モデルを踏まえて統計モデリング（最尤法やベイズ法）がさかんに用いられています。

系統学と分類学に深く関係する離散数学と論理学については、本書の姉妹書である『思考の体系学：分類と系統から見たダイアグラム論』（三中 2017a）を参照してください。これまた密接な関係をもつ統計科学についてはもう一冊の姉妹書である『統計思考の世界：曼荼羅で読み解くデータ解析の基礎』（三中 2018）をごらんください。これらの姉妹本二冊は本書とともにひとつの〝単系統群〟を形成しています。

このように、本書とともに最近縁の単系統群を構成する姉妹本二冊を合わせれば、**【図】**に示した系統学をとりまく「系統樹の科学」の部分——進化生物学・離散数学・統計科学——はすべてカバーされることになります。そのさらに外周には「系統樹の哲学」を構成する生物学哲学・歴史科学・認知科学が置かれます。本書の最大の目的はこのうち生物学哲学との関わりを探ることにあります（歴史科学と認知科学についてはそれぞれ三中 2006 と 2009 をごらんください）。

生物体系学と生物学哲学の相互関係の歴史は、生物分類学全体の歴史の長さに比べれば、ごく最近のことです。しかし、私的回顧のプロローグに続く第1章から第3章では〝歌劇〟の構成になぞらえて、一九世紀末から二一世紀はじめまでの生物体系学と生物学哲学の関わり合いを時空間的な〝風景〟を順にたどることによって叙述します。その後の第4章では、生物学哲学の誕生と変容を軸に、生物体系学との関係史を別の視点から再考します。最後の第5章では、歴史の流れに沿って変貌していく科学と科学哲学の関係はいかにあるべきかという一般論に立ち返ります。その上で、生物体系学と生物学哲学の現在進行形の〝共進化〟の事例を取り上げます。

それでは、しっかり準備運動をしてから、時空間を超える科学史的トレッキングに出発することにしましょう。

目次

プロローグ　科学という営みを生き続けること——自分史をふりかえりつつ

光陰矢のごとし——「わが辞書に〝還暦〟の文字はない」などと空元気でうそぶいても時すでに遅く、本書が出版されるころには私はめでたく（いや、めでたくもなく）人生に一度しかない還暦を迎えているでしょう。それとともに、多くの先達の「背中を見る」立場から、いつの間にか自分の「背中を見られる」立場に変わってしまったことをいやおうなく実感させられます。「馬齢を重ねる」などという若者にはきっと無縁にちがいない言葉が心にぐさぐさ刺さる年代になってはじめて、自分が歩んできた道をふりかえる気になるのはごく自然ななりゆきあるいは諦念のなせる行動かもしれません。

ひとりの研究者としてたどってきた道筋が平坦だったのかそれとも難路だったのかは自分ではなかなか判断できません。その一方で、私が「科学」という営みをずっと生き続けてきたことはまちがいありません。今から一〇年ほど前のこと、講談社の広報誌『本』で一年間あまり連載を執筆したことがありました。最初の二回は自分史を語ったのですが（三中 2007a, b）、のちに『分類思考の世界』（三中 2009）として単行本化するときには、全体の内容と構成を勘案して、この二つの記事は所収しませんでした。

しかし、今あらためてこの二つの自伝的記事を読み直してみると、科学を中心に据えてそれをとりまく科学史・科学哲学・科学社会学との関わりを論じようとする本書の前口上としてふさわしいように思われます。そこで、一〇年前にタイムスリップして、当時のまだ若かった私が自分の経歴をどのようにふりかえっていたかを読者のみなさんに見ていただくことにしましょう。まずは前半部からです。

(1) 夜明け前のこと──一九八〇年まで

私の学問的出自は農学の一分野としての生物統計学なのだが、どういうきっかけで「系統樹」の世界に足を踏み入れるようになったのかについては多くの人が疑問に思っているらしく、ときどき訊かれることがある。しかし、実は私自身がこういう道を選ぶ契機あるいは動機が何かをうまく答えられないでいるのだ。だから、訊かれても困ってしまう。

「自分探し」ということばがある。職業としてのサイエンティストをすでに選んでしまった私は、いまになって遅ればせの「自分探し」をしているのかもしれない。科学者・研究者への道はそのときどきに遭遇した些細なできごとがきっかけになって、進むべき分かれ道を決めてきたのかもしれない。学問としての大義名分はあとからいくらでもついてくる。しかし、大学の学部から大学院にかけて、右も左もわからない中で遭遇してきたさまざまなトリヴィアが、実は自分の進む将来の方向づけを決定していたのかもしれない。それらが何だったのか、気になって夜も寝られないではないか。

私の現在の職業を訊かれれば、当然「科学者」と答える。もちろん、それで飯を食っているという意味で、科学を「生業」とするようになってからは、まだ二〇年弱しか経っていない。つまり、一八歳で大学に入学し大学院を終えるまでの一〇年弱は、「科学」というものに関心をもち、将来その道を進んでいこうと志してはいたのだが、どうにもこうにも金銭的収入には結びつかなかった。研究はしていたが、生業ではなかったということだ。「いつまでもそんなわけわからんことやってて、食べていけるのか」という小言のような忠告は、京都の実家に帰るたびに両親から耳にたこができるほど聞かされてきた。大学院に進みたいという奇特な学生は浮世離れしているのだという一昔前によくあった見方は、かたちを変えつつ、いまも生き残っているかもしれない。

自分の研究テーマを何とか定位できるようになったのは大学院に入ってからである。その中でさまざまな問題状況なりトリヴィアとの接近遭遇を経験したことが、あとあと考えてみれば重要な意味を持っていたということだ。

たとえ未知の分野であっても、ある程度の勉強を積めば、興味の持てそうな〝知的鉱脈〟に触れることがある。場合によってはそれを突き詰めることにより、自分なりの研究課題を立てることができるだろう。しかし、場合によっては、豊かな鉱脈だと思って掘り進めたら、すぐに枯渇してしまったということもあるにちがいない。しかし、一見、掘るに値しない知的トリヴィアであったとしても、それがもっと豊かな鉱脈へのポインタとなることがある。これがまたおもしろい。幸運と悲運とは紙一重である。表に露出している外見だけで中身を判断することはできないのだ。

幼いころから物事に対する私の関心の持ちようはふつうではなかったのかもしれない。妙なことや変なものにこだわり、横道やら脇道がことのほか好きで、些細なことほどむしろ価値があると思ってしまうやっかいな性格。「どんなに取るに足りないことでも一生を埋めるには十分である」——現代音楽の巨匠スティーヴ・ライヒは、〈プロヴァーブ〉という作品の中でソプラノ歌手に哲学者ルートヴィヒ・ヴィトゲンシュタインのこの独言を繰り返し歌わせている。そんなことではいけないと一念発起すべきなのか。それとも、これでいいのだと開き直るべきか。勝手に「人生訓」風に読まれてしまったヴィトゲンシュタインこそいい迷惑かもしれないが。

取るに足りない些細なことを手がかりにして秀逸な進化論エッセイを長年にわたって書き続けたのは、二〇〇二年に亡くなった古生物学者スティーヴン・ジェイ・グールドだった。彼が三百回にわたって『ナチュラル・ヒストリー』誌に連載したエッセイ群は空前絶後である。大学院にいた頃に、彼のエッセイ集の一冊『ニワトリの歯』を翻訳したことがあった（Gould 1983［渡辺・三中訳 1988］）。それぞれのエッセイの冒頭のパラグラフがとりわけ難しかったことはいまでも記憶している。科学史的な些細なことがらを出発点として一般論につなげるグールドの腕力（筆力）には心底脱帽するしかない。単発の原稿だったらひょっとしたら書けるかもしれないが、グールドのように、三〇年の長きにわたって毎月書き続けられるだろうか。しかし、そのような文章術をたとえわずかでも他の科学者が身につけることができたとしたら、生物学書や進化論本の愉しみはきっと倍加するだろう。

一般に受け入れられている文学作品を読み耽るような子ども時代を送ってこなかったので、いまだに海外の（同年代の誰もが読んできたにちがいない）「名作文学」に関する教養を私はまるで持ち合わせていない。そういう読書のための時間はすべて野山で費やされていたからだ。小学校から中学校にかけてのことである。筋金入りの昆虫少年だった私は、これまた昆虫少年の友だちとともに、自宅近くの里山や渓流を駆け回っていた。週末ともなれば捕虫網をもって朝から山ごもりしてしまい、夜まで帰らず騒ぎになったこともあった。
一九六〇年代末から七〇年代はじめにかけては、学生運動やら高度経済成長で世の中は大きく動いていたはずだったが、南山城の山間はそういう世の中のうねりやきしみや抗争の埒外にあり、昼は渓流の石をひっくり返しては水生昆虫を集め、夜は自宅の庭でナイター（灯火採集）をしては蛾を集めるという六本足な生活が長く続いた。切手蒐集の趣味はなかったが、小学生のころからタイルや真空管そして古銭のコレクションをしていた。親戚が伏見で剝製商を営んでいた関係で、膨大な貝類の標本をもらい受けたこともあった。「蒐集」という性癖に関するかぎり、すでに十分に開花していたようだった。

対象が何であれ蒐集の経験がある人だったら誰でも思い当たるだろうが、自分が苦労して蒐集したものに対する思い入れやエピソードに際限はない。しかも、蒐集物それ自身が一種の「外部記憶装置」となって、蒐集したコレクター本人に代わってその経歴と苦労話を記憶してくれる。もちろん、ものに蓄えられた記憶を呼び出せるのは当の本人だけで、他の何人《なんぴと》も代理を務めることはできない。

思い起こせば、当時の私が在籍した木幡小学校や東宇治中学校にはとんでもないコレクターが思わぬところにいた。近所に住んでいた同級生の古銭マニアは、その豊富な知識といい、膨大なコレクションといい、中学生の域を超えていたと当時は思うしかなかった。あるとき彼のまねをして、寛永通宝のとある稀少アイテムを求めて京都の東山界隈を探しまわったとき、三年坂近くの骨董店の主人に「まだ中学生やのに、そういう集め方をしたらあかんで」とぴしゃりと言われたことがある。古銭の蒐集にはそれなりの作法と礼儀があったのだろうか。それとも、子どもの悪しきコレクター熱を案じての忠告だったのだろうか。何よりも、ほどなく遠くに引っ越してしまったあの彼は、当時すでに私の手の届かない達人の域にあったのだろうか。上には上があるものだ。

蒐集癖がそのまま嵩じたとしたら、ひょっとして別の人生が開けたのかもしれない。しかし、中学卒業後、一九七三年の春に宇治市にあった京都府立城南高校に進学した後は（その高校は二〇〇九年春に近隣校との統合により「校名」の痕跡のみ遺してみごとになくなってしまったが）、コレクターとしての人生は表舞台から退き、一見ふつうのしかしけっして平均的ではない高校生活を送ることになる。しかし、私の蒐集癖とこだわりが消えたわけではけっしてなかった。その欲望はかたちを変え、そして別の標的を求めただけだった。

マルセル・プルーストの小説『失われた時を求めて』にこんな一節がある。

過去を思い出そうとつとめるのは無駄骨であり、知性のいっさいの努力は空しい。過去は知性の領域外の、知性の手の届かないところで、たとえば予想もしなかった品物のなかに（この品物の与える感覚のなかに）潜んでいるのだ。私たちが生きているうちにこの品物に出会うか出会わないか、それは偶然によるのである。（マルセル・プルースト〔鈴木道彦訳〕『失われた時を求めて1・第一篇：スワン家の方へ』集英社、一九九六年 p. 108）

主人公の「私」にとってその「予想もしなかった品物」とは、紅茶に浸したプチット・マドレーヌだった。「私」がそのマドレーヌを口にしたとたん、失われていたはずの過去の記憶が霧が吹き払われるようによみがえり、長大な物語が語られ始める。フランス音楽で言えば、モーリス・ラヴェルの佳品〈ラ・ヴァルス〉で、冒頭の靄か雲がかかったような幻想的雰囲気が吹き払われて、眼下の円舞場の華やいだ情景がくっきりと大映しになってくるあの感覚だ。

本を読むときの癖は人によっていろいろだ。私の場合は、昔から傍線を付けたり、周囲にいろいろ書き込みをしたり、あるいは付箋紙を幟のように立てながら読む癖があった。そのような「マルジナリア」の落書は、読んでいる最中はもちろん自分にとっての備忘メモであるわけだが、いったん読んでしまった後は過去の読書記録としていつまでも残ることになる。言い換えれば、マルジナリアのない〝まっ白〟なページの本はまだ読まれていない本か、もしくは読んだことは読んだのだが記録されなかった本ということになる。

記録がなければ記憶はすぐに揮発してしまってもう取り返しがつかない。記録があればたとえ記憶が失われてもそれを復元することは難しくない。

小説のたぐいを読んだときは記憶が薄れても実害はないのだが、自分の仕事に直結するあるいは興味のある題材に関わる本の場合は、最初からマルジナリアをしっかりつくりこみながら読むにかぎる。たとえ、読み終わってから年月が過ぎ、その本についての記憶が失われたとしても、残されたマルジナリアを見れば、それを読んだ当時の自分のありさまを復元することは容易である。それだけでなく、その本に関わるあるいはそれを読んでいた頃の自分に関わるさまざまなことどももきっとよみがえってくるだろう。それは場合によっては「私」が経験したような予期せざるとまどいや驚きを伴っているかもしれない。

遺伝学の始祖であるモラヴィアの修道士グレゴール・ヨハン・メンデルは、一九世紀半ばに自ら修道院の庭でエンドウの交配実験を行ない、その理論的な考察を『雑種植物の研究』(Mendel 1866［岩槻・須原訳 1999］)と銘打って同地の博物学会誌に発表した。自然科学者にとって、今も昔も変わらない厳然たる掟は、研究発表のメディアはできるだけメジャーでなければならないということだ。当時のチェコで発行されたこの学会誌はその意味でメンデルの論文を載せる媒体としてふさわしい雑誌ではは必ずしもなかった。実際、彼の遺伝学研究が半世紀近くも忘れ去られてしまった一因は、発表誌がマイナー過ぎたからだった。

メンデルは発表した論文の自分用の別刷をもっていて、そのマルジナリアには彼自身による遺伝法則の考察に関するメモ書きがあったそうだ。しかし、その別刷のマルジナリアは、メンデルの死後、製本されるときに裁断によって裁ち落とされてしまい、永久に失われることになった。

一方、現代進化学の基礎を築いたチャールズ・ダーウィンの場合は、彼の研究や著作に関わる資料がしっかり保存されていて、『種の起源』(Darwin 1859［渡辺訳 2009］)に先行するノートブック類はもとよりちょっとしたメモにいたるまでくまなく研究されている(しかもそのほとんどすべては〈Darwin Online〉http://darwin-online.org.uk/ などのウェブサイトでインターネット公開されている)。「ダーウィン産業」という看板はだてではない。もちろん、ダーウィンのマルジナリアも詳細に研究されていることは言うまでもない。

マルジナリアは、パーソナルであるがゆえにかけがえのない価値があり、ちょっとした運命のいたずらで(あるいは必然的な理由により)、はかなく失われてしまったり、後世に伝えられたりする。運よく生き残ったトリヴィアに幸あれ。マルジナリアは他人にとってはトリヴィアであっても、当の本人にとってはマドレーヌだったりする。

メンデルやダーウィンという巨人の名前をいったん出してしまったあとで、自分の話に戻るのはとても気が引ける。しかし、自分の昔話をすることがここでの目的ではない。私はまだそんな年齢ではないからだ。むしろ、自分のこれまでのマルジナリアをしばし振り返ることにより、いまの私が興味をもっている対象への系譜的つながり、そして地球とその生物界に取り組んできた先駆者と彼らが考えたこと、そしてサイエンスそのものに結びつけていきたい。

一九七六年の春に東京大学理科二類に入学してさまざまな教科書を買ったが、それは半ば強制だった。教養学部の駒場キャンパスにいた頃はその意味ではあまり自由度がなかったのかもしれない。一学年三千人あまりも学生がいればその多くは平均値のまわりにひしめくというのは統計学的な真理だろう。しかし、そういう大多数の集団から抜け出る俊英は今も昔も光り輝く。ノーム・チョムスキー流の生成文法学者として〝天才〟の名をほしいままにした東大文学部言語学科の故・原田信一（一九四七〜七八）は、高校生の頃からタバコ屋の二階に下宿しつつ、世界中の著名な言語学者たちに論文別刷請求の手紙を出し続けたという。請求された相手はてっきり日本の新進気鋭の若手教授から届いた論文リクエストだとそろって勘違いしたそうだ。

この印象的なエピソードを私が読んだのは、駒場から本郷に進学し、農学部三年に在籍していた一九七九年のことだった。将来を嘱望されていた原田は前年一九七八年に三〇歳で衝撃的な自殺を遂げ、翌年、雑誌『言語』に彼の追悼特集が編まれた。そこに載った記事のひとつがそれだったと記憶している。もう三〇年近くも前のことなのに、不思議と記憶から揮発せずに残り続けている。農学部にいた私はなぜ毎月『言語』やいまは亡き『言語生活』などの月刊誌を欠かさず購読していたのだろうか。それもまた私にとってのマドレーヌのひとつであることはまちがいない。しかし、残念なことに、私の記したマルジナリアが残っていたかもしれないそれらの雑誌のバックナンバーは、いつしか処分されて消えてしまった。

いまも続いている東大特有の進学振り分け制度のおかげで、駒場での最初の二年間はあせって専門化することなく過ごすことができた（それゆえ留年率も高かったのだが）。しかし、本郷に進む三年生以降は将来のことを否が応でも考えないわけにはいかなくなる。発生生物学者コンラッド・ウォディントンが提唱した「運河化（キャナリゼーション）」の理論が生物の発生過程の分岐的決定を記述したように、大学に入った最初のうちは自由に活動できるしくみになっていても、学年を追うに従ってしだいに動ける範囲が狭くなっていく——この漠然とした閉塞感があったことは個人的にはあてはまっていたのだろう。駒場の生物の先生だった畑中信一教授のドイツ語生物学輪講というセミナーに出てみたり、必修ではない第三外国語をとろうとしてみたり、あるいは言語学系の雑誌を読んでみたりしたのは、ひょっとしたらそういう閉塞感の裏返しの反動だったのかもしれない。

研究室や自宅にある本だなにはそういう過去の記憶をひきずった本たちが今もたくさん眠っている。とりわけうしろの本だなや本だなのうしろには、もう何年もひもといていない（しかし昔はしっかり読んだはずの）古参の本たちがひっそりと並んでいる。いま私があるのは彼らのおかげかもしれない。そして、ほこりをふっと吹き払って久しぶりにページをめくったとたん、「そのとき一気に、思い出

――があらわれた」（前掲『失われた時を求めて』p. 112）。［以上、三中 2007a から抜粋改変］

文章とは実に非情なもので、若書きだろうが落書きだろうが、後世にいつまでも残ってしまいます。しかし、書き留めなければどんどん時間の彼方に記憶が消え去っていくのは誰しも知っていることでしょう。私の場合はたまたま連載という機会を手にしたので、このように昔のことどもを書き記すことができました。一〇年後の今あらためて読むと、「何をわかったようなことを書いているのか」とかつての私を正座させてこんこんと説教したくなる一方、よくぞ一〇年後の本のプロローグを用意してくれたとほめてやりたい気にもなります。

では、続く後半部に進みましょう。

(2) 結界に踏み込む――一九八〇年から

一九七八年に東大農学部農業生物学科（現・応用生物学専修）に進学し、右も左もわからない学部生の身分を卒業して東京大学大学院農学系研究科（現・農学生命科学研究科）の修士課程に進んだのは一九八〇年のことだった。前年の学部の卒業論文では、長野県塩尻市の桔梗ヶ原に当時あった長野県中信農業試験場の大豆畑で一夏のデータ集めをして、実験圃場内のハマキガやシンクイガの幼虫の空間分布に関する数理モデルの研究をした。小学生の頃からの昆虫少年の成れの果ての卒業研究テーマとしてはそれほど予想外のことではなかっただろう。しかし、大学院に入ってからまず決めなければならないことは、これからいったい何をするのかという研究テーマの模索だった。虫、やります？　それとも、やめます？

私が学部から所属した生物測定学研究室は、かつての大学院ではよくあったいい意味でも悪い意味でも〝自由放任型〟の研究室で、研究テーマは大学院生がそれぞれ自由に決めることができたが、とくに個別に指導を受けられるわけではないという伝統があった。要するに、自分で研究テーマを決めたら、自分でしっかり勉強しようねということなので、そういう空気の中で多くの院生はひとりでもがいていた。基本は生物統計学の研究室だったので、輪読やセミナーは数理統計学の理論に関する内容がほとんどだった。入りたての大学院生にしてみれば敷居がとても高く、この先はたしてやっていけるのかと考え込むことも一度や二度ではなかった。

迷える修士一年のときに、たまたま京都で第一六回国際昆虫学会議という大きな国際会議が開かれるということを聞きつけた。国内の学会大会すらそれまで出たことがないのに、国際会議に行こうと思うというのも、それはそれで無謀なことだったかもしれない。しかし、どうせ発表はしないわけだし、宇治の実家からも遠くはないということで、夏の盛りの八月上旬の数日間、京都の宝ヶ池にある国立京都国際会館に通うことにした。国際昆虫学会議（International Congress of Entomology）は、夏季オリンピックの開催年に合わせて四年おきに世界各地で開催されている。日本ではもちろんのことアジアでも初めての開催だったので、国内からの参加者だけでなく、海外からも多くの昆虫学者が来日した。

国際昆虫学会議はとても大きな国際会議なので、このときもきっとたくさんのシンポジウムやワークショップが同時並行で開催されていたのだろう。連日、クリーム色の部厚い講演要旨集を開いては、会場内をあちこちうろうろしていたにちがいない。国内学会さえ場慣れしていない初心者だったのだから無理もない。そのような国際会議の非日常的あわただしさに煽られていた八月五日、たまたまある会場で開かれていたのが、昆虫系統学のシンポジウムだった。よくわからない言葉や概念が中空を飛び（もともと英語のトークについていけなかったのだろうが、それだけではなかったことを後に知ることになる）、さっぱり理解できない議論が交わされるうちに、ある発表者が「私はフランス語で講演をするので講演内容は今から配る配布物をごらん下さい」と言って、四ページの英文資料（Dupuis 1980）を会場にいた数十人の聴衆に配り、彼の母国語で話し始めた。

あっけに取られた聴衆を前にしたクロード・デュピュイ（Claude Dupuis）教授は、パリの国立自然史博物館に所属する昆虫学者だったが、京都では「ヘニック分岐学：昆虫学が生んだ分類学の再評価」というフランス語の講演をした。講演そのものはぜんぜんわからなくても、手元に英文資料が配られたのはむしろありがたく、彼が壇上で話している間、しばしそこに書かれている内容を何とか汲み取ろうとした。

昆虫学者ヴィリ・ヘニック（Willi Hennig：一九一三‐一九七六）が一九五〇年代以降に構築した系統体系学（phylogenetic systematics）の一理論、すなわち形態的特徴を分析して、原始的な特徴と派生的な特徴を区別する手だてを提唱し、それを踏まえてある共通祖先に由来するすべての子孫からなる群（単系統群）を識別する方法論は、現在、分岐学（cladistics）と呼ばれている。

デュピュイさんは、もともと昆虫学から発したこの新しい方法論とそれがもたらした体系学の変革を正当に評価しなければならないという趣旨の講演をした。彼の配布資料を読むと、分岐学の方法論が近年どれほど広く浸透しつつあるかを国ごとに集計した上で、昆虫学だけでなく魚類学や古生物学や生物地理学にも広がっていることが読み取れた。しかし、それと同時に、分岐学をめぐっては哲学的なレベルから実践的なレベルにわたるさまざまな点で論争が進行中であることもほの見えてきた。

何かしらおもしろいものがここにはありそうな直感はあった。しかし、何がそこにあるのか、自分でどのように勉強すればいいのか、そしてこのテーマを正面から取り組むべきなのか——自分の取るべき姿勢が判断できなかったというのが正直な気持ちだった。しかし、あとで考えてみれば、このとき私はすでに生物系統学の「結界」の中に取り込まれていたのだろうと思う。

日本語では、分類学（taxonomy）や系統学（phylogenetics）という言葉はすでに定着していたが、しばしば同義的に用いられることがあった。一方、分類学と系統学を包括する体系学（systematics）という訳語は当時の日本ではまだ普及しているとは言いがたかった。いまで言う生物多様性を知るためには、昆虫にしろ植物にしろそれぞれの生物群に関する野外や実験室内での研究とともに、それらを背後で支える理論的基盤についての考察が不可欠だ。そして、この点について最も重要な問題は、これらの学問の理論的な側面を研究する場が、あるいはそういう問題に関心をもつ人が、その頃の日本の大学にはどこにも見当たらないと私が勝手に思い込んでいた点だった。

私は学部から農学部にいたので、当時の理学部など他の専門分野の学生や研究者がどのような研究テーマに関心があるのかははじめはほとんど知らなかった。しかし、これまた偶然のことだが、同じ研究室で机を並べていた（当時は数理生態学を専攻していた）渡辺政隆さん（現・筑波大学教授）に連れられて、都内で毎月開催されていた「生態学勉強会」に参加するようになった。この勉強会はとても長い歴史のある会で、そのおかげで研究上の多くの知り合いをつくることができたのは幸いだった。また、その頃の生態学や進化学で何がホットな話題だったのか、そしてどこの誰がどんなおもしろい研究をしているのかなど、まとまった話や断片的な情報を門前の小僧のように染み込ませていった。

最初にこの勉強会に参加したときは、まだ大学院に入っていなかったと思う。その頃は、エルンスト・マイアー（Ernst Mayr：一九〇四 - 二〇〇五）の教科書『種・個体群・進化』（Mayr 1970）を輪読していた。現代進化学を生んだ一九四〇年代の「現代的総合（the Modern Synthesis）」の立役者の手になるこの本は、進化研究における集団的思考（population thinking）の重要性、そして生殖隔離に基準を置く生物学的種概念（biological species concept）の提唱など、ナチュラリスト的な視点を保ちつつ、進化学のあり方を教えてくれた。そのマイアーが、進化分類学派（evolutionary taxonomy）の領袖として、他の分類学派である分岐学派（cladistics）や数量分類学派（numerical taxonomy）と鋭く対立していたことを私が知るまでにはしばらく時間が必要だった。

さて、マイアーの本を読み終えたのち、次に取り組んだのは、ダグラス・J・フツイマ（Douglas J. Futuyma）の当時としては唯一の現代進化学の教科書『進化生物学（第一版）』（Futuyma 1979）だった。輪読本の選び方から言えば、正統派の進化学説（総合学説）を一貫して学んだことになる。一九七〇～八〇年代にかけての進化生物学は、社会生物学や行動生態学の発展とともに、自然淘汰による生物界の理解を積極的に推進しようという気運が高かった。分子進化学が進化研究の表舞台に登場するのはまだ先のことだった。

このように、進化学については大学の「外」での勉強会がとても役に立ったのだが、宝ヶ池で私が経験した体系学の世界にどう踏み込んでいけばいいのか皆目見当がつかなかった。伝え聞くところでは、動物分類学に関するかぎり、昆虫学者・江崎悌三（一八九九－一九五七）が一九二三年に東京帝国大学を去って九州帝国大学に移った時点で、東京大学は「分類学不毛の地」と化したと言われている。しかし、そのような因果話や言い伝えは、現にその「不毛な大学」に居場所を決めてしまったひとりの院生にとっては何の救いにもならない。

人生に「もし」が許されるのであれば、私が大学入試に落ちて浪人することがあったとしたら、九州大学農学部昆虫学教室に行きたいと受験前に両親には伝えていた。しかし、その「もし」は幸か不幸か現実にはならなかった。

翌年、修士の二年に進めば、いやでも修士論文のテーマを確定させなければならない。実質的には一年しか残り時間はない。昔も今もこの点では変わりがないと思うが、大学院修士の二年間というのは実はあまり時間的な余裕はないのだ。うまく研究テーマの設定ができればスムーズに仕事に入れるが、その入り口でもたつくとあとがたいへんだ。身分的にもいわば学生以上研究者未満の序の口で幕内にはまだ上がれず、そして生物学的年齢だけは着実に上がっていくというのでは、心中穏やかではいられないのも無理はない。けっきょく、修士論文のテーマは幾何学的形態測定学と決まった（三中1982）。

たまたま京都でデュピュイ講演に出くわしてしまったのが運の尽きだったのか。そこで冷静に引き返せば、きっと幸せな人生がその先に待っていたのかもしれなかった。しかし、私はさらに一歩を踏み出してしまった。

こうして国際昆虫学会議が終わり、残暑厳しい秋がやってきた。

一九八〇年代はじめは便利なインターネットなど何もない時代だった。海外の研究者に連絡を取ろうと思ったら、電子メールではなく、相手の住所を調べた上で手紙を送らなければならなかった。論文別刷を請求する葉書の書式をあらかじめ印刷して用意していた研究者も少なくなかった。

京都から東京に戻ったのち、パリのデュピュイさんに別刷請求の手紙を書いたのは翌九月に入ってからのことだったと思う。業績がすでにある教官や大学院生ならば自分の論文を添えて別刷請求をするというのが一般的な礼儀のようなものだった。しかし、学部を出たばかりの修士ではそういう〝土産物〟は何もない。「夏の国際昆虫学会議のご講演であなたが言及されていたご高著論文をお送りいただきたい」というような味も素っ気もない内容の英文レターを用意して（国内外を問わず別刷請求は初めてのことだったので相当緊張していたはずだ）、大学の事務からこわごわフランスに郵送した。

ところが、待てど暮らせどパリから返事が来ない。そうこうするうちに年が変わり、修士二年の春が来てしまった。そして、ゴールデンウィークが明けた五月六日になってやっとフランスからの郵便物が机に届けられた。四月三〇日の日付でパリの国立自然史博物館のレターヘッドにタイプされたフランス語の手紙の前半にはこう書かれていた。

親愛なる三中博士へ。ウィリ・ヘニックの系統体系学に関する私の論文別刷をご請求いただきありがとうございます。理論分類学に関する貴兄の論文がおありでしたら、お送りいただければ幸いです。

私が請求したのは、デュピュイさんが京都に来る前の年に、パリ自然史研究会（Les Naturalistes Parisiens）の紀要（*Cahiers des Naturalistes*）の第三四巻第一号に掲載されたフランス語の論文「体系学の系譜と現状：ウィリ・ヘニックの〝系統体系学〟（その歴史、論議、そして文献リスト）」だった（Dupuis 1978）。紀要の一号まるまるが全六九ページに及ぶこの論考に当てられていて、昆虫学者ヘニックの伝記的記述とともに彼の系統体系学（分岐学）の理論の特徴、戦後のドイツにおける彼の理論の発展とそれが国境を越えて波及していくようすが、詳細きわまりない記録と文献の集積によって明らかにされていた。

もちろん、これだけ資料性の高い論文を前にしてしまうと、当面はひたすらその内容を勉強するしかない。「一一七番」という通し番号が打たれたその別刷を手に、私は手探りで進み始めることになる。生物体系学という世界が、けっして古くさい学問ではなく、系統や分類を通じて生物進化や生物地理の研究に連なっていくという将来的な発展のポテンシャルがあり、何よりもいままさに同時代的に体系学をめぐる論争が体系学者の間で繰り広げられているということがとても魅力的に感じられた。わくわくするものがなければ研究者の人生はつまらない。

デュピュイさんの手紙は次のように締めくくられていた。

私の理解では、ヘニック理論と分岐学は日本ではそれほど広まっていないと思われます。しかし、実際にはどうなのか。私は十分な情報を持ち合わせていません。お手数ですが、もし可能であれば、いま日本で研究活動している体系学者たちがどこの研究機関に所属していて、どのような論文を書いているかについてご存知の範囲でお知らせいただけないでしょうか。

ごめんなさい。分類学不毛の地・東大の駆け出し院生に、この依頼はあまりに荷が重過ぎた。実際、私がそろりそろりとこの分野の勉強を始めた頃は、まったく完全な独学で、国内のどこに自分のやっていることに関係しそうな人がいるのか、私の方がむしろ知りたいほどだった。国内の他の研究者たちと私が交流するまでにはさらに四年がかかり、一九八五年の春に自分の博士論文（三中 1985a）を提出したあとのことになる。それまでの年月はたいへん厳しいものだった。デュピュイ教授の問いかけに応えられるには、自分自身が体系学の何たるかをまず体得するしかないだろう。しかし、踏み込めば踏み込むほどずぶずぶと足を取られ、行く先は彼方に妖しく霞み、時間だけは削り取られていく。

古くから怨念が渦巻く宝ヶ池という場所がそもそもよろしくなかったのか、気がつけばもう時すでに遅く、生物体系学の「結界」はその門をすでに大きく開きつつあった。そこは研究対象の生物についてだけくわしく知っていれば何とかなるような純朴な科学者コミュニティーでは実はなかったのだ。今にして思えば、私がこの世界にトラップされた一九八〇年という年は、生物体系学という研究領域がまさに大きく動いていた時期のまっただ中だった。それを知らずにのこのこ入り込んでしまった私は、よりどころになるはずの地面が揺れ動き、昨日の友が今日の敵になるような人間模様を論文や本を通して間接的に知ることになる。

すみません、もう戻りますからと後ろを振り返れば、いま来た道はもうなかった。

［以上、三中 2007b から抜粋改変］

(3) いま生きている科学とともに

本書の続く章は、私が直接的あるいは間接的に体験してきた生物体系学の〝結界〟の見聞録です。ひとりの科学者がどのようにそのキャリアを形成していくかは、いくつもの偶然や幸運や不運によって左右されると私は確信しています。成功への近道と信じて突き進んでも首尾よく成就しなかったり、逆に誰もが注目しないようなささいなことが新たな突破口につながったりすることはよくあることです。しかし、そのような試行錯誤の結末はその科学者が属している科学がどのような「場」であるかによって大きく変わりうるでしょう。

科学はけっして一枚岩ではなく、その多様性はいくつかの科学を渡り歩いてはじめて実感できるものだと思います。私が経験したあの〝結界〟もまた多様な科学のひとつであることはまちがいありませんでした。私は長い時間をかけてこの科学の正体を見届けようとしてきたのですが、そもそも科学に〝正体〟と呼べるものはあるのかというより根源的な問いかけがここで姿をあらわします。

科学者とそのコミュニティーがつくりあげる「生きている科学」はもっと千変万化しているのではないか、対立する学派間の抗争はもっと人間的なものではないか――この科学観は、私が生まれるはるか前に構築され、現在まで生き延びてきた「枯れ上がった科学」を見ているだけではけっして実感できないにちがいありません。「生きている科学」は、「枯れ上がった科学」となるまでは、時々刻々とその姿を変容するだけではなく、その内部でさらに分岐をも繰り返します。次章からはそのような「生きている科学」の一例として生物体系学をさらに掘り下げることにしましょう。

第1章　第一幕：薄明の前史——一九三〇年代から一九六〇年代まで

プロローグに書いたように、私の大学時代の経歴は統計学と昆虫学の両方にまたがっていました。一九八〇年に大学院に入学してからも、修士課程のうちは研究テーマをあれこれ模索する日々が続きました。当時の大学院生は独学で自分の道を切り拓くのがあたりまえだったので、私もその例外ではなかったということです。生物体系学の理論という自分が進むべき方向性が定まったのは博士課程に進学してからのことでした。

現在もある昆虫分類学若手懇談会（https://wakatekon.jimdo.com/）というインフォーマルな団体の活動を知るようになったのはこの時期でした。昆虫分類学を研究する若手大学院生が中心となって一九七二年に創設されたこの団体は、日本昆虫学会大会にあわせて研究会を開催するとともに、会誌『パンミクシア』と会報『昆虫分類学若手懇談会ニュース』を発行することが主な活動でした。とりわけ、これらの出版物では、昆虫分類学だけでなくより一般的な生物体系学の最新の研究動向についてさまざまな記事や翻訳が掲載され、活発な論議が展開されていたことは日本の生物体系学の受容の上で大きな意味をもっています（三中・鈴木 2002）。

私が一九八〇年に京都の国際昆虫学会で垣間見た生物体系学の世界を手探りで前進する上で、若手懇談会のこれらの出版物から得られた情報がとても役に立ったことは言うまでもありません。体系学・分類学・系統学をめぐる哲学にまつわる普遍的問題から個別の分類群を扱う具体的問題まで議論できるこのような研究者コミュニティーに関わったことで、私自身の視野も大きく広がった実感がありました。

二〇一三年の秋のこと、北海道大学農学部（札幌）での日本昆虫学会第七三回大会にあわせて、昆虫分類学若手懇談会の創立四〇周年を記念するシンポジウム〈分類学の過去・現在・未来〉が開催されました。そのシンポジウムで私は「昆虫分類学若手懇談会の四〇年にわたる歴史から見えてくる展望」（三中 2013）という演題で、若手懇談会の活動が世界的なスケールでの生物体系学の現代史とどのように関わっていたのかについて話題提供をしました。以下では、この講演の報告記事（三中 2015a）を出発点として、生物体系学の現代史を見渡す旅に出ることにします。

(1) 活劇としての生物体系学がたどった現代史

日本の昆虫体系学者たちがつくった研究者コミュニティーである昆虫分類学若手懇談会が歩んできた道のりをたどることは、本書が目指している科学・科学史・科学哲学の相互関係の観点から見て格好の導入です。そこで、一九七〇年代初頭までさかのぼり、若手懇談会が産声をあげた当時の学問的状況をふりかえってみましょう。日本の生物体系学コミュニティーで科学哲学者カール・R・ポパー（Karl R. Popper: 一九〇二－一九九四）の言説がどのように受容あるいは拒否されたかを総括した私と鈴木邦雄は、昆虫分類学若手懇談会が創立された時代背景を次のように記しました。

「一九七一年、当時全国のいくつかの大学の昆虫類の体系学的研究を行なっていた五人の大学院生や若手研究者、すなわち都立大の鈴木邦雄（後富山大）と太田邦昌（後東京経済大）、大阪府大（後神戸大）の内藤親彦、九州大学の矢田脩、長岡女子短大（後琉球大）の本田（現屋富祖）昌子が、「昆虫分類学若手懇談会」なる全国の若手研究者を横に繋ぐ組織を結成し、ニュースレター（『昆虫分類学若手懇談会ニュース』）や会報（『*Panmixia*』）を定期的に発行するとともに日本昆虫学会の年次大会時にシンポジウムを開催するなど、活発な活動を開始した」（三中・鈴木 2002, p. 84）

のちほど本章でくわしく論じるように、一九七〇年代当時の生物体系学の状況は、分岐学・表形学・進化分類学の学派間で三つ巴の体系学論争が激化していた時代でした（Hull 1988, pp.111-276; 三中 1997, pp.81-196）。若手懇談会は、生物体系学界のこの新たな動きを察知した若手研究者たちによってつくられ、しだいに世代を超えて影響を広げていきました。

「体系学では、とかく研究対象とする生物群が異なるだけで、充分な意見交換の行ない難い状況が存在していたが、この会の活動を通してそうした障壁が徐々に取り除かれていったと言えるのではないかと思われる。こうした若手研究者の活動は、中堅もしくはすでに多くの業績を挙げているような体系学研究者をも刺激し、体系学の方法論に関する議論がいっそう盛んになっていくという

波及的効果をもたらした」（三中・鈴木 2002, p. 84）

もちろん、昆虫以外の生物群（魚類・植物・古生物）を研究対象とする日本の他の体系学者たちもその論争を知らなかったわけではありません。しかし、もっとも基礎的な科学哲学のレベルまで掘り下げた議論は若手懇談会には及びませんでした（三中・鈴木 2002, pp.81-101）。若手懇談会が一九七〇年代に発行した『昆虫分類学若手懇談会ニュース』や『パンミクシア』のバックナンバーをひもとくと、プロローグに登場した体系学者ヴィリ・ヘニックの分岐学理論に関する解説や彼のドイツ語論文からの翻訳がいくつも掲載されていたことがわかります。これらの出版物が当時としてはまだ目新しかった体系学理論を日本にいち早く伝える貴重な情報源だったことはまちがいありません。しかし、その一方で、若手懇談会が現在にいたるまでインフォーマルな団体だったことが、出版物を通じた対外的アピールという点で損をしていたことも否定できないでしょう。

サイエンスライターのキャロル・キサク・ヨーン（Carol Kaesuk Yoon）は、生物体系学がたどってきた現代史を概観する著作のなかで、とりわけ多くの〝犠牲者〟あるいは〝負傷者〟を出した一九七〇年代の体系学論争についてこう述べています。

「一九七〇年代の終わりには伝統的分類学はもはやのっぴきならない状況に追い込まれていた。数量分類学者たちはなおふんばって、分類学の客観性にこだわり続け、さらに複雑な統計学をもちこもうと声を張り上げていた。この闘争の時代に満を持して登場した傲岸不遜な若手が新たな災厄をもたらした。数量分類学が近代的な分類学のゆりかご時代、続く分子分類学が好奇心と驚きに満ちたおぼつかない足取りで新たなる生命観を目指した子ども時代であるとするならば、最後の修羅場は分類学の思春期といえるだろう」(Yoon 2009, 訳書 p. 280)

ヨーンが書いているとおり、一九七〇年代の生物体系学論争はいきなり勃発したわけではありません。そこに至るまでの半世紀にも及ぶ時代的背景と歴史的文脈は単純とはほど遠い様相を呈しています。体系学三学派による表舞台での論争は目に見える表層でのできごとにすぎません。科学哲学者ディヴィッド・ハル(David Hull: 一九三五 - 二〇一〇)の手になる現代体系学史の大著(Hull 1988)でさえ、当時の論争の経緯を正確に伝えてはいないとのちに批判されています(Farris and Platnick 1989, Farris 1990, Hull 1990)。錯綜した歴史を叙述することの難しさをつくづく思い知らされます。

第二九回国際生物学賞(二〇一三年)を受賞した分子系統学者ジョゼフ・フェルゼンスタイン(Joseph Felsenstein: 一九四二 -)はこの体系学論争の〝戦場〟から生還したひとりです。一九八〇年代なかば——分子系統学という分野そのものがまだ大きくは育っていなかった時代——体系学論争の〝戦塵〟がまだ漂うなかで、彼はこう言っています。

「いつの日か、誰かが、この闘争の歴史を書いてくれるだろう。しかし、その場に居合わせた者しか信じてくれないと思う」(Felsenstein 1986, p. 885)

さらに、その一五年後、フェルゼンスタインはこの〝戦争体験〟を伝える〝語り部〟が必要であると書きました。

「あの体系学論争を生き延びたわれわれ旧世代の体験者は、自らが受けた心的外傷後ストレス障害（PTSD）を癒しながら、耳を傾けてくれる者たちに戦争物語を語り継ぐ。一九九〇年代後半の若い世代は、旧世代の体系学者たちがいったい何をめぐって戦っていたのかがわかっていないからだ」(Felsenstein 2001, p. 467)

分子系統学が生物体系学のなかで確固たる地位を占めるようになった二一世紀を迎え、すでに時代は〝戦後〟なのだとフェルゼンスタインは考えているのでしょう。しかし、それはひょっとしたら早計にすぎる判断かもしれません。二〇一三年は分岐学派の創始者であるヘニックの生誕百年にあたりました (Wheeler *et al.* 2013)。かつての体系学論争の旗頭だった進化分類学派のエルンスト・マイアー、数量表形学派のロバート・R・ソーカル (Robert R. Sokal：一九二六－二〇一二)、そしてヘニックの伝記がすべて出そろった現在 (Haffer 2007, Schomann 2008, Schmitt 2013a)、生物体系学の現代史をあらためて掘り起こそうという機運が高まっています (Williams and Ebach 2008, Williams and Knapp 2010, Hamilton ed. 2014, Williams *et al.* 2016)。

いま最前線で仕事に没頭している研究者にとって、何十年も前の〝昔話〟にどれほどの価値があるのかといぶかしく思う読者はきっといるでしょう。しかし、生物体系学の研究をするためには、もっと古い何世紀も前の標本や文献などの資料収集が必要ではないですか。それを考えれば、たかだか半世紀しかさかのぼらない歴史が現在と密接に関係していることはすぐに理解できるでしょう。たとえば、ハミルトンとウィーラー（Hamilton and Wheeler 2008）は、一九六〇年代の生物分類学を席捲した数量表形学の理論が、最近の分子体系学で広く用いられている「ＤＮＡバーコーディング（DNA barcoding）」の研究分野で復活している事例を挙げ、現場の研究者こそ科学史的なリテラシーを身に付ける必要があるだろうと指摘しています。データ駆動型の体系学研究の確固たる基盤は歴史的かつ理論駆動型の研究に裏打ちされる必要があるということです。

ハルが主張するように、ある科学者コミュニティーに活動的で声の大きなメンバーがごく少数いるだけで大きなパワーが生まれます（Hull 1988, pp. 232-276）。この点で、生物体系学における分岐学派の〝党派的戦略〟は確かに有効でした。ヘニックの分岐学から派生した「**パターン分岐学**（pattern cladistics）」をめぐる科学社会学的な論争の経緯については後の章で詳述することになるでしょう。誰もが生身の人間である科学者がつくるコミュニティーは、時代的・地理的・人脈的な条件のもとで存続し、場合によっては消え去る――これはいい悪いの問題ではなく、生きている科学にはつきものの現実です。

科学者にとって、科学史や科学哲学は単なる〝飾り物〟ではありません。体系学論争を直接的・間接的に経験した世代の研究者は、科学史の知識と科学哲学の装備は闘いを勝ち抜くための〝武器〟であることを身をもって知っています（三中 2007c）。たとえ、生物体系学の大きな潮流が分子体系学に流れ、統計モデリングが系統推定にとって欠くことができなくなったとしても、科学史と科学哲学が体系学者にとって無用の長物になることはこれからもないでしょう。過去半世紀にわたる体系学の錯綜した歴史はまだそのすべてが解明されているわけではありません。私たちの〝五十年戦争〟はまだ終わってはいないのです。

惜しむらくは、フェルゼンシュタインが告白しているように、この〝五十年戦争〟がいったいどのようなものだったか、いったいどのような論点が俎上に乗せられて戦争が続いたのか、いかなる帰結と余波があとに残されたのか——現時点ではこれらの全貌をつかむまでにはいたっていません。歴史研究の対象としてはまだ新しすぎて、枯れ上がっていないという点は指摘できるでしょう。その一方で、現代生物学史の興味深いテーマのひとつとして生物体系学の歴史を取り上げた研究成果はすでに蓄積されつつあります。それらの知見を踏まえて、生きている科学としての生物体系学を同時的かつ経時的に捉える姿勢は、生物学史だけでなく現場の研究者にとっても意義のあることだろうと私は考えます。

(2) 体系学曼荼羅〔1〕を歩く

もう一〇年以上も前のことですが、日本動物分類学会が発行する和文誌『タクサ』で二〇〇五年二月に逝去したエルンスト・マイアーの追悼特集が組まれました。生物体系学の分野のみならず進化生物学の「**現代的総合**（The Modern Synthesis）」という歴史的事業の構築者として活躍したマイアーを再評価するこの特集への寄稿記事（三中 2005）で、私はマイアーを中心とする第二次世界大戦前後の約半世紀にわたる生物体系学と進化生物学の研究者コミュニティー（学協会）の時代変遷と相互関係さらには学派閥・個人間の人間関係を一枚の図として描きました（【チャート1-1】）。

まえがきで書いたように、この【チャート1-1】を本書では「体系学曼荼羅〔1〕」と呼ぶことにします。この体系学曼荼羅は生物体系学の過去の〝風景〟が私個人の目を通してどのように〝見えた〟かをまとめて描いたものです。したがって、まちがいを含んでいたり先入観を伴っていたりする可能性はきっとあるでしょう。にもかかわらず、体系学曼荼羅を描くことにより、重層的に錯綜した生物体系学の現代史の私なりの理解をもたらしたことは事実です。

体系学曼荼羅〔1〕には数多くの略号が含まれています。その一覧表はチャートの後ろに挙げました。しかし、体系学曼荼羅〔1〕上の〝地名〟がわかっただけでは全体を見渡したことにはなりません。これらの記号の意味を踏まえて、生物体系学がたどってきた〝景色〟をひとつひとつたどることにしましょう。本書には全三枚の体系学曼荼羅を掲載しました。そこで、それぞれの体系学曼荼羅の全体をいくつかの地域に区分して、それぞれの〝風景〟をひとつずつ見ていきます。【チャート1-2】では体系学曼荼羅〔1〕のいくつかの〝景勝地〟に「第～景」との標識を置きました。これらの〝景勝地〟の風景は生物体系学の過去一世紀をふりかえる上で見逃せません。

それでは、生物体系学の歴史探訪の旅に出かけることにしましょう。

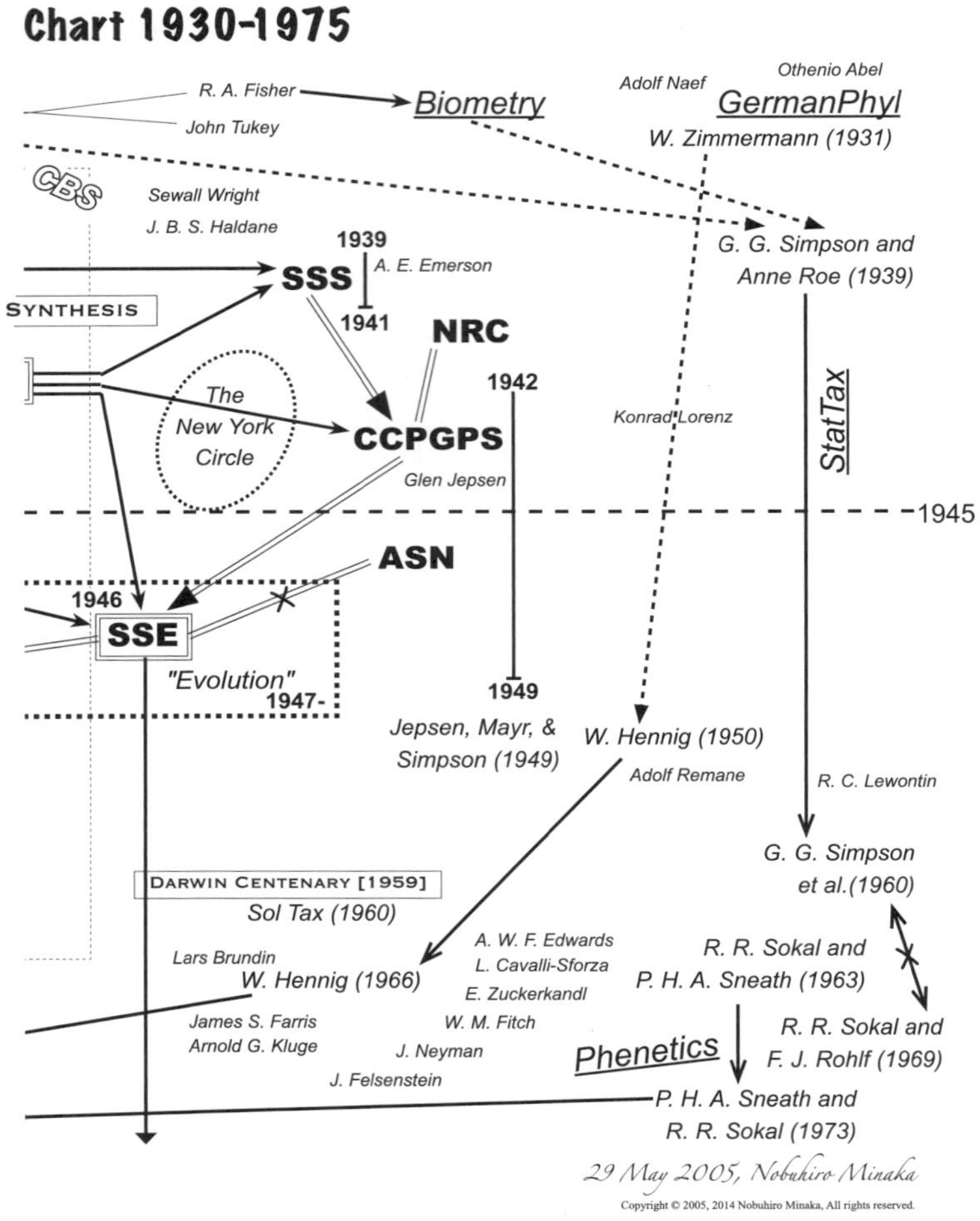

て、生物体系学・進化生物学に関係する学会組織や公的委員会あるいは研究者コミュニティの動向をチャート化した図。出典：三中2005，p. 98（改変）。

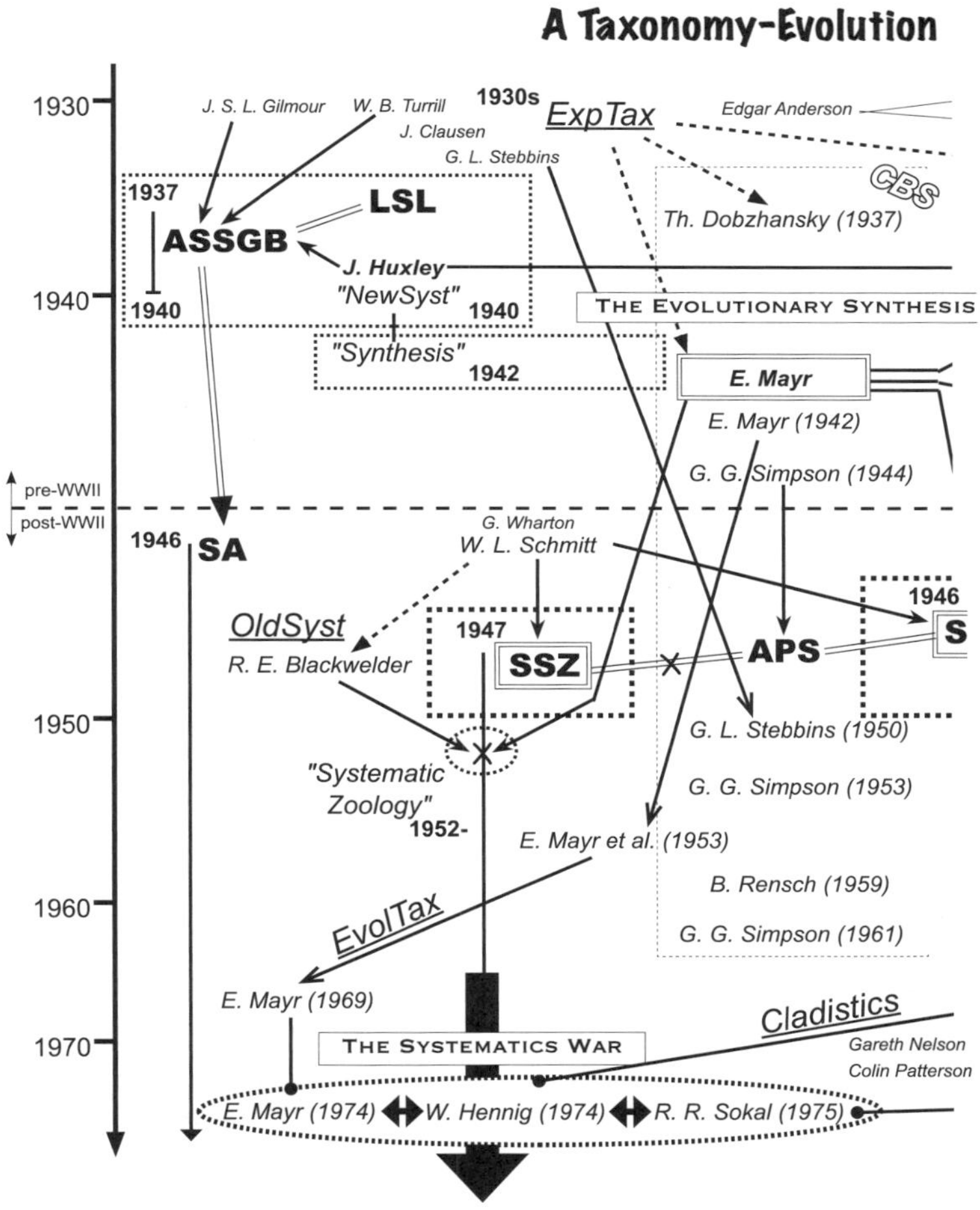

【チャート1-1】体系学曼荼羅〔1〕 進化理論の現代的総合の夜明け前である1930年を起点とし、体系学三学派間の論争が戦わされた1975年を終点とし↗

Chart 1930-1975

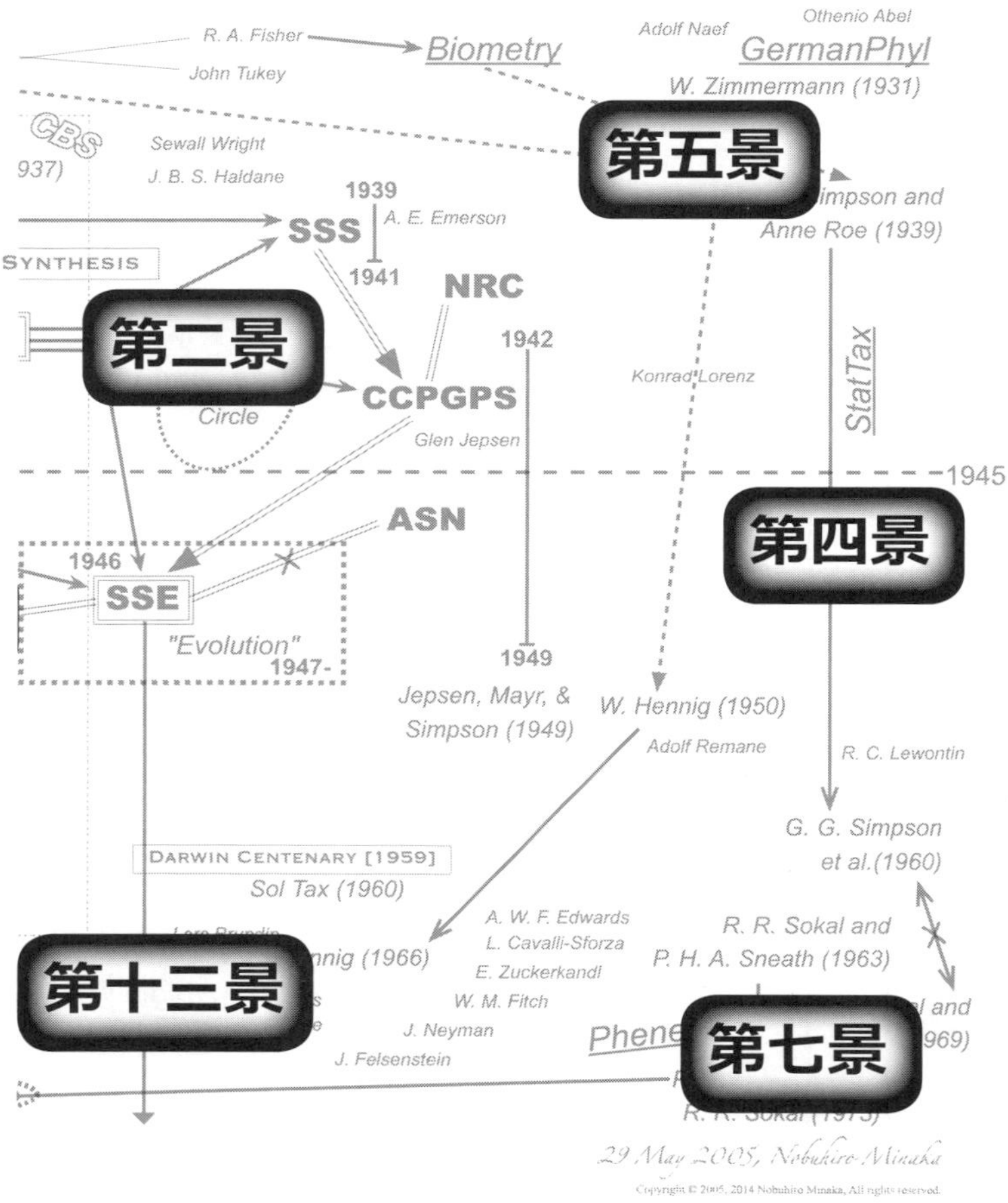

体系学曼荼羅〔2〕と第３章の体系学曼荼羅〔3〕を参照のこと。

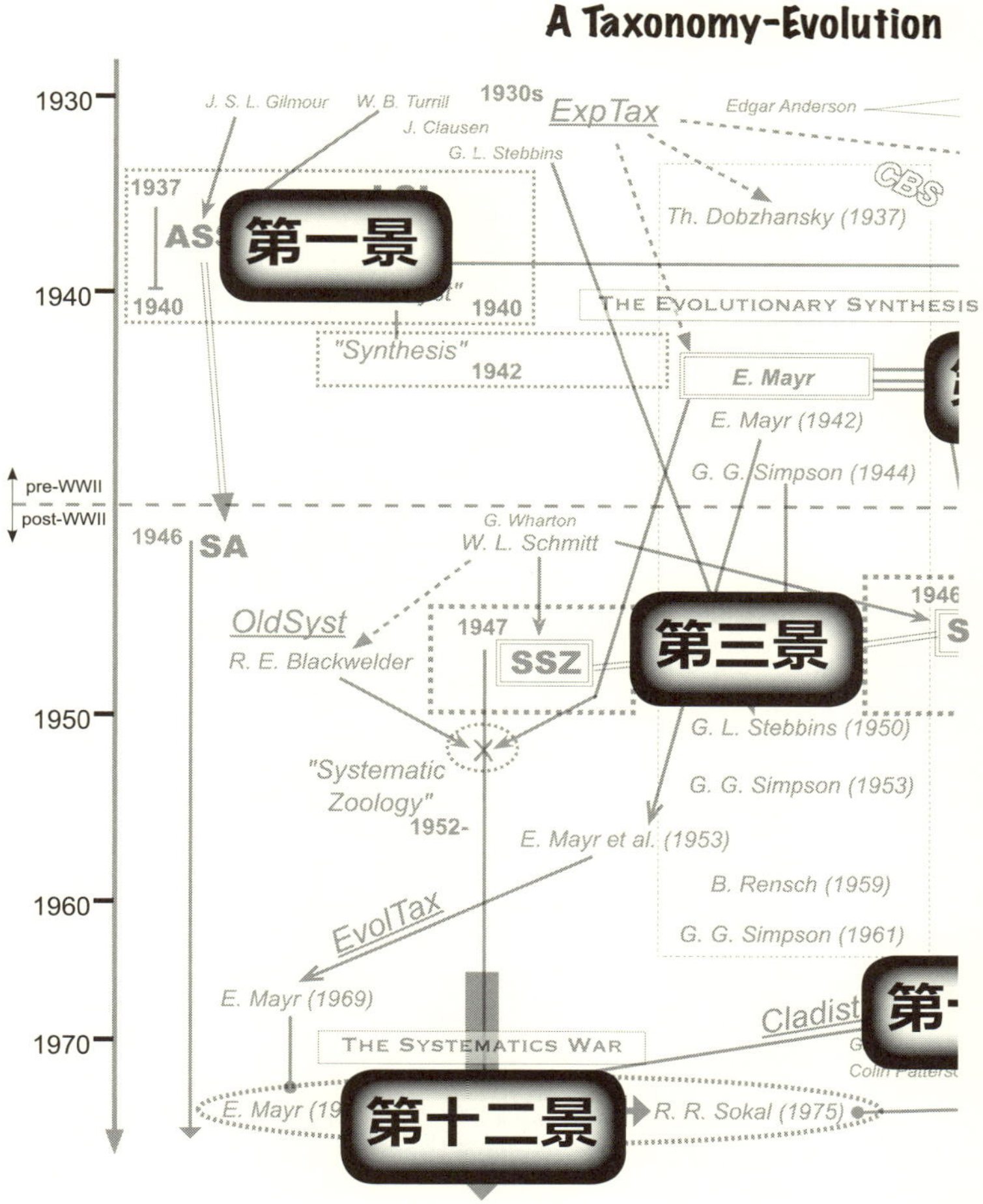

【チャート1-2】体系学曼荼羅〔1〕のいくつかの地点に標識を置く。本章では「第一景」から「第五景」まで説明する。その他については続く第２章の↗

体系学曼荼羅〔1〕の記号・略号の説明

（三中 2005, p. 99 のキャプションを改訂。アルファベット順）

- ASN＝American Society of Naturalists
- APS＝American Philosophical Society
- ASSGB＝The Association for the Study of Systematics in Relation to General Biology. 1937年から1940年まで活動した。1946年にThe Systematics Association (SA) に引き継がれる。Cf. Winsor (1995, 2000).
- Biometry＝生物測定学／生物統計学。Cf. Hagen (2003).
- B. Rensch (1959)＝B. Rensch (1959), *Evolution above the Species Level.* Columbia University Press (CBS 19).
- CBS＝The Columbia Biological Series. コロンビア大学出版局による生物学叢書 (1894〜1974)。進化の現代的総合（The Evolutionary Synthesis）に関係する主要著作のほとんどすべてはこの叢書に含まれている。Cf. Cain (2001).
- CCPGPS＝The Committee on Common Problems of Genetics, Paleontology, and Systematics. 先行する The Society for the Study of Speciation (SSS)の後を引き継ぎ、1942年から1949年まで活動した。1946年に創設された The Society for the Study of Evolution (SSE) の母体となる。Cf. Smocovitis (1996); Cain (2002a).
- Cladistics＝分岐学派。Cf. Dupuis (1978); Hull (1988); Craw (1992); 三中 (1997).
- Darwin Centenary [1959]＝1959年にシカゴで開催された、ダーウィン『種の起原』出版百周年記念シンポジウム。会議録は Sol Tax の編集による3巻本（Tax 1960）として出版された。Cf. Smocovitis (1996).
- E. Mayr (1942)＝E. Mayr (1942), *Systematics and the Origin of Species.* Columbia University Press (CBS 13).
- E. Mayr *et al.* (1953)＝E. Mayr, E. G. Linsley, and R. L. Usinger (1953), *Methods and Principles of Systematic Zoology.* McGraw-Hill.
- E. Mayr (1969)＝E. Mayr (1969), *Principles of Systematic Zoology.* McGraw-Hill.
- E. Mayr (1974)＝E. Mayr (1974), Cladistic analysis or cladistic classification? *Zeitschrift für zoologische Systematik und Evolutionsforschung,* 12: 94-128.
- EvolTax＝Evolutionary Taxonomy. 進化分類学派。Cf. Vernon (1993).
- "Evolution"＝The Society for the Study of Evolutionの機関誌。1947年に創刊され、現在にいたる。Cf. Cain (1994); Smocovitis (1996).
- ExpTax＝Experimental Taxonomy. 実験分類学派。Biosystematics とも呼ばれる。1930〜1950年代のアメリカで広まった学派。Cf. Hagen (1983, 1984, 1986).
- GermanPhyl＝German Phylogenetics. ドイツ系統学派。Cf. Dupuis (1978); Craw (1992); 三中 (1997); Willmann (2003).

記号・略号の説明（つづき）

- G. G. Simpson (1944)＝G. G. Simpson (1944), *Tempo and Mode in Evolution.* Columbia University Press (CBS 15).
- G. G. Simpson (1953)＝G. G. Simpson (1953), *Major Features of Evolution.* Columbia University Press (CBS 17).
- G. G. Simpson (1961)＝G. G. Simpson (1961), *Principles of Animal Taxonomy.* Columbia University Press (CBS 20).
- G. G. Simpson and Anne Roe (1939)＝G. G. Simpson and Anne Roe (1939), *Quantitative Zoology: Numerical Concepts and Methods in the Study of Recent and Fossil Animals.* McGraw-Hill.
- G. G. Simpson *et al.* (1960)＝G. G. Simpson, Anne Roe, and R. C. Lewontin (1960), *Quantitative Zoology, Revised Edition.* Harcourt.
- G. L. Stebbins (1950)＝G. L. Stebbins (1950), *Variation and Evolution in Plants.* Columbia University Press (CBS 16).
- Jepsen, Mayr & Simpson (1949)＝G. Jepsen, E. Mayr, and G. G. Simpson (eds.) (1949), *Genetics, Paleontology, and Evolution.* Princeton University Press.
- LSL＝Linnean Society of London, UK.
- "NewSyst"＝J. Huxley (ed.) (1940), *The New Systematics.* Oxford University Press. 後に The Systematics Association Special Volume 1 となる。
- NRC＝National Research Council（全米研究評議会）
- OldSyst＝R. E. Blackwelder の言う伝統的分類学。Cf. Cain (2004) .
- P. H. A. Sneath and R. R. Sokal (1973)＝P. H. A. Sneath and R. R . Sokal (1973), *Numerical Taxonomy: The Principles and Practice of Numerical Classification.* W. H. Freeman.
- Phenetics＝表形分類学派。Cf. Vernon (1988, 2001); Hagen (2001, 2003).
- Sokal, R. R. 1975. Mayr on cladism and his critics. *Systematic Zoology,* 24: 257-262.
- R. R. Sokal and F. J. Rohlf (1969)＝*Biometry: The Principles and Practice of Statistics in Biological Research.* W. H. Freeman.
- R. R. Sokal and P. H. A. Sneath (1963)＝R. R. Sokal and P. H. A. Sneath (1963), *Principles of Numerical Taxonomy.* W. H. Freeman.
- SA＝The Systematics Association. 先行した The Association for the Study of Systematics in Relation to General Biology (ASSGB) の後継として、1946年に創設され、現在にいたる。Cf. Winsor (1995).
- Sol Tax (1960)＝Sol Tax (ed.) (1960), *Evolution after Darwin* (*Three Volumes*). The University of Chicago Press.
- SSE＝The Society for the Study of Evolution. 1946年創設。Cf. Cain (1994); Smocovitis (1996).

記号・略号の説明（つづき）

- **SSS**＝The Society for the Study of Speciation（SSS）. 1939年から1941年まで活動し、その後、The Committee on Common Problems of Genetics, Paleontology, and Systematics（CCPGPS）に引き継がれた。Cf. Cain (2000a).
- **SSZ**＝The Society of Systematic Zoology。1947年創立。1992年に、学会名が The Society for Systematic Biologists と変更された。Cf. Cain (2004).
- **StatTax**＝G. G. Simpson らによる生物統計学。Cf. Hagen (2003).
- **"Synthesis"**＝J. Huxley（1942）, *Evolution: The Modern Synthesis.* George Allen & Unwin.
- **"Systematic Zoology"**＝The Society of Systematic Zoology（SSZ）の機関誌。1952年創刊。1992年、誌名が"Systematic Biology"誌と変更された。Cf. Cain (2004).
- **Th. Dobzhansky（1937）**＝Th. Dobzhansky（1937）, *Genetics and the Origin of Species.* Columbia University Press (CBS 11).
- **The Evolutionary Synthesis**＝進化の総合学説が構築された1930〜1940年代の一連の歴史的事象。Cf. Smocovitis (1996).
- **The Systematics War**＝1960〜1980年代にかけて分類学の方法論をめぐって戦わされた論争。Cf. 三中 (1997).
- **W. Hennig (1950)**＝Hennig, W.（1950）, *Grundzüge einer Theorie der phylogenetischen Systematik.* Deutscher Zentralverlag.
- **W. Hennig（1966）**＝W. Hennig（1966）, *Phylogenetic Systematics.* University of Illinois Press. ドイツ語原稿は Hennig（1982）として出版。
- **W. Hennig（1974）**＝W. Hennig（1974）, Kritische Bemerkungen zur Frage "Cladistic analysis or cladistic classification?" *Zeitschrift für zoologische Systematik und Evolutionsforschung,* 12: 279-294.
- **W. Zimmermann（1931）**＝W. Zimmermann (1931), Arbeitsweise der botanischen Phylogenetik und anderer Gruppierungswissenschaften. In: *Handbuch der biologischen Arbeitsmethoden.* Edited by Emil Abderhalden, pp. 941-1053. Urban & Schwarzenberg.

◇第一景：現代的総合前夜——夜明け前の風景［一九三七〜一九四〇］【シーン1】

ダーウィニズムの黄昏、アルファ分類学、実験分類学派

ジュリアン・ハクスリー（Julian Huxley：一八八七－一九七五）の著書『進化学：現代的総合（*Evolution: The Modern Synthesis*）』（Huxley 1942【図1-1】）で「ダーウィニズムの黄昏（the eclipse of Darwinism）」（Huxley 1942, p. 22; Bowler 1983, 1996）と名付けられた一九世紀末から二〇世紀初頭にかけての期間は、進化系統学の研究が全体として沈滞した時代でした。遺伝学や発生学という新興の実験科学が興隆するかたわらで、進化学や系統学そして分類学を含むナチュラル・ヒストリーの研究分野は人材的にも資金的にも苦汁を舐める日々が続きました（Mayr 1942, p. 1; Simpson 1945, p. 1）。エルンスト・マイアーのもくろみは、一九三〇年代以降自ら先頭に立って旗振りをした進化学の「**現代的総合**（the Modern Synthesis）」（Mayr and Provine 1980; Smocovitis 1992, 1994, 1996）を通して、生物体系学が学問的にふたたび前面に位置づけられるような新しい大きな進化学の枠組みをつくることにありました（Vernon 1993）。

マイアーは進化体系学の標準となる教科書で次のように主張しました。

「進化研究は、分類の十分な知見があってはじめて可能になる。そして、この分類は、種の記載と同定を踏まえている。したがって、ある群の分類はいくつかの段階に分けられる。各段階は、アルファ、ベータ、およびガンマ分類学と一般に呼ばれてきた。アルファ分類学（alpha taxonomy）と

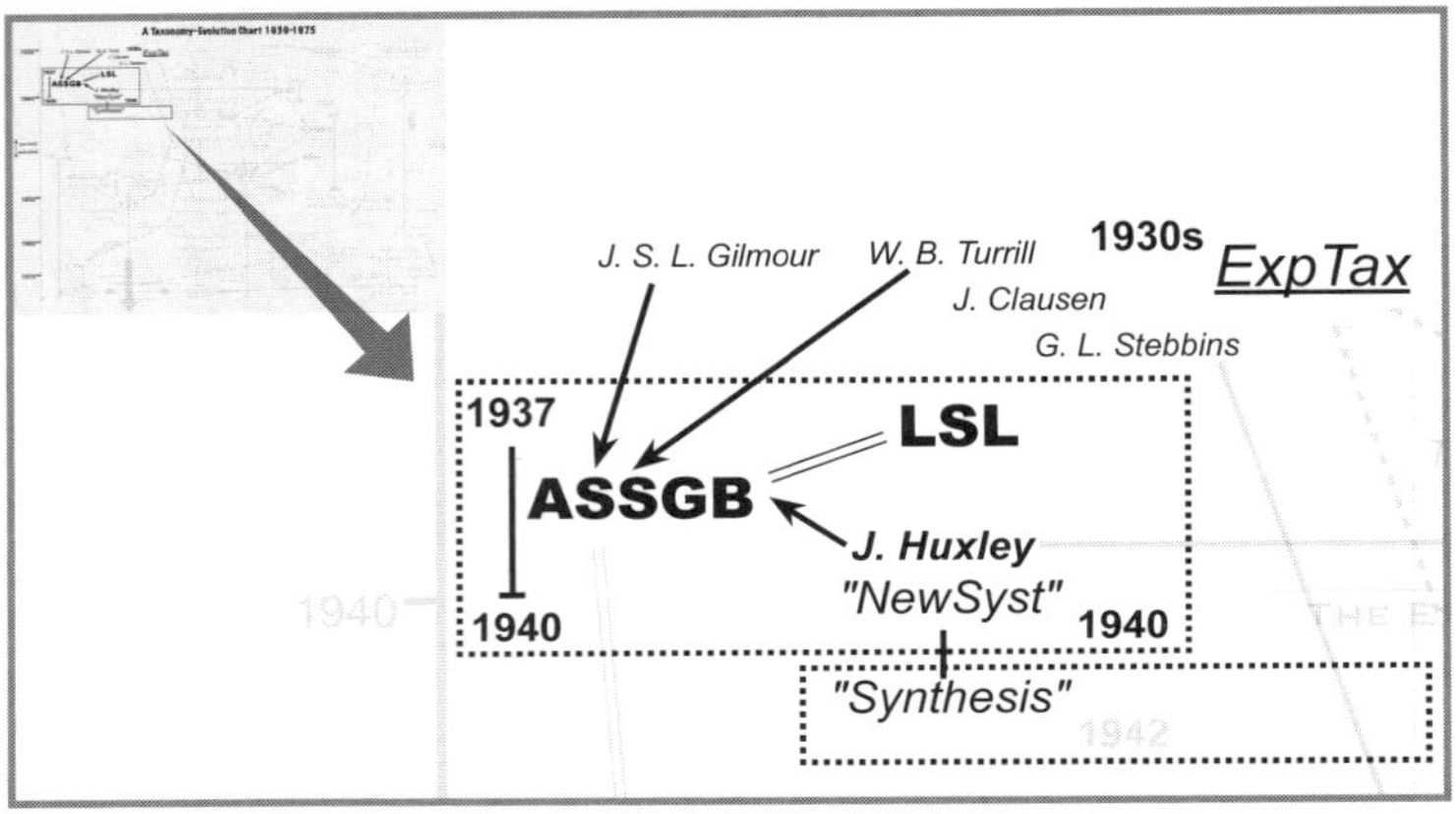

【シーン1】

は、種の記載と命名である。ベータ分類学（beta taxonomy）とは、記載・命名された種を階層的カテゴリーから成る自然体系に整理することである。そして、ガンマ分類学（gamma taxonomy）とは、種内変異の解析と進化研究を指す。現実には、アルファ、ベータ、およびガンマ分類学の境界をはっきりと分けることは不可能であり、各領域は重なりあったり、ゆるやかに移行したりする。しかし、その研究方向の存在は明白である。アルファ段階から着手し、ベータ段階を経て、ガンマ段階に向かうことが、今の生物学に通じた分類学者の進むべき道である」（Mayr *et al.* 1953, pp. 18-19）

伝統的な生物分類学者が行なってきた生物種の記載を「アルファ分類学」と呼び替えて、進化研究の新たな枠組みのもっとも初期段階に位置づけることにより、マイアーは記載分類の再評価につなげようと意図したわけです。彼の進化分類学の理論体系においては、「アルファ分類学」に続く段階の「ベータ分類学」は分類体系の構築であり、

【図1-1】ジュリアン・ハクスリー『進化学：現代的総合』の書影（Huxley 1942）

第二次世界大戦の最中に出版されたこの歴史的著作は、当時構築されつつあった進化学の「現代的総合」という看板を高く掲げるとともに、過去数十年に及ぶ「ダーウィニズムの黄昏」からの脱却を宣言した。全650ページの大冊である本書では、ネオダーウィニズムの自然淘汰理論を中核に据え、メンデル遺伝学と集団遺伝学に基づく遺伝的変異の説明、種分化に関わる地理的・生態的要因、生物体系学への示唆、そして古生物学の知見を踏まえた大進化における適応理論について説明されている。現代的総合の有力な牽引者——けっして研究者ではなかったかもしれないが——としてのハクスリーの面目躍如たる仕事だった。こういう歴史的著作はなかなか手に取る機会がないが、実物をひもといて初めてわかることが多々ある。

最後の段階である「ガンマ分類学」は生物種に関する種内変異と地理的分化の探究、さらには自然淘汰に基づく進化過程の研究を指していました。マイアーが提唱する交配可能性の有無を基準として決められる**生物学的種**（biological species）の様態、そして古生物学的な大進化傾向など進化の因果を論じるためには、出発点としての記載分類が必要であるというのはもっともな主張でした。

　生物学史研究者マリー・ウィンザー（Mary P. Winsor：一九四三－）によると、「アルファ分類学」という新語を最初に提唱したのは植物分類学者ウィリアム・B・トゥリル（William Bertram Turrill：一八九〇－一九六一）でした（Winsor 2000）。一九二〇年代の植物分類学で広まった「**実験分類学**（experimental taxonomy）」（Hagen 1983, 1984）を推進したトゥリルは一九三五年に形態学的な記載分類を「アルファ分類学」と名付けました（Turrill 1935, P. 104）。トゥリルの構想によれば、彼の「アルファ分類学」の次に来るのは、マイアーの言う「ベータ分類学」でも「ガンマ分類学」でもなく、理想的な（したがって到達不能な）究極の分類である「オメガ分類学（omega taxonomy）」でした。その後、植物分類学者ジョン・S・L・ギルモア（John S. L. Gilmour：一九〇六－一九八六）は、トゥリルの「アルファ分類学」を組織学・細胞学・遺伝学に基づく分類学とみなしました（Gilmour 1936）。マイアーはさらに改変を加え、段階的に達成可能な「アルファ→ベータ→ガンマ」という分類学の序列をもちこんだのです。

現代的総合を構築したマイアーにとっては攻め寄せる実験科学の脅威からナチュラル・ヒストリーを擁護するという動機があったわけですが、この総合に先立つ二〇世紀初頭の生物体系学にはもっと多様なアプローチがありました。そのひとつが上述の実験分類学です。「**生体系学**（biosystematics）」（Mason 1950）とも呼ばれた実験分類学は、実験的アプローチを積極的に導入し、植物生態学の知見をも取り込んだ生態型（ecotype）の移植実験などを通して、カリフォルニアを中心とする米国西海岸の植物分類学者の間で広まっていきました。

一般生物学に関係する体系学研究協会と『新しい体系学』

実験分類学派と深く関わったトゥリルとギルモアは第二次世界大戦が始まる二年前の一九三七年に、ロンドンのリンネ協会（LSL: Linnean Society of London）の肝煎りで新設された「一般生物学に関係する体系学研究協会（ASSGB: The Association for the Study of Systematics in Relation to General Biology）」の下に置かれた「分類原理委員会（Taxonomic Principles Committee）」の委員に就任しました。このＡＳＳＧＢの初代議長を務めたジュリアン・ハクスリー――「現代的総合（The Modern Synthesis）」の名付け親（Huxley 1942）――は、『新しい体系学（*The New Systematics*）』（Huxley 1940）という歴史的な論文集を世に送り出すことになります。その執筆陣はトゥリルやギルモアを含むこの分類原理委員会の委員が中心でした。

この分類原理委員会では生物体系学に関わるさまざまな理論的問題が取り上げられました。しかし、議論が進むとともに動物分類学と植物分類学はたがいに歩み寄るどころか、両者の見解の相違はかえって広がったとウィンザーは指摘します（Winsor 1995, 2000）。たとえば、**自然分類**（natural classification）とは何かという論点についても活発な議論が交わされました。ギルモア自身は、系統関係を反映することは「系統学的に自然（phylogenetically natural）」な分類体系ではあっても、できるだけ多くの形質を共有する「論理的に自然（logically natural）」な分類体系とはいえないと主張しました（Winsor 1995, p. 235）。後者の「論理的自然分類」はのちに「**ギルモア自然性**（Gilmour naturalness）」と呼ばれ、系統分類に反対して全体的類似性（overall similarity）に基づく分類構築を支持する**数量表形学派**（Sokal and Sneath 1963; Sneath and Sokal 1973）が基本綱領のひとつとして掲げることになります。

生物分類体系を構築するにあたって、動物分類学者は系統推定による進化的な分類を目指すべきだと主張したのに対し、トゥリルやギルモアら植物分類学者は系統復元と分類構築とは分けるべきだと反対しました。そもそも系統関係をどのように理解すればいいのかについて委員間で共通認識がなかったのが問題だったのですが、委員会活動が始動する前年に出たオランダの植物分類学者ヘルマン・J・ラム（Herman Johanes Lam：一八九二－一九七七）による系統樹ダイアグラムの歴史に関する論文（Lam 1936）が回覧されて、系統樹に関する認識が深まったというのは興味深いことでした（Winsor 1995, pp. 238-244）。ラムによる体系学ダイアグラム論については私の『思考の体系学』で詳述しました（三中 2017a, pp. 200-215, 264-270）。

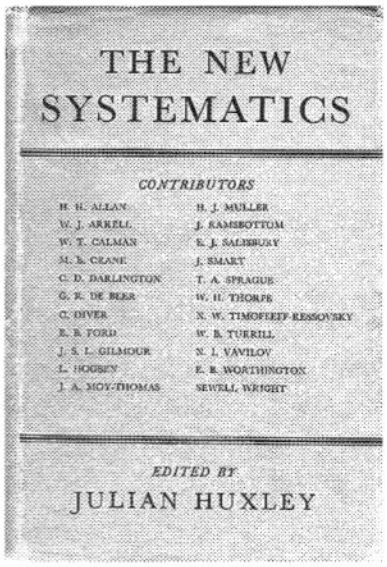

【図1-2】ジュリアン・ハクスリー編『新しい体系学』の書影
（Huxley 1940）

第二次世界大戦中の1937～1940年にロンドンで開設された「一般生物学に関係する体系学研究協会（ASSGB）」の初代議長だったハクスリーが傘下の「分類原理委員会」委員を中心に執筆陣をそろえて編纂したのが本論文集だった。コピーライターとして抜群の手腕を発揮したハクスリーは本書の書名「新しい体系学」を後世に強く印象づけた。しかし、分類原理委員会の議論の紛糾がいっこうに解決を見ないまま、約600ページもある本書は、それぞれの執筆者の各論併記にとどまり、肝心の「現代的総合」の達成を諦めるというあまりすっきりしない出来となってしまった。戦後、ASSGBの組織を引き継いだ「体系学協会（SA）」は、本論文集を同協会の叢書〈Systematics Association Special Volumes〉第１巻としてさかのぼって位置づけた。しかし、当のハクスリーは終戦前の1944年に国連のユネスコ創設準備委員会を立ち上げ、戦後は初代のユネスコ事務総長（1946 ～ 1948年）の地位に就くことになった。それに伴い、現代的総合や新しい体系学という歴史的イベントの舞台ではハクスリーの影はしだいに薄くなっていった（Cain 1993, p. 24）。このハクスリーのように、科学者のなかには研究現場ではなく人脈づくりや組織づくりに才能を発揮するようになるタイプが確かにいる。

この委員会での度重なる論議にもかかわらず、系統関係を分類構築に用いるべきか否かの対立は最後まで解消されませんでした。系統と分類の対立はのちの体系学論争でももっとも重要な論点のひとつとなります。分類原理委員会の活動成果として一九四〇年に出版された『新しい体系学（*The New Systematics*）』（Huxley 1940【図1-2】）は、その書名から連想されるような新たな統一理論を提示しているわけではけっしてありません。編者のハクスリーは序文のなかで次のように正直に書いています。

「本書は『体系学の現代的諸問題（*Modern Problems in Systematics*）』あるいは『新しい体系学に向けて（*Towards the New Synthesis*）』という書名の方がふさわしかったかもしれない。新しい体系学はいまだ形をなしていないからだ。それが到来しないまま、過去二〇～三〇年間にわれわれの前に山積みになった新しい事実や概念を消化して関連づけそして総合しなければならない。しかし、いい書名はおそらくいつまでも残るだろうし、そのことが弁明になるだろう」(Huxley 1940, p. v)

確かに、『新しい体系学』という書名は、現代的総合という一大イベントを象徴する看板として現代にいたるまで忘れられることなく残っています。ハクスリーの弁明はこの点では正しかったのですが、生物体系学におけるこの現代的総合は、いくつかの基本的な対立点を含んだまま、見切り発車してしまいました。二〇年後に戦わされる体系学論争はその後始末だったといえるでしょう。

ＡＳＳＧＢ自体は第二次世界大戦の激化により三年後の一九四〇年には活動を停止することになりますが、戦後一九四六年には「体系学協会(SA: The Systematics Association)」として事業が引き継がれ、現在にいたっています(Winsor 1995)。

◇第二景：現代的総合──新世界にて［一九三九〜一九四九］【シーン2】

エルンスト・マイアーとナチュラリストの伝統

第二次世界大戦が開戦した一九三〇年代末、イギリスでジュリアン・ハクスリーが「新しい体系学」の構築をもくろんでいたのと同時期に、大西洋をはさんだアメリカではエルンスト・マイアーが新しい進化学の研究拠点を構築すべく活動を開始していました。マイアーを中心とする現代的総合については、進化学史研究者ジョー・ケイン(Joe Cain)やヴァシリキ・B・スモコヴィティス(Vassiliki Betty

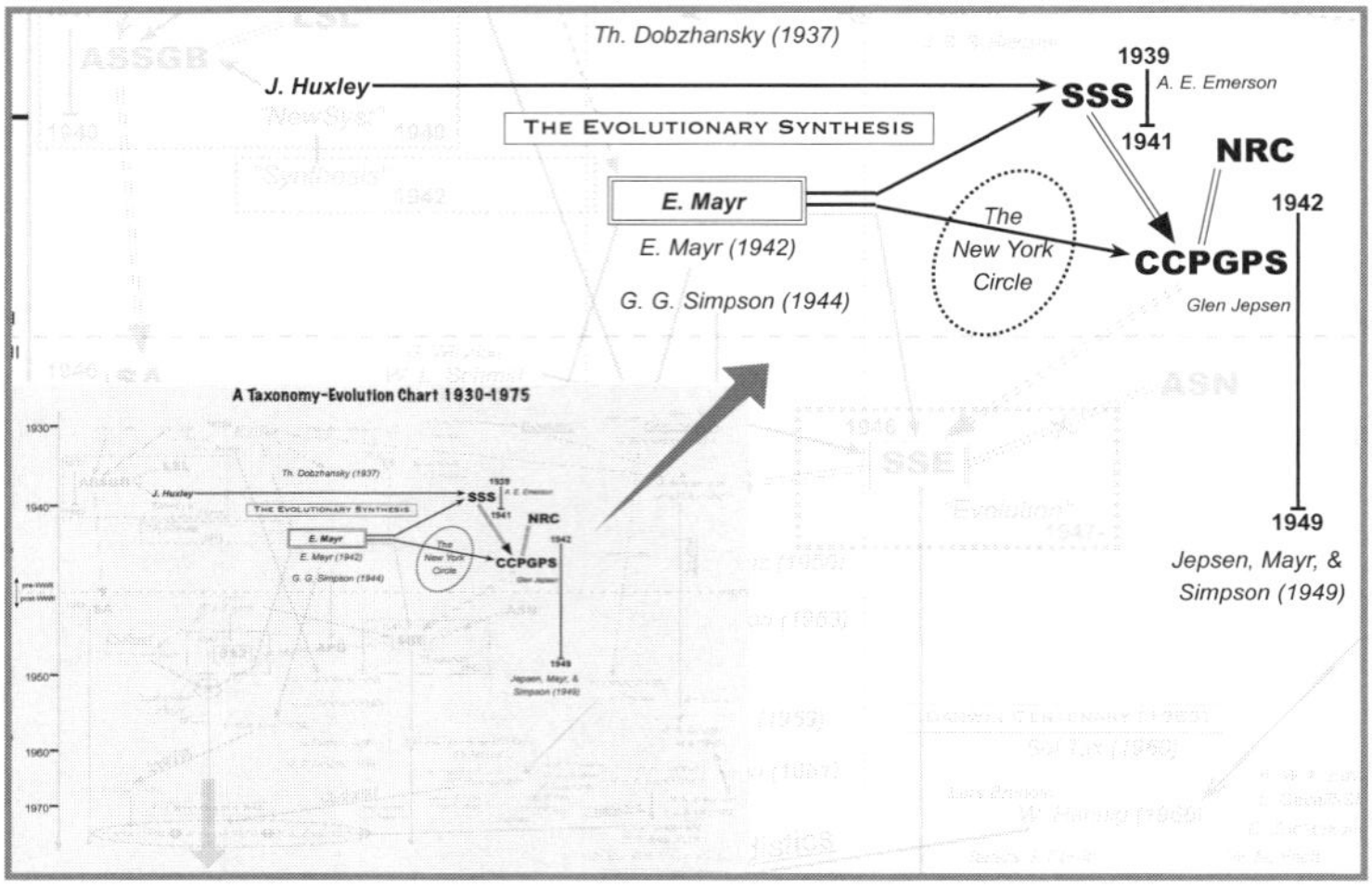

【シーン2】

Smocovitis）が詳細な歴史叙述を発表しています（Cain 1993, 1994, 2000b, 2002a, 2004; Smocovitis 1992, 1994, 1996）。以下では、彼らの研究から得られた知見を踏まえて、生物体系学に関わる現代的総合の様相を概観しましょう。

現代的総合の共同構築者だった集団遺伝学者テオドシウス・ドブジャンスキー（Theodosius Dobzhansky：一九〇〇－一九七五）は一九三七年に『遺伝学と種の起源（Genetics and the Origin of Species）』（Dobzhansky 1937）を、コロンビア大学出版局の叢書〈Columbia Biological Series［CBS］〉の一冊として出版しました（Cain 2002b）。マイアーが『体系学と種の起源（*Systematics and the Origin of Species*）』（Mayr 1942【図1-3】）を五年後に出版したのも同じ叢書からです。ドブジャンスキーやマイアーの二冊を含めて、その後の現代的総合の主要な著作の多く――Simpson（1944, 1953, 1961）, Stebbins（1950）, Rensch（1959）――はこの叢書から出されています

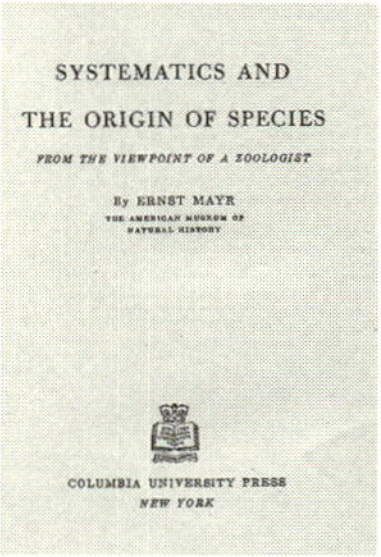

【図1-3】エルンスト・マイアー『体系学と種の起源：ある動物学者の視点から』の扉（Mayr 1942）

ハクスリーの掲げる「新しい体系学」を具現したのはマイアーの本書だった。コロンビア大学出版局から出版された本書は、その5年前に出たドブジャンスキー『遺伝学と種の起源』（Dobzhansky 1937）とともに叢書〈Columbia Biological Series〉の中でみごとなペアをつくり、現代的総合の名に恥じない歴史的著作としてあまりにも有名だ。生物学的種概念や地理的種分化など進化学の概念体系を踏まえた進化体系学の理論を構築した本書のもとになったのは1941年の「Jesup Lectures」という連続講義である。この講義はマイアーと実験分類学派の植物分類学者エドガー・アンダーソン（Edgar Anderson：1897-1969）が分担した（Cain 1993, pp. 24-25）。アンダーソンは、動物分類学側のマイアーと対になるはずだった、植物分類学側からの『体系学と種の起源：ある植物学者の視点から』という本を別途書く予定だったが、残念ながらそれは未完に終わった。マイアーの本書に、「ある動物学者の視点から（From the Viewpoint of a Zoologist）」という、書名としてはいささか蛇足ともいえる言葉が付け加わったのはそのような事情があった。アンダーソンの植物分類学者としての業績はキム・クラインマン（Kleinman 1999, 2002, 2013）を、彼の統計グラフィクスへの貢献については三中（2017a, pp. 7-15, 277-284）をそれぞれ参照されたい。

（Cain 2001, 2002b）。

しかし、集団遺伝学を重視するドブジャンスキーとナチュラル・ヒストリーを強調するマイアーでは、たとえ同じ現代的総合とはいえ基本的見解に無視できないちがいがありました（Mayr 1980, 1982a）。現代的総合に先立つ二〇世紀をふりかえりつつ、マイアーは次のように書いています。

「不幸なことに、両陣営による進化の解釈には正論と謬論が混ざっていた。ナチュラリストの陣営は遺伝と変異に関するまちがった説を唱えたのに対し、遺伝学者の陣営は類型学的思考に陥って、個体群の存在を無視して近縁な遺伝子プールのなかでの遺伝子頻度にとらわれてしまった。遺伝学者たちは種の多様化、高次分類群の起源、進化的新規性の出現という問題から目を背けた。いずれの陣営も相手の議論をまったく理解できなかったために、的確な反論を返

すこともかなわなかった」(Mayr 1982a, p. 541)

ドブジャンスキーの『遺伝学と種の起源』は、集団遺伝学の理論とデータが微小時間スケールでの進化現象(種分化過程を含む)の解明に新たな光を当てることを強調しましたが、肝心の「種の起源」に関しては十分な議論をしたわけではありませんでした。ドブジャンスキーは現代的総合のなかでもやはり遺伝学者の陣営に属していたということです。続くマイアーは『体系学と種の起源』を通してナチュラリスト陣営の代表としての役割を十分に果たしたといえます(Smocovitis 1996, p. 135)。

マイアーの指摘する両陣営の長きにわたった学派的対立(あるいは軋轢)は、一方の集団遺伝学派が実験的アプローチや数理モデルを駆使して個体群レベルの小進化のメカニズムの解明を目指すのに対して、他方のナチュラリスト‐生物体系学派が生物多様性の分類学的記載や比較形態学的な分析を通して種や高次分類群の大進化の究明をもくろむという研究対象の時空的スケールのちがいと研究方法の差異に起因するだけではありません。生物多様性のパターンを個々の分類群ごとに明らかにすることが生物体系学のような比較生物学の基本目標であるとすると、集団遺伝学が設定したゴールはそれとは異なる普遍的な進化プロセスをつきとめることであると対置できるでしょう。

昆虫学者ステュアート・バーロッシャー(Stewart H. Berlocher)は、生物分類パターンの基本単位である「**種**(species)」という言葉が昔からあったのに対し、種が生成する因果プロセスをあらわす「**種分化**(speciation)」は実に二〇世紀以降の一九〇六年になってようやく植物学者オレーター・クック(Orator F. Cook)によって造語されたと指摘しています(Berlocher 1998, p. 3)。クックの元論文を見ると、種分化は次のように定義されています。

「進化とは、種のなかにある原因によって生じる、普遍的かつ連続的な生物の変化と発生のプロセスである。いま、もう一つのプロセスを『種分化（Speciation）』と呼ぶならば、それは、ほとんどの場合、環境要因による分裂がもたらす種の生成あるいは多様化を指す。したがって、種分化とは偶然に生じる現象であり、それによって進化が生じるわけではなく、また進化によって生じるわけでもない」(Cook 1906, p. 506)

クックは、種の内部で生じる通常の進化プロセスとは別に、種そのものを分割するような偶然のプロセスを種分化と名付けようと提唱しました。しかし、彼の種分化という言葉は、進化学の現代的総合の構築が進む一九四〇年までは広く用いられることはありませんでした。

ジョー・ケインは、現代的総合に先立つ一九二〇〜三〇年代に注目された研究テーマの層（レイヤー）を四つ挙げています（Cain 2009）。

①種の性質と種分化のプロセスに関する研究
②変異・分化・隔離・淘汰に関する遺伝学的プロセスの研究
③環境要因がもたらす生態型の変化プロセスに関する実験分類学的研究
④オブジェクトベース研究からプロセスベース研究への移行

ここで注目したいのは四番目に挙げられた「**オブジェクトベース**（object-based）」から「**プロセスベース**（process-based）」への移行という大きな潮流です。ケインは、当時のナチュラリスト陣営は特定の分類群（すなわちオブジェクト）に限定された研究テーマ設定をしてきたが、現代的総合の構築が進むにつれて、オブジェクトを超越したより普遍的な生物進化プロセス（集団遺伝・種分化・実験分類）に重点を置く研究テーマが注目を浴びるようになったと指摘します（Cain 2004, p. 27; 2009, pp. 638-642）。オブジェクトベースにこだわる生物体系学はこの時代の潮流のなか、どのように生き延びたのでしょうか。

種分化学会から遺伝学・古生物学・体系学共通問題委員会へ

前節で説明したように、ロンドンのＡＳＳＧＢ（一九三七〜一九四〇年）を率いて「新しい体系学」を掲げたジュリアン・ハクスリーは、次の活動地をアメリカに移しました（Cain 1993, 2000a; Smocovitis 1994）。一九三九年の暮れにオハイオ州コロンバスで開催されたアメリカ科学振興協会（AAAS: American Association for the Advancement of Science）主催のシンポジウム「種分化（Speciation）」を契機として、ハクスリーは新学会創立を働きかけます。翌一九四〇年には、昆虫学者アルフレッド・エマーソン（Alfred E. Emerson）を中心にして「種分化学会（SSS: The Society for the Study of Speciation）」が設立され、関連研究情報を流通させる学会システムとして動き始めました（Smocovitis 1994, pp. 245-249）。しかし、第二次世界大戦の戦況が厳しくなるとともに、ＳＳＳの活動はしだいに停滞し、創立二年後の一九四一年には活動停止を余儀なくされます。

当時のＳＳＳを支持した大きな研究勢力は、アメリカ西海岸の実験分類学派と東海岸の研究者ネットワーク（〝ニューヨーク・サークル〟）でした（Cain 1993, pp. 9-14 ; Smocovitis 1994, pp. 248-253）。ＳＳＳがその短命な学会活動を終えた一九四一年以後、それに代わってアメリカの進化研究を率いた後継組織が一九四二年につくられた「遺伝学・古生物学・体系学共通問題委員会（CCPGPS: The Committee on Common Problems of Genetics, Paleontology, and Systematics）」でした。全米研究評議会（NRC: National Research Council）傘下の組織として設立され、ニューヨークに本拠地を置くこの委員会を動かしたのは、ＳＳＳと同じく遺伝学者と体系学者に加えて古生物学者の研究勢力でした。ＣＣＰＧＰＳの委員会活動の中心的役割を担ったのはマイアーとドブジャンスキーに加えて古生物学者ジョージ・ゲイロード・シンプソン（George Gaylord Simpson：一九〇二－一九八四）でしたが、シンプソンが第二次世界大戦の兵役に就くなど戦時下の事情により、戦中から戦後にかけての現代的総合の完成期には実質的にマイアーが委員会運営をひとりで切り盛りすることになりました（Cain 2002a）。

この委員会は、まさに名が体を表していて、遺伝学・古生物学・体系学の三つの研究分野にまたがる共通問題群——地理的変異・不連続性・進化傾向・進化速度など（Cain 1993, p. 11）——に取り組むことが求められていました。ケインが指摘するように、進化諸科学間の〝統一〟を目指す現代的総合にとって異なる研究領域間の協力関係を樹立することが不可欠だったことを考えれば、ＣＣＰＧＰＳはうってつけの公的組織だったにちがいありません。

第二次世界大戦が終わり、古生物学者のシンプソンが兵役から戻ってきてからは、ＣＣＰＧＰＳはさらに活動が高まり、一九四六年には進化学会（SSE: The Society for the Study of Evolution）を創立するにい

【図1-4a】 プリンストン大学で1947年に開催された国際シンポジウム〈遺伝学・古生物学・進化学〉の報告書の表紙
(Jepsen and Cooper 1948)

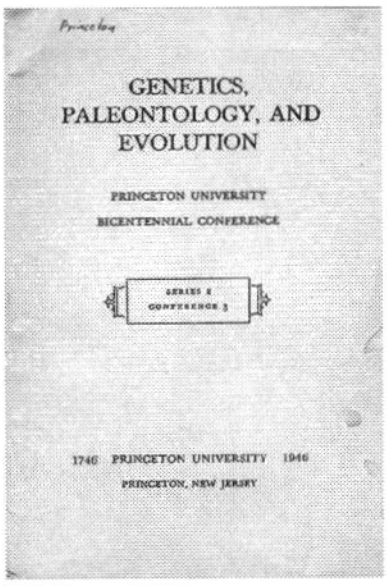

40ページ足らずのこの冊子は、第二次世界大戦の終戦前後にアメリカでの現代的総合を実質的に推進したCCPGPSが中心となって、1947年の年明け早々にプリンストン大学で開催されたシンポジウム〈遺伝学・古生物学・進化学〉の開催報告書である。プリンストン大学の開学200年記念会議〈Princeton University Bicentennial Conference〉の最後を飾るこの国際シンポジウムには現代的総合を構築した研究者たちが勢揃いし、遺伝学・体系学・古生物学を柱とする進化学のさまざまな論点について成果と展望を発表した。このシンポジウムについての経緯と詳細は Cain (1993) と Smocovitis (1994) を参照されたい。

たります。古生物学者グレン・ジェプセン（Glenn L. Jepsen：一九〇三－一九七四）がオーガナイザーとなって企画し、一九四七年にプリンストン大学で開催されたCCPGPS主催のシンポジウム〈遺伝学・古生物学・進化学（Genetics, Paleontology, and Evolution）〉（Jepsen and Cooper 1948【図1-4a】【図1-4b】）は、進化学会創立記念イベントとして位置づけられます。そして、その論文集（Jepsen *et al.* 1949）の出版をもって、CCPGPSは戦中から戦後にかけての活動を終えることになりました。

進化学の現代的総合といえば、つい私たちは英語圏での歴史的イベントと連想してしまいがちです。確かに、実質的な人脈ネットワークが張られたり記念碑的会議が開催されたりしたのはロンドンやニューヨークやプリンストンでしたが、他の国でも程度の差こそあれいくつかの研究者コミュニティーが〝総合〟に向けて動いていたことは、このイベントの歴史的総括を行なった論文集（Mayr and Provine 1980）第二部での国別報告を見ればわかります。ドイツでのもうひとつの「現代的総合」についてはトマス・ユンカー（Thomas Junker）による詳細な歴史研究が発表されています（Junker 2004）。

CONFERENCE GROUP

[36]

1. Walter H. Bucher, Columbia
2. Carl O. Dunbar, Yale
3. Karl P. Schmidt, Chicago Natural History Museum
4. Curt Stern, Univ. of Cal.
5. Horace E. Wood, 2nd, Newark Colleges of Rutgers Univ.
6. Charles L. Camp, Univ. of Cal.
7. Lee R. Dice, Univ. of Mich.
8. Sewall Wright, Univ. of Chicago
9. Glenn L. Jepsen, Princeton
10. A. H. Sturtevant, Cal. Inst. of Technology
11. H. J. Muller, Indiana Univ.
12. Ernst Mayr, American Museum of Natural History
13. G. G. Simpson, American Museum of Natural History
14. Alfred S. Romer, Harvard
15. Ralph W. Chaney, Univ. of Cal.
16. J. B. S. Haldane, Univ. College, London, England
17. G. Ledyard Stebbins, Jr., Univ. of Cal.
18. E. B. Ford, University Museum, Oxford, England
19. Carl L. Hubbs, Univ. of Cal.
20. Carl Erling, Univ. of Cal. at Los Angeles
21. Bentley Glass, Johns Hopkins Univ.
22. William Hovanitz, Univ. of Michigan
23. Francis J. Ryan, Columbia
24. Herbert L. Mason, Univ. of Cal.
25. Maxim K. Elins, Nebraska Geological Survey
26. C. S. P ttendrigh, Princeton
27. John A Moore, Barnard College
28. Bobb Schaeffer, American Museum of Natural History
29. Joseph T. Gregory, Yale
30. Henry M. Andrews, Jr., Missouri Botanical Garden
31. Erling Dorf, Princeton
32. J. Brockes Knight, U.S. National Museum
33. Norman D. Newell, American Museum of Natural History
34. George H. Shull, Princeton
35. Paul O. McGrew, University of Wyoming
36. Arthur Bevan, National Research Council
37. G. Arthur Cooper, U.S. National Museum
38. A. K. Miller, State Univ. of Iowa
39. Edwin H. Colbert, American Museum of Natural History
40. R. A. Stirton, Univ. of Cal.
41. John E. Pfeiffer, N.Y.C.
42. D. Dwight Davis, Chicago Natural History Museum
43. Theo. Just, Chicago Natural History Museum
44. Marion Ownbey, State College of Washington
45. C. E. Wilde, Jr., Princeton
46. Patrick M. Hurley, M.I.T.
47. A. F. Buddington, Princeton
48. Lewis J. Stadler, Univ. of Missouri
49. E. R. Dunn, Haverford College
50. M. Demerec, Carnegie Inst. of Washington
51. E. Anderson, Missouri Botanical Garden
52. Th. Dobzhansky, Columbia
53. H. D. Stalker, Washington U.
54. W. P. Spencer, College of Wooster
55. D. M. S. Watson, Univ. College, London, England
56. C. D. Michener, American Museum of Natural History
57. Klaus Mampell, Univ. of Penn.
58. T. M. Sonneborn, Indiana Univ.
59. G. H. von Koenigswald, Univ. of Utrecht, Holland
60. David Lack, Edward Grey Inst., Oxford, England
61. T. Stanley Westoll, Marischal College, Scotland
62. Bryan Patterson, Chicago Natural History Museum
63. H. F. Blum, National Cancer Institute, Bethesda, Md.
64. O. H. Haas, American Museum of Natural History
65. Charles M. Bogert, American Museum of Natural History
66. B. F. Howell, Princeton
67. F. B. Van Houten, Princeton
68. F. L. Ferris, Jr., Lawrenceville, N.J.
69. E. Novitski, Univ. of Missouri
70. S. E. Luria, Indiana Univ.
71. S. K. Fox, Princeton
72. K. W. Cooper, Princeton

【図1-4b】プリンストン大学での国際シンポジウム〈遺伝学・古生物学・進化学〉参加者の集合写真と説明　出典：Jepsen and Cooper 1948, pp. 36-37.

〈遺伝学・古生物学・進化学〉に参加したマイアー、シンプソン、ドブジャンスキー、アンダーソンら現代的総合を構築した研究者たちが一堂に会した写真はきわめてめずらしい。そして、「現代的総合」とはあるひとつの統一的な科学理論――いわゆる「進化の総合理論（the synthetic theory of evolution）」はスローガンとみなすべきだろう――の提唱ではなく、むしろ現代進化学史に刻まれた大きな歴史的事象のひとつであったことを私たちに強く印象づける。

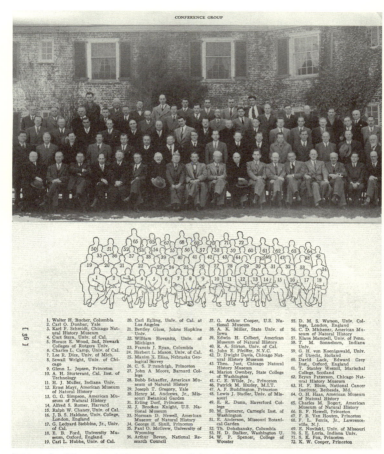

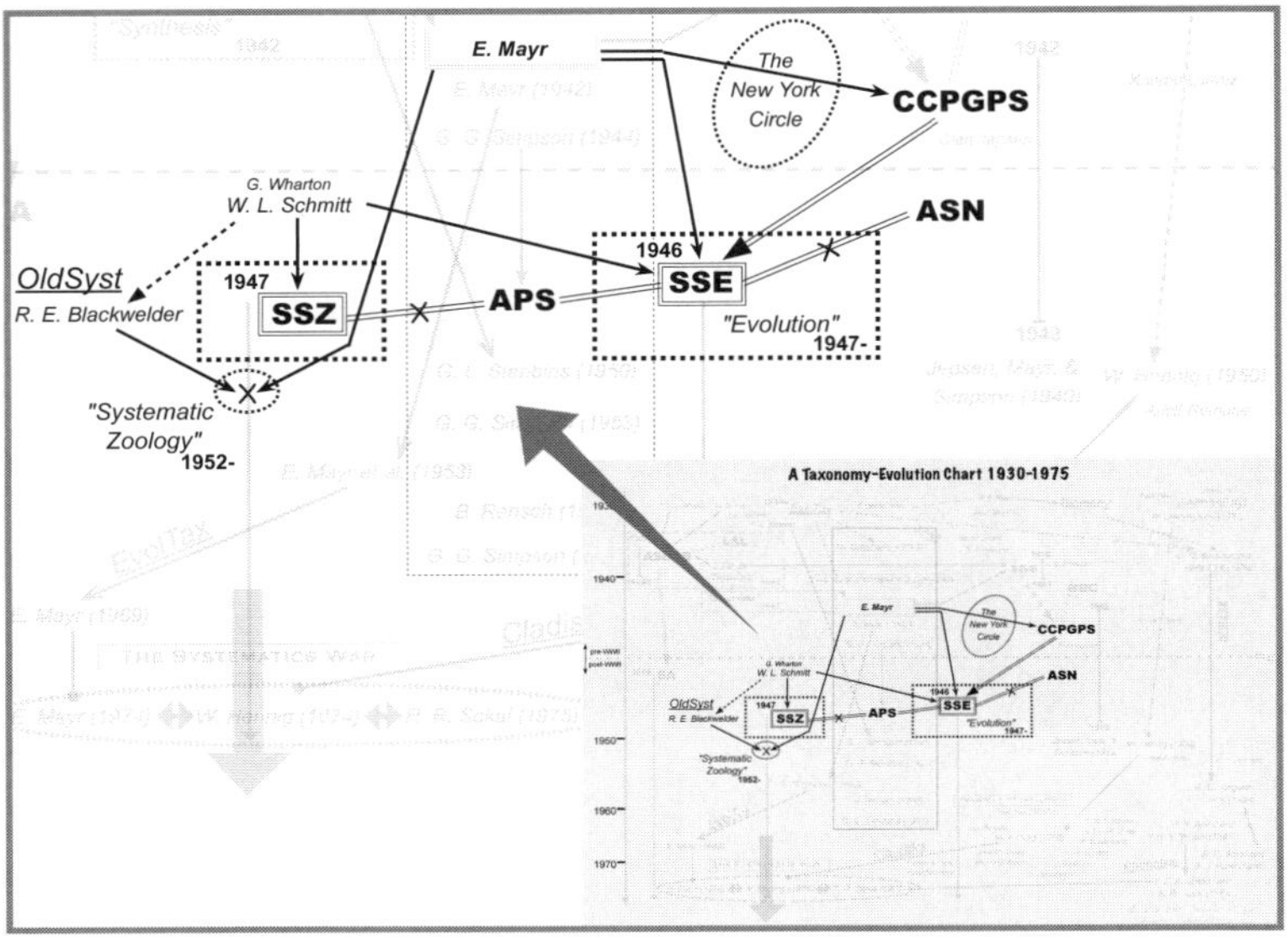

【シーン3】

◇第三景：新しい体系学ｖｓ古い体系学
——場外乱闘［一九四六～一九六二］【シーン3】

進化学会と動物体系学会の創立

第二次世界大戦の終戦直後の数年間に、アメリカでは二つの新学会が創立されました(Cain 1993, pp. 1314)。そのひとつは前節で言及した進化学会（ＳＳＥ）であり、一九四五年のうちにはニューヨーク・サークルの間でこの学会を立ち上げるための具体的な体制づくりが進められました。ＣＣＰＧＰＳの後継組織として一九四六年に正式に発足したＳＳＥは、翌一九四七年に学会誌『エヴォルーション（*Evolution*）』を創刊し、マイアーが初代編集長となりました。

新しい『エヴォルーション』誌と分野が重複する可能性があったのは、アメリカ博物学会（ASN: American Society of Naturalists）の雑誌『アメリカン・ナチュラリスト（*The American Naturalist*）』でした。この『アメリカン・ナチュラリスト』誌は一八六七年に創刊された伝統ある学術誌です。しかし、一九三〇年代なかば以降、この雑誌は購読者を新たに増やすために、ナチュラル・ヒストリーに限定せず、遺伝学や生理学、さらには社会学や心理学にまで手を広げる傾向がありました（Smocovitis 1994, pp. 269-274）。その『アメリカン・ナチュラリスト』誌の編集方針に満足できなくなったナチュラリストたちが新たな出版媒体を求めて新学会を設立したという経緯があったので（Smocovitis 1996, pp. 115-116）、当然の成り行きとしてSSEとASNとの関係はこじれてしまいました。ASNと提携するという当初のもくろみが頓挫し、けっきょくはマイアーとシンプソンの申請によりアメリカ哲学協会（APS: American Philosophical Society）から資金提供を受けて『エヴォルーション』誌はようやく発刊されることになりました（Smocovitis 1994; Cain 1994, 2000b）。

戦後のアメリカで、進化学会設立に向けて水面下での動きが活発に進んでいたころ、もうひとつの新学会「動物体系学会（SSZ: The Society of Systematic Zoology）」が生まれます。ケインの研究（Cain 2004）によると、甲殻類の分類学者として著名なワルド・ラサル・シュミット（Waldo LaSalle Schmitt: 一八八七－一九七七、参照：Blackwelder 1979）とダニ学を専攻するジョージ・ウォートン（George W. Wharton: 一九一四－一九九〇）が中心となって、動物分類学を振興するための新しい学会設立のための下準備が進められていました。SSEが創立された一年後の一九四七年四月、シュミットとウォートンはこの新学会の組織づくりと人材リクルートを開始し、同年の九月には関係者へのサーキュラーが配られました。そして、一二月にシカゴで開催されたアメリカ科学振興協会の大会で、動物体系学会（SSZ）が正式に新

【図1-5】『システマティック・ズーロジー』誌創刊号の表紙
（vol. 1, no. 1, 1952）

第二次世界大戦後間もなく、進化学会（SSE）と相前後して1947年に創立された動物体系学会（SSZ）は、体系学に関連する分類や系統の一般的問題の議論を通して関連する情報を流通するという目的で創刊された。創刊号はたった50ページ足らずの薄い冊子だが、分類学の原理と方法論に関する論文はもちろん動物命名規約や学名に関する記事や各国の博物館の紹介など、古き良き時代の学会誌のおもかげが感じ取れる。私がSSZに入会したのは学部4年生のときだったが（1980年）、学会創立後30年近く経っていたにもかかわらず学会誌の体裁は創刊時と何一つ変わっていなかった。その後、1992年にSSZは創立40年目にして「生物体系学会（SSB: Society of Systematic Biologists）」と学会名称を変更し、学会誌も『システマティック・バイオロジー（*Systematic Biology*）』となって、動物だけでなく植物をもカバーする生物体系学コミュニティーに変身した。あるひとつの学会誌を創刊号から最新号まで“通し読み”すると、学問分野の短期的あるいは長期的な趨勢の移り変わりがじかに実感できる。私はそのやり方でこの研究分野に関する多くのことを学んだ。

規発足し、その会則や細則は翌一九四八年に制定されました（Cain 2004, p. 37）。

戦後間もなくの窮乏時に動物分類学者たちが、学会組織を急いだ理由のひとつは、第二次世界大戦によって人的にも経済的にも大きく損なわれてしまった研究者コミュニティーと情報インフラストラクチャーの空白をできるだけ早く修復する必要があったからです（Cain 2004, pp. 25-26）。そして、もうひとつの大きな理由は、戦中から戦後にかけて構築されてきた進化学の現代的総合が、前節でも触れたように、オブジェクトベースの研究からプロセスベースの研究への移行を促したことです。個別の分類群（オブジェクト）に関するナチュラリスト的研究ではなく分類群をまたぐ普遍的な進化メカニズム（プロセス）が重視される風潮は、体系学者にとっては黙っているわけにはいきません。

現代的総合の大きな潮流のなかで、新たに産声をあげたSSZは動物分類学の根本に関わる共通の原理と諸問題を論じることを学会としての基本綱領としました。甲虫学者リチャード・ブラックウェルダー（Richard E. Blackwelder:

一九〇九－二〇〇二）を初代編集長として一九五二年に創刊されたＳＳＺの学会誌『システマティック・ズーロジー（*Systematic Zoology*）』の創刊号（【図1-5】）巻末にはこう書かれています。

「『システマティック・ズーロジー』誌は動物体系学会が年四回発行する。その目的は三つある。体系学のすべての分野に関わる根本的な側面と原理そして諸問題の考究を出版を通して推進すること、体系学の方法論に関する議論の場を提供すること、本学会の他の活動に関する広報を行なうこと」（*Systematic Zoology*, vol. 1, no. 1, 1952, 裏表紙内側）

この宣言文からは、ＳＳＺが特定の分類群に限定されたオブジェクトベース型研究ではなく、より一般性をもつテーマを論議していこうという姿勢がはっきり読み取れます。それは必ずしも進化メカニズムの解明のようなプロセスベース型研究を意味してはいなかったでしょうが、分野全体にわたる普遍性を希求するという点は明確でした。実際、続く第一巻第二号では同誌の編集方針は次のように示されました。

「『システマティック・ズーロジー』誌は記載論文の出版を念頭に置いていない。本学会の評議員会は、本誌の目的は体系学の哲学的側面と原理ならびに諸問題についての議論、さらには体系学者、研究機関、教育課程、出版物に関する広報であると考えている。体系学的な素材を根こそぎ除外するわけではないが、原理に関する論議が優先されなければならない」（*Systematic Zoology*, vol. 1, no.

2, 1952, SSZ News, p. 92)

後述するように、およそ二〇年後に概念・理念・哲学をめぐる大きな体系学論争の舞台となることが宿命づけられているこの『システマティック・ズーロジー』誌は、実は創刊当初から包括的論争を誘い込む素地があったのだといわざるをえません。

戦後の生物分類学は複数の学会が活動を同時に再開するという特徴がありました。動物分類学のＳＳＺが『システマティック・ズーロジー』誌を発刊した前年の一九五一年には、国際植物分類学協会(IAPT: International Association for Plant Taxonomy)が雑誌『タクソン(*Taxon*)』を創刊します。研究者コミュニティーとしてつくられた学会組織は、近接する他の学会組織との協調関係あるいは対立関係を含みつつ、自らの存立を模索する必要に迫られました。しかも、その関係は学会というコミュニティーのレベルと個々の研究者のレベルとで分けて考える必要があるでしょう。ＳＳＥとＡＳＮとの関係についてはすでに言及しましたが、ここではＳＳＺとＳＳＥとの関係に目を向けます。ＳＳＺ創設の旗振りをしたシュミットとウォートンはＳＳＥの創設にも深く関わっていました(Cain 2004, p.20)。シュミットは個人的にはＳＳＥを切り盛りするマイアーとは良好な関係にありましたが、シンプソンとは仲が悪かったようです。それでも、学会レベルではＳＳＺとＳＳＥは協調関係にありました(Cain 2004, p.28)。

一方、典型的な博物館ナチュラリストだったブラックウェルダーはハクスリーの主張する「新しい体系学」に対しては批判的で、当然の帰結としてマイアーらが主張する「**進化体系学**(evolutionary systematics)」にも頑として同意しませんでした(この点ではシュミットとウォートンもブラックウェルダーと同陣営。Cain 2000b, p. 245)。分類学の研究テーマについて十分な議論を深めることができて、さらに後進の育成や訓練を実施できる場をつくることが喫緊の課題でした。ブラックウェルダーは現代的総合の牙城であるＳＳＥでは分類学を振興するという目的は果たせないだろうと考えたわけです。

生物分類学が研究者の世代を超えて存続するためには、分類学者の養成を制度的にどのように確保するかが重要です。大学や博物館はまさにそのための社会的制度として機能しました。たとえば、ダーウィン進化論に反対し続けたルイ・アガシー（Louis Agassiz：一八〇七－一八七三）が一九世紀に創立したハーヴァード大学の比較動物学博物館（MCZ：Museum of Comparative Zoology）――のちにマイアーの本拠地となる――はもともと動物分類学者を教育指導するための機関でした。ＭＣＺの歴史と変遷をたどったマリー・ウィンザーは、分類学を支えた博物館のもつ制度的宿命について次のように結論します。

> 「こう考えてみると、博物館と科学との必然的な関係はないという興味深い結論にいたる。おそらくこのことが、進化論のような大きな概念的変革に対して博物館が無縁でいられた理由なのだろう。また、アマチュアのナチュラリストたちが自然史系博物館の日々の活動にとってつねに重要な役割を果たしたこととも矛盾しない」（Winsor 1991, p. 267）
>
> 「組織というものはもともと保守的である。変化に対して組織は抵抗する。もともとの設立目的のためだけではなく、新たな目的――すなわち存続すること――のために、組織は自らを防衛する。（中略）一九世紀なかばには生物多様性の研究は一人前の科学になった。その開花は、アガシーの手になる『分類論（*Essay on Classification*）』（Agassiz 1859）というできそこないの果実は別として、ダ

ーウィンの偉大な『種の起源』(Darwin 1859) という極上の果実をもたらした。また、多様性研究はりっぱな研究機関を生み出したが、それがたまたま博物館という組織としての体裁を伴っていたために、体系学は変革への挑戦にうまく対応できず、諸科学のなかでの自らの威光を保つこともままならなくなってしまった」(Winsor 1991, p. 274)

一世紀前のこの〝負の遺産〟が現代的総合の時代にふたたびよみがえり、分類学者コミュニティーに暗い影を投げることになります。

リチャード・ブラックウェルダーと「古い体系学」の反撃

現代的総合とともにつくられた進化体系学は、一九三〇年代の実験分類学(前述)の影響を強く受け、生物集団(個体群)を用いた実験的手法を進化研究に導入しようとしました。たとえば、マイアーの「**生物学的種概念**(biological species concept)」は、生殖隔離という実験的に観察可能な基準を用いて長年にわたって紛糾していた**種問題**(the species problem)を解決しようというもくろみがありました(Mayr 1942)。

第一景で述べたように、進化体系学は現代的総合の新たなフレームワークのもとで生物体系学の復興を目指すという大きな野望がありました(Vernon 1993, pp. 212-217)。進化研究にほかならないガンマ分類に到達するためには前段階としての記載分類(アルファ分類)と続く分類体系構築(ベータ分類)が不可欠であるという進化体系学の主張は建前としてはとてもよくわかります。

マイアーやシンプソンら進化体系学者は、もともと〝古い分類学〟が帯びていた旧態依然とした古臭いイメージを払拭し、野外生物学者としての観察やデータに基づく生物学的種および種分化の進化研究と結びつけることにより、文字通り〝新しい体系学〟を打ち立てるという政治的（科学社会学的）な戦略を立てました。前述したように、ハクスリーにとっての「新しい体系学」（Huxley 1940）は、新たな時代の体系学がもつべき統一理論や共通認識をとうとう提示できず、単に生理学・生化学・免疫学など当時としては〝新しいデータ〟を利用するという意義しかもちえませんでした（Vernon 1993, p. 215）。それに対して、マイアーらは、さらに前に一歩を踏み出して、もっと実質的な進化研究という共通目標を掲げることで、〝新しい体系学〟が進むべきひとつの道を指し示したわけです。

ここで問題となるのは、当時の分類学者コミュニティーが必ずしも一枚岩ではなかったという点です。ケインは、二〇世紀におけるオブジェクトベースからプロセスベースへの研究スタイルの変遷という大きな潮流のなかで生物体系学がどのような姿勢を取ったかについて次のように指摘しています。

「個々の生物群に焦点を当てる分類学的専門研究から、動物体系学あるいは植物体系学と呼ばれる分野横断型かつ原理追究型の体系学的専門研究への抽出が進んだのは、生命科学の再編成という大きな趨勢のなかではかなり遅かった。けれども、それは研究者の関心と研究の重点の全体的な移行をもたらす一段階だった。ＳＳＺはこの再編成を推進する側にコミュニティー・インフラストラクチャーを提供した。ＳＳＺができたおかげで体系学から抽出された原理だけではなくその抽出の過程もまた注目されることになった」（Cain 2004, p. 27）

生物体系学において個別分類群研究から一般原理研究への移行が他の学問分野と比較して大幅に遅くなった理由のひとつは、体系学の研究者コミュニティーの内部が必ずしも均質ではなかったからです。〝新しい体系学〟に希望をもつ側とそれに反感を抱く側の対立がいずれ表面化するのは時間の問題でした。

当時最先端の科学である現代的総合の出発点として分類学にしかるべき存在意義を与えるという進化体系学の政治戦術は、裏を返せば、新種記載（アルファ分類）や分類構築（ベータ分類）は最先端の進化研究（ガンマ分類）からもっとも遠い、もっとも遅れた研究分野というレッテルを貼ることにほかなりません。基本となるアルファ分類すら手付かずの分類群が数多く残されている現状ではどうしようもありません。実際、分類学の学問的・社会的な地位を向上させようとした進化体系学者たちの思惑ははずれてしまい、世界大戦後の復興期になっても分類学の公的地位はなお低迷し続け、研究資金と人材の両面で不遇な状態は以前とまったく変わりませんでした（Vernon 1993, p. 223）。

『システマティック・ズーロジー』誌編集長の座をめぐって争い、かねてから公私にわたりマイアーと不仲が続いていたブラックウェルダーが黙っているわけがありません。分類学を進化学や系統学と連携させようとするマイアーら進化体系学者の方針に対して、ブラックウェルダーはあえて「古い体系学（Old Systematics）」の看板を掲げて反論に乗り出しました。『システマティック・ズーロジー』創刊号のある記事で彼は次のように反論しました。

「『分類学の目標は系統関係を表現することである』という立場に立って、分類は系統発生に基づくべきであるという極論をいつまでもふりまわすのは明らかにまちがっている。進化の産物の分類が『系統発生的背景』をもち、系統学的方法が適切に利用されるならば、現在見られる属性の観察から得られる結果と一致する結論に達するだろうという点は否定しない。しかし、生物の現在の属性に基づく体系学的方法は、系統学的方法よりも重視されるべきである。なぜなら、①現在の属性に基づく体系学的方法はより普遍的であり、②そこで得られた事実の客観性や実証可能性がより高いからである。さらに言うならば、系統学的方法が体系学に有用であるとしたら、その唯一の理由は証拠があれば現在用いられている本質的性質に基づく分類と矛盾しない結果が得られる点にある。推定上の祖先子孫関係に基づく系統学的方法が現行の分類法とまったく相容れない結果を導いたならば、体系学の真の必然的目的からみて系統学的方法は役に立たないだろう。系統学的方法が進化研究者にとっていかに重要であろうと、分類学者にとってたいした意味はない。なぜなら、分類学者が目指すべき大目標は、生物が〝現在〟もっている形質と性質に基づいて、そして化石に示される〝過去〟の形質に基づいて分類を行なうことであり、現在の生物の祖先にあったかもしれない形質によって分類することではないからである」(Blackwelder and Boyden 1952, p. 32)

このように、系統学よりも分類学の方が優位に立つと主張するブラックウェルダーは、ハクスリーの「新しい体系学」と真っ向から対立する「古い体系学」を掲げました。

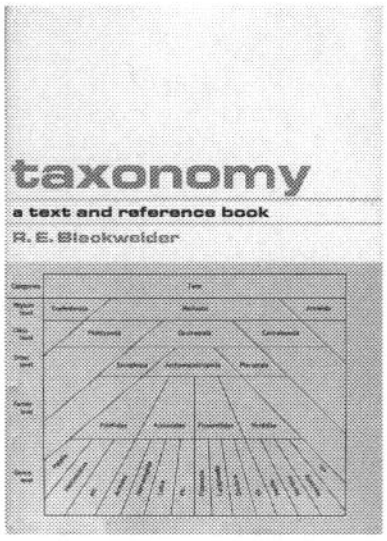

【図1-6】リチャード・E・ブラックウェルダー『分類学：教科書ならびに参考書』の書影（Blackwelder 1967b）

ハクスリーならびにマイアーら進化体系学派の「新しい体系学」に公然と反旗を翻したブラックウェルダーは、当時はなかば蔑称として使われていた「古い体系学」をあえて自称し、分類学者たちがこれまで行なってきた新種の記載や命名そして分類体系構築のための方法と実践には何一つ悪いところはなかったと擁護した。SSZメンバーの一人であり、『システマティック・ズーロジー』の初代編集長でもあったブラックウェルダーは、けっきょくはマイアーとの抗争に敗れることになるが、その後も「新しい体系学」に転向することはけっしてなかった。1960年代なかば、後述する進化体系学・分岐学・表形学の学派間闘争の足音が遠くから響いてくる時代に、ブラックウェルダーは彼の信じる「古い体系学」を集大成する本書を上梓した。計700ページを超える電話帳のような厚さには彼の執念がこもっているようだ。生物体系学の現代史をたどってみると、華々しい論争に目をくらまされてしまい、見えるものが見えなくなってしまうことがときどきある。ブラックウェルダーの本書は私にはいささか気が重くなる内容だが、分類や系統の論議は想像する以上に裾野が広かったことを知るべきだろう。1977年に引退したのち、ブラックウェルダーは『指輪物語』――映画〈ロード・オブ・ザ・リング〉の原作――の著者として有名なジョン・R・R・トールキン（John Ronald Reuel Tolkien：1892-1973）の研究と蒐集に没頭し、彼の第一級のトールキン・コレクションは世界的に有名になった。ブラックウェルダーは最後はいい人生を送ったと私は思う。

「体系学の新しい時代がわれわれの前に広がっている。これからの時代は一〇年前に提唱された〝新しい体系学（The New Systematics）〟だけではもはやない。「新しい体系学（New Systematics）」でも「古い体系学（Old Systematics）」でもない大文字の体系学（SYSTEMATICS）であってほしいと著者は望んでいる」（Blackwelder and Boyden 1952, p. 33）

ブラックウェルダーは、その後も一貫して〝古い体系学〟を主張しつづけました（Blackwelder 1962, 1967a, b, 1977【図1-6】）。マイアーやシンプソンら進化体系学者がなんと言おうが、「分類と系統は分けるべきである」と公言する〝古い体系学者たち〟が存在していたという事実は、当時の進化体系学が必ずしも主流派の意見ではなかったことを示唆しています（Vernon 1993, pp. 223-226）。もちろん、進化体系学派は自分たちこそ〝伝統的〟な分類学の理念に則っていると繰り返し主張しました。

「表形学派（phenetics）と分岐学派（cladistics）は数知れない支持者を集めた。しかし、ほとんどの分類学者たちは、これらの新学派がもたらした方法論的な進展をそれぞれ採用しながらも、伝統的な分類方法を踏襲してきた。それは、系統の分岐だけではなく、分化の程度をも分類に表現する方法である。これを実践するには、ある分類群が新しいニッチあるいは適応域に侵入したことでその姉妹群とは大きな差異をもつようになったかどうかによってその分類群のランクを変更すればよい。その結果、分岐図（cladogram）は系統図（phylogram）に変換されることになる（Mayr 1969a）。この学派は、その方法論がダーウィン理論に一字一句したがっているため、進化分類学（evolutionary taxonomy）と呼ばれることがある。あるいは、その方法論が表形学派が新たに開発した数値的方法と分岐学派が提唱した形質の原始性‐派生性に基づく分割をともに利用するため、折衷分類学（eclectic taxonomy）と称されることもある」（Mayr 1982a, p. 233）

しかし、進化体系学派の主張とは裏腹に、その学問的教義は一九三〇年代以降の現代的総合のなかでしだいに構築されたものであり、けっして〝歴史のある伝統的な分類学〟とはいえないでしょう。同時代の動物分類学コミュニティーのなかでもブラックウェルダーのような声高な反対者がおり（Cain 2004）、植物分類学コミュニティーはさらに輪をかけて進化体系学派に対して冷淡な態度をとりました

(Vernon 1993)。のちの一九七〇年代以降に戦わされる体系学論争の前哨戦として、第二次世界大戦後の体系学コミュニティーが呈した様相は現在から見ても興味深いことがらを私たちに教えてくれます。

◇第四景：ドイツ体系学の系譜——体系の重み［一九三一〜一九六六］【シーン4】

パターンベース型研究としての生物系統学

すでに第二景で、私たちは、ジョー・ケインが指摘するように（Cain 2009）、二〇世紀中盤における進化学の現代的総合が「オブジェクトベース研究からプロセスベース研究への移行」を伴っていたことを知りました。特定の分類群だけに限定された研究ではなく、普遍性のある一般的な研究への志向は現代的総合につながりをもつさまざまな研究分野の動向に影響を及ぼさずにはすまされません。第三景で見たように、まさに個別分類群のみの新種記載や分類構築を手がけてきた生物体系学においてさえ、SSZの創立にあたっては「普遍的」かつ「一般的」な論議が推奨されました。

ここで立ち止まって考えなければならないことは、進化生物学のなかで普遍的かつ一般的な研究テーマとは何かという問題です。ハクスリーはもちろんマイアーやシンプソンら現代的総合の構築者の立場からは、普遍的かつ一般的なテーマとは自然淘汰や適応進化の過程（プロセス）に関する研究を明らかに指していました。生物体系学にとってももちろんそれぞれの分類群が進化的に成立する因果を解明するためにはこれらのプロセスに関する考察は欠かせないでしょう。しかし、その議論に先立って体系学者が直面した問題は、個別分類群に関するさまざまな形質情報（形態学的・発生学的・行動学的・生態学的など）に基づいて、それらの分類群がどのような系統発生の歴史をたどってきたかを推定する作業、すなわち「**系統推定**（phylogeny reconstruction）」という難問でした。

系統進化をいかにして推定するかという問題は、個別分類群のみに限定されてはいないという意味ではオブジェクトベース型研究ではありません。しかし、適応進化や自然淘汰あるいは地理的種分化のような因果過程ともいえないという意味ではプロセスベース型研究にもあてはまりません。実際、現代的総合という歴史的イベントのなかでは、系統推定論に関する具体的な論議はすっぽり抜け落ちてしまっ

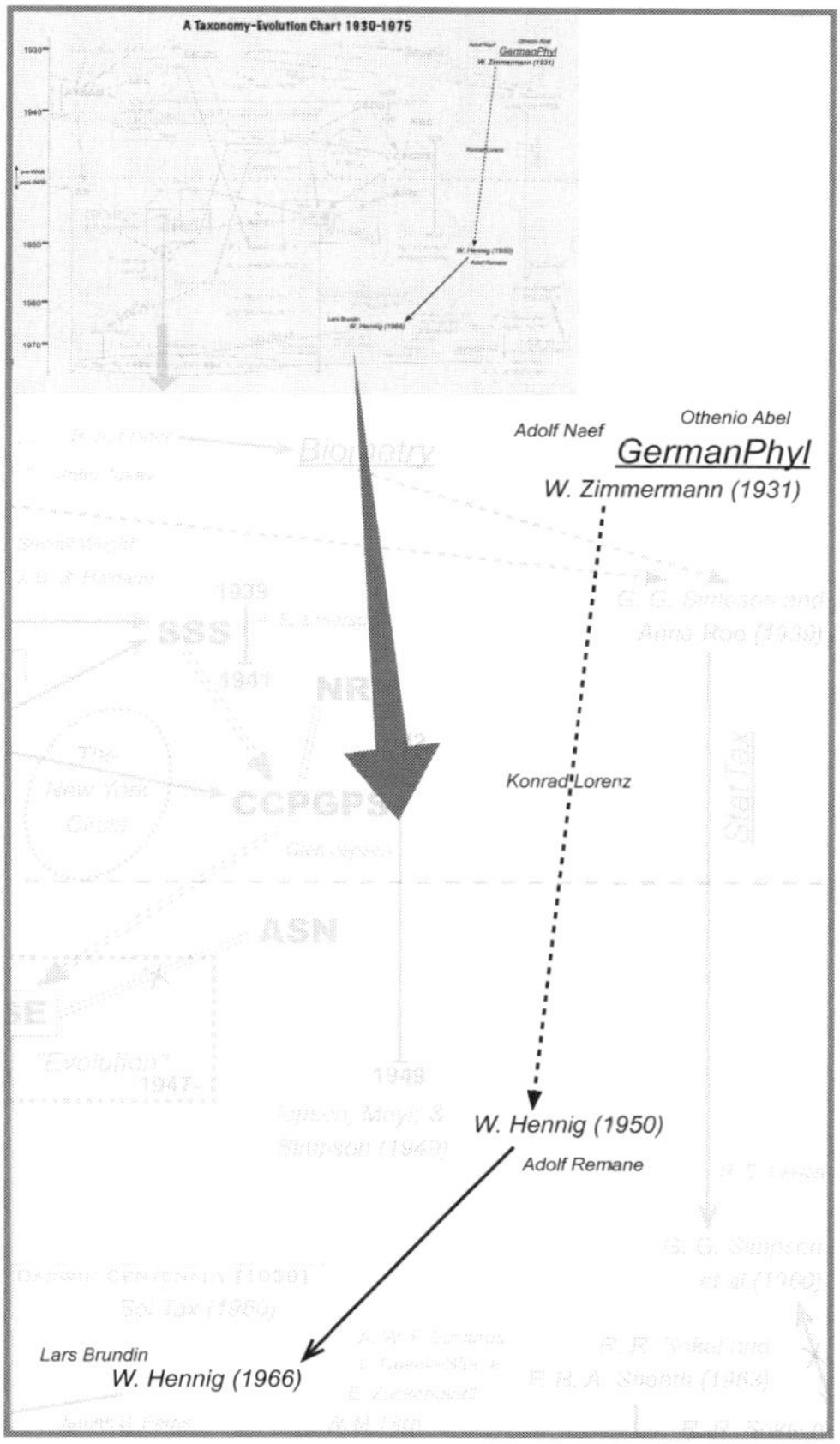

【シーン４】

たのが実情でした。現代的総合に関するその後の生物学史的な研究でも系統推定の理論と方法への言及や考察はけっして十分ではありません（Bowler 1996; Willmann 2003, p. 450）。

分類群がたどった進化史としての系統発生に関する研究は、ケインが提唱する「**オブジェクトベース型**」と「**プロセスベース型**」という研究タイプの対置の枠組みではうまく捉えられません。体系学的なパターン分析は個別分類群に関する歴史を復元（推定）するための一般的・普遍的な方法を要求するからです。科学史家ピーター・J・ボウラー（Peter J. Bowler）は、現代進化学の歴史叙述がダーウィン進化学から現代的総合への集団遺伝学を中核とする自然淘汰のプロセスのみに目を奪われたために、単線的に勝者と敗者を対立させる〝ホイッグ史観〟に陥っていると批判します。そして、「ダーウィニズムの黄昏」という薄明の時代にあっても生物の系統進化の歴史を探究する研究は活発に行なわれていたと指摘しました。

「私が言いたいのは、ダーウィニズムがもたらした衝撃についての通常の歴史研究にメカニズムに関する論争のみを考察するという歪みがあったせいで、生命進化の足跡の解釈をめぐって戦わされた論争が忘れられてきたという点だ。第一世代の進化生物学者たちは地球上の生物進化を復元することにもっぱら関心を払ってきた。彼らが進化のメカニズムについて議論したのは、そのプロセスを調べれば系統発生のパターンの生成原因がわかるかもしれないという点に興味があったからにほかならない。もちろん、アウグスト・ヴァイスマン（August Weismann）が格好の例だが、メカニズムが研究の中心となった進化学者もいた。一九世紀末以降からメンデル遺伝学の登場によって状況が大きく変わり、メカニズムへの関心が他を圧倒するようになった。しかし、新たに出現した実験生物学に押しやられて不遇な境遇をかこつ時代にあっても、地上の生物の歴史を復元する研究は途絶えることはなかった」(Bowler 1996, pp. 2-3)

生物にかぎらず、一般に歴史を推定し復元するという作業は〝科学〟の標準的なイメージに合わないように受け取られる傾向があります。歴史復元はデータや史料に基づく推論の積み重ねに頼らなければ先に進めません。しかも、得られた結果が真実であるという保証はどこにもありません。生物学に目を向けると、一九世紀末から二〇世紀前半にかけて大きく興隆した実験発生学(発生工学：Entwicklungsmechanik)やメンデル遺伝学などの実験科学とはちがって、生物の系統進化史を推定する研究もまったく同様に〝非科学的〟というレッテルを貼られることがたびたびありました。本書の後半でくわしく考察することになる生物体系学の「科学性」の問題は、昔からことあるごとに議論されてきたのです。

ボウラーが言うように、生物の系統発生に関する研究に「歴史学」としての性格があることを踏まえるならば、系統推定論はどのように位置づけられるかが問われます。私は「オブジェクトベース型」にも「プロセスベース型」にもおさまらない第三の極としての「**パターンベース型** (pattern-based)」の研究と呼ぶのが適当であると考えます。私が「パターンベース型」と呼ぶ研究は、それぞれの分類群に関する多様性の様相を「分ける(=分類)」あるいは「つなぐ(=系統)」という作業を通して体系化することを目標に据えます(三中 2017a)。オブジェクトとしての個別分類群の多様性を包括的なパターンとして体系化し、その知見を踏まえて生成プロセスの研究に進むという段階が想定できます。のちの一九七〇年代に激しく戦わされる体系学論争において、「進化プロセス」と「系統パターン」とはつねに〝対語〟として論争の俎上に登場することを私たちはしばしば目撃することになります。

では、第二次世界大戦前後のアメリカを中心地とする現代的総合の舞台を離れて、一九世紀末のドイツに向かうことにしましょう。一八世紀以降のヨーロッパ大陸は「**ロマン主義運動**（the Romantic movement）」が広がっていました（Richards 2002, p. 6）。自然と宇宙をひとつの大きな〝動き〟として全体論的に理解しようとするロマン主義はドイツの科学界はもちろん思想界全体にまで影響を及ぼし、それは同時代のイギリスにも波及することになります（Rehbock 1983, Desmond 1989）。

自然哲学、観念論形態学、系統学

生物学においては「**超越論的観念論**（transcendental idealism）」は「**自然哲学**（Naturphilosophie）」と一体化して隆盛を極めます。自然哲学はさまざまな思想を含みますが、もともと哲学者イマニュエル・カント（Immanuel Kant：一七二四－一八〇四）、文学者ヨハン・ヴォルフガング・フォン・ゲーテ（Johann Wolfgang von Goethe：一七四九－一八三二）、そしてフリードリッヒ・ヴィルヘルム・ヨーゼフ・フォン・シェリング（Friedrich Wilhelm Joseph von Schelling：一七七五－一八五四）にまでさかのぼることができます。唯物論あるいは機械論と対立するこの超越論的観念論は、経験を超越する先験的な直観と観念的な法則による説明を重視しました（Rehbock 1983, Richards 2002）。

科学史家フィリップ・F・レーボック（Philip Rehbock）は、観念は物質よりも先行すると主張する観念論の要点を次のように示します。

「観念論とは、観念や精神がもっとも根本的な実在であり、物質――物理世界としての自然――は観念に依存する副次的な実在であるとする形而上学的な教義である。この観念論は科学史において長きにわたってとても興味深い系譜を形づくってきた」(Rehbock 1983, p. 15)

観念論の立場は、フランシス・ベーコン流の帰納主義のようにデータから結論を導くという立場とは異なり、直観と想像力に頼って形相因（formal cause）としてのイデアが生成する現世のパターン（法則性あるいは規則性）を認識しようとします。したがって、個々の事象に関する記載にとらわれることなく、それらを包括的に説明できる原理を見つけようとしたのが超越論的観念論と考えることができます(Rehbock 1983, p. 9)。

このロマン主義と観念論の伝統と文脈のなかで、ドイツでの往時の生物体系学がどのような変遷を遂げたかは本書のテーマと深く関連しています。本節が呈示する〝景色〟は、前節までの欧米英語圏の〝景色〟とはかなり異なっていることに注意してください。思想・文化・学問・制度などさまざまな背景条件が異なるレイヤーがときには離れまた重なるようすを見逃さないことは、生物体系学の現代史を理解する上でとても重要な点です。

古生物学者オリヴィエ・リーペル（Olivier Rieppel：一九五一－）は、一世紀前のドイツの生物体系学が置かれていた思想的背景と社会的状況について詳細に調べ、その後の学問としての発展に対してどんな影響が及んだのかを考察しました（Rieppel 2016a）。彼の分析によると、先行するロマン主義的自然哲学の影響は二〇世紀に入ってからも残り、とくに「全体論（holism）」と結びついた「有機体論（organicism）」――自然科学分野では、たとえば、比較発生学者ヴィルヘルム・ルー（Wilhelm Roux：一八五〇－一九二四）、生気論者ハンス・ドリーシュ（Hans Driesch：一八六七－一九四一）、あるいは環世界論者ヤーコプ・フォン・ユクスキュル（Jakob von Uexküll：一八六四－一九四四）に見られる思想傾向（Harrington 1996; Rieppel 2016a, ch. 4）――は、当時の「**観念論形態学**（idealistische Morphologie）」においてもきわめて強固だったとリーペルは指摘します（Rieppel 2016a, pp. xvi-xviii）。

しかし、その一方で、一九世紀に活躍した進化学者エルンスト・ヘッケル（Ernst Haeckel：一八三四－一九一九）が一貫して唱導したのは、観念論に対置される「唯物論（materialism）」を踏まえた「**一元論**（monism）」あるいは「**還元論**（reductionism）」の哲学でした。厳密な論理と数理の体系を重視するこの知的伝統は、後の「**論理実証主義**（logical positivism）」の出現とそれに続く一九二九年の「ウィーン学団（Vienna Circle）」創立につながる大きな思想運動へと発展することになります。ドイツの生物体系学もまたこの論理実証主義の影響を大きく受けました（Rieppel 2016a, p. xv）。リーペルが言うように、観念論（全体論）と唯物論（還元論）との根源的対立がなんら解消されないまま、ドイツ生物学が比較形態学や系統推定論の基礎となる理論体系をどのように構築したかはこの思想的文脈ではとても大きな興味深い問題です。

たとえ同時代にあっても、国境を越えれば周囲に見える〝景色〟がちがうのは当然のことでしょう。ましてや戦火のもとに分断された英米とドイツとが学問的にも断絶してしまったことは無理もありません。ヴォルフ－エルンスト・ライフ（Wolf-Ernst Reif：一九四五－二〇〇九）は、第二次世界大戦下の隔離された学問環境で、ドイツの進化生物学が英米で進みつつあった現代的総合の潮流を知らないまま〝反ダーウィニズム〟の方向に独自の発展を遂げたと指摘しました（Reif 1983）。

とくに、古生物学者オットー・H・シンデヴォルフ（Otto H. Schindewolf：一八九六－一九七一）による観念論的な大進化理論（たとえば Schindewolf 1950）は、生物進化そのものに関する基本見解からして同時代の現代的総合との隔たりがあまりに大きすぎました（Grene 1958）。それればかりではなく、生物体系学に関しても、シンデヴォルフは憶測にすぎない系統ではなく形態学的に導かれた類型（タイプ）に基づく分類構築を優先させるべきだと強く主張しました。

「分類学の方法論は自律的であり系統進化説からは完全に独立している。この世に実在し、われわれが秩序化すべきものは生物の多様性である。神による創造の産物であろうが、祖先から進化してきた子孫だろうが、生物がもっている構造には差異があることに変わりはない」（Schindewolf 1950, 英訳 pp. 400-401）

「したがって、分類の結果に空間的・時間的なデータを付け加えて得られる系統は分類の基礎とはなりえない。〝系統的体系〟をつくれという要求はまちがいであり、理論的にも実践的にも実現不能である」（Schindewolf 1950, 英訳 p. 409）

「非系統学的な観念論形態学の中核は、生物の形態を比較し、類似性がどのように段階的に変わるかを調べ、形態間の関連性を決定することにある。それは比較形態学、体系的形態学、あるいは

類型学と呼ばれてきた方法にほかならない」（Schindewolf 1950, 英訳 p. 410）

影響力の強かったシンデヴォルフのような〝逸脱〟は戦中から戦後にかけてのドイツにおける系統体系学の議論を結果的に押さえこむことになってしまいました（Willmann 2003, p. 471）。

オテニオ・アーベルによる形質進化方向性と系統推定論

しかし、観念論形態学の大波が来る前に系統体系学の理論づくりがある程度進んでいたこともまた事実でした。次に登場する、古生物学者オテニオ・アーベル（Othenio Abel：一八七五－一九四六、Abel 1910）や比較形態学者アドルフ・ネフ（Adolf Naef：一八八三－一九四九、Naef 1917, 1919）は、それぞれネオ・ラマルキズムや観念論をよりどころにしつつも、後年の系統体系学の基礎となる概念（系統関係、単系統群、祖先系列、形質状態の原始性・派生性など）を提唱しました。

アーベルは二〇世紀初頭に活躍した、スイス出身の古脊椎動物学者でした（Rieppel 2012b, 2013b, 2016a, pp. 67-77）。従来の「古生物学（Paläontologie）」に飽き足らず、化石生物の生物学的・生態学的側面をより強調する「Paläobiologie」（Abel 1911）を提唱した彼は、化石資料から得られる形態学的データに基づく分類と系統の方法論を確立しようとしました。アーベルの研究は後年のドイツ系統学にその足跡を残すことになります。

以下では、アーベルが手がけた研究のひとつを取り上げ、彼の手法が現代もなお通用することを示しましょう。アーベルは一九一〇年に古第三紀（六六〇〇万年から二三〇三万年前までの地質時代区分）の化石サイ類（Rhinocerotida）に関する論文をウィーンの地質学会誌に発表しました（Abel 1910; Willmann 2003, pp. 468-469）。この論文で、彼はアジアから新発見された化石サイ *Meninatherium telleri* の類縁関係について、掘り出された上顎骨の破片（【図1-7】）の形態データに基づいて研究しています。アーベルはこの *Meninatherium telleri* とその近縁種群の臼歯に関する形態形質を一覧表にまとめました（【図1-8】）。

彼が、この形質分布表を作成するにあたり、近縁種間で観察される形質状態のちがいを「原始的（primitiv）」と「特化的（spezialisiert）」と対置したのは画期的でした。なぜなら、すべての形質について原始的な状態をもつ *Prohyracodon orientale* をもっとも祖先に近いと仮定されるサイ——現在の系統学では「外群（outgroup）」と呼ばれる分類群であり、形質状態の原始性／派生性を判定し、系統樹の根（root）を付けるために用いられます（第3章参照）——とするとき、より特化した派生的な状態をもつ種はより子孫的であると推定できるからです。

アーベルは、この形質分布表に基づいて、*Protaceratherium* 属は *Praeaceratherium* 属から派生したと主張しました。その根拠は、*Praeaceratherium filholi* が形質DとHに関して原始形質状態であるのに対して、*Protaceratherium minutum* と *Aceratherium lemanense* は特化した派生形質状態を共有しているからです。また、新発見の *Meninatherium telleri* は形質Eが派生的に特化していることから、*Praeaceratherium filholi* の祖先であることが否定できます。このように、形態形質が祖先に近いと仮定される原始状態かそれとも子孫的な派生状態であるかを判定すれば、系統樹上の類縁関係が推定できることをアーベルは示しました。

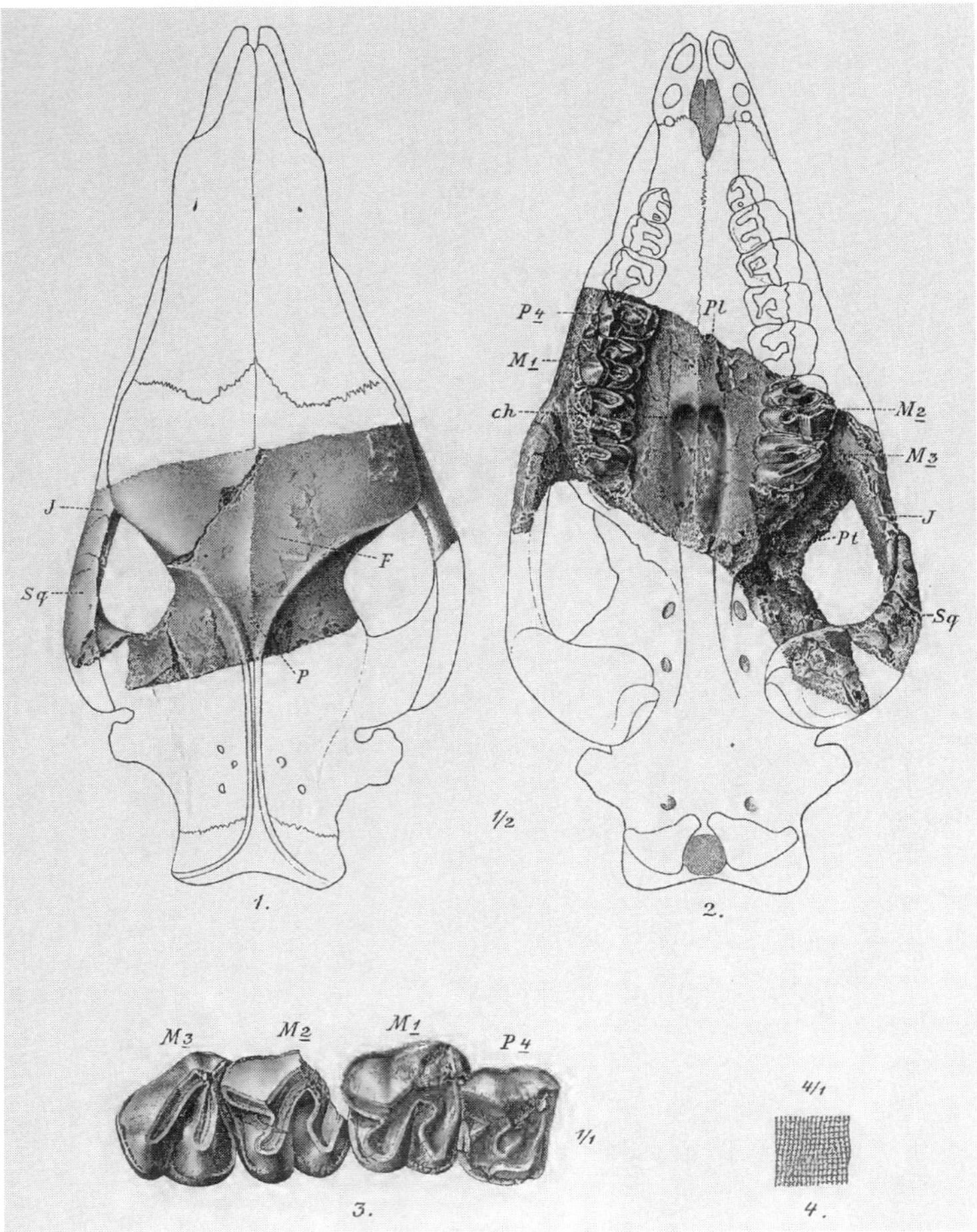

【図1-7】古第三紀地層から出土した化石サイ *Meninatherium telleri* の上顎骨破片
出典：Abel 1910, Tafel 1.

左は復元された上顎骨を上から見た図、右は下から見た図。その下の左図は前臼歯（P）と後臼歯（M1 ~M3）を示している。下右図は後臼歯エナメル質の模様である。

Spezialisationen von	primitiv	spezialisiert
Hyrachyus agrarius . .	—BCDEFGH	A—————
Prohyracodon orientale .	ABCDEFGH	——————
Meninatherium Telleri .	ABCD—FGH	——E——
Epiaceratherium bolcense	AB—DEFGH	—C———
Praeaceratherium Filholi	ABCDE—GH	————F—
Praeaceratherium minus	ABCD——H	———EFG—
Protaceratherium cadibonense	——D——H	ABC—EFG—
Protaceratherium minutum	——————	ABCDEFGH
Aceratherium lemanense	——————	ABCDEFGH

【図1-8】化石サイ類の臼歯の形質分布表（部分） 出典：Abel 1910, pp. 44-45.
Meninatherium telleri の近縁群計９種の前臼歯と後臼歯に関する８つの形態的特徴（A〜H）を原始的と特化的に分けて記載し、それらの形質状態の分布を一覧表にした。

いま、アーベルがつくった形質分布表（**【図1-8】**）を書き換えて、形質ごとに「原始的／特化的」な形質状態を「０／１」という数値コードとして表示してみましょう（**【図1-9】**）。

アーベルは特化した形質状態を共有することが系統的な近縁性の証拠であると考えました。後述するように、その後、二〇世紀なかばまでに植物学者ヴァルター・ツィンマーマン（Walter Zimmermann：一八九二－一九八〇）や昆虫学者ヴィリ・ヘニックの手により系統体系学の方法論は確立されますが、彼らの分岐学的手法はアーベルと同じく派生形質状態の共有に基づいて単系統的な姉妹群を構築します。そこで、共有派生形質状態に基づいて系統推定を行なう**分岐学**（最節約法）の現代的手法を用いて（Kitching *et al.* 1998, Wiley and Lieberman 2011）、アーベル自身の形質データ行列を実際に解析してみましょう。最節約法の系統推定ソフトウェアのひとつである *PAUP** (Swofford 2017; Swofford and Sullivan 2009)

	種 \ 形質	1 A	2 B	3 C	4 D	5 E	6 F	7 G	8 H
1	Hyrachyus agrarius	1	0	0	0	0	0	0	0
2	Prohyracodon Orientale	0	0	0	0	0	0	0	0
3	Meninatherium Telleri	0	0	0	0	1	0	0	0
4	Epiaceratherium bolcense	0	0	1	0	0	0	0	0
5	Praeaceratherium Filholi	0	0	0	0	0	1	0	0
6	Praeaceratherium minus	0	0	0	0	1	1	1	0
7	Protaceratherium cadibonense	1	1	1	0	1	1	1	0
8	Protaceratherium minutum	1	1	1	1	1	1	1	1
9	Aceratherium lemanense	1	1	1	1	1	1	1	1

【図1-9】アーベルの形質分布表の二値的数値コード化
元データの「原始的／特化的」を二値的数値「0/1」にそれぞれ置き換えた。アーベルが分析した8つの形態的特徴（A～H）は横方向に並べられ、全9種のサイは縦方向に配置されている。この形質コード表は形質進化解析ソフトウェア *Mesquite*（Maddison and Maddison 2017）の形質マトリックス作成エディターを用いて作成した。

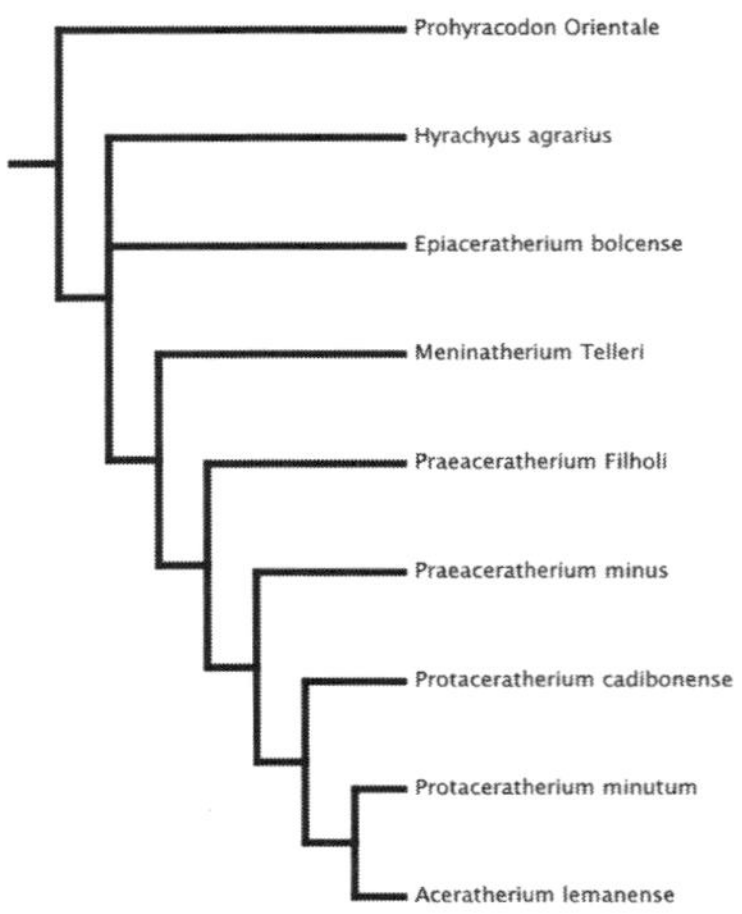

【図1-10】アーベルの形質データ表に基づく二値コード化による最節約的な系統関係の推定
系統推定ソフトウェア *PAUP** version 4.0a152（Swofford 2017）を用いて最節約分岐図を完全探索したところ、同長の最節約分岐図が4つ得られた（図示したのはそのひとつである）。もっとも多くの原始的形質状態をもつ *Prohyracodon orientale* を外群に指定した。いずれの最節約分岐図も樹長は11で等しく、形質データと樹形との一致を示す「一致指数（CI: Consistency Index)」は0.727、共有派生形質状態の割合を示す「保持指数（RI: Retention Index)」は0.843、そして一致指数と保持指数の積である「修正一致指数（RC: Rescaled Consistency Index)」は0.612と高い値を示した（これらの評価指数に関しては三中 1997, pp. 245-253 を参照されたい）。

形質D, H → *A. lemanense* + *P. minutum* の共有派生形質

形質B → *A. lemanense* + *P. minutum* + *P. cadibonense* の共有派生形質

形質G → *A. lemanense* + *P. minutum* + *P. cadibonense* + *P. minus* の
共有派生形質

形質F → *A. lemanense* + *P. minutum* + *P. cadibonense* + *P. minus* +
P. Filholi の共有派生形質

を用いて数値コード化された【図1-9】の形質データ行列を計算すると、共有派生形質状態に基づく最節約的（most parsimonious）な系統関係──形質状態の変化総数を最小とする樹形──が推定できます。

最節約的に推定されたこの系統仮説【図1-10】を用いてアーベルの推論を検証してみましょう。彼は特化した派生的形質状態に基づいて系統関係の遠近を判定しました。いま【図1-10】の系統仮説の上に、推定に用いた八形質（A～H）の形質状態の分布に基づいて仮想共通祖先の形質状態をマッピングすると【図1-11】に示した結果が得られます。

原始的形質状態の最節約復元を用いると派生的形質状態がどの種間で共有されているかが正確に推定できます。この【図1-11】を参照しながら、派生的形質状態と単系統群とを対応させると上のようになります。

上記以外の三形質A、C、Eは派生的形質状態が複数の枝で別々に進化した**非相同派生的形質**（homoplasy）であると考えられます。アーベルが導いた結論を最節約法に基づくこの計算結果に照らしてみると、彼が一世紀も前に誤りのない推論をしたことがわかります。

アーベルと同時代のイギリスでは、動物学者ピーター・チャルマーズ・ミッチェル（Peter Chalmers Mitchell: 一八六四‐一九四五）が形質進化と系統復元に関する詳細な研究を手がけました。

鳥類の消化管の形態に関する論文（Mitchell

77　　第1章　第一幕：薄明の前史

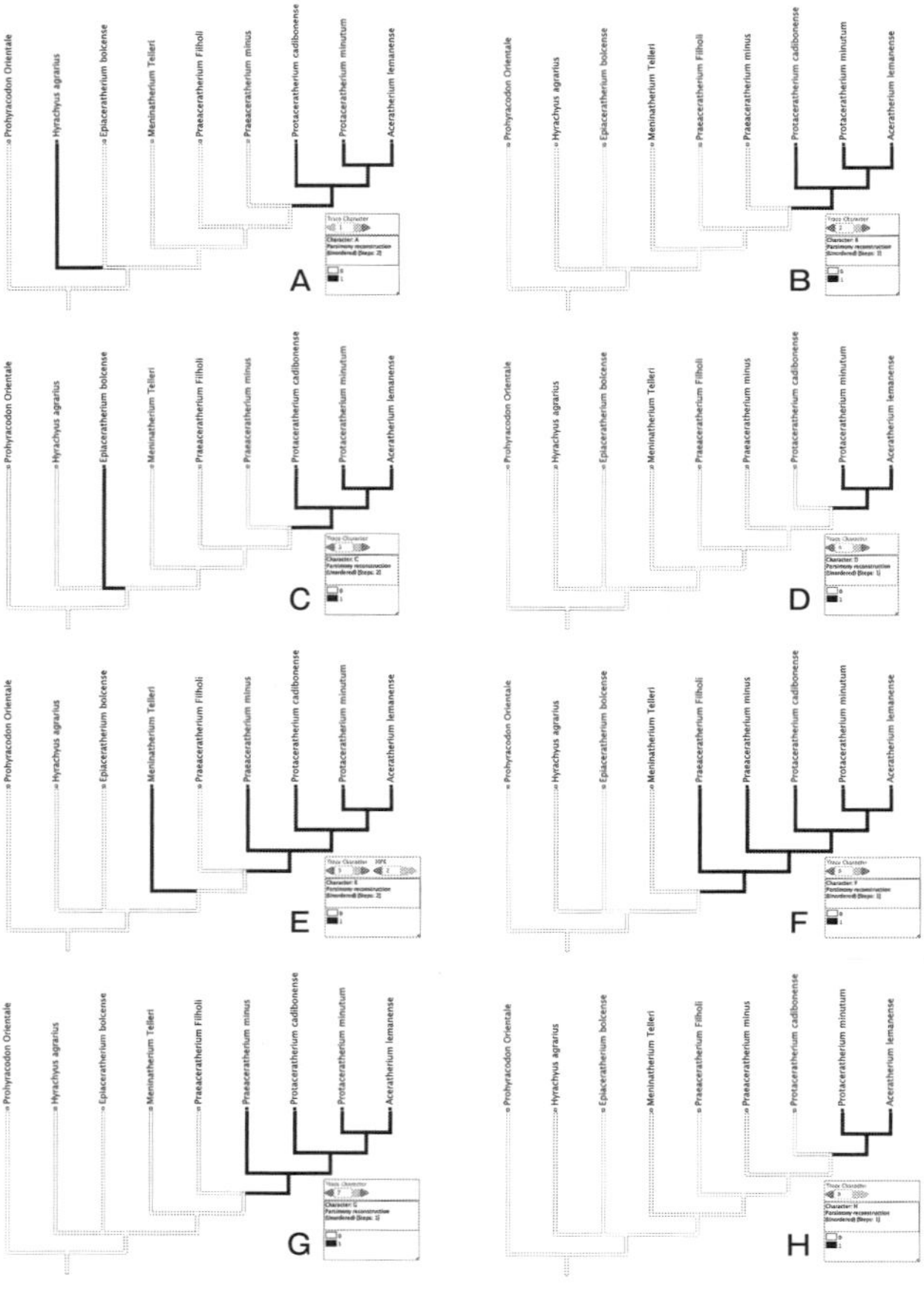

【図1-11】最節約系統仮説への８形質（A～H）形質状態マッピング

分岐図の各枝がそれぞれの形質ごとに原始的状態（白）をもつかそれとも派生的状態（黒）をもつかを最節約復元して表示した。形質Eについては同程度に最節約的な復元が２つ存在するが、形質変換遅延最適化（DELTRAN）アルゴリズムによる最節約復元を示した(Swofford and Maddison 1987, 1992)。それ以外の7形質については一意的な最節約復元が得られた。これらの最節約復元の計算には *Mesquite* version 3.2（Maddison and Maddison 2017）を用いた。なお、分岐図上での仮想形質状態の最節約復元については三中 1997, pp. 222-237 にくわしく説明した。

【図1-12】ピーター・ミッチェルの形質進化概念図
出典：Mitchell 1901, p. 181, fig. 2.
ロンドン動物学会の事務局長の職にあったミッチェルは、この論文の「形質の評価と命名」という節で、形質進化の過程で生じる原始的な形質状態から派生的な形質状態への変化の様相を表現する概念体系を提唱した。この形質進化図の中心には「原始中心的」と称される原始的な形質状態が配置されている。この原始中心的状態から周縁に向かって生じた形質進化は「派生中心的」な形質状態を生みだす。このうち、一方向的な派生中心的形質状態が単系統性を保証する。

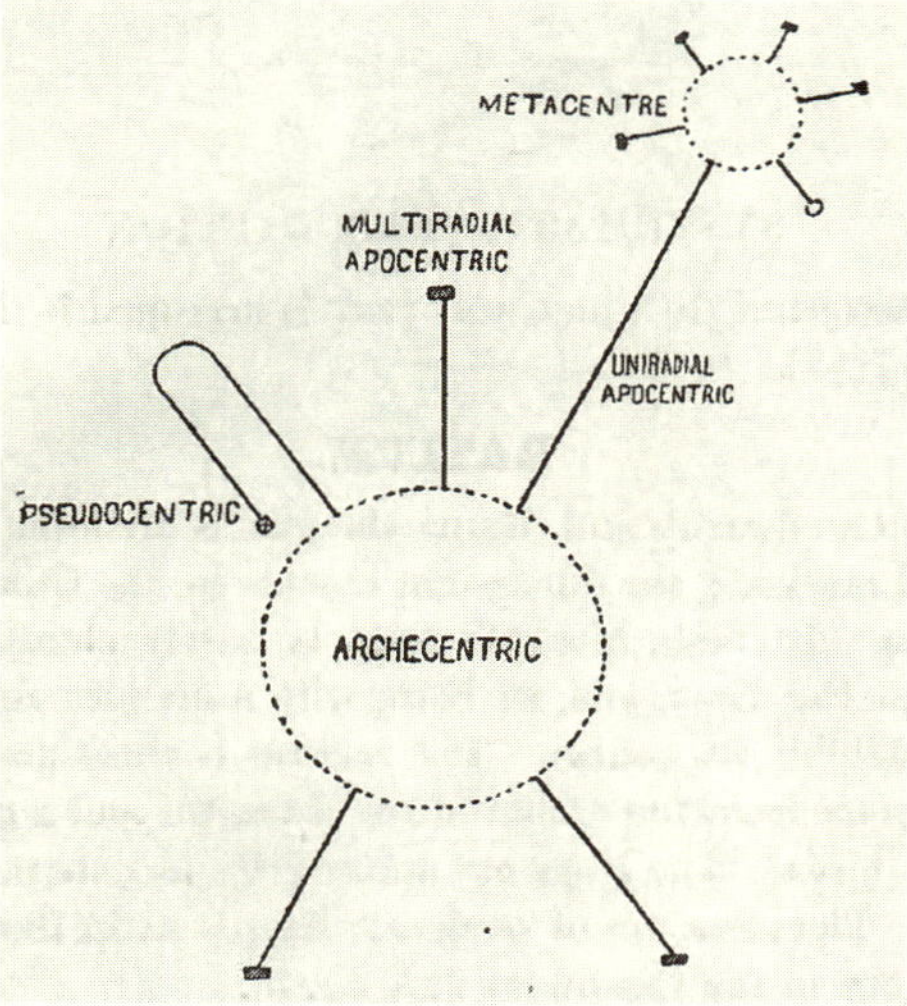

1901）で、彼は形質状態の変遷とその原始性・派生性に関する一般論を展開しています（【図1-12】）。

「私の仮定では、鳥類の起源は単系統であり、現生鳥類は祖先鳥類から発散的に分岐した。この祖先鳥類が鳥類と呼ぶに足る最初の段階でもっていた一群の形質や傾向は、子孫鳥類ごとに内容も程度も異なるさまざまな変化を経過していった。最初にするべきことは、祖型（ground-plan）すなわち原型（archetype）と称される対象形質のもっとも原始的な形質状態をできるだけ正確に決定することである」（Mitchell 1901, p. 178）

次章で登場する半世紀後の植物学者ワレン・ワーグナー（Warren H. Wagner, Jr.: 一九二〇－二〇〇〇）が開発した「祖型発散法（groundplan-divergence method)」なる最節約的系統推定法を髣髴とさせるミッチェルの主張は、形質状態の進化方向性の決定が系統復元にとって本質的に重要であるという認識が二〇世紀初頭の時点ですでに広まっていたことを示唆します。

ミッチェルのこの形質進化図の中心には「**原始中心的**(archecentric)」と称される原始的な形質状態が配置されています。この原始中心的状態から周縁に向かって生じた派生的な形質状態を彼は「**派生中心的**(apocentric)」と総称します(同 p.178)。この派生中心的状態のうち、いったん変化したら逆戻りしない場合を「**一方向的**(uniradial)」、正逆方向の変化をする場合を「**多方向的**(multiradial)」と名付けます。一方向的な派生中心的状態は単系統性の証拠となりますが、多方向的な派生中心的状態は類縁関係に関する証拠能力がありません(同 p. 179)。変化した結果、原始中心的状態に収斂する場合を「**偽中心的**(pseudocentric)」な形質状態と命名します。一方向的な派生中心的状態はそれ自身が「**周縁中心的**(metacentre)」として機能し、そこからさらなる形質変化が生じます(同 p. 181)。ミッチェルのこの概念体系は後年の分岐学に通じるものがあると指摘されてきました(Platnick and Nelson 1980, 1981; Nelson and Platnick 1981, pp. 326-327; Farris and Platnick 1989, p. 297; 太田 1989, pp. 178-218; Craw 1992, pp. 80-81; Bowler 1996, p. 325)。

アドルフ・ネフの体系学的形態学と観念論的系統学

アーベルと同時代に系統学の基礎について考察をめぐらせた生物体系学者はほかにもいます。そのひとりが比較形態学者アドルフ・ネフでした(【図1-13】)。

【図1-13】アドルフ・ネフの理論的主著『観念論形態学と系統学（体系学的形態学の方法論を目指して）』の書影（Naef 1919）

第一次世界大戦直後の1919年に出版されたわずか80ページの薄っぺらい冊子にもかかわらず、ネフ独自の体系学的系統学の理念を宣言した本書を読むのは大仕事だった。何よりもまず、観念論の自然観と生物観に違和感がありすぎてついていけないものを感じた。内容的には比較解剖学に関する議論なので、生物形態の相同性や類似性が指し示すものはわかるのだが、それらを観念論の原型や変容に則って“非進化的”に解釈するという記述を読むたびに、その場で逐一“進化的除染”をしてしまい、無意識のうちに観念論そのものを排除している自分に気づく。しかし、さまざまな変容と分岐を経て20世紀を迎えた観念論はけっして一枚岩の哲学ではなかったという（Rieppel 2012a; Rieppel *et al.* 2013）。どのような意味での観念論が主張されていたのかはケース・バイ・ケースで議論する必要がある。ネフの場合もその例外ではない。なお、本書は国内の大学など公的機関ではほとんど所蔵されていない。世界大戦があった時代の出版物は日本では手にする機会がどうしても少なくなってしまう。私はたまたま数年前にベルリンの古書店から原書を入手したのだが、さすがに一世紀も経過したペーパーバック版では紙も造本もぼろぼろの“紙束”と化して手元に届いた。ネフはみごとな図版を描く研究者なので、そのよさは電子本（今のところまだほとんど電子アーカイヴに入っていないようだが）では期待できない。紙の本にまさるメディアはない。

アーベルと同じスイス出身の動物学者だったネフは、海産無脊椎動物の軟体動物を専門分野とする研究者で、「**体系学的形態学**（systematische Morphologie）」の理論体系の構築を目標としました（Willmann 2003; Rieppel 2012a, 2016a; Rieppel *et al.* 2013）。ネフの提唱する体系学的形態学（Naef 1917, 1919, 1933）とは生物の形態に関する厳密な比較形態学であり、彼は観念論をもって形態比較のよりどころとみなしました。ダイアグラム論から見たネフの観念論形態学については別に論じたので（三中 2017a, pp. 191-200）、ここでは生物体系学とその発展における彼の理論の意義について考えましょう。

ネフは分類群が形成する階層構造を【図1-14】の模式図を用いて説明します。

進化的なものの考え方に慣れている現代の私たちは【図1-14】のような系統樹ダイアグラムをみれば、まずまちがいなく祖先子孫関係を表現し

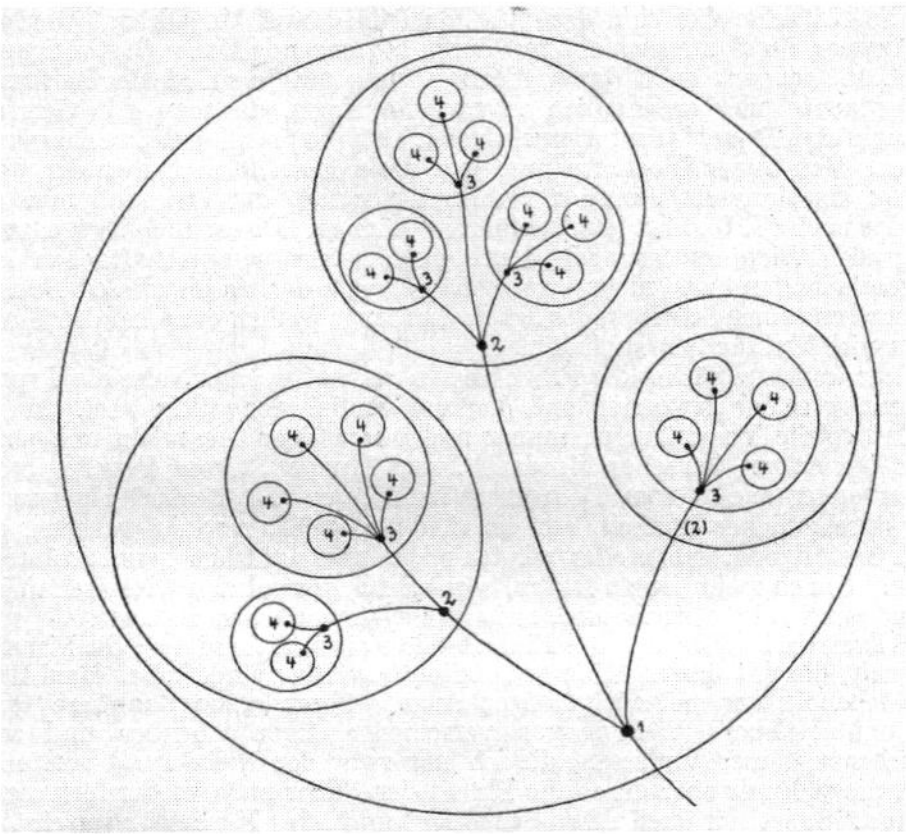

【図1-14】分類構造を結びつける観念的系統樹
出典：Naef 1933, p. 31, 図14.
もっとも低いランク「4」をもつ低次の分類群から出発して、より高いランク「3」、「2」あるいは「1」をもつ高次分類群が全体としてひとつの階層構造を形成するとき、ネフは分類群間の形態の「原型類似性」を考えることにより、同ランクの分類群どうしを逐次的にむすびつける「観念的系統樹」を構築することができると主張した。図に示された“系統樹”の分岐点は想定される原型である。ネフの観念的系統樹とは原型の階層を可視化するためのダイアグラムにほかならない（三中 2017a, pp. 194-195）。

ていると解釈してしまいますが、ネフの意図はけっしてそうではありませんでした。観念的系統樹の分岐点は進化的な意味での共通祖先ではなく「**原型**（Typus, Urform）」であり、分岐点どうしを結びつける枝は祖先子孫関係ではなく純粋形態学的に決定できる「**原型類縁性**（typische Ähnlichkeit: Naef 1917, p. 16, 1919, pp. 9-13）」とみなされるからです。ネフは観念論形態学を介して進化生物学と比較解剖学との連係をはかろうとして、観念論形態学の概念と用語の体系が系統学のそれと正確に対応づけられることを示しました（【表1-1】）。

この【表1-1】の左側は観念論の世界であり、対する右側は系統学の世界です。これだけみごとに両者が対応していることは、一方では実質的にはちがいがないのではないかという見解を生むと同時に、あまりに接近しすぎて批判が困難になってしまうという負の面があります。実際、ネフによるこの〝近すぎる〟対置は、観念的系統樹を進化的に〝再解釈〟したものが進化的系統樹にすぎない、すなわち進化的系統樹とは観念的系統樹の原

【表1-1】観念論形態学と系統学との概念対応表

出典：Naef 1919, pp. 35-36.（三中 2017a, p. 199 から転載）

観念論的概念		**系統学的概念**
体系学（Systematik）	→	系統学（Phylogenetik）
形態類縁性（Formverwandtschaft）	→	血縁関係（Blutsverwandtschaft）
変容（Metamorphose）	→	系統発生（Stammesentwicklung）
体系学的段階系列（systematischen Stufenreihen）	→	祖先系列（Ahnenreihen）
原型（Typus）	→	祖先形（Stammform）
原型的状態（typischen Zuständen）	→	原始的状態（ursprüngliche Zuständen）
非原型的状態（atypischen Zuständen）	→	派生的状態（abgeänderte Zuständen）
下等動物（niederen Tieren）	→	原始的動物（primitive Tieren）
非原型的類似性（atypischen Ähnlichkeit）	→	収斂（Konvergenz）
派生（Ableitung）	→	進化（Abstammung）

型や原型類似性を進化的に〝読み替えた〟にすぎないという見解をのちに生むことになりました。

現代的総合が推進した「新しい体系学」が伝統的な「古い体系学」と衝突した一九五〇年代後半のこと、昆虫学者トマス・ボルクマイアー（Thomas Borgmeier：一八九二－一九七五）は「体系学の根本問題」という論文（Borgmeier 1957）のなかで、体系学にはいかなる科学的基盤があるのかと問いかけ、分類と系統の関係についてこう断言しています。

「体系学は進化論とは独立である。この点は第一線の進化学者でさえ認めている。その理由は以下のとおりだ。①体系学は進化説に頼らなくても確実な結果を導くことができる。しかるに、系統学にはきちんとした方法がまったくなく、その本質は体系学的事実の解釈である。②体系学は科学である。しかるに、系統学は根本的に実証不可能な性格（Thompson 1937）を帯びた歴史的過程に関する仮説である。したがって、系統学は科学の基礎とはなりえない。③体系学は事実を調べる。しかるに、系統学はしばしば「単なる可能性をもてあそぶ」（Hennig 1950）。カントはそれを「精神の無謀な冒険」と呼んだ」（Borgmeier 1957, pp. 54-55）

「体系学は系統学に基づくべきであり、自然分類体系を構築するには系統学的体系でなければならないという説が広まっている。しかし、それはダーウィニズムの残照にすぎない。真実はその正反対である。すなわち、系統学はその大部分を体系学が得た事実に依存している。したがって「系統体系学」なるものはどこにも存在せず、ネフ（Naef 1933）が強調したように、体系学的事実の系統学的解釈があるだけである。系統学とは「自然体系学（natural systematics）への理論的な付け足し」（Naef 1933, p.38）にすぎない」（同 p.55）

ネフはあくまでも体系学的系統学を通して進化学・系統学との関連づけを模索したのですが、このボルクマイアはむしろ系統学を叩くための武器として用いていることがわかります。

観念論の悪しき遺産を受け継いだのはボルクマイアだけではありません。ネフの観念論形態学の系譜は約半世紀後の動物形態学者アドルフ・レマネ（Adolf Remane: 一八九八－一九七六）にも受け継がれました。彼は生物分類体系を構築するための方法に関して、「系統によって自然の体系の構造が決定されるのではない。逆に、自然の体系が系統の基礎を与えるのだ」(Remane 1956, p. 13) と述べ、レマネの考えは形態学と系統学はともに観念論的な**純形態学** (reine Morphologie) の共通基盤の上に置かれるべきであると主張しました。

ドイツ体系学の過去一世紀の歩みがつねに観念論と論理の間で揺れ動いた背景には、この国をとりまく政治的情勢との密接な関わりがありました。ボウラーは第一次世界大戦から第二次世界大戦にいたる時代がドイツに強いた〝学問的孤立〟について次のように書いています。

「第一次世界大戦の敗戦でドイツは財政危機に陥り、科学者たちはまともな研究活動ができなくなってしまった。その結果、ドイツの影響力は凋落した。大戦によって孤立を深めたドイツの生物学者や古生物学者は過去の観念論哲学を再発見し、英語圏では見捨てられつつあった跳躍進化説や内因進化説が力を得ることになった」(Bowler 1996, p. 35)

一方、歴史学者マイケル・ゴーディン (Michael D. Gordin) は、第一次世界大戦に負けたことにより、科学言語としてのドイツ語もまた衰退していったと指摘します。

「グローバル化の歴史から見れば英語の独り勝ちとなった二〇世紀は、科学言語の観点からはドイツ語衰退の物語とみなす方がいいだろう。その衰退は一九三三年にナチス国家体制が成立する以前にすでに始まっていた。本書で論じるように、第一次世界大戦敗戦の余波は科学言語としてのド

【図1-15】ヴァルター・ツィンマーマン「植物系統学ならびにその他の分類諸科学の研究法」の書影（Zimmermann 1931）

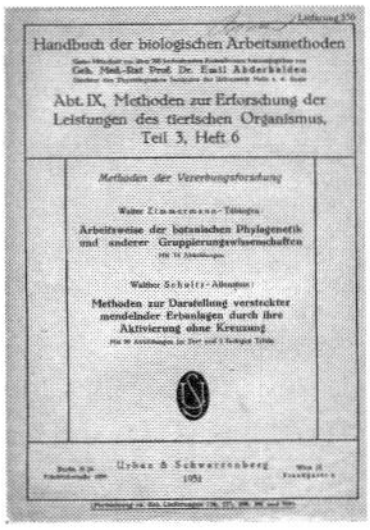
Lieferung 356

Handbuch der biologischen Arbeitsmethoden

Geh. Med.-Rat Prof. Dr. Emil Abderhalden

Abt. IX, Methoden zur Erforschung der Leistungen des tierischen Organismus, Teil 3, Heft 6

Methoden der Vererbungsforschung

Walter Zimmermann-Tübingen:

Arbeitsweise der botanischen Phylogenetik und anderer Gruppierungswissenschaften

Walther Schultz-Allenstein:

Methoden zur Darstellung versteckter mendelnder Erbanlagen durch ihre Aktivierung ohne Kreuzung

Urban & Schwarzenberg

1931

生化学者エミール・アブデルハルデン（Emil Abderhalden: 1877-1950）を監修者として出版された叢書〈生物学研究法ハンドブック（*Handbuch der biologischen Arbeitsmethoden*)〉が全体として何冊出版されたのかについてはまったく情報がない。しかし、私の手元にある「第９分野：動物研究の方法、第３部：遺伝研究の方法、第６分冊（*Abteilung IX: Methoden zur Erforschung der Leistungen des tierischen Organismus, Teil 3: Methoden der Vererbungsforschung, Heft 6*)」は、「通巻356号（*Lieferung 356*)」と記されているので、とんでもなく大規模な叢書だったのかもしれない（表紙には執筆者総数「700名以上」とある）。本書前半に所収されているツィンマーマンの理論系統学の総説は、ヴィリ・ヘニックの系統体系学理論の先駆と位置づけられる重要文献なので、たとえ造本が崩壊してばらばらになっても、紙がぼろぼろに変質していても、この原書は大事に保管し続けなければならない。

イツ語の凋落と英語の躍進を見せつけることになった」
（Gordin 2015, p. 7）

ボウラーやゴーディンが指摘するような世界大戦後の社会的諸要因のもとでドイツ科学が観念論的生物学の擡頭を許したことにより、次に登場するヴァルター・ツィンマーマンやヴィリ・ヘニック――アーベルやネフに続く世代の生物学者たち――は、系統体系学の新たな理論を築くべく辛抱強く格闘することになります。

ヴァルター・ツィンマーマンの系統推定論

ツィンマーマンは、一九三一年に出版された理論系統学の論文「植物系統学ならびにその他の分類諸科学の研究法（Arbeitsweise der botanischen Phylogenetik und anderer Gruppierungswissenschaften）」（Zimmermann 1931【図1-15】）の前半部分（pp. 942-975）で、生物学における「**分類法**（Gruppierungsmethode）」に関する一般論を展開しています。彼は「いかにして分類するのか」を考える際の基本方針として次の三つの選択肢を提示します（p. 943）。

A　目的分類（die Zweckgruppierung）――ある目的のための人為的な分類（pp. 944-945）

B　類型（"観念論的"）分類（die typologische（"idealistische"）Gruppierung）――観念論的な原型に基づく分類（pp. 945-948）

C　系統分類（die phylogenetische Gruppierung）――系統関係に基づく分類（pp. 948-949）

それぞれの分類理念を比較検討したツィンマーマンは、目的分類はもともと人為的だから論外として、観念論的な類型分類もまた経験的に得られる知見に基づかない直感にすぎないと排し、系統分類だけが自然を観察して得られる関係（naturgegebene Zusammenhängen）に基づいていると結論します（pp. 949-950）。観念論に対するツィンマーマンの徹底的な攻撃ぶりは、彼と同時代のドイツにヴィルヘルム・トロル（Wilhelm Troll：一八九七－一九七八）のような観念論を信奉する植物体系学者が身近にいたからだと推測されます（Donoghue and Kadereit 1992, p. 76）。

ツィンマーマンの論文の後半部分（pp. 975-1048）は、系統体系学の理論構築と方法論の検討に当てられています。まず、階層的な分類構造と対応する系統関係を図示した【図1－16】を見てください。三種の植物A（イチョウ）、B（モクレン）、C（リンゴ）に関して、上図(a)は分類体系を集合論のオイラー図を用いて示しています。包括的な分類群A＋B＋Cのなかに限定的な分類群B＋Cが入れ子となった階層構造であることがわかります。一方、下図(b)は、分類群A＋B＋Cの共通祖先X_1と分類群B＋Cの共

【図1-16】分類体系と系統関係との対応
出典：Zimmermann 1931，p. 990，fig. 172.
上図（a）：３種の植物A（Ginkgo＝イチョウ）、B（Magnolia＝モクレン）、C（Apfelbaum＝リンゴ）の階層的分類構造。大きな分類群A+B+Cの中に小さな分類群B+Cが入れ子になって包含されている。
下図（b）：種A～Cの系統関係。分類群A+B+Cの共通祖先X_1と分類群B+Cの共通祖先X_2を仮定して系統関係を図示する。

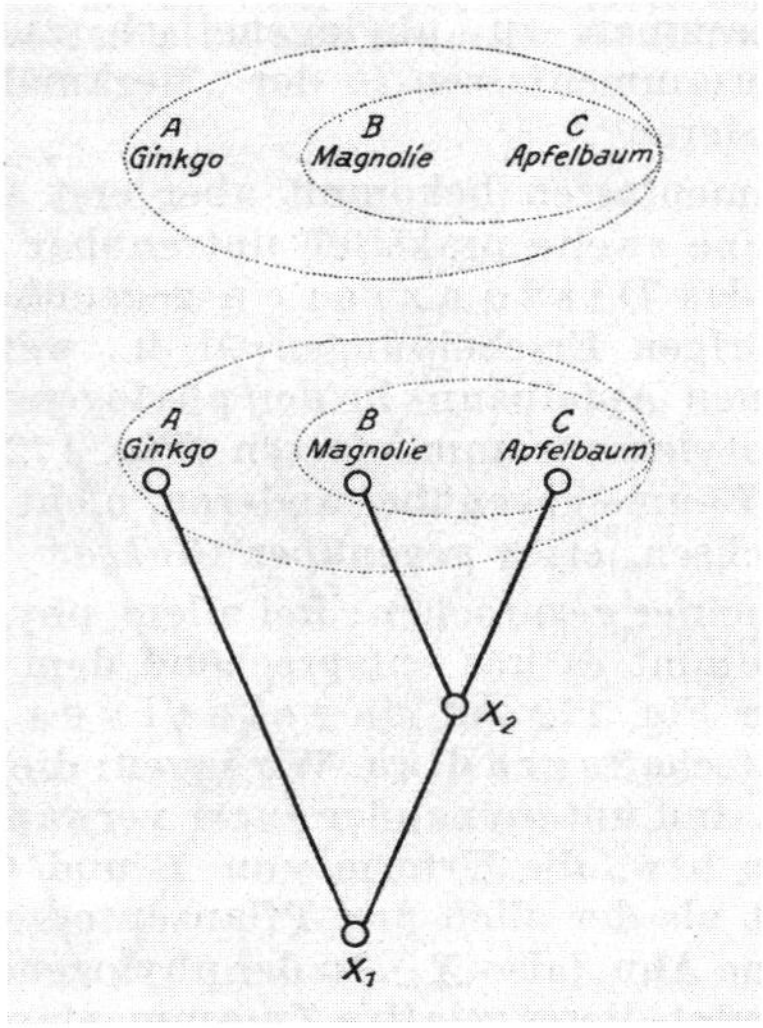

通祖先X_2をそれぞれ仮定して、系統関係を系統樹として図示しました。

ツィンマーマンは、上図(a)の分類構造と下図(b)の系統関係とを対応づけるにあたり、次の重要な点を指摘します。

「祖先X_1とX_2の相対的新旧関係が系統的類縁関係の唯一の直接的な尺度となる」（Zimmermann 1931, p. 990）

つまり、系統的により近縁な分類群B＋Cの共通祖先X_2の方が分類群A＋B＋Cの共通祖先X_1よりも新しいということです。系統関係の遠近が共通祖先の新旧に対応するならば、形質状態の新旧を調べることにより系統関係の推定が可能になるだろうとツィンマーマンは考えました。より古い共通祖先X_1からより新しい共通祖先X_2にいたる枝で進化した派生的な形質状態は、X_2によって定まる単系統群のみに

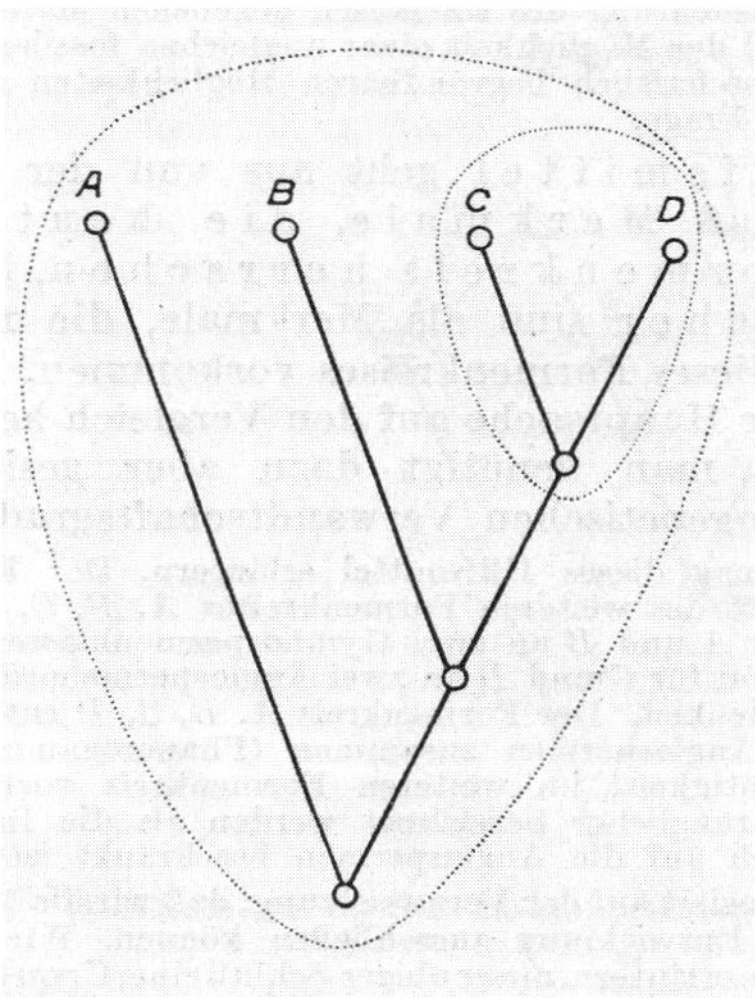

【図1-17】形質状態の分布に基づく系統推定
出典：Zimmermann 1931, p. 1004, fig. 179.
４種の植物A～Dについて、ある形質の形質状態の分布を調べたところ、一方の形質状態はA～Dのすべてに分布しているのに対し、他方の形質状態はCとDのみに分布していた。このとき、CとDのみの形質状態は派生的であるのに対し、A～Dに広く分布する形質状態はより原始的であると判定される。

限定される特徴といえるからです。
分類群間の形質状態の分布を手がかりにして形質の時間的変遷――形質系統（Merkmalsphylogenie）――を調べる手法（Zimmermann 1931, pp. 1001-1006【図1-17】）を彼は次のように説明します。

> 「現在、より大きな分類群（Formenkreis）に分布している形質は、その分類群に含まれる小さな部分群にのみ分布する形質と比較して、一般的により原始的（ursprünglicher）である」（Zimmermann 1931, p. 1003）

ツィンマーマンのこの形質系統分析法は、その後の分岐学で広く用いられることになる「**外群比較法**（outgroup comparison method）」の先駆けとなりました（Watrous and Wheeler 1981）。なお、先に説明したアーベルの形質分析法に通じるものがある点にも注目しましょう。

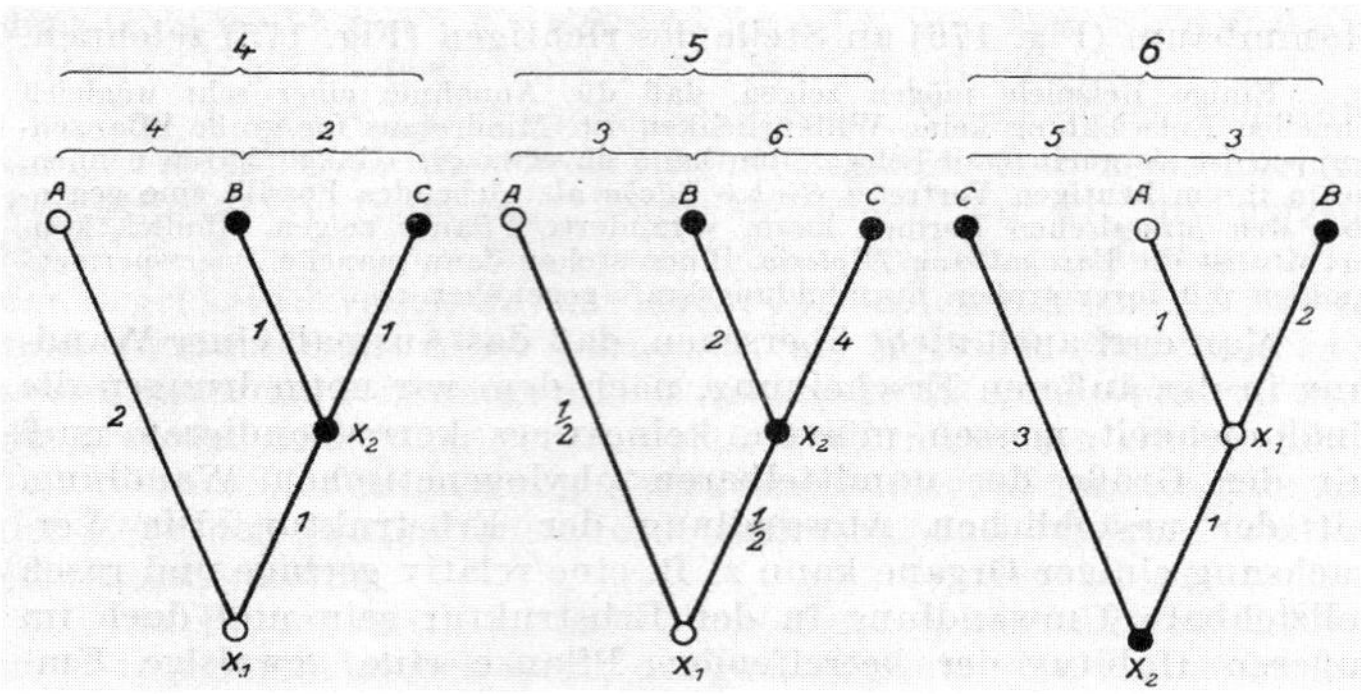

【図1-18】 系統関係と類似度の関係

出典：Zimmermann 1931, p. 997, fig. 174 〜 176.

（左図）A〜Cの３種の種間類似度（距離）を AB=4、BC=2、AC=4 とする。この値を（A（BC））という階層構造をもつ系統樹の枝（経路）に割り振ることにより、任意の種対の距離は系統樹上の経路長和として表現できる。種間の距離が形質進化速度に比例していると考えるならば、この図は進化速度がすべての枝で等しい場合とみなすことができる。（中図）系統樹は左図と同形（A（BC））とし、種間類似度を AB=3、BC=6、AC=5 とする。このとき、種間距離を経路長和として表現すると、枝ごとに進化速度がそれぞれ異なる場合であることがわかる。（右図）種間類似度は中図と同一の AB=3、BC=6、AC=5 とする。系統樹の樹形を変更して（C（AB））とすると、種間距離を中図とは異なる経路長和として割り振られる。したがって、中図と右図を比較すると種間距離（類似度）から系統関係を導くことはできないという結論が得られる。樹形図の経路長和を用いた類似度の表現とその諸性質については三中（2017a, 第４章）でくわしく説明した。

形質状態の原始性と派生性を手がかりにして系統推定を進めるツインマーマンは、種間の類似度（Ähnlichkeit）は系統推定には役立たないと考えました。彼は以下のような説明をしました（**【図1-18】**）。この**【図1-18】**は三種A〜Cに関する系統関係に対して種間距離（類似度）を枝長距離の和（経路長和）によって表現します。左図の枝に割り振られた距離を見ると、系統樹の根（X_1）から末端のA〜Cへの距離がすべて等しく「2」であることがわかります。ツィンマーマンはこれは形質進化速度が等しい場合であるとしていますが、現在の系統学でいう「**超計量樹**（ultrametric tree）」に相当します。中図についても同様に距離を枝に割り振ると、$AX_1=0.5$, $BX_1=2.5$, $CX_1=4.5$ となり、根（X_1）から末端A～Cへの長さがそれぞれちがっています。これは現代風にいえば「**相加樹**（additive tree）」と呼ばれるタイプの系統樹です。興味深いのは右図です。この図では種間距離は中図と同一に設定しますが、系統樹の樹形を変更します。このときも種間距離を各枝に割り振ることができます。つまり、種間の距離（類似度）がたとえ同一であったとしても、異なる樹形をもつ系統樹に対して枝への割り振りができてしまうので、類似度は系統関係の推定には用いることができないとの結論をツィンマーマンは下しました。類似度を数値化して系統樹の枝にあてはめるという彼の論法は、後年の系統推定論をあまりにも大きく先取りしていて私は驚倒してしまいました。

一九三〇年代初頭のドイツで、跋扈する観念論と対決しつつツィンマーマンが系統推定のために構築した概念体系と方法論についての説明は以上で終わります。

比較行動学における系統推定論
——チャールズ・ホイットマン、オスカー・ハインロート、コンラート・ローレンツ

二〇世紀前半、歴史的事象としての現代的総合がまだ黎明期にあった時代に、ドイツ系統学の系譜はもうひとつの流れを見いだします。それは動物行動学の研究に端を発しました。カール・フォン・フリッシュ（Karl von Frisch：一八八六－一九八二）とニコラース・ティンバーゲン（Nikolaas Tinbergen：一九〇七－一九八八）とともに、一九七三年度のノーベル医学生理学賞を受賞した動物行動学者コンラート・ローレンツ（Konrad Lorenz：一九〇三－一九八九）は、**動物比較行動学**（エソロジー）を確立した研究者として

有名です。ローレンツは鳥類の比較行動学を専門としていましたが、一九四〇年代に動物の行動形質に基づいて系統関係を推定するための方法論を考案しました。

比較行動学の近代史をひもとくと、さまざまな動物に見られる行動的特徴の進化を系統学の観点から考察するアプローチがかつては広く用いられていたことがわかります（Brooks and McLennan 1991, 2002; Burckhardt 2005）。たとえば、ルイ・アガシーの弟子だった動物学者チャールズ・オーティス・ホイットマン（Charles Otis Whitman: 一八四二－一九一〇）の名前をここで挙げましょう。ホイットマンは、かつて明治政府の招聘により〝お雇い外国人教師〟として来日し（一八七九－一八八一年）、同じくアガシーの教えを受けたエドワード・シルヴェスター・モース（Edward Sylvester Morse: 一八三八－一九二五）の後任として東京帝国大学理学部動物学教室に赴任したという経歴の持ち主です（アガシーを介したホイットマンとモースの関係については Winsor 1991 を参照）。ホイットマンはアメリカに帰国した後は自ら創設したウッズホール海洋生物学研究所を活動拠点として研究を続けました。

鳥類の行動を主要研究テーマとしたホイットマンは、一八九九年の講演論文「動物の行動」で、生物のもつ形態形質と行動形質は別々に議論するのではなく、生物進化という共通の因果過程に着目して考察すべきであると主張しました。

> 「本能と器官は系統的由来（phyletic descent）という共通の視点に立って研究されるべきである。ある本能の発生を完全に調べ尽くすことはまず不可能だが、それだからこそ進化の視点が重要なのだ。本能とは、反復や伝達によるステレオタイプ化の結果として導出（involve）されるのではなく、

進化（evolve）の産物である。したがって、本能の発生史（genetic history）を究明する手がかりは、後天的な偶然的要因ではなく、先天的な一般的要因に求めなければならない」(Whitman 1899, p. 328)

形態と行動の進化的成立を系統学という共通の枠組みのもとに考えようとする立場は、ホイットマンと同時代のドイツの鳥類学者オスカー・ハインロート（Oskar Heinroth：一八七一‐一九四五）にも見られます。ローレンツの指導教員でもあったハインロートは、ドイツ流の比較形態学の観点を比較行動学にもちこんだという点で、本能行動を含む行動形質への系統学的アプローチ――ハインロートはこの学問分野を「**エトロギー**（Ethologie）」と命名しました――を切り拓いた先駆者といえます（Burckhardt 2005, pp. 137-138）。

ハインロートは、一九一〇年にベルリンで開催された第五回国際鳥類学会議（Internationaler Ornithologen-Kongress）で、カモ科（Anatidae）の比較行動学の研究成果を発表しました。それぞれの分類群の行動に関する各論を総括して、彼は次のように結論しました。

「私が思うに、鳥類のさえずりや配偶様式などの行動形質は種・属・亜科の類縁関係の程度（Verwandtschaftsgrad）を示すとてもよい指標となることがしばしばある。ある生物の生存に間接的にしか関係しない特徴は、多くの場合、既存の体系学にとって重要な外的あるいは内的な形質として変化しないまま存続すればとてもつごうがいい。それらの特徴は、外界における生存競争のなかで絶え間なく変遷していくものだからである」（Heinroth 1911, p. 143）

それまでの比較形態学に基づく生物体系学が狭義の形態だけを念頭に置いたのに対して、ハインロートは行動形質をも含むような一般化をもくろんでいたことがわかります。弟子のローレンツは、ハインロートが立てた目標を継承し、同じカモ科の下位分類群であるカモ亜科（Anatinae）の比較行動研究を行ない、一九四一年に「カモ亜科における運動の比較研究」（Lorenz 1941：英訳 Lorenz 1951-1953）という論文を公表しました。ローレンツは、比較行動研究の意図を次のように要約します。

「人間および動物に備わった構造の理解にとって、比較系統発生学的な問題設定は、心理学や行動学においても形態学におけるのと同様、不可欠なものである。心的な面においても、生物はすべて系統進化の産物なのであり、系統進化の過程を知らなければ、それら個々の存在がいつになってもまったく解明されないに違いない。したがって、残念ながらこれまでのところは単なる計画の域を出なかった比較心理学にとって、とりあえず適切な動物グループについてまず純粋に記述だけによる行動研究を進めるということが、そしてその次には、そうして得られた特徴をとにもかくにも入手できるかぎりの形態的特徴すべてといっしょにして、その動物グループの一つの精密な分類体系へ組み込むということが緊急の課題である。種特異的な行動様式が、関連のある身体的特徴と一致するとなれば、何よりもまず、系統学上の相同概念をこれらの行動様式に適用することの正当性は、あらゆる攻撃に耐えうるものとなり、また言葉の真の意味での比較心理学という仮定が成就したことになろう」（Lorenz 1941, 訳書 pp. 11-12）

カモ亜科鳥類の求愛行動やさえずり行動などの詳細なデータを集積したローレンツは、行動形質の系統進化を知るためには現生種のみを並べた分類では埒が明かないと考え、行動形質に基づく系統推定の方法論を独自に考案しました。ツィンマーマンと同じく、末端種どうしの類似度では系統関係は推論できないと考えた末に、ローレンツによれば、「系統発生過程の共有部分（das gemeinsam durchlaufene Teil des Entwicklungsweges: Lorenz 1941［1965］, p. 107）」を尺度として用いれば、その〝共有部分〟が大きいほど進化史がより多く共有されているのだから系統的により近縁であるとの結論が下せます。問題はその〝共有部分〟をどのようにして見つけるかです。

ローレンツはこの問題を解決するために形質状態の分布に着目しました。先述のアーベルが形態形質の原始的状態と派生的状態が分類群内外にどのように分布するかを調べたように、行動形質もまた原始的状態と派生的状態が分類群をまたいでどのように分布しているかを調べれば系統関係が推定できるでしょう。【図1-19】の縦線はそれぞれの種をあらわしていて、ある形質を示す横線で束ねることにより共有された形質状態の分布の程度がわかります。すべての行動形質の分布を総体的に考察するとき、もしも各枝でばらばらに形質状態が進化したと仮定すると、形質分布はばらばらになってしまって、共有形質分布で束ねられないでしょう。しかし、逆に「系統発生過程の共有部分」で複数の形質が進化したとすれば、規則正しく束ねることができます。つまり、共有された進化史は**相同**（homology）である形質を生むということです。

ローレンツは彼の系統推定法を次のように要約しています。

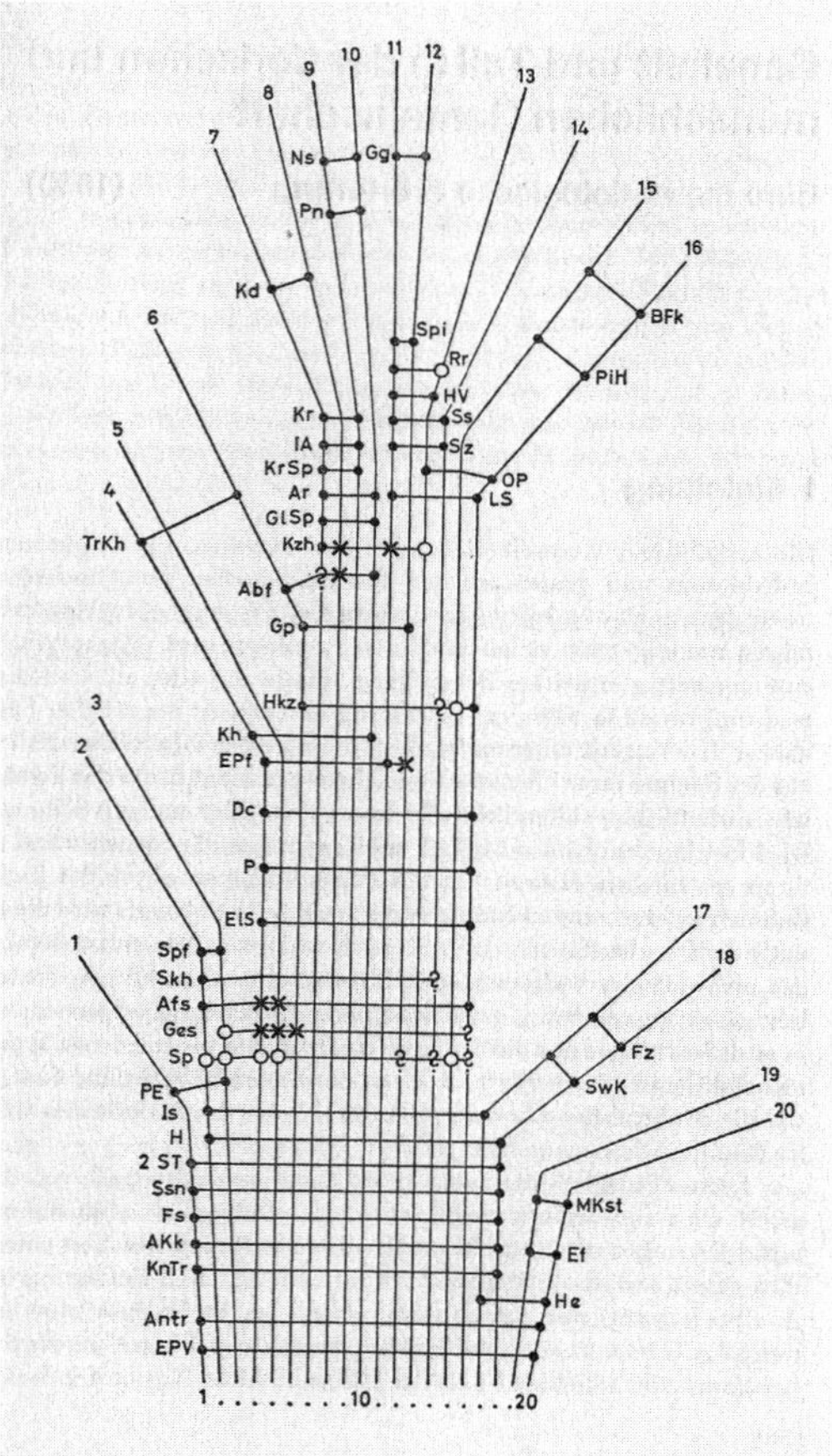

【図1-19】カモ亜科20種に関する48の行動形質（配偶行動・育児行動・闘争行動など）**の種間分布から推定された系統関係**　出典：Lorenz 1941 [1965] , p. 113.

それぞれの種は縦線の枝によって表示される。枝を横切る線分はその形質状態がどれくらい多くの分類群に共有されているかを示す。この図からは、カモ亜科の行動形質の多くは共通祖先から継承されてきた相同形質であるといえる。図中の記号の説明は以下のとおりである。「●」線分の両端を表示、「○」分化した形質状態、「×」形質が存在しない、「？」不明。なお、ダイアグラム論から見たローレンツの系統樹については三中（2017a, pp. 215-224）を参照されたい。

「調査された種グループのどの種も、一つずつ個別の進化過程に沿って歩んできたのではなくて、このグループ単位全体が一つの共通の起源から、ずっと後になってはじめて分岐したものと仮定してみると、当該の下位グループに属する種にとって、一方ではそれぞれの特徴は共通であるが、他方では完全に除外されているということが考えられる。――つまり、これらの特徴は方向は共通しているが、しかし分類上隣接する種からはすでに分離した系統樹のストックから分岐したものである。このような系統樹の二つの枝の方向がすでに相当深い根元よりの部分で互いに分離しているならば、それらはかなり大きなグループのカテゴリーに含まれる相当古い共通の特徴によって互いに結びつけられているという推測と一致するのである」(Lorenz 1941 [1965], 訳書 pp. 133-134)

のちにローレンツは第二次世界大戦中に捕虜としてソビエトに抑留された一九四四〜一九四八年に、収容所内で比較行動学の原稿――「ロシア草稿」(the Russian Manuscript: Lorenz 1996)――を書きました。この「ロシア草稿」のある章「生物の個別的歴史起源と系統学的アプローチ」(Lorenz 1996, pp. 99-135) のなかで、ローレンツは、形質状態の原始性と派生性を区別すれば、派生的形質状態の共有分布に基づいて単系統群が発見できるという一般論を展開します。

ゲルハルト・ヘベラーとナチス・ドイツ時代の進化生物学

本節では私たちはドイツにおける体系学の〝景色〟を見渡してきました。二〇世紀前半のドイツで、

Die Evolution der Organismen

Ergebnisse und Probleme der Abstammungslehre

Herausgegeben von

GERHARD HEBERER

Jena

Verlag von Gustav Fischer

1943

【図1-20】論文集『生物の進化』の扉（Heberer 1943）

第二次世界大戦の最中に出版されたこの計800ページもの論文集は、一般基礎理論・生物進化史・系統発生機構・人類進化の全４部構成で、執筆者は編者を含めた計19名。本書の出版はドイツにおける「現代的総合」と呼ばれているが、英米圏の「現代的総合」の構築者と重なっているのはベルンハルト・レンシュと集団遺伝学者ニコライ・ティモフェーエフ-レゾフスキー（Nikolai Wladimirowitsch Timoféeff-Resovsky：1900-1981）の２人だけだ。戦後になって二度にわたる改訂――増補改訂第２版（1954-59）と完全改訂第３版（1967）――がなされたが、1943年初版はとりわけ政治的に注目される事業だった。戦争下の逼迫した出版状況下にもかかわらず、この初版に用いられた上質紙と堅牢な装幀は（原本を手にすればすぐわかる）、編者のヘベラーがイェナ大学総長アステルだけでなくナチス親衛隊とアーネンエルベから全面的な支援を受けたからだと推測されている（Rieppel 2016a, p. 266）。ナチスすなわち国家社会主義ドイツ労働者党（NSDAP）の人種観すなわちアーリア人種の優越性と血統への強い関心は、自然淘汰に基づく進化理論と系統学への支持に必然的に結びつく。ヘベラーが本論文集のために観念論的生物学とラマルキズムを攻撃する執筆者陣をそろえたのは当時としては“政治的に正しい”方針だった。

系統体系学の理論がどのように発展してきたかについては、先行研究がすでにいくつかあります（Craw 1992; Donoghue and Kadereit 1992; Willmann 2003; Rieppel 2016a）。歴史の不条理は科学史にもあてはまり、せっかく構築された理論がいつしか忘却されてしまったり、競合する他の理論によってむりやり歴史の片隅に追いやられたという事例はいくつもあります。ローレンツらによってつくられた行動形質からの系統推定法も、その後、個体群生態学や行動生態学の〝非系統学的〟な数理モデルの流行によりいったん忘れられてしまう運命にあります。生態学におけるこの〝歴史の黄昏（the eclipse of history）〟(Brooks and McLennan 1991, p. 5; 2002, p. 4) を乗り越えて、ふたたび生態学が歴史と向き合うのは一九八〇年代の「種間比較論争」勃発以降のことです（次章参照）。

さて、一九三〇年代以降第二次世界大戦が終結するまでのナチス・ドイツ時代には、国内の生物学者たちもまた政治や戦争にいやおうなく巻き込まれることになりました。徴兵されて軍役に就いたり、ローレンツのように戦争捕虜となったり、場合によっては負傷したり戦死した研究者もいました。その一方で、ナチスに積極的に協力した生物学者も多かったようです。一九四三年に『生物の進化（*Die Evolution der Organismen*）』という大部の論文集（Heberer 1943）を編纂した動物学者ゲルハルト・ヘベラー（Gerhard Heberer: 一九〇一‐一九七三）もそのひとりです（【図1‐20】）。一九三九年にイェナ大学に職を得たヘベラーは、ナチス親衛隊（SS）と秘密警察ゲシュタポを統括するハインリヒ・ヒムラー（Heinrich Himmler: 一九〇〇‐一九四五）に見いだされ、親衛隊中尉（SS-Obersturmführer）としてアーリア人種の優越性を示すために設立された研究機関であるアーネンエルベ（Ahnenerbe）に配属されました（Rieppel 2016a, p. 259）。

当時のドイツ生物学者コミュニティーが政治的にどのようにふるまったかは以下の記述が参考になります。

「ナチ時代の初期から、科学者たちのなかにはナチス党に関わりをもつ大きなグループが二つあった。第一のグループは、あるイデオロギーを帯びた科学者集団であり、彼らは全体論的思考に同調しつつ、民族主義的な反ユダヤ主義とアーリア人種至上主義を信奉した。（中略）第二のグループは、よりプラグマティックな医学者の集団であり、より厳密なメンデル遺伝学、ダーウィニズム、そして人種生物学をもってナチの社会政策や軍事戦略の基盤とすべきであると主張した。この第二のグループの活動を支えていたのはハインリヒ・ヒムラーの率いるSS［＝ナチス親衛隊］だった。このグループを構成したのは、人類遺伝学者のカール・アステル（Karl Astel）、そしてイェナで彼の助手をつとめたロータール・シュテンゲル・フォン・ルトコフスキー（Lothar Stengel von Rutkowski）、植物学者のハインツ・ブリュッヒャー（Heinz Brücher）、そして法学および人種学教授のファルク・ルトケ（Falk Ruttke）だった。（中略）アステルは一九三五年にヒムラーに対して、民族衛生学の大学ポストはSS構成員が占有すべきであると進言した。一九三九年にイェナ大学の総長の地位に就いたアステルは、その後、イェナ大学をSSの教育と政策立案のための中心地に変えるべく精力を傾注した」（Harrington 1996, p. 195）

社会的にはナチス第三帝国側に立つヘベラーが、その一方で、生物進化学に関する論文集を編纂したというのはとても興味深いことです。この論文集はドイツにおける進化学の「現代的総合」を象徴すると称されています（Reif 1983, p. 190; Junker 2004, p. 203）。確かに、この論文集には当時のドイツで観念論者と目されていた生物学者はだれも寄稿していません。たとえば、第1部「一般基礎理論（Allgemeine Grundlegung）」には、系統学のツィンマーマンや比較行動学のローレンツを始めとして、英語圏でも現代的総合の構築者のひとりとみなされているベルンハルト・レンシュ（Bernhard Rensch：一九〇〇－一九九〇）や進化論を支持した哲学者フーゴー・ディングラー（Hugo Dingler：一八八一－一九五四）らが名を連ねています。第1部の寄稿者の中では最年少だった植物学者ヴェルナー・ツュンドルフ（Werner Zündolf：一九一一－一九四三）の論文「観念論形態学と系統学（Idealistishe Morphologie und Phylogenetik）」（Zündolf 1943）は一見したところではネフ（Naef 1919）とまったく同一の論文名ですが、実はツュンドルフは集団遺伝学の立場から観念論形態学を徹底的に批判しています。残念なことに、そのツュンドルフはこの論文集が出版されたときには、第二次世界大戦史に残る激戦となったレニングラード包囲戦ですでに戦死していました（Rieppel 2016a, p. 267）。

ヴィリ・ヘニック、系統体系学、そして分岐学へ

プロローグで書いたように、大学院に入ってからの私の研究史はもっぱら生物体系学の理論を中心にまわりました。とくに、本書でもこれまでたびたび登場してきた分岐学（cladistics）と呼ばれる体系学の一学派に関心があり、その創始者と呼ばれてきた体系学者ヴィリ・ヘニックの著作や論文を集中的に学ぶ機会を得ました。ヘニックに連なるこの分岐学派は続く二つの章で論じる一九七〇年代の体系学論争の主役として大立ち回りを演ずることになります。ここでは第四景の最後の眺望として、ドイツ体系学の一世紀に及ぶ系譜に連なるヘニックの系統体系学理論について目を向けることにしましょう。

二〇一三年は一九一三年生まれのヘニックにとって生誕百周年にあたります。系統体系学の基礎となる系統推定論を構築した彼の学問的貢献については、この年に立て続けに出た一連の記事や伝記でも繰り返し強調されました（Wheeler *et al.* 2013; Richter 2013; Schmitt 2013a, b）。また、ロンドンの自然史博物館・リンネ協会・体系学協会の共催により、二〇一三年一一月にはヘニック生誕百周年国際シンポジウム〈ヴィリ・ヘニックと系統体系学の未来（Willi Hennig and the Future of Phylogenetic Systematics）〉が開催され、その論文集は三年後に出版されることになります（Williams *et al.* 2016）。

この記念すべき二〇一三年の八月はじめ、私はハンブルク中央駅からハンザ特急に揺られてドイツ北辺のバルト海に面した港湾都市ロストックに向かっていました。この年のヴィリ・ヘニック学会（WHS: Willi Hennig Society）の第三二回年次大会（Hennig XXXII）はロストック大学（Universität Rostock）

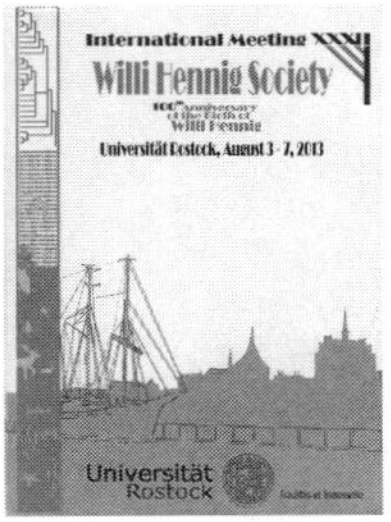

【図1-21】ロストック大学でのヴィリ・ヘニック学会第32回年次大会の講演要旨集

1970年代の体系学論争がもたらした大きな遺産のひとつが分岐学派によるヴィリ・ヘニック学会（WHS）という新学会の創立だった。1980年に発足したこのWHSは、当時の動物体系学会（SSZ）や数量分類学会議（NT: Numerical Taxonomy Conference）という既存の学会組織には分岐学派の居場所がなかったので、新規に学会組織を立ち上げるしかなかったという経緯がある。ロストックのHennig XXXIIでは、過去の年次大会のほぼすべてに参加してきたという創立者ジェイムズ・スティーヴ・ファリスが、開会演説「なぜヘニック学会ができたのか（Why a Hennig Society?)」のなかで、彼自身が「それはアンチ分岐学者に対抗するためだ」というとてもわかりやすい答えを出していたのが印象的だった。少なくともスティーヴのなかでは体系学論争はまだ終わってはいないようだ。くわしくは第３章で。

で開催されるので、極東の地からはるばるやってきたのです（【図1-21】）。街の中心部クレペリナー通りの噴水広場に面した大会会場もまた生誕百周年のお祝い一色で、昆虫学者ミハエル・シュミット（Michael Schmitt）は分類学を体系学に高めたヘニックの功績の再認識が必要だという基調講演をしました（Schmitt 2013c）。

シュミットの基調講演では、ヘニックの系統体系学（のちの分岐学）について知るためには、英語に翻訳された『系統体系学（*Phylogenetic Systematics*）』（Hennig 1966）だけではなく、それに先立つ彼の初期理論（一九四〇～五〇年代）の理解が必要になると指摘されました。ヘニック自身については、その生い立ちを含め、第二次世界大戦前のことがこれまでほとんど知られていなかったのですが、家族へのインタヴューや未公開資料そして元同僚や知人からの情報提供により、現在ではかなり詳細に判明しています（Richter and Meier 1994; Vogel and Xylander 1999; Schmitt 2013a）。ヘニックの生涯と業績についてはこれらの研究を参照していただくことにして、以下では彼の人となりについて簡単に紹介しましょう。

ヘニックは、旧東ドイツのザクセン州のさらに東端に位置するゲルリッツ（Görlitz）地方のデュレンネルスドルフ（Dürrhennersdorf）で、一九一三年四月に生を享けました。その後、州都ドレスデンで教育を受け、動物学とくに昆虫学に強い関心と才能を示します。一九三一年、ヘニックがまだ一八歳のときに学校の宿題レポートとして提出した「動物学における体系学の位置（Die Stellung der Systematik in der Zoologie）」（Schlee 1978b, p. 379; Schmitt 2013a, p. 17）を読むと、ローレンツと同じく、ハインロートによる鳥類の比較行動学研究が参照されていることがわかります。生物の形質に関する系統学的な比較研究の重要性にヘニックがこの若さで気づいていたとしたら驚くほかありません。なお、このレポートは彼の没後に出版されました（Hennig 1978）。

翌一九三二年にライプツィヒ大学に入ったヘニックは、動物学・植物学・地質学を学びつつ、双翅目昆虫（Diptera）の分類学と形態学の研究を本格的に開始します。一九三九年、彼はベルリンのドイツ昆虫学研究所（DEI: Deutsches Entomologisches Institut）に職を得て、双翅目昆虫の分類と系統体系学の一般理論の研究に入ろうとした矢先、第二次世界大戦の勃発とともに徴兵されました（Schmitt 2013a, pp. 36-42）。配属部隊とともにポーランドからデンマークへと移動したのち、衛生昆虫学（とくにマラリア対策）の専門家として今度はイタリアの地中海沿岸地域での軍務に就きます。一九四五年、ナチス第三帝国の瓦解とともに、イギリス軍の戦争捕虜となったヘニックは、連合軍にとっても深刻な問題だったマラリア防除の仕事を続けるかたわらで、系統体系学の原稿執筆を続けることができました（Schmitt 2013a, pp. 42-61）。

終戦後、ドイツに帰還したヘニックはＤＥＩでの研究を再開しますが、敗戦国ドイツをめぐる複雑極まりない政治情勢と深刻な紙不足のために、彼はずっと書き溜めていた原稿を出版することがなかなかできません。ようやく数年後に、双翅目昆虫に関するモノグラフ『双翅目昆虫の幼虫形態（*Die Larvenformen der Dipteren: Eine Übersicht über die bisher bekannten Jugendstadien der zweiflügeligen Insekten*）』（Hennig 1948-52, 全三巻）とともに、系統体系学の一般理論を提唱する『系統体系学理論の概要（*Grundzüge einer Theorie der phylogenetischen Systematik*）』（Hennig 1950【図1-22】）が出版されました。系統体系学（分岐学）の新しい歴史の始まりです。

ヘニックは大戦後も西ベルリンに居住しながら、ＤＥＩのある東ベルリンに出勤するという生活を続けていました。しかし、一九六一年に〝ベルリンの壁〟が東西ベルリンを隔離してしまったのち、ヘニックは一九六三年以降シュトゥットガルト州立博物館（SMNS: Staatliches Museum der Naturkunde Stuttgart）に研究活動の拠点を移しました（Schmitt 2013a, pp. 61-80）。一九七六年一一月没。享年六三歳。

ヘニックは、『概要』の出版に先立って、その紹介と要約のために解説記事を二つ書いています（Hennig 1947, 1949）。まず、彼は厳密に系統学的な分類体系を構築するためには、ネフが提唱するような観念論形態学的な**形状類似性**（Gestaltähnlichkeit）ではなく、ツィンマーマンのいう**全発生的関係**（die hologenetische Beziehungen: Hennig 1947, p. 277; Donoghue and Kadereit 1992, p. 77）を構成する生物個体の各成長段階（幼虫・蛹・成虫のような個体発生段階）を**形質担体**（Merkmalsträger: Hennig 1947, p. 277）――のちにヘニックは**ゼマフォロント**（Semaphoront: Hennig 1950, p. 9）と命名します――とみなし、その情報に基づいて生物間の系統関係を推定しなければならないと主張します。

観念論形態学を排除して系統体系学を確立しようとする点でツィンマーマンと歩調を合わせるヘニッ

【図1-22】ヴィリ・ヘニック『系統体系学理論の概要』の扉
（Hennig 1950）

第二次世界大戦中からヘニックが書き続けてきた系統体系学に関するこの理論書は、大戦直後の混乱により出版が数年遅延してしまった。ヘベラーとはちがってNSDAPに協力的ではなかったヘニックは（その一方で反共産主義者でもあったが）、戦中はもちろん戦後になっても国際的にはまったく無名だった。『概要』は旧東独の社会主義経済体制のもとで出版され、ぜんぜん宣伝されなかったために、国内外の研究者がその存在に気づいたのは出版後さらに数年が経過してからだった（Schmitt 2013a, p. 66）。本書は系統体系学の理論書であることはもちろんだが、英語とスペイン語に翻訳された改訂版（Hennig 1966, 1968）では削除されている、個体群生態学の数理モデルを踏まえた記述が含まれている点は興味深い。ヘニックは確かに数学的な厳密さ――普遍学（mathesis universalis: Hennig 1949, p. 138）――を求める傾向が強かった。本書は出版部数が少なかったせいか、現在ではきわめつきの稀覯本である。しかも、紙質の経年劣化が著しく、私の手元にある原本は脱酸処理した上で保管している。

クは、生物のもつ形質情報から系統関係を推論するための原理を次のように説明します。

「ある状況のもとで、生物間にあるさまざまな関係の構造に作用する系統学的多様化過程がどのように生じるかがわかったならば（その過程に法則性があると仮定して）、その知見を踏まえ、別の状況のもとで、異なる次元で生じる関係（広義の形態・地理・生態などの関係）の構造から遺伝的関係を確定することができる。これが系統体系学の方法の原理である。それでは体系学研究の結論はその前提に戻ってしまうから、論理循環ではないかという批判があるが、それは当たっていない。それどころか、この方法は、ヴィルヘルム・ディルタイ（Wilhelm Dilthey）以後の人文科学の分野では、「相互観照（wechselseitigen Erhellung）」法と呼ばれ、正しく生産的な方法であることが十分に確かめられてきた。さらに言えば、この相互観照法は自然科学の分野でもこれまでしばしば適用されてきたものである」（Hennig 1947, p. 277）

この**相互観照法**に関しては、ヘニック自身が挙げている事例が参考になります。彼は民俗学者ヴィルヘルム・エミール・ミュールマン（Wilhelm Emil Mühlmann：一九〇四 - 一九八八）による次の見解を引用します。

「文化とその固有の体系は、部分（Teil）と全体（Ganz）に関する〝相互観照法〟を用いることにより、その本質を認識することができる。その方法は論理循環ではないかという反論に対してはディルタイがすでに応えている。論理的にはそのとおりだが、実際の研究においてはそうではない。部分と全体とを対置することでより高い思考段階へと逐次的に到達できる可能性が実際にありうる」（Mühlmann 1939, p. 15; Hennig 1950, p. 26 に引用）

それを受けて、ヘニックはこう主張します。

「系統体系学においてもまったく同じことが言える。ここでは系統類縁関係が全体（〝文化〟）に相当し、それを構成する形態・生態・生理・地理などの部分が存在する。形質担体の系統類縁関係に起因する類似関係は相互観照法から導かれる」（Hennig 1950, p. 26）

ここで重要なのは、〝部分〟を寄せ集めて〝全体〟を構成する体系化の方法論としてヘニックが相互

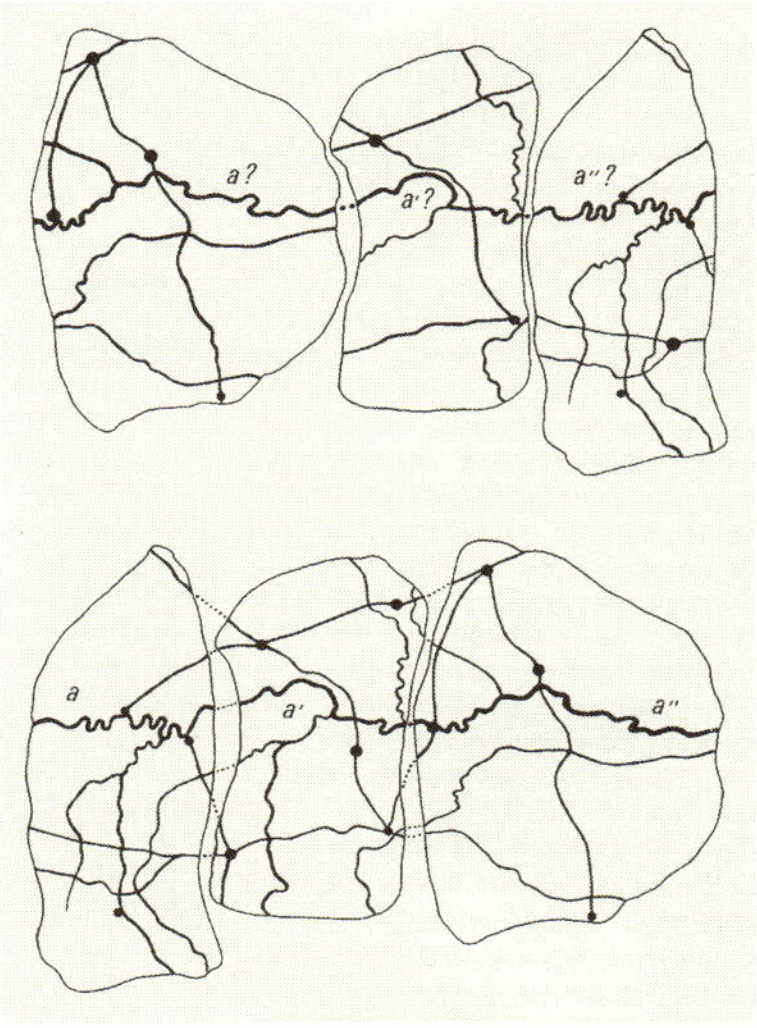

【図1-23】断片からの地図全体の復元
出典：Hennig 1982, p. 128, figs. 37-38.
いま３枚の地図の断片があるとき、元の地図全体を復元するという作業を考える。地図断片のそれぞれにはさまざまな要素（河川、道路、鉄道など）の痕跡が残されている。これらの断片をいろいろ並べ替えてみることによって、私たちは元の地図を何とか復元しようと試みる。たとえば、上図の復元では確かに太く描かれた本流の河川はうまくつながっているように見えるが、その他の要素が整合的ではない。しかし、下図に示した復元によれば、河川だけでなく他の地図要素の相互のつながりもまた整合的に説明できる。したがって、地図断片という“部分”から元地図という“全体”を復元するためには“試行錯誤”しながらよりよい体系化を目指さなければならない。

観照法を用いている点です。**体系化**（systematization）とは部分から全体を構築することであるというシステム論的な観点を彼が支持していたことはすでに考察しました（三中 2017a, pp. 236-241）。たとえば、ヘニックが挙げた**【図1-23】**の例は体系化と相互観照法との間に密接な関係があることを示唆します。

ヘニックにとっての相互観照法の目標が、単に部分を分類することではなく、部分から全体（すなわち体系）への構築にあるとするならば、それは推論様式としての「**アブダクション**（abduction）」と同じであるとみなしても差し支えないでしょう。彼は、かぎられた形質の情報に基づいて未知の全体――すなわち生物の系統的体系――を推論するために相互観照法＝アブダクションという方法論を提示したということです。

ヘニックの相互観照法をどのように解釈するかをめぐってはその後もさまざまな議論があり、研究者によって解釈が微妙にちがっています。たとえば、ヘニックの同僚だったクラウス・ギュンター（Klaus Günther: 一九〇七-一九七五）は、相互観照法は「検証・訂正・再検証（checking, correcting, rechecking）」のサイクルであると考えました（Günther 1956, p. 48. この英語表現はヘニック自身のものです。Hennig 1966, p.21, 1982, p. 20）。一方、シュトゥットガルトでヘニックの共同研究者だったディーター・シュリー（Dieter Schlee）は、相互観照法とは〝試行錯誤〟ではなくある種のフィードバック原理（Rückkopplungsprinzip: Schlee 1971, pp. 20-21）であるとみなしています。部分と全体との関係を情報と仮説との関係に置き換えるならば、相互観照法の議論は系統推定法の論理に直結するきわめて重要な論点であることが理解できるでしょう。この点については次章以降にあらためて触れることになります。

第二次世界大戦後に公表され始めたヘニックの系統体系学の理論は、一九四〇年代末から一九五〇年代に入り、さらなる進歩をし続けます。一九五七年に出版されたドイツ昆虫学会創立百周年記念論文集に寄稿した論文のなかで、彼は系統的体系の構築手順を「**論証スキーム**（Argumentationsschema）」として定式化しました（Hennig 1957, p. 66）。これは形質分析に基づいて、系統推定法を形式化したものです。**【図1-24】**の種A、B、Cにおけるある形質について、種Aでは形質状態aであるのに対し、BとCではともに形質状態a'だったとします。このとき、状態aが**原始的**（plesiomorph）であり、a'が**派生的**（apomorph）であるならば、種BとCは派生的形質状態を共有しています。系統学的にいえば、BとCの共通祖先（図中の〇）はAとは共有されません。つまり、BとCはある派生的状態a'の共有に基づく**単系統群**（monophyletische Gruppe）を構成すると推定されます。

この論証スキームは複数の形質にも適用できます。次の**【図1-25】**では、分類群A、B、C、Dにつ

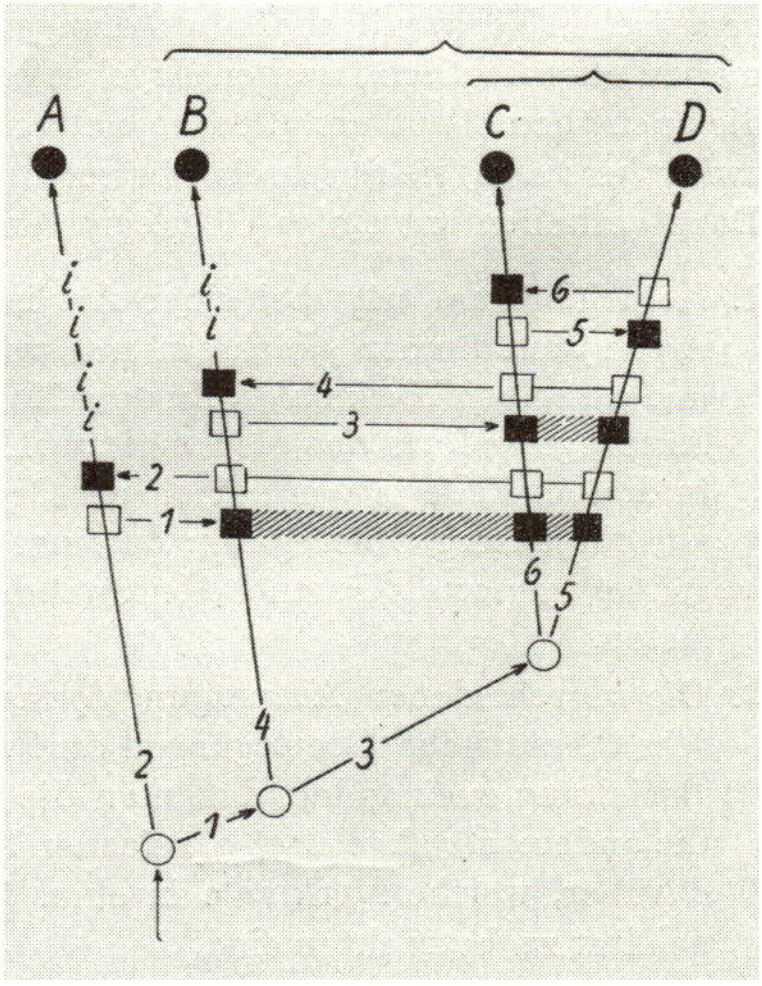

【図1-25】ヘニックの論証スキーム（2）
出典：Hennig 1957, p. 66, fig. 8.
分類群A, B, C, D について、全6形質の原始的状態（□）と派生的状態（■）の分布を調べることにより、派生的な形質状態を共有する単系統群を逐次的に構築することができる。図中の「i」は該当形質の分布が姉妹群関係の推論とは関係がない（indifferent）という意味である。

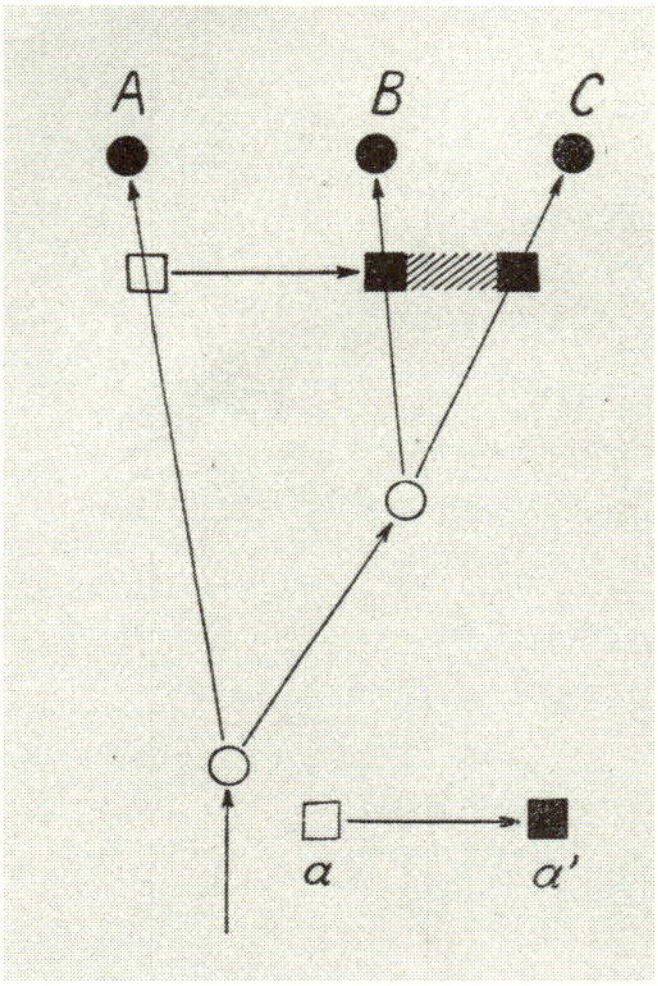

【図1-24】ヘニックの論証スキーム（1）
出典：Hennig 1957, p. 66, fig. 9.
種A, B, C に関してある形質の形質状態を調べたところ、Aでは a であるのに対し、BとCでは a' だったとする。状態 a が原始的（□）、状態 a' が派生的（■）であるとすると、派生的形質状態を共有している種BとCはある単系統群を構成すると推定される。

いて形質1〜6の形質状態の分布を調べました。各形質の□は原始的状態であり、■は派生的状態を表します。はじめに、形質1の派生的状態を共有する群B、C、Dはひとつの単系統群を構成します。次に形質2に基づいて群Aの単系統性が示され、AとB＋C＋Dとはたがいに**姉妹群関係**（Schwestergruppenverhältnis）にあることがわかります。同様にして、形質3の派生的状態を共有する群CとDはより小さな単系統群を構成するので、形質3と4は群Bと単系統群C＋Dが姉妹群であることを示します。最後の群C

とDについても形質5と6から姉妹群関係であることがわかります。

ここで説明してきたヘニックの系統体系学理論が第二次世界大戦後の研究者コミュニティーのなかでいつどのように伝播していったかについては、クロード・デュピュイによる詳細な調査があります（Dupuis 1978）。ヘニック自身あるいは出版社による広報宣伝はほとんど期待できなかった時代状況でしたが、それでも一九五〇年代に入ると徐々に彼の理論は国境を越えて知られていきます。たとえば、ギュンターによる一九三九〜一九五九年の期間にわたる動物系統進化学の総説論考（Günther 1956, 1962）はヘニックを中心とするドイツ体系学の研究成果を世に知らしめました。また、ドイツ国外ではベルギーの鱗翅目昆虫学者セルジウス・キリアコフ（Sergius G. Kiriakoff：一八九八－一九八四）が一九五〇年代前半からヘニック理論の紹介を積極的に行ないました。ヘニックの〝洗礼〟を受ける前の一九四八年に彼が出版したフラマン語の冊子『動物学における分類用語の現代的問題（*De huidige problemen van de taxonomische terminologie in de dierkunde*）』（Kiriakoff 1948）は、現代的総合の「新しい体系学」の遠い影響を反映しただけの内容でした。ところが、〝洗礼〟した後にキリアコフが出した教科書『生物学を学ぶ者のための動物体系学入門（*Beginselen der dierkundige systematiek voor hoogstudenten en biologen*）』（Kiriakoff 1956）は、ヘニックの系統体系学を中心に据えた、当時としては先端の系統学理論を紹介する本となりました。

ロビン・クロウ（Robin Craw：一九五二－）が文献引用分析を通じて明らかにしたように（Craw 1992）、ヘニック理論の一九五〇年代以降の拡大は、アメリカにかぎらずさまざまな国や地域で別々に始まったようです。たとえば、北欧でのヘニック理論の拡大に目を向けると（Seberg *et al.* 2016）、スウェーデン

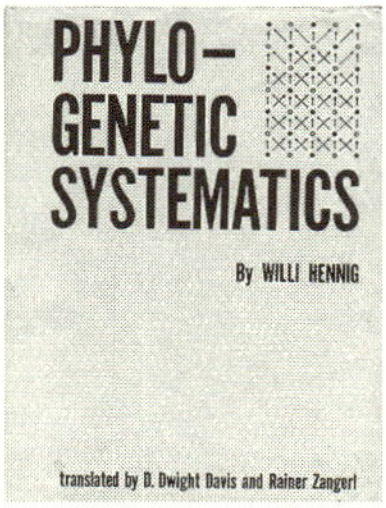

【図1-26】ヴィリ・ヘニック『系統体系学』の書影（Hennig 1966）
1966年に出版されたこの英訳本が1970年代以降の体系学論争のきっかけのひとつとなった。第二次世界大戦中から戦後にいたる期間に確立されたヘニックの系統体系学の理論と実践について解説された本書は分岐学派の“聖書”あるいは“クルアーン”としての地位を得るにいたる。本書は1979年に再版され、さらに2000年にペーパーバック版が出ている。英訳本からの重訳ながら日本語の翻訳原稿も完成していたのだが（1981年）、けっきょく刊行されなかったのは残念なことだった。なおドイツ語の元原稿は1982年に出版された（Hennig 1982）。英訳本とは別にスペイン語訳本も1968年にブエノスアイレスで出版されている（Hennig 1968）。スペイン語訳は、英訳とはちがって、ヘニックが翻訳作業に関わることができたようで、短い著者序文が付けられている。

の双翅目昆虫学者であるラルシュ・ブルンディン（Lars Z. Brundin：一九〇七－一九九三）はいち早くヘニックの理論を昆虫の系統体系学と生物地理学に適用し（Brundin 1965, 1966）、英語圏への導入に大きな影響を及ぼしました。また、デンマーク出身の生理学者セーレン・レプトルプ（Søren Løvtrup：一九二二－二〇〇二）はヘニック理論の独自の〝公理化〟を目指しました（Løvtrup 1973, 1974, 1975, 1977）。同様に、フランスでも英語圏とは異なるヘニック理論の発展があったことがわかっています（Tassy 2016）。日本では、私と鈴木邦雄が昆虫学・魚類学・古生物学・植物学の各分野別にヘニック理論の受容の様相について論じました（三中・鈴木 2002）。

しかし、ヘニック理論の英語圏への浸透普及にとって決定的だったのは一九六六年に刊行された英訳本『系統体系学（*Phylogenetic Systematics*）』（Hennig 1966【図1－26】）でした。ヘニックは、一九五〇年の『系統体系学理論の概要』の改訂版として用意されたドイツ語原稿（一九六〇年脱稿）を、翻訳者であるフィールド博物館（シカゴ）のD・ドワイト・デイヴィス（D. Dwight Davis：一九〇八－一九六五）に送りました。しかし、その後の翻訳の進捗に関する連絡はまったくなく、ヘニックが関与できないまま出版されてしまったという経緯があります。このドイツ語改訂稿は一九八二年に出版され（Hennig 1982）、その編集を行なった長男の分子遺伝学者ヴォルフガング・ヘニックは、英訳版のいくつかの箇所は訳文が理解できないと批判しました（Wolfgang Hennig 1982, p. 5）。ドイツ語がもともと堪能だったディヴィスにとってもヘニックのドイツ語文体がとても難解で、翻訳作業を進めるため同じ職場のライナー・ツァンゲール（Rainer Zangerl：一九一二―二〇〇四）に共訳を依頼することにしました。ハルはこの英訳本の観念論的な〝偏向〟に言及しています。

「二人の翻訳者［ディヴィスとツァンゲール］は原稿をただ翻訳しただけではなかった。彼らはそれを編集し、冗長な語句を削り、ヘニックのチュートン調文体を簡潔にして、彼の考えをはっきり示そうとした。翻訳途中にディヴィスが逝去したので、その後はツァンゲールがひとりで翻訳を続けなければならなかった。あろうことか、ヘニックがその本のなかで攻撃した知的伝統すなわち観念論形態学のもとでヘニックの原稿を訳した二人は育ってきたのだ」（Hull 1988, p. 134）

一方、ヘニックのドイツ語が晦渋であることに同意しつつも、シュミットはこの英訳本のできはそんなに悪くないのではないかと弁護しています（Schmitt 2013a, p. 140）。私が確認したかぎりでは種概念や系統推定法の部分で英訳本（Hennig 1966）とドイツ語本（Hennig 1982）には看過できないちがいがあるようです（たとえば、三中 1997, pp. 176-177）。

いずれにしても、ヘニックの英訳本が出たことにより、新たな段階に入った系統体系学（分岐学）は続く一九七〇年代に大きな飛躍を迎えることになります。

◇第五景：生物測定学から数量分類学へ——統計的思考［一九三六～一九六三］【シーン5】

一九七〇年代の体系学論争に参戦した三学派のうち、進化分類学派と分岐学派についてはすでにその歴史をふりかえりました。本章の最後に私たちが見る〝景色〟は、残る第三の「**数量表形学派**（numerical phenetics）」が誕生した背景です。統計的思考法が生物体系学に及ぼした影響を知るためには、一九二〇年代までさかのぼって生物統計学の理論的基盤がどのように築かれたかを確かめる必要があります。

ロナルド・フィッシャー、エドガー・アンダーソン、生物測定学

私の本務は、農業試験研究における統計データ解析です（三中 2018）。しかも、最初に配属されたのが圃場試験の実験計画を担当する研究室だったので——その後はたびかさなる組織改編で名称だけはどんどん変わりましたが——、統計学者ロナルド・A・フィッシャー（Ronald A. Fisher：一八九〇－一九六二）が確立した「**実験計画法**（experimental design）」（Fisher 1926, 1935）についてはいろいろと叩き込まれた記憶があります。フィッシャーといえば、理論統計学者・集団遺伝学者・進化学者・優生学者などさまざまな〝顔〟をもっていますが、少なくとも私にとってのフィッシャーは、一世代前のカール・ピアソン（Karl Pearson：一八五七－一九三六）とともに**生物測定学**（biometrics, biometry）のパイオニアである

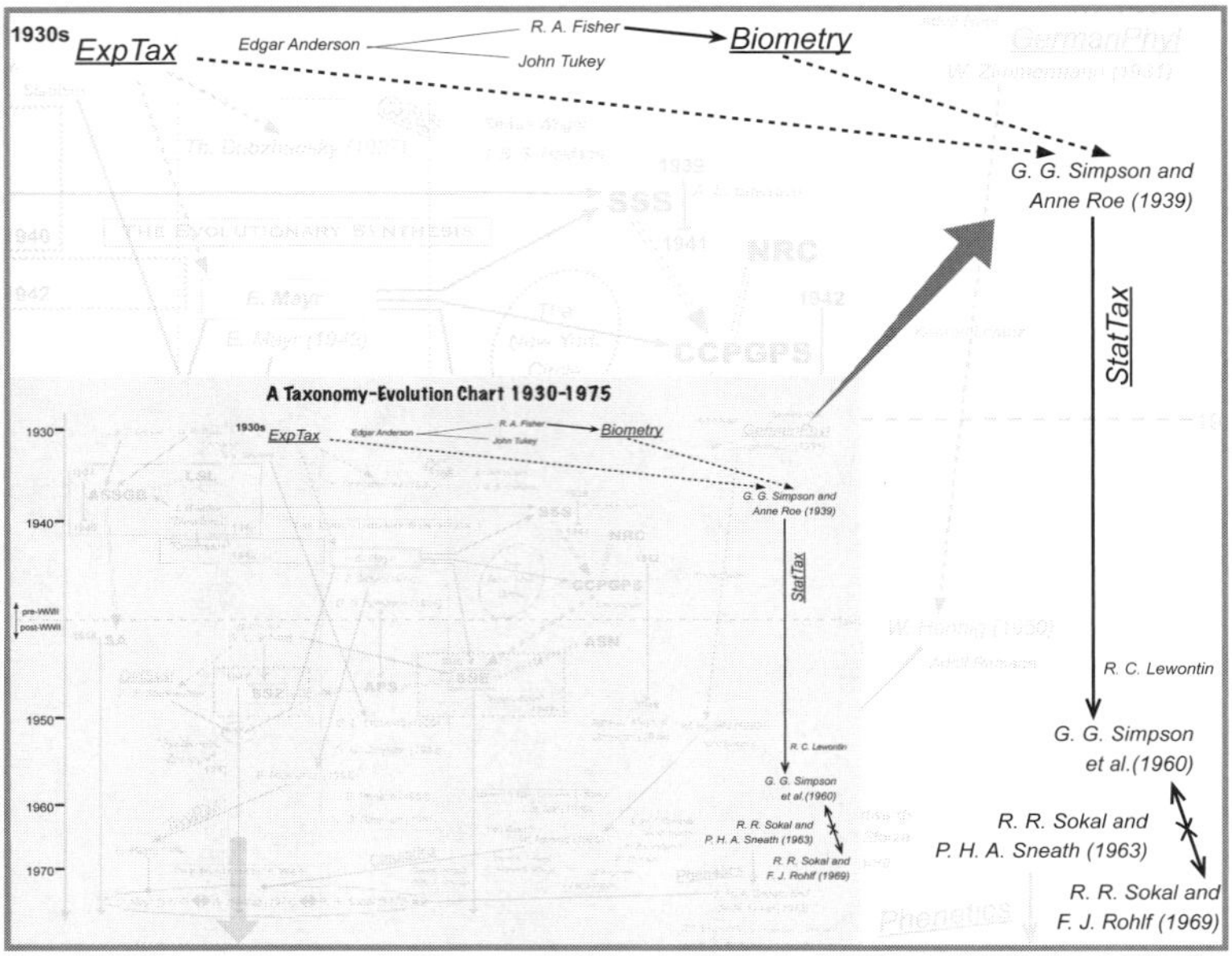

【シーン5】

という意識がいつもあります。

そのフィッシャーが統計の研究員として最初に勤務したロザムステッド農業試験場（Rothamsted Experimental Station【図1-27】：現ロザムステッド研究所 Rothamsted Research）は、ロンドンの北にあるイギリス屈指の農業試験場です（並松 2016）。一八四三年に農学者ジョン・ベネット・ローズ（John Bennet Lawes：一八一四－一九〇〇）によって創立され、現在も存続するこの農業試験場は長期圃場試験など基礎的な研究を実施する機関でした。一九一九年に新設された統計部門（Statistics Department）に配属されたフィッシャーは長年にわたって蓄積された試験研究データの山を新しい統計学の理論を手にして掘り進む仕事を一九三三年にユニヴァーシティ・カレッジ・ロンドンに異動するまで続けました（Parolini

【図1-27】ロザムステッド農業試験場の実験圃場の写真

出典：Rothamsted Experimental Station (1977), 口絵写真

ロンドンの北西に位置するハーペンデンにあるロザムステッド農業試験場は東西３キロ南北２キロにわたる広大な実験圃場（330ヘクタール）をもつ研究所である。この航空写真の中央部には、1843年の創立時につくられたロザムステッドのなかでももっとも古い圃場である「ブロードバーク（Broadbalk）」が写っている。このブロードバークはおよそ１世紀半にわたって小麦の栽培試験と病害虫防除試験に用いられてきた。農業試験研究とは長い時間をかけて地道に続けることにこそ意味がある。そして、そこで蓄積されたデータから情報を得るためのツールが統計学である。

2015a, b; Berry 2015）。

一九二〇年代にロザムステッドでフィッシャーが開発した実験計画法の理論と実践は、農業試験研究にとっていまなお不可欠ですが（三中 2018，第7～9講）、彼はそれ以外にも数多くの理論統計学上の業績を残しています。そのひとつが多変量解析の一手法である「**判別分析**（discriminant analysis）」でした（Fisher 1936）。現在も同定のための統計手法として広く用いられているこの判別分析は、あらかじめ複数の群の構造を与えたときに、ある標本がどの群に帰属するかを変量の線形結合である「**線形判別関数**（linear discriminant function）」のスコアを用いて判定するという方法です（Morrison 1990, pp. 269-290）。判別分析は、ある群構造を前提とするという点で、そのような前提を置かない「**クラスター分析**（cluster analysis）」（後述）とは根本的なちがいがあります。

実験分類学者エドガー・アンダーソンは、一九二九年からイギリスに一年間滞在していたとき、フィッシャーのもとで統計学を学ぶ機会を得ました（Stebbins 1978, p. 7）。フィッシャーが判別分析の適用例として用いたのは、アンダーソンが計測したアヤメ（*Iris*属）の三種（*I. setosa, I. versicolor, I. virginica*）の形態形質データです（Anderson 1935, 1936）。この三種の花についての四形態形質――外花弁長（sepal length）、外花弁幅（sepal width）、内花弁長（petal length）、内花弁幅（petal width）――の計測データをフィッシャーは利用しました。

アンダーソンは、フィッシャーのほかにも、集団遺伝学者セウォール・ライト（Sewall Wright：一八八九－一九八八）やJ・B・S・ホールデン（J. B. S. Haldane：一八九二－一九六四）そして統計学者ジョン・W・テューキー（John Wilder Tukey：一九一五－二〇〇〇）とも仕事をしているくらいですから、当時の生物学者のなかでは統計学や数学の高い素養があったのでしょう。しかし、アンダーソンは理論統計学の適用に対しては懐疑的であり（Hagen 2003, pp. 360-363）、むしろ視覚的かつ直感的にわかる統計グラフィクス技法の開発に関心を向けました（アンダーソンの統計ダイアグラムについての詳細は三中 2017a, pp. 7-13, 277-284）。

ジョージ・シンプソンと『計量動物学』――統計学をめぐる世代間ギャップ

進化学の現代的総合は、集団内の遺伝的変異の分析が進化過程を考察する上できわめて重要であるという考え方――のちに「**集団的思考**（population thinking）」と呼ばれるようになる（Chung 2003, p. 278）――を重視しました。そのような変異を検出するためには統計学的な分析が必要となるため、生物学者が統計学をどう学べばいいのかという問題点が浮上してきました（Hagen 2003, p. 355）。昔も今も状況

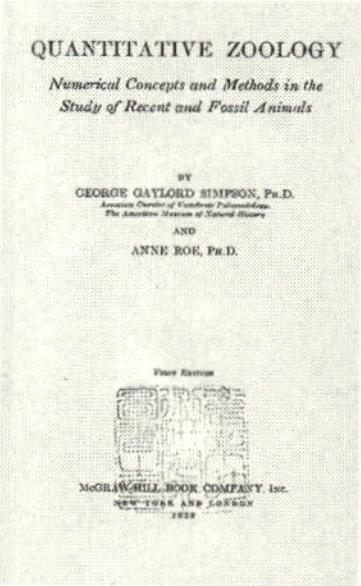

【図1-28】シンプソン、ロウ『計量動物学』の扉（Simpson and Roe 1939）

ふつうの動物学者（あるいは古生物学者）でもわかる統計学をというモットーで書かれた本書のスタイルはいま読んでも共感できるところが少なくない。序文の冒頭にはこう書かれている。「動物学が精密科学のリストからはじき出されていることは、動物学者の目から見ればかえってよかったのだが、数学好きな研究者からみればとんでもないことと顔をしかめられるのがつねである。自然現象の記述をすべて数値化することは理論的に可能であるばかりか実践的にも望ましいと抽象数学者は考えがちである。理論的可能性を前向きに考える動物学者はいるかもしれない。しかし、それが実践的だと言う者はほとんどいない。ましてや、一般的に望ましいなどとは誰も口にしない。動物学者たるもの、ただ数字が好きだからという理由で、自分の観察や理論を純粋に数値化することはないし、そんなことをしてはいけない。動物学者の興味は動物にあるのであって、数式や数字にあるのではけっしてない」（Simpson and Roe 1939, p. vii）。統計学に対するシンプソン夫妻のぶれない姿勢に対して私は何度でも「いいね！」したくなる。

はさほど変わらないのですが、生物学者のほとんどは数学や統計学が大嫌いで、できればまたいで通り過ぎたいと考えるものです（三中 2015b, 2018）。ヴィジュアルな統計学を目指したアンダーソンは難解な統計数学は生物学には合わないだろうと考えたわけですが、彼と同じ意見だったのがジョージ・G・シンプソンでした。

脊椎動物の古生物学者として有名なシンプソンは、第二次世界大戦の兵役に就く前は、マンハッタンのアメリカ自然史博物館に籍を置いて研究活動をしていました（シンプソンの伝記と書簡集：Laporte 1987, 2000）。彼は臨床心理士として働いていた二度目の妻アン・ロウ（Anne Roe：一九〇四－一九九一）を共著者として、一九三九年に『計量動物学（*Quantitative Zoology*）』（Simpson and Roe 1939【図1-28】）という生物学者のための統計学書を出版します。

もちろん、専門の統計学者が書いた統計学の教科書は当時売られていて、たとえばフィッシャーの『研究者のための統計的方法（*Statistical Methods for Research Workers*）』（Fisher 1925）は版を重ねていました（Hagen 2003, p. 357）。

それらの統計学の専門書はふつうの生物学者にとっては難解すぎて理解できません（今もきっとそうでしょう）。しかし、現代的総合が進展しつつある状況では、生物の変異を統計的に分析する理論と手法の理解は不可欠です。そこで、シンプソンとロウは、具体的な動物の事例（現生あるいは化石動物の形態データなど）を挙げながら、数式はほとんど使わず図表を多用して説明を進めるという方針で『計量動物学』を書きました。その内容を見ると、数値データの記述統計学から始まって、平均と分散の定義、正規分布を含む確率分布の概論、母集団からの標本抽出、相関係数、回帰分析、頻度表分析、統計グラフなど、もっとも基本的な統計学の概念がていねいに解説されていることがよくわかります。

一九三〇年代にいったいどんな数値計算の道具が使われていたかを考えてみてください。現代の私たちが使っているようなコンピューターはもちろん影も形もなく（RもSASもSPSSもなく！）、卓上電卓すらないあの時代は、高価な手回し計算機が使えれば十分すぎるほど恵まれていて、たいていは統計数表を片手に、そろばんか計算尺を使って、あるいはそれこそ手計算で数値データと格闘するのがあたりまえでした。そういう時代背景を考えれば、高尚な数理統計学の〝理論〟とは無縁の生物学者たちが統計学を〝道具〟として使うことはとても敷居が高かったことが想像できるのではないでしょうか。シンプソン夫妻が念頭に置いたのはそのような潜在読者層でした。後述するように、〝肉体労働〟としての数値計算から人間（研究者）を解放してくれるコンピューターを知ってしまった新世代とそれを知らない旧世代との統計学をめぐるジェネレーション・ギャップは無視できなくなったということです。

シンプソン夫妻が『計量動物学』の改訂第二版（Simpson *et al.* 1960）を出すことになった二〇年後の一九六〇年は、まさに「コンピューター時代」の到来を告げるできごとが生物体系学の世界にもあらわれ始めました。この改訂に際しては、遺伝学者リチャード・C・ルウィントン（Richard Charles Lewontin：一九二九-）が共著者として加わり、増補部分の執筆を担当したのですが、ここでも統計学のどんな内容を書くべきかをめぐる世代間のずれが顕在化します。

フィッシャーの『研究者のための統計的方法』と『計量動物学』初版とのもっとも大きな内容のちがいは後者には**分散分析**（analysis of variance）に関する説明がまったく含まれていなかったという点です。シンプソンは分散分析などという難しい方法は生物学者には無縁だという理由で、初版では言及しませんでした。しかし、ルウィントンは、統計的仮説検定の考え方（検定統計量の帰無分布にしたがって対立仮説の棄却を判定する仮説検定論。三中 2015b, 2018）を理解させるために必要であるとシンプソンを説得して、分散分析の方法論を改訂版に追加しました。記述統計学が主だった初版とは異なり、改訂第二版では推測統計学に大きく軸足を移そうとしたわけです。しかし、シンプソン夫妻とルウィントンとの世代間のギャップはもはや隠しようもありません（Hagen 2003, pp. 363-365）。

統計的思考をめぐる時代の流れとコンピューター時代の黎明は生物体系学にもうひとつの新しい系譜を生み出します。それは「**数量分類学**（numerical taxonomy）」あるいは「**数量表形学**（numerical phenetics）」と呼ばれる新しい学派の登場でした。

ロバート・ソーカルと数量分類学の登場——コンピューター時代の幕が上がる

現代的総合を推進した進化分類学派のマイアーやシンプソンたちは生物学的種概念と自然淘汰理論に基づく〝新しい体系学〟をつくろうとしました（第二景）。一方、ドイツ体系学の流れを汲むヘニックの系統体系学派（分岐学派）は厳密に系統関係を反映する体系の構築を目標に据えました（第四景）。両学派を隔てる見解の相違はけっして小さくはなかったのですが、ともに生物の系統関係を考慮するという点では同じ立場と考えられます。しかし、私たちが見てきたように、伝統的な生物分類学は必ずしも生物進化とか系統関係を重視しようとしたわけではなく、むしろ分類にとっては進化や系統という観念は〝余計なもの〟という意見をもつ分類学者たちがつねに存在していました。たとえば、第一景で言及したように、一九三〇年代に活動した一般生物学に関係する体系学研究協会（ＡＳＳＧＢ）では、系統関係を重視するかしないかで分類学者の委員たちの見解が真っ二つに割れてしまったことを思い出しましょう。また、第三景の主役を張ったブラックウェルダーら〝古い体系学〟を信奉する分類学者らは第二次世界大戦後もなお系統分類を否定し続けました。

生物進化の系統関係は単なる主観の産物であって客観的に確証できないから信頼できる生物分類体系の構築に用いるべきではない――公然とあるいはひそひそと語られ続けるこの信念は一九五〇年代後半になってひとつの運動として形をなしていきます。カンザス州立大学のロバート・R・ソーカル（Robert R. Sokal：一九二六－二〇一二）は、一九五〇年代の終わりに多変量解析の手法である「**クラスター分析**（cluster analysis）」の方法論とアルゴリズムを開発しました。彼が開発したクラスター分析とは、分類対象――**操作的分類単位**（OTU：operational taxonomic unit）――に関する多変量形質データからＯＴＵ間の差異を「**全体的類似度**（overall similarity）」として数値化し、それに基づいてＯＴＵの分類――クラスタリング（clustering）――を実行するアルゴリズムでした。

難解で複雑な統計学の理論は生物学者には無縁だとずっと言い続けてきたシンプソンの向こう面を張

りとばすかのように、ソーカルは当時ようやく実用化され始めたコンピューターを使って大量の形質データを統計学的に処理するという、生物体系学にとっての本格的なコンピューター時代の到来を強く印象づけました。たとえば、最初期のソーカルの論文を見てみましょう。ソーカルは、膜翅目（ハチ類）昆虫が専門の分類学者チャールズ・D・ミシュナー（Charles D. Michener：一九一八－二〇一五）との共同研究（Michener and Sokal 1957; Sokal and Michener 1958）で、ハキリバチの *Hoplitis* 属複合群の全九七種をOTUとして一二二形態形質を数値コード化し、OTU間の全体的類似度を「**相関係数**（correlation coefficient）」によって計算しました。各OTUは一二二個の成分をもつベクトルとして一二二次元形質空間内の一点に相当します。各形質の平均値のベクトルを考えると、任意の二つのOTUの偏差ベクトル（＝OTUベクトル－平均ベクトル）の内積を取ることにより、多次元空間内のOTUベクトルがなす角度θの余弦（cos θ）はその二つのOTUの相関係数と一致することが証明できます。

このようにして、彼らは九七OTU×九七OTUのすべての対に関する全体的類似度（相関係数）を計算し、相関係数行列を算出しました。総当たりの対の個数は九七×九七＝九四〇九個ですが、九七個の対角要素は自明な相関係数1をもつので除外し、残る非対角要素についてはは対称行列であることを勘案すれば、実際に計算しなければならない相関係数は全部で（九四〇九－九七）÷二＝四六五六個となります。いったん全体的類似度が求まれば、あとは類似度が高い（すなわち距離が小さい）OTUどうしを逐次的にグルーピング（すなわちクラスタリング）することにより、階層的な分類構造を数値的に決定することができます。クラスター分析の結果は**デンドログラム**（dendrogram）という樹形ダイアグラムによって表示されます（**【図1－29】**）。クラスター分析の詳細については、OTU間の類似度の尺度とクラ

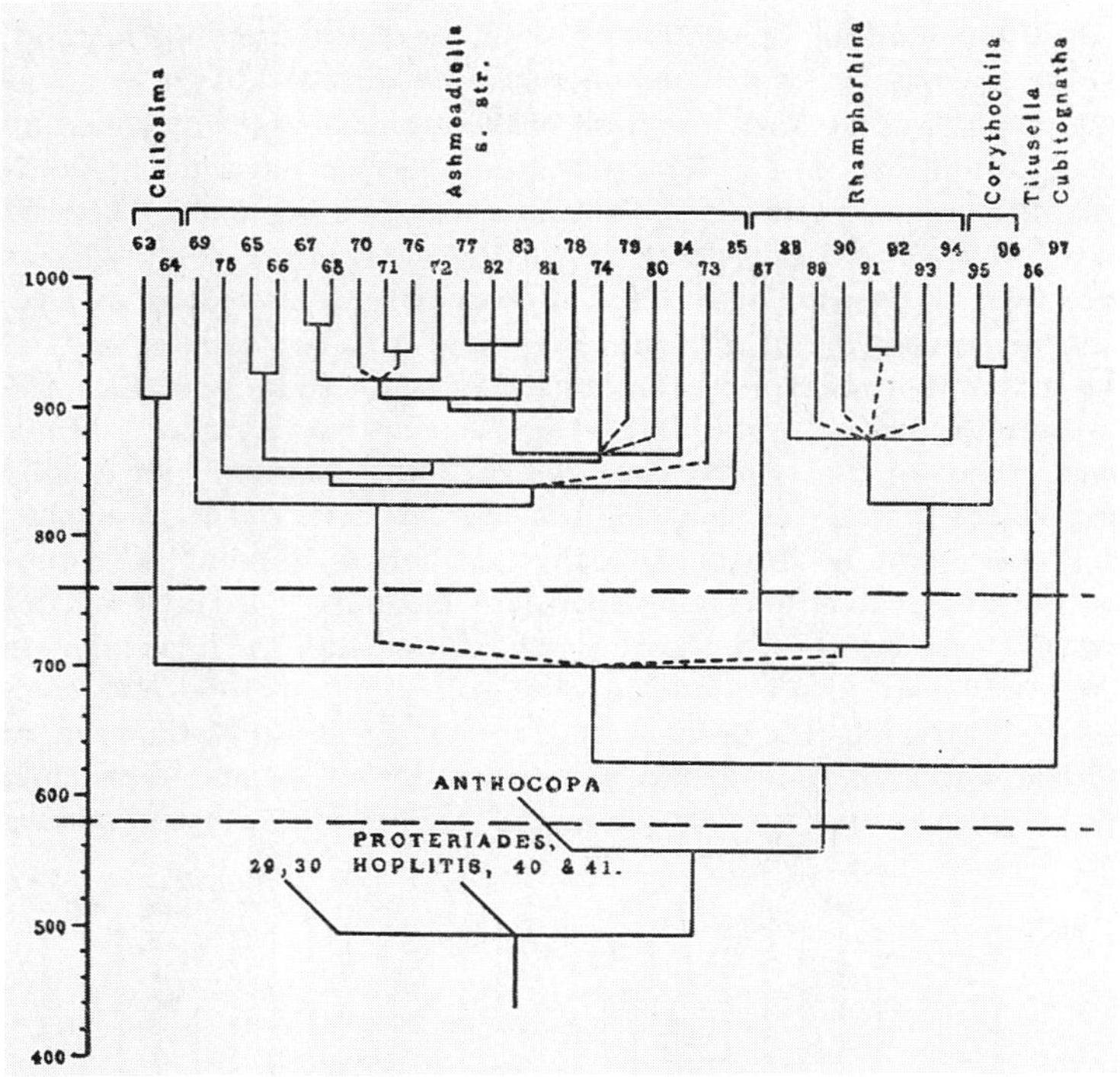

【図1-29】*Hoplitis*属複合群（*Ashmeadiella*属）のデンドログラム

出典：Sokal and Michener 1958, p. 1425, figure 1.

ソーカルとミシュナーが研究したハキリバチの*Hoplitis*属複合群には全４属が含まれ、*Proteriades* + *Hoplitis* と *Anthocopa* + *Ashmeadiella* の２つの下位分類群に大別される。クラスター分析の結果の*Ashmeadiella*属に関する部分を示したのがこのデンドログラムである。上部末端にはOTUが置かれ、あるOTU対に関してデンドログラム上の内部分岐点の「高さ」がその対の全体的類似度（相関係数）―― 1000倍されたその値は縦軸の目盛りに示されている――に対応する。クラスター分析のデンドログラム表示については三中（2017a, pp. 122-135）を参照されたい。

スタリングのアルゴリズムを含め、『思考の体系学』の第3章でくわしく解説しました(三中 2017a)。

もちろん、形質データがこれほど大規模になると、全体的類似度の算出やクラスタリングの実行は手計算ではもはや不可能です。ソーカルらは当時のアメリカで商業利用が開始された国際事務機器会社——International Business Machines すなわち現在のＩＢＭ社——製のコンピューターを実際の計算に利用しました。このころからコンピューターの広範な利用が可能になったことが、生物体系学の〝景色〟を大きく変貌させていく技術的要因となったことは確かです(Vernon 1988, 2001; Hagen 2001, 2003)。シンプソンらの旧世代が慣れ親しんだ〝古き良き時代〟は過ぎてしまいました。しかし、この世代間ギャップはその後の体系学論争のなかで繰り返し燃え上がることになります。

ソーカルらが一九六〇年以降に旗揚げする数量分類学派(数量表形学派)は、一方では直観に基づく分類を否定するとともに、他方では実証できない系統に基づく分類をも排しました。その上で、直観や系統に代わる確固たる分類基準として多数の等価な形質に基づく全体的類似度を用いようとしたわけです。第一景で登場したギルモアは、できるだけ多くの形質を共有する、論理的に自然な分類体系を目指すべきだと主張しました(Gilmour 1940, p. 468)。彼の提唱する分類体系の論理的自然性は「**ギルモア自然性**(Gilmour naturalness)」と呼ばれ、数量分類学派が目指す理想の分類体系がもつべき性質であると唱えられるようになります。

数量分類学派の別名である数量表形学派の「**表形**(phenetic)」ということばは特有の意味を帯びています。数量分類学派の古典となる教科書『数量分類学の原理(*Principles of Numerical Taxonomy*)』(Sokal and Sneath 1963)の序論では次のように説明されています。

「『関係（relationship）』という用語は混乱を招きやすい。その言葉は系統に基づく類縁関係を意味することもあれば、生物の属性に基づく全体的類似性を指すだけで、系統とは何の関係もないこともある。全体的類似性に基づく関係を表すために、ダーウィン以前の時代から広く用いられてきた『類縁（affinity）』という言葉がある。ここでは、系統に基づく関係と全体的類似性に基づく関係とを区別するために、後者に対しては『表形的関係（phenetic relationship）』という便利な言葉を当てよう。この言葉はCain and Harrison（1960）で用いられているH・K・ピュジー（H. K. Pusey）による造語であり、系統発生ではなく、生物の表現型（phenotype）に基づく関係を意味する」（Sokal and Sneath 1963, pp. 3-4）

言い換えれば、ある時空平面のなかに限定された対象生物（ＯＴＵ）の形質のみによって構築される関係が「表形的関係」であり、それは系統とは関係なく計算される全体的類似性によって決まるということです。直観と系統を徹底的に排除する数量表形学派の信念はいたるところに満ちていました（【図1-30】）。ヨーンは当時の数量表形学派をとりまく状況を次のように書いています。

「パンチカードの束と数値表とともにやってきた数量分類学は、それまで分類学者たちがもっとも価値があるとみなしていたものを叩いた。分類学者のエキスパートとしての専門的知識や種を判別するための研ぎ澄まされた感覚はこともなげにゴミ箱に捨てられた。たとえていえば、コンサー

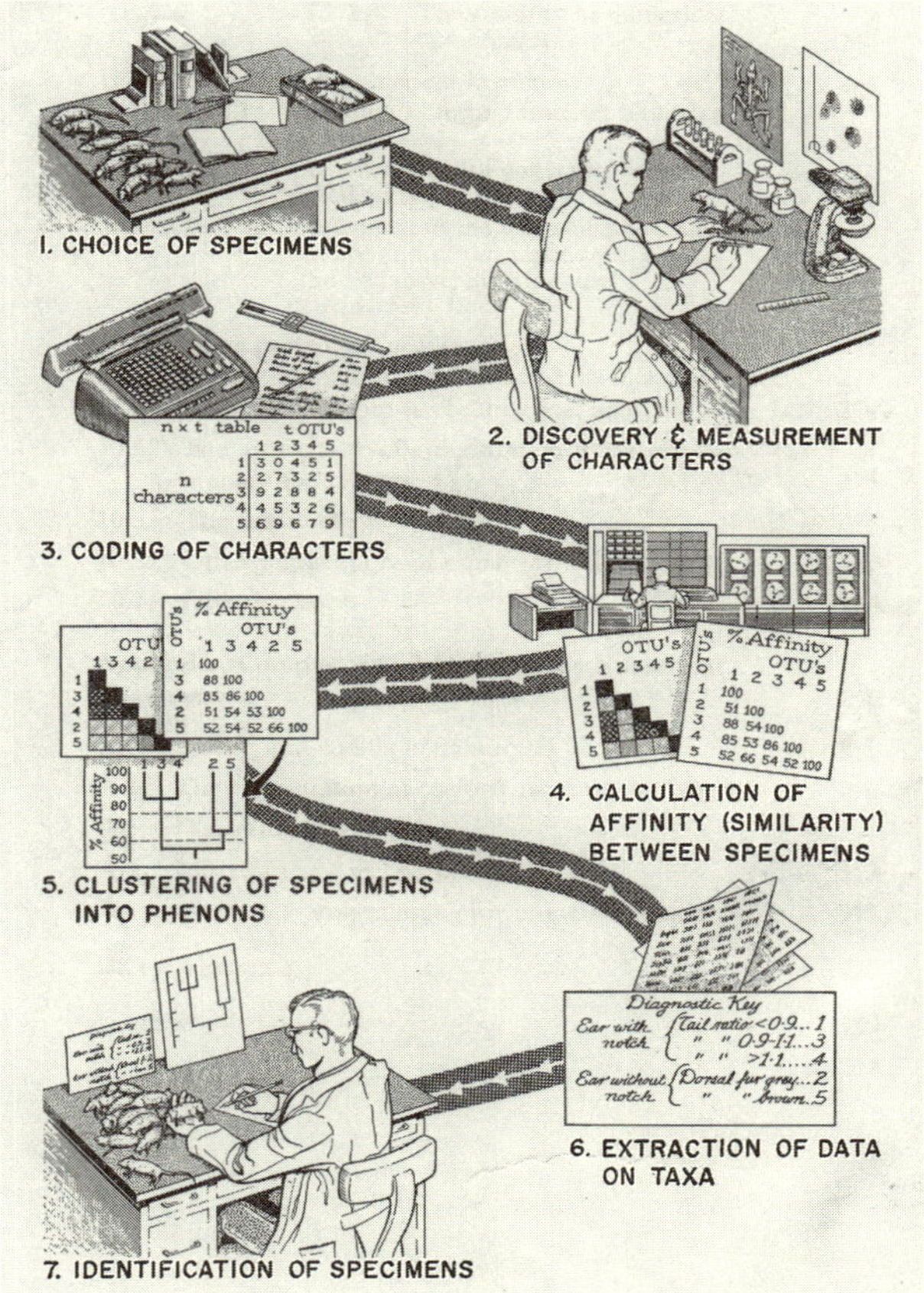

【図1-30】数量分類学フローチャート　出典：Sokal and Sneath 1963, p. xviii
数量分類学の古典『数量分類学の原理』（Sokal and Sneath 1963）の冒頭に置かれたこの図は、数量分類学者なる科学者たちがどのような研究生活を送るのかをイメージ化している。この図から読者がいったい何を読み取ったかを考えるのはとても興味深い。まるで工場のオートメーション工程のような“流れ”に乗れば“自動的”に生物分類ができるとも読めるし、これからの時代はコンピューターが生物分類にも必須であるとのメッセージでもあり、そのうち出る『生物測定学』（Sokal and Rohlf 1969）を座右に置いて統計学をしっかり勉強しないと時代に取り残されるぞという脅迫でもある。ひるがえって、現代の最先端の分子系統学者たちはどんな新しいフローチャートを私たちに見せてくれるだろうか。

ト・ピアニストをお払い箱にして、代わりに自動ピアノをもってきても、聴衆にとっては何もちがいがないと言われたようなものである。多くの分類学者たちにとって、大きなコンピューターがあれば分類はできるというソーカルとミシュナーの主張は妄言でしかなかった。パンチカードの分厚い束を繰ることができるコンピューターをもってしても自然の秩序を感知したり、おびただしい類似と差異の中からどの形質がもっとも重要であるかを見ぬくことはできない」(Yoon 2009, 訳書 pp. 245-246)

数量表形学派の出現をもって、長い第一幕はようやく終わりを迎えることができます。生物体系学が経験してきたこの一世紀は、時代によっても国によってもさまざまなできごとに彩られてきました。そして、分類と系統をめぐる対立と軋轢と矛盾は根本的に解決されないまま、続く一九六〇年代に突入します。次章の第二幕では体系学論争がさぞや火花を散らすことでしょう。

第2章　第二幕：論争の発端——一九五〇年代から一九七〇年代まで

「科学史と分類学史からみてそれは転回点だった。分類学は自然の秩序を見るためのまったく新しい視点を経験していた。それは、現代的かつ厳密で客観的な真の科学としての分類学の始まりを実感することでもあった。では、他の世界中の分類学者たちは、客観性のまばゆい光に照らされ、何世紀にも及ぶいざこざと混乱の末に数量分類学が登場したこの瞬間をどのように受け止めたのだろうか。思いやりのある同業者たちは、数量分類学を評して科学的ではないとか生物学的ではない、あるいは『不毛な論議』『やるだけ無駄』とけなした。しかし、彼らの言い分を正直に言うなら『馬鹿も休み休み言え』の一言に尽きるだろう。（中略）他の分類学者が抵抗すればするほど、数量分類学者は居丈高にふるまうようになった」(Yoon 2009, 訳書 p. 241)

(1) ザ・ロンゲスト・デイ
——進化体系学と数量分類学と分岐学の闘争

前章の第一幕では、生物体系学がたどってきた過去一世紀の道のりを、時代と国境をまたいでできるだけ広範囲に見渡してきました。私たちがいま見ている体系学の〝景色〟は過去からのさまざまな遺産を集積して引き継いだ結果です。すでに賞味期限が過ぎて廃れてしまった理論や方法論は少なくありません。にもかかわらず、それらを生んだ世界観や理念は意外なほど長く生き残って、思わぬところでよみがえることがあります。歴史科学の性格を強く帯びている進化学や系統学は、実験しさえすれば白黒の決着がつくタイプの科学ではないので、たとえアブダクションの点では順位の低い仮説や理論であっても消え去ることなくひっそりと身を隠して捲土重来を期しているかもしれないことは十分に想像できるでしょう。

しかし、体系学のコミュニティーを形づくってきた研究者たちそれぞれの個性や人格、そして公的・私的に織りなされた人間関係のネットワークがこの科学を現実に動かしてきたことは否定しようがありません（Hull 1988）。より精密な理論の構築とより多くのデータの蓄積によって科学が〝進んで〟いくという清々しいイメージは確かに表層的にはまちがいではないかもしれません。その一方で、体系学史の深層を探れば探るほど、学問的背景とは別次元のもっとどろどろした感情や人間模様が浮かびあがってきます。すでに科学史的に枯れ上がった何世紀も前の事例であれば、そういう雑多な人間臭い背景要

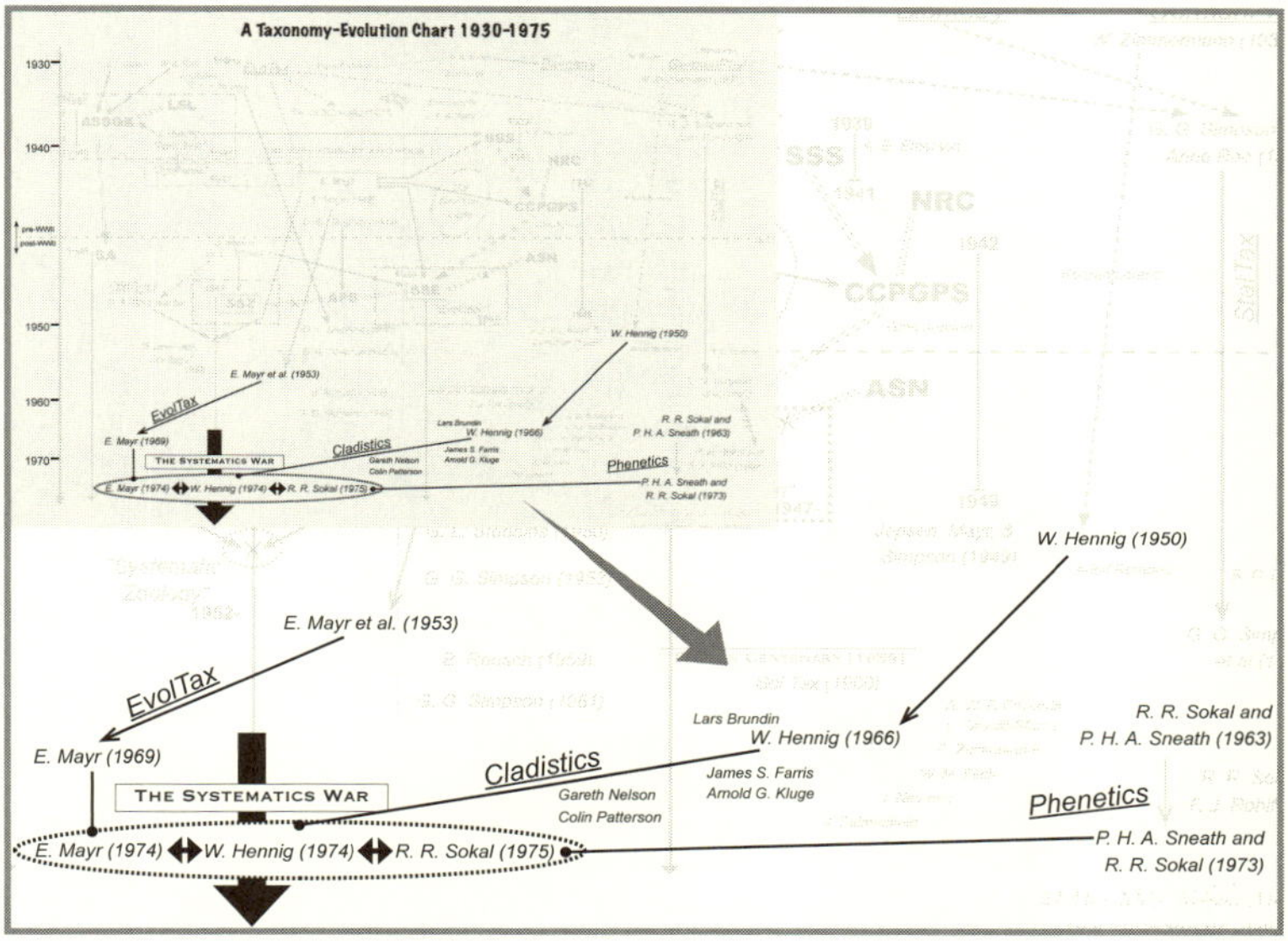

【チャート2-1】体系学論争の主戦場

因は痕跡を残さずきれいに消えているでしょうから、論議すべき対象とはならないでしょう。本書が対象とする生物体系学は現在進行形で変わりつつある科学であり、その構築者の多くは存命中なので、表と裏の両方を見なければなりません。表側の論理やデータを見て体系学的研究について理性的に理解することはもちろんできます（科学ですから）。体系学の研究者としては自分の仕事が進められて、論文が書ければそれでいいのかもしれませんが、その研究がどのような意味をもち、いかなる波及効果があるのかは裏側の背景文脈を知らなければわからないままに終わってしまいます。

第一幕で登場した**進化体系学**と**数量分類学**そして**分岐学**は本章の第二幕での主役です。一九六〇年代なかばを皮切りに、その後一九七〇年代から一九八〇年代にかけて戦わされた体系学論争はこれら三学派を中心にまわっていきます。本章ではこの論争が立ち上がった経緯と展開の様相を見ることにしましょう。前章の体系学曼荼羅〔1〕の最下部に示した【チャート2-1】の部分がこの論争の舞台となります。しかし、この論争についてくわしく知るにはより精密なチャートを新たに描く必要があります。

(2) 体系学曼荼羅〔2〕を歩く

【チャート2-1】に示されている体系学論争の舞台は時代的にいえば半世紀前の一九六〇〜一九七五年までの一五年間に相当します。しかし、この論争の主たる〝戦場〟の最前線となった地域はさらにその一〇年ほど前までさかのぼるので、その全体図である体系学曼荼羅〔2〕（【チャート2-2】）をまず示します。

この体系学曼荼羅〔2〕には新出の記号や略号がいくつかあるので、その説明を続けて列挙します。前章の体系学曼荼羅〔1〕にならって、この体系学曼荼羅〔2〕についても地点標識図を作成しました（【チャート2-3】）。

以下では、この標識順に説明を進めていきます。

◇第六景：分類は系統か類似か――『システマティック・ズーロジー』誌に見る舞台袖での小競り合い［一九五六〜一九五九］【シーン6】

前章第一幕の第三景で説明したとおり、第二次世界大戦後から数年以内に、アメリカでは進化学会（SSE）と動物体系学会（SSZ）という二つの学会が創立されました。ここでは、後者の動物体系学会の学会誌『システマティック・ズーロジー（*Systematic Zoology*）』（SZ）に焦点を絞り、のちの体系学論争の舞台がどのように設営されていったかをたどります。エルンスト・マイアーやジョージ・G・シンプソンが推進する**現代的総合**の枠組みでの「**新しい体系学**」すなわち進化体系学に反対して、リチャード・ブラックウェルダーは生物分類に進化や系統はそもそも必要ないという「**古い体系学**」を掲げました。「古い体系学者」はブラックウェルダーだけではありません。SSZの初期の会員にはブラックウェルダーの同調者は少なからずいたようです。それはSZ誌のバックナンバーをたどるとはっきり見えてきます。

学会誌バックナンバーの各号を〝通し読み〟するスタイルは、ばらばらにスライスされた論文がpdfやhtmlの形式で電子化されている現在では古風すぎる読み方だろうと思います。しかし、ある議論の文脈を経時的に跡づけていくためには、個々の論文とその内容を超えて、それぞれの著者のつながり（援護しているか対立しているか）を吟味しなければなりません。場合によっては原著論文として出されている以外の短いコメントや書評なども貴重な情報源となります。SZ誌の場合は、通常の原著論文の

Chart 1950-1981

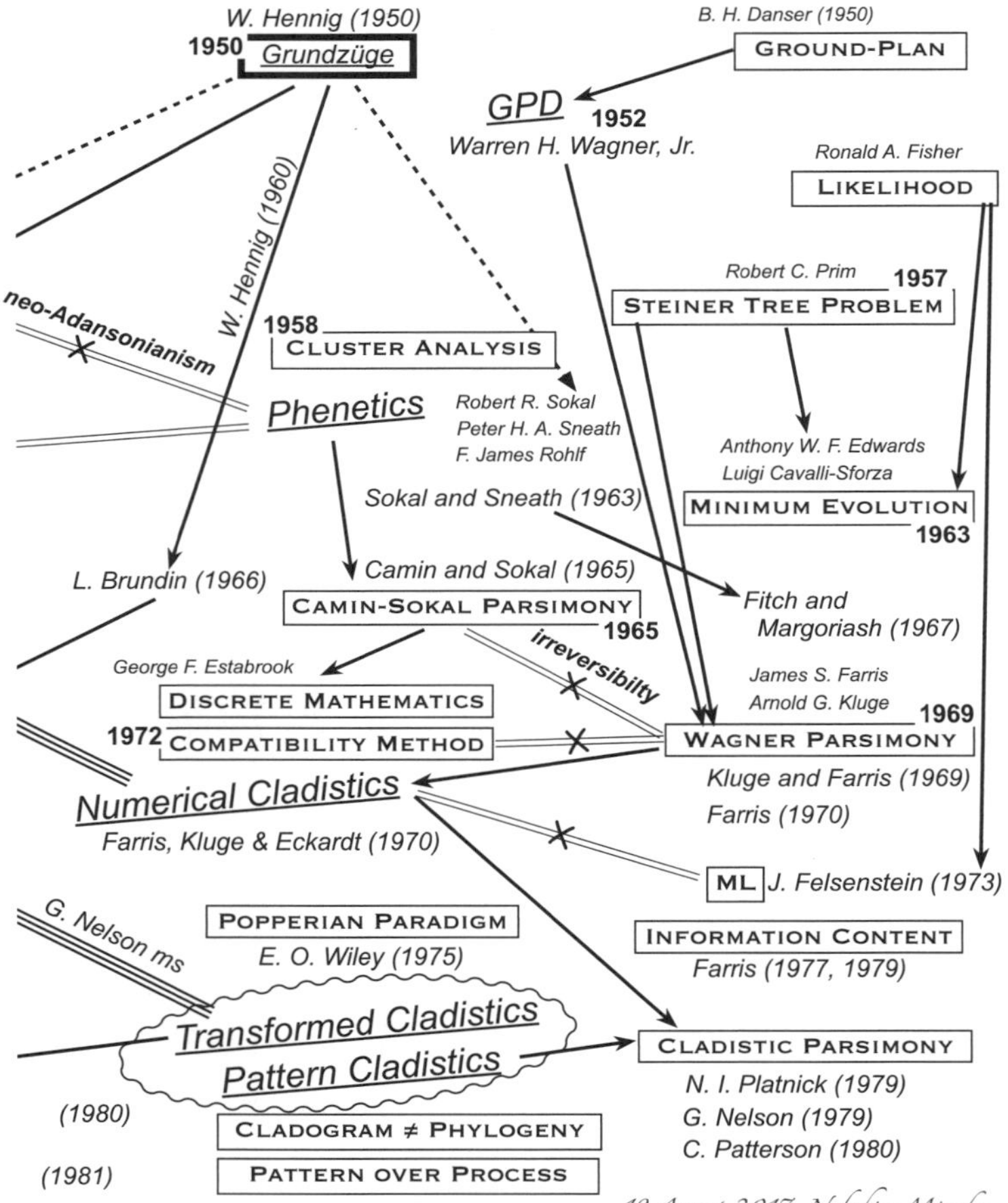

19 August 2017, Nobuhiro Minaka

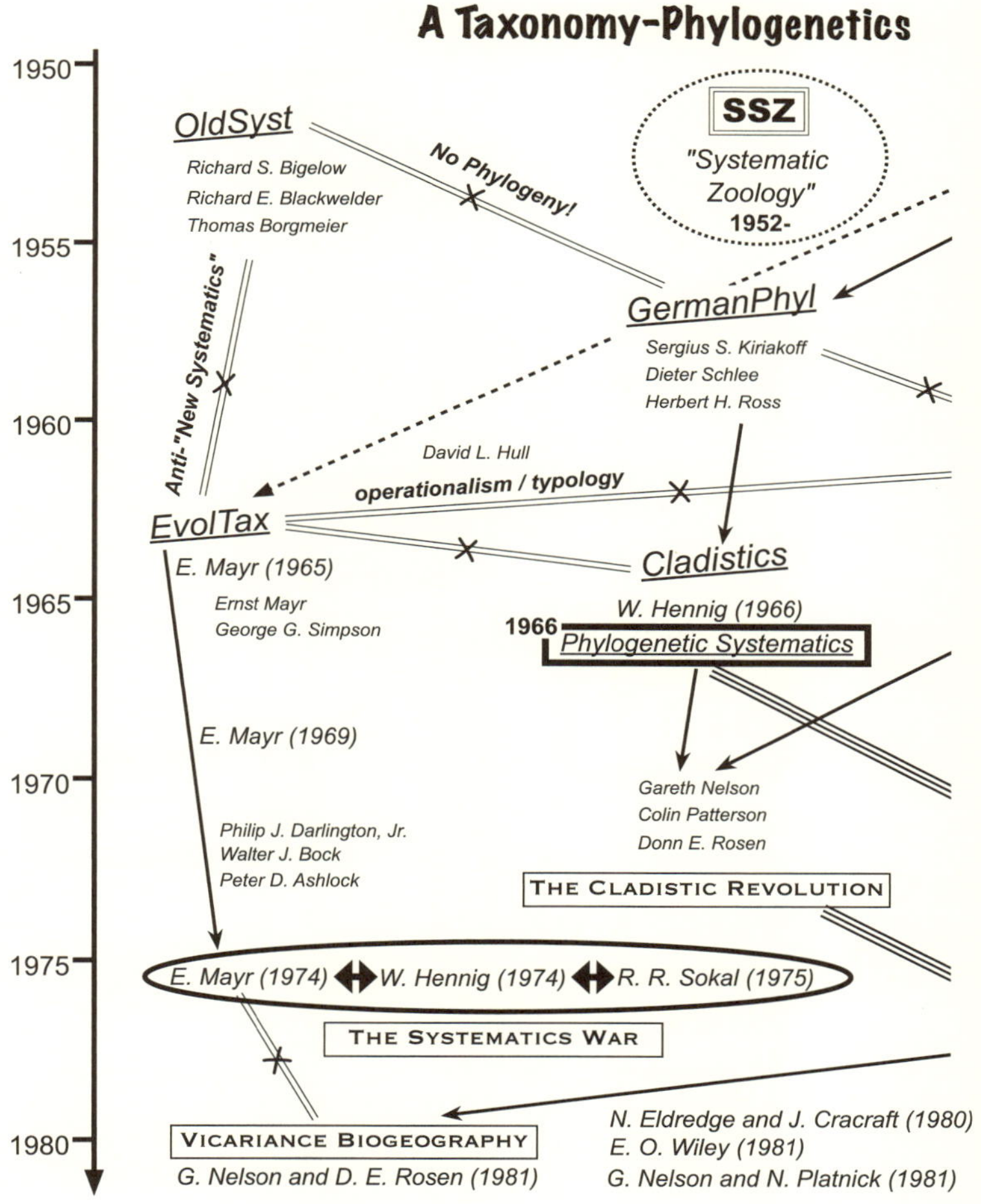

【チャート2-2】体系学曼荼羅〔2〕

1950年～1981年までの体系学論争の全体図。出典：原図

Chart 1950-1981

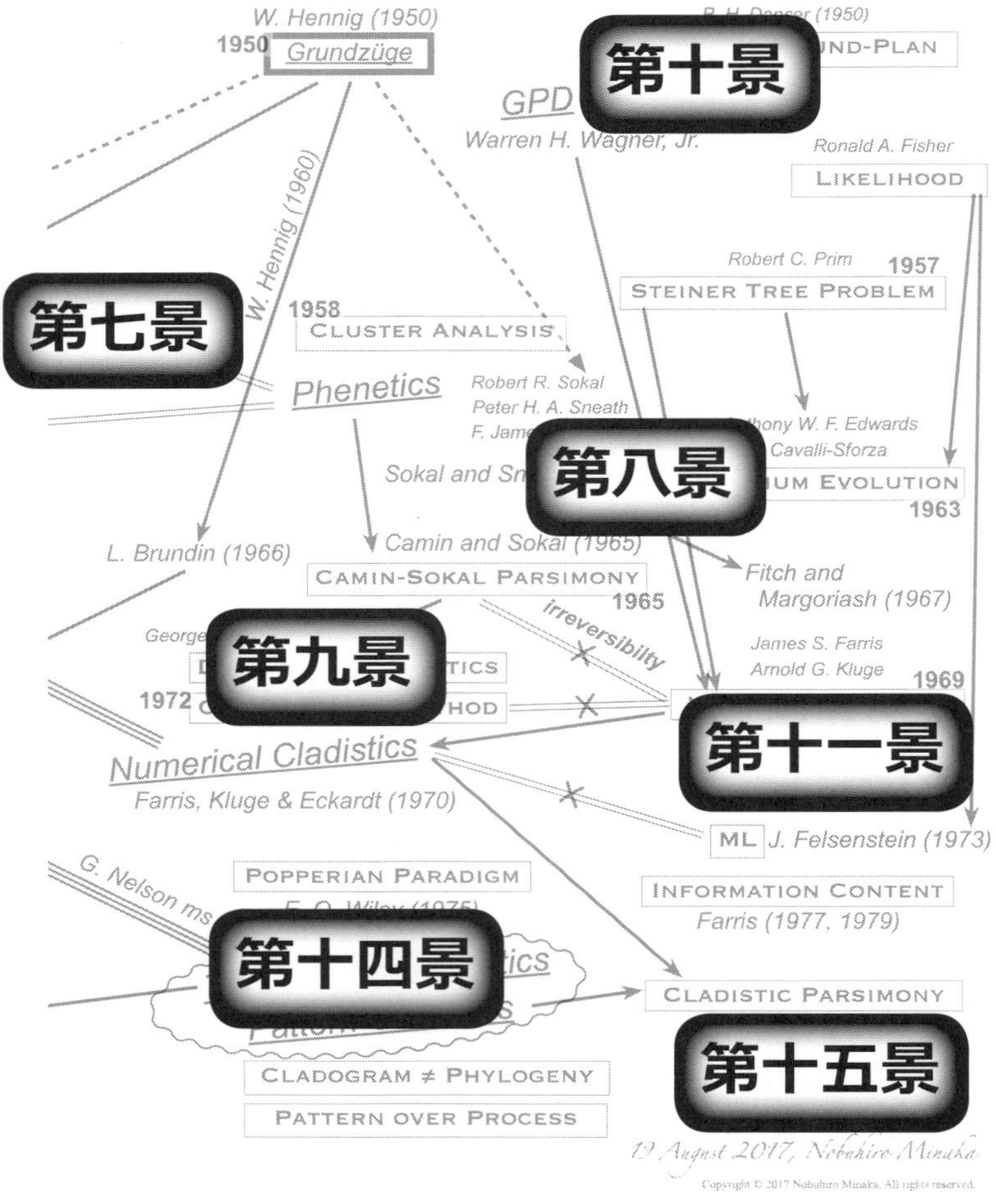

本章では「第六景」から「第十二景」まで説明する。その他については続く第３章の体系学曼荼羅〔3〕を参照のこと。

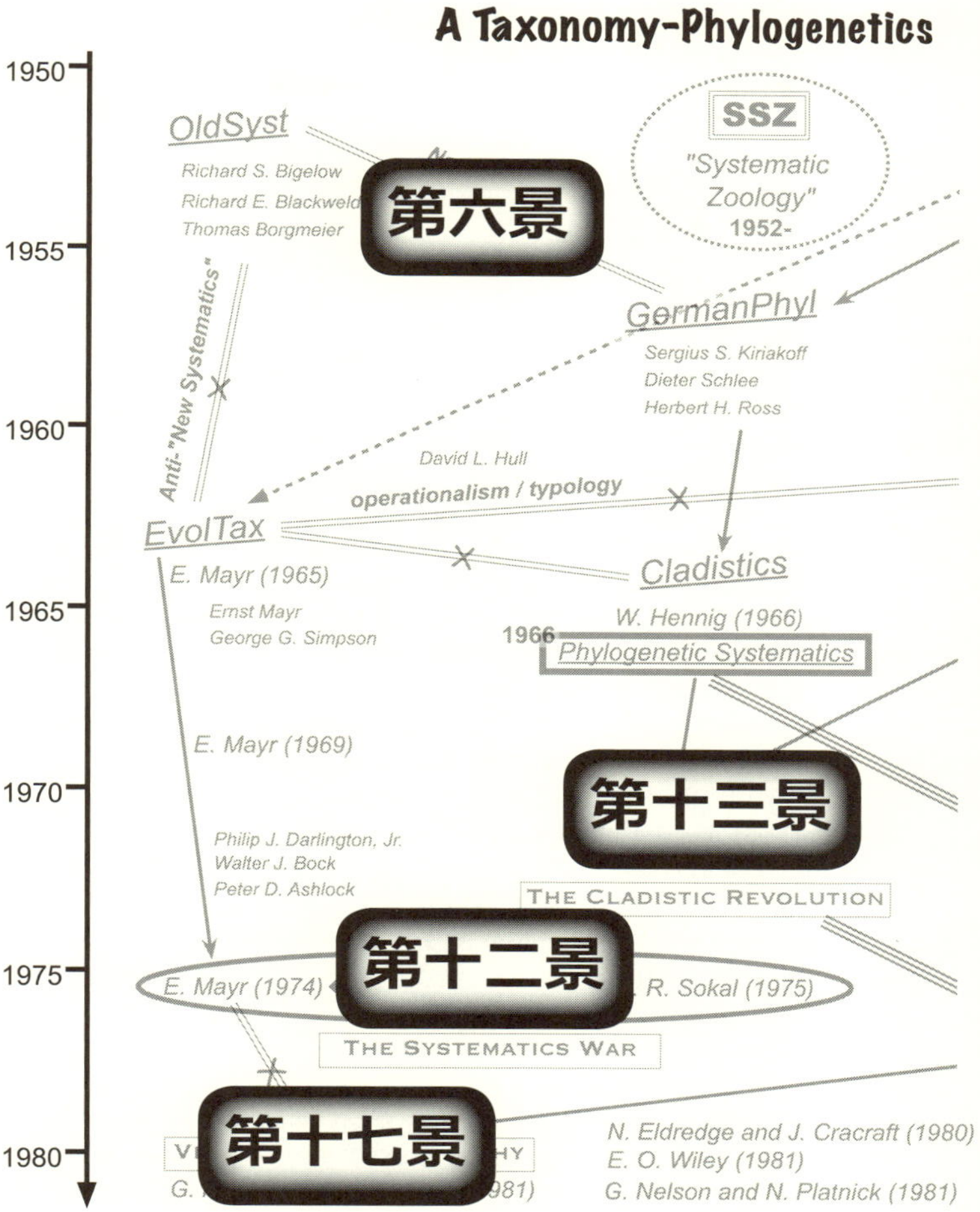

【チャート2-3】体系学曼荼羅〔2〕のいくつかの地点に標識を置く

体系学曼荼羅〔2〕の記号・略号の説明（新出のみ。アルファベット順）

- Camin-Sokal Parsimony＝カミン-ソーカル最節約法。Cf. Camin and Sokal (1965)
- Cladistic Parsimony＝分岐学的最節約法。現在では「最節約法（Maximum Parsimony Method)」と呼ばれる。第3章でくわしく説明する。Cf. Kitching *et al.* (1998)
- Cladogram ≠ Phylogeny＝分岐図は系統樹とは異なる概念であるとする発展分岐学の見解。第3章でくわしく説明する。Cf. Nelson (1976), Nelson and Platnick (1981)
- The Cladistic Revolution＝1970年代以降に展開した分岐学の/による生物体系学の変革運動。第3章でくわしく説明する。Cf. Hull (1988)
- Compatibility Method＝整合性法。別名「クリーク法（clique method)」とも呼ばれる。一意的に派生的な形質状態に基づく系統推定法。Cf. Estabrook (1972a, b)
- Discrete Mathematics＝離散数学。グラフ理論や半順序理論、束論を含む数学の一分野。Cf. Birkhoff (1940), Davey and Priestley (2002)
- GPD＝W. H. ワーグナーが開発した祖型発散法（Ground-Plan Divergence Method)。すべての形質状態が原始的である祖型を出発点として派生的形質状態の共有に基づく系統推定法。Cf. Wagner (1952)
- Ground-Plan＝祖型。すべての形質に関して原始的状態をもつと仮定される仮想的な原型。もともとは観念論形態学に由来する。Cf. Danser (1950)
- Grundzüge＝Willi Hennig (1950). *Grundzüge einer Theorie der* phylogenetischen Systematik. Deutscher Zentralverlag, Berlin.
- Information Content＝情報量論争。分類体系のもつ情報量をめぐる論争。第3章でくわしく説明する。Cf. Farris (1977, 1979a, b)
- Likelihood＝尤度（ゆうど）。Cf. Edwards (1992)
- Minimum Evolution＝最小進化法。枝長などある量を最小化する系統推定法。Cf. Edwards and Cavalli-Sforza (1963, 1964)
- ML＝最尤法（さいゆうほう）。Maximum Likelihood Method. Cf. Felsenstein (1973), Farris (1973), Sober (1988a)
- Numerical Cladistics＝数量分岐学。ヘニックの系統体系学をワーグナー最節約法と結びつけた系統推定法。Cf. Farris *et al.* (1970)
- Pattern over Process＝体系学的なパターン分析は進化メカニズムに関する仮定とは独立であるべきだとする発展分岐学の見解。第3章でくわしく説明する。Cf. Brady (1982, 1985), Rieppel (1985, 1989)
- Phylogenetic Systematics＝Willi Hennig (1966). *Phylogenetic Systematics.* University of Illinois Press, Urbana.
- Popperian Paradigm＝科学哲学者カール・ポパーの仮説演繹法と反証可能性の理論をよりどころに生物体系学を構築する立場。Cf. Wiley (1975), Platnick and

記号・略号の説明（つづき）

Gaffney (1977, 1978a, b)

・Steiner Tree Problem＝シュタイナー最短樹問題。端点集合を与えたとき内点を適宜仮定することですべての端点をつなぐ最短のグラフを構築するという組合せ論的最適化問題。Cf. Hwang *et al.* (1992)

・Transformed Cladistics / Pattern Cladistics＝「発展分岐学／パターン分岐学」。1970～80年代の分岐学の変容の結果生まれた理論体系。第3章でくわしく説明する。Cf. Eldredge and Cracraft (1980), Wiley (1981a), Nelson and Platnick (1981)

・Vicariance Biogeography＝「分断生物地理学」。系統関係と地理的分布を分岐図上で関連づけて考察する歴史生物地理学の一学派。発展分岐学と並行して理論化された。第3章でくわしく説明する。Cf. Rosen (1975, 1978), Platnick and Nelson (1978), Nelson and Platnick (1981), Humphries and Parenti (1999)

・Wagner Parsimony＝ワーグナー最節約法。Wagner (1952) のGPDをコンピューターで計算するためのアルゴリズム。Cf. Kluge and Farris (1969), Farris (1970)

ほかに〈論点（Points of View）〉というコラム欄が創刊時から置かれていて、短報による活発な議論の場として機能していました（この〈論点〉欄は後継誌『システマティック・バイオロジー（*Systematic Biology*）』にも引き継がれて現在にいたっています）。

一九五〇年代後半のSZ誌上で、ブラックウェルダーに代わって、「分類には系統はいらない」と繰り返し主張したのはカナダの昆虫学者R・S・ビゲロー（R. S. Bigelow）でした。彼は、初期のSZ誌への投稿論文や〈論点〉コメントを通じて系統分類を執拗に攻撃しました（Bigelow 1956, 1958, 1959, 1961）。興味深い点は、ビゲローが分類体系の構築の基準として挙げている類似と系統についての発言です。

「明らかに、全体的な類似性（overall similarity）と共通祖先の近さ（recency of common ancestry）は相異なる別々の現象であり、一方が他方から自動的に導かれるのではなく、それぞれ区別して考察しなけ

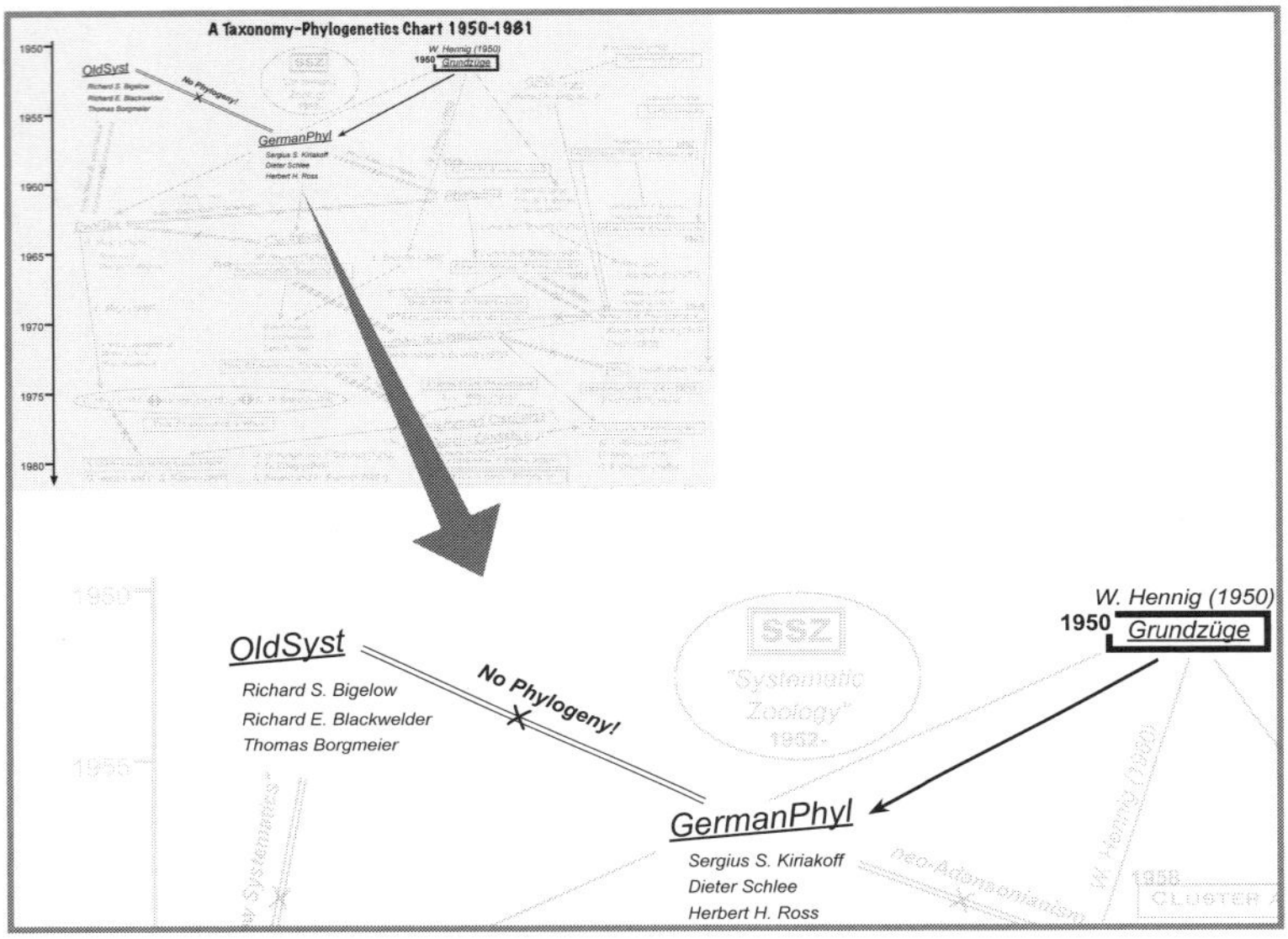

【シーン６】1960年代の生物体系学論争

ればならない。分類はこの二つのどちらか一方に基づいて構築しなければならない。両方を使おうとすると哲学的な混乱を招くだろう」（Bigelow 1956, p. 147）

生物の類似と系統とは別であると釘を刺した上で、ビゲローは系統に基づく分類は〝理論的〟に見て目指すべき目標ではないと言います。

「進化とは変化であって時間ではない。もし分類が進化に対応すべきであると言うのなら、それは時間ではなく、全体的類似度に基づくべきである。単系統的分類は共通祖先の「近さ」（すなわち時間）に基づくのだから、〝理論的〟な理想ですらない」（Bigelow 1956, p. 148）

つまりビゲローは進化の程度は全体的類似度に反映されるのだから、もし進化的な分類が望ましいというのならば、系統ではなく類似に基づいて分類を構築すべきだと主張しました。一九五六年といえば、前章の第五景で見たソーカルらの全体的類似度に基づくクラスター分析がまだ開発されていなかったわけですから、ビゲローははからずも後述の〝**表形学**（phenetics）〟的な立場を先取りして発言していたことになります。

系統分類を批判するビゲローに対して反撃を開始したのが、前章第四景で言及した鱗翅目昆虫学者のセルジウス・キリアコフでした（Kiriakoff 1959）。キリアコフは当時の英語圏ではまったく無名だったヴィリ・ヘニック——SZ誌でヘニックの名前が出たのはキリアコフのこの短報が初出——の一連の著作（Hennig 1950 をはじめとして）を引用しながら、系統分類体系は全体的類似度に頼ることなく復元できると反論しました。**形質担体**（semaphoront）や**共有派生形質状態**（synapomorphy）などヘニック理論の主要概念を説明したのち、キリアコフはこう締めくくります。

「残念なことに、新しい［ヘニックの］系統体系学は合衆国ではまったく知られていない。読者が手に取る雑誌で目にする議論の多くはわれわれから見ればまったく時代遅れである。というのも、〝新しい体系学〟は実際には種群のみを対象としていて、高次分類群の考察が大幅に遅れているからである」（Kiriakoff 1959, p. 118）

ロビン・クロウが明らかにしたように（Craw 1992）、ヘニックの系統体系学は一九五〇年代以降にじわじわと広まりましたが、それが英語圏で大きく展開する一九七〇年代（Hull 1988）まではまだ時間がありました。しかし、系統体系学（分岐学）が本格的に到達する前に、数量分類学の大波がSZ誌を洗いました。

◇第七景：数量分類学の広がる波紋
——新アダンソン主義が体系学界に波風をたてる【一九五八〜一九六五】【シーン7】

前章第五景で私たちは一九五〇年代末にクラスター分析を用いた数量分類学という新しい学派が生まれたことを知りました。そして、生まれて間もないこの数量分類学派はSZ誌にもいちはやくその姿をあらわします。ロバート・R・ソーカルはクラスター分析に用いる全体的類似度の計算手順についての解説を書き（Sokal 1961）、続いてピーター・H・A・スニース（Peter H. A. Sneath：一九二三－二〇一一）は数量分類学の基本を説明しました（Sneath 1961）。スニースの論文は、その後の論争を考える上で、いくつか興味深い点を含んでいます。彼は、数量分類学の理念は、等しい重みをもつ多数の形質を用いた分類を目指すという点で、フランスの植物学者ミシェル・アダンソン（Michel Adanson：一七二七－一八〇六）の流れを汲むと言います（Sneath 1961, p. 119; Winsor 2004）。スニースによれば、**アダンソンによる分類公理**（Adansonian axioms）とは次の四箇条にまとめられます（Sneath 1961, p. 121）。

①理想的な分類とは、分類群が最大の情報量をもち、できるだけ多くの形質によって構築される。

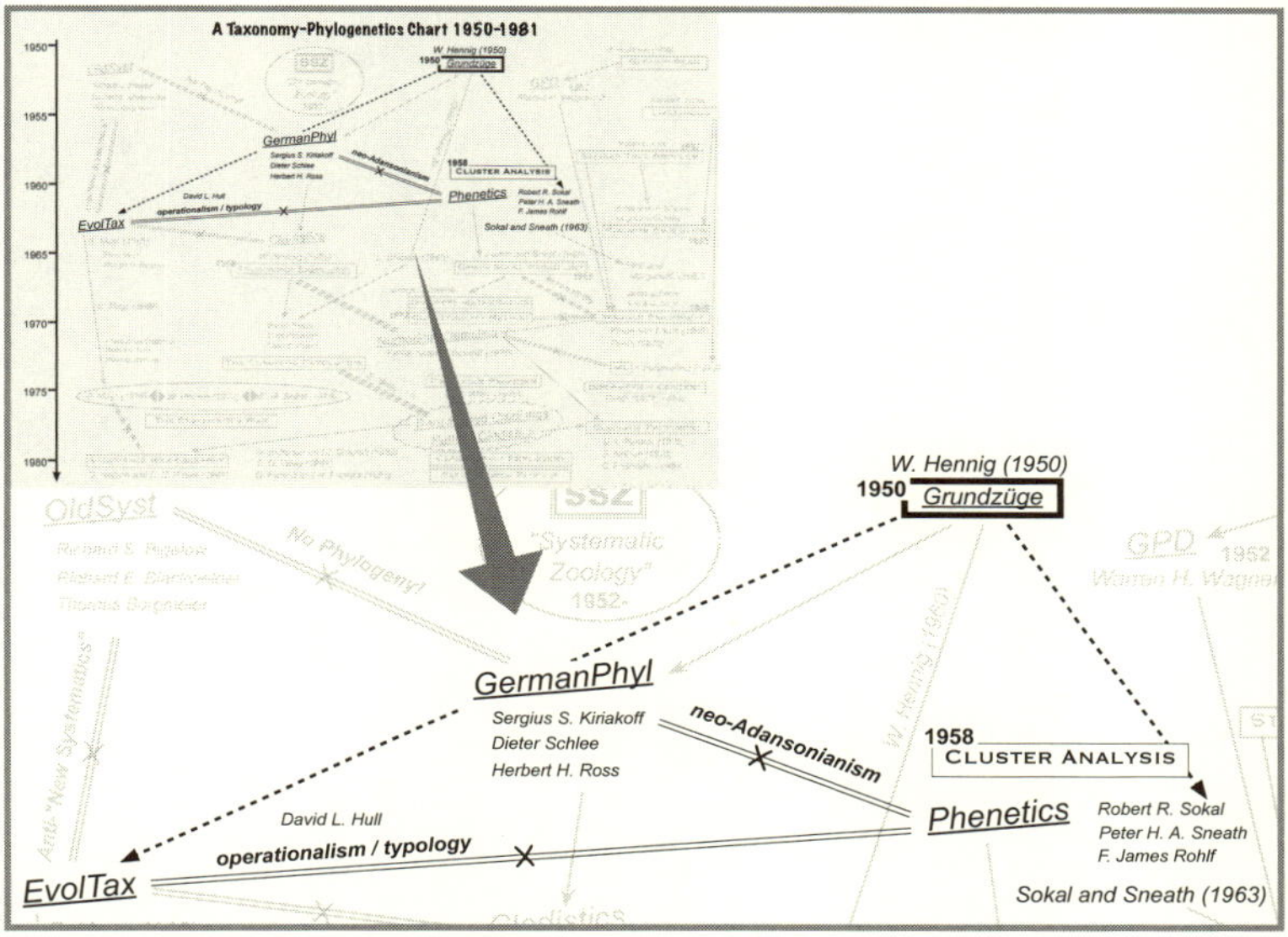

【シーン7】数量表形学が火に油を注ぐ

②自然な分類群をつくるどの形質も等しい重みをもつ。

③全体的類似度は形質の共有率の関数である。

④異なる分類群は相関する形質に基づく。

進化体系学派のシンプソンは次のようにちくりと批判しました。

「近年のアダンソン主義者たち——そう自称してはいないが——がまちがっているとは言えない。しかし、彼らの研究は深みもなければ完璧でもないとだけは言える」(Simpson 1961, p. 41)

しかし、キリアコフはヘニックの系統体系学の立場からさらに厳しく批判を加えます。

「彼ら［数量分類学者］がヘニックやギュンターのような〝徹底〟した系統学者たちの研究を知っていたとしたら、彼らの議論の大半は的外れであることがわかっただろう。それなのに、彼らは類型学（typology）の改良版を提唱している。（中略）どう見ても彼らの方法は生物科学というよりは技法だろう。確かに魅惑的ではあるが、純粋科学と同列に並べることはできない。（中略）たとえば、いわゆる植物社会学すなわち植物の相互関係の研究が、純粋な統計学の手法に溺れたせいで科学的な思考から遠ざかってしまった事例がある。そのことを考えると新アダンソン主義はむしろ悲しむべき事態である」（Kiriakoff 1962, pp. 184-185）

以後、数量分類学派は「新アダンソン派（neo-Adansonians）」とも呼ばれるようになりました。一九六〇年代に入り、SZ誌に掲載される数量分類学派の論文がしだいに増えるにつれて、論争の範囲も徐々に広がっていきました。

ビゲローは、数量分類学派がやってくる前から、系統ではなく全体的類似度こそ分類のよりどころであると主張したことを思い出しましょう。それはビゲローだけのことではなく、ブラックウェルダーもそうだったし、CCPGPSのギルモアやトゥリルも（Turrill 1942）、さらにさかのぼれば一九二〇年代のフランシス・ベーサー（Francis A. Bather: 一八六三－一九三四）にいたるまで、系統分類は伝統的な分類学者からの非難の標的だったのです。ベーサーはアメリカ地質学会の会長演説で、こう述べています。

「系統は研究課題として重要ではあるが、必ずしも分類の基礎としてもっとも適しているわけではない。その理由は三つある。第一に、系統樹が完全になればなるほど、もともと異なる原理でつくられた分類との差が大きくならざるをえない。第二に、われわれの系統解析が精密になるほど、その結果をそもそも分類体系としてあらわすことが困難になる。第三に、元の材料がもっている情報を探究することは、哲学的に考えるならば、それをさまざまな既存のやり方で加工してしまうよりも重要ではあるのだが、実際に役に立っている分類の効用を損なうようでは実用的な価値がなくなってしまう」(Bather 1927, p. ciii)

伝統的分類学すなわち〝古い体系学〟が昔から類似度を重視してきたというまさにその点が、当時の進化体系学派への不信感の高まりとあいまって、新進の数量分類学派にとってまたとない支えを与えたと言ってもいいでしょう。実際、後年の回顧でスニースが認めているように (Sneath 1995, p. 282)、教条的な分類学——〝新しい体系学〟が重視する系統分類——に対する「健全な懐疑心」が数量分類学派にとっての追い風となりました (Vernon 1988, pp. 144-145)。また、系統分類に対するこの懐疑の広まりが、系統を排除して類似のみを追究する数量分類学派の強力な動機づけとなったとハルも指摘しています (Hull 1988, pp. 121-122)。数量分類学派は一時的な流行などではなく、生物体系学が未解決のまま抱えこんできた分類体系の基準をめぐる「系統ｖｓ類似」論争に新たな火を着けたといえるでしょう。

ＳＺ誌で早くも論争の火の手が上がり始めた一九六三年には、数量分類学の最初の教科書『数量分類

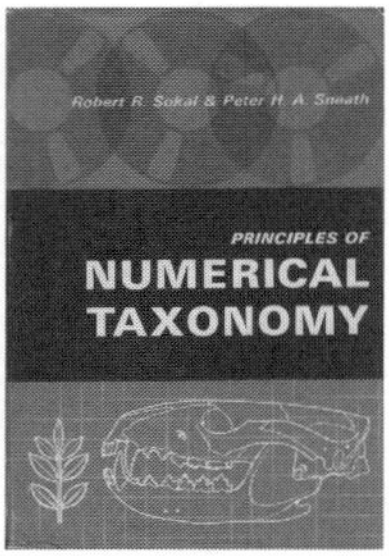

【図2-1】ソーカル&スニース『数量分類学の原理』の書影
(Sokal and Sneath 1963)

半世紀も前に出た本だが、ひもとけば今でもその“熱さ”が伝わってくる。1960年前後に数量分類学的な研究は相次いで独立に発表された。ソーカルやスニースはもちろん彼ら数量分類学者は誰もが若い世代であり、既存の研究体制や研究者コミュニティーのしがらみとは無縁だった（Vernon 1988）。本書の中心をなす第5～7章は統計手法としてのクラスター分析の説明だが、それに先立つ前半で著者が宣言する数量分類学のスローガン、そして後半で論じられる未解決問題への展望（野望）は若い著者と若い科学の伸び代が如実に感じられる。研究者もまた生身の人間だからある世代にしか書けないタイプの本はきっとあると私は思う。なお、10年後に出版された本書の改訂版『数量分類学：数量分類の原理と実践』（Sneath and Sokal 1973）を私は修士課程に入ってすぐに通読してとても感銘を受けた（いまだから告白するのだが）。その直後に、もっと強烈なパターン分岐学の洗礼を受けていなかったとしたら、私も遅れ馳せながら「新興宗教がかったふるまいをする数量分類学者」（Yoon 2009, 訳書 p. 242）のひとりになっていたかもしれない。

学の原理（*Principles of Numerical Taxonomy*）』が出版されました（Sokal and Sneath 1963【図2-1】）。この本の実践的な部分は多変量解析のクラスター分析に関する解説（形質のコード化、全体的類似度の計算法、そしてクラスタリングのアルゴリズム）で、数量分類学を生物分類に適用した実例が豊富に載っています。しかし、より興味深いのは数量分類学の理念を論じた第二章です。ソーカルとスニースは、〝古い体系学〟を代表するビゲロー（Bigelow 1956）やブラックウェルダー（Blackwelder 1962）を引用しつつ、系統や進化に基づいて生物分類体系を構築しようとする〝新しい体系学〟は出発点からまちがっていたと述べ（Sokal and Sneath 1963, p. 8）、それに代わる理論体系として数量分類学を提示します。もちろん、彼らは分類学における系統学的な要素を十把一からげに捨て去っているわけではありません。それどころか、ネフの観念論形態学（Naef 1919）やヘニックの系統体系学（Hennig 1950）の主張まで目配りした上で、なお系統分類体系では数量分類学が目指すような「反復可能性（repeatability）」と「客観性（objectivity）」は達成できないだろうと彼らは判断したのです（Sokal and Sneath 1963, p. 9）。

『数量分類学の原理』が出版された翌年には昆虫学者ハーバート・H・ロス（Herbert H. Ross：一九〇八－一九七八）による書評がSZ誌に掲載されました（Ross 1964）。ロスは、数量分類学派は客観的な分類を目指していると大口を叩いている割には、クラスタリングのアルゴリズムが変われば分類結果が変わってしまうし、そもそも形質の取り方だって主観的というしかないと欠点を指摘しました。そして、彼の結論は「彼らの本を熟読した上で言わせてもらえば、数量分類学は読者に無駄足を踏ませた（an excursion into futility）だけだ」という身も蓋もない一刀両断でした（Ross 1964, p. 108）。また、キリアコフも翌年のSZ誌書評で「進化学者にとって新アダンソン派［数量分類学派］が受け入れがたいのは、祖先からの由来による進化の明白な事実を全体的類似度という教条で置き換えてしまうからである」とはねつけました（Kiriakoff 1965, p. 64）。

マイアーによる長文の反論は、進化体系学派としての数量分類学派への批判でした（Mayr 1965）。この論文の重要性は、反論の内容もさることながら、その後広く使われることになるいくつかの用語や概念が提唱されている点にあります。まず、マイアーは数量分類学という呼称は変更すべきだと提案します。

「数量分類学派の基本綱領によると、分類群の類似度（表形的距離）以外の情報はすべて軽視されるようだ。表形的距離の決定が基本的な方法である以上、異なる哲学のもとで数値的な分類学を行なう学派と区別するために、私はこの学派を数量表形学（numerical phenetics）と呼ぶことにする。私はコンピューターはいずれは分類学にとってきわめて役に立つ道具になるだろうと信じているが、表形学者の分類理論には問題のある前提がいくつか置かれている。したがって、私は数量分類学という呼び名を表形学のイデオロギーとは分離したい。こうすることにより、すぐれた数値的方法を分類学がより受け入れやすくなることを願っている」(Mayr 1965, pp. 74-75)

本書でも以下で用いることになる「**数量表形学**」という呼称はマイアーのこの論文が初出です。マイアーには、数値的手法ではなく、表形学あるいは**表形主義**(pheneticism)という哲学に対して反論をしようという意図がありました。では、表形主義のどんな点が問題であると反対者たちは考えたのでしょうか?

第一点は表形主義の背後に潜む「**類型論**(typology)」でした(Mayr 1965, pp. 91, 94)。現代的総合の根幹である集団的思考を掲げるマイアーにとって、反進化論的な類型的思考を許容する表形主義は根本的に相容れない哲学です。さらに、類型論の背後にある「**本質主義**(essentialism)」が長年にわたって生物分類学に悪しき影響を及ぼしてきたと彼は考えていました(Hull 1965a, b)。生物集団の統計学的な挙動が集団的思考を導くと考えるマイアーにとっては、ソーカルが多数の等価な形質を用いることにより統計学的な類型論が構築できるとしたことはとうてい理解できなかったでしょう(Sokal 1962, p. 249)。

第二点は数量分類学を支配するとされる「**操作主義**(operationalism)」の問題です。たとえば、数量分類学での分類単位は、前章第五景で見たように、**操作的分類単位**(OTU)と呼ばれます。この「操作的」という用語は操作主義という哲学を前提にしています。ハルが詳細に論じたように、操作主義という用語と概念は物理学・心理学・生物学では異なる意味で用いられてきました(Hull 1968)。操作主義の初出とされる文献は、ノーベル物理学賞を受賞した物理学者パーシー・W・ブリッジマン（Percy Williams Bridgman：一八八二 - 一九六一）の著書『現代物理学の論理（*The Logic of Modern Physics*）』です。ブリッジマンは概念は実験操作にほかならないと主張しました。

「ある物体の長さを知りたければ、われわれは物理的な操作（operation）を実行しなければならない。したがって、長さという概念が確定するのは、長さを測定する操作が確定したときである。すなわち、長さの概念は長さが決定される操作の集合にほかならないことになる。一般に、どんな概念であっても操作の集合そのものである。言い換えれば、概念とはそれに対応する操作の集合と同義である」（Bridgman 1927, p. 5）

一九六〇年代の数量分類学派は、生物分類学が用いてきたいくつかの主要概念の操作性を問題視しました。具体的には、生物形態の相同性に関しての操作的定義に関する研究はのちに幾何学的形態測定学に影響を与えます（Jardine 1967; Jardine and Jardine 1967）。また、種概念の操作性に関してもソーカルらは生物学的種概念は操作的ではないという有名な論文を発表しました（Sokal and Crovello 1970）。概念がどれほどの操作性を有するかは場合によって異なるのはもちろん、操作的でなければならないのかという点についても議論があります（Hull 1968）。

数量分類学者たちは突きつけられた反論に対しては精力的に再反論しました（Sokal and Camin 1965; Sokal *et al.* 1965）。このようにして、一九六〇年代の早い段階から数量分類学派とそれ以外の学派との間では活発な論争が戦わされたのですが、その副産物とも呼べるいくつかの論点があることを次に示しましょう。後から考えれば「ああ、これがおおもとだったのか」と初めて納得できることがあるのです。歴史をわざわざさかのぼったことへのささやかな御利益なのでしょう。

◇第八景：分岐学の第一のルーツ——エドワーズ－カヴァリ＝スフォルツァの最小進化法とカミン－ソーカルの最節約法［一九六三〜一九六七］【シーン8】

科学史的に大きな出来事があると、その動きに目を奪われてしまって、周囲のより小さな出来事が見えなくなってしまうことがあります。一九六〇年代に入って、数量分類学という生物体系学のなかではとても大きな出来事が大小さまざまな論議を引き起こし、その後も長く波紋を広げていったことは確かにまちがいありません。しかし、全体的類似度に基づくクラスタリングという論点のみに数量分類学のヴィジョンを絞り込んでしまうと事実からは乖離してしまうでしょう。なぜなら、数量分類学は分類の構築法の客観性を追究したことはもちろんですが、それと同時に系統の推定法を改良すべく、数理的な研究の萌芽を育てたと言えるからです。

全体的類似度しか考慮に入れない数量分類学を批判したマイアーは同じ論文のなかで、系統的な分岐の順序だけを重視するヘニックの系統体系学に対しても同時に反論しています。

「系統発生（phylogeny）は二つの基本的な進化過程によって特徴づけられる。そのひとつは系統

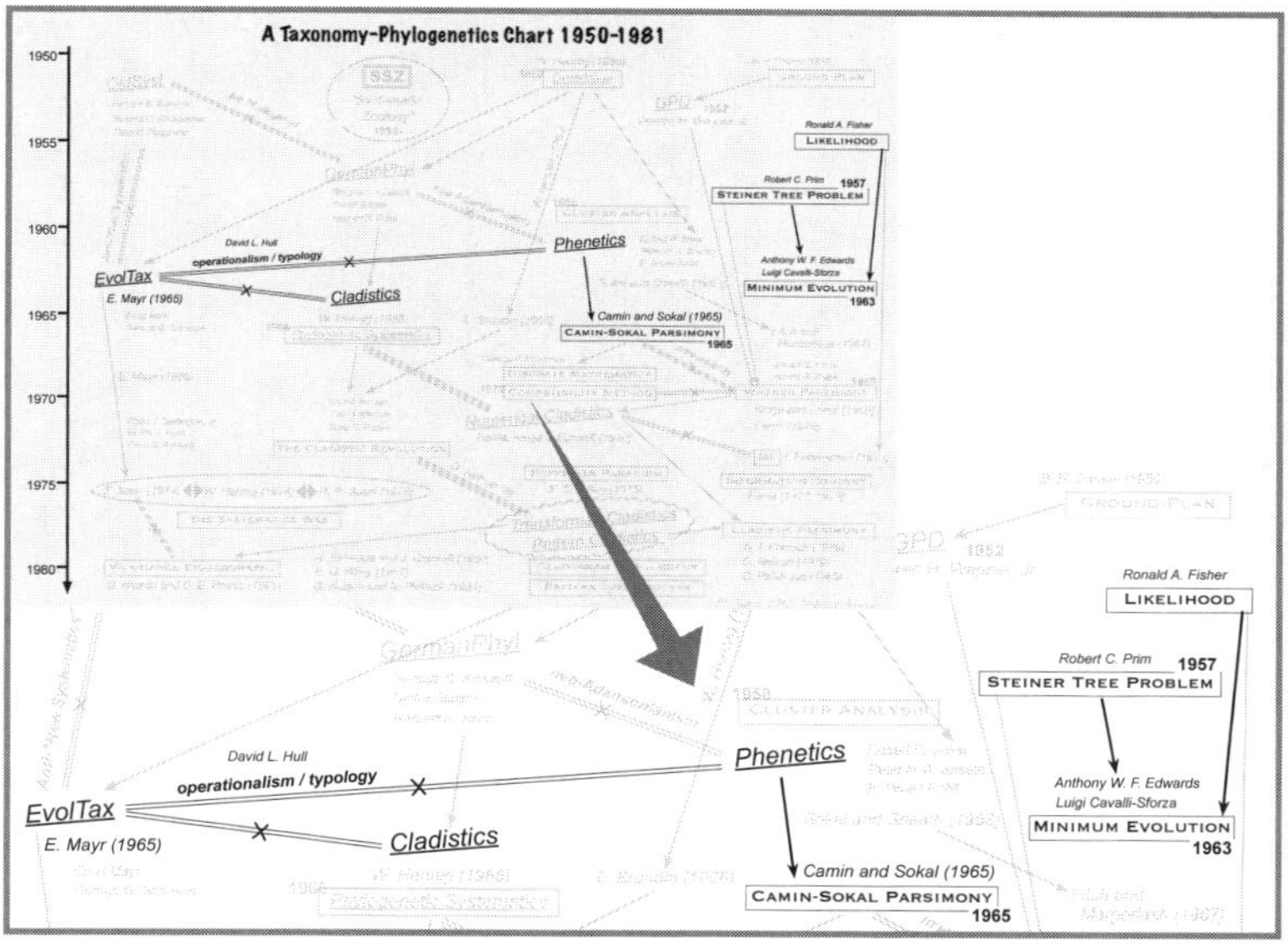

【シーン8】最小進化法とカミン－ソーカル最節約法

枝（lineage）の分岐（cladogenesis）であり、もうひとつは分岐に続く子孫系統枝の発散進化（divergent evolution）である。分類学の学派によって、分岐と発散というプロセスのどちらをどれくらい重視して分類群のグルーピングを行なうかの解釈が異なる」（Mayr 1965, p. 78）

マイアーはこのように述べた上で、ヘニックの系統体系学は系統発生の構成要素のうち分岐だけを分類に用いようとするのだから、「**分岐学派**（cladistic approach）」と呼ぶのが妥当だろうと提唱しました。この「cladistic」という言葉はすでに一九六〇年に造語されていたので（Cain and Harrison 1960）、数量分類学派は、観察可能なＯＴＵ間の全体的類似度に関する「**表形的関係**（phenetic relationship）」に対して、進化的な分岐の順序を「**分岐的関**

係（cladistic relationship）」と呼びました（Sokal and Sneath 1963, p. 27; Sokal and Camin 1965, p. 187）。

数量分類学派は、実は表形的分類と分岐的分類の二つのアプローチを並行して進めようとしました。ソーカルはある総説記事で、分類学的な関係は全体的類似度に基づく「表形的（phenetic）関係」と、共通祖先からの由来に基づく「分岐的（cladistic）関係」、そして進化的な時間軸を含む「時間的（chronistic）関係」の三つの構成要素からなっていると説明しました（Sokal 1966, p. 108）。数量分類学派は表形的関係を可視化するダイアグラムを、マイアーらの用語（Mayr *et al.* 1953, p. 58）を借用して、樹形図を意味する「デンドログラム」と呼びましたが（Sokal and Sneath 1963, p. 27）、のちに「**表形図**（phenogram）」という新たな用語が定着するようになります（Camin and Sokal 1965, p. 312; Mayr 1965, p. 81）。それと同時に、分岐的関係を図示する樹形図は「**分岐図**（cladogram）」という名前が定着しました（のちにパターン分岐学はこの樹形図の概念体系を大きく変革します。次章参照）。

表形学がなぜ分岐学を進めたのかと疑問を抱いた読者は少なくないでしょう。それは私たちが学派のレッテルに惑わされているのです。数量分類学派は分岐的関係や時間的関係を〝操作的〟ではないという理由で除外した上で、表形的関係のみに基づく分類を目指しました。このことは、表形的関係以外の要素について研究しないというわけではけっしてありません。それどころか、ソーカルらは系統樹を推定するためのもっとも初期の数学理論のひとつを提案したという功績（Camin and Sokal 1965）を忘れてはいけないでしょう。数量分類学の陰で**数量系統学**の萌芽が着実に育ち始めていたのです。

全体的類似度に基づくクラスター分析の手順については、以前、具体的に説明したことがあります（三中 2017a, pp. 114-138）。ＯＴＵ間の類似度に応じて逐次的にグルーピング（クラスタリング）するという数値分類の考え方は、表形的関係に基づいて「分ける」ことで多様性を体系化するという基本戦略を意味しています。一方、分岐的関係に基づいて私たちが目指すのは、「分ける」ことではなく、逆に対象物を「つなぐ」ことで体系化するという別の基本戦略です（三中 2017a, pp. 139-176）。たとえば、スニースが描いた系統発生の模式図を見てみましょう（Sneath 1961, p. 135, Fig. 5【図2-2】）。

この仮想図【図2-2】は、数量分類学派の立場から見て、（より難度が高い時間的関係は除外するとしても）表形的関係と分岐的関係がどのように関わり合っているのかを示しています。簡単にいえば、三次元空間の分岐的関係を二次元平面に〝射影〟したものが表形的関係であるという解釈です。『数量分類学の原理』にはさらに模式的な図が載っています（Sokal and Sneath 1963, p. 234, Figure 8-6【図2-3】）。

高次元の系統樹の〝影（shadow）〟がより低次元の表形的関係であるという著者らの主張は、より普遍的に成り立つ系統（「つなぐ」）と分類（「分ける」）との間の関係を示唆しています（Sokal *et al.* 1965, p. 241；くわしくは三中 2017a, pp. 177-231）。この【図2-3】の射影された〝影〟を上から見下ろしたのが【図2-4】です。

しかし、現実には〝影〟の末端に位置するＯＴＵ以外は化石記録として残らなかったりするでしょうから、表形的関係もまた〝断片〟としてしか観察できません（【図2-5】）。

では、残された断片的な生物情報から分岐的関係を推定するためにはどのような方法が必要となるのでしょうか。ソーカルの提案に入る前に、一九六〇年代の系統推定論の様相について概観しておきましょう。数量分類学が勃興し始めたこの時代はすでに言及したようにコンピューターという新しい道具が使われ始めた時代でもあります。できるだけ多くの形質を使うという新アダンソン派にとっては高速計

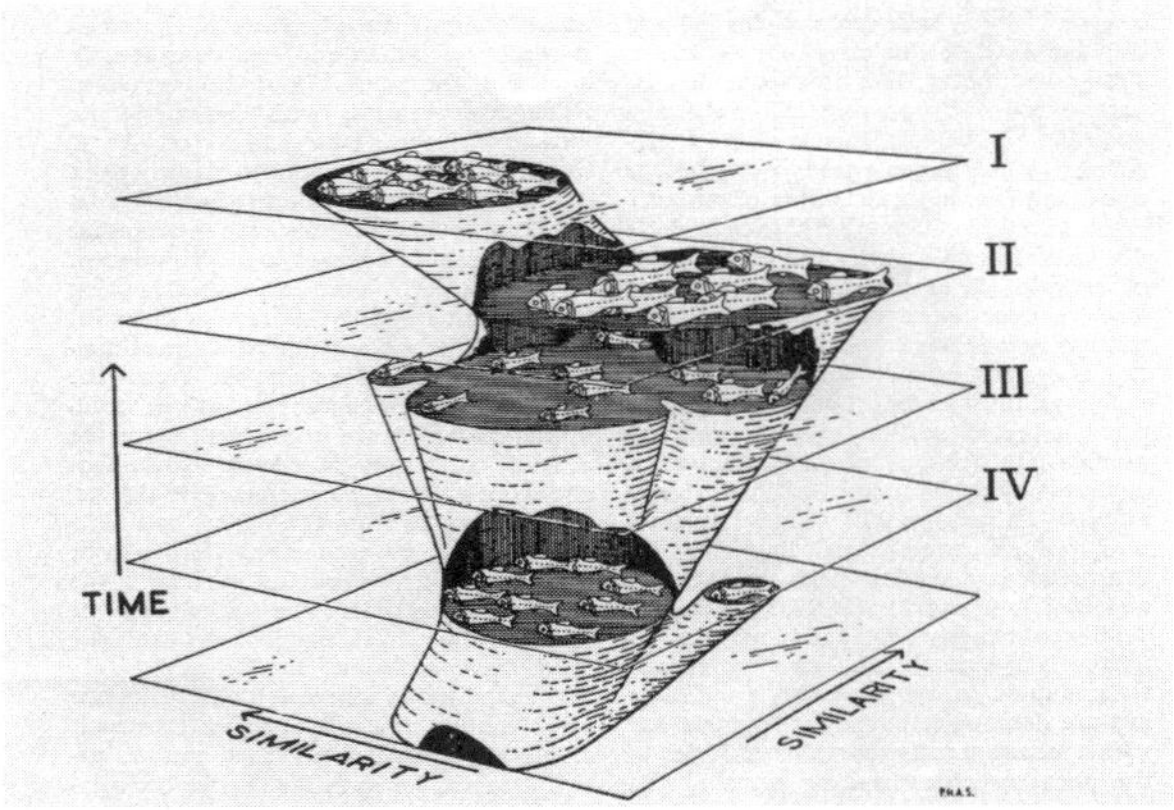

【図2-2】ある魚類分類群の系統発生図　出典：Sneath 1961, p. 135, Fig. 5.
ある実在する化石ニシン科魚類（*Knightia*属）の形態形質を数値コード化して得られたクラスタリングに基づく系統発生の想像図。縦軸は時間軸を、底面の２本の軸は類似度をあらわしている。

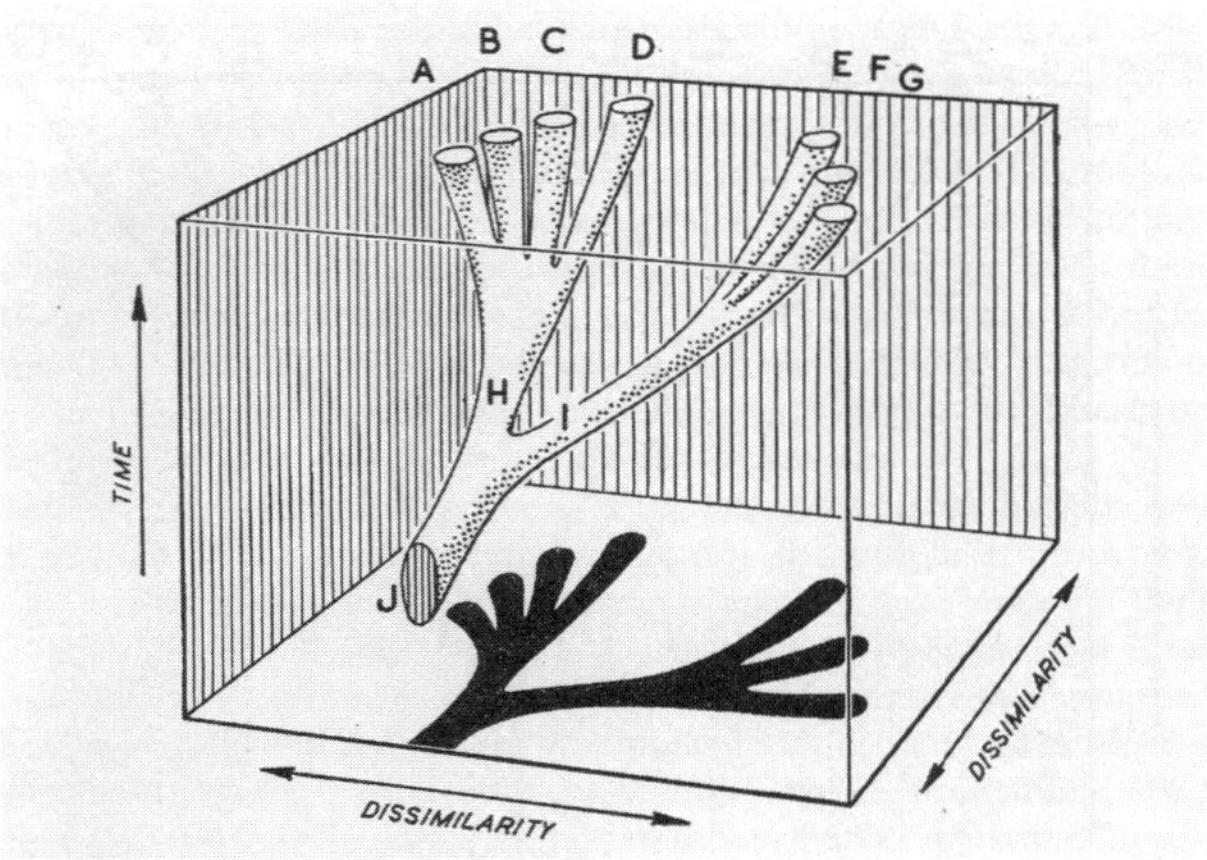

【図2-3】分岐的関係の射影としての表形的関係
出典：Sokal and Sneath 1963, p. 234, Fig. 8-6.
時間軸を縦軸にもつ３次元空間内の系統樹（分岐的関係）を非類似度軸２本が張る平面に射影すると全体的類似度（表形的関係）が得られる。

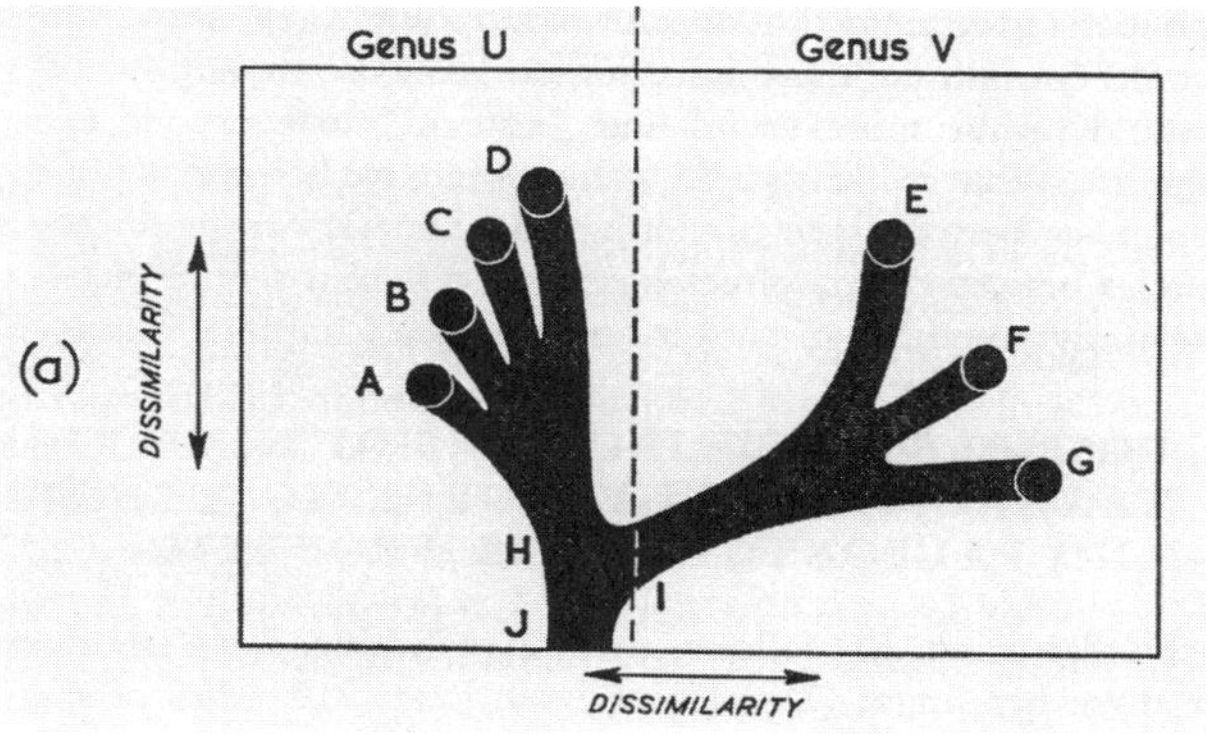

【図２−４】**表形的関係の平面図**　出典：Sokal and Sneath 1963, p. 236, Fig. 8-6（a）.
【図２−３】の表形的関係のダイアグラム（表形図）を上から見た図。

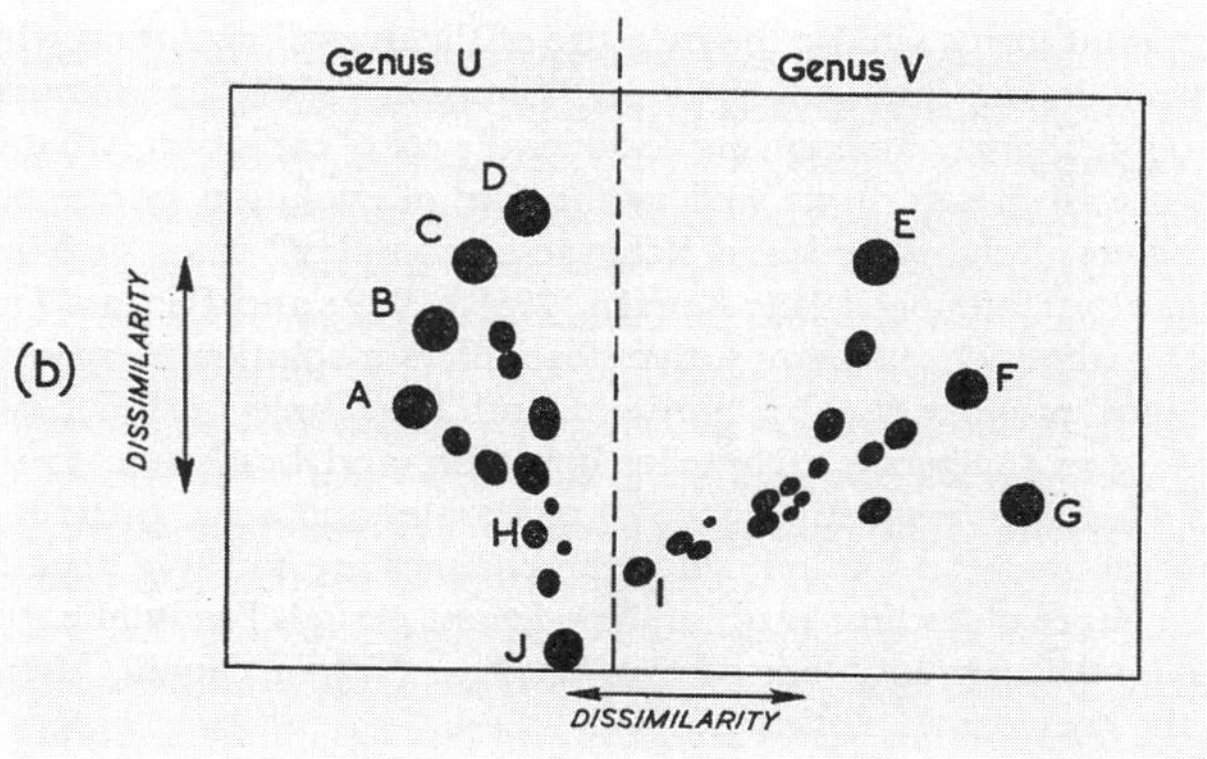

【図２−５】**断片化された表形的関係**
出典：Sokal and Sneath 1963, p. 237, Fig. 8-6（b）.
【図２−４】の表形的関係のうち、枝（化石）の情報が欠落して断片となった状態。

【図2-6】エドワーズとカヴァリ＝スフォルツァの論文冒頭ページ

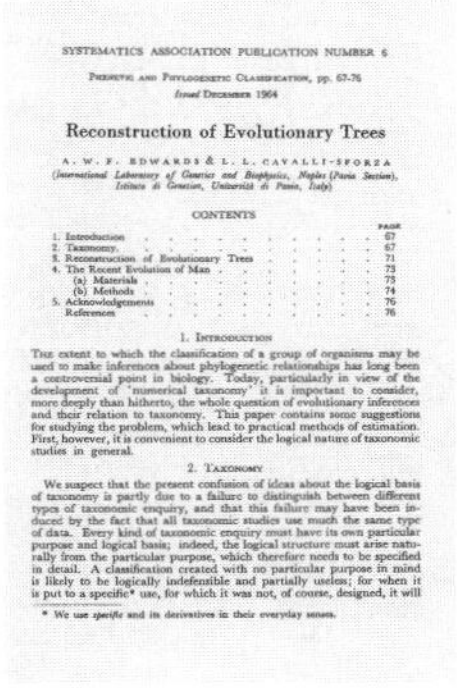
SYSTEMATICS ASSOCIATION PUBLICATION NUMBER 6

PHENETIC AND PHYLOGENETIC CLASSIFICATION, pp. 67-76

Issued DECEMBER 1964

Reconstruction of Evolutionary Trees

A. W. F. EDWARDS & L. L. CAVALLI-SFORZA

(International Laboratory of Genetics and Biophysics, Naples (Pavia Section), Istituto di Genetica, Università di Pavia, Italy)

CONTENTS

1. INTRODUCTION

THE extent to which the classification of a group of organisms may be used to make inferences about phylogenetic relationships has long been a controversial point in biology. Today, particularly in view of the development of 'numerical taxonomy' it is important to consider, more deeply than hitherto, the whole question of evolutionary inferences and their relation to taxonomy. This paper contains some suggestions for studying the problem, which lead to practical methods of estimation. First, however, it is convenient to consider the logical nature of taxonomic studies in general.

2. TAXONOMY

We suspect that the present confusion of ideas about the logical basis of taxonomy is partly due to a failure to distinguish between different types of taxonomic enquiry, and that this failure may have been induced by the fact that all taxonomic studies use much the same type of data. Every kind of taxonomic enquiry must have its own particular purpose and logical basis; indeed, the logical structure must arise naturally from the particular purpose, which therefore needs to be specified in detail. A classification created with no particular purpose in mind is likely to be logically indefensible and partially useless; for when it is put to a specific* use, for which it was not, of course, designed, it will

* We use *specific* and its derivatives in their everyday senses.

出典：Edwards and Cavalli-Sforza 1964, p. 67

たった10ページの論文だが、系統推定のための数理的方法とコンピューターを用いた数値計算アルゴリズムを開発したという点で注目すべき論文である。遺伝子重複に基づく最初の分子系統樹はライナス・ポーリングとエミール・ズッカーカンドルによってこの前年に描かれた（Pauling and Zuckerkandl 1963, p. S11）。エドワーズとカヴァリ＝スフォルツァの論文の実例としてはヒト集団の遺伝子頻度データが用いられたが、彼らはDNA塩基配列データを直接用いた分子系統樹がより望ましいと考えていたようだ（Edwards and Cavalli-Sforza 1964, p. 71）。もちろん当時はDNA塩基配列を直接的に決定する実践的手法はまだなかった。

算ができるコンピューターの利用は不可欠でした。このことは系統推定のための理論を構築する際にも当てはまりました。

『数量分類学の原理』が出版された翌年の一九六四年四月に、ロンドンの体系学協会（ＳＡ）が「表形分類と系統分類（Phenetic and Phylogenetic Classification）」という国際シンポジウムをリヴァプール大学で開催しました（Edwards 2004, p. 182）。その年の暮れに体系学協会叢書（Systematics Association Publication）の第６号として出版された論文集を見ると、このシンポジウムでは最新の数量分類学に関する研究発表とともに、コンピューターを用いた形質分析や形態測定のトピックス、そして系統樹の統計的推定の発表がひとつ含まれていました（Heywood and McNeill 1964）。この系統推定論の講演とは、遺伝学者アンソニー・W・F・エドワーズ（Anthony W. F. Edwards：一九三五－）とルイジ・L・カヴァリ＝スフォルツァ（Luigi L. Cavalli-Sforza：一九二二－）による「進化樹の復元（Reconstruction of evolutionary trees）」でした（Edwards and Cavalli-Sforza 1964【図2-6】）。

以下の説明での統計学の用語と概念については別の本を参照してください（三中 2018）。エドワーズとカヴァリ＝スフォルツァの系統推定法は、現在の統計学的系統推定論でいう「最尤法《さいゆうほう》（maximum likelihood method）」に相当します（Felsenstein 2004; Yang 2014）。彼らは、等方的（isotropic）な時空間における分岐的ランダム・ウォークという進化モデルを仮定し、p次元形質空間のなかで祖先からの距離dと経過時間tに関する次のような正規分布の確率密度関数を指定しました（Edwards and Cavalli-Sforza 1964, pp. 72-73）。

すなわち、系統樹のある枝に関して、それぞれの形質ごとに、祖先からの偏差をd（観測データと母平均との差）、母分散を$t \times \sigma^2$とする正規分布にしたがう進化過程を考え、さらに形質間の共分散がゼロ（等方的）と仮定すると、p次元の多変量正規分布の確率密度関数は上式(1)のように書き下せます。式(1)の対数をとると、その枝の対数尤度《ゆうど》は次式(2)になります。(2)の正負を入れ替え、定数項（$-p/2 \cdot \log\pi$）を除外し、$2t\sigma^2$をTで置換すると最後に式(3)が得られます。

$$(2\pi t\sigma^2)^{-p/2} \cdot \left(\exp\frac{-d^2}{2t\sigma^2}\right) \quad \cdots\cdots (1)$$

$$\frac{-d^2}{2t\sigma^2} - \frac{p}{2} \cdot \log\left(2t\sigma^2\right) - \frac{p}{2} \cdot \log\pi \quad \cdots (2)$$

$$\frac{d^2}{T} + \frac{p}{2} \cdot \log T \quad \cdots\cdots (3)$$

ある系統樹の樹形のもとで、その系統樹を構成するすべての枝の尤度(2)の総和を最大化するには、パラメーターである母平均（偏差d）と母分散（T）と樹形を変数として、(3)の総和を最小化すればいいことになります。これがエドワーズとカヴァリ＝スフォルツァが目指した系統樹の最尤推定の手順です。

この最尤法の論理は単純明快ですが、その計算は膨大になります。たとえば、ある端点（OTU）集合のサイズ（OTU数）をnとするとき、それらの端点をもつ二分岐的な有根樹（rooted tree）の総数を$RT(n)$とします。このとき枝の数は（$2n-1$）本ですから、そこに新たな端点を付加する操作を考えると、（$n+1$）

$RT\ (1) = 1$
$RT\ (2) = 1$
$RT\ (3) = 3$
$RT\ (4) = 15$
$RT\ (5) = 105$
$RT\ (10) = 34,459,425$
$RT\ (20) = 8,200,794,532,637,891,559,375$
$RT\ (100) = 3.35\times10^{184}$

個の端点をもつ系統樹の総数 $RT(n+1)$ との間には $RT(n+1) = (2n-1) \times RT(n)$ という漸化式が成立します。$RT(1) = 1$ と仮定して、この漸化式を解けば、

$$RT(n) = 1 \times 3 \times 5 \times 7 \times 9 \times \cdots\cdots \times (2n-3) \qquad [n \geq 2]$$

となります。すなわち $RT(n)$ は1から（$2n-3$）までの奇数の積になるわけです。実際に計算してみると上記のようになり、n が大きくなるにしたがって探索しなければならない系統樹の総数が爆発的に増大してしまうことがわかります（Moon 1970; Felsenstein 1978a; Wheeler 2012）。ここでいう〝爆発的〟という表現はけっして誇張ではありません。たった百個の端点（OTU）しかない系統樹の総数が一〇の一八四乗個を超えるということは、宇宙の原子の総数など「たかだか」一〇の八〇乗個にすぎないという事実を踏まえれば、私たちの想像力をも破壊するほど〝爆発的〟だということがわかるでしょう。

根を取り去った**無根樹**（unrooted tree）の総数 $UT\ (n)$ については、$RT\ (n) = (2n-3) \times UT\ (n)$ という関係式が成立するので、エドワーズとカヴァリ＝スフォルツァが示したとおり、

$$UT\ (n) = 1 \times 3 \times 5 \times 7 \times 9 \times \cdots\cdots \times (2n-5) \qquad [n \geq 3]$$

となります（Edwards and Cavalli-Sforza 1964, p. 73）。*UT*（*n*）は *RT*（*n*）に比べれば「やや」小さな値になりますが、それでも *n* が大きくなれば組合せ論的爆発を回避することはとうていできません。

後述するように、この広大な探索空間のなかから最適な系統樹を見つけ出すという問題は、現代数学が抱える未解決の「**NP完全問題**（NP-complete problem）」のひとつです。最適系統樹を見つけるための計算量問題が系統推定の実践を阻む難関であると理解されるのはまだまだ先のことですが、後年のエドワーズの回顧には、一九六〇年代はじめの段階ですでに系統推定に使われるコンピューターの計算資源とその性能に大きな制約があったと記されています。

「パーソナル・コンピューターはまだなかったし、適当なメインフレーム・コンピューターは遠隔地から使えないことがよくあった。［イタリアの］パヴィアで仕事をしていた後半はＩＢＭのコンピューターを使いにわざわざミラノまで飛んだ。一九六五年以降、［スコットランドの］アバディーン大学に移った後などは、ジュネーヴの世界保健機関（ＷＨＯ）まで出向かなければ計算すらろくにできなかった。古いプログラムを他の研究者に使ってもらうのも一筋縄ではいかなかった。使いたいと希望する研究者は自分でそのプログラムをパンチカードに打ち直すか、あるいはずっしり重いパンチカード・ケースを先方に送るしかなかった。コンピューターごとに癖があったので、それに合わせてプログラムを書き換える必要もあった」（Edwards 2004, p. 188）

【図2-1】の『数量分類学の原理』のカバージャケットの上半分に当時の外部記憶装置だったテープ

の図像が配置されていることに気づく現代の読者はほとんどいないかもしれません。同様に、エドワーズの回想にある「パンチカード」もまた、いまでは〝死語〟同然でしょう（私は大学学部時代の計算機演習でパンチカードを打った経験がありますが）。生物体系学にとって分類構築のためにも系統推定のためにもコンピューターなしではすまない時代がやがて到来します。

エドワーズとカヴァリ＝スフォルツァが計算量の負担が重すぎる最尤法の〝近似〟として提案したのが「**最小進化法**（method of minimum evolution）」でした。

> 「上述したように、われわれの最尤法のプログラムは不幸なことにうまく動いてくれなかったので、以前に提唱した〝最小進化法〟（Edwards and Cavalli-Sforza 1963）を用いて最良の系統樹を導いた。この方法は最尤系統樹を現在の形質空間に近似的に射影することだろう」（Edwards and Cavalli-Sforza 1964, p. 75）

エドワーズとカヴァリ＝スフォルツァの最小進化法はグラフの〝全長〟を最小化する「プリム法（Prim's method）」（Prim 1957）に基づいているので（Edwards and Cavalli-Sforza 1964, p. 73）、進化過程に関わるある〝量〟を最小化するという最適化基準を置く系統推定法のひとつとして位置づけられます。のちに確立される**最節約性**（parsimony）に基づく系統推定法——**最節約法**（maximum parsimony method）——がこの最小進化法とどのような歴史的関係にあるのかについては、後述のヘニックの系統体系学における最節約基準とも絡み合って議論が続いています（Edwards 1996, 2004; Farris and Kluge 1997; Farris

2012a)。

翌一九六五年には、今度はソーカルらが系統推定のための新たな方法論とその計算アルゴリズムを発表しました（Camin and Sokal 1965）。数量分類学派にとっては、系統発生の分岐順序を意味する分岐的関係を類似度平面に射影した〝影〟が表形的関係です。進化学会の機関誌『エヴォルーション』誌に掲載されたこの論文では、ある表形的関係をもたらす分岐的関係を形質情報からいかにして導き出すかが目標となりました。つまり、現実の系統発生を復元するには完全な化石の系列がなければ不可能であっても、分岐順序の復元に限定すれば現生ＯＴＵの形質情報から推定できるのではないかと著者らは考えました（Camin and Sokal 1965, p. 311）。

もちろん、観察可能なＯＴＵ間の全体的類似度によって〝操作的〟に扱える表形的関係とは異なり、過去の系統発生事象に関わる分岐的関係には直接的な観察や測定によって〝操作的〟に扱えるとはかぎらない要素があります。そこで、彼らは仮に真実の系統発生がわかっているとしたときに、どのような推定法を用いればその真実に到達できるかという問題設定をしました。それは、現代の系統学でいえば、まさに「シミュレーション研究」——あらかじめ設定された仮想的真実（たとえばモデル系統樹）をどの系統推定法が正確に推定できるかをコンピューターを用いて比較検証する（Huelsenbeck and Hillis 1993）——に相当するアプローチでした。

しかし、そもそもその〝真実〟なるものをどのようにして調達するかが問題です。ここでも彼らはとてもユニークな手法を提唱します。それは架空の生物群を〝実験的〟に進化させて真実の系統発生を創るというやり方でした。この系統発生を創造した〝神〟は筆頭著者のジョゼフ・Ｈ・カミン（Joseph H.

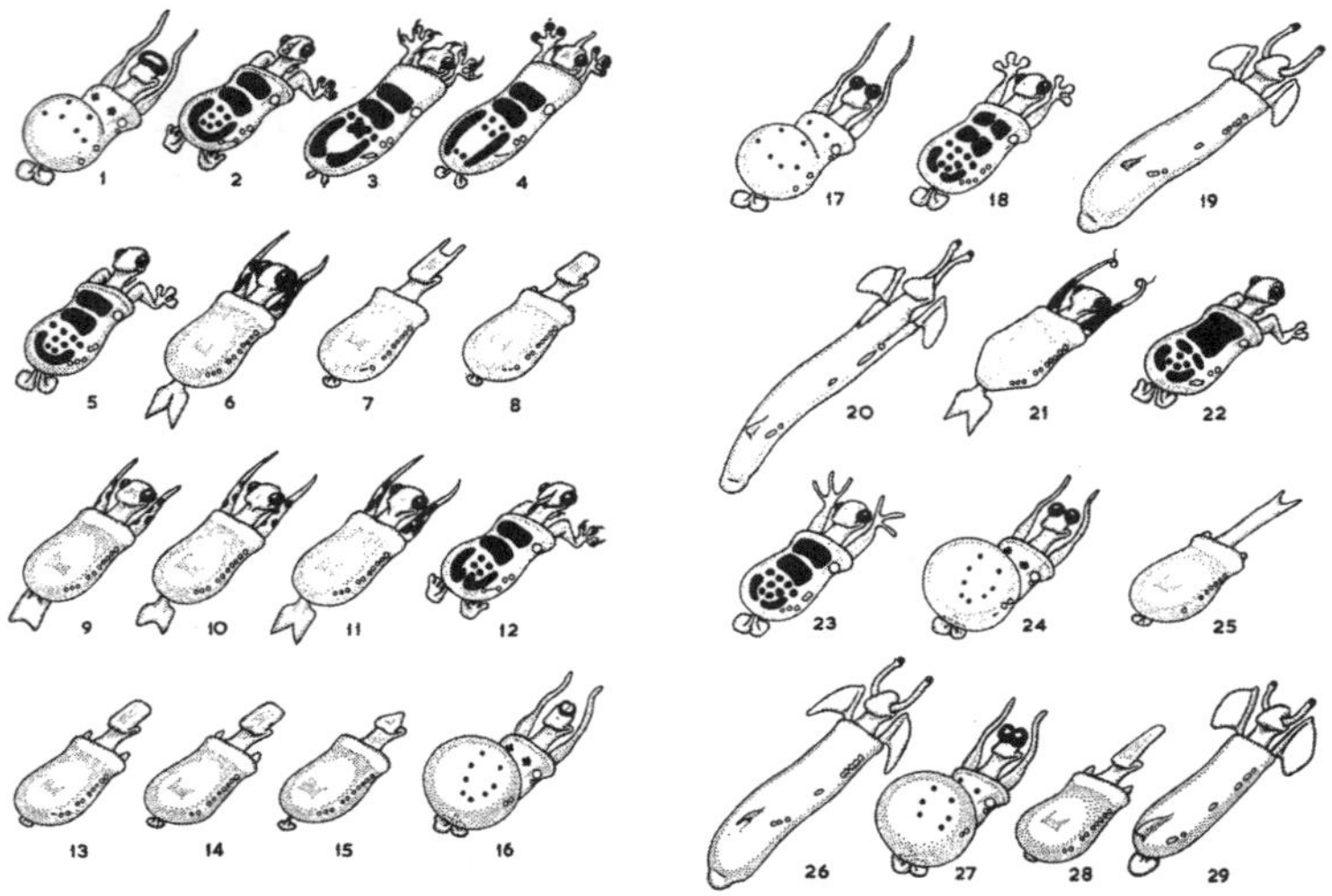

【図2-7】カミナルキュルス（現生種すべて） 出典：Sokal 1983a, p. 161, fig. 1.
カンザス大学でソーカルの共同研究者だったカミンは、このカミナルキュルス群の“創造主”となったことで後世に名を残した。ここに示したのはカミンがトレーシングペーパーを繰り返し使って“創造”した全29種のカミナルキュルス現生種である。バーチャルな“真実”を手にすることで、われわれは系統推定法の相対的な精度のよしあしを論じることができ、各推定法の特徴についても知見を得ることができるからだ。さらにいえば、時間的に“進化”する架空のオブジェクトを想定することは、生物学をも超えた非生物の進化あるいは系統を論じる契機ともなった。さらに、このカミナルキュルスは生物学教育の教材としても用いられている（Gendron 2000）。架空動物群の系統発生を最初に思いついたカミンの慧眼に対してはただただ敬服するばかりである。

Camin：一九二二‐一九七九）でした。一九六〇年代はじめのこと、カミンは、ある〝祖先型〟の架空動物を手描きし、その上にトレーシングペーパーを重ねて各部分の形態を少しずつ変化させながら段階的に〝分岐進化〟させるという方法で、数十種からなる架空動物群——のちに「**カミナルキュルス**（Caminalculus）」と呼ばれることになります（Sokal 1983a, b, c, d）——を〝創造〟しました（現生二九種と化石二八種：Sokal 1983a, pp. 161-163【図２-7】）。このカミナルキュルス群の〝真〟の系統発生を知っているのは〝創造主〟であるカミンだけです。

カミンとソーカルはこのカミナルキュルス群のデータベースに基づいてその分岐的関係を推定する方法論を開発しました（**【図2-8】**）。その方法論の根幹について彼らは次のように書いています。

「この仮想動物［カミナルキュルス］の群に関して通常の系統学の方法論で詳細に分析すると、差異はあるものの大筋では矛盾がない複数の分岐仮説（cladistic schemes）が導かれた。それらの仮説からどれを選ぶのかは真の系統樹を知っていなければわからない。カミンだけが知っている〝真実〟に照らして比較した結果、真の分岐的関係にもっとも近いのは、対象形質に求められる進化ステップ数がつねに最少となる仮説であることがわかった。したがって、この進化的最節約原理（the principle of evolutionary parsimony）にしたがって分岐的関係を復元できるかどうかを調べることにした」（Camin and Sokal 1965, pp. 311-312）

先に挙げたエドワーズとカヴァリ＝スフォルツァの論文では、最尤法の近似として最小進化法が提示されていたことを思い出しましょう。彼らは、二人ともロナルド・A・フィッシャーに師事したことがあるので、最小進化法という〝最節約的〟な系統推定法には統計学的な理由があることを知っていました。一方、カミンとソーカルの場合は、何らかの論理的な理由があってあるいは確たる証拠に基づいて**「進化的最節約原理」**をもちだしてきたわけではけっしてありません。確かにソーカルは別の総説記事のなかで、形質状態が数値コード化されるという第一の仮定、形質状態変化は原始的状態から派生的状

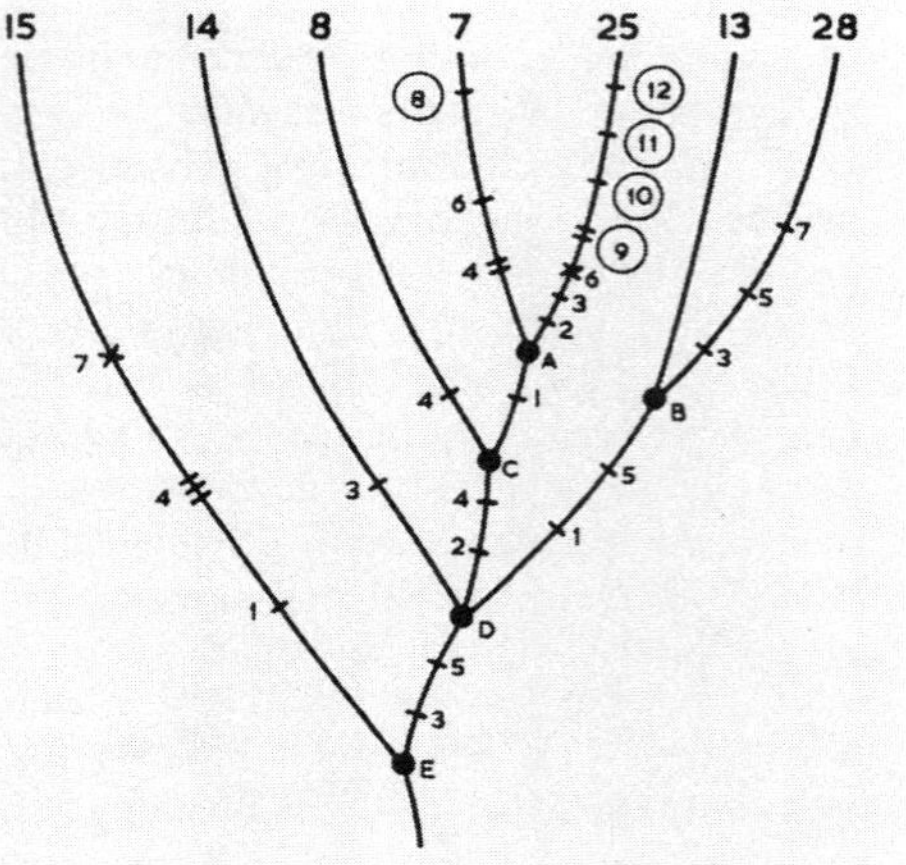

【図2-8】カミナルキュルスの系統樹

出典：Camin and Sokal 1965, p. 317, fig. 2.

現生カミナルキュルス29種は5属に分けられるが（Sokal 1983a, p. 168, fig. 3）。そのうちのA属7種（【図2-7】の種番号 7, 8, 13, 14, 15, 25, 28）に関する計12形態形質に基づいて推定された最節約分岐図。枝を横切る単線は形質状態の数値コードが増加する方向（たとえば0→1）の進化を、×印は逆に減少する方向（たとえば1→0）の変化を表している。◯印の形質（8〜12）はある特定の現生種にのみ存在する固有形質状態である。分岐点の●は仮想共通祖先を表す。形質1〜7に関するこの最節約分岐図上での形質状態の進化ステップ数は23である。種25の枝で多数の形質状態変化が蓄積していることがわかる。

態にいったん変化したならば逆転はしないという形質進化不可逆性の第二の仮定に続けて、第三の仮定として進化的最節約性の仮定について次のように書いています。

「自然界は根源的に最節約であり、ある生物群の形質状態の多様性は必要最小限の進化ステップ回数あるいはそれに近い回数で生じた」（Sokal 1966, p. 115）

しかし、科学哲学者エリオット・ソーバー（Elliott Sober: 一九四八‐）が指摘するように、彼らはカミナルキュルスの〝進化〟がたまたま最節約的に生じたように見えたから（その真実は〝神〟のみぞ知る）、最節約原理に基づく系統推定法を選んだのではないかと指摘しています（Sober 1988a, 訳書 pp. 144-145）。

初期の系統推定論で用いられたこの最節約原

理（最小進化原理）がはたして現実の進化過程に関する制約条件――「**存在論的最節約性**（ontological parsimony）」――なのか、それとも系統分岐関係に関するある推定値を得るための最適性基準――「**方法論的最節約性**（methodological parsimony）」――なのかをめぐる論争は、次章で述べるように、主として分岐学派という舞台の上で、生物体系学と生物学哲学の両分野にまたがってその後も延々と続くことになります（Sober 1988a, 2015 を参照）。

◇第九景：分岐学の第二のルーツ
――系統シュタイナー問題への離散数学的アプローチ［一九六三～一九六八］【シーン9】

最節約基準をめぐるこの〝科学哲学的〟な論議と並行して注目されるのは、前述の最小進化法に基づく系統推定とはどのような作業なのかという点です。端点（ＯＴＵ）の形質情報に基づいてそれらすべてをつなぐ系統樹を構築するという作業が、生物学の世界に限定されない、より一般的な性格をもつことは当時からうすうす気づかれていました。エドワーズとカヴァリ＝スフォルツァの最小進化法（Edwards and Cavalli-Sforza 1963, 1964; Cavalli-Sforza and Edwards 1967a, b）は、ロバート・プリム（Robert C. Prim：一九二一‐）が提唱したグラフ最短化のアルゴリズムをよりどころとしました（Prim 1957）。そのプリムは、彼の論文のなかで、与えられた端点集合を直接的につなぐ最短グラフの構築だけでなく、付加的な内点――「**シュタイナー点**（Steiner point）」と呼ばれる――を適宜付加することにより、グラフ全体を最小化する最短グラフ――「**シュタイナー樹**（Steiner tree）」――にも寄与できると将来への展

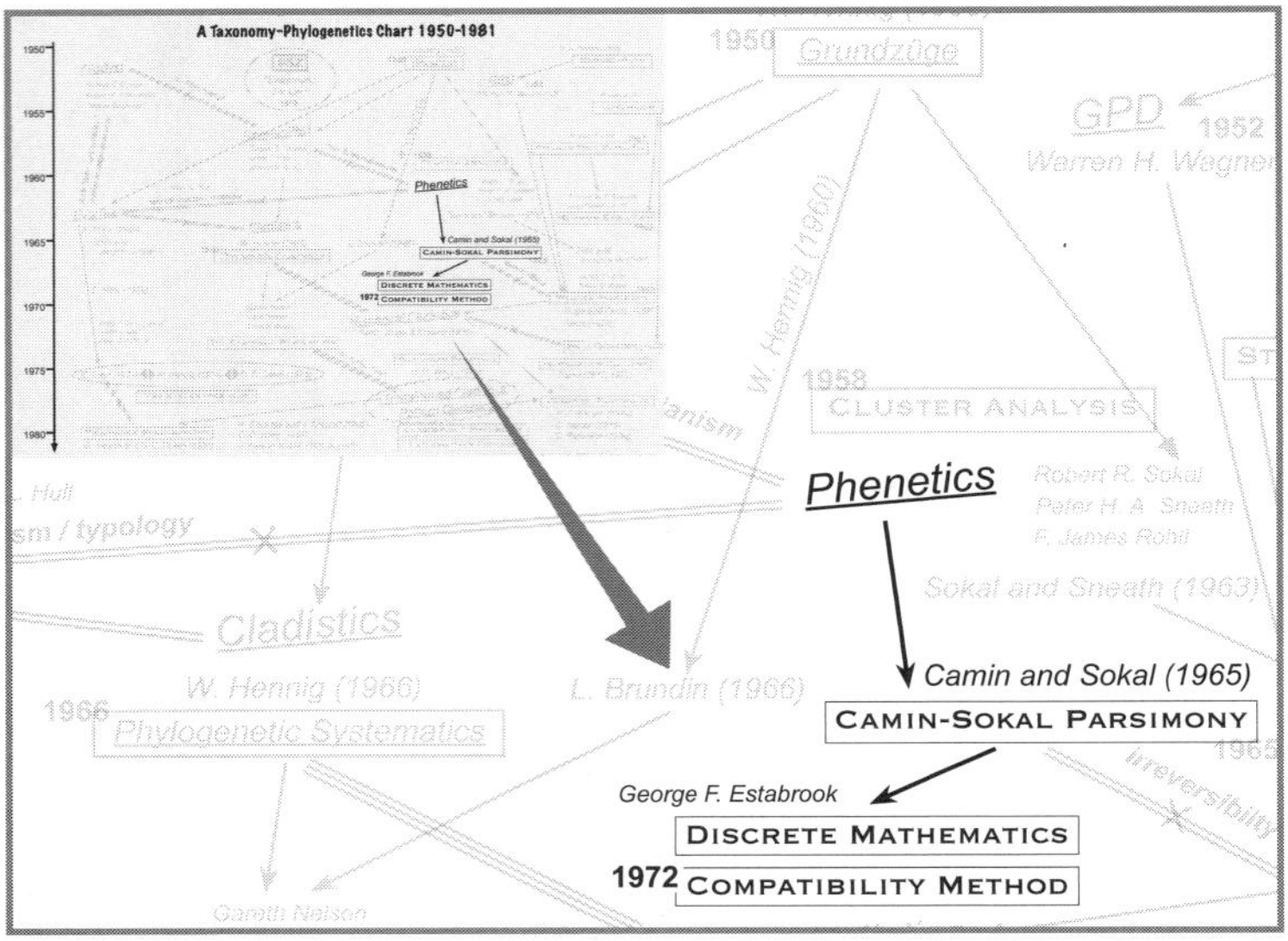

【シーン９】数理体系学の出現から形質整合性法へ

望を示唆しました（Prim 1957, p. 1401）。

最節約法あるいは最小進化法のもとでの最適系統樹の探索が、グラフの離散最適化における最難度レベルの**「シュタイナー樹問題** (Stener tree problem)」というNP完全問題にほかならないことはその後しだいに明らかになります（Foulds and Graham 1982; Hwang *et al.* 1992; 三中 1997, pp. 175-179, 207-222）。しかし、その問題の実体がまだはっきりしなかった一九六七年に、エドワーズは準備中の論文原稿「点の追加を許可する点集合をつなぐ最短ネットワーク（The shortest network uniting a set of points, additional nodes being allowed)」で一般的なp次元形質空間における系統シュタイナー問題の解法を論じると予報しました（Cavalli-Sforza and Edwards 1967, p. 564）。少なくとも彼は最小進化法に基づく系統推定がシュタイナー問題であることに感

【定義2-1：*X*樹】

空集合ではないある有限集合 X に対する「X 樹（X-tree)」とは、下記の条件を満たす頂点集合（V: vertex set）と辺集合（E: edge set）そしてラベリング写像（ϕ: labelling map）の３つによって決まる。

条件１：頂点集合 V と辺集合 E は樹形グラフ T になる。このグラフ $T=(V, E)$ を「基底樹（underlying tree)」と呼ぶ。

条件２：ラベリング写像 ϕ: $X \to V$ について、度数２以下のすべての頂点 $v \in V$ は $v \in \phi(X)$ である。

づいていたのでしょう。しかし、私が調べたかぎりでは、この論文は出版されなかったようです。

グラフとしての系統樹の最適化は現代の系統推定論ではもっとも基本となるので、ここでその要点を説明しましょう。グラフの構造や関係に関する数理は総称して「**離散数学**（discrete mathematics)」と呼ばれています。一般に、グラフ理論的な意味での「グラフ（graph)」とは「頂点（vertex)」を「辺（edge)」によってつないだダイアグラムです。ある頂点に連なる辺の本数がその頂点の「度数（degree)」です。グラフとしての樹形図の基本的性質は上の**【定義2-1】**に示す「***X*樹**（X-tree)」という概念を用いて定式化できます（Semple and Steel 2003, p. 17; Dress *et al.* 2012, p. 21; 三中 2017a, pp. 170-173)。

この定義の「条件1」は、頂点と辺をすべてつなげば全体としてひとつのグラフ（基底樹）になるという条件です。n 個の対象物から成る集合 $X=\{1, 2,\dots, n\}$ に対して定義されるラベリング写像 ϕ：$X \to V$ は、任意の対象物 $x \in X$ を基底樹 T のある頂点 $v \in V$ に対応づけます。次の「条件2」は、ラベリング写像 ϕ によって基底樹 T の度数２以下の頂点——基底樹の端点（度数１）

または二本の辺とつながる内点（度数2）――はすべてある対象物と対応づけられるという条件です。

【図2-9】に示したX樹は、対象物集合 $X=\{x_1, x_2, x_3, x_4, x_5, x_6\}$ に対して、基底樹として頂点集合 $V=\{v_1, v_2, v_3, v_4, v_5, v_6\}$ からなる直鎖（チェイン）を仮定します（したがって条件1は満足されています）。さらに、すべての $i=1, 2,\ldots,6$ に対して、ラベリング写像ϕによって $\phi(x_i)=v_i$ という対応づけをしています。チェインの両端 v_1 と v_6 は度数1であり、それ以外の v_2、v_3、v_4、v_5 は度数2なので、条件2が満たされていることもわかります。

次の【図2-10】の例は、より複雑な分岐構造をもつ基底樹を仮定します。この例では、対象物集合

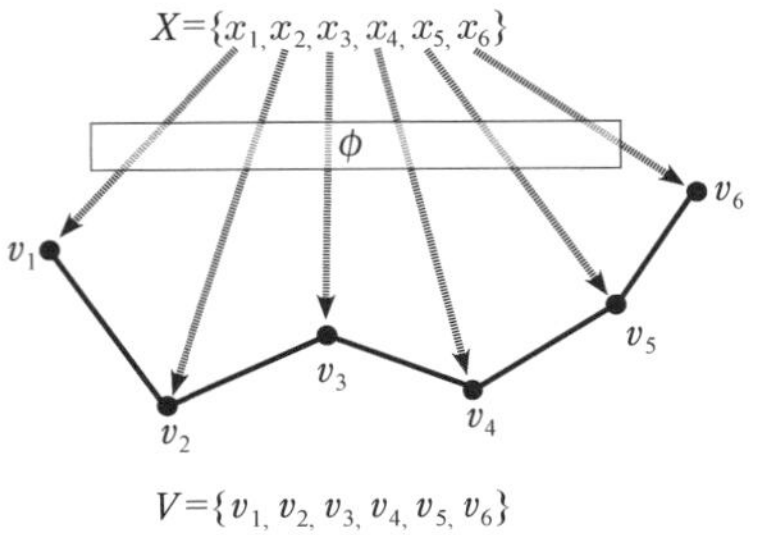

【図2-9】直鎖状のX樹の例

出典：三中 2017a, p. 172, 図4-16.

実線で示した基底樹はすべての頂点を直線状につないでいる。対象物集合Xを定義域とするラベリング写像ϕから頂点集合への対応づけを矢印で示した。

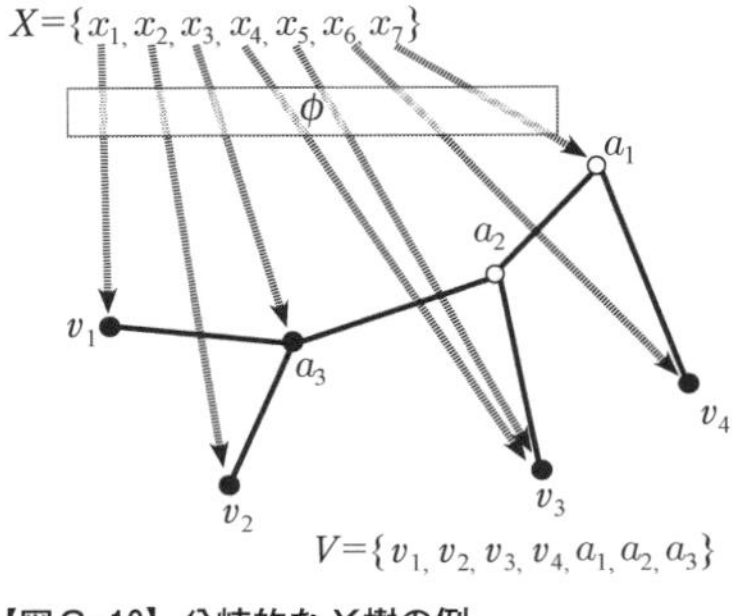

【図2-10】分岐的なX樹の例

出典：三中 2017a, p. 173, 図4-17を改訂。

基底樹（実線）は分岐的な樹形図で、頂点の個数は対象物の個数よりも多い。対象物集合Xを定義域とするラベリング写像ϕから頂点集合への対応づけを矢印で示した。

【定義2-2：系統 X 樹】

空集合ではないある有限集合 X に対する「系統 X 樹（phylogenetic X-tree）」とは、ラベリング写像 ϕ が下記の条件を満たす X 樹である。

条件3：ϕ の値域 $\phi(X)$ は頂点集合 V に含まれる度数1の頂点の集合である。

条件4：ϕ は全単射（bijection）すなわち1対1（one-to-one）かつ上への（onto）写像である。

$X=\{x_1, x_2, x_3, x_4, x_5, x_6, x_7\}$ に対して、基底樹の頂点集合 $V=\{v_1, v_2, v_3, v_4, a_1, a_2, a_3\}$ は端点 v_1〜v_4 と内点 a_1〜a_3 から構成されています。条件2により度数2以下のすべての頂点はいずれかの対象物と対応づけられます。このとき、度数3以上の頂点については何の制約もないので、度数3の頂点 a_3 が対象物 x_3 と対応づけられています。また、ラベリング写像 ϕ は一対一対応である必要がないので、異なる対象物 x_4 と x_5 から同一の頂点 v_3 に対応づけられています。

以上の二つの例からわかるように、X 樹は分類対象物を直線的にあるいは分岐的につなぐグラフとしての性質をもっていますが、系統類縁関係の可視化に用いられるダイアグラムとしては制約が緩すぎるという欠点があります。たとえば、すべての対象物がそれぞれ樹形ダイアグラムの相異なる端点に一対一に対応づけられ、それ以外の頂点（すなわち内点）には対応づけられるとはかぎらないからです。そのためには、ラベリング写像 ϕ により強い条件を付けなければなりません。それが、上の**【定義2-2】**の「**系統 X 樹**（phylogenetic X-tree）」の概念です（Semple and Steel 2003, p. 17; Dress *et al.* 2012, pp. 21-22; 三中 2017a, pp. 174-175）。

この「条件3」により、すべて対象物はラベリング写像によって基底樹の端点（度数1）に対応づけられることになります。また、次の「条件4」は、対象物と端点がもれなく一対一に対応するという制約です。系統X樹の例を【図2-11】に示します。この例では、対象物集合$X=\{x_1, x_2, x_3, x_4, x_5, x_6\}$を端点とし、四つの内点（分岐点）$a_1$〜$a_4$をもつ分岐的な基底樹を与えます。ラベリング写像$\phi$により対象物$x_i$（$i=1$〜$6$）と基底樹の端点$v_i$（$i=1$〜$6$）とは全単射で対応づけられます。

この系統X樹の概念は、仮想共通祖先（内点）から子孫（端点）への祖先子孫関係に基づく系統発生の関係を表示するのに適しています。しかし、系統X樹の頂点や辺をどのように解釈するかによって、

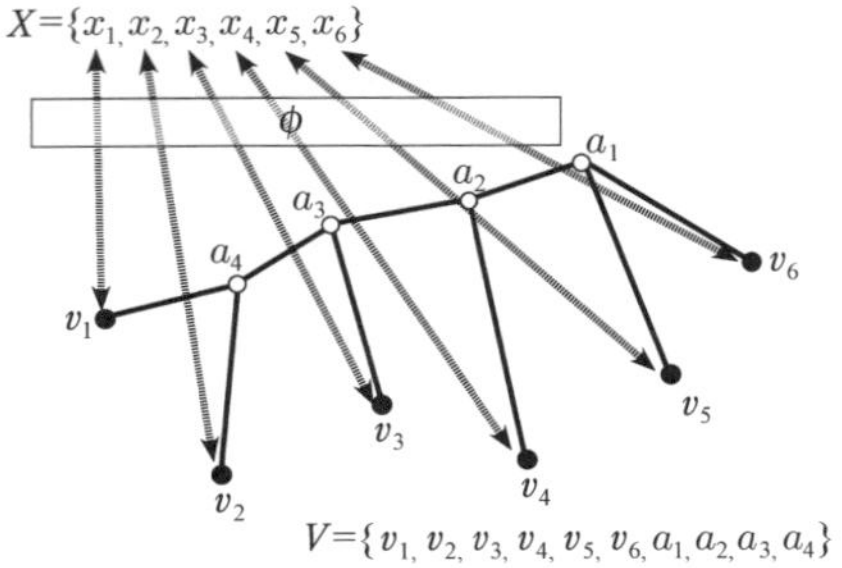

【図2-11】系統X樹の例
出典：三中 2017a, p. 174, 図4-18.
基底樹（実線）は分岐的な樹形図であり、ラベリング写像ϕによる対象物集合Xと頂点集合Vとの対応づけは全単射（両矢印で示した）である。

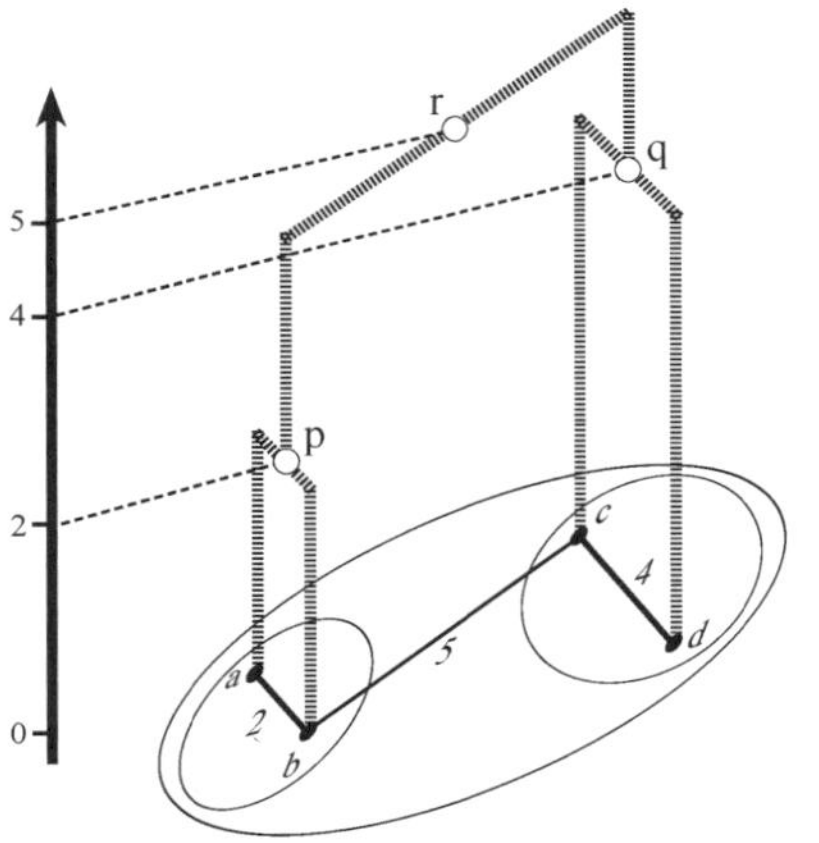

【図2-12】オイラー図とデンドログラムによる頂点表現　出典：三中 2017a, p. 146, 図4-3.
OTU間の全体的類似度に基づいてクラスタリングした結果は集合の包含関係に関するオイラー図によって図示できる。このオイラー図から導かれたデンドログラムにおいて、3つのクラスター{*a*, *b*}、{*c*, *d*}、{*a*, *b*, *c*, *d*} に対応する“分岐点”をそれぞれ*p*, *q*, *r*とするとき、これらの分岐点はその高さによって全体的類似度を「頂点表現」している。

それが表す関係の構造とその解釈は必ずしも一意的ではありません。たとえば、数量分類学が全体的類似度に基づいてクラスタリングにより得たデンドログラムは、見かけは樹形ダイアグラムですが、その〝分岐点〟の「高さ（クラスター・レベル）」だけが意味をもちます。一例として【図2-12】を見てください（三中 2017a, pp. 127-129, 146-147）。全体的類似度が与えられたOTU集合 $\{a, b, c, d\}$ に対して**単連結法**（single linkage method）によってクラスター分析したところ、オイラー図 $\{\{a, b\}, \{c, d\}\}$ で示されるクラスター構造が得られました。ab 間と cd 間の全体的類似度をそれぞれ2、4とし、$\{a, b\}$ と $\{c, d\}$ のクラスター間の全体的類似度を5とします。このとき、オイラー図に対応するデンドログラムの分岐点 p、q、r はその高さが全体的類似度に対応するように描画されていることに注意しましょう。分岐点の高さによって全体的類似度を表すこの表現様式を樹形図による距離の「**頂点表現**（vertex representation）」と呼びます（Semple and Steel 2003, p. 150）。頂点表現がなされているデンドログラムの〝系統学的〟な解釈はすべて無意味な深読みにすぎません。

デンドログラムによる頂点表現は「点」によって全体的類似度の情報を表示する方法ですが、「辺」に対して類似度情報を付与するもうひとつの表現方法があり、辺の和として全体的類似度を表す「**経路表現**（path-length representation）」と呼ばれています（Farris 1979b, p. 494）。第1章で言及しましたが、かつてツインマーマンが一九三〇年代に類似度を系統樹の枝の長さに割り振ったように、クラスター分析から得られたデンドログラムの「辺」を用いて全体的類似度の情報を表現することができます。【図2-13】を見てください。【図2-12】のデンドログラムの各辺に対してその「長さ」を α〜ζ と置きましょう。このとき、OTU間の全体的類似度 $d(\cdot, \cdot)$ と辺の長さとの関係は次頁のようになります。

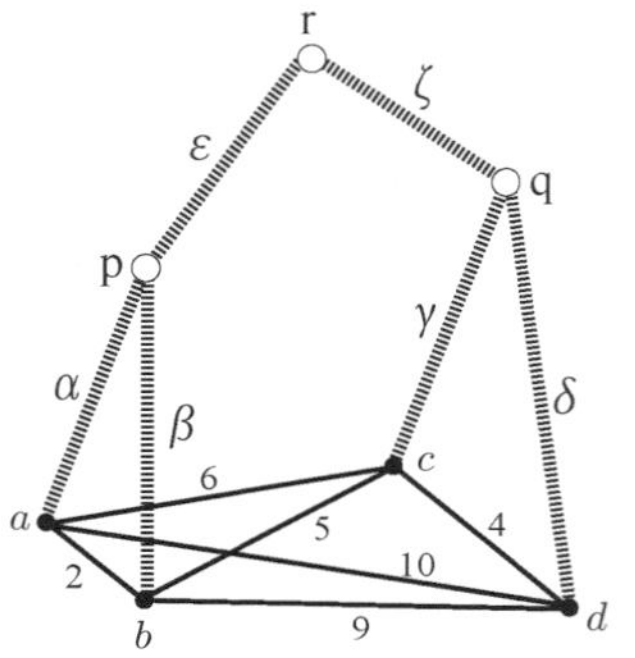

【図2-13】デンドログラムによる経路表現　出典：三中 2017a, p. 147, 図4-4.
【図2-12】のデンドログラムを構成するそれぞれの辺（枝）の長さを考える。全体的類似度の頂点表現（分岐点の「高さ」）と経路表現（辺の「長さ」）は双方向で変換可能である。

$$d(a,b)\ =2= \alpha + \beta$$
$$d(c,d)\ =4= \gamma + \delta$$
$$d(a,c)\ =6= \alpha + \gamma + \varepsilon + \zeta$$
$$d(a,d)\ =10= \alpha + \delta + \varepsilon + \zeta$$
$$d(b,c)\ =5= \beta + \gamma + \varepsilon + \zeta$$
$$d(b,d)\ =9= \beta + \delta + \varepsilon + \zeta$$

左辺の全体的類似度は頂点表現における「高さ」であるのに対し、右辺の経路表現はデンドログラムの辺の「長さ」の和として表現されています。上の連立方程式が解をもつならば、頂点表現と経路表現とは双方向で変換可能です。

なお、頂点表現と経路表現は、数量分類学の全体的類似度に基づくデンドログラムだけではなく、辺の長さがいくつかの条件を満たせば、一般の系統X樹に対しても適用できます（三中 2017a, pp. 140-145）。この点についてはのちほどまた言及することになるでしょう。

一九六〇年代のソーカルやスニースら数量分類学派は、全体的類似度に基づく表形図の構築と進化的最節約原理による分岐図の構築を同時並行的に進めていたようです。その後、一九七〇年代の体系学論争に突入すると、数量分類学派は表形的分類のみに狭く特化して防衛戦を展開しますが、少なくともそれまではもっと幅広い視野をもって、彼らが分類学的関係を構成するとみなす三つの要素、すなわち表形学と分岐学そして**時間学**(chronistics)を全体として考察しようとする姿勢が見受けられます。

「進化学上の問題の多くは表形学と分岐学ならびに時間学を同時に考えることにより探究することができる。進化速度について完全に理解するためにはこれら三つの構成要素を考え合わせる必要がある。ソーカルとスニースが描いた表形的超空間のなかを進化する系統樹は、任意の時点においてその系統枝すなわち分岐群（クレード）が表形的パラメーターによって決定される（Sokal and Sneath 1963）。このような系統推定を行なうための方法論はまだないが、超空間の切断面の点をカテゴライズするという手法になることはまちがいないだろう。進化速度の研究法に関してもさかんに議論されている。時間学的な証拠がないと絶対速度は決定できないが、相対的進化速度ならば表形学的情報と分岐学的情報を組み合わせれば近似的に求められるだろう」（Sokal and Camin 1965, p. 188）

数量分類学派の表形学の主張に対しては、前出のマイアーを含め、いくつかの反論がSZ誌に掲載されています（Mayr 1965; Crowson 1965; Kiriakoff 1965; Blackwelder 1967a; Hull 1968）。数量分類学派とそれ以外の学派との論争は一九六〇年代後半にはすでに戦わされていたということです。しかし、その前哨戦はあくまでも表形学に関する対立であり、もうひとつの分岐学に関してはまだ本格的な論戦にはいたりませんでした。「分岐学」という用語は、それがどのような立ち位置で使われるかによって、その意味内容が大きくちがっています。数量分類学派による分岐学の用法——表形学とは別次元の系統分岐順序——は、その後の一九七〇年代の体系学論争での分岐学の用法と部分的には重なりながらも一致するわけではありません。しかし、分岐学の語義のゆれ以上に、入手可能な形質情報に基づく系統樹の推定それ自体が分類体系の構築とはまったく異なるタイプの問題であるという点がどれくらい認識されていたかの方が重要です。

分類と系統との対決が表面化するのはもっと後のことですが、生物の系統樹を推定するという個別問題がより一般的な離散数学のグラフ理論と密接に関係しているという認識は一九六〇年代前後から徐々に広まっていったようです。たとえば、当時コロラド大学の大学院生で離散数学を専攻した経歴をもつ植物分類学者ジョージ・F・エスタブルック（George F. Estabrook：一九四二-二〇一一、Schwartz 2012 参照）は、数量分類学のクラスタリングにグラフ理論を応用する論文を一九六〇年代なかばに発表しました（Estabrook 1966; Wirth *et al.* 1966）。ソーカルやスニースは、クラスタリングによって得られたデンドログラムを〝高さ〟（クラスター・レベル）によって段階的に切断——「**フェノン線**（phenon line）」（Sokal and Sneath 1963, pp. 251-253）——することにより分類群を階層的に構築するという作業手順を想定しました。これに対してエスタブルックは、グラフ理論を基礎として、類似度に関するOTUの**同値類**（equivalence class）を探索して部分グラフ（subgraph）を作成し、最終的にはすべてのOTUをつなぐ全体グラフを構築するという「**グラフ・クラスタリング**（graph clustering）」の方法論を提示しました。数量分類学を用いた分類体系構築にグラフ理論を適用する初めてのもくろみとして彼の理論は注目されました。

しかし、エスタブルックは、それだけにとどまらず、系統推定にも離散数学の理論を応用しようとしました。彼が次に取り組んだのは、カミンとソーカルの進化的最節約原理に基づく系統推定法が抱える技術的問題点です。

「試行錯誤によって進化ステップ数を最小化する分岐図を特定することは計算上困難だが、モンテカルロ法を用いればできるかもしれない。この理由により、われわれは本論文で提唱した方法のひとつを使って最節約解に近い分岐図をつくり、その後で試行錯誤により改良した。単一の最節約分岐図を発見する解析的方法を編み出すのは数学上の難問である」(Camin and Sokal 1965, pp. 324-325)

確かに、コンピューターのハードウェア性能とソフトウェアが格段に向上した現在でも、最節約分岐図を探索することはけっして容易ではありません(どうあがいてもNP完全問題からは逃れられませんから)。ましてや、数十キロバイト程度のほんのわずかなメモリーしか積んでいない半世紀前のメインフレーム・コンピューターでは計算上の制約は現在とは比べようもなく厳しかったでしょう。

一九六八年に出版されたエスタブルックの論文「カミン-ソーカルの系統発生モデルにおける半順序理論を用いた一般解」(Estabrook 1968) は、離散数学の「**半順序理論**(theory of partial orders)」を用いれば、分岐図の最節約解を網羅的に発見することができると主張しました(三中 2017a, pp. 55-69)。彼の理論をかいつまんで説明しましょう。それぞれの形質の形質状態変化系列が原始的状態から派生的状態への半順序関係として表現されているとします。このとき、末端ＯＴＵのもつ複数の形質を形質状態変化系列の「**直積**(cardinal product)」として組み合わせます(Birkhoff 1940, p. 13)。この直積集合——「**祖先**

空間（ancestror space）」（Estabrook 1968, p. 434）――はそれ自体がOTU（とその仮想共通祖先）に関する祖先子孫関係によって定義された半順序集合（系統仮説）です。エスタブルックは、この系統仮説の半順序集合から進化的な最節約系統仮説が満たすべき二つの必要条件を導出しました。これにより、カミン－ソーカル最節約性のもとでの最適解をもれなく枚挙できることが証明されました。

このようにして、エスタブルックは祖先子孫関係に基づく分岐図は半順序理論でいう「**ハッセ図**（Hasse diagram）」であると解釈することにより（Estabrook 1968, p. 426）、最節約的な系統樹の探索を組合せ論的に実行するための理論を提唱しました。一九七〇年代以降、エスタブルックは数量分類学派の分岐学に関する理論をさらに発展させた「**形質整合性法**（character compatibility method）」あるいは「**クリーク法**（clique method）」と呼ばれる系統推定法の一学派――まぎらわしいですが分岐学派のひとつとみなされることもある――として確立されます（Estabrook 1972a, b）。それとともに、後述の分岐学派との方法論をめぐる論争がしだいに激化していきました（Estabrook 1978; Farris and Kluge 1979, 1985; Wiley 1981b; Meacham 1984, 1986; Meacham and Estabrook 1985; Donoghue and Maddison 1986; Duncan 1984, 1986; Meacham and Duncan 1987）。

◇第十景：分岐学の第三のルーツ――ワレン・ワーグナーの祖型発散法による仮想共通祖先の復元［一九五〇～一九六九］【シーン10】

ある概念や理論がどんな歴史的出自のもと生まれてきたのかは、単なる昔話として聞き流すにはもったいない場合があります。現在広く使われている方法論のルーツをめぐる論議はときとして未解決のまま続いていることがあるからです。私たちは一九五〇年代以降の生物体系学の流れをたどろうとしています。その道のりはけっして見通しの効く一本道ではないかもしれません。とりわけ、黎明期の薄暗がりに誰がどんなことを考え、そして道を切り拓いてきたのかはその気にならなければ明らかにはならないでしょう。系統樹がグラフであるという認識は生物体系学と離散数学との接点を私たちに示唆します。たいていの生物学者は数学や統計学がそれほど得意ではありませんが、例外的なパイオニアたちは生物学と数学にまたがる境界領域をほとんど独力で開拓してきました。すでに登場した、ソーカル、スニース、エドワーズ、そしてエスタブルックらが一九六〇年代前後に成し遂げた仕事はその後の体系学論争でもその影響力をもち続けます。

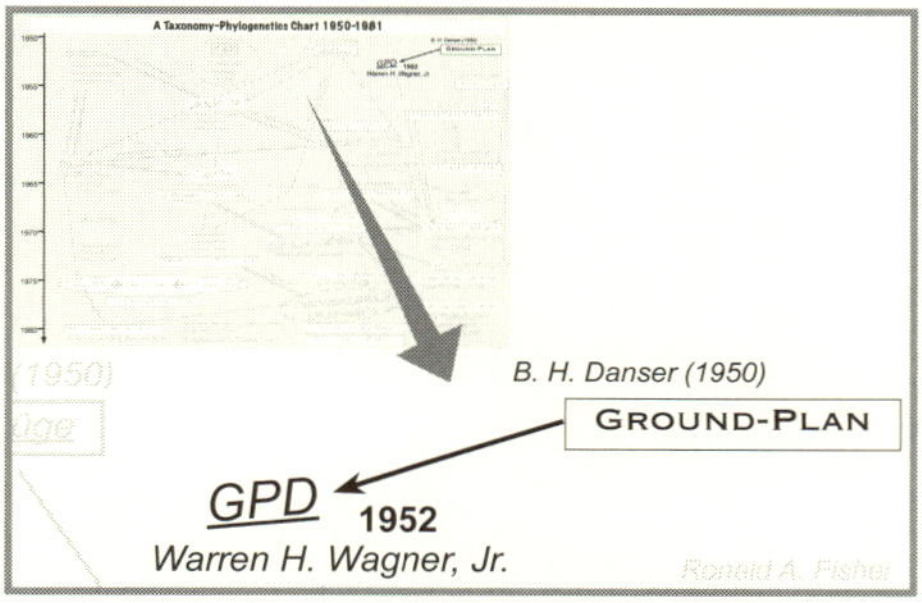

【シーン10】ワーグナーの祖先発散法の出自をたどる

分類と系統では目指す目標が異なります（三中 2017a）。分類は観察可能な分類対象を分けることにより複数の分類群がつくる分類構造を構築しようとします。ところが、系統は観察可能な対象だけではなく、系統関係の構造を考えるときに仮定しなければならない仮想的な不可視の点を配置してつなぎ合わせ、最終的にひとつの系統樹を復元するのが目標です。この不可視の点を仮定することは、系統推定論にとっては大きな前進といえます。数量分類学派が系統分類を排除したのは、系統なるものが実証に耐えない不確かな概念であるから、分類体系構築のよりどころとなる資格がないからでした。もし観察可能な情報に基づいて信頼できる系統関係が推定できるとしたら、数量分類学派の攻撃をかわすことができます。

ディヴィッド・ペニー（David Penny）らは、可視的な端点（OTU）の間の直接的な関係（たとえば全体的類似度）だけに着目するのではなく、不可視的な内点を必要に応じて補足しながら全体構造をつくるという理念は、長い歴史のなかで蓄積されてきた生物学的知識を体系化できるよりよい「モデル」を探求する試行錯誤が生物進化および系統発生という思考と結びついた結果だろうと指摘します。

> 「生物学が、現存する分類群のみをつなぐ展開樹（spanning tree）ではなく、祖先状態を挿入して構築されるシュタイナー樹（Steiner tree）にたどりついたのはおおいなる進展である。樹形図は生物学者が復元しようとするモデルの根幹である。昔の生物学者は他のさまざまなモデルをさしおいてシュタイナー樹を復元しなければと考える先験的理由は何もなかった。変化を伴う由来および分岐原理というメカニズムを考えだしたチャールズ・ダーウィンは、種の多様性の起源を説明する科学的モデル（パターンとメカニズム）を提示することができた。進化のメカニズムは生物学者が求めてきた類縁関係の疑問を解くための鍵となった」（Penny *et al.* 1994, p. 215, fig. 12.1 の説明）

シュタイナー樹すなわち**仮想祖先**を含む樹形ダイアグラムを系統樹の「モデル」とする考え方は、時代をさかのぼれば、一九三〇年代のツィンマーマン、一九四〇年代のローレンツ、そして一九五〇年代のヘニックというドイツ体系学（前章第四景）の立役者たちが間接的に示唆していました。仮想的な共通祖先を推定あるいは復元する方法が確立されてはじめて、系統推定論という研究分野の確固たる基盤がつくられるからです。この分野に離散数学から新たな光を当てたのは上述のエスタブルックでした。しかし、もうひとつの系統推定論の系譜が同じアメリカの植物分類学コミュニティーのなかでさらに古い時代から発していました。

ミシガン大学の植物分類学者ワレン・H・ワーグナー（Farrar 2003 参照）は、一九四〇年代からハワイ諸島に固有のチャセンシダ科（Aspleniaceae）の *Diellia* 属を対象とする分類学的研究を進めていました（Wagner 1952, 1953a, b）。この研究と並行して、ワーグナーは系統関係を復元するための一般的な方法論──「**祖型発散法**（GPD: groundplan-divergence method）」──を独力でつくりあげました（Wagner 1961, 1969, 1980, 1984）。彼の祖型発散法は、形質の原始的状態すなわち「**祖型状態**（groundplan state）」を推定した上で、複数の形質に関する祖型状態をもつ「**祖型**（groundplan）」を決定します。続いて、それぞれの分類群がもつ派生的状態すなわち「**発散状態**（divergent state）」から得られた「**発散レベル**（divergent level）」に基づいて系統関係を復元します（Wagner 1980, pp.178-187）。ワーグナーの祖型発散法は、派生的形質状態の共有に基づいて単系統群を構築するという点ではヘニックの系統体系学と同一なので、現在ではどちらも〝分岐学〟と呼ばれることがあります（ああ、まぎらわしい）。

ワーグナー自身の回顧によると、すべての形質に関して原始的状態をもつ祖型なる概念は、もともとオランダの植物分類学者ベネディクトゥス・H・ダンサー（Benedictus H. Danser: 一八九一－一九四三）の理論を踏まえています（Wagner 1980, p. 183; 1984, p. 97, n. 1）。ダンサーの生物体系学理論は、彼が前任地であるオランダ領東インドのバイテンゾルク植物園から母国オランダに戻り、フローニンゲン大学で研究を続けるうちに形づくられていきました。第四景で見たように、二〇世紀前半のドイツは観念論形態学と系統学とが競り合う学問的状況が続き、その影響は隣国であるオランダにも当然波及していました（Trienes 1988, Theunissen and Donath 1986）。ダンサーは、類型分類と系統分類の関係を考察する論文（Danser 1940）で、祖型について次のように説明します。

「類型的体系学から見れば、実際に存在する生物群を分類しているのではなくその類型（祖型［grondplannen］）を見ているのか、あるいは類型を通して生物群を分類しているのかはたいしたちがいではない。体系学ではなく比較形態学が生物群の区別を通して祖型（より特殊なバウプラン［bouwplannen］）を比較するのであれば、やはり本質的に類型学的といえよう」（Danser 1940, p. 139）

その上で、祖型がどのような特徴を有しているかについてこう説明します。

「祖型とは自然群に存在するもっとも原始的（系統学的な意味ではない）な形質状態をすべて有する想像上（denkbeeldig）の生物であると指摘しておこう。したがって、現実のすべての生物では、原始的（primitief）から派生的（afgeleid）へという同一方向での形質状態の変化が見られる」（Danser 1940, p. 139）

第四景で登場したアドルフ・ネフからの影響を明らかに受けていたダンサーは、「祖型」は「**原形態**

(oervormen)」であると述べて、あくまでも観念論の枠組みのなかでの位置づけにこだわりました (Danser 1940, p. 142)。さらに、第二次世界大戦後に死後出版されたダンサーの論文「体系学の一理論 (A theory of systematics)」(Danser 1950) には、祖型を中核概念とする理論体系が大きく展開されています。

> 「ある自然群の体系学的な祖型 (ground-plan) とは以下の条件を満たす想像上 (imaginary) の生物である。第一に、祖型がもつすべての属性をその群を構成する下位のランクの群が共有すること。第二に、それらの属性が発散するとき、もっとも原始的な条件がすべて祖型に見られること。(中略) これらの祖型すなわち類型 (type) に関する理論は類型学 (typology) と呼ばれる」(Danser 1950, p. 125)

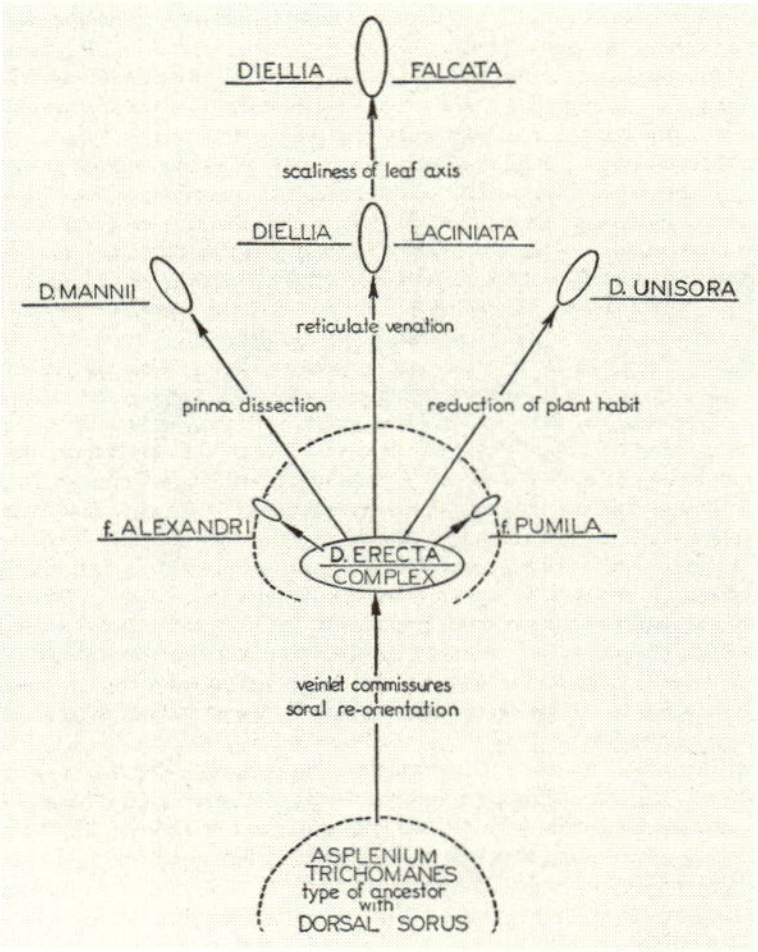

【図2-14】ワーグナーによる祖型発散法のチャセンシダ科 *Diellia* 属への適用

出典：Wagner 1952, p. 152, fig. 31.
この樹形ダイアグラムの根元には、チャセンシダ科の祖型であるチャセンシダ (*Asplenium trichomanes*) が配置されている。*Diellia* 属の他の種については派生的な形質状態がどの枝で獲得されたかを復元することにより、祖型から枝の末端種への系統的発散のようすを推論した。

一方、ワーグナーは、ダンサーの思想を参照しながらも、その同じ祖型の概念を系統学的に再解釈しました。すなわち、現実に観察される対象生

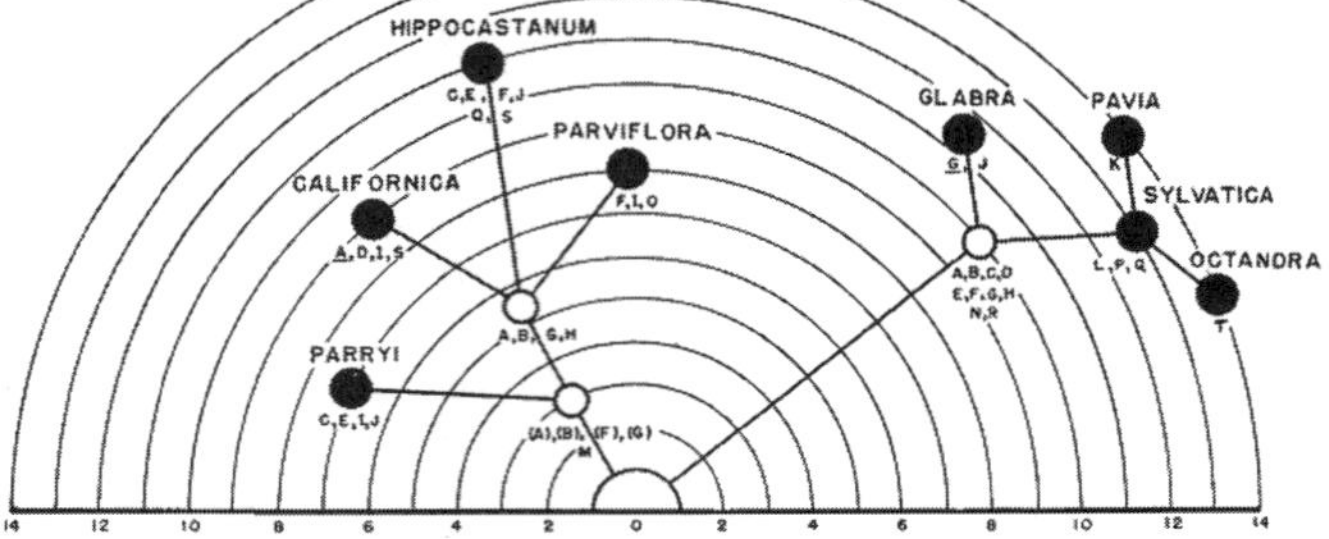

【図2-15】ジェイムズ・W・ハーディンによるトチノキ属（*Aesculus*）の祖型発散法
出典：Hardin 1957, p. 170, fig. 15.
ワーグナーの祖型発散法が用いられたもっとも初期の研究のひとつ。同心円の中心（横軸上の「0」）に位置する祖型を“根”として系統樹が外側の円周上に向かって発散する。末端の黒丸（●）は観察された現生種であり、分岐点の（○）は仮想的な共通祖先である。同心円の目盛りは発散レベルに対応しており、原始的形質状態のみの祖型に対して、派生的形質状態の共有性によって仮想共通祖先までの発散レベルが増大する。

物群の形質のもっとも原始的（系統学的な意味での）な形質状態をすべて兼ね備えた仮想共通祖先を祖型とみなしました。したがって、ワーグナーの祖型は確かに仮想的ではあるものの、向こう側の観念の世界ではなく、こちら側の現実の世界にあることになります。彼が出版した*Diellia*属のモノグラフには、この祖型発散法の最初の樹形ダイアグラムが載っています（Wagner 1952【図2-14】）。ワーグナーはチャセンシダ科の祖型を原始的な形質状態のチャセンシダ（*Asplenium trichomanes*）と指定し、それ以外の種については派生的な形質状態の獲得を枝ごとに表示する樹形ダイアグラムによって、*Diellia*属における祖型からの形質の系統的な発散を示しました。

ワーグナーは在籍していたミシガン大学の植物体系学の講義を通して、自ら考案したこの祖型発散法を広め、当時の植物分類学のモノグラフのなかではかなり広く用いられたようです（Wagner 1961, p. 841; 1980, p. 175）。たとえば、ジェイムズ・W・ハーディン（James W. Hardin：一九二九－）は、トチノキ科（Hippocastanaceae）のトチノキ属（Aesculus）に関する分類モノグラフ（Hardin 1957）の考察で、ワーグナーの祖型発散法を用いました。その系統樹が【図2－15】です。同心円の中央には原始的形質状態のみをもつ祖型が配置され、そこから外周の同心円に向かって枝が伸びていきます。祖型は定義により原始的形質状態しかなく、発散レベルは0となります。これに対して末端の現生種はいくつかの形質に関しては派生的形質状態を共有するので、発散レベルはそれに応じて増減します。二つの現生種の発散レベルによって同心円状のどこで仮想共通祖先が配置されるかが決まります。祖型から遠く離れれば離れるほど発散レベルが高くなり、派生的形質状態がより多く蓄積されることが祖型発散法の樹形図を見ればすぐにわかります。

祖型発散法を用いるにあたっては、形質の原始性と派生性をどのように判定するのかという問題があります。ワーグナーは、対象生物群に対して近縁と仮定される「**外群**（outgroup）」（Throckmorton 1968）を想定することにより、外群で観察される形質状態は原始的であるという「**外群比較法**（outgroup comparison method）」（Watrous and Wheeler 1981）とともに、対象生物群のなか――「**内群**（ingroup）」――でより高頻度で見られる形質状態はより原始的であるという仮定を置いて、形質状態の原始性と派生性を見分けようとしました（Wagner 1980, pp.183-184）。ワーグナーの祖型発散法はその後も植物体系学では長く使われ、次に述べるファリスのワーグナー最節約法（数量分岐学）との比較検討がなされました（Duncan *et al.* 1980; Churchill *et al.* 1984）。

祖型の概念的出自は確かに観念論形態学であっても、ワーグナーによるその〝転用〟は現代の系統推定論に連なる系譜を創出しました。概念や理念や理論の歴史的な出自を問うことは、必ずしもそれらがその後に果たした役割や効用を評価する上での絶対的基準となるわけではありません。私たち人間による構築物である概念などはいずれも時間的あるいは空間的に変遷しうる実体であることを考えるならば、過去にこだわって現在を断罪することもまちがいなら、現在だけを見て過去をさかのぼろうとしない態度もまたまちがっていると言わざるをえません。科学の過去と現在とをつなぐ系譜をたどるのは、それが生きている科学を知るための唯一の道であるからです。

◇第十一景：分岐学の第四のルーツ——ジェイムズ・ファリスのワーグナー法アルゴリズムと数量分岐学の登場〔一九六九〜一九七〇〕【シーン11】

ワーグナーが確立した祖型発散法は新たな展開を迎えます。彼と同じ時期にミシガン大学に籍を置いていた爬虫両生類学者アーノルド・G・クルーギー（Arnold G. Kluge：一九三五–）は、ニューヨーク州立大学の大学院生でミシガン大学に移ってきたジェイムズ・S・ファリス（James S. Farris）とともに、ワーグナーの系統推定法を改良した**「ワーグナー法**（the Wagner method）」を発表しました（Kluge and Farris 1969）。数学に関心があったファリスは、一九六〇年代前半の時点ですでにワーグナーの祖型発散法を知っていたとのことです（Farris 2012a, p. 545）。このワーグナー法を実行するコンピューター・アルゴリズムを開発した彼らは、実際に両生類の形態データを用いて最節約分岐図の推定を行ないました。ワーグナー自身は、コンピューターを用いるのではなく、マニュアルでの祖型発散法の実行を想定していたのに対して、クルーギーとファリスは、数量分類学のごく自然な延長線上に、数値コード化された

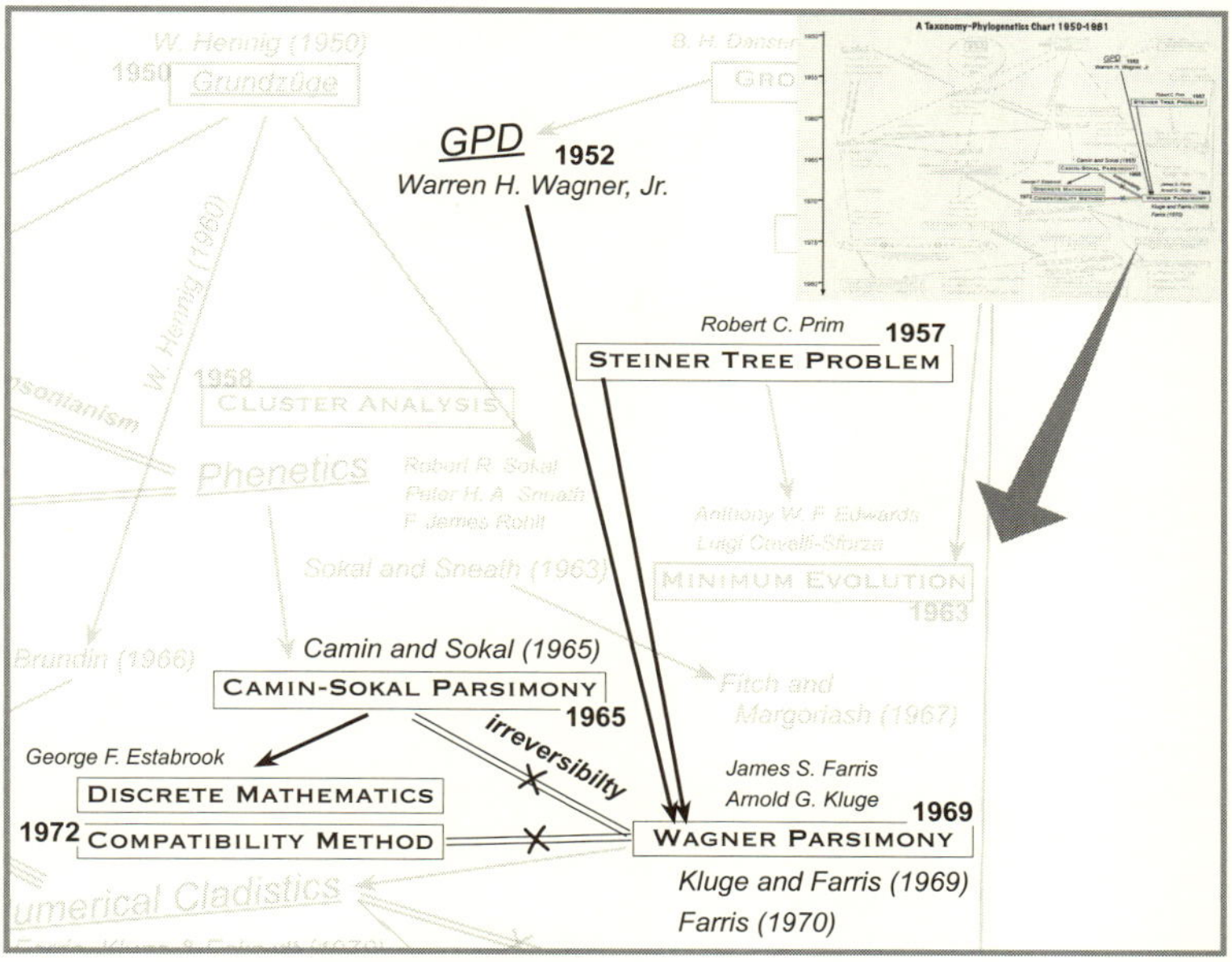

【シーン11】ワーグナー最節約法がやってきた

形質状態のデータを用いてコンピューターで最適分岐図を計算する「**数量分岐学**(numerical cladistics)」の理論をつくったのです(Kluge and Farris 1969, p. 17)。コンピューターの利用の拡大は系統推定論の姿をしだいに変え始めていました。

彼らのワーグナー法は、第一段階としてワーグナーによる外群比較と内群比較そして形質間の相関基準を用いて、OTU集合のもつ形質の状態が原始的であるかそれとも派生的であるかを判定します。続いて、OTU対の全体的類似度を「**マンハッタン距離**(Manhattan distance)」によって数値化します。ここでいうマンハッタン距離とは、任意のOTU対A、Bの第i形質に関する形質状態$X(A, i), X(B, i)$に対して

$$D(A, B) = \sum_{i=1}^{n} \left| X(A, i) - X(B, i) \right| \quad (i = 1, 2, \cdots, n)$$

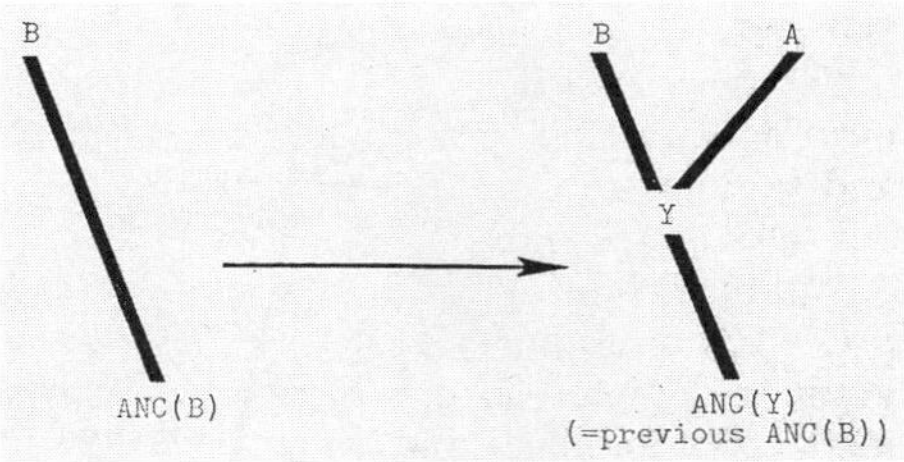

【図2-16】仮想共通祖先を現生OTU間の全体的類似度から構築
出典：Kluge and Farris 1969, p. 7, fig. 1.

と定義される数値 $D(A, B)$ です。クルーギーとファリスは、このマンハッタン距離の総和すなわちOTU集合をつなぐ系統樹（あるいは系統ネットワーク）の樹長が最小となる樹形を探索することがカミン-ソーカル最節約原理に基づく系統推定であると考えました（Kluge and Farris 1969, pp. 6-7）。

ここで定義したOTUどうしのマンハッタン距離はすぐに計算できますが、仮想共通祖先が含まれる場合はそう簡単ではありません。クルーギーとファリスのワーグナー法では、この問題がマンハッタン距離の簡単な演算によって解決された点が注目されます。【図2-16】を見てください。OTU Bにつながるある枝の祖先をANC(B) とするとき、BとANC(B) をつなぐ枝をINT(B) と呼びます（左図）。いま、別のOTU Aを選び、A、B、そしてANC(B) の三点からなる系統樹を考えるとき、AをINT(B) とつなぐための仮想共通祖先Yを仮定することができます（右図）。

OTU間のマンハッタン距離 $D(A, B)$, $D(A, \mathrm{ANC}(B))$, $D(B, \mathrm{ANC}(B))$ は形質データから求められますが、仮想共通祖先Yを含む場合は、OTU間のマンハッタン距離から計算によって求めることができます。たとえば、AとINT(B) との距離 $D(A, \mathrm{INT}(B))$ は次のように求められます。まず、仮想共通祖先をYとすると、OTU間のマンハッタン距離は以下のとおりです（「$\overline{\cdot\ \cdot}$」は二点間の長さです）。

$$D(A, B) = A_Y + Y_ANC(B)$$
$$D(A, ANC(B)) = A_Y + Y_ANC(Y)$$
$$D(B, ANC(B)) = B_Y + Y_ANC(Y)$$

したがって、Aから枝INT(B)への長さ$D(A, INT(B))$はAから仮想共通祖先Yへの長さA_Yに等しいので、この三つの関係式を連立させて解くと次の解が得られます。

$$A_Y = D(A, INT(B)) = \{D(A, B) + D(A, ANC(B)) - D(B, ANC(B))\}/2$$

ワーグナー法による系統樹の枝長計算は、ＯＴＵ間のマンハッタン距離を系統樹のそれぞれの枝に割り付ける経路表現——系統樹上の経路をファリスは「**系図差**（patristic difference）」という言葉で表現しました（Farris 1967, p. 46）——に基づいています。ここで重要なことは、ＯＴＵは形質状態に関するデータが得られる観察可能な対象ですが、仮想共通祖先はそうではないという点です。仮想共通祖先は確かに観察不可能ですが、全体的類似度の経路表現を用いれば、その共通祖先とＯＴＵとの類似度は明示的に計算できることをクルーギーとファリスは理論的に示しました。

翌一九七〇年に、ファリスはワーグナー法の計算アルゴリズムに関するさらに詳細な論文を発表しました（Farris 1970）。根（root）の位置を指定しない無根グラフである「**ワーグナー・ネットワーク**

（Wagner network）」と根を指定する有根グラフ「**ワーグナー樹**（Wagner tree）」とを区別した上で、彼はより一般的なワーグナー・ネットワークを構築する際に仮定される仮想分岐点（ワーグナー樹ならば仮想共通祖先）を「**仮想的分類単位**（HTU: Hypothetical Taxonomit Unit）」と命名しました（Farris 1970, p. 85）。

カミン－ソーカル最節約進化モデルの仮定のひとつは形質進化の不可逆性（irreversibility）——原始的状態0から派生的状態1にいったん変化したならば$1 \to 0$への逆転は生じないという仮定——でした。ファリスのワーグナー法はこの仮定を除去することにより、有根のワーグナー樹の樹長を不変のまま無根のワーグナー・ネットワークに変換することができます。形質進化上の仮定としての不可逆性については、のちにそれを必要としない分岐学派と必要であると主張する形質整合性分析（クリーク法）学派との間で論争を生むことになります。

ワーグナー・ネットワークの構築アルゴリズムを定式化する際に、ファリスはネットワークの全長を最小化するためにＨＴＵをどのように最適化すべきかという問題に取り込みました。この「**ＨＴＵ最適化法**（HTU optimizing procedure）」はのちに分岐学の主流となる最節約法にとってきわめて重要な役割をはたすことになります（Farris 1970, p. 92）。ＨＴＵ最適化問題の単純な例を挙げましょう（Farris 1970, pp. 85-86）。いま、あるワーグナー・ネットワークの一部分を【図2-17】に示します。この図の点Aは、ＨＴＵであって、その第i形質の形質状態$X(A, i)$は未定です。このAの最近隣である他の三点B、C、Dの形質状態$X(B, i)$, X

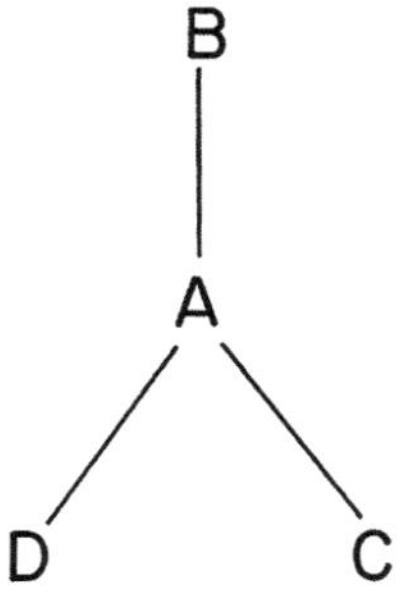

【図2-17】ワーグナー・ネットワークにおけるHTU最適化問題
出典：Farris 1970, p. 85, fig.2.

(C, i), $X(D, i)$ は既知であるとします。数値コード化された形質状態 $X(B, i)$, $X(C, i)$, $X(D, i)$ はその大小を比較することができますから、最大数を p、中間数を q、そして最小数を r と置くことができます。HTUである形質状態 $X(A, i)$ を a と表せば、マンハッタン距離のもとでのこのワーグナー・ネットワークの全長は

$$|a-p| + |a-q| + |a-r| \quad \cdots\cdots(1)$$

と計算できます。未知数 a を変化させることにより(1)式を最小化するという問題は局所的なHTU最適化となります。大小関係 $r \leqq q \leqq p$ が成立しているので、(1)式を構成する $|a-p|$ と $|a-r|$ は a の値とは関係なくその和がつねに一定の $|p-r|$ となることが容易に証明できます。したがって(1)式を全体として最小化するためには、残る $|a-q|$ を最小化すなわち0にする $a=q$ が唯一解として得られることがわかります。

q は大小関係に関する中間順位の「メディアン（中位数）」ですから、ファリスはHTUの最適形質状態はワーグナー・ネットワークにおける隣接周囲点のメディアンとなる性質――「メディアン状態性（median-state property）」――をもつと結論しました（Farris 1970, p. 86）。このメディアン状態性はすべての形質に対してあてはまるので、(1)式の全形質に関する総和を最小化するHTUの形質状態は全形質のメディアン状態であることが導かれます。

HTUを含むワーグナー・ネットワークのそれぞれの枝の長さは、すでに説明したように、端点OTUであるB、C、D間のマンハッタン距離から算出できます（Kluge and Farris 1969）。不可視のHTU

が可視的なＯＴＵからどれくらい距離的に離れているかに加えて、ファリスはそのＨＴＵがもつであろう形質状態をも周囲のＯＴＵから復元する手順を確立したということです。

ファリスの定義したＨＴＵは系統シュタイナー問題におけるシュタイナー点にほかなりません。彼は、ワーグナー法のアルゴリズムを確立する過程で、シュタイナー点としてのＨＴＵの形質状態をマンハッタン距離のもとで最適化する理論をつくりました。先の簡単な例では、ＨＴＵのメディアン形質状態は一意的に決まりましたが、一般にはその最適解は一意的ではありません（Farris 1970, p. 91）。この問題を回避するために、彼は局所的な部分ネットワークでの最節約性を実現するという追加条件を与えて一意性を担保します。ＨＴＵ最節約復元問題は一九八〇年代の最節約法の大きな理論的問題となりますが、ファリスはその最初の一歩を踏み出したことになります。

ワーグナーのもともとの祖型発散法は祖型から出発して派生的な形質状態を共有する分類群（単系統群）を発見する手法でした。ファリスは彼の祖型発散法に着想を得て、根をもつワーグナー樹の構築アルゴリズム――このとき根は祖型とみなされる――を開発しただけではなく、根のないワーグナー・ネットワークへの一般化をも目指した点がとくに注目されます。ファリス自身は「ワーグナー法」という名前はワーグナーに「ちなんで」命名したのではなく、ワーグナー「の」理論を定式化したからだと主張しています（Farris 2012a, p. 545）。確かに有根のワーグナー樹に関してはファリスの言うとおりだと考えられますが、無根のワーグナー・ネットワークについてはファリス独自のより一般化された系統推定論とみなすべきでしょう。なぜなら、無根ネットワークに対するワーグナー法は、形質状態の原始性と派生性を事前に考慮せず、形質状態の変化回数のみを最小化する最節約ネットワークを構築するからです。事後的に根を仮定してはじめて形質状態の原始性と派生性が決まることになります。さらに付け加えるならば、原始性と派生性を区別しない無根ネットワークにはそもそも〝祖型〟――全形質が原始的状態をもつ仮想生物――なるものは存在しえません。

◇第十二景：分岐学の第五のルーツ――ヘニック系統体系学の英語圏での受容〔一九六五～一九七五〕【シーン12（原景）】【シーン12（異景）】

ある科学理論の受容にはさまざまな理由による〝時差〟や〝地域差〟そして〝個人差〟が入りこみます。ドイツ出身のマイアーはもちろん、スイス出身のユダヤ人だったソーカルらドイツ語に堪能な体系学者たちは、ヘニックの英訳本が出る前から彼のドイツ語文献を参照していました（Schomann 2008）。ヘニックのドイツ語がきわめて難解であることを考えれば〝ことばの壁〟があったことは否定できません。しかし、『システマティック・ズーロジー』誌でも一九五〇年代からヘニックの系統体系学はたびたび言及されていました。一九六〇年代に入ると、ヘニックの英訳本『系統体系学』（Hennig 1966）と先行紹介記事（Hennig 1965）が出版され、本格的に彼の理論が英語圏に上陸します（Dupuis 1978）。『系統体系学』の書評記事は『ネイチャー』誌（Cain 1967）や『サイエンス』誌（Sokal 1967）をはじめ、やや遅れて『エヴォルーション』誌（Bock 1968）や『システマティック・ズーロジー』誌（Byers 1969）にも載りました。新刊の反響としてはけっして悪くなかったどころではありません。また、一九六〇年代の生物体系学の方法論と哲学を概観したディヴィッド・ハルの総説論文を見ると、これまでの進化体系

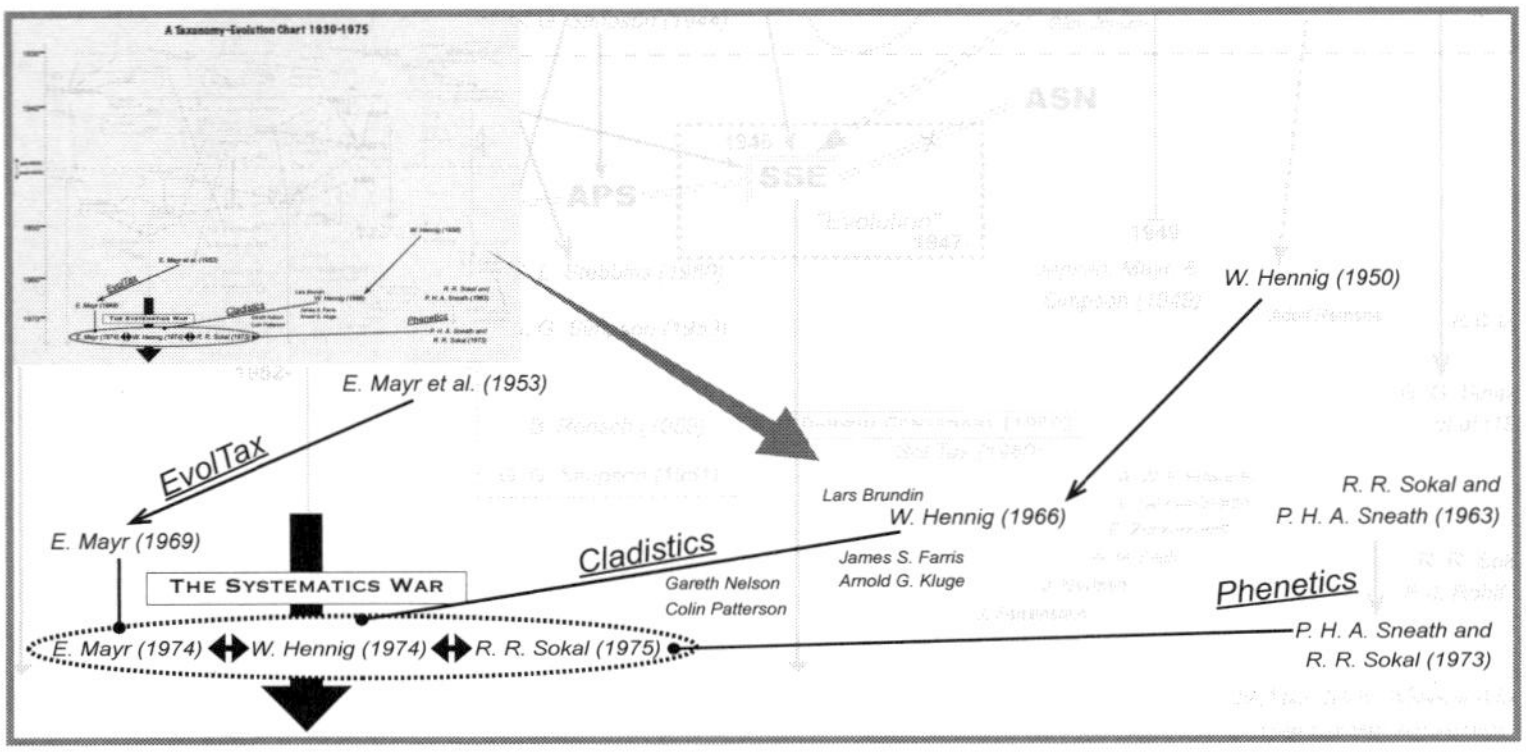

【シーン12（原景）】進化体系学と数量表形学と分岐学の体系学論争が激化する
（1970年代前半までの鳥瞰）

学に挑戦を仕掛ける新参の数量表形学派がクローズアップされていますが（Hull 1970）、これら二つの学派と並んでヘニックの系統体系学が第三の勢力として英語圏の研究者コミュニティーのなかで確立されつつあることがわかります。体系学論争は一九七〇年代の到来を待たずにすでに始まっていました。

けれども、とても不思議なことに（Schmitt 2013a, p. 159）、ワーグナー法を提唱した一九七〇年までのファリスはヘニックの系統体系学にはまったく言及していません。ファリスだけではなく、先行するワーグナーもまたヘニックを引用することはいっさいありませんでした。理論内容から言えば、形質状態の原始性・派生性に基づいて派生的な形質状態を共有する単系統群を構築するという点は、ヘニックの系統体系学とワーグナー－ファリスの手法とを結びつける大きな共通点であるにもかかわらずです。ファリスは当時を回顧してこう述べています。

「［形質状態の原始性・派生性の判別基準］についてはヘニ

ックを典拠にしてもよかっただろうが、実際には私はワーグナーの基準にしたがった。ワーグナーの研究については一九六四年の時点で知っていたが、ヘニックの本（Hennig 1966）は出版されてから初めて読んだ」（Farris 2012a, p. 545）

ミシガン大学がアメリカ合衆国の中での〝情報僻地〟だったとはとても思えないので、科学理論の普及と拡散については私たちが想像する以上にばらつきがあるのかもしれません。いずれにしても、ワーグナー－ファリスがヘニック理論と出会うのは時間の問題でした。一九七〇年に出版されたもうひとつの論文は、ヘニックの系統体系学の理論とファリスが開発したワーグナー法の理論とが整合的であることを証明したという点で画期的な意義をもっています（Farris *et al.* 1970）。ファリスらはヘニックの系統体系学が要求する諸仮定（形質状態変化の方向性、共有派生形質状態、派生的状態の唯一性、そして最節約原理）をひとつひとつ検証しました（Farris *et al.* 1970, pp. 172-175）。

とりわけ、最後の最節約原理に関する彼らの考察は重要です（三中 1997, pp. 176-177）。ヘニックの系統体系学がどのような基準で最良の系統樹を構築するかについて、ファリスらは英訳本（Hennig 1966）の該当箇所を元のドイツ語原稿（のちに Hennig 1982 として出版された）と照らし合わせた上で（要するに英訳は〝誤訳〟だった）、ヘニックによる派生的形質状態の共有に基づく単系統群の構築は、「派生的と判定された形質（単なる形質ではなく！）が複数の異なる種により多く存在するほど、これらの種がひとつの単系統群をつくるという推測の根拠は確実になる」という基準にしたがっていると解釈します（「公理AⅣ」。Farris *et al.* 1970, p. 174）。彼らはヘニックの「公理AⅣ」はそれぞれの単系統群に関する最節約基準ではあっても、系統樹全体に適用できる最節約基準ではないと欠点を指摘します（Farris *et al.* 1970, p.176）。この問題を解決するために、彼らは半順序理論に基づく定理を証明し、形質状態変化の逆転を仮定する（「定理TⅡ」。Farris *et al.* 1970, p. 175）、あるいは仮定しない（「定理LTⅡ」。Farris *et al.* 1970, p. 185）に関係なく、ヘニックの系統体系学が選択する最良系統樹は最節約原理によって選ばれる最良系統樹と一致するという結論を導きました。

「［ヘニックの］系統学のアプローチと数量分岐学の最節約系統推定法の間には密接な関係がある」（Farris *et al.* 1970, p. 188）

両者の〝密接な関係〟を象徴するのが、ヘニック理論における単系統性を示唆する「**共有派生形質状態**（synapomorphy）」がファリスの理論では〝数値化〟されているという点です。ファリスが系統樹の枝に沿って定義する「**系図的類似度**（patristic similarity）」の概念は、分類群の単系統性を〝操作化〟することにあると彼は言います（Farris 1967）。

「単系統性の操作的基準は推定された系図的関係（patristic relationship）が隣接（contiguity）しているかどうかである。ある群の隣接性は分岐図（Camin and Sokal 1965）あるいは祖型ダイアグラム（Wagner 1961）を用いて進化的関係を表示すれば容易に決定できる。しかし、デンドログラム（Sokal and Sneath 1963）を用いて表形的関係を表すと系図的な隣接性は判断ができなくなる。表形

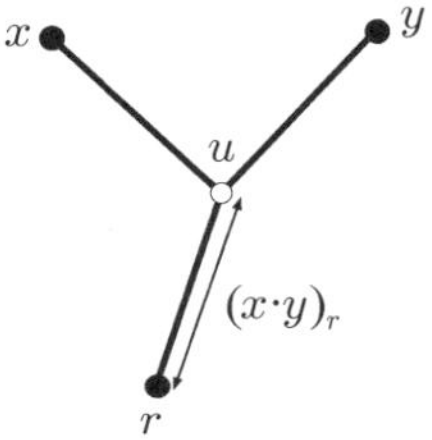

【図2-18】共有派生形質状態の共有に基づく類似度の計算
出典：三中 2017a, p. 159, 図4-12.
任意のOTU対 *x, y* に対して祖先 *r* を指定するとき、HTUである *u* と 祖先 *r* とのマンハッタン距離*d*（*u, r*）は 1/2｛*d*（*x, r*）+*d*（*y,r*）−*d*（*x,y*）｝となる。この系図的距離 *d*（*u, r*）は祖先 *r* から仮想共通祖先 *u* にいたるまでに共有された派生的形質状態によって決まる。マンハッタン距離のこの変換式は「グロモフ積（Gromov product）」と呼ばれ、系統推定論の数理を考察する際の出発点となる。詳細は三中（2017a, pp. 150-165）を参照されたい。

学者は全体的類似度がもっとも近い生物をまとめて〝最大情報(maximum-information)〟群をつくる。系図的分類 (patristic classification) においては隣接する生物からなる群は必然的に系図的関係が隣接する個体群からなる。したがって、類縁関係が進化に基づいて推定されるとき、〝最大情報〟をもつ分類群は進化的な単系統群である」(Farris 1967, p. 49)

当時のファリスは、ヘニックの系統体系学についてはまったく知らず、あくまでも数量分類学のフレームワークのなかで研究を進めてきたはずです。にもかかわらず、この引用からはファリスがヘニックの系統体系学とほとんど同じ方向を独立に志向していたようにしか見えません。

実際、ヘニック理論の数量分岐学への定式化では、HTUのメディアン状態性に基づいて派生的形質状態の共有に基づく類似度を定義しています(Farris *et al.* 1970【図2-18】)。三つのOTUの組x、y、rに対してマンハッタン距離$d(\cdot,\cdot)$が定義されているとします。このときHTUであるuとrとの距離は、先に説明したように、次の計算式で与えられます。

$$d(u, r) = \frac{1}{2}\{d(x, r)+d(y,r)-d(x,y)\}$$

この式は、ある固定されたrのもとで、任意のOTU対x、yに対して計算できます。ファリスらはrを共通祖先とみなすとき、この距離は任意の子孫OTU対が共有する派生的形質状態に基づく系図的距離であると解釈します（Farris *et al.* 1970, pp. 182-183）。そして、この系図的距離に基づく系統推定はヘニックの系統体系学とみごとに一致します。

このようにして、ファリスらの論文により、有根ワーグナー樹に関してはヘニックの系統体系学との関連づけが示されましたが、無根ワーグナー・ネットワークへの一般化については残された問題として積み残されました（Farris *et al.* 1970, p. 188）。この一般化された大域的最節約法が証明されるのは一九八〇年代以降のことになります。

ヘニックの伝記を書いたミハエル・シュミットは、英語圏でヘニックの系統体系学（分岐学）が大流行した背景にはファリスらによるワーグナー法との〝超合体〟があったからだろうと推測しています。

> 「ヘニックの方法が圧倒的な成功を収めた大きな理由は、それが形式化されることによってコンピューターを用いて計算できるようになったからである」（Schmitt 2013a, p.158）

一九七〇年代以降、コンピューターを用いた系統推定論はさらにその威力を見せつけることになります。生物体系学の原理原則がどうあるべきかについての理念的論議と実際に形質情報からどのように分類なり系統なりを計算するのかという実践的論議とはその初期の時点から〝軸〟が別だったことを私たちは知るでしょう。

あとからやってきた分岐学派は既存の他学派からの批判と攻撃に対して応戦し続けなければなりませんでした。まず進化体系学者たちから見ていきましょう。一九六五年に数量分類学派を批判したマイアーは、九年後の一九七四年に分岐学派に対する詳細な反論を発表しました（Mayr 1974）。彼の批判を箇条書きにまとめると次頁のとおりです（三中 1997, pp. 149-150）。

これらの批判を踏まえて、マイアーが下した結論は進化体系学の基本教義を理解する上でとても重要です。

「系統の分岐点ならびに系統的分化のすべての側面を同等に考慮する折衷的分類（eclectic classification）が、生物学的に意味のあるそしてより多くの一般化をもっとも可能にする分類を構築する最善の方法だろう。過去百年にわたる有能な分類学者たちの多くはこの二つの情報源をともに利用せよというダーウィンの提言にしたがってきた。結論として、分岐分析がどれほど有用であっても、それを自動的に分類に翻訳できないことは明らかである」（Mayr 1974, p. 124）

つまり、進化分類学は生物進化に伴う系統的な分岐の順序と分化の程度という二つの情報源をともに考慮した生物分類体系の構築を目指しているのに、分岐学派が系統分岐しか考慮に入れないのはせっかく使える情報の半分を利用していないという点で片手落ちだろうとマイアーは批判したわけです。

マイアーの批判に対してヘニックは全面的に反論しました（Hennig 1974）。たとえば、体系学の概念の定義に関するマイアーの批判（論点「1a」）に応えて、ヘニックはこう言います。

マイアーによる分岐学派への批判

1．恣意的である

1a. 従来から用いられてきた用語の定義を変更してしまった（pp.100-105）——分岐学派は、系統発生（phylogeny）・類縁関係（relationship）・単系統性（monophyly）という用語を系統の分岐順序のみに限定するように定義を変えてしまった。

1b. 進化的変化が重層的であることを無視している（pp.105-109）——進化的変化には、系統の分岐（splitting）だけでなく、ニッチや適応域の多様化という系統の分化（divergence）も含まれるのに、分岐学派は前者のみに基づく分類を目指している。

1c. 種の定義が形式的すぎる（pp.109-111）——ヘニックが主張する、子孫種が生じるとともに祖先種は絶滅するという種概念および二分岐的な種分化モデルは非現実的かつ教条的である。

1d. 高次分類群の起源に関する説明が非現実的である（pp.111-113）——新種の起源と高次分類群の起源とを同一視するヘニックの考えはまちがっている。生殖的隔離と派生形質の蓄積とは原理的に連動していないからである。

2．ランキングの捉え方がまちがっている（pp.113-115）——系統分岐の順序決定と分類群のランキングとはまったく別であるのに、分岐学派は両者を直結させている。また分岐年代に基づくヘニックの絶対ランキング法はすでに破綻している。

3．明白な事実を機械的に無視している

3a. 進化系列の方向性決定は困難である（pp.116）——形質状態の祖先性と派生性の判定規準は昔から言われてきたことにすぎない。形質のもつ機能や適応的意義を除外した形式的議論は成り立たない。

3b. 並行進化と収斂の区別について考慮が足りない（pp.116-118）——並行進化（parallelism）と収斂（convergence）では系統情報が異なっているのに、分岐学派は両者の区別に頓着していない。

3c. 原始的形質のもつ情報量を無視している（pp.118-120）——分岐学派は派生的形質状態にのみ着目して分類するが、それでは原始的状態のもつ分類学的情報が無視されてしまう。

3d. モザイク進化（形質の逆転や潜在性）を考えていない（pp.120）——派生的形質状態の二次的欠如による原始的状態への逆転、あるいは実際にはその形質を発現していないが潜在的能力はあるという場合について分岐学派は考慮していない。

「概念の〝伝統的〟な定義を擁護するマイアーは、私がそれらの概念を狭く定義したせいでとんでもない混乱（Verwirrung）が生じたと批判する（p. 104）。実際には、単系統性（Monophylie）の伝統的定義——マイアーは〝ある共通祖先の子孫〟と解釈する——はまったくのナンセンス（nichtssagend）だ。彼が系統体系学（〝分岐学〟）と進化体系学との一致点として挙げている〝ある共通祖先の子孫から構成されない群は人為的である予測的価値が低い〟（p. 95）という指摘もまたナンセンスだ。なぜなら、任意の二つの動物種に対しては必ずその共通祖先が存在するからだ。こんな基準を用いたのではいかなる分類群だって許されてしまうではないか。単系統群としての資格を得るためには、それらの動物種にのみ共有される祖先（より正確には、それらにのみ共有される幹種（Stammart））がなければならないという条件があってはじめて単系統性の定義は明確になり役に立つ」（Hennig 1974, p. 283）

つまり、ヘニックは系統体系学の概念や用語には誤解されない明瞭な定義が必要なのに、マイアーはその真意を理解せずに的外れな攻撃をしていると反論しました。私ならばこの論点ではヘニックに軍配を上げても物言いはつかないだろうと思います。

しかし、他の論点については、必ずしもヘニックが的確な答えを返しているとは考えられない場合もあります。たとえば、マイアーは論点「１ｃ」としてヘニックが想定している二分岐的進化プロセスの仮定は非現実的であると批判します（Mayr 1974, pp. 109-111）。つまり、祖先種が種分化して二つの子孫

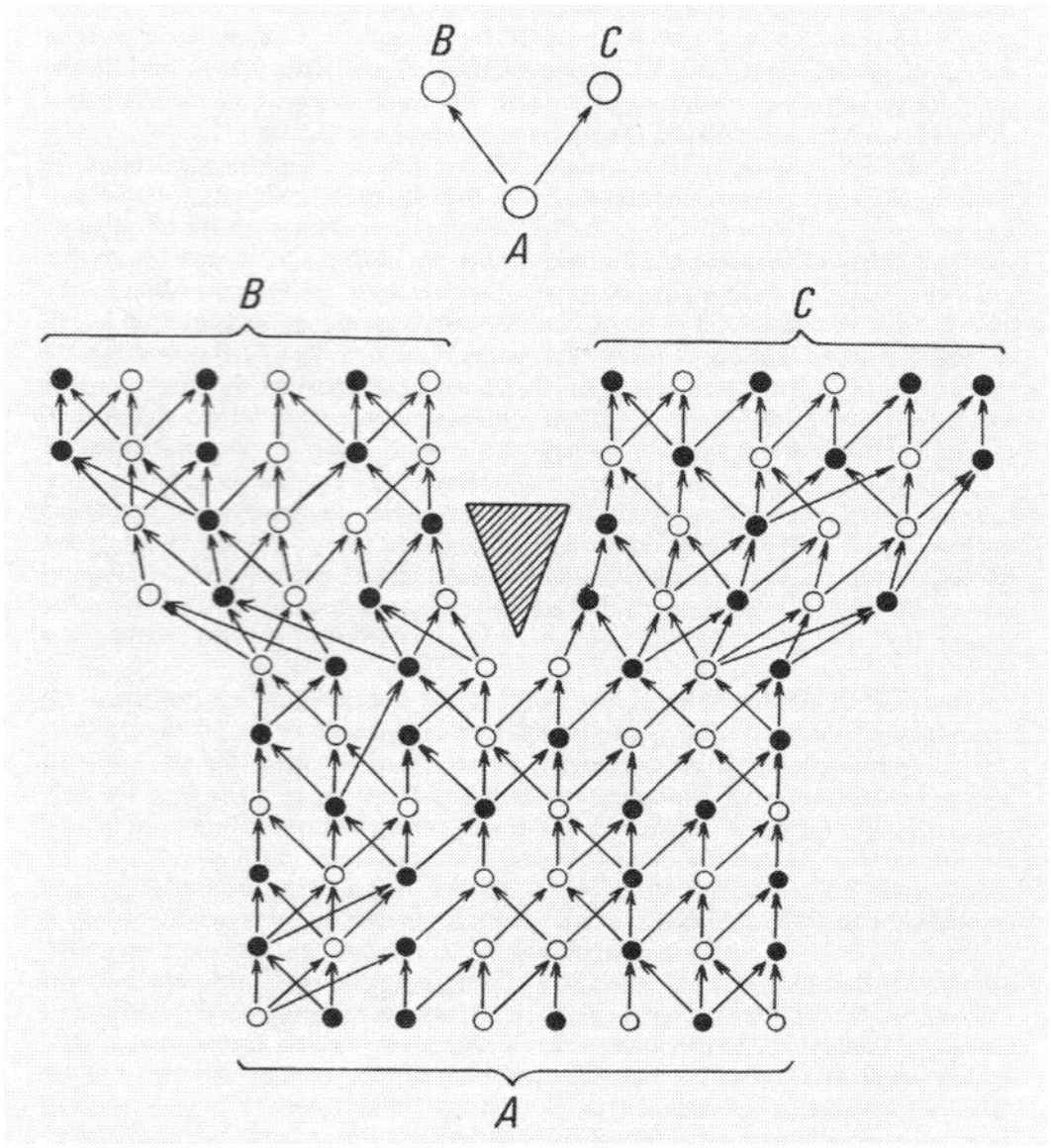

【図2-19】ヘニックの二分岐的種分化モデル（1）
出典：Hennig 1966, p. 19, fig. 14.

種に分かれたとき、祖先種は〝絶滅〟するという進化モデルは現実とは乖離しているのではないかという批判です。確かに、ヘニックの系統体系学理論では、種は時空間的に区切られる単位と想定されています。【図2-19】の単純な事例を用いて彼の二分岐的種分化の考えについて説明しましょう（三中 1997, pp. 104-105）。下図には、○はメス、●はオスとする有性生殖集団の時間的系譜が示されています（時間軸は下から上へ向かっています）。いま祖先種Aがある事象（図中の▽印）によって二つの子孫種BとCに種分化したとすると、その祖先子孫関係は上図のように示されるでしょう。ヘニックはこのとき祖先種Aは子孫種B、Cに種分化した時点で〝絶滅〟すると仮定しました。

より現実的な事例を【図2-20】に示しましょう。この例では縦方向の時間軸上に時点 t_1、t_2、…、t_7が示され、ある系統樹が描かれています（左図）。祖先種をAとするとき、子孫種BとCが分岐した時点（t_2）でAは絶滅し、子孫種Bは時点 t_4の分岐で絶滅してさらなる子孫種DとEが生じます。これらの祖先子孫関係を図示したのが右図です。

　マイアーら進化体系学の立場からすれば、種分化とともに祖先種がすべて〝絶滅〟するというヘニックの置いた仮定はありえないと反発するのは当然かもしれません（Darlington 1970; Mayr 1974, p. 110）。マイアーの異所的種分化モデルによれば、周縁隔離集団が新種に種分化しても母体の祖先集団はそのまま存続するわけですから（Mayr 1942, pp. 154-162）。しかし、この論点「1c」に対するヘニックの返答は、二分岐的種分化を仮定する方が「方法論的にすぐれている（die methodisch bessere）」とそっけないことこの上もありません（Hennig 1974, p. 292）。ヘニックが置いた種分化に関するいくつかの仮定は一九五〇年代から議論の的になっていた（Bloch 1956; Günther 1962, p. 279）だけではなく、その後の分岐学派の発展の過程であらためて批判的に検討されることになります。

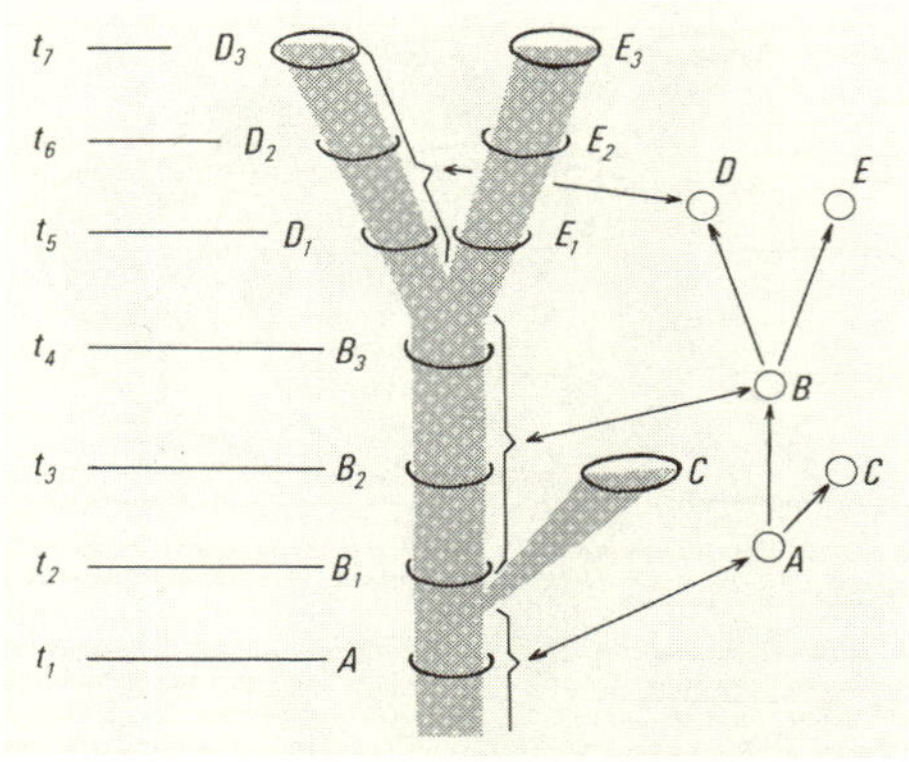

【図２-20】ヘニックの二分岐的種分化モデル（2）
出典：Hennig 1966, p. 59, fig. 4.

　一九七〇年代前後の分岐学派は、進化体系学派だけではなく、他方では数量分類学派とも繰り返し論争しました。たとえば、一九六〇年代の後半にオーストラリアの昆虫学者ドナルド・H・コレス（Donald Henry Colless：一九二二-二〇一二）は、系統推定といってもしょせんは「個々の生

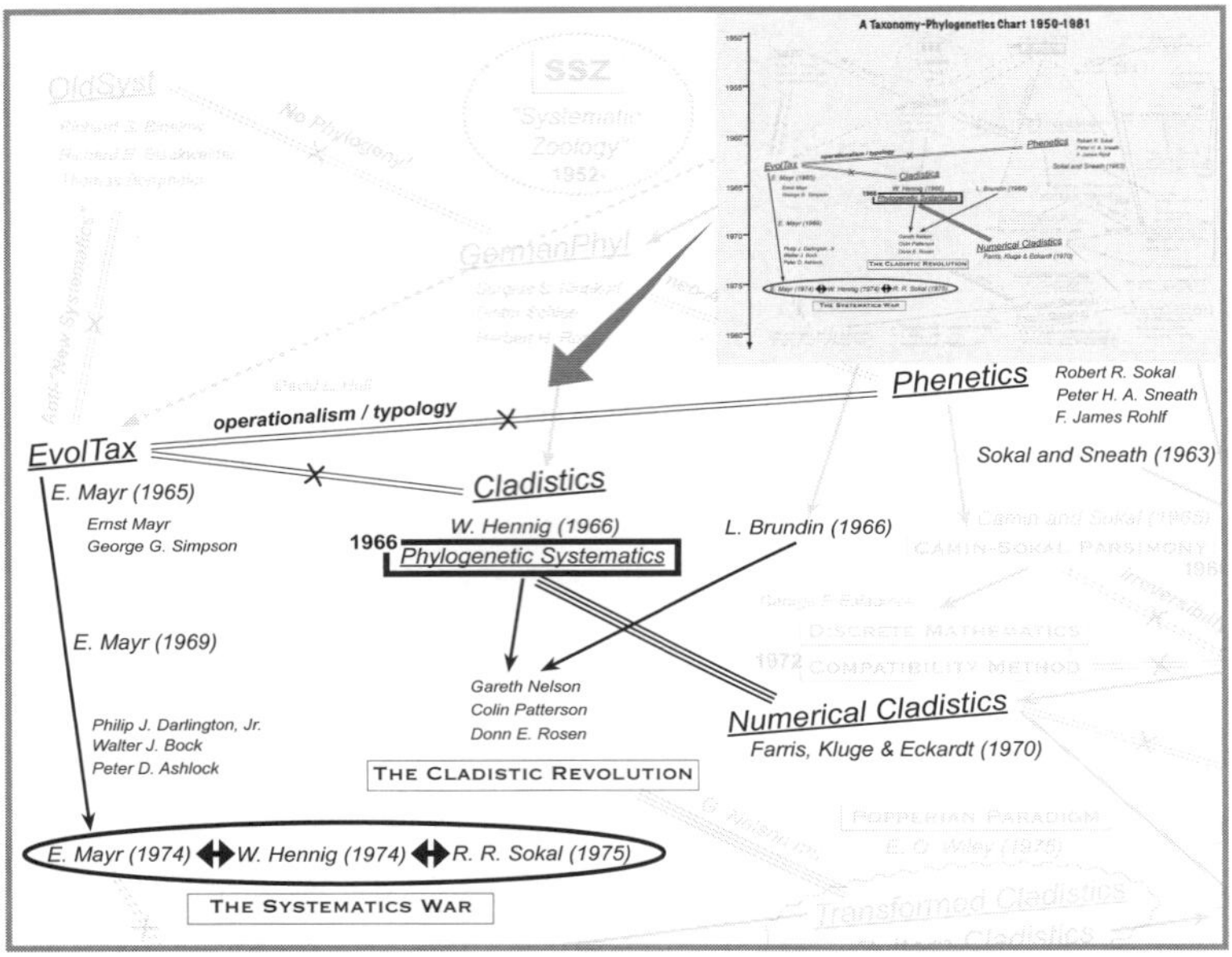

【シーン12（異景）】1970年代前半の体系学論争での三学派間の関係をもっとくわしく見る

物標本で観察できる属性、何らかの〝全体的類似度〟の概念、およびそれらの標本の集合（クラス）に関する〝属性〟の概念のほかに利用できるもの」はないという「**系統誤謬**（phylogenetic fallacy）」を主張しました（Colless 1967, p. 294）。コレスによれば、ヘニックの系統的体系は「統計表形学的分類学（statistico-phenetic taxonomy）の直感的なプロトタイプにすぎない」ことになり（Colless 1967, p. 292）、分岐学派と進化体系学派の双方との論争が勃発しました（Schlee 1969; Bock 1969）。

　一九七〇年代なかばのマイアーとヘニックの論争には、分岐学派のガレス・ネルソン（Gareth Nelson：一九三七－）とドン・E・ローゼン（Don Eric Rosen：一九二九－一九八六）が参入し（Nelson 1974a;

Rosen 1974)、その後ソーカルが加わりました（Sokal 1975）。数量分類学者ソーカルのコメントでは、表形学と分岐学——数量分類学的な意味での——とを統合するという点では、進化体系学派を批判するつもりはないとしている点は興味深いです（同 p. 259）。ただし、系統的な分岐順序と表形的な分化を組み合わせるという進化体系学派の方法論が〝操作的〟ではない点が多いのが問題であると批判します（同 p. 260）。その上で、ヘニック理論ではなく、ファリスらの数量分岐学が系統推定論の〝操作化〟を達成するだろうとソーカルは推測しています。

では、なぜ数量分類学派は表形的な分類体系にこだわるのか——この点について、ソーカルは一般的な目的に資する分類体系の実現可能性に言及します。

「〝完璧〟な体系学（表形学と分岐学）を構築できる方法論が使えるようになったと想像してみよう。進化分類学者の目的はこれで達成できるだろうが、系統樹を推定するのは、人間にとってとくに関心がある一部の生物群だけにとどめるか、特定の進化現象やその原理の究明に役立ちそうな群だけにかぎることになるだろう。現生生物すべての系統樹を構築することはそれに必要な情報を集めることは無理だろうし（中略）、われわれの手に負えないだろう。しかし、応用生物学からの数々のニーズがあること、地球上の生物多様性の大部分が喪失する危機にあること、さらには新たな体系学的情報が蓄積されつつあることを考えると、自然を分類して記述することは不可欠である。このような理由により、数量分類学者の多くは一般的な目的に資する表形分類を擁護し、系統分類は——その構築が可能であるとしても——進化論の特別な目的に限定している」（Sokal 1975, p. 260）

要するに、系統分類を声高に主張したところで、現時点ではまったく操作的ではないし、目標に到達するめども立ってはいないのは、進化体系学派にとって大きな欠点である。ましてや、表形的情報を排除してまで系統分類に執着する分岐学派は話にならない——これがソーカルの見解でした。生物体系学の〝操作化〟を主張してきた数量分類学派の立場がよく反映されたコメントです。

以上、一九七〇年代なかばまでの、アメリカでの生物体系学について概観してきました。数多くの体系学者がそれぞれの立場から「分類とはどうあるべきか」「系統はどのように推定できるのか」など、個別の分類群を越えた一般論と原理に関するやりとりが『システマティック・ズーロジー』誌を中心にして延々と伸びていきます。興味深いことに、このジャーナルでは、単に生物学という科学のなかでの総論が論じられただけではなく、哲学や数学をも含むより広い文脈での議論が交わされるという伝統が連綿と続いてきたことがわかります。この傾向は一九七〇年代後半以降さらに強まるのですが、それについては次章の第三幕で眺めることにしましょう。

「一九七〇年代の終わりには伝統的分類学はもはやのっぴきならない状況に追い込まれていた。嵐が吹き荒れて分類学のすべてが灰燼に帰したわけではない。しかし、数量分類学者たちはなおふんばって、分類学の客観性にこだわり続け、さらに複雑な統計学をもちこもうと声を張り上げていた。もう一方の分子生物学者はといえば、さらにその勢力を伸ばし続け、脅威的な勢いで増え続けていた。この闘争の時代に満を持して登場した傲岸不遜な若手が新たな災厄をもたらした。数量分類学が近代的な分類学のゆりかご時代、続く分子分類学が好奇心と驚きに満ちたおぼつかない足取りで新たなる生命観を目指した子ども時代であるとするならば、最後の修羅場は分類学の思春期といえるだろう。だれもが思い当たるように、思春期は良き思い出ばかりではない。この世代の分類学といえば、やたら手が早くて、頭はモヒカン刈り、耳にはピアスをいくつもぶらさげては、両親に反抗するようなお年ごろだったのだ。分岐学者と呼ばれた彼らはところかまわず怒りをぶつけては叫び続けた。南カリフォルニア出身ならば〝大風呂敷な分岐学者〟と呼ばれることもあった。しかし、呼び名が何であれ、また好き嫌いに関係なく、彼らはやってきた」(Yoon 2009, 訳書 p. 280)

第3章　第三幕：戦線の拡大——一九七〇年代から現代まで

「憎悪の時代がやってきた。分類学者たちは対立する学派に分かれた。ひとつは昔ながらの忠実な進化分類学派、二つ目は数量分類学派、そして三つ目は分岐学派だ。それぞれの学派は極端かつ病的に排斥しあった。誰がこちら側で誰が相手側か、誰が味方で誰が敵か、誰が何を信じているか。うわさ話が乱れ飛び、憶測が駆けめぐる。その結果、魔女狩りのごとく〝隠れ分岐学者〟が暴かれたあげく追放されたり、熱に浮かされたような転向が神、ヘニック、あるいは魔界転生したどこかの分岐学者の前で宣言された。一方で、マフィアも顔負けの血の復讐、ロマンス、謀略、自己犠牲、裏切り、総括もあった」(Yoon 2009, 訳書 pp. 305-306)

第一幕と第二幕では、二〇世紀以降一九七〇年代なかばまでの生物体系学がどのような外的な枠組みと内的な制約条件のもとで変遷してきたかをたどりました。生物多様性を理解して体系化するための理念と方法は国と地域により、そして時代状況により、さまざまなかたちをなします。そのようにして形成された生物体系学の理論体系はその後さらに変容し、場合によっては絶滅したり、分岐しながら後世に伝わっていきます。ハルが示唆したように、科学理論の変遷と変容を「**文化進化**（cultural evolution）」のひとつの事例として解析するためには、その科学を実質的に担ってきた研究者とそのコミュニティーの戦略と戦術を分析することはきわめて効果的でしょう（Hull 1988）。

どんな分野であっても、研究者は長年にわたってさまざまな〝経験〟を積みながら成長していくものです。それらの〝経験〟にはいいこともあれば悪いこともあるでしょう。生物体系学を専門分野と自認している私ももちろんいろいろな学問的経験を重ねてきました。これまで第一幕と第二幕で読者のみなさんに話してきた内容はさまざまな先行研究や証言を踏まえて構成した〝歴史〟であって、私自身がその場に居合わせたわけではありません。しかし、本章の第三幕では、私の直接的な個人的経験が少しずつ混じることもあるでしょう。

(1) 生きている科学の姿を捉えること

論文や著書の出版を通して学問分野に貢献することは言うまでもなく科学者に求められている貢献です。同時に、ある研究者コミュニティーのなかでどれくらいの存在感をもっているかも同等に重要な活動の指標でしょう。遠隔地からでもダウンロードできる論文や書籍とはちがい、コミュニティーのなかでの研究者どうしの人間関係などはその場に居合わせなければわからないことが少なくありません。

ある学問分野について論じるのに、そこでの人間関係まで考慮しなければならないというのはどうしようもなくやっかいなことです。しかし、生物体系学の現代史と研究者群像をその背後の私的な人間関係まで含めて包括的に捉えようとしたディヴィッド・ハルの大著『過程としての科学：科学の社会的および概念的発展の進化的説明（*Science as a Process: An Evolutionary Account of the Social and Conceptual Development of Science*）』（Hull 1988）を読めばわかるように、現実に生きている科学とそれを動かしている科学者の動態は、学術論文や学会発表など舞台上にはっきり見える部分だけでは把握が難しく、舞台袖や舞台裏の仄暗いところで交わされる私的な会話や文書そして友好・敵対の人間関係までのぞき込まなければ真相には迫れないこともまた事実でしょう。

ただし、そこには無視できないリスク――〝観察者〟としての科学哲学者（ハルのように）が〝実験動物〟としての体系学者とその〝個体群〟である研究者コミュニティーについてどこまで客観的に調べることができるのか――があることを忘れてはいけません。ハルの同書には生物体系学や進化生物学のメイン・キャラクターたちが入れ代わり立ち代わり登場します。そのひとりである分岐学者ガレス・ネルソンは、やはり主役のひとりだった古生物学者コリン・パターソン（Colin Patterson：一九三三 - 一九九八）への追悼文で、次のように語っています。

「ここで三〇年前［一九七〇年代］の昔話をさせていただきたい。当時の分岐学は発展の途上にあって、古生物学における分岐学革命ではコリンが大活躍していた。そのころの年代記はディヴィッド・ハルの大著にまとめられている（Hull 1988）。ディヴィッドについては、コリンと私も同じような経験がある。ディヴィッドが彼の本のある章だったか節だったかの原稿を関係者に回覧して意見を求めたことがあった。私が彼の原稿にコメントすると、新たな改訂稿が届き、またそれにコメントするという繰り返しをした記憶がある。私が『ディヴィッド、そうじゃないって。実際はこれこれこういうことだったんだよ』と意見をするたびに、ハルの改訂稿はさらにいっそう歴史的真実から遠のいてしまった。私が音を上げたあとも、コリンはディヴィッドに助言を与え続けた。後年、コリンはディヴィッドの本について、あの本は細かい点ではまちがいがあるが、大筋としてはそれほど悪くはないと私に語った。コリンは正しかったのかもしれないが、私は今でもどうしてそんなに高く評価できるのか不思議でしかたがない」(Nelson 2000, pp. 9-10)

ハルの本は生物体系学と進化生物学の現代史(インフォーマルな側面からの)をたどるための資料本として引用されることがよくあります。たしかに、ハルは参与観察の手法を取り込んだばかりか、生物学の哲学の立場から長年にわたって科学者コミュニティーに積極的に入りこみ、最終的にSSZの会長にまでなったのですから、彼にしか見えない人的ネットワークや詳細な背景情報を踏まえた本書の内容はとても魅力的です。しかし、同時に、この本に登場する上記のネルソンやパターソンらを含め、体系学者たちがこぞって批判的な書評あるいは感想を記している(Farris and Platnick 1989; Farris 1990; Hull 1990; Donoghue 1990; Nelson and Patterson 1993; Williams and Ebach 2009)という事実にも目を向ける必要があります。

ハルは、体系学者をあたかもショウジョウバエみたいな〝実験動物〟のように扱い、研究者コミュニティーでの科学論争の経緯や論文採択の傾向を手がかりにして、科学という営為の変遷過程を説明する文化進化の一般的な淘汰理論をつくろうとしました。たとえば、一九八〇年代に物議をかもした「非平衡進化論（non-equilibrium theory of evolution）」を、ハルは積極的に擁護し（Wiley and Brooks 1982; Brooks and Wiley 1985, 1986, 1988）、分岐学派の新しい進化理論がどのように拡散していくかを（ハルが）調べる上で格好のデータをマッチポンプ的に集めました（Farris and Platnick 1989, pp. 301-302）。

ハルの仮説を具体的に検証するためのほとんどのデータを提供したのは生物体系学者や生物進化学者たちでした。しかし、科学理論の変遷に関するハルの概念淘汰モデルが妥当かどうか以前に、ハルが呈示した証拠（データ）が本当に事実なのかがまず疑わしいと、ファリスとノーマン・I・プラトニック（Norman I. Platnick: 一九五一-）はハルの本を批判する長大な書評論文で述べています。

「ハルの本に出てくる逸話の数々はどれもこれもでたらめだ。しかし、それらの与太話ぶりは似たり寄ったりなので、ひとつ挙げれば十分だろう。たとえば、ファリスが表形学派と衝突したのは、彼とエスタブルックが大学院で同窓だったときに険悪な関係だったからだそうだ。ところが、私はミシガン大学だったし、エスタブルックはコロラド大学にいたんだから、ハルが作り話をでっちあげていることを疑わないといけない。特筆すべきは、ハルがこんな嘘八百を公言するのは、自らの政治的暗躍を隠すために虚言をはばからない某アンチ分岐学者の入れ知恵があったからということだ」（Farris and Platnick 1989, p. 301）

第5章で論じるように、科学と科学哲学との関わりあいは一筋縄ではいきません。実際ディヴィッド・ハルの〝蝿〟たちは科学哲学者に対して猛然と反論しました。このような事態が生じるひとつの理由は、生物体系学の現代史は科学史的な分析をするにはまだ早すぎるからかもしれません。しかし、それだからこそ、まだ〝枯れ上がって〟いない、生きている科学の動態について理解するには生物体系学は格好の素材であるともいえます。もうひとつの理由としては、科学史・科学哲学側の観察者によって対象科学に関する目撃や伝聞や解釈が異なり、見解や評価が分かれる可能性もあるでしょう。後者については、複数の〝証言者〟による年代記の構築によって仮説の相互評価ができるようになるかもしれません。第1章の冒頭で述べたように、一九六〇年代以降の体系学論争に関わった多くの関係者は、たとえ口に出さなかったとしても、さまざまな〝戦傷〟を負い、その傷跡は現在もなお癒えることはありません。何よりも、その〝戦場〟で何が起こったのかを当事者たちが〝語り部〟として後世に伝承することには少なからぬ意義があるでしょう。

本章ではその体系学論争がその後どのような景色をつくったのかを見て歩くことになりますが、それらの履歴はすべて現在と関わりをもっていることに注意しましょう。生物体系学の現状は、前章で眺めてきた一九六〇年代以降の体系学論争の長い〝余波〟と考えることもできます。二〇一六年一月のことですが、ツイッターに「#ParsimonyGate」というハッシュタグが立ち、その炎上が長く続いたことがありました（三中 2016a）。そもそもの発端はヴィリ・ヘニック学会（WHS）の機関誌『クラディスティクス（*Cladistics*）』編集部による巻頭記事でした。その冒頭にはこう書かれています。

「本誌の認識論的パラダイムは最節約法である。他の系統推定法に対して最節約法を支持する哲学的な論拠はゆるがない（たとえば Farris 1983）」（Anonymous 2016, p. 1）

あの体系学論争を経験した世代にしてみれば、この一文を見ただけで古疵がうずくにちがいないでしょう。たとえば、ジョナサン・アイゼン（Jonathan A. Eisen：一九六八 - ）のブログ〈The Tree of Life〉の記事「『クラディスティクス』誌は科学を捨ててドグマに走る（Cladistics Journal Drops Science for Dogma）」（二〇一六年一月一六日）に寄せられたコメントには、「こんな論説は科学雑誌として最悪だ（Possibly the worst editorial at a science journal ever）」だの「体系学の冷戦時代に戻るのか（Back to the Cold War of systematists）」だの「分岐学、それとも創造論？（Cladistics or Creationists?）」だの、それはそれは盛大に炎上しました。しかし、それくらいの物言いは私自身が知っているWHSではごく日常的であって、あえて騒ぎ立てるようなことではありません。あれくらいで炎上しているようでは、『クラディスティクス』誌のフォーラムやレター欄で戦わされている記事群の〝口汚さ〟はとうてい耐えられないでしょう。

ただし、この巻頭記事の最後にある「『クラディスティクス』誌はこれからも結果の再現可能性と主張の明確性そして哲学的な妥当性に立って論文を刊行していく所存である」（同 p. 1）という主張から透けて見えるWHS主流派の意向は、系統推定のさまざまな方法論が科学哲学的に妥当（"philosophically sound"）なのかが現在もなお論点となることを示しています。本書の後半で論じる、生物学の哲学がなぜ進化生物学や生物体系学を土壌として育っていったのかを考えるとき、生物学がもともと科学哲学を必要としていたからであるというもっとも重要な点に言及しないわけにはいきません。

たしかに、生物体系学論争が燃え上がった一九六〇〜八〇年代に比べれば、二一世紀の現在は系統推定論をめぐる〝哲学論議〟が戦わされることは少なくなってきました。しかし、生物体系学の中核ジャーナルとして現在も権威を保っているSSBの『システマティック・バイオロジー』誌にもときに科学哲学の論文が掲載されることがあります。たとえば、二〇〇一年の「最尤法vs最節約法ポパー論争」特集（第五〇巻第三号）に端を発する論議を見れば（第5章参照）、系統推定法としての**技術的妥当性**（technical soundness）と**哲学的妥当性**（philosophical soundness）とはもともと別軸であって、一方が他方を保証しているわけではないことがよくわかるはずです（Olmstead 2001; de Queiroz and Poe 2001, 2003; Kluge 2001a; Faith and Trueman 2001a; Farris *et al.* 2001）。

第1章で言及したように、日本の生物体系学コミュニティーは、ごく一部の少数派を除いては、もともと哲学論争がまったく好きではありませんでした（三中・鈴木 2002）。もちろん、哲学的妥当性を問われるのではなく、技術的妥当性の議論のみに集中できる学問的雰囲気は、あるタイプの研究（者）にとっては居心地がいいかもしれません。私が現状を見るかぎり、現在の（分子）系統推定法の主流である最尤法やベイズ法の研究者や論客たちには〝科学哲学的〟に論じようという内的動機がほとんど見えないのがむしろ大きな問題でしょう。科学哲学的あるいは認識論的問題なんかデータと統計ツールがあればまたいで通り過ぎることができるとでも考えているのでしょうか。そして、そういう技術的に妥当な理論や手法しか知らない（もっと若い）世代はどうやら哲学的妥当性という論点が存在することすら認識していないようです。現在のこの生物体系学コミュニティーの大多数にとっては科学史や科学哲学は〝日常の風景〟ではないのでしょう。

しかし、系統推定という目標は、配列データがたくさんありさえすれば〝真実〟に到達したり、あるアルゴリズムを何万世代か走らせればケリがつくわけではけっしてありません。そのことを知っておかないと、科学哲学的（場合によっては科学社会学的）な〝戦争〟が今でもときおり勃発するにもかかわらず、丸腰のまま〝戦場〟に放り出されて無慈悲になぎ倒されてしまうでしょう。そうならないためにも、生き延びるすべとして自分の〝哲学的武装〟を錆びつかせないように怠りなく手入れしておく必要があります。科学という軸は誰の目にもよく見えますが、科学哲学というもうひとつの軸はいつもそれほど明確に見えるものではありません。しかし、「見えない」からと言って「存在しない」わけではなく、単に埋み火のごとく隠れているだけなのです。

その後の #ParsimonyGate に連なるツイートをたどると、いろいろなエピソードや証言が転がり出てきました。とりわけ、分子進化学者ダン・グラウアー（Dan Graur：一九五三 - ）がブログ〈Judge Starling〉に掲載した記事「かつてヴィリ・ヘニック学会年次大会にて（Once Upon a Time at a Willi Hennig Society Meeting #ParsimonyGate）」（二〇一六年一月一六日）は興味深い体験談です。分子進化学者の根井正利（一九三一 - ）の薫陶を受けた彼は一九九七年にアメリカのワシントンＤＣで開催されたＷＨＳ年次大会への招待を「いつまでたっても表形学者というレッテルを貼られている私がなぜ」と驚きをもって受けたと次のように書いています。

「若い読者のために書いておくと、ヴィリ・ヘニック学会員は、〝分岐学派〟と〝表形学派〟の間には、〝資本主義〟と〝共産主義〟くらい、いや〝コカコーラ〟と〝ペプシ〟くらい超えがたい溝があると考えている。後から知ったことだが、ヴィリ・ヘニック学会は共通の敵をみんなで叩きのめすためだけの〝パンチバッグ〟を年会に毎年招待するという伝統があった。一九九七年は私がそのパンチバッグだったのだ。しかし、不幸なことに、ヴィリ・ヘニック正教会の敬虔なる信徒たちはパンチバッグを選びそこねた。この年のパンチバッグは反撃パンチを繰り出したからだ」(Graur 2016)

私の個人的経験から言えば、グラウアーが誇張気味に描くWHSの雰囲気は実際とそれほど大きく外れてはいません。グラウアーが〝袋叩き〟に遭った翌年に、私はサンパウロで開催されたWHS第一七回大会(Hennig XVII)に初参加しました。この年の〝パンチバッグ〟として呼ばれたキース・クランドール(Keith A. Crandall)がこの学会を事実上牛耳っているファリスら分岐学派軍団からどのように〝袋叩き〟にされたかはその場にいた私が一部始終を目撃しました(三中 1998)。該当箇所を抜き出しましょう。

「[一九九八年九月二二日:早春のサンパウロ、燃えるUSP!]キース・クランドールの統計学的最節約法の講演はみものだった。彼は、分子進化では階層樹形的進化モデルの妥当性がしばしば崩れるため、彼やアラン・テンプルトンが開発した網状ネットワークの推定が必要であると論じた。特に、塩基置換モデルの逐次絞り込みを通して、妥当な分子進化モデルを探索することが要求されると主張した。この方法を用いることにより、彼はＨＩＶの薬剤抵抗性の進化を説明した。クランドールの講演に対する反対は声高だった。“Willi Hennig Super Star” というバッジをつけたハンプティ・ダンプティ、スティーヴ・ファリスは、最後列から「そんなものが最節約法かっ!」と空気が震えるほどの大声で怒鳴った。哲人アーノルド・クルーギーは、（事前に用意してあったと思われる）「弾劾声明八箇条」を読み上げた。いわく「統計モデルの前提を経験的に検証する方法は何か」「モデルの改良とは前提をつねに不問にしているだけではないか」「確率そのものが系統推定と整合的な概念であるのか」「あなたにとって科学的推論とは何を意味しているのか」ｅｔｃ…。スティーヴとアーノルドの反論は後の彼らの講演でもっと詳細に展開されることになる」（三中 1998［一部加筆修正］）

サンパウロ大会は私にとって初めてのＷＨＳ年会参加でしたが、そのときからもう二〇年が経とうというのに、当時の光景は今でもまざまざと思い浮かんできます。プロローグに書いたように、私は大学院生のころから雑誌論文などを通してＷＨＳの創立にいたるまでの体系学論争の経緯をある程度は知っているつもりでした。しかし、実際にＷＨＳ年会に参加してみると、それだけではとうていわからないもつれた人間関係がいまだに深く残っていることを肌身で感じます。以下では、そのサンパウロ大会のバンケット・パーティーのようすを抜書きします。

「［一九九八年九月二四日：最節約原理の国境線での肉池肉林］バンケットの締めくくりのスピーチはクリス・ハンフリーズがする予定だったが、彼が来れなくなったので、デイヴ・ウィリアムズが代読することになった。内容の大半は、今年亡くなったコリン・パターソンの分岐学への貢献と追憶に関するものだった。「コリンは……、コリンは……」とスピーチが続いている最中に、いきなりスティーヴが席を蹴って退席してしまった。空気が乱れ一瞬ざわついたが、〝創立者（founders）〟たちは事情を知っているようだった（私は知らなかった）。スティーヴは店の入り口のカウンターに座って、カーク・フィジュックと話をしていた。バンケットがお開きになってバスに乗りこんだとき、スティーヴは「〈ファーストネームではけっして呼ばずに〉パターソンの言うことを聞いていたら、今ごろヘニック学会はなかったんだぞ！」と車内で怒鳴っていた。それが理由のふるまいであるようだった。ヘニック学会の創立にからむしこりは二〇年近くたってもなお癒されてはいない」（三中 1998［一部加筆修正］）

一九七〇年代以降の体系学論争は、きわめてフォーマルな学問的論争であると同時にどうしようもなく人間くさい確執が絡み合う場でもありました。それ以降のＷＨＳ年会に参加するたびに、私はあの体系学論争が残した正負の遺産の根深さを実感しないわけにはいきません。

(2) 体系学曼荼羅〔3〕を歩く

生物体系学がたどってきた歴史を概観するために、前2章では体系学曼荼羅〔1〕と〔2〕を案内図として用いました。本章でも現在にいたるまでの三〇年間あまりの経緯をまとめた最後の体系学曼荼羅〔3〕を示しましょう（【チャート3-1】）。

体系学曼荼羅〔1〕と〔2〕に続くこの〔3〕にも新出の用語がいくつかあるので、その説明を後ろに列挙します。これまでの〔1〕と〔2〕と同じく、体系学曼荼羅〔3〕についても地点標識図をつくりました（**【チャート3-2】**）。続く節では、この標識順に沿って説明を進めます。

◇第十三景：分岐学革命――ガレス・ネルソンによるヘニック理論の受容〔一九六九～一九七三〕

【シーン13（原景）】【シーン13（異景）】

前章では、英語圏での「**分岐学**（cladistics）」という体系学の一学派がどのように成立したかについて五つの〝ルーツ〟をたどりました。そこでは分岐学の意味と範囲をかなり広義に捉えています。実際のところ、どこまでを分岐学に含めるべきかについての見解は必ずしも統一されてはいないようです。あえて狭く定義するならば、第十二景で第五の〝ルーツ〟として挙げたヴィリ・ヘニックの系統体系学が英語圏での分岐学派となったとみなすのが大まかには妥当な結論かもしれませんが、詳細に見ればそれほど正確とはいえません。

二〇〇八年にアリゾナ州立大学の国際生物種探索研究所（IISE：The International Institute for Species Exploration）で開催された生物体系学の歴史と哲学に関するシンポジウムでは、生物体系学の現代史への再考という問題提起がなされました。このシンポジウム論文集の編者アンドリュー・ハミルトン（Andrew Hamilton）は、序論において、系統体系学の歴史的成立をいま一度考察し直さなければならない理由を論じました（Hamilton 2014）。彼によれば、一九六〇年代以降の体系学論争については確かにこれまで詳細に研究されてはいるが、そもそもヘニックの著書『系統体系学』（Hennig 1966）が決定的

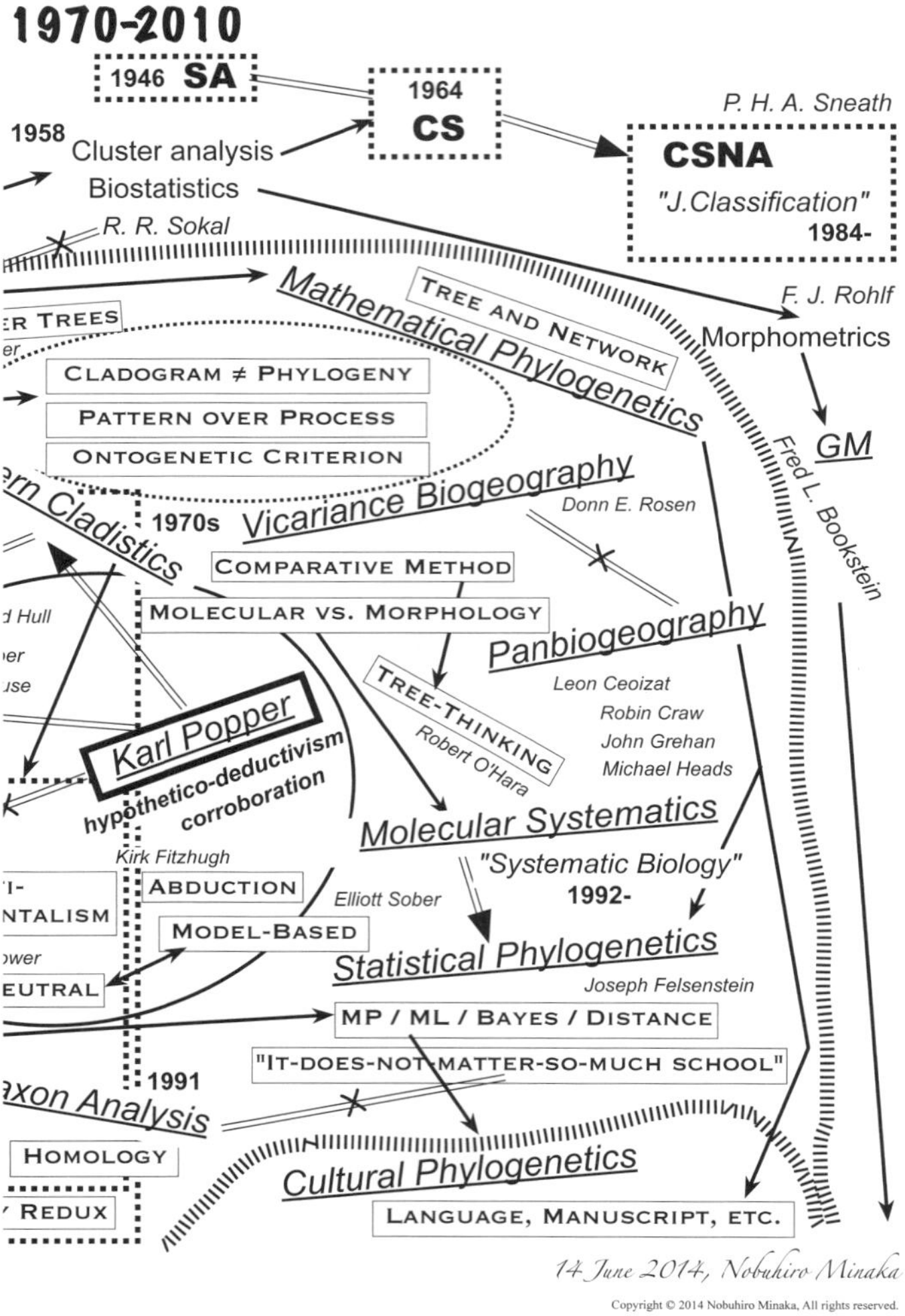

fig. 17.8.（ケンブリッジ大学出版局の許可を得て転載）

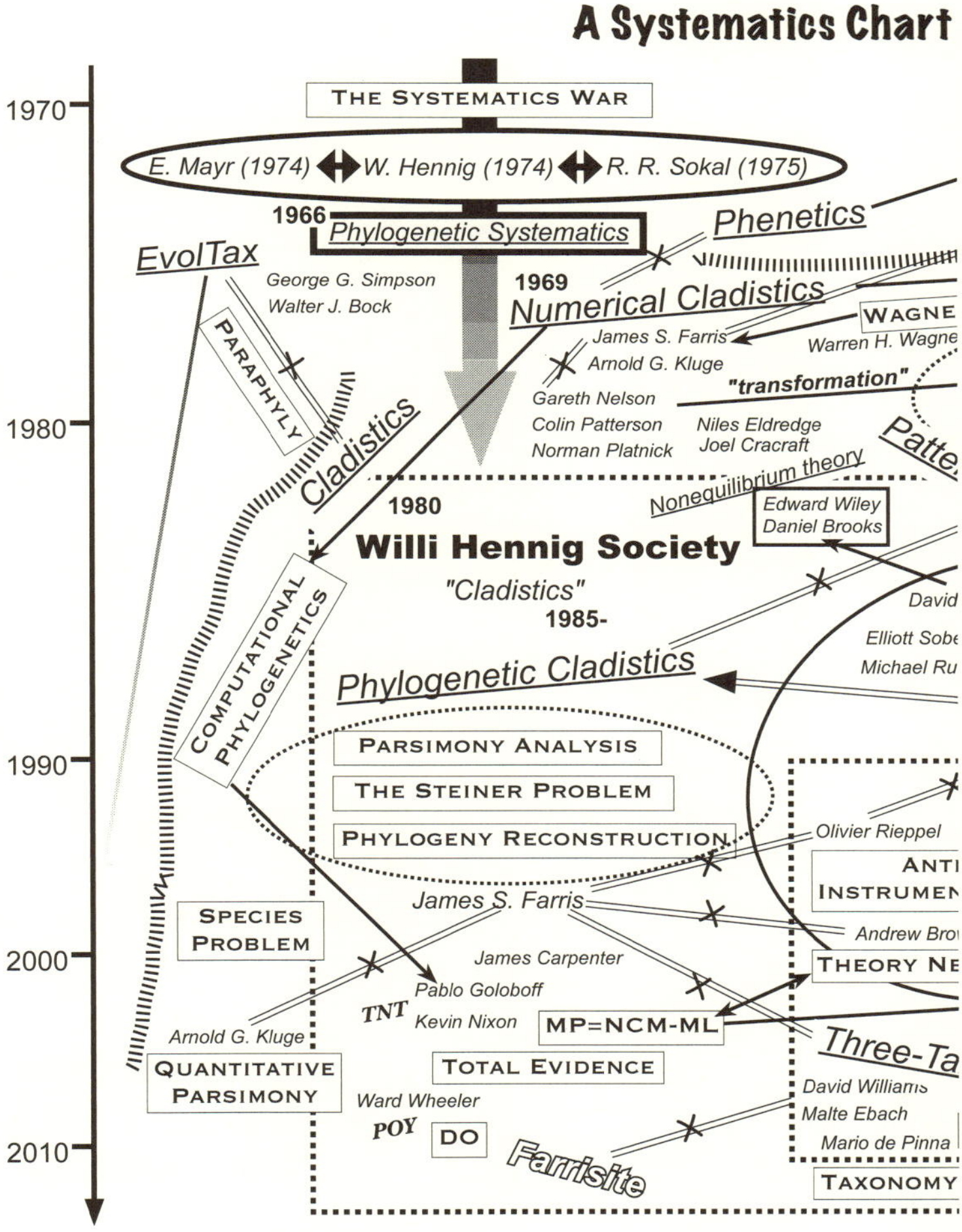

【チャート3-1】体系学曼荼羅〔3〕

1970年代以降現代にいたる体系学論争の全体図。出典：Minaka 2016, p. 426,↗

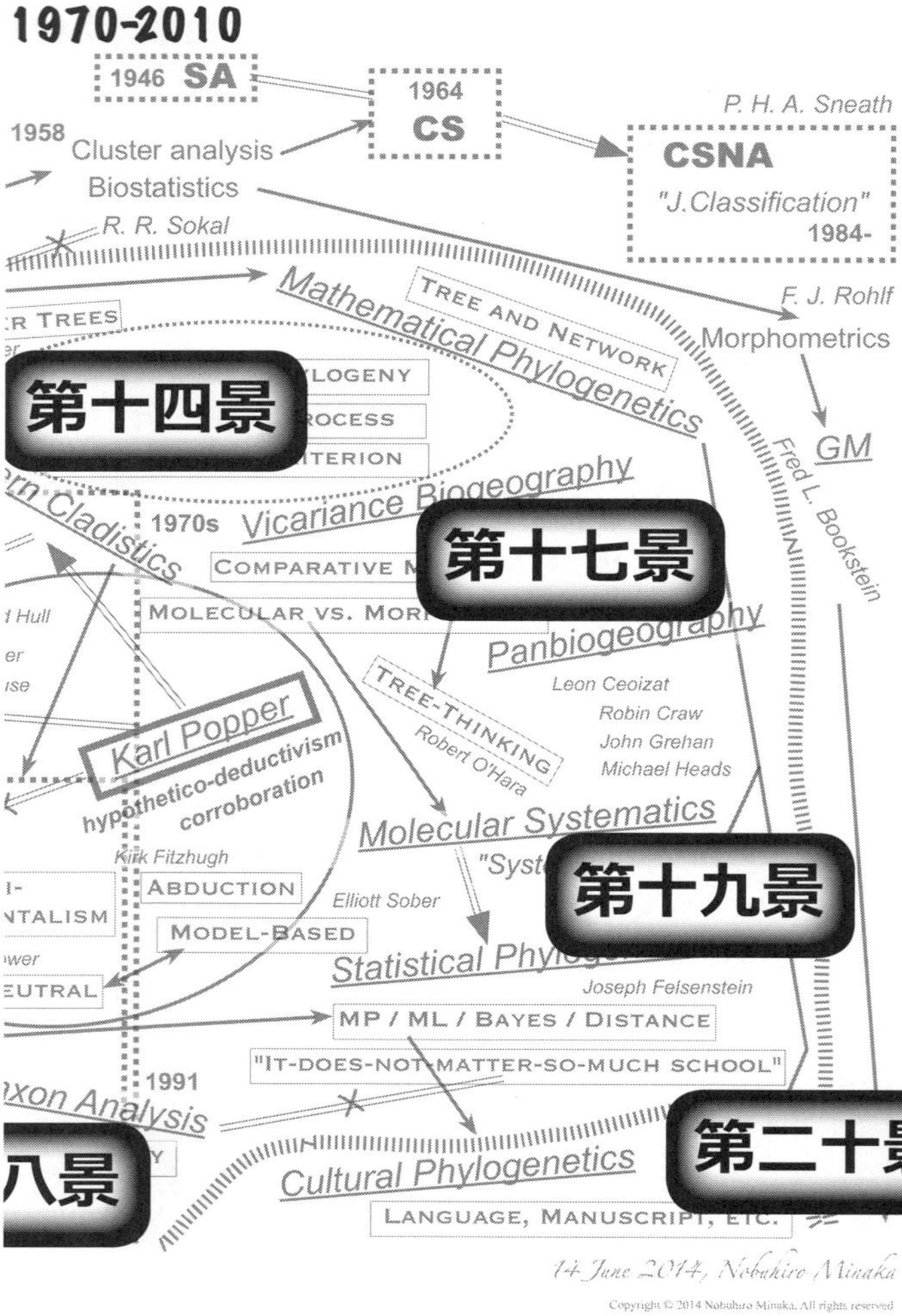

四景」↗～「第二十景」まで説明する。

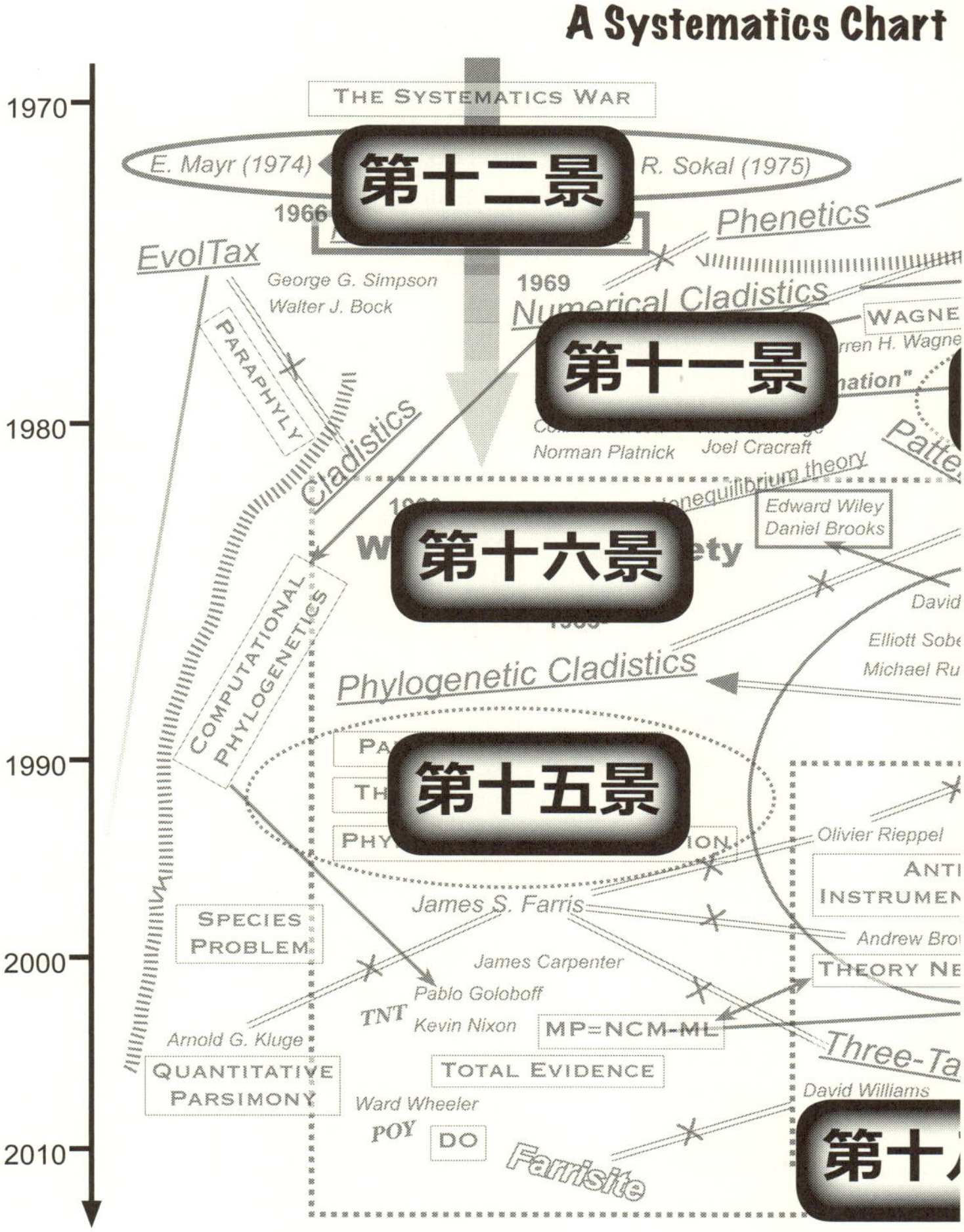

【チャート3-2】体系学曼荼羅〔3〕のいくつかの地点に標識を置く

本章では体系学曼荼羅〔2〕の「第十三景」ならびに体系学曼荼羅〔3〕の「第十

体系学曼荼羅〔3〕の記号・略号の説明（新出のみ。アルファベット順）

- CS＝「分類学会（The Classification Society）」。1964年にSAの肝煎りでロンドンに創設されたこの学会は生物に限定されない分類全般を議論するための研究者コミュニティーを目指したが、当初の旗振りは、J. S. L. Gilmour や P. H. A. Sneath ら数量分類学者が中核となった。Cf. The Classification Society's historical document.
- CSNA＝「北米分類学会（The Classification of North America）」。その後、CSは本拠地をアメリカに移したために学会名称をCSNAと変更し、1984年からは学会誌 *Journal of Classification* を発行している。2008年、学会名称は元のCSに戻されることになった。現在は国際分類学会連合（IFCS: The International Federation of Classification Societies）の構成学会のひとつとなっている。
- Cultural Phylogenetics＝文化系統学。言語・写本・様式・民俗・遺物などの文化構築物の系統推定論。Cf. O'Brien and Lyman (2003 a, b), Lipo *et al.* (2005), Mace *et al.* (2005), 中尾・三中（2012）.
- GM＝「幾何学的形態測定学（Geometric Morphometrics）」。数量分類学派の一部は、その後、形態測定学の理論とコンピューター・ソフトウェアの開発を進めるようになった。
- Karl Popper＝Karl Popper の科学哲学（仮説演繹法、反証可能性、そして験証）。体系学曼荼羅〔2〕の「Popperian Paradigm」を参照のこと。
- Mathematical Phylogenetics＝数理系統学。離散数学の半順序理論とグラフ理論に基づく系統樹の数理そして最適化理論。Cf. Semple and Steel (2003), Dress *et al.* (2012), Steel (2016), 三中（2017a）.
- Molecular Systematics＝分子体系学。DNAの塩基配列やタンパク質のアミノ酸配列などの分子情報を用いた系統推定論。
- Panbiogeography＝汎生物地理学。Léon Croizat が提唱する歴史生物地理学の理論。Cf. Croizat (1958, 1961, 1964), Craw *et al.* (1999).
- Phylogenetic Cladistics＝系統分岐学。発展分岐学（パターン分岐学）は“反進化論的”であるとして、それに対抗する立場の総称。Cf. de Queiroz and Donoghue (1990).
- Statistical Phylogenetics＝統計学的系統学。分子進化の統計モデルを用いた系統推定の理論。「Molecular Systematics」も参照のこと。Cf. Felsenstein (2004), Yang (2014).
- Three-Taxon Analysis＝三群分析法。n端点集合を３端点の部分集合に分割した上で統合する最節約法のひとつ。Cf. Nelson and Platnick (1991), Williams and Ebach (2008）.
- The Willi Hennig Society＝ヴィリ・ヘニック学会。1980年に James S. Farris らによって創立された分岐学派の学会。*Cladistics* 誌を刊行している。

な影響を及ぼしたという通説は妥当なのでしょうか。また、英語圏での生物体系学論争は、ドイツ語圏での系統体系学の伝統とどのように関係していたのでしょうか。さらには、種問題に代表される生物学哲学や形而上学に関わる諸問題、あるいは系統推定に伴う認識論的問題の考察がどのようになされてきたかは、実はいまもなお十分に解明されているとはいえないとハミルトンは指摘します。

実際、前章の第十一景で説明したファリスのワーグナー法がヘニックの理論と接点をもち**数量分岐学**となったのは一九七〇年に入ってからであって、それ以前にはまったく接点がありませんでした。同様に、一九七〇年代以降の「**分岐学革命**（The Cladistic Revolution）」を主導することになる魚類学者ガレス・ネルソンもまた、直接ヘニックの著作（Hennig 1950, 1966）を通して系統体系学の理論を知ったのではなく、ラルシュ・ブルンディンによる双翅目昆虫モノグラフ『ユスリカ科昆虫の知見に基づく南極横断分布とその重要性（*Transantarctic Relationships and Their Significance, as Evidenced by Chironomid Midges*）』（Brundin 1966【**図3-1**】）からヘニック理論の存在を知ったとのことでした（Nelson 2000, 2014; Rieppel 2014）。

つまり、ヘニックの系統体系学の英語圏での受容は、単に彼の英訳本『系統体系学』（Hennig 1966）をきっかけにして大流行するにいたったというような単純でわかりやすい筋書きではけっしてないことがうかがえます。「分岐学派」は予想以上に多様な（言い換えれば主義主張が必ずしも一枚岩ではない）研究者コミュニティーであることを私たちは知る必要があるでしょう。のちに、分岐学派の内部で「**発展分岐学**（transformed cladistics: Platnick 1979; Patterson 1980）」あるいは「**パターン分岐学**（pattern cladistics: Beatty 1982）」と呼ばれることになる一派が生じてからは、分岐学派内での抗争はさらに激化すること

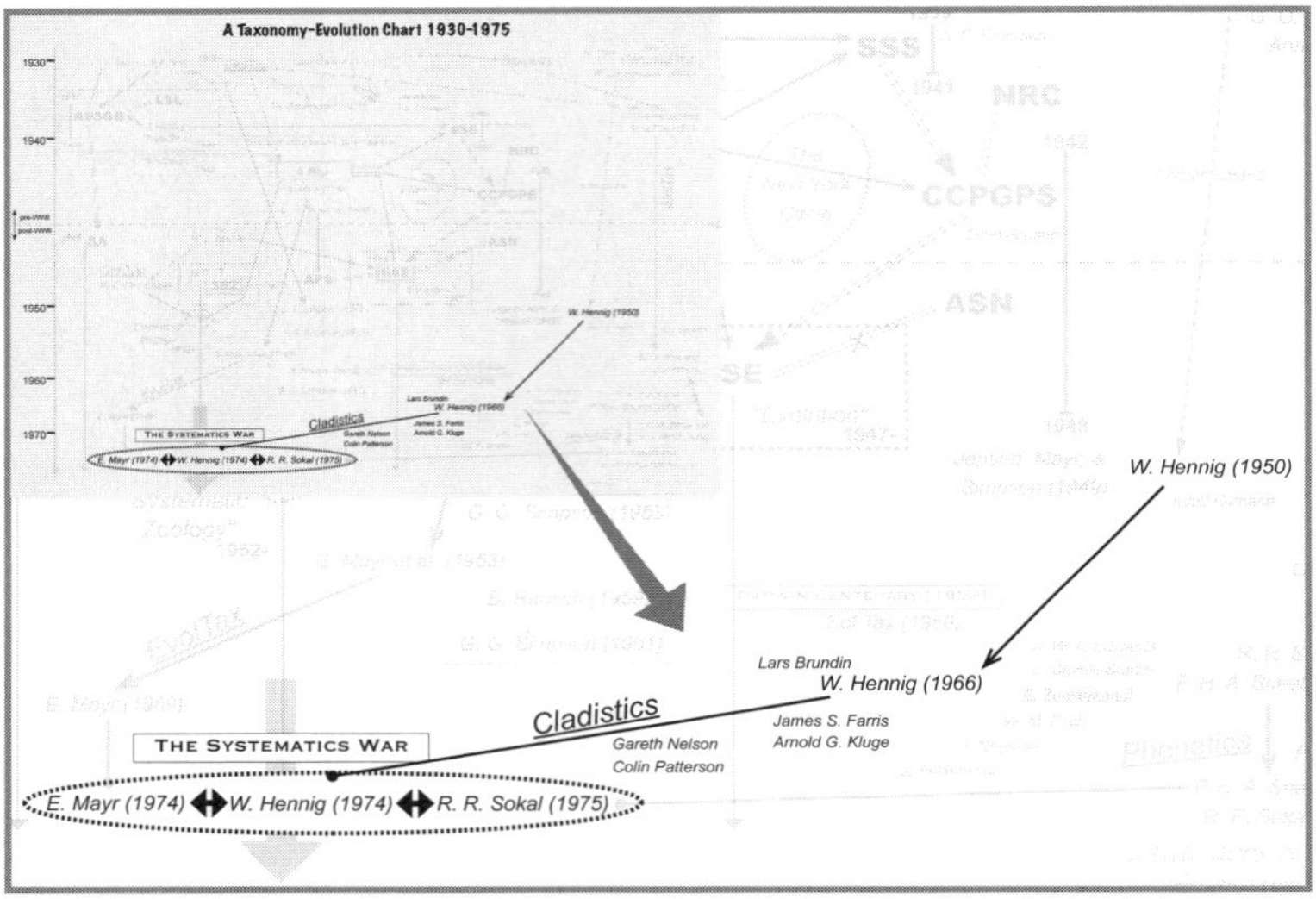

【シーン13（原景）】ヘニックの系統体系学から分岐学へ（概略）

になります（後述）。

以下では、一九六〇年代末から一九七〇年代はじめにかけてのネルソンの主張を追うことにしましょう。ハワイ大学で魚類学の学位を取ったネルソンは、一九六六年からストックホルムのスウェーデン自然史博物館にポスドク研究員として在籍し、そのときブルンディンのモノグラフを通じてヘニックの系統体系学と出会いました（Nelson 2000, pp. 14-16; 2014, p. 140; Patterson 2011; Grande 2017, pp. 363-364）。一九六七年に魚類学キュレーターとして着任したニューヨークのアメリカ自然史博物館での一九六九年の講演（Nelson 1969b, Williams and Ebach 2004 所収）ならびにもっとも初期の論文（Nelson 1969a）で、ネルソンは彼の提唱する「**比較生物学**（comarative biology）」の基盤としてヘニックの系統体系学を受容した上で、ヘニック理論はさらに修正を加えられるべきであると主張しました。

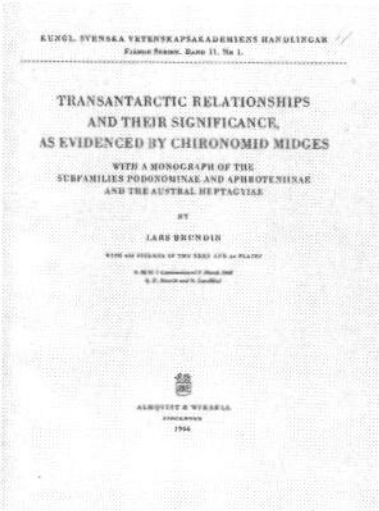

【図３-１】ラルシュ・ブルンディン『ユスリカ科昆虫の知見に基づく南極横断分布とその重要性』の扉（Brundin 1966）
スウェーデンの昆虫学者ラルシュ・ブルンディンによるこの全500ページもの巨大な著作は、南極横断分布をする双翅目昆虫のユスリカ科(Chironomidae)のヤマユスリカ亜科(Podonominae)とトゲユスリカ亜科（Aphroteniinae）そして新亜科 *Heptagyiae* に関する分類学的記載（モノグラフ）が全体の3/4を占めています。ブルンディンは、ヘニックの先行研究（Hennig 1960）を踏まえ、ユスリカの地理的分布と系統関係に関する膨大なデータに基づいて南極横断分布が成立した動物地理学的な説明仮説を提唱しました（Brundin 1965）。系統体系学と生物地理学との方法論上の密接な関係を示したこの論考は、ガレス・ネルソンやコリン・パターソンらのちに英語圏の分岐学派を率いることになる体系学者たちに大きな影響を及ぼします。この著作の巻末にはブルンディン自身が1950～60年代にかけてユスリカ採集に赴いた南極横断地域（南アメリカ南端、オーストラリア、ニュージーランド、タスマニアなど）の雄大な風景写真30図版が添付されていてとても印象に残る。

ネルソンのいう比較生物学とは生物の多様性（diversity）を究明する生物体系学と同義であり、対語としての一般生物学は生物の一様性（uniformity）に関する学問です（Nelson 1969b）。比較生物学にとっては、現生生物に関する知見から過去への推論をどのように行なえばいいのかという問題がもっとも重要です。彼はこの点について次のようなヴィジョンを提示しました。

「これらの問題は生物種の命名とか分類上の大別派（lumper）と細分派（splitter）の対立とは無関係である。それらは、生命の歴史についてわれわれは知見を得ることがそもそもできるのかというより根本的な問題である。この能力は、私の理解するかぎりでは、いわゆる比較法（the comparative method）によってその内容と限界が定まる。今日、比較法について論じるのは、過去何世紀にもわたって論じられてきた経緯を考えるならば、いささか時代遅れかもしれない。それでも、ここであえて取り上げるのには理由がある。その問題をもっとも単純に示すならば次のようになる。いま二つの現生種を考えれば、これらの二種は過去のどこかで共通祖先をもつだろう。さらに、現生種の知識に基づいて祖先の属性に関する不偏推定値（unbiased estimate）が得られると仮定しよう。このとき、われわれが得た推定値はひとつの科学的仮説としての属性をもっていることがわかる。なぜなら、その仮説は検証すなわち評価の対象となりうるし、対立する他の推定値がある場合には、それらの対立仮説の相対的な価値を客観的な方法によって決めることができるからである」（Nelson 1969b 所収：Williams and Ebach 2004, p. 705）

ネルソンの提示する分岐学に基づく比較生物学のこのヴィジョンは、その後の展開を思い起こすとき、きわめて興味深い点がいくつかあります。まず、彼はいかにして現在から過去を推定することができるかを、歴史言語学などで使われてきた「比較法」の観点から考えようとしています。生物の系統発生の推定が、言語や写本の系統推定と並行する関係にあることは後年あらためて議論されるわけですが、ネルソンは最初からその点を念頭に置いていたと推測されます。第二に、過去に関する推定結果を科学的仮説として定式化することを彼は重視しました。仮想祖先に関する推定仮説の相対的評価基準として、ネルソンは「**最節約性**（parsimony）」基準の使用を提唱しています（Nelson 1969b, pp. 705-706）。一九七〇年代に彼が主導した分岐学の〝変容（transformation）〟の基本理念は一九六〇年代末の時点ですでに明示されていたと考えられます。

前章の第十一景で説明したファリスのワーグナー最節約法は、先行するカミン－ソーカル最節約法と同じく、形質進化のステップ数に関する最小化原理という意味を帯びていました。しかし、その最節約

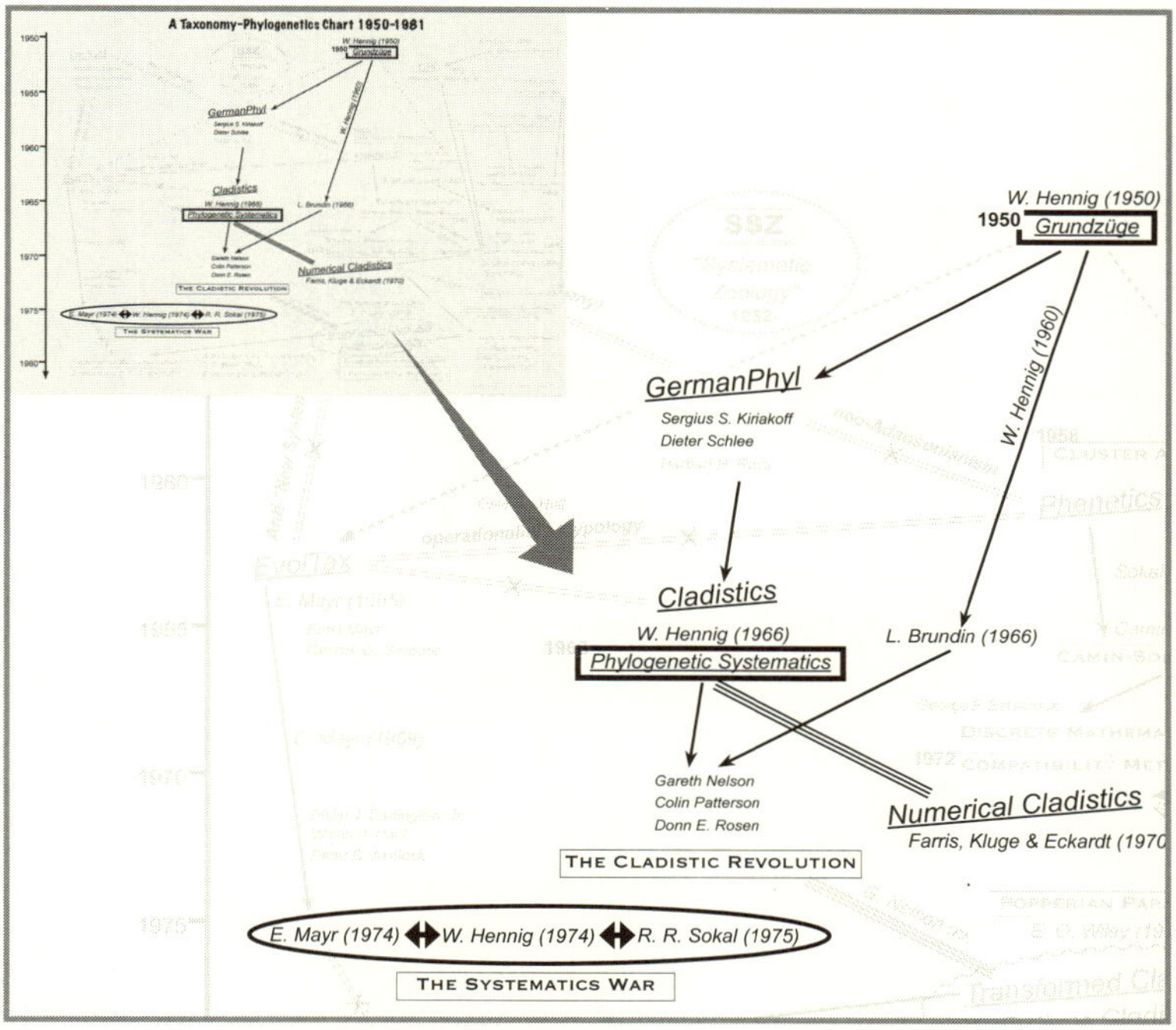

【シーン13（異景）】英語圏の分岐学への導入をややくわしく見る

原理は数量分岐学が成立した一九七〇年まではヘニックの系統体系学とは無関係でした。一方、ネルソンは科学的仮説としての系統推定を客観的に評価するための、より一般的な方法論的基準として最節約性を用いることに主眼を置いていました。後述するように、生物体系学における最節約性がどのような役割を果たしているのか、その正当化はいかなる根拠によるのかについては、一九七〇年代以降、統計学と生物学哲学の両面から活発に議論されることになります（Sober 1988a）。しかし、おそらく科学史的により興味深いのは、科学哲学者カール・ポパーの反証可能性理論などに依拠した仮説の科学的地位に関する論議に先立って（一九七〇年前後のネルソンやファリスはポパーをまったく引用していない）、分岐学のなかで最節約性を重視する立場が醸成されていたという点でしょう。

生物体系学をどのように変革すれば真の〝科学〟としての地位が確保できるのかは分岐学派にとってはとりわけ重要な意味をもっていました。ネルソンが専門としていた古生物学では、以前は化石資料に基づく「祖先」の探索が何よりも重視されていましたが、ネルソンは「祖先」に代わる目標としてヘニックの言う「姉妹群」を探索すべきであると主張しました。ネルソンのこの主張は、最初期の講演にもすでにその萌芽が見られますが（Nelson 1969b, pp. 706-707）、ここでは一九七三年に出版された彼の別の論文「系統関係を表現する分類」から例を挙げて説明しましょう（Nelson 1973b）。

ネルソンの最初の例（【図3-2】）では、観察された既知の生物W、X、Y、Zを黒丸（●）で表し、仮想共通祖先1、2、3を白丸（○）で表記しています。彼は、系統関係という概念に含まれる二つの異なる「**相**（aspect）」すなわち「**祖先子孫関係**」――「相A（aspect-A）」（【図3-2】左）――と「共通祖先関係」――「相B（aspect-B）」（【図3-2】右）――を区別します。祖先子孫関係（相A）はすべての既知生物を直接に祖先子孫関係によってつないだ系統樹（phyletic tree）であるのに対し、他方の共通祖先関係（相B）は祖先にあたるW、X、Yが占めていた位置に仮想共通祖先1、2、3をそれぞれ配置し、枝の末端にW、X、Yを配置した**分岐樹**（phylogram）と呼ばれます。相Aから相Bへの〝翻訳〟はつねに可能であるのに対し、相Bから相Aへの〝逆翻訳〟は不可能であるとネルソンは指摘します（Nelson 1973b, pp. 344-345）。なぜなら、相Aの祖先子孫関係には共通祖先関係がつねに含まれているので相Bは一対一で確定できますが、相Bには祖先子孫関係を特定する情報がないので相Aは確定できないからです。したがって、相Ａは「**特定的**（specific）」だが、相Ｂは「**一般的**（general）」であり、両者のちがいは明白です（Nelson 1973b, p. 345）。

第二の例（【図3-3】）はもっと複雑な場合です。左図は直線的ではなく分岐的な祖先子孫関係を表す系統樹で、ネルソンは「相ＡＡ（aspect-AA）」と呼びます。右図は仮想共通祖先を配置して共通祖先関係として表示した分岐樹で、「相ＢＢ（aspect-BB）」と称されます。相ＡのＸ、Ｙ、Ｚに関する分岐的な祖先子孫関係に注目しましょう。ここでは祖先Ｘが分岐して子孫ＹとＺが生じたわけですが、このときＸ、Ｙ、Ｚはそれらだけが共有するある仮想共通祖先を仮定することができます。この共通祖先関係を図示すれば相ＢＢのＸ、Ｙ、Ｚに関する三分岐となります。上述の相Ａと相Ｂの相互関係と同様に、

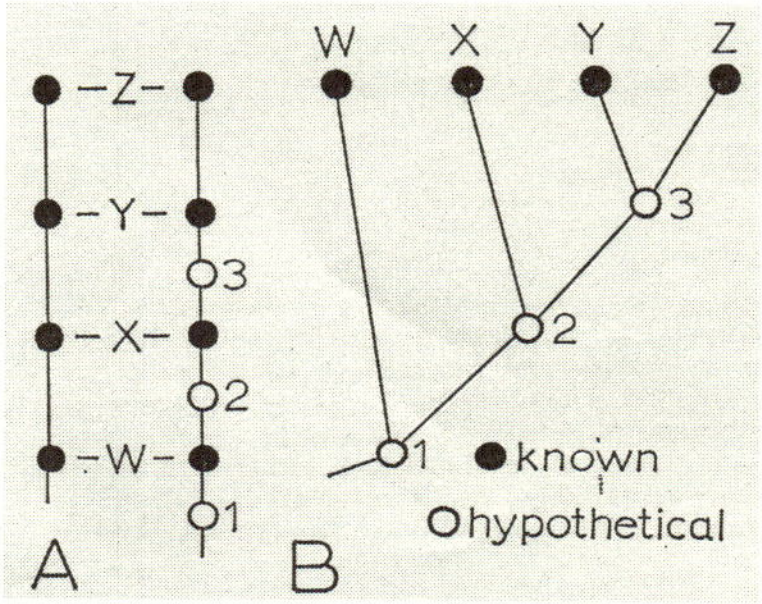

【図3-2】相Ａ（祖先子孫関係）と相Ｂ（共通祖先関係）の関係

出典：Nelson 1973b, p. 345, fig. 1. 左図の相Aは黒丸（●）で表記された生物 W, X, Y, Z が祖先子孫関係によってつながれた直鎖的な系統樹である。右図の相Ｂは祖先子孫関係を白丸（○）で表記された仮想共通祖先１，２，３を用いて共通祖先関係として解体した分岐樹である。

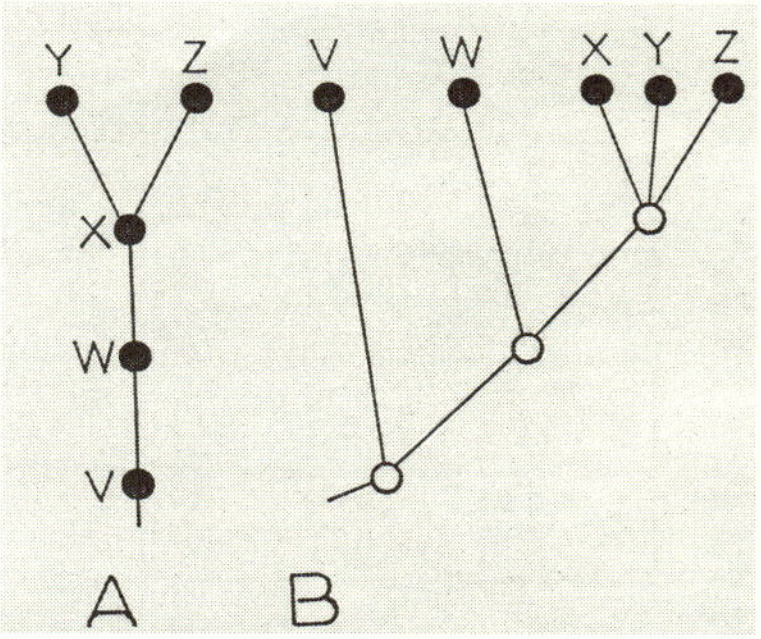

【図3-3】相AA（祖先子孫関係）と相BB（共通祖先関係）の関係

出典：Nelson 1973b, p. 348, fig. 5. 左図は生物 V, W, X, Y, Z（●）の祖先子孫関係を表示する分岐的な系統樹である（相AA）。右図は仮想共通祖先（○）を仮定した分岐樹である（相BB）。Xを祖先としてYとZの子孫に分かれる系統樹上の分岐的な祖先子孫関係が、分岐樹ではあるひとつの仮想共通祖先からの三分岐として表されている。

相AAから相BBへの〝翻訳〟は可能でも、相BBから相AAへの〝逆翻訳〟は不可能です。相A（相AA）と相B（相BB）の間に存在するこの非対称性（翻訳可能性）の存在は、共通祖先関係さえわかれば分岐樹（相Bまたは相BB）は構築できるが、それに加えて祖先子孫関係の情報――すなわち「どれが祖先であるか」の指定――がなければ系統樹（相Aまたは相AA）は決まらないことを意味しています。

祖先子孫関係と共通祖先関係を隔てるこのちがいは、分岐図における樹形図ダイアグラムの解釈にとって決定的でした。のちにノーマン・プラトニックは、一九七〇年代の分岐学の変容を総括する論文で、この二種類の樹形図のちがいを次のように説明しました。

「要するに、分岐図の構築と系統樹の構築とは別物ということである。なぜなら、分岐図は系統樹ではなく、系統樹の集合だからである。したがって、ある特定の分岐図は多くの系統樹のいずれの結果でもありうる」（Platnick 1979, p. 541）

一九六〇年代末からの数年間をかけてネルソンが中心となって進めた分岐学の〝改革〟の背後には、生物体系学から「祖先」という概念を追放しようという逆説的に見える主張があるようです（Nelson 1969b, 1970, 1971, 1972a, b, 1973b）。確かに、「化石が見つかれば祖先がわかるのではないか」という主張はもっともらしい論ですが、化石イコール祖先ではありません。化石がもつ真の意味はかつての地球にそのような生物が実在したという物的証拠でしょう。ネルソンの相B（あるいは相BB）の分岐樹を考えるならば、共通祖先関係に基づくかぎり化石生物は他の現生生物と同格に系統樹の「末端」の一点を占めるにすぎません。化石だからといって系統樹の分岐点（仮想祖先）のポジションに位置づけるという特別扱いはできないということです。

祖先子孫関係と共通祖先関係との概念的なちがいに端を発する分岐学の変革運動は一九七〇年代後半になってさらに大きく加速することになります。

◇第十四景：発展分岐学——体系学的パターン理論の数学的体系化［一九七三〜一九八一］【シーン14（原景）】【シーン14（異景）】

ヘニック自身の系統体系学の理論には二分岐的種分化モデル（前章の第十二景を参照）だけでなく、形質進化に関する「**偏差則**（deviation rule）」や地理的分布についての「**前進則**（progression rule）」などいくつかの進化プロセス仮定が置かれていました。分類体系と系統関係との厳密な整合性を主張する分岐学派（の一部）は、一九七〇年以降の一〇年間に、分岐学の理論体系を進化という観念から切り離そうとする荒療治を開始することになります。のちに分岐学の「**変容**（transformation）」と呼ばれることになるこの改革により（Platnick 1979）、英語圏の分岐学派（の一部）は発展分岐学あるいはパターン分岐学への道を歩み始めました（三中 1997, 3.5節）。進化プロセスに関する仮定をどこまで最少化できるのかは、同じ分岐学派のなかでも見解にちがいがありましたが、それよりもはるかに混乱のもととなったのは、先述した樹形図の定義と解釈の問題でした。

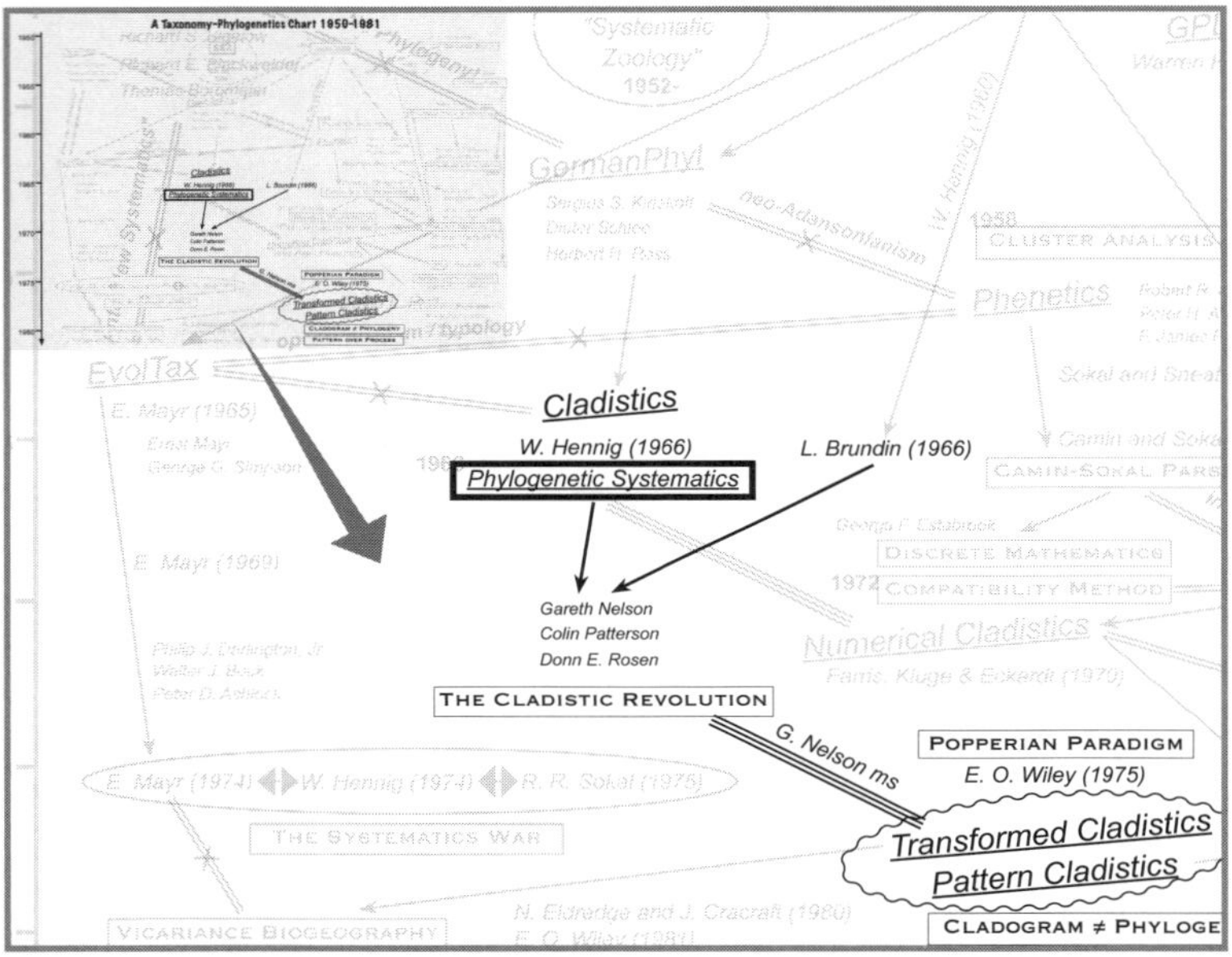

【シーン14（原景）】パターン分岐学（発展分岐学）への変容（1970年代）

分岐学派の変容を主導したひとりであるネルソンは、アメリカ自然史博物館の同僚だった三葉虫学者ナイルズ・エルドレッジ（Niles Eldredge：一九四三-）と鳥類学者ジョエル・クレイクラフト（Joel Cracraft：一九四三-）との共著で『比較生物学の原理（*Principles of Comparative Biology*）』という本をコロンビア大学出版局から出そうと計画し、一九七三年五月に出版契約を結びました。しかし、進化理論に対する基本的見解の隔たりが著者らの間で大きすぎたためこの出版企画はけっきょく頓挫してしまいました（この背景事情についてはEbach and Williams 2010に書かれています）。数年後、二人は共著で『系統発生パターンと進化プロセス（*Phylogenetic Patterns and the Evolutionary Process*）』を出版し、分岐学

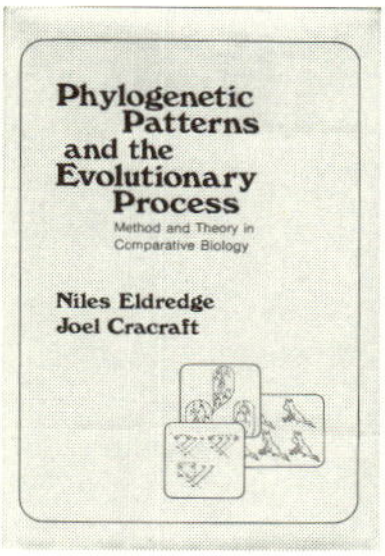

【図3-4】エルドレッジとクレイクラフト『系統発生パターンと進化プロセス』の書影

本書はヘニックの系統体系学を“改訂”した当時の英語圏分岐学派を代表する著作である。比較生物学における分類パターンと系統発生プロセスとの認識論的関係をカール・ポパーの反証可能性の立場から論じた。そして、分岐図と系統樹が概念的には異なる樹形図であることから、種分化の仮説は祖先子孫関係を指定する系統樹が必要だが、大進化の仮説は姉妹群関係を示す分岐図があれば科学的に検証できるとする。私は大学院の修士課程に入ってすぐ本書を読んだことが、分岐学という研究分野への関心を深めるきっかけとなった。本書はのちに日本語にも翻訳された（1989年）。原書の書評：Wake（1980），Sokal（1981），Wheeler（1981），Kitts（1980）．

派の立場から体系学的パターンに基づく進化プロセスの仮説検証のための枠組みを提唱しました（Eldredge and Cracraft 1980【図3-4】）。

ネルソンとしては、進化の因果プロセスに関する仮説や理論に対する関心よりも、ヘニックの系統体系学の理論に手を入れることにより体系学的パターン分析のための新たな方法論を実現しようともくろんでいました。後述する「**分岐成分分析**（cladistic component analysis）」はその成果のひとつでした（Nelson 1979）。他方、エルドレッジとクレイクラフトには、分岐学に基づく分類パターンの推定を足がかりにして、「種分化（speciation）」や「大進化（macroevolution）」を説明するプロセス仮説の経験的検証をするというヴィジョンがありました。生物体系学において「分類」それとも「系統」のいずれを重視するかという〝二律背反〟はこの時期すでに表面化していたということでしょう。

ネルソンは、蜘蛛学者プラトニックとともに、別の共著『生物体系学と生物地理学（*Systematics and Biogeography*）』を出して、体系学的パターンを解明する分岐成分分析の詳細と、生物分類学と生物地理学への応用について詳細に論じました（Nelson and Platnick 1981【図3-5】）。比較生物学が生物多様性を対象とする点では同じ目標を掲げた

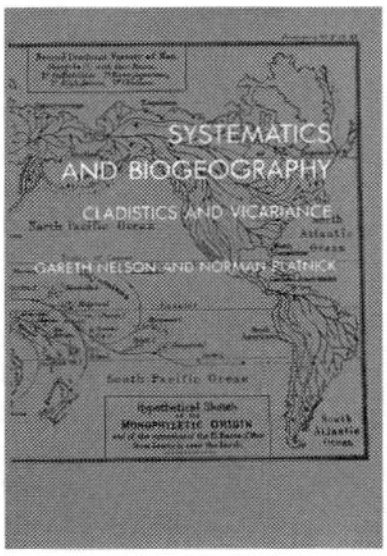

【図3-5】ネルソンとプラトニック『生物体系学と生物地理学』の書影

1970年代に達成された発展分岐学（パターン分岐学）の典拠となる著作である。筆頭著者であるネルソンが掲げた、分岐学からいっさいの進化プロセス理論を“除染”して体系学的パターン分析の一般理論を構築するという目標は他の分岐学者に大きな影響を与えたとともに、それに反発する分岐学者（系統分岐学派）も少なくなかった。本書の根幹となる「分岐成分分析」はネルソンが1970年代なかばに書いた原稿に基づいている。このネルソン原稿は、最終的には本書の一部に組み込まれたとされている（Patterson 1982b, pp. 29, 62）が、そうではないという見方もある（Wiley and Lieberman 2011, p. 92）。しかし、私の手元にあるネルソン原稿を本書と突き合わせたかぎりでは、ネルソン原稿のほとんどは本書に含まれている。しかし、ネルソン原稿のなかでもっとも重要な「*x*樹（*x*-tree）」（Eldredge 1979, p. 183で言及）や無根樹を意味する「ネットワーク（network）」の概念が削られてしまったのはとても残念である。私は博士課程に入ってすぐに本書を読み始めたのだが、分岐成分分析を論じた２つの章――第３章「生物体系学的パターン：成分分析」と第７章「生物地理学的パターン：成分分析」――は記述の論理展開が必ずしも滑らかにつながっているようには思えなかった。そこで、本書に欠けている論理の輪をつなぐ作業をした結果、パターン分岐学は生物学ではなく離散数学のひとつの理論体系として定式化できるのではないかという私なりの理解を得ることができた。私の学位論文（三中 1985a）ではパターン分岐学の樹形図に関するある離散数学的体系を提唱した。当時の読書メモ（1982-1984）は私のウェブサイトで公開している（Minaka 2014）。原書の書評：Ball (1981), Straney (1981), Brooks (1982), Sneath (1982), Wake (1982), Stiassny (1982), Mayr (1982b), Ebach and Williams (2010).

にもかかわらず、「分類」と「系統」のどちらに軸足を置くかで妥協できない大きなちがいがあったことがわかります。

一九七六年のネルソン原稿
――分岐図と系統樹を分ける

私の手元にネルソンが『比較生物学の原理』のために準備した「分類（Classification）」と銘打たれた章の原稿コピーがあります（Nelson 1976）。大部分は樹形図ダイアグラムの概念に関する体系的記述で、とりわけ「**分岐図**(cladogram)」と「**系統樹**（phyletic tree）」はたがいに異なる概念であるというネルソンの主張は研究者コミュニティーに大きな影響力を及ぼしました。一九七六年に書き上げられたこの原稿は、英語圏の生物体系学者の間で広く回覧されたようで、この時期の

『システマティック・ズーロジー』誌のいくつかの論文では引用文献リストに挙げられていました。たとえば、一九七〇年代後半にはこのネルソン原稿は「系統樹と分岐図（Trees and cladograms）」あるいは「分岐図と系統樹（Cladograms and trees）」（Stiassny 1982, p. 587）というタイトルでしばしば引用されました（たとえば、Platnick 1977, Cracraft 1979, Wiley 1979a, b）。

樹形図をめぐる混乱と論議についてハルはこう述べています。

「ヘニック学派の体系学を〝系統体系学派〟と呼ぼうが〝分岐学派〟と呼ぼうがたいしたことではない。しかし、分岐分析を担う分岐図の正確な意味が何かは重要である。しかし、現実には分岐図が何をどのように表現しているのかは分岐学をめぐる論争のなかで大きな混乱のもととなってきた。（中略）〝分岐図〟の意味をめぐる混乱を緩和するために、分岐学派は分岐図と系統樹と進化シナリオとを区別し始めた（脚注1）。（中略）〝分岐図〟と〝樹形図〟は異なるダイアグラムであり、〝シナリオ〟とは通常の生物学のことばで表現された歴史叙述である」（Hull 1979, pp. 420-421）

この「脚注1」ではネルソンの原稿（Nelson 1976）が引用されています。また、エドワード・O・ワイリー（Edward O. Wiley：一九四四－）は当時の分岐学派の樹形図をめぐる議論を次のようにたどっています。

「ネルソン原稿［Nelson 1976］が回覧されるまでは、分岐図と系統樹がどうちがうのかはよく調べられていなかった。生物の標本とその特徴についての経験的な知見は、共通祖先の仮説とされる樹形図によって表現された。私が知るかぎり、クレイクラフト（Cracraft 1974）がある分類群のもとで可能な系統樹の総数を求めるという問題を取り上げた最初の研究者だった。（中略）プラトニック（Platnick 1977）は分岐図と系統樹を次のように区別した。分岐図とは共通祖先仮説であるのに対し、系統樹は祖先を特定する仮説である、と。つまり、プラトニック（1977）のいう分岐図とは、ネルソン原稿の〝X樹（X-trees）〟と同一であり、クレイクラフト（1974）やヘニック（1966）ら先行研究者たちが用いた系統樹と同じである。しかし、一九七七年からネルソンとプラトニック（Nelson and Platnick 1981）にいたる総合を経て、この概念はさらに変更された。分岐図とはもはや共通祖先の仮説ではなく、形質分布の仮説とみなされたからだ。形質分布仮説としての分岐図は、共通祖先であれ特定の祖先であれ、進化との必然的な結びつきはなくなる。分岐図から進化という観念を導き出すことはできるが、必ずしもそうである必然性はない。進化とは事実から導かれる「解釈」であって、分析の体系が導かれる「公理」ではない。したがって、系統樹はそれが共通祖先を含もうが特定の祖先を指定しようが経験的知見から少なくとも一歩遠のくことになる。この結論がもし正しければとんでもないことになるだろう」（Wiley 1987a, pp. 233-234）

一方、ワイリー自身は、彼が擁護する進化的種概念のもとでは、分岐図と系統樹とは一対一に対応するという見解に立ち、この点でネルソンらの発展分岐学とは一線を画します（Wiley 1978; Wiley 1979a, b, 1981a; Wiley and Lieberman 2011）。彼の著した教科書『系統体系学（*Phylogenetics*）』は、ほぼ同時に出た

【図3-6】ワイリー『系統体系学』の書影

分岐学の標準となる教科書である。内容的にはヘニックの系統体系学の理論から出発して、形質分析と形質進化の方向性の判定、分岐分析による系統推定、種概念と種分化、歴史生物地理学など分岐学の広い分野をカバーし、さらに標本のキュレーションと命名規約まで解説されている。本書はのちに日本語に翻訳された（1991年）。さらに2011年には分岐学（最節約法）以外に分子系統学の最尤法とベイズ法に関する解説を加えた改訂第2版が出た（Wiley and Lieberman 2011）。原書の書評：Kluge (1982), Charig (1982), Watrous (1982), Colless (1982).

『生物体系学と生物地理学』や『系統発生パターンと進化プロセス』と比較すると、大幅な〝変容〟はなく、むしろヘニック自身の系統体系学の理論により近く準拠する内容となっています（Wiley 1981a【図3-6】）。

ワイリーが指摘しているように、一九七〇年代には与えられた分類群のもとで論理的に可能な系統樹の総数を数え上げるという組合せ論の問題が議論されました（Cracraft 1974; Harper 1976; Platnick 1977; Platnick and Harper 1978）。ネルソンの主張は【図3-2】に示したように、もともとは祖先子孫関係（相A）と共通祖先関係（相B）とは一対一の関係になく、ある共通祖先関係は複数の祖先子孫関係に対応しうるという立場でした。そこで、祖先子孫関係を表示する相Aの樹形図を「系統樹」と呼び、姉妹群関係を示す相Bの樹形図を「分岐図」――ネルソン原稿の「x樹（x-tree）」に相当する――と名付ければ、ある分岐図に対して複数の系統樹が対応するという発展分岐学派の主張が導かれることになります（三中 1997, 3.6節）。しかし、ワイリーが指摘するように、発展分岐学への〝変容〟は樹形図の再定式化とともに、生物進化の仮定を外すという、もっと議論を呼ぶ変革を伴っていました。

一九七〇年代の分岐学の〝変容〟が実際にどのように推移したのかは、その大きな駆動力となったネルソン原稿そのものが未発表のまま――部外者にとってはいわば〝ブラックボックス〟のまま――体系学者コミュニティーのなかで広範囲に影響を及ぼしたという歴史的経緯から、現在もなおはっきりしないところが少なくありません。もちろん、ネルソン原稿に実際に目を通した分岐学者は、その内容と趣旨に賛同するにせよ反対するにせよ、自らの相対的な立ち位置を決めることができたでしょう。実際、一九八〇年代以降の分岐学派内でのパターン分岐学をめぐる論争の原因のひとつがネルソン原稿だったことはおそらくまちがいないからです。

しかし、その一方で、分岐学の〝変容〟の実態を知ろうとするとき、ネルソン原稿の全体が公開（出版）されなかったという紛れもない事実がその後に影を落としています。現在にいたるまで、分岐学派の内部でさまざまな対立や論争が戦わされていることはわかっても（【チャート3-1】）、その内部的な〝分派〟がどのような経緯で生じたのか、確たる実体をもっているのかについてさえ意見が分かれているのが実情です。実際、英語圏での分岐学派内の〝変異〟の幅はかなり大きく、場合によっては鋭い対立や激しい応酬が交わされることも少なくありません。たとえば、プラトニックやパターソンがいう「発展分岐学」に対して科学哲学者ジョン・ビーティ（John Beatty：一九六一－）が命名した「パターン分岐学」（Beatty 1982）の反進化論的かつ本質主義的な特徴づけははたして妥当なのかという点にかぎってさえ異論が噴出しました（Patterson 1982a; Platnick 1982; Brady 1982）。さらに、分岐学派の内部構造の考察にいたっては現在でも紛糾したままです（Farris 1985; Ridley 1986; Carpenter 1987; Scott-Ram 1990; Williams and Ebach 2004, 2008, 2009, 2014; Carpenter *et al.* 2006; Ebach *et al.* 2008; Ebach and Williams 2010, 2011）。

分岐成分分析――パターン分岐学が確立する

プロローグで書いたように、私が生物体系学の世界に足を踏み入れたのは一九八〇年以降のことでした。ここまで眺めてきた地点でいえば、およそ一〇年間あまりに及ぶ〝変容〟がほぼ終わったこの第十四景が私にとって初めて目にする分岐学の景色でした。博士課程に入ったばかりの私にとっては、ヘニックの系統体系学よりも前に受けた**発展分岐学（パターン分岐学）**の洗礼の方がもっと大きな衝撃でした。とくに、分岐学派の研究者コミュニティーと人脈ネットワークをまだ知らなかったこともあり、よくも悪くも、コミュニティーの外側で研究を続けるしかありませんでした。当時の私の関心は、パターン分岐学の樹形図ダイアグラムをどうすれば数学的に定義できるかという点にありました。そのころはネルソン原稿をまだ入手していなかったので、『生物体系学と生物地理学』を少しずつ読みながら、分岐図や系統樹のダイアグラムの定義とそれから導かれる命題を証明するという地道な仕事を進めていました。

一九八〇年代はじめは、パターン分岐学が反進化論的な教義で、創造説に資するだけの有害な学説であるという見方が急速に広がっていました。確かに、祖先子孫関係を示す系統樹ではなく、より抽象的な共通祖先関係に基づく分岐図によって生物の分類パターンを構築するという主張を聞くかぎり、進化的な色合いはかなり薄まっています。ましてや、「分岐図とは知識の構造的要素を表示する」（Nelson and Platnick 1981, p. 14）という理念にいたっては、ワイリーが危惧したように、生物進化とはまったく無関係な方向性を指し示していると解されてもしかたがないでしょう。

しかし、パターン分岐学は実は生物学のなかでの理論体系をつくろうとしたのではなく、より一般的に、数学的な意味での樹形ダイアグラムの体系を構築しようとしたと考えるならば話は別です。ヘニック『系統体系学』の復刻版（Hennig 1979）の序文を書いたネルソンたちは「少なくとも私たちにとって、分岐学が歴史科学の唯一の一般的方法であることは自明だ」（Rosen *et al.* 1979, p. x）と明言しています。さらに、科学哲学の専門誌である『フィロソフィ・オブ・サイエンス（*Philosophy of Science*）』誌に掲載されたヘニック『系統体系学』の書評のなかで、プラトニックとネルソンは「いまやそれ［ヘニック理論］は、生物進化研究のみならず、何らかの変異を伴う由来をもつ「あらゆる」体系に適用できると考えられる」とも述べています（Platnick and Nelson 1980, p. 501）。実際、一九七〇年代には、分岐学の方法論が写本系図学や歴史言語学にも等しく適用できると指摘されていました（Platnick and Cameron 1977）。

適用範囲を必ずしも生物学に限定しない普遍的な方法論として分岐学を定式化するためには、樹形図ダイアグラムを含む概念体系もまた一般化する必要があるでしょう。その際、生物という特定の対象（オブジェクト）に関する個別の仮定群――進化的思考、形質進化、地理的分布などのプロセスに関する仮定群――をいったん洗い流し、最後に残る形式的な構造（パターン）をまず発見するという基本方針は、数学的体系の観点からの理論化がもし可能ならば、進化論に反するとか本質主義を信奉するなどという生物学側からの批判はすべてかわすことができると考えられるからです。

ハルは、一九七〇年代に生じた分岐学の〝変容〟の結果、もとの分岐学派は次の二つの学派に分裂したと指摘しました（Hull 1979）。

・「小文字の分岐学」（"cladistics" with small "c"）：生物体系学の枠のなかで系統関係の復元を目的と

する
・「大文字の分岐学」("Cladistics" with large "C")：生物／非生物を問わず、もっと一般的に階層パターンの検出を目的とする

彼がいう「小文字の分岐学」はのちに「**系統分岐学派**（phylogenetic cladistics）」と呼ばれるようになります。そして、他方の「大文字の分岐学」がここでのパターン分岐学派に相当します（Williams and Ebach 2006 も参照）。一般的な樹形図の数学的体系としての「大文字の分岐学」は、生物学の分野ではなくむしろグラフや順序関係を研究対象とする離散数学の一領域に属しています（三中 1993a, 1997）。より現代的な言い方をするならば、この「大文字の分岐学」は「**数理系統学**（mathematical phylogenetics）」の先駆となるでしょう。この点に着目するならば、「大文字の分岐学」は生物・言語・写本・遺跡・様式・文化などあらゆる対象に適用することができるのに対し、「小文字の分岐学」はその対象がたまたま生物である個別の場合であるとみなせます（三中 2012a, b）。

一九七〇年代の分岐学の〝変容〟が生物学のなかでの系統推定論から数学としての一般樹形図学への〝転身〟だったと考えるならば、パターン分岐学が生物進化のプロセス仮定から距離をおいたこと、厳密な論理体系化と仮説検証にこだわったこと、そして分岐学派のなかでの系統分岐学派とパターン分岐学派との論争がつねにすれちがいに終わったことの理由がよくわかる気がします。

パターン分岐学の理論体系はのちに「**分岐成分分析**（cladistic component analysis）」と名付けられました（Nelson 1979; Nelson and Platnick 1981）。ここでいう「**成分**（component）」は樹形図の情報単位とみな

【図3-7】分岐成分分析と樹状図ダイアグラム
出典：Nelson and Platnick 1981, p. 170, fig. 3.2.

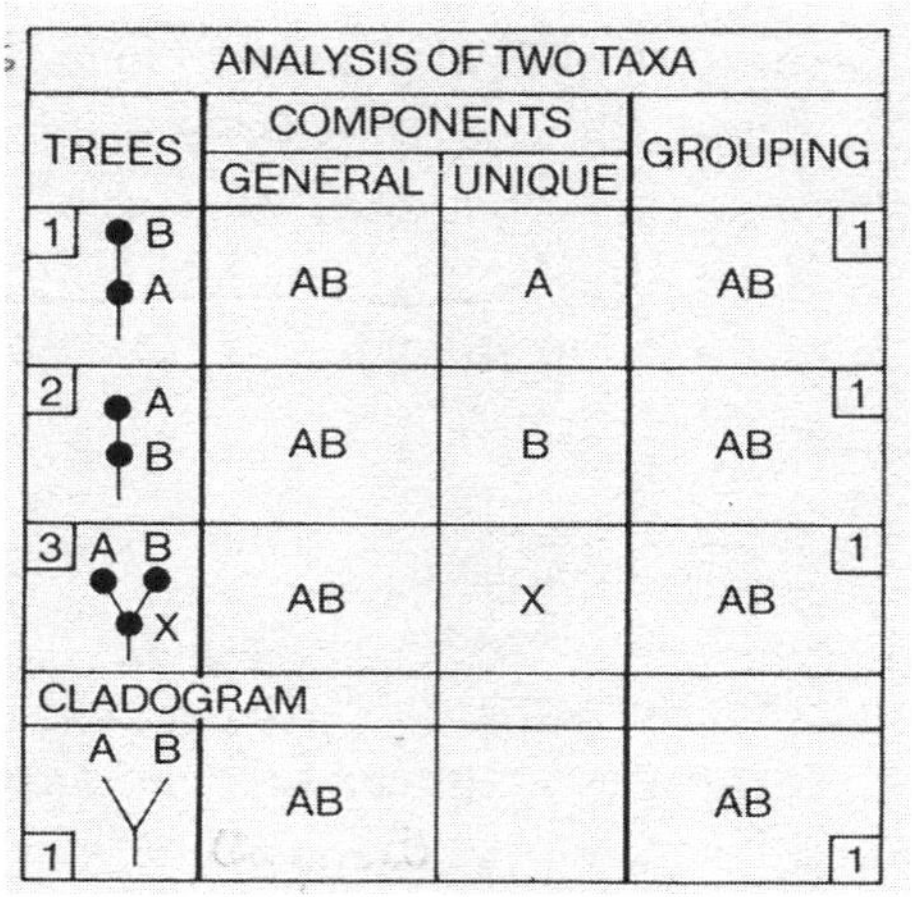

もっとも単純な分岐成分分析として2つの端点AとBがある場合を考えよう。分岐図（cladogram）とはすなわちAとBからなる「AB」によって示される一般成分（general component）をもつ樹形図である。分岐図を進化的に解釈した分岐樹（phylogram）では、この「AB」は分岐点に位置する「共通祖先」である。一般成分に加えて分岐点に配置される個別成分（unique component）を指定した樹形図を系統図（tree）と呼ぶ。系統図を進化的に解釈した系統樹（phyletic tree）では、この個別成分は「祖先」ということになる。端点が2つの場合、個別成分となりうるのはAまたはBまたはそれ以外のX（≠A, B）の3つの場合があるので、1つの分岐図に対しては3つの系統図が対応することになる。系統図ごとに個別成分は異なるが、A+Bという端点集合が示す分類群（grouping）はすべて同一であり、それは一般成分ABが示す分類群にほかならない。

される端点の部分集合であり、いくつかの成分の集合が体系学的パターンを構成します。ネルソンは分岐図と系統樹とを概念的に区別するという立場を一九六〇年代末から一貫して主張してきましたが、パターン分岐学への〝変容〟の過程ではさらにそれぞれの樹状図ダイアグラムを生物進化から独立させました。もっとも単純な場合を【図3-7】に示しました。

【図3-7】の樹形図の体系は二つの基準によって組み立てられています。第一に、分岐図は一般成分のみによって定義されるのに対し、系統図は一般成分に加えて個別成分を指定しなければなりません。第二に、この分岐図は「AとBは関係がある」と読みますが、進化的に解釈すれば一般成分は共通祖先を意味するので、分岐樹は「AとBは共通祖先に基づく関係がある」と読むことになります。分岐成分分析では、「〜と〜は関係がある」を**分岐部分**（cladistic part）、「祖先に基づく」を**系統部分**（phyletic part）と分離することにより、分岐図や系統図は進化的に解釈された分岐樹や系統樹とは独立であると考えます。

「系統図それ自身は系統樹ではない、それは単なる系統図である。そして、分岐図それ自身は分岐樹ではない。それは単なる分岐図である」（Nelson and Platnick 1981, p. 171）

なかば禅問答のようにも見えるパターン分岐学のこの主張は、これらの樹形図が離散数学的な意味での「グラフ」にほかならないという認識を踏まえれば明確に考察することができます（Hendy and Penny 1984）。半順序関係とそのハッセ図表現に関する離散数学のことばを用いて樹状図の体系を定義することですっきり解決できることがわかりました（三中 1985a, 1993a, b, c; Minaka 1987; 三中 2017a, pp. 57-69）。**【図3-7】**の例を離散数学的に再定式化すると**【図3-8】**になります。ここでは、端点集合の部分集合を考えることにより、包含関係のハッセ図として分岐図と系統図を、さらに包含関係から導かれる祖先子孫関係のハッセ図として分岐樹と系統樹が定義できます。

体系学的パターンは進化プロセス仮定に先行するか

以上、説明してきたように、パターン分岐学の分岐成分分析は実は離散数学のひとつの理論だったとみなすのがもっとも自然だろうと私は考えます。数学的基盤をもつ一般的な体系学的パターンの構築を

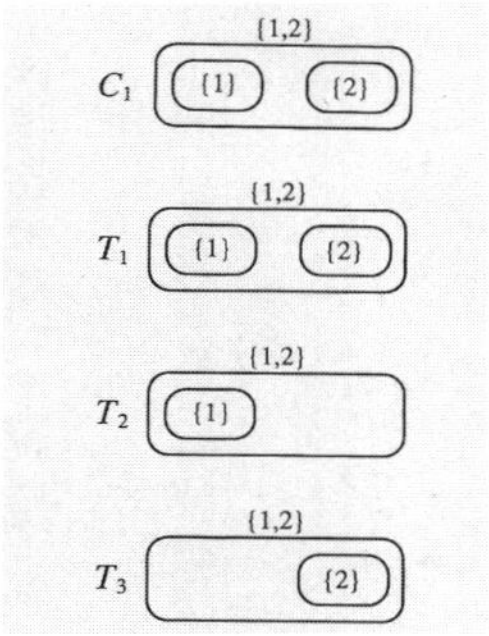

図１

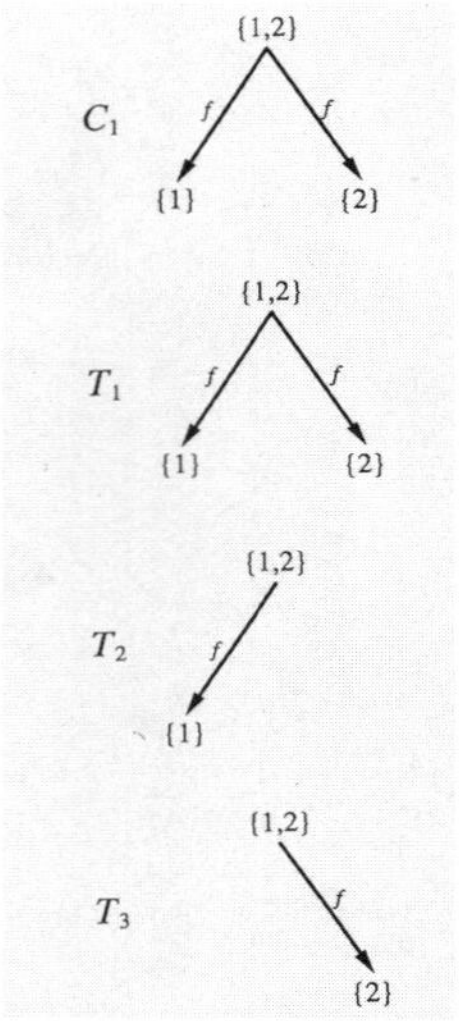

図２

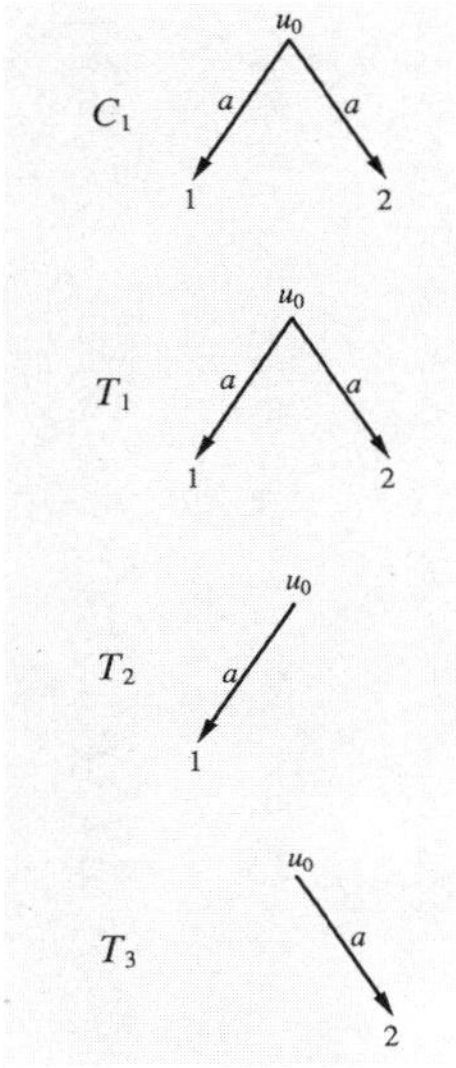

図３

【図３-８】樹状図の離散数学的体系　出典：三中1993b, p. 8, fig. 1; p. 11, fig. 2; p. 12, fig. 3.
図１．端点１と２に対して可能な部分集合は全体集合（すなわち一般成分）の｛1, 2｝とシングルトン｛1｝,｛2｝の３つしかない。全体集合およびすべてのシングルトンから成る集合族C_1を「C構造（C-structure）」と呼ぶ。これに対して、シングルトンの一方が含まれなくてもよいという条件を与えたとき、「T構造（T-structure）」と呼ばれる集合族が３つ（T_1〜T_3）ありうる。T構造に含まれないシングルトンが個別成分にあたる。
図２．図１の集合間に成立する包含関係fを考えたとき、そのハッセ図を描くことができる。C構造のハッセ図は分岐図に、T構造のハッセ図は系統図と定義できる。
図３．図２の包含関係fに対応する祖先子孫関係aを導入する。このとき一般成分は共通祖先に対応し、個別成分からは個別祖先が導出される。この祖先子孫関係aに関するハッセ図を考えることにより、分岐図からは分岐樹が、そして系統図からは系統樹が導かれる。

指向するパターン分岐学派に対して、大多数の（伝統的かつ系統学的な）分岐学者はあくまでも生物学のなかにとどまりつつ分類パターンと進化プロセスとの関係に関心を向けました。同じ分岐学派内のこの〝ずれ〟が、のちに一九八〇年代に入って学派内部での〝断層〟として表面化し、長引く論争にいたった主たる理由のひとつだと考えられます。

本書の姉妹書である『思考の体系学』（三中 2017a）でもくわしく論じたように、離散数学は体系学の形式的な側面を数学的に記述したり可視化したりする際に、とても便利なことばです。現在では「数理系統学」という離散数学の一分野が確立されています。たとえば、アンドレアス・ドレス（Andreas Dress：一九三八-）らは、『系統学的組合せ論の基礎（*Basic Phylogenetic Combinatorics*）』の冒頭で、「系統学的組合せ論とは系統樹・進化樹および関連する数学的構造を組合せ論的に究明する応用離散数学の一分野である」と述べています（Dress *et al.* 2012, p. ix）。分類学と系統学など体系学に関係する離散構造を数学的に確実に考察できるということは、前章の第九景で登場した一九六〇年代のジョージ・エスタブルックによる、半順序理論を用いたカミン－ソーカル最節約法の一般的解決という先例が思い出されるでしょう。

離散数学は、コンピューター科学などの応用数学の分野ではすでに広まっていますが、生物学など他分野では現在でも必ずしも知られてはいません。そのため、多くの生物学者たちにとっては分類や系統の数学的論議がよく理解されなかったとしてもしかたなかったでしょう。しかし、エスタブルックが数学を専攻していたのと同様に、ネルソンもまた電子工学の知識があり、冷戦時代のアメリカ合衆国国防総省サンディア基地で武器管理の秘密任務に就いていた経歴があります（Grande 2017, p. 363）。単なる推測ですが、ネルソンが工学系の教育を受けていたのであれば、離散数学のような応用数学の素養があったと考えていいでしょう。

いずれにしても、一九七〇年代に確立されたパターン分岐学の理論体系は離散数学にほかならないことはまずまちがいないでしょう。しかし、パターン分岐学が分岐学派内のみならずもっと広い体系学や

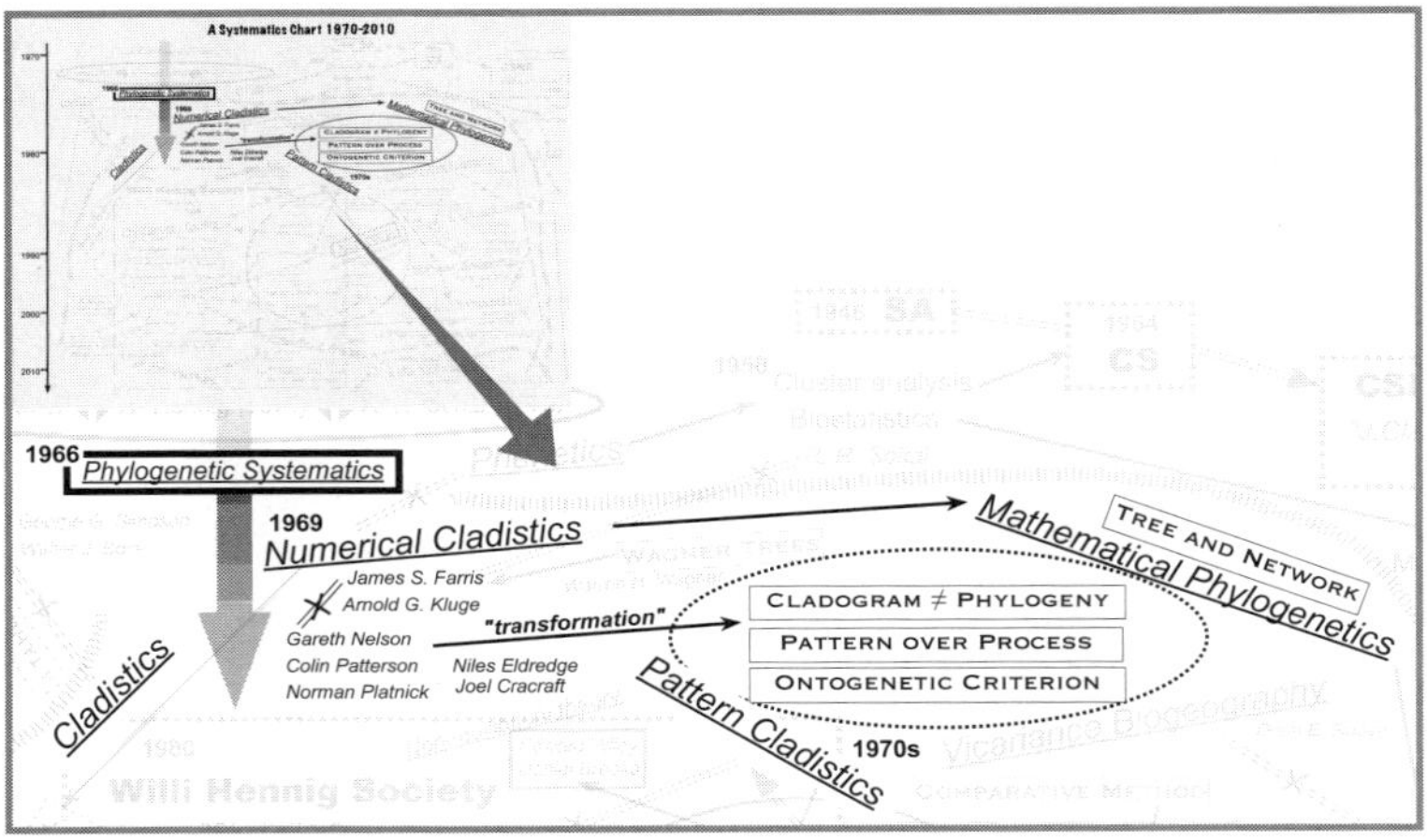

【シーン14（異景）】パターン分岐学とその周辺を見わたす（1980年代）

進化学のなかでも論争を巻き起こしたという事実は、同時代の生物学者たちの単なる〝数学嫌い〟だけでは説明がつきません。その時代には、数量表形学や数量分岐学による〝数学的研究〟がすでに十分に普及していたわけですから、パターン分岐学がもうひとつの数学理論を研究者コミュニティーに新たにもちこんだとしても、本来であればあれほど拒否されるいわれはなかったはずです。ということは、パターン分岐学をあくまでも生物学の理論と位置づける風潮（あるいは戦略）が双方にあったのではないかという推測ができます。

パターン分岐学論争の大きな論点は「進化プロセス仮定を除外することは反進化的な悪手である」という批判でした。パターン分岐学者は、ヘニックの系統体系学の理論に含まれている、二分岐的種分化（dichotomous speciation）・偏差則（deviation rule）・前進則（progression rule）のような、現代の進化生物学からみて不都合ないくつかの進化プロセス仮定に足を引っ張られないように、分岐学の方法論から排除しました。しかし、進化プロセスに関する諸仮定の排除は、分岐学派内にある軋みをもたらしました。それは、ネルソンをはじめパターン分岐学の主唱者たちが、体系学的パターンの検出には生物進化という考えすら必要ないだろうと発言しはじめたことに起因します。

この点についてのパターン分岐学者側の見解をいくつか列挙しましょう。

① 「進化プロセスが生んだパターンをまずはじめに知らなければ、そのプロセスの理解などおぼつかない」(Platnick 1979, p. 546)

② 「パターンとプロセスはたがいに相容れないが相補的である。なぜなら、パターンによってはじめてプロセスは方向づけられ、プロセスを通してはじめてパターンは説明されるからである」(Rieppel 1985, pp. 341-342)

③ 「いわゆるパターン分岐学者は、分岐学を(「深層」的に)正当化するためにはいかなる進化モデルをも排除すべきであると繰り返し主張してきた。それは、分岐学から得られた知見にあらゆる進化モデルの検証能力をもたせたかったからにほかならない」(Platnick 1986, p. 84)

つまり、パターン分岐学派側に言わせれば、彼らの興味関心は体系学的パターンの発見にあり、その因果プロセスはどうでもいい(ない方がいい)という論調です。体系学的な分類パターンは、それが反復されることによって検証されるのであり、生物進化を仮定することによって支持されるわけではないという主張がここには含意されています。一方、同じ分岐学派のなかでも、分類ではなく系統に関心をもつ分岐学者たちにとっては、「変化を伴う由来（descent with modification）」という進化の大仮定そのものをないがしろにして、はたして生物体系学が科学的に成立しうるのかという大きな疑念が湧き上がることになりました。進化に関する仮定をどこまで削ればいいのかの〝境目〟が難しかったということです。

パターン分岐学をめぐる論争は、「パターン」を発見するためには、「プロセス」に関する仮定（モデル）をどこまで許容してもいいのかという、もうひとつの（より重要な）論点にも結びつきます。現在では、進化プロセス仮説はそれとは〝独立〟に得られた系統発生パターン仮説によって検証されるべきであるという一九八〇年代の主張は、生物体系学にかぎらず、進化生物学の基本的教義になっていると考えられます。しかし、パターン分岐学が主張する「パターンvsプロセス」の対置図式はさまざまな解釈を許す結果となりました。多くの（系統学的な）分岐学者にとっては、その対置図式はたとえば自然淘汰理論（プロセス）とは独立に系統関係（パターン）を推定することを意味しました。このとき、生物進化そのものは前提として受け入れられています。ところが、一部のパターン分岐学者にとっては、生物進化のプロセスそのものとは独立に体系学的パターンを検出して証明することが目的であると言うようになりました（Rieppel 1983, 1988）。

この解釈の差異は一見したところでは些細なちがいと感じるかもしれません。しかし、それは生物進化に関わる根本的な姿勢のちがいであると考えるならば、とうてい見過ごすことはできないでしょう。実際、進化は不要であると主張したパターン分岐学者たちは「反進化的」だという批判の矢面に立たされることになりました（Beatty 1982; Ridley 1986）。結果として、進化をめぐる分岐学派内のこの見解の対立は、一方では、一般的なあるいは特定の進化プロセス理論を踏まえた分岐学の正当化を目指す方向に進む系統分岐学者と、他方では、それとは逆に、いっさいの進化プロセス理論（「変化を伴う由来」も含めて）を分岐学の理論体系から排除する方向に進むパターン分岐学者という、分岐学派内での分派をもたらしました。

「パターン対プロセス」という標語は、もともと、進化生物学の論理循環と経験的無内容を回避し、生物進化の仮説の科学としての地位を保証する——すなわちカール・ポパーのいう反証可能な仮説である——ために掲げられたと私は理解しています。分岐学が明らかにしようとしている体系学的パターン——分岐図として表される階層パターン——の発見とそれを説明しようとする進化プロセス理論（因果的説明理論）との関係について、パターン分岐学者は、できるだけ進化プロセス理論や仮定を除外して体系学的パターン認識（分岐図構築）を行なわなければ、論理循環から逃れられないではないか（Brady 1994）とか、説明されるべき対象（系統発生パターン）があらかじめ独立に発見されなければ説明理論（進化プロセス）は出る幕がない（Grande 1994）と言うとき、彼らは体系学の科学的地位を守ろうとする姿勢がはっきりしていました。

ヘニック自身の進化プロセス理論（二分岐的種分化理論など）を捨てて方法論的厳密さを追求しはじめた時点で、おそらく大半の分岐学者は多かれ少なかれ「パターン主義的傾向」を身に付けたと私は推測しています。つまり、もうヘニックにもどることはできないということです。では、どこまでこの方針を貫けばいいのでしょうか。進化プロセスに関する仮定や理論はもういらないのでしょうか、それともやはり必要なのでしょうか。分子系統学が急速に進展する一九九〇年代に入り、系統推定におけるこの進化プロセスモデルの問題がふたたび浮上してくることになります（Grande and Rieppel 1994, Scotland *et* al. 1994）。

分岐成分分析の理論のもとでも、体系学的パターンをいったん進化的思考で解釈するならば、分岐図は系統図を介して進化プロセスを表示する系統樹の集合とみなされます。生物体系学における「パターン」と「プロセス」との関係は、単に被説明項としての「分類パターン」と説明項としての「進化プロセス」という過度に単純な対置図式ではおさまらないでしょう。分類パターンの「何」を説明するかによって、進化プロセスに関する重層的な問題設定をしなければならないからです。たとえば、分岐図（分岐樹）は観察された子孫を共通祖先関係からの系統発生を通して説明しようとします。一方、系統図（系統樹）はその祖先に関してより詳細な時空的仮定（モデル）を置くことにより、もっと特定的・個別的な説明をしようとします。系統発生に関してどのような仮定なりモデルを立てているのかに関して分岐図（分岐樹）と系統図（系統樹）では基本的なちがいがあります。前者よりも後者の方が祖先に関してより複雑なモデルを立てているからです。

一般論として、プロセス仮定が何ひとつなければパターン認識はありえません（Beatty, 1994, p. 35）。たとえば、生物進化プロセスに関わる最低限の仮定を置かないと、形質と仮説を結びつける必然性がなくなるので、得られた分岐図の妥当性——形質情報に基づく経験的支持の相対的評価——を論じることができないからです（Sober 1988a）。このように考えると、パターン分岐学者のいう「パターンなくして、プロセスなし（No patterns — in general, no processes）」（Nelson and Platnick 1981, p. 35）と、進化モデルを重視する立場からの「モデルがなければ推論できない（No model, no inference）」（Sober 1988a, p. 199、訳書 p. 239）は、それぞれあてはまる〝場〟が異なっているというしかありません。つまり、パターンとプロセスはそもそもはっきり分離できるのかと問われれば、現実にはその対置関係は、絶対的ではなくむしろ相対的に捉えられるべきであるとするのが妥当でしょう（Fisher 1994, pp. 137-140）。十分に裏付けられた進化プロセスの仮定やモデルはパターンの一部に含まれると解釈してもかまいません。

一九九〇年代に入ると、分子系統学が急速に広まってきたこともあり、分子レベルの進化モデルをどのように系統推定論に組み込むかという問題意識が高まってきました。パターンとプロセスの対置にまた新たな光が当たることになります。それとともに、パターソンのように、かつてはすべての進化モデルを系統推定から排除すべきであると主張してきたものの、完全に〝滅菌〟された理論中立（theory-free）ではなく、現実的には理論最少（theory-minimal）なパターン認識が妥当だろうと許容するパターン分岐学者も出てきました（Patterson 1994）。

◇第十五景：最節約原理――樹形探索と仮想祖先形質状態復元の方法論［一九八一～一九八七］

【シーン15（原景）】【シーン15（異景）】

第1章の第四景で見たように、ドイツ体系学では、二〇世紀初頭のアーベルに始まりツィンマーマンやローレンツを経てヘニックにいたるまで、対象生物群の形質状態に関する方向性（polarity）――すなわち原始性と派生性の区別――に基づいて系統推定を行なう方法論が長年にわたって議論されてきました。派生的な形質状態を系統関係の近縁性を支持する証拠とみなして系統関係を復元する方法がヘニックの「**論証スキーム**」でした（**【図1-24】**と**【図1-25】**を参照）。

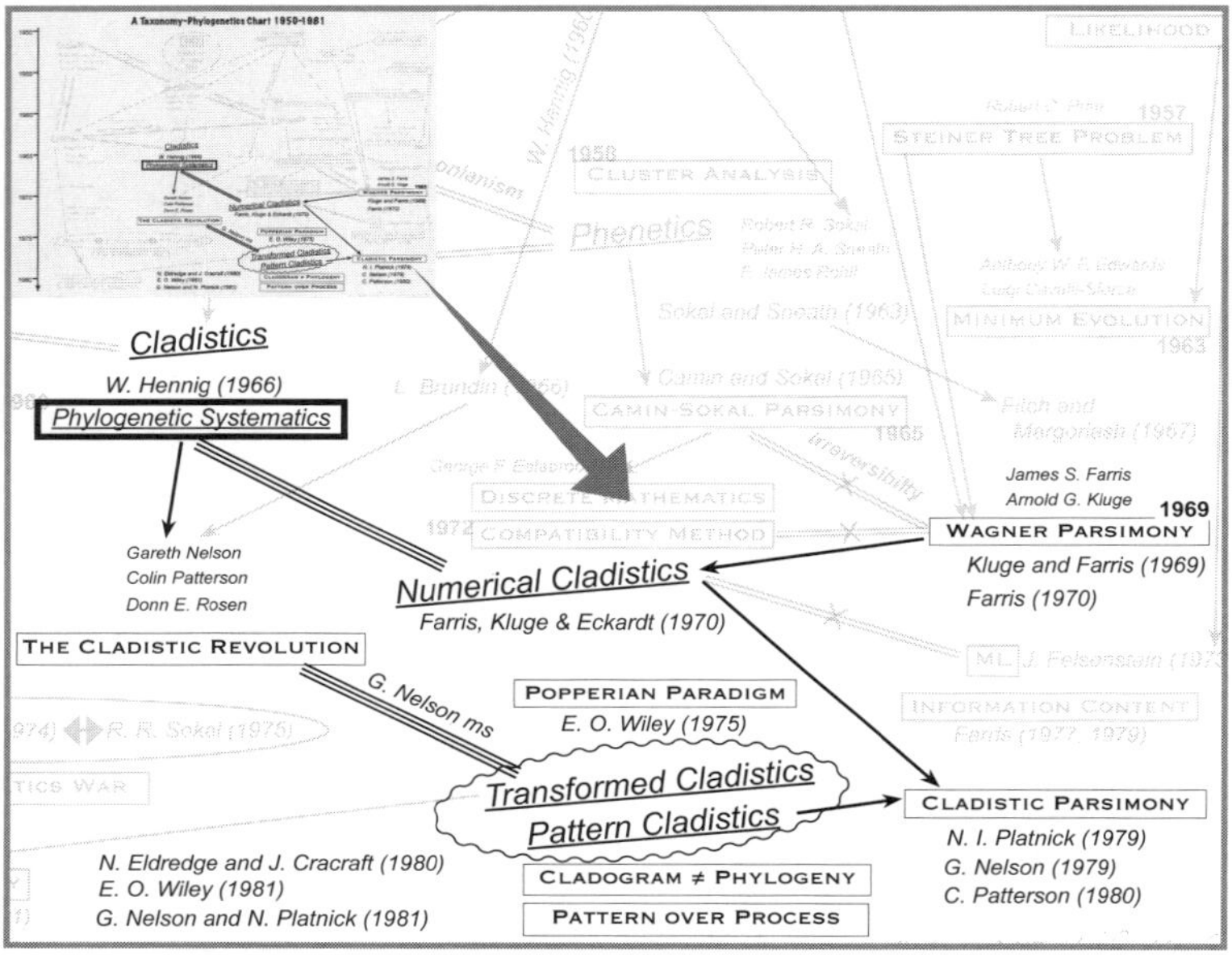

【シーン15（原景）】ヘニックの系統体系学が英語圏でパターン分岐学（発展分岐学）と数量分岐学のもとで展開していった（1970年代～1980年代にかけて）

しかし、そもそもどんな論拠で形質状態の方向性を決定すればいいのでしょうか。ツィンマーマンの提唱した形質系統論（Merkmalsphyletik: Zimmermann 1931, pp. 981-988）、あるいはレマネによる相同性判定の論議（Remane 1952）、そしてT・ポール・マスリン（T. Paul Maslin）が命名した形態傾斜（morpho-cline: Maslin 1952）では、ある相同な形質を構成する複数の形質状態がどのような進化的変遷を遂げてきたのかを推定する具体的な基準をどのように設定するかが大きな論点でした。

その後の系統体系学（分岐学）でも、この形質進化の方向性を判定する基準については活発な議論が続きました（Hennig 1966, pp. 95-99; Crisci and Stuessy 1980; Stevens 1980; Eldredge and

Cracraft 1980, pp. 53-67; Wiley 1981a, pp. 139-158; Kitching *et al.* 1998, pp. 48-68; Wägele 2005, pp. 181-195; Schuh and Brower 2009, pp. 97-105)。たとえば、ヘニック自身の論証スキームを実行するためにはあらかじめ形質進化の方向性を決定しなければなりませんが、「形質変換が生じた方向を直接的に知ることはできないので、いくつかの補助基準（accessory criteria）に頼ることにする」と述べています（Hennig 1966, p. 95）。

ヘニックのいう〝補助基準〟とは以下の三つです（Hennig 1966, pp. 95-99）。

- 古生物学的基準：より古い地質時代から出土した生物のもつ形質状態はより原始的である。
- 生物地理学的基準：発祥地よりも遠くに分布している生物のもつ形質状態はより派生的である。
- 個体発生的基準：個体発生段階の初期にあらわれる形質状態はより原始的である。

ヘニック以降の分岐学派の議論を通じて、「古生物学的基準」と「生物地理学的基準」の二つはいずれも棄却されました（Schuh and Brower 2009, p. 100）。古生物学的基準については出土時期の前後と形質状態の新旧が対応づけられないからであり、生物地理学的基準は地理的分布に関してヘニックが置いた仮定（「前進則（progression rule）」）が不適切であると指摘されたからです。さらに、経験則として広く用いられてきた「**多数決原理**（the commonality principle）」すなわち「対象生物群内で多数派を占める形質状態はより原始的である」という規則——第2章第十景のワーグナーが採用した基準——もまた理論的な欠陥があると現在では評価されています（Estabrook 1977; Eldredge 1979; Crisci and Stuessy 1980, pp.

117-120; Watrous and Wheeler 1981, pp. 1-4)。残る個体発生的基準については、パターン分岐学派の支持者が多いようですが、その有効性をめぐっては意見が分かれました（Nelson 1978a, 1985; Kluge 1985; de Queiroz 1985; Weston 1988, 1994)。

そして、これらに代わる形質進化の方向性を推定するための主たる方法として「**外群比較法**（outgroup comparison method)」が大きく注目されるようになりました。この外群比較法とは次の規則です。

「ある群における複数の形質状態をもつ形質について、それと近縁な群に見られる形質状態は原始的であると仮定される」（Watrous and Wheeler 1981, p. 5）

言い換えれば、ある内群（ingroup）に見られる複数の形質状態に対して、その内群と近縁な外群（outgroup）に見られる形質状態はより原始的（plesiomorphic）であり、内群にのみあらわれる形質状態はより派生的（apomorphic）であると判定する規則が外群比較法です。もっとも単純な外群比較法の例を【図3-9】に示します。いま対象生物群である内群をA＋B＋C、その内群と近縁であると仮定される外群をOとします。外群Oの形質状態が○であり、内群のうちAのみが形質状態○をもち、他のBとCが形質状態●であると仮定します（【図3-9】⑴)。このとき、外群比較法により、外群にも見られる○は原始的形質状態であり、内群のみに限定される●は派生的形質状態と判定されます（【図3-9】⑵)。その理由は、A＋B＋Cの共通祖先には形質状態○が、そしてB＋Cの共通祖先には●がそれぞれ配置されるので、両者を結ぶ内部枝において○→●という形質変換系列が導かれるからです（図(2)の矢印）。それと同時に、図(1)では内群の系統関係は不明でしたが、ヘニックの論証スキームによれば、BとCは派生的形質状態●の共有（synapomorphy）によって特徴づけられるある単系統群B＋Cを形成すると結論されます（図(2)の灰色部分）。

すでに第1章で見たように、ツィンマーマンやローレンツは実質的にこの外群比較法を用いてきたと考えられます。ヘニックがなぜ外群比較法について明示的に論じなかったかは理由がわかりませんが、彼の論証スキームによる系統推定が外群比較法を用いていたことはまちがいありません（Wiley and Lieberman 2011, p. 157）。ただし、ヘニックの場合、あらかじめ形質状態の変換系列を推定して形質状態の原始性と派生性を判定した上で、共有派生形質状態を証拠として姉妹群（単系統群）を構築するという逐次的な二段階を経るという特徴があります。ヘニックの系統体系学をそのまま受け継ぐ研究者たちは、外群比較法は完全無欠ではなく、他の方法を併用することにより、変換系列の方向性を決定すべきであると主張します（Lorenzen 1993, 1994; Wägele 1994, 2001, 2004, 2005）。

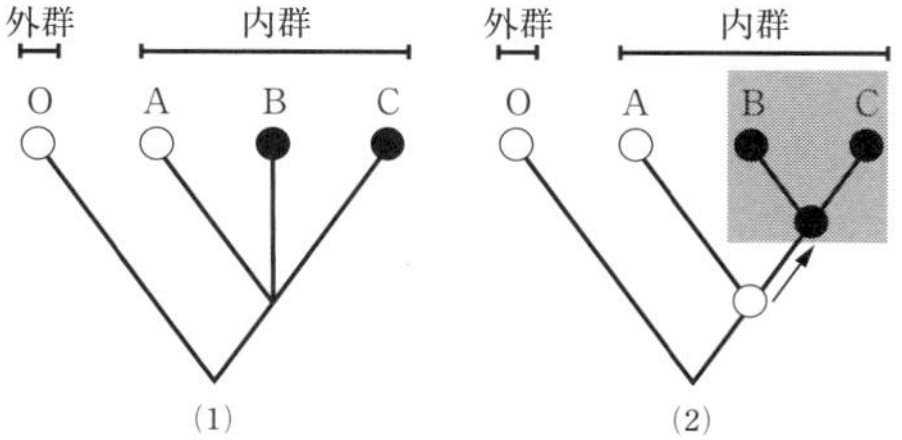

【図3-9】外群比較法による形質状態の方向性の推定

(1)：逐次推定。出典：原図

内群 A+B+C に対する外群Oを仮定するとき、内群のみに分布する形質状態●は派生的、外群にも分布する形質状態○は原始的と判定される。このとき●はBとCの共有派生形質状態とみなされるので、ヘニックの論証スキームにより単系統群 B+C であると結論される。

この外群比較法は一九七〇年代に入ってからは英語圏の分岐学派では広く用いられはじめました（Kluge and Farris 1969;

Lundberg 1972; Ross 1974)。外群比較法が普及するとともに、この方法のいくつかの問題点が表面化してきました。もっとも重要な論点は外群比較法を逐次的に実行する必要はあるのかという点でした。説明したように、従来は、外群に基づいてあらかじめ形質状態の原始性と派生性を判定したのちに、共有派生形質状態に基づく系統推定を行なうという逐次推定をしていました。しかし、この逐次法のもとでは、複数の外群を設定したときに、それらの形質状態が単一でなければ内群の方向性が推定できないという問題が生じる可能性があります (Donoghue and Cantino 1984)。さらに、外群はあくまでも仮に設定されただけの暫定的なものであり、実際に系統推定した結果では、内群の一部が外群に入り込んだり、あるいは逆に外群と想定されていたのに実は内群に属していたということも起こりうるでしょう。

分岐学における逐次的な外群比較法は実は不完全なのではないかという点が一九八〇年代に議論されるようになった背景は、この時期の分岐学派の展開と分派を考える上できわめて重要です。その理由は、「**最節約原理**(the principle of parsimony)」に基づく系統推定という考え方が分岐学派の最前面に押し出されてくる時期とちょうど重なっているからです。のちほどさらにくわしく述べますが、生物系統学と科学哲学(とくにカール・ポパーの反証理論)とが密接に関わるようになったのは一九七〇年代なかばからのことです (Wiley 1975)。かつて一九六〇年代のカミン - ソーカル最節約法(前章第八景)やワーグナー最節約法(同第十景)で議論された最節約法は現実の形質進化過程に関する何らかの〝最小化(最少化)〟を意味していたのに対し、一九七〇年代以降の分岐学派が推し進めた「**分岐論的最節約法**(cladistic parsimony)」は、むしろ系統仮説の科学的検証のための方法論的基準として最節約原理がもつ意義に重点を置いていました (Sober 1988a)。方法論的な**最節約性**(parsimony)はアドホックな補助仮定を最少

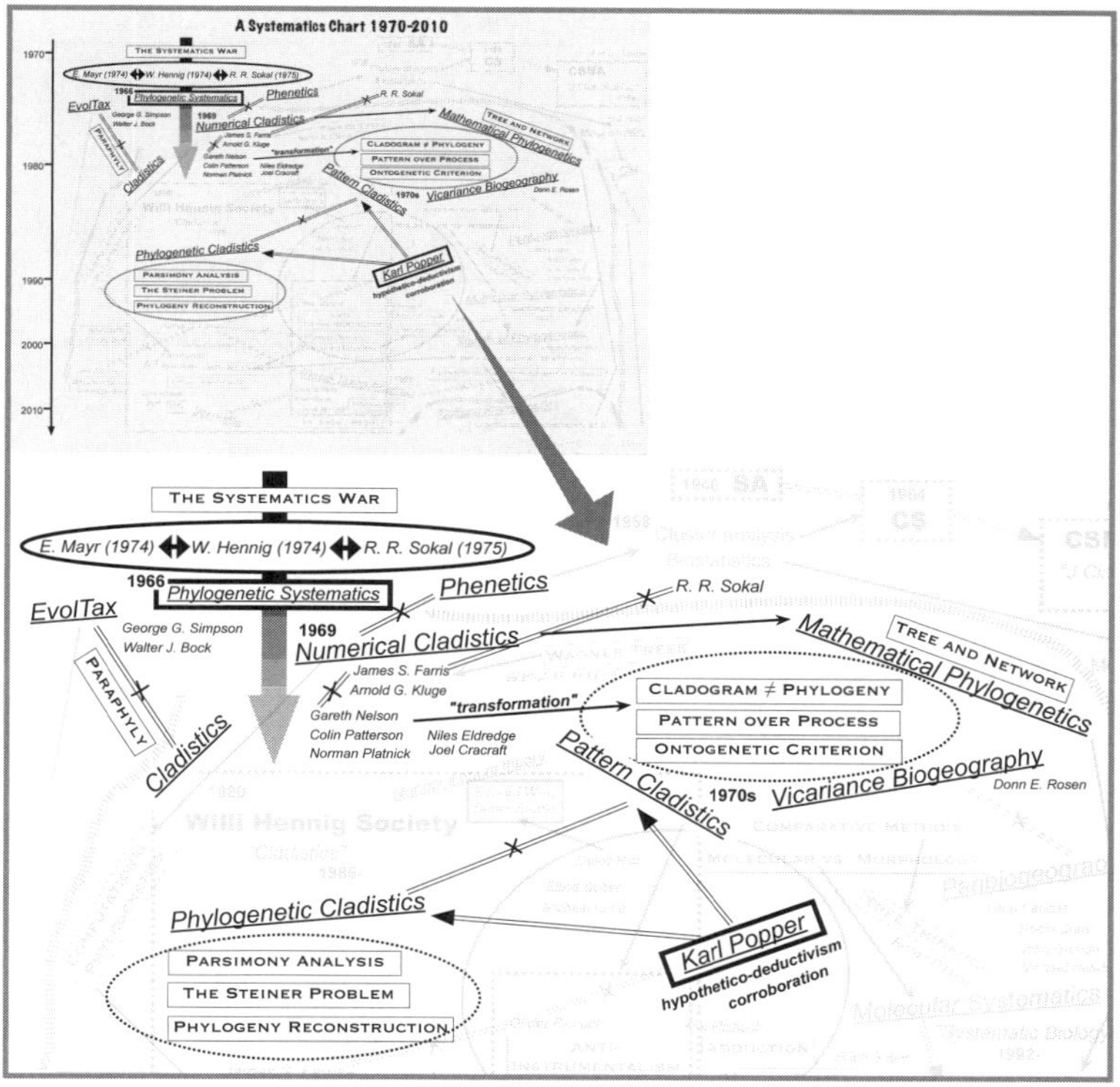

【シーン15（異景）】ヘニックの系統体系学の英語圏での展開はポパーの科学哲学とどのように関わったか（1970年代～1980年代にかけて）

化するという意味で仮説の**単純性**（simplicity）と関連づけられ、それは系統仮説の**反証可能性**（falsifiability）を保証するという主張につながっていきます。

それでは、外群比較法がどのような点で最節約原理と関わってくるのかを考えることにしましょう。【図3-9】では、ヘニックの論証スキームに沿って外群比較法の説明をしましたが、この事例を別の視点から見直します（【図3-10】）。いま、内群A、B、Cに対する

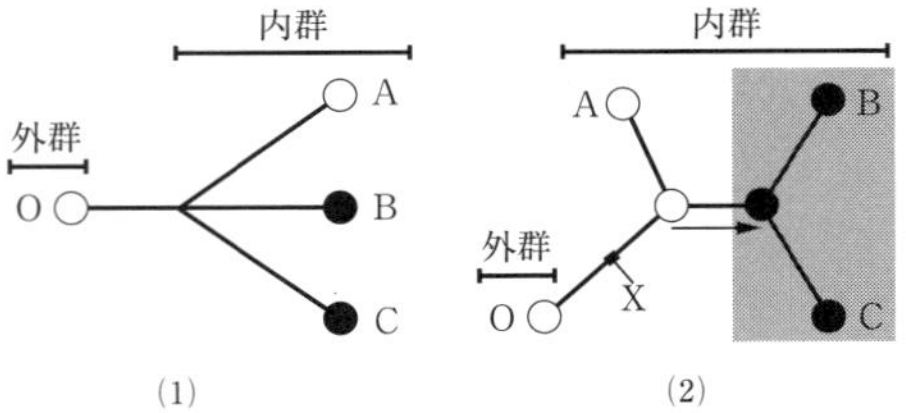

【図3-10】外群比較法による形質状態の方向性の推定
(2)：同時推定。出典：原図
内群 A+B+C とその外群 O をひとまとめにして（図(1)）、与えられた形質状態の分布データに基づいて最節約基準のもとでベストの系統*X*樹（シュタイナー樹）を探索する（図(2)）。得られた無根樹を外群によって有根化することにより、形質状態の方向性に関しては【図3-9】と同一の結論が得られる。

ある外群Oを設定します。しかし、ここでの外群は系統関係が未確定ですから、内群が外群を除外する単系統群を成すと事前に仮定することはできません。つまり、暫定的な内群と外群とをあらかじめ区別する論理的理由はないということです。そこで、内群と外群をひとつの群とみなすならば、私たちが手にしている形質情報はOとAには形質状態○が、そしてBとCには状態●が分布しているということだけです。A、B、C、O間の系統関係は不明ですから、**無根樹**（unrooted tree）として図示するならば図(1)のような多分岐のダイアグラムとして図示されるでしょう。

　私たちの直面する課題は、図(1)を出発点としてA、B、C、Oを端点とする系統*X*樹（第2章第八景）を最節約的に構築することです。端点が四つある場合、完全二分岐的な系統*X*樹は二つの内点（シュタイナー点）をもちます。論理的に可能な三つの無根樹の樹形のなかから、与えられた形質状態分布の情報から最節約的な無根樹を探すと図(2)のようになります。この最適な系統*X*樹（シュタイナー樹）の二つの内点のうち、OとAに直結する内点は形質状態○をもつのに対し、BとCに直結する内点は状態●をもつと仮定されます。

　系統*X*樹そのものは端点を内点によってつなぐダイアグラムにすぎないので、祖先子孫関係という概念を含んではいません。しかし、いったん最節約的にベストな系統*X*樹が発見できたならば、祖先子孫関係を〝事後的〟に付与することができます。いまの場合、外群Oを内群A、B、Cに対して〝原始的〟であると仮定するならば、図(2)のある「X」を根とする**有根樹**（rooted tree）を構築することができます。この「**外群有根化**（outgroup rooting）」によって無根樹から有根樹を導き出せば、図(2)の矢印が示すように、一方の形質状態○は原始的であり、他方の形質状態●は派生的であるという形質状態の変換系列に関する方向性が示されます。また、共有派生形質状態●に基づく単系統群B＋Cは図(2)の灰色部分に示されています。要するに、【図3-9】とまったく同じ結論が得られるということです。

この【図3-10】に示した方法は、ヘニックの論証スキームのような形質の方向性推定と分類群の単系統性探索を〝逐次的〟に実行する従来の方法とは異なり、最節約基準のもとで方向性と単系統性を〝同時〟に決定するという点で大きなちがいがあります。分岐学の方法論を逐次推定ではなく同時推定に基づく最節約法として再定式化するという改革を、数量分岐学は一九七〇～八〇年代にかけて強力に推し進めました（Farris 1982a, b, 1983, 2008; Maddison *et al.* 1984; Nixon and Carpenter 1993）。

最節約法に基づく形質変換系列の方向性と分岐図の樹形の〝同時推定〟は、一九八〇年代以降の分岐学における標準的な手法として普及していきます（Wiley *et al.* 1991; Mayden and Wiley 1992）。それと並行して、形質情報をもつ端点（ＯＴＵ）に基づいて内点（ＨＴＵ）への形質状態をいかにして最節約的に配置するか――「**最節約復元**（MPR: most parsimonious reconstruction）」と呼ばれます――という離散最適化問題は数理的アプローチからの研究をさらに加速させることになりました（Maddison *et al.* 1984; Swofford and Maddison 1987, 1992。詳細は三中 1997, pp. 179-187, 222-237 を参照のこと）。

私自身も一九九〇年代には分岐図上での最節約復元に関する理論的研究を手がけたことがあります

(Minaka 1993; Hanazawa *et al.* 1995; Hanazawa and Narushima 1997)。分岐図上で仮想共通祖先の形質状態を最節約復元するという問題は、最節約分岐図の樹形を推定するという最高難度の系統シュタイナー問題に比べて注目度が低かったという点は確かに否定できません。しかし、形質状態の変換系列に関する進化的考察や種間比較における形質間の関連性の評価など系統関係を踏まえた形質分析を実行するときには、分子系統学が広く普及した現在もなお、樹形推定だけでなく形態や生態などマクロな形質の仮想祖先形質状態の復元が必要になる場合が少なくありません (Ridley 1983; Harvey and Pagel 1991; Harvey *et al.* 1996; Brooks and McLennan 2002; Avise 2006)。その理論的基盤となる、端点 (OTU) が固定されたときの分岐図 (系統*X*樹) の内点 (HTU) がとりうる形質状態の組合せの網羅的探索——最節約復元集合 (MPR-set) ——とそれらの代数的性質に関しては現在にいたるまで研究が続いています (宮川・成嶋 2000, 2001, 2002; Narushima and Misheva 2002; Miyakawa and Narushima 2004; Agnarsson and Miller 2008)。

系統樹構築を数理とコンピューターを用いて実行する数量分岐学の考え方は、ヘニックの系統体系学とは相容れない (あるいは同一ではない) とする研究者は少なくありません (たとえば Wägele 1994, 2001, 2004)。しかし、一九六〇年代以降の生物体系学の歴史をふりかえるならば (第1章の第五景、第2章の第八景と第十一景)、コンピューターの利用そのものは分岐学派と表形学派の区別なく広まっていった一般的傾向であると考えていいでしょう (Hagen 2001; Vernon 2001)。生物学史家のベケット・スターナー (Beckett Sterner) は、一九六〇年代の数量表形学 (と数量分岐学) というローカルな科学分野での道具として用いられた数学とコンピューターが、その後の生物体系学のグローバルな発展過程のなかにしっかり組み込まれていったと指摘します。スターナーは、体系学における数量的アプローチ特有の「知的視野（epistemic vision）」――すなわち「つかみどころがない問題群を原理原則に基づく作業の再構成によって解決するための実行可能な方策」（Sterner 2014, p. 216）――のおかげで、従来の生物分類研究では入り混じっていた個別分類群に限定される部分とより一般的な方法論に関する部分とが別個に切り分けられ、後者の研究が数学とコンピューターの導入により大きく進歩したと主張します。確かに、その後の分子系統学における統計学や数学の理論研究とコンピューターを用いた大規模計算やシミュレーション研究の進展を考えるならば、半世紀前の数量的アプローチの知的視野は連綿と継承されてきたことがよくわかります。

後述するように、一九九〇年代以降、分子体系学が広まるとともに、統計学や数学の知識あるいはプログラミングの技能が体系学者に求められるようになってきました。生物学者は数学や統計学がもともと苦手などという弁解が通じる時代ははるか昔のこととなり、数理リテラシーとコンピューターのスキルを兼ね備えた研究者たちの論文が『システマティック・バイオロジー』誌や『クラディスティクス』誌など生物体系学の専門誌に現在ではごく当たり前に掲載されています。しかし、かつて私が学会デビューをしてまもない一九八〇年代後半は、生物体系学に関わる数学や科学哲学の発表をしても、超高名なある土壌動物学者からは「あなたの発表はいったい何の役に立つんでしょうねえ」と言われたり、これまた有名な甲虫学者には「三中さんも何か実際の生物を扱わないとダメなんじゃないですか」と諭されたりなどなどほろ苦い経験を数知れず重ねてきました。そういう〝暗黒時代〟を思い起こすとき、ああ時代は変わったなあと実感せざるをえません。

◇第十六景：ヴィリ・ヘニック学会――創立から論争そして対立へ［一九八〇〜現在］【シーン16】

第1章の第三景では一九五二年に創刊された『システマティック・ズーロジー』誌の編集方針に言及しました。個々の分類群に限定されない一般的原理――その創刊号には「体系学のすべての分野に関わる根本的な側面、原理、そして諸問題の考究」と書かれている（Systematic Zoology, vol. 1, no. 1, 1952）――を論じるという基本綱領を、この雑誌の母体である動物体系学会（ＳＳＺ）は一貫して掲げ続けてきました。ここでいう一般的原理に関する議論を一九六〇年代の数量的アプローチがもたらした新たな〝知的視野〟から見たとき、数学と統計学の理論に依拠したコンピューター集約型の体系学の擡頭と将来にわたる方向はすでに予期されていたと言うべきでしょう。

同様に、本章の冒頭で述べたように、『クラディスティクス』誌（【図3-11】）が「これからも結果の再現可能性と主張の明確性そして哲学的な妥当性に立って論文を刊行していく所存である」(Anonymous 2016, p. 1) というヴィリ・ヘニック学会（ＷＨＳ）の基本路線を再確認したことは、ＷＨＳに参集する分岐学派が、現在もなお科学哲学的アプローチ――数量的アプローチとは異なる――に基づく〝知的視野〟に立って生物体系学を見渡していることを私たちにはっきり示しています。

これまで述べてきたように、英語圏で展開した「分岐学派」をひとくくりにして呼ぶには、その研究者コミュニティー内での〝振れ幅〟や〝変異〟は予想以上に大きく、学派内でのさまざまな論争や対立が現在にいたるまで続いているのが実情です。分岐学と最節約法との〝合体〟――分岐論的最節約法のひとつの側面――は、ヘニックのもともとの系統体系学からは看過できない〝逸脱〟であるとみなされ、

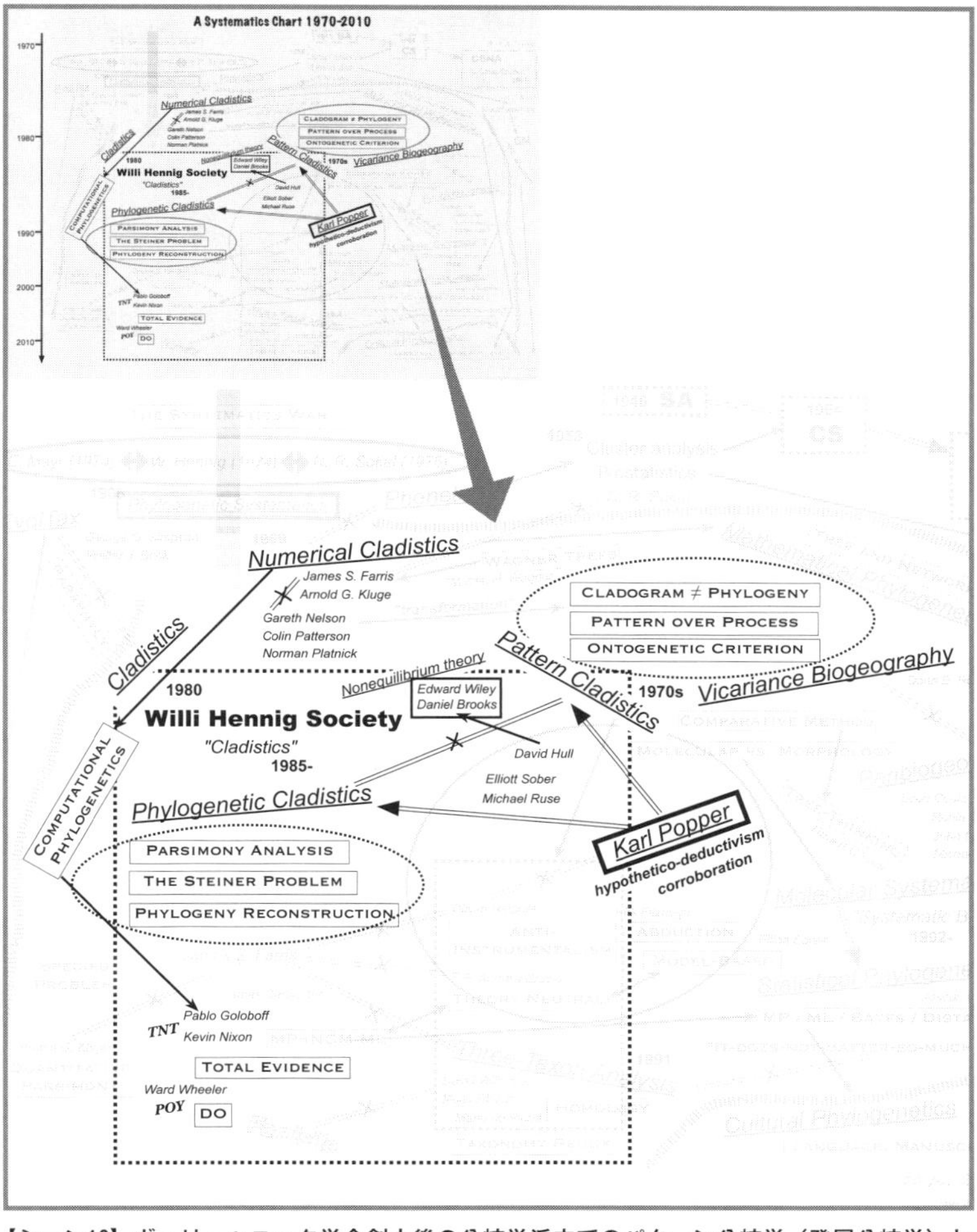

【シーン16】ヴィリ・ヘニック学会創立後の分岐学派内でのパターン分岐学（発展分岐学）と系統分岐学（数量分岐学）との対立（1980年代〜1990年代にかけて）

【図3-11】『クラディスティクス』誌の創刊号
（第1巻第1号1985年発行）

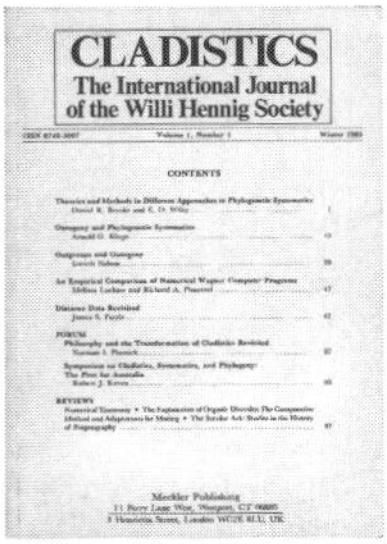

WHSの学会誌として現在まで続いている。「徹底的に議論する」のがこの学会の伝統で、年次大会の講演に続く質疑でも“時間切れ”で打ち切りという規則はなく、定刻を超過しても延々とやり取りが続くことがある。『クラディスティクス』誌にもそういう雰囲気が漂っていて、通常の原著論文とは別に、ややインフォーマルな「フォーラム」欄や速報的な「レター」欄があって、丁々発止の激論や罵倒（？）合戦がたまに繰り広げられたりしている（とある学会創設者がもっとも“好戦的”だったりする）。他の学会誌ではまず見られないような“お行儀の悪い”ふるまいは昔からやんちゃな〝ホット-タブ・クラディスト（hot-tub cladists）”（Carpenter 1987）ならしかたないだろうと私は納得しているが、納得しない人もいる。

逐次推定を支持する形質整合性法（クリーク法）と同時推定を推進する分岐学（数量分岐学）との間で激しい学派間論争が起こったこともあります（Meacham 1984, 1986; Farris and Kluge 1985; Donoghue and Maddison 1986; Duncan 1984, 1986）。双方とも〝分岐学〟の看板を掲げてはいましたが、その内実には大きなちがいがありました。

先の第十四景でのパターン分岐学（発展分岐学）もまた最節約基準を原理として用いることにより体系学的パターンを発見するという目標を設定しました。パターン分岐学における最節約原理の典型的な位置づけは次のとおりです。

> 「最節約的な仮説とはデータセットに対する仮定（形質変化のステップ数）を最少化する仮説である。最節約性は事実上無数の系統仮説のなかから形質の一致に基づいて最良の仮説を選択する上で必要な方法論的道具である」（Grande and Rieppel 1994, pp. 275-276）

最節約基準に則って形質進化や系統仮説の推論を行なうという点では、パターン分岐学と系統分岐学とは、たとえ哲学的な見解の対立はあったとしても、実質的にはちがいはありませんでした。分岐学の〝派内変異〟がどれほど大きかったとしても、他学派との隔たりに比べればまだ小さかったことはヴィリ・ヘニック学会の成立の背景をたどるとよくわかります。

ロバート・ソーカルら数量表形学派がまだ少数派にとどまっていた一九六〇年代後半は、彼らがどこの学会に参加しても、まともに受け入れられない部外者として〝疎外〟されていたようです。そこで数量表形学派は自らのための「数量分類学会議（NT：Numerical Taxonomy Conference）」を毎年開催することにしました（Hull 1988, p. 127）。その第一回会議（NT-1）は一九六七年に当時ソーカルがいたカンザス州立大学で開催されました。自前の年会をもつことにより、数量表形学派は他学派との非生産的な論争を回避して、数量表形学のための議論を深められると考えたわけです。

その一〇年後の一九七〇年代末には、分岐学派もまったく同様の状況にありました。宿敵たちに囲まれる数量分類学会議（NT）はもちろん、動物体系学会（SSZ）の年会に参加しても、分岐学派は対立する他学派とのはてしない論争が待ち受けていました。そこで、ファリスを中心とする分岐学派は新たな学会組織――ヴィリ・ヘニック学会（WHS：Willi Hennig Society）――を立ち上げることにより、分岐学のための議論の場を確立しようとしました。このヴィリ・ヘニック学会の第一回年次大会（Hennig I）は一九八〇年にカンザス州立大学で開催され、それ以後、現在にいたるまで毎年開催されています（Hull 1988, pp. 189-190）。翌年に出版された年次大会論文集『分岐学の進歩』の冒頭の序文で、編者たちはWHSの創立についてこう書いています。

「これまで一〇年以上にわたり、系統学者は学会や論文を通して反ヘニック主義者（non-Hennigians）からの反論や批判に応えてきた。一九七〇年代も終盤になり、目新しい反論はもう出てこないし、かつての論戦から真の意味で脱却できる新たな方法もないことがはっきりしてきた。古臭いドグマを振り回す相手といつまでも対峙し続けるだけでは体系学の改良と進歩にはつながらないということで、一九七九年にハーヴァード大学で開催された第一三回数量分類学会議に参加した分岐学者たちは、ヘニック主義者である体系学者たちがまとまって集団をつくる機が熟したと決議した」（Funk and Brooks 1981, p. vi）

数量分類学会議が学会の形式を取らないインフォーマルな研究者コミュニティーだったのに対して、分岐学派がひとつの学会組織を立ち上げることをめぐっては賛否両論があったようです（本章の冒頭に挙げたエピソードで言及したように）。ガレス・ネルソンとドン・ローゼン（そしてコリン・パターソン）はWHSの立ち上げに強く反対したとのことです（Hull 1988, p. 189）。Hennig I がローレンス（カンザス）で開催されたのは一九八〇年一〇月一〇日～一二日でしたが（Schuh 1981）、その半月後の同年一〇月三一日～一一月二日にノーマン（オクラホマ）でNT-14が開かれました（Fitch 1981）。翌年の一九八一年は、まったく同じ一〇月二日～四日に、しかも同じアナーバー（ミシガン）で、Hennig II（Fink 1982）とNT-15（McNeill 1982）が別々に開催されました。学会が別々に分かれることにより研究者間の対話が妨げられることがあるというのは残念ながら事実ですが、もとより納得した上でのことだったのでしょう。一九八一年の Hennig II 講演論文集『分岐学の進歩2』は二年後にコロンビア大学出版局から刊行されました（Platnick and Funk 1983）。続く一九八二年開催の Hennig III の論文集もまた『分岐学の進歩3』としてコロンビア大学出版局から出されることが予告されていました（Stevens 1983; Sober 1983b, p. 357）。しかし、先行する二冊の論文集の売り上げが期待されたほど振るわなかったこともあり、コロンビア大学が乗り気ではなかったため、急遽WHS独自の学会誌『クラディスティクス』を一九八五年に創刊したという経緯があるようです（Hull 1988, p. 264）。

◇第十七景：分断生物地理学——体系学から地理的分布パターンへの外挿［一九七四～現在］

【シーン17（原景）】【シーン17（異景）】

生物地理学の歴史をふりかえるとき、地球上の地域ごとになぜさまざまな動植物が分布しているのかは大きな謎でした（Nelson 1978b）。西洋社会で生物進化という観念が登場する前は、『創世記』に書かれたとおり、大洪水のあとアララット山に漂着したノアの箱舟からすべての生物が全世界に広がっていったというキリスト教に則った生物地理学的な説明が広まっていました（Browne 1983）。生物がその「発祥地（center of origin）」から移動することで現在の地理的分布の成立が歴史的に説明できるという考えは、一九世紀以降も長くその影響を及ぼし、二〇世紀に入っても分散生物地理学（dispersal biogeography）として現代まで続いています（Nelson and Ladiges 2001）。

たとえば、エルンスト・ヘッケルの『自然創造史』の巻末に付けられている折り込み彩色図版は、地球上のヒト集団の分布を彼が発祥地と仮定した中東地域（現イラン付近）を根とする系統樹を世界地図に

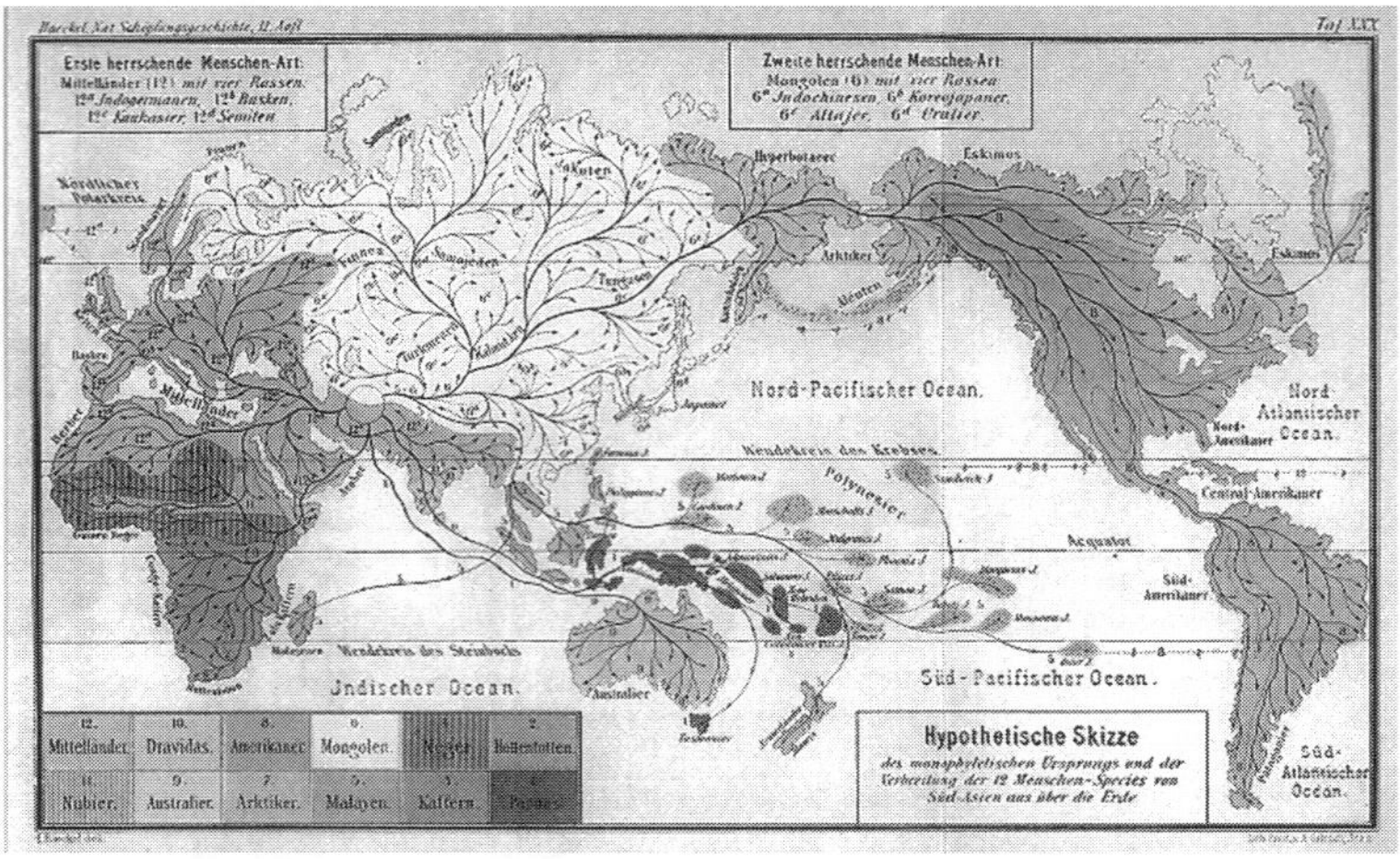

【図3-12】ヘッケルによる人類の移動分散地図　出典：Haeckel 1868 [1911], Tafel XXX.

マッピングすることにより可視化しています(Haeckel 1868【図3-12】)。その発祥地から東西南北に伸びていく系統樹の枝葉は、旧大陸のヨーロッパやアフリカはもちろんユーラシアを覆いつくし、さらにはベーリング海峡を超えてアメリカ新大陸の南端へ、そしてオーストラリアからポリネシアの島々へと広がります。もちろん、ヘッケルの描いた系統樹マップはその大部分が想像の産物であることは言うまでもありません。しかし、発祥地からの移動分散という生物地理学的な観念のイメージ化としてはみごとな図像と断言できます。

　共通祖先が誕生した発祥地からその子孫たちが他地域に分散していったという説明は、それぞれの生物に特有の移動能力(歩行・飛翔・遊泳など)とともに偶然的な自然運搬(風・水流・潮流など)を想定すれば確かに納得できることもあるでしょう。とりわけ、生息域の位置関係が地質学的に不変だったという仮定のもとでは、分布を広げるためには能動的であれ受動的であ

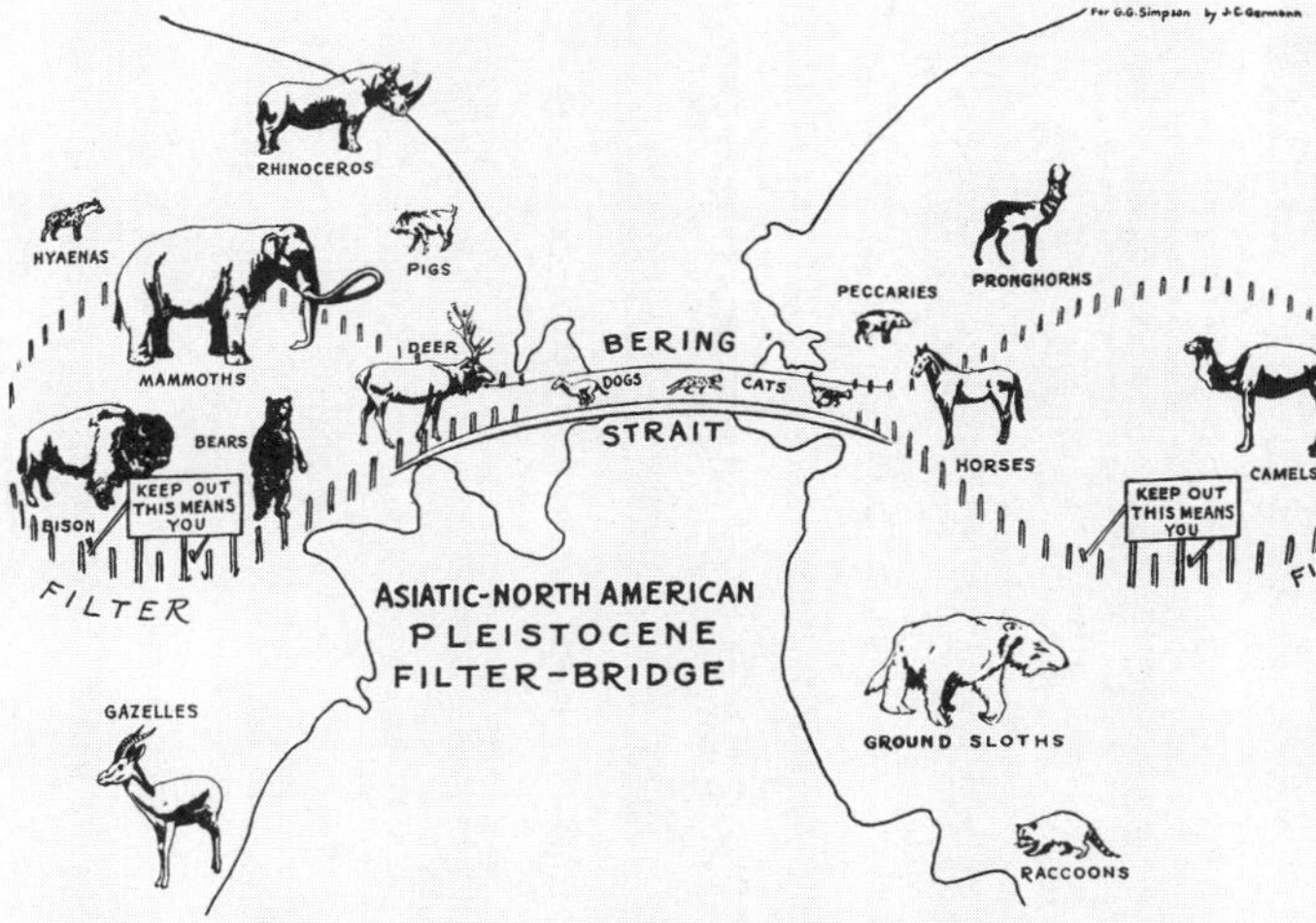

Fig. 4.—Diagrammatic conception of Asia-North America Pleistocene filter-bridge.

【図3-13】ベーリング陸橋の概念の説明図　出典：Simpson 1940a, p. 150, fig. 4.
新生代第四紀更新世の氷河期にアジア大陸と北米大陸との間にあったとされる「ベーリング陸橋（Bering land bridge）」。隔離分布を説明するために仮定された陸橋のなかには、それなりの根拠のあるものもあれば、具体性に乏しいものもあった。

れ生物が〝動く〟しかないからです。遠距離隔離された近縁生物群の地理的分布を説明するために、従来は遠隔地をまたぐ仮想的な「陸橋（land bridge）」を介した分散移動を仮定することがほとんどでした。たとえば、進化分類学者のジョージ・G・シンプソンは、陸橋概念のもつ生物地理学的意味について考察する論文を一九四〇年に出版しています（Simpson 1940a【図3-13】）。

しかし、それぞれの生物群の分散による説明だけでは、同一の地域に分布する複数の生物群が類似する地理的分布パターンをもつという事例の説明が難しくなります。分散の主体が生物であるのに対して、生息する地域の過去の地史が生物地理に与えた影響に着目しようという新たな考え方が二〇世紀に入って登場します。気象学者アルフレート・ヴェゲナー（Alfred Lothar Wegener：一八八〇－一九三〇）は、主著『大陸と海洋の起源（*Die Entstehung der Kontinente und Ozeane*）』（Wegener 1915［1929］）において「大陸移動説」を提唱し、大陸の位置関係は地質時代を通じて絶えず変化してきたと主張しました（Parenti and Ebach 2009, pp. 4-6）。生物だけでなく地域もまた時空的に変化するという基本認識は生物地理学にも大きな変革を迫りました。

大陸移動説からプレート・テクトニクスにいたる地球科学の現代史は論争の連続でした（泊 2008）。大地が動くというこの新しい観念は生物地理学のなかでも受容と拒絶の賛否が分かれましたが、大きな注目を集めたことは確かです。一九三〇年代はじめには、ソヴィエトの植物学者エフゲニ・ウラジミロヴィチ・ヴルフ（Evgenii Vladimirovich Wulff：一八八五－一九四二）が早くもヴェゲナーの学説に則って植物地理学を論じる著作『歴史的植物地理学入門（*Введение в историческую географию растений*）』を発表しました（Вульф 1932）。陸橋を介した分散移動による説明に反対するヴルフは、大陸と海洋の配置が昔も今も不変であるという前提のもとで、そのような生物地理学的な説明をすることはもともと不適切であり、ヴェゲナーの大陸移動説に基づく新たな再検討が求められていると主張しました（Вульф 1932, pp. 277-313, 英訳 pp. 173-196）。

ヴルフと同時代の甲虫学者ルネ・ジャネル（René Jeannel：一八七九－一九六五）もまた大陸移動説を動物地理学にとりこもうとしたひとりです。さまざまな昆虫群の地理的分布の分析を踏まえて、彼は『陸上動物相の成立：生物地理学の基礎（*La genèse des faunes terrestres: elements de biogéographie*）』を著しました（Jeannel 1942）。この著書のなかでジャネルは南極横断分布の事例を取り上げています。彼は一九三〇年代に手がけたMigadopidae科（甲虫目オサムシ亜目オサムシ上科【図3-14】）に関する分類学的研究を踏まえて（Jeannel 1938）、その南極横断分布パターン（【図3-15】）に関する考察をしています（Jeannel 1942, pp. 201-204）。

飛翔能力に乏しいこのゴミムシ類がなぜ南極大陸をはさんで遠距離に隔離された地理的分布をするようになったかという大きな疑問に対して、ジャネルはこれらの地域がまだひとつに合体していた中生代のゴンドワナ大陸に共通祖先が存在し、大陸移動によってゴンドワナが分裂することにより現在の南極

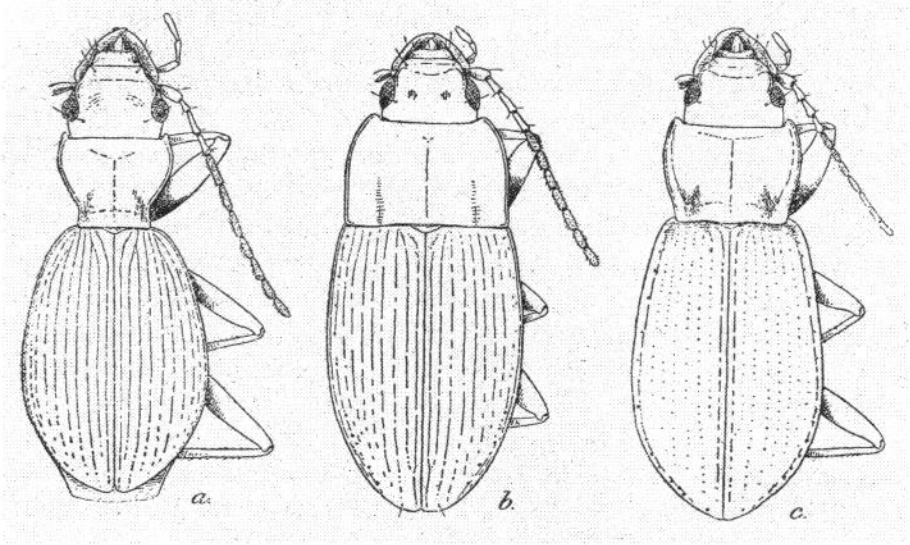

【図3-14】南極横断分布をする Migadopidae 科ゴミムシ3種　(a) ニュージーランド産; (b) オークランド諸島（ニュージーランド）産; (c) ティエラ・デル・フエゴ産（チリ）。出典：Jeannel 1942, p. 202, fig. 72.

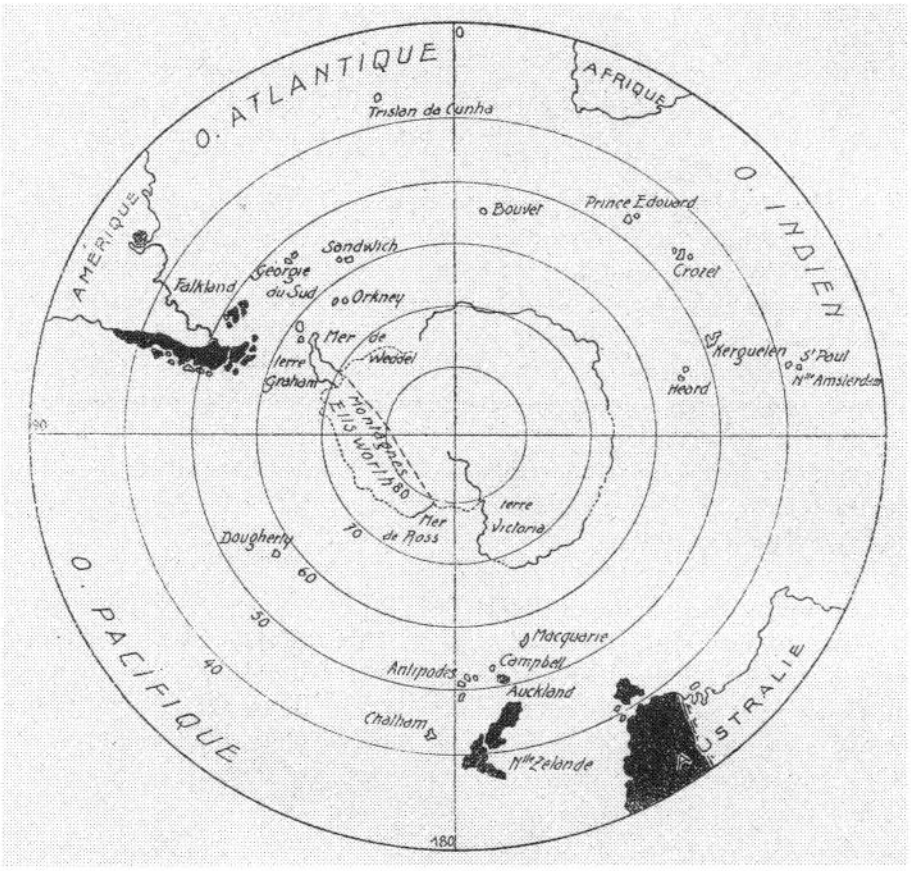

【図3-15】Migadopides 科の分布　オサムシはオーストラリア、ニュージーランド、タスマニアおよび南米大陸のチリという南極横断分布をしている。出典：Jeannel 1942, p. 203, fig. 74.

横断分布が生じたと推定しました。

大陸移動という地史的現象によって生物地理学の説明をするという立場に対して、分散移動をより重視する研究者からは当然の反論が出されました。たとえば、ジャネルと同じくオサムシ・ゴミムシ類の著名な研究者だったフィリップ・ダーリントン（Darlington, Philip J., Jr.: 一九〇四－一九八三）は、シンプソンが主張する分散移動を重視する立場から（Darlington 1957）、ジャネルの提示した大陸移動による説明ではなく、飛翔能力の高い祖先が温帯域から南に遠距離移動して現在の生息域にそれぞれたどり着いたと考えれば説明がつくだろうと批判しました（Darlington 1965, pp. 38-50）。彼らの論争を通して垣間見える景色は、生物地理学における分散説と分断説との対立はすでに第二次世界大戦前から始まっていて、生物の地理的分布と系統関係との関連づけが焦点となっていたということです。

陸橋による移動分散による地理的分布の説明に対して強硬に反論したもうひとりの研究者は、植物地理学者レオン・クロイツァ（Léon Croizat: 一八九四－一九八二）でした（Cf. Nelson 1973a, 1978b; Craw 1984; Heads and Craw 1984; Zunino 1992; Llorente *et al.* 2000）。クロイツァは、動植物の分布パターンの重複を手がかりにして、それらの地理的分布を統合的に説明するための「汎生物地理学（panbiogeography）」の理論を一九五〇年代以降の膨大な著作を通して公表しました（Croizat 1952, 1958, 1961, 1964, 1975, 1976a, b）。クロイツァの独特の文体と過激な言動はたびたび物議を醸しましたが、彼の汎生物地理学の理論はその後ニュージーランドに強力な同調者たちを得ることになります（Craw and Gibbs 1984; Craw *et al.* 1999; Ebach 2017）。二〇世紀末のクロイツァの汎生物地理学とその学問的影響については『生物系統学』でもくわしく述べました（三中 1997, pp. 129-137）。さらに二一世紀に入ってからは中南米のラテンアメリカ諸国で汎生物地理学は勢力を得て現在にいたっています（Llorente and Morrone 2001; Zunino and Zunini 2003; de Carvalho and Almeida 2011, 2016; Morrone and Escalante 2016）。汎生物地理学がたどった現代史は科学者コミュニティーの時間的動態と国境を超えた地理的様相を考える上でとても興味深い素材を提供しています。

今から三〇年前の日本国内に目を向けると、一九八六年一一月七日から一〇日に大阪の千里阪急ホテルで、当時〝構造主義生物学〟を唱導した柴谷篤弘（一九二〇－二〇一一）らが中心となって〈生物学における構造主義に関する大阪ワークショップ（Osaka Workshop on the Structuralism in Biology）〉を開催しました。国内外の研究者を集めて開かれたこの国際ワークショップの講演要旨一式が私の手元にあります（講演論文集は五年後に出版されました。柴谷他 1991）。それを見るとこのワークショップの講演者には汎生物地理学を支持するロビン・クロウや千葉秀幸（一九六一－）が含まれていることがわかります（Craw 1986［クロー 1991］; Chiba 1986［千葉 1991］）。当時の反主流派の進化学の思潮とクロイツァの汎生物地理学が親和的だったという点は科学史の一問題として捉えれば興味深いできごとでした。

クロイツァという名前を私が初めて知ったのは『システマティック・ズーロジー』誌に掲載された論文でした（Croizat *et al.* 1974）。分岐学派のネルソンやローゼンとの共著として書かれたクロイツァの論文はその後の「**分断生物地理学**（vicariance biogeography）」の旗揚げともなる記念碑でした。それを読んだ私はてっきりクロイツァは分岐学派に近い立場かと誤解したのですが、実情はまったくちがっていたようです。ハルによれば、もともとクロイツァから投稿された単著の論文原稿は、査読拒絶が繰り返された結果、クロイツァに対して同誌の編集委員だったネルソンがローゼンとの共著論文として書き換え

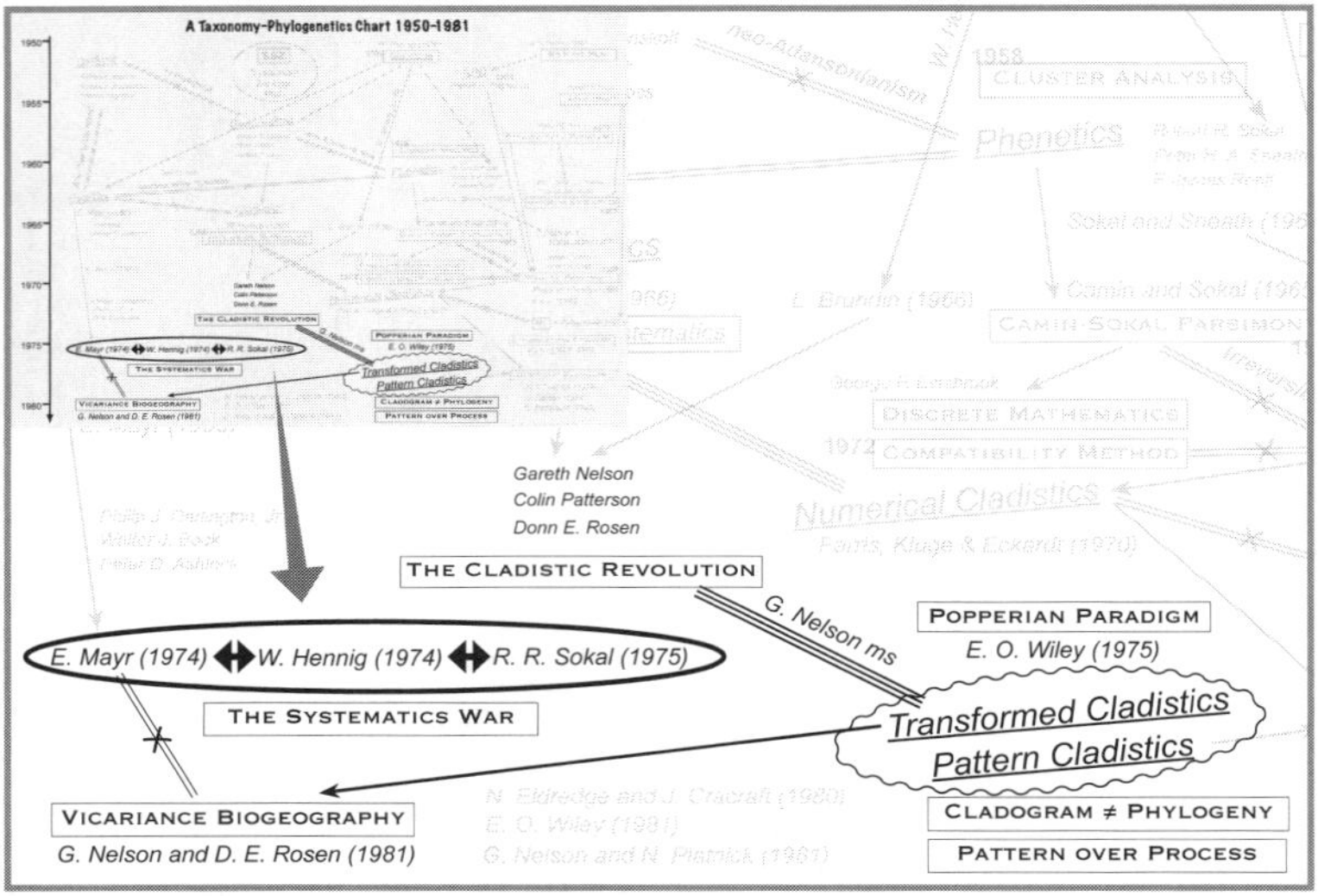

【シーン17（原景）】1970年代後半から1980年代前半にかけての分断生物地理学をめぐる論争を生物体系学論争のより広い文脈のなかに置く。私が最初に足を踏み入れた1980年代はじめは上下左右から耳を聾する大声が聞こえ、ただ立ち尽くして傍観する日々が続いた記憶がある。今にして思えば、当時の生物体系学－生物地理学論争はそれほど“次元軸”が多すぎて状況が見通せなかったのだろう。

てはどうかと提案したとのことです (Hull 1988, pp. 167-171)。クロイツァの元の原稿がどのようにネルソンやローゼンによって書き換えられたのかという真相は不明です (Heads 1985, p. 210; Platnick and Nelson 1988, pp. 416-417)。いずれにしても、実際に掲載されたその論文の改訂に激怒したクロイツァは、その後、マイアーやシンプソン、ダーリントンら分散生物地理学派への攻撃とともに、ネルソンやローゼンら分岐学に基づく分断生物地理学派に対しても声高な批判を強めていくことになります (Croizat 1976b, 1978, 1982, 1984)。

一九七〇年代の錯綜する生物地理学論争のなかに身を置いたのではかえって見えなくなってしまうのですが、汎生物地理学が動植物の地理的分布をどのような視点から理解しようとしているかは知る価値があります。一九五二年に出版された最初の本『植物地理学マニュアル：世界規模での植物分布の解明（*Manual of Phytogeography, or an Account of Plant-dispersal throughout the World*）』は、植物の分類群がどのような分布パターンをもつかを重ね合わせることにより、一般的に説明する汎生物地理学の基本的な考え方が述べられています（Croizat 1952）。たとえば、クロイツァが挙げている南極横断分布の例を見てみましょう（**【図3-16】**）。この図では、南極横断分布をするタンポポ（*Taraxacum magellanicum*）とアゾレア（*Azorella selago*）の分布域が線でつながれています。そして、これら二つの分類群の中心には南極大陸が位置しています。汎生物地理学の理論では、ある生物群の分布域をつないだ軌跡すなわち「分布圏（track）」が重複する地域を「基線（baseline）」と呼びます（Craw *et al.* 1999, p. 22; Parenti and Ebach 2009, p. 126）。この例での基線は南極大陸の周縁部にあります。汎生物地理学は複数の分布圏が重なる基線に基づいて生物地理学的な説明を構築します。

ジャネルやクロイツァが着目した地理的分布を対象分類群内の系統関係とより密接に関連づけるきっかけはヘニックによる双翅目昆虫の生物地理研究でした（**【図3-17】**）。一九六〇年に出版された百ページを超える長大な論文「体系学および動物地理学の一問題として見たニュージーランド双翅目相（Die Dipteren-Fauna von Neuseeland als systematisches und tiergeographisches Problem）」（Hennig 1960）のなかで、ヘニックは、南極大陸を横切る陸橋はないと主張するシンプソン（Simpson 1940b）に反論し、南極大陸を取り巻く周辺地域に生息する生物群の系統関係が判明すれば、これらの地域を直接結びつける経路が明らかになるだろうと述べました。

系統体系学の知見を生物地理学に適用するというヘニックの構想を実行に移したのがすでに登場したブルンディンです。【図3-1】に挙げた彼の大冊『ユスリカ科昆虫の知見に基づく南極横断分布とその重要性』は、南極横断分布をする双翅目昆虫のユスリカ科（Chironomidae）を用いて、ヘニックの論証スキームに基づく系統関係の推定とともに、その地理的分布パターンの知見を踏まえた移動分散経路の復元に取り組みました（Brundin 1966【図3-18】【図3-19】）。

ヘニックやブルンディンが系統関係と地理的分布とを結びつけるための進化的仮定として置いたのは「前進則（progression rule）」すなわち派生的な形質状態をもつ子孫種ほど発祥地から遠く分散していくという仮説でした（三中 1997, p. 128）。ヘニックはこの前進則を次のように説明します。

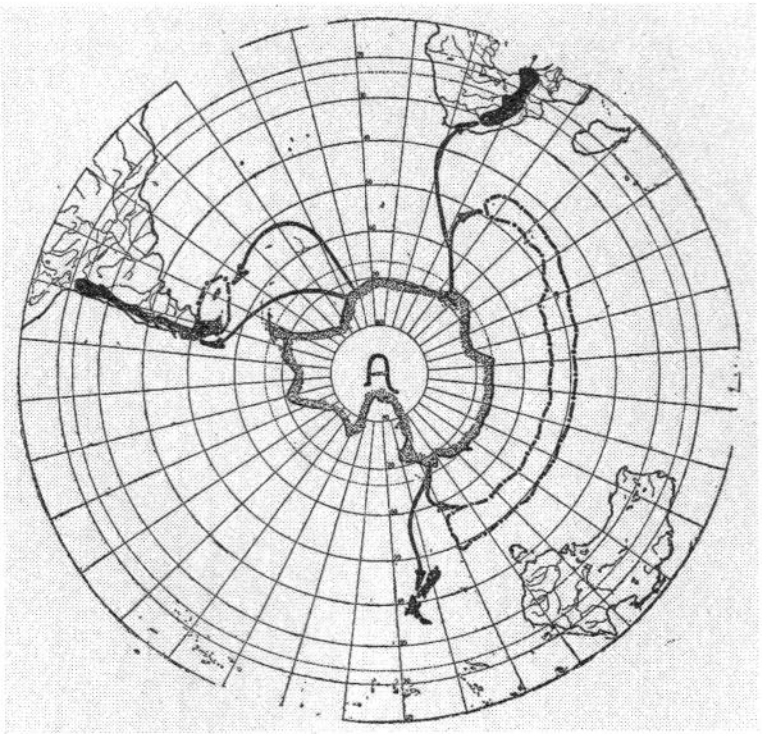

【図3-16】 南極横断分布をするタンポポ属の一種 *Taraxacum magellanicum*（黒色の地域）とアゾレア属の一種 *Azorella selago*（破線で囲まれた地域）。「A」で示された南極大陸を取り巻く太い点線はこれらの植物群の分布中心を示す基線である。出典：Croizat 1952, fig. 9.

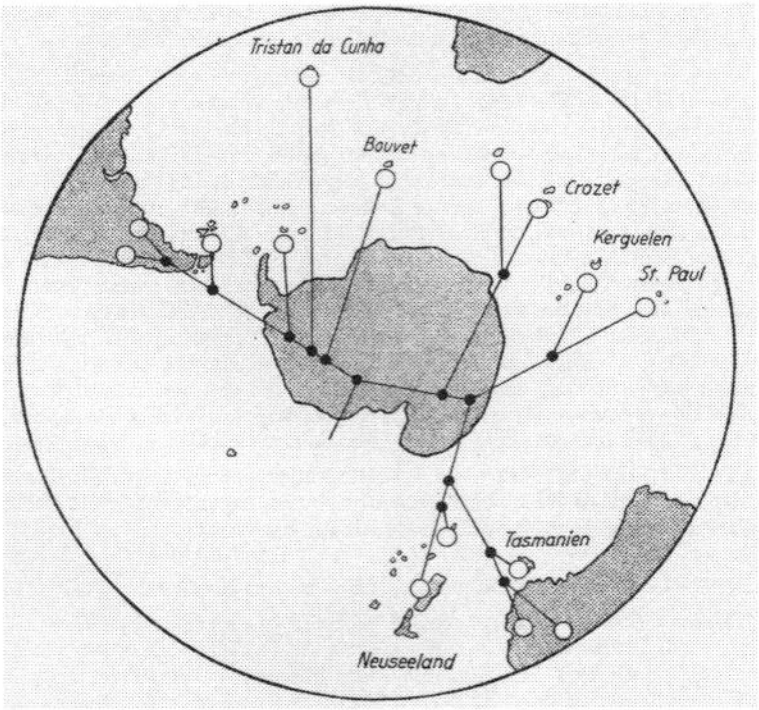

【図3-17】 南極横断分布をする双翅目昆虫の系統関係。出典：Hennig 1960, p. 252, fig. 5.

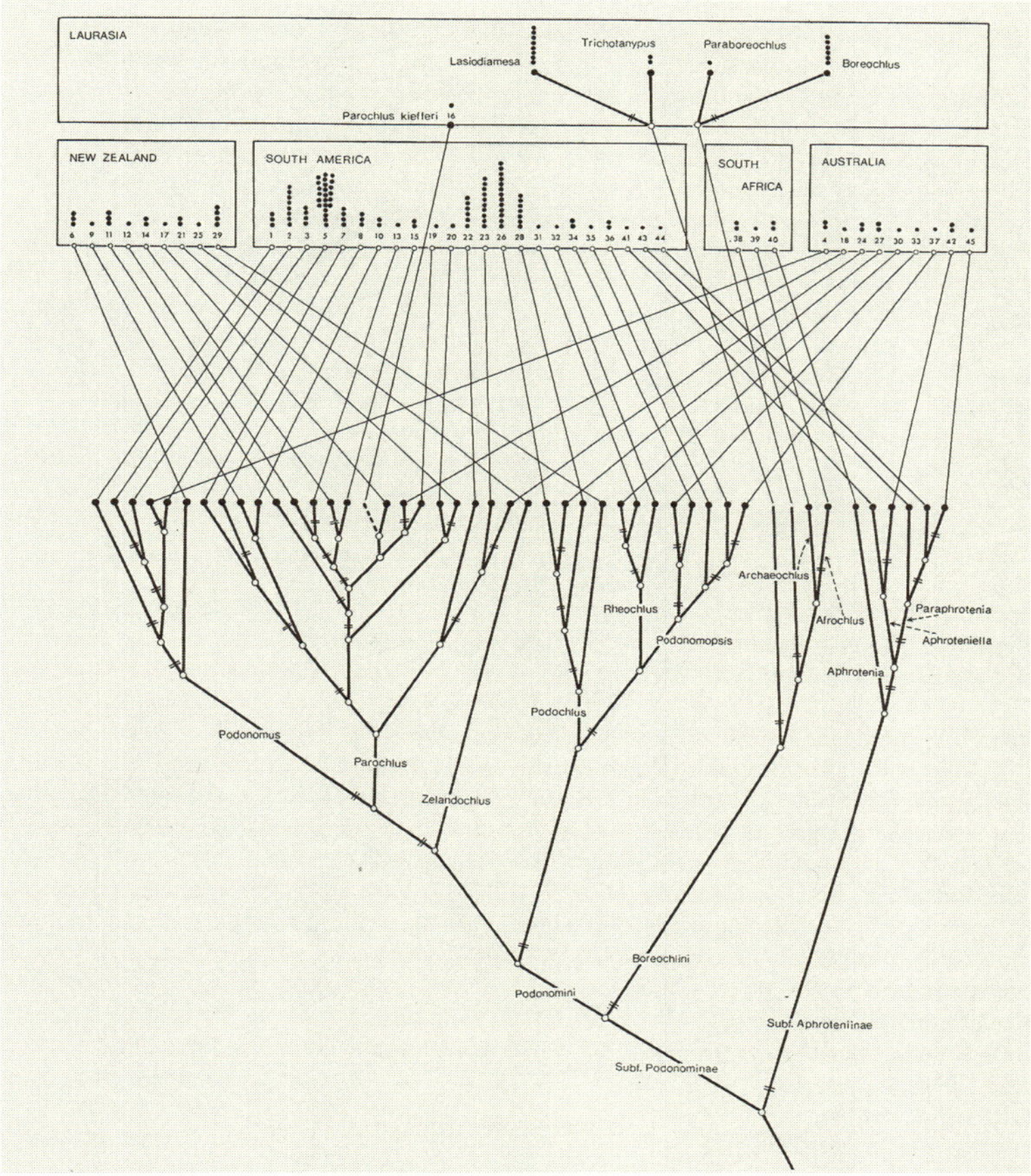

【図3-18】 南極横断分布をするヤマユスリカ亜科（Podonominae）とトゲユスリカ亜科（Aphroteniinae）の系統関係と地理的分布のマップ。出典：Brundin 1966, p. 442, fig. 634.

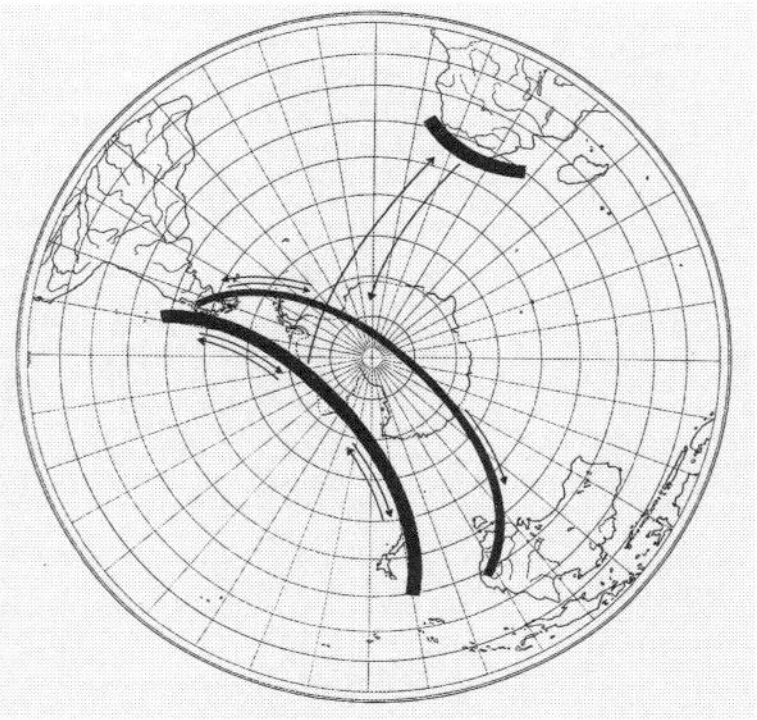

【図3-19】【図3-18】の系統関係から復元されたユスリカ科の南極横断経路。出典：Brundin 1966, p. 451, fig. 636.

「形態学的な前進と分布学的な前進との間には平行関係があるという規則（Progressionsregel）は次のように定式化できる。ある種が種分化したとき、祖先種に比べて（完）形態的に大きく変化した（すなわち派生形質的［apomorph］である）子孫種は、共通祖先よりも空間的に遠く離れて分布する（すなわち派生分布的［apoek あるいは apochor］である）」（Hennig 1950, p. 356）

前進則という仮定がどれほど妥当であるかはその後の議論の的になりました。分岐学に対して一貫して批判的だったダーリントンは、ヘニックが主張する二分岐的種分化モデルや偏差則そして前進則などいくつかの進化的前提は間違っていて、それらを仮定する分岐学を生物地理学にあてはめたブルンディンもまた誤っていると詳細に批判しました（Darlington 1970）。同様に、進化分類学派の昆虫学者ピーター・アシュロック（Peter D. Ashlock：一九二九－一九八九）もまた、生物地理学に前進則など特定の進化モデルをもちこむことは得られた結論の有効性に疑問を抱かせる結果に終わるだろうと指摘しました（Ashlock 1974, p. 89）。

　これらの批判に抗して、ブルンディンは前進則や偏差則などの仮定は生物進化を理解する上で必須だと反論しました（Brundin 1972, 1981, 1988）。しかし、彼が直面した最大の敵は対立する進化分類学派で

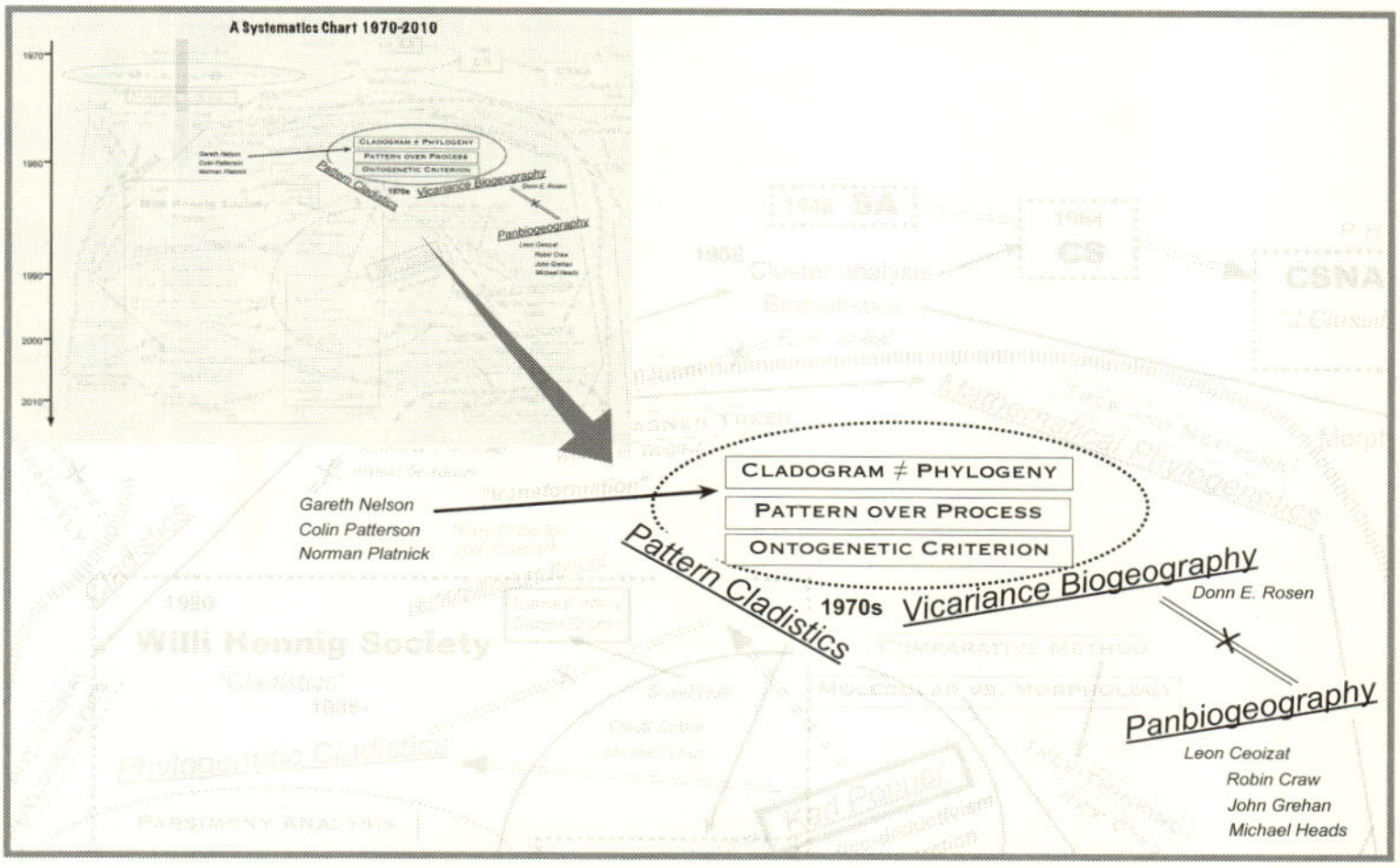

【シーン17（異景）】 分断生物地理学をその主唱者であるガレス・ネルソンはパターン分岐学と同じ場所に位置づけた。第十四景で説明した分岐成分分析は、パターン分岐学にとって生物体系学と生物地理学を統一的に語るための“共通言語”となった。対象生物群の派生的形質状態の共有に基づいて種分岐図（species cladogram）を構築するパターン分岐学と複数の生物群に関する種分岐図を統合して得られる地域分岐図（area cladogram）は、分岐成分分析という点からいえば本質的なちがいはなかった。その分断生物地理学が、伝統的な分散生物地理学とはもちろんのこと、ヘニック－ブルンディンの系統生物地理学ともクロイツァの汎生物地理学とも複雑に絡み合って対立した事情はずいぶんあとになるまで理解できなかった。この論争の経緯は現在の分子系統地理学や新－分散生物地理学にも影響を及ぼしている。

はなく、ほかならない分岐学派のなかにいました。英語圏でのパターン分岐学はヘニック－ブルンディンが置く進化上の諸仮定を容赦なく引き剥がしにかかったからです。ブルンディンの著作を通じてヘニック理論を取りこんだネルソンは、分岐学の理論を〝変容〟させるにあたり、ヘニック－ブルンディンが置いた発祥地からの分散移動という仮定（モデル）は分断による説明のもとでは不要であるという結論に達しました（Nelson 1974b, p. 555）。ネルソンはこう締めくくります。

「要約すれば、分断と同所性の一般パターン（Croizat *et*

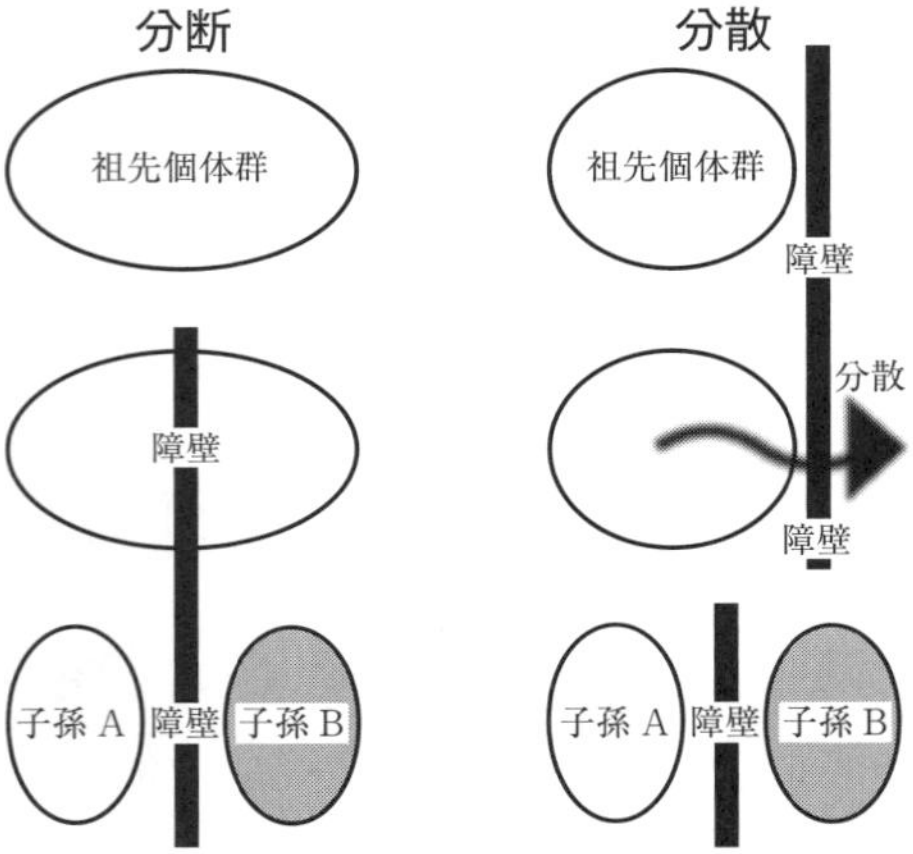

【図3-20】分断と分散の概念図。出典：Nelson and Platnick 1984, p. 3, fig.1, Crisci *et al.* 2003, p. 8, fig. 1.1 から改変。
分断仮説：祖先個体群の分布域（左上）に新たに障壁が生じたとする（左中）。このとき、個体群の障壁を超える移動が阻まれるならば、障壁の両側で別々の子孫種A, Bへの種分化が生じるだろう（左下）。分散仮説：祖先個体群の分布域（右上）に隣接して障壁があったとする。このとき、祖先が障壁を超えて移動することができれば（右中）、元の分布域と新たな分布域では種分化が生じるだろう（右下）。

al. 1974）をかえりみないで発祥地や分散を見つけるためのアプリオリな〃手がかり〃とか〃規則〃はすべて認めない。たとえば、ヘニックのいう〃前進則〃（Ashlock 1974）もアプリオリな仮定だから棄却できる」（Nelson 1974b, p. 557）

第十四景で見たように、英語圏の分岐学派は「プロセスからパターンへ」という標語を着々と実行しました。ネルソンの先の発言は、生物体系学だけではなく生物地理学においてもその変容は並行して進められていたことを示唆します（三中 1997, pp. 137-143）。

実際、一九七〇年代前半は地理的分布のプロセスとしての「分断か分散か」という論点（Croizat *et al.* 1974; Rosen 1975, 1978）が中心でした。【図3-20】で模式的に示すように、動植物の地理的分布を決める要因としてみたとき、新たに生じた障壁によって祖先分布域が分割される分断とすでに存在する障壁を超えて祖先が移動する分散とでは生物地理学的プロセスはまったく異なるでしょう。しかし、現在私たちが手にできるデータ（現在の分布域と系統関係）から過去に生じたそれらの地史的事象をどのように推論できるのかという点で生物体系学と生物地理学の間に存在する類似と差異に目を向ける必要があります（Sober 1988b）。大陸移動のような分断があるとしたら分布域を共有する複数の生物群に同時に作用しうる共通要因（common cause）とみなせる可能性があります（Sober 1984a）。一方、それぞれの分類群ごとに異なる移動能力を考えるならば、分散という要因は個別要因（separate cause）としてしか説明能力をもちえないでしょう。クロイツァがもともと想定した〝汎〟生物地理学とは、単一の生物群に関する地理的分布を論じることではなく、動植物さらには人間まで含めた生物相全体の時空間動態を歴史的に把握することだったからです。

その後の分断生物地理学は、分断あるいは分散というプロセス仮説を科学的にテストするためのパターンをどのように発見するかに重心を移していきました（Platnick and Nelson 1978, Nelson 1979, Nelson and Platnick 1980a, 1981, 1984; Wiley 1980, 1981a; Page 1990）。生物体系学のパターン分析のための方法論である分岐成分分析は生物地理学にも同様に適用されます。分断生物地理学における分岐成分分析とは、形質情報に基づいて推定された種分岐図（系統学的パターン）をデータとして、それを最節約的に説明する地域分岐図（生物地理学的パターン）の発見を目指します。

仮想例をひとつ示しましょう（**【図3-21】**）。いま1、2、3という生物がそれぞれA、B、Cという地域に分布しているとします。分岐学を用いて系統関係を推定したところ、(1, (2, 3)) すなわち1よりも2と3はたがいにより近縁であるという「**種分岐図**（species cladogram）」が得られたとします（図左）。このとき、地域A、B、Cに関する生物地理的パターンの仮説としては次の三つしかありません。

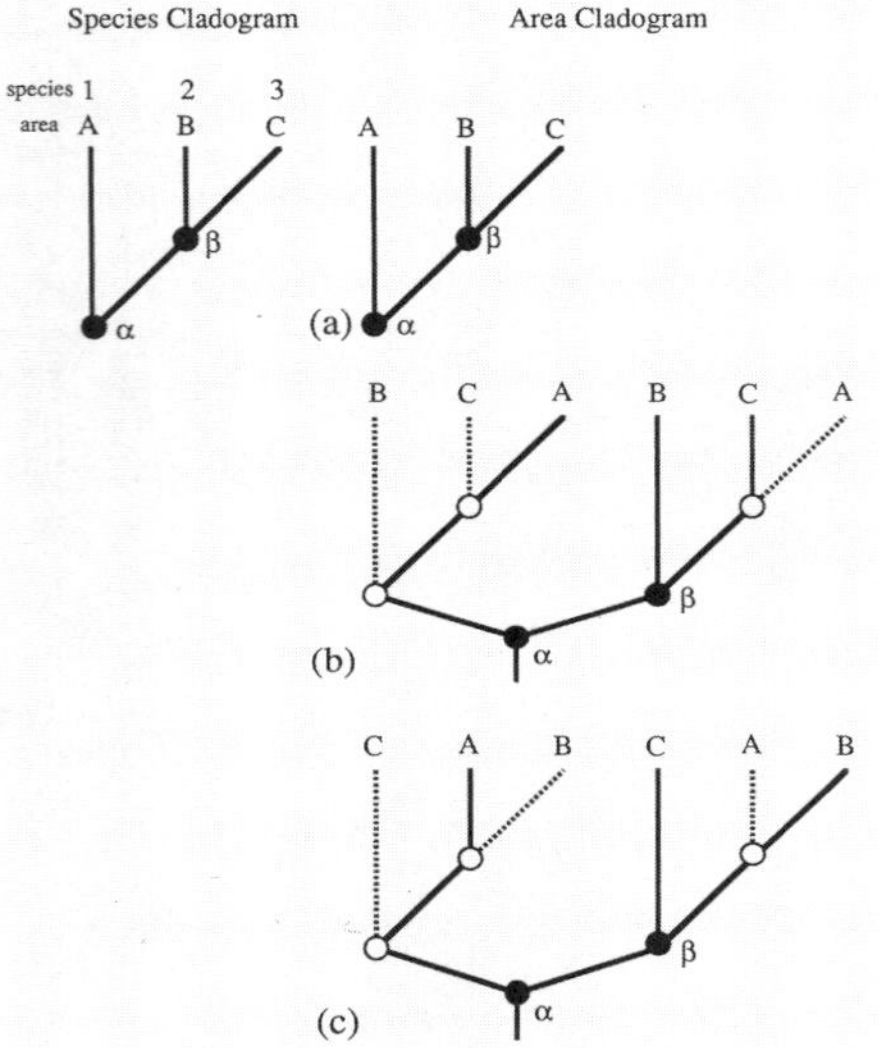

【図3-21】生物地理学における分岐成分分析

出典：三中 1993c, p. 170, 図5.

共有派生形質状態によって推定された種分岐図（図左）は生物と地域の間に 1-A, 2-B, 3-C という対応関係がある。得られた種分岐図（1, (2, 3)）がもつ成分 α と β（●）を3つの地域分岐図（a）～（c）によって説明すると、最節約的な地域分岐図（a）のみがアドホックな仮定なしに種分岐図がそれぞれの成分に分断現象を対応させれば説明できるのに対し、他の2つの地域分岐図（b）と（c）を無理に当てはめて種分岐図を説明しようとすると、もっとも基部の分岐点 α での重複（地域分岐図の倍化）とそれに続くいくつかの枝での消滅（○と点線）をアドホックに仮定しなければならなくなる。

仮説1：「地域BとCはAよりも近縁である」という地域間の系統関係の仮説。この仮説は(A(BC))という「地域分岐図（area cladogram）」によって図示されます（図右(a)）。

仮説2：「地域CとAはBよりも近縁である」という地域間の系統関係の仮説。地域分岐図(B(CA))によって図示されます（図右(b)）。

仮説3：「地域AとBはCよりも近縁である」という地域間の系統関係の仮説。地域分岐図(C(AB))によって図示されます（図右(c)）。

これらの地域分岐図の仮説に基づいて種分岐図を説明しようとするとき、仮説1(a)は種分岐図と地域分岐図が完全に一致するのでアドホックな仮定を必要としないもっとも単純な説明となります。なぜなら、種分岐図と地域分岐図の内点（●で示される成分αとβ）のそれぞれに地史的な分断現象を対応づければいいからです。ところが、仮説1(b)あるいは仮説3(c)のもとでは、種分岐図の系統関係を説明するためには、地域分岐図を重複させた上でいくつかの枝が消滅したというアドホックな仮定（○と点線）が必要になるでしょう。したがって、最節約原理のもとでは仮説1が選択されます。

生物体系学と同様に、生物地理学における仮説の反証可能性を重視した当時の分岐学派は、系統発生と地理的分布におけるプロセスに関する仮説をデータから導かれるパターンによって検証することが基本綱領でした。個別生物群の分散の仮説はポパーの意味で反証不可能であるのに対して、地史的事象としての分断の仮説は複数の生物群によって独立にテストできるという点でより科学的だろうという主張が少なくとも一九七〇年代はじめは目立っていたと私は見ています。しかし、一九七〇年代末にいたって、パターン分岐学が確立されるとともに、分散か分断かという二者択一を迫る前に、生物地理学的パターンそのものへの関心が高まりました。

前述の分岐成分分析だけが当時の歴史生物地理学の方法論ではありません。一九八〇年代以降のおよそ一〇年間に「ブルックス最節約分析法（BPA：Brooks Parsimony Analysis）」（Brooks 1981, 1985, 1988a, b, 1990; Wiley 1987b, 1988a, b; Wiley *et al.* 1991）や次節でも言及する「三対象分析法（Three-Item Analysis）」（Nelson and Ladiges 1991a, b; Nelson and Platnick 1991; Nelson 1996; Williams and Ebach 2005）など、分岐学

に基づくいくつかの生物地理学の解析法が提唱されました（三中 1993b, c）。さらに重要なことは、これらの手法が単に生物の地理的分布の解析だけではなく宿主‐寄生者の共進化（coevolution）など種間関係の解析や分子系統学における個体群系統（species tree）と遺伝子系譜（gene tree）との関係など複数の研究領域にまたがる共通問題への統一的アプローチを提示しているという点です（Page 1993, 1994, 2003; Ronquist 1995, 1997, 2003; Page and Charleston 1998）。一九九〇年代以降、分子系統学の浸透とともに、歴史生物地理学の方法論はさらなる展開をすることになります（Morrone and Crisci 1995; Crisci 2001; Ronquist and Sanmartín 2011）。

◇第十八景：パターン分岐学ふたたび――三群分析法をめぐる論争の経緯［一九九一～現在］【シーン18】

分岐学派あるいは分岐論的最節約法は〝外〟から見れば一枚岩と誤解されることがありますが、けっしてそうではありません。分子進化学者ウォルター・M・フィッチ（Walter M. Fitch：一九二九‐二〇一一）は、かつて皮肉たっぷりに、「父なるヘニック、子なるファリス、聖霊なるネルソン（Hennig the Father, Farris the Son, Nelson the Holy Ghost）」と言ったそうです（Farris 1985, p. 192）。しかし、その分岐学派の「三位一体」は、けっして文字通りの安定した〝一体〟ではなく、それどころかときに激しくいがみあう三つの頭をもつ〝キングギドラ〟みたいなイメージを私はつい抱いてしまいます。最節約法と現在呼ばれている系統推定法の正体がなかなかつかめないとしたら、分岐学派の〝多系統性〟とそれがたどってきた錯綜した歴史をふりかえればその理由の一端は十分すぎるほど納得できるでしょう。一九八〇年代の分岐学派の内情について、ハルはこう語っています。

「分岐学者たちが派内分裂を起こした原因が体系学の目標設定に関わる見解の対立にあるという見方は読みが浅い。個人的な人間関係が敵味方を分けたともいえるからだ。人脈づくりという点からいえば、ネルソンよりもファリスの方がはるかに戦略的だった。ネルソンは裏工作の根回しよりも学問的な問題を解決することにもっぱら関心があった。彼には共同研究者がたったひとりか多くても二人いればよかった。ネルソンがさまざまな学会で事を起こすときは、自分ひとりで手を下した。新しい規約の条項が気に入らなければ、彼は担当役員に連絡を取ってその条項を変更するよう〝説得〟し、事前に手立てを講じて他者の支持を集めたりはまずしなかった。一方、ファリスは政治的な裏工作を楽しんだ。彼は自分の思い通りに押し通せることがわかっていたとしても、背後でこっそり画策するのが大好きだった。ファリスが自らのための学会［WHS］を立ち上げてその会長におさまったのは、数量分類学会議［NT］や動物体系学会［SSZ］を牛耳ることが首尾よく進まなかったからだ。他の研究者たちは、最初は、ファリスにそのような冒険に伴う仕事をすべて押しつけることができてとても喜んだ。ファリスが自分で何でもする気でいるのだから、決め事もまた彼にすべてまかせられるからだ」（Hull 1988, pp. 274-275）

このハルの叙述は、たとえ話半分に割り引いたとしても、私自身の見聞から言えば大筋ではまちがっていないように思われます。興味深いのはその続きです。

「パターン分岐学と系統分岐学との理念上の対立が表面化し始めたとき、ファリスは選択を迫られる立ち位置にいた。彼は理念的にはパターン分岐学よりも系統分岐学に近かったのだが、けっきょくはネルソンとプラトニックに加勢することになった。ファリスがパターン分岐学側に立った理由のひとつは、保守派として擡頭してきた第二世代の分岐学者に対する長年に及ぶ敵愾心だった。ネルソンとプラトニックかそれともブルックスとワイリーのどちらを選ぶのかと迫られればファリスの選択に迷いはなかった。両者の間に挟まれてしまったジョエル・クレイクラフトは、理念ではネルソンとプラトニック側にいたのだが、ヘニック学会の活動に関わろうとしても冷たく拒絶されることになった」(Hull 1988, p. 275)

一九八〇年代にファリスの〝敵〟ともくされたブルックスとワイリーは、当時、非平衡熱力学に基づく新たな進化プロセス理論を提唱し、ちょっとした論争が沸き起こっていました(Wiley and Brooks 1982; Brooks and Wiley 1985, 1986, 1988)。ハルはブルックスとワイリーの非平衡理論に加担した側なので、この引用文はそのまま鵜呑みにはできません。それでも、ファリスの当時の論文(Farris 1985, p. 194)――一九八四年にロンドンで開催された Hennig IV のバンケット・スピーチ――を読むと、ファリスが少なくとも当時はパターン分岐学派を支持していたことは明白です。

しかし、昨日の友は今日の敵――ファリスを筆頭とする数量分岐学派は他学派との激しい論争を通じ

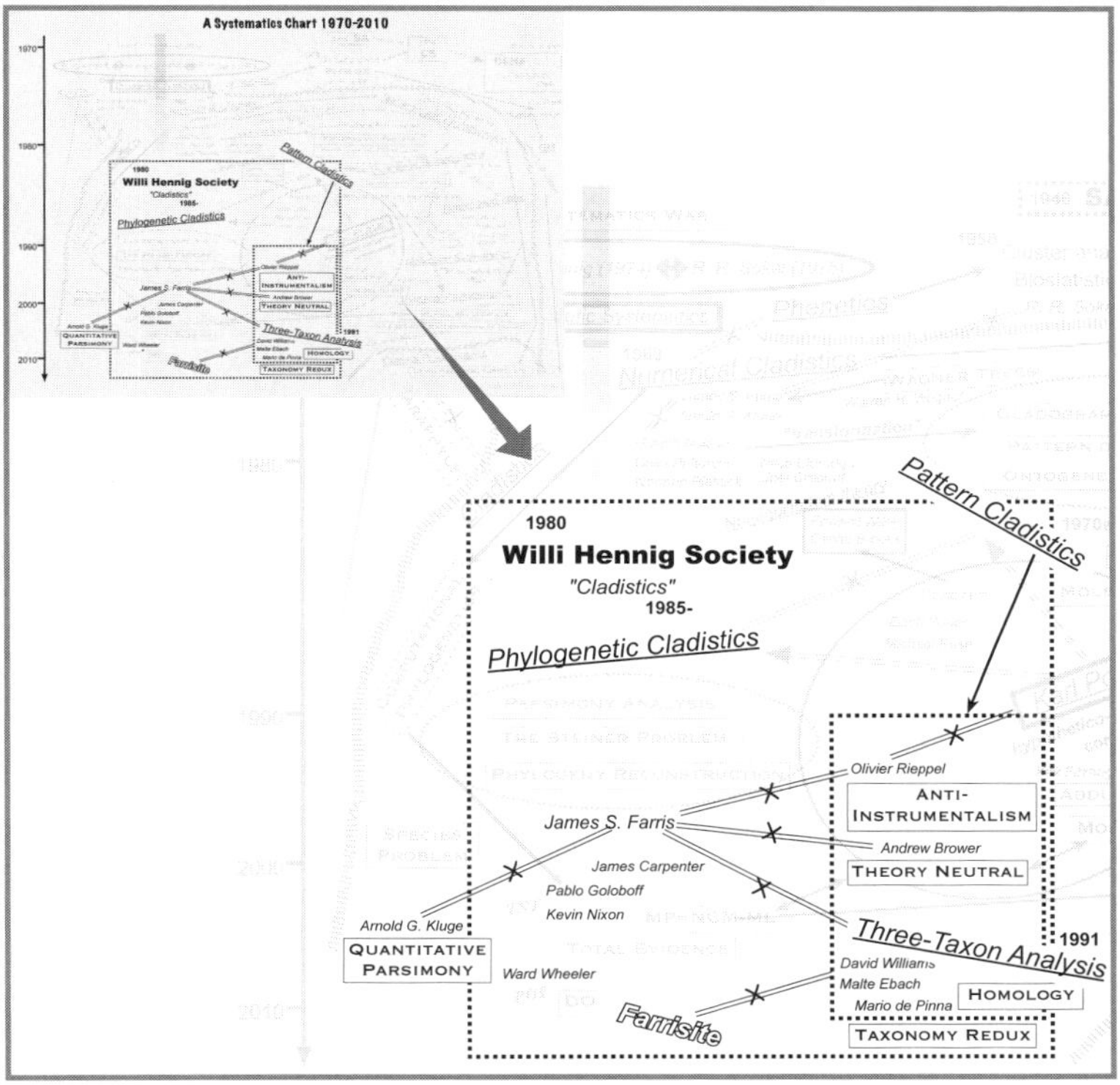

【シーン18】分岐学派のなかでの対立と論争の経緯（1990年代〜2010年代にかけて）

て最節約法の妥当性を示そうと格闘しましたが、一方のネルソンが率いるパターン分岐学派は最節約法を〝異次元〟に拡張しようともくろみました。一九八〇年代とは一転し、両者の乖離が表面化した一九九〇年代以降、現在にいたるまでファリス派はパターン分岐学を激しく攻撃しています (de Carvalho and Craig 2011; Farris 2011, 2012b, c, d, e, 2013, 2014; Ebach and Williams 2008, 2011, 2012; Williams and Ebach 2014; Williams *et al.* 2010)。

　両派の対立が先鋭化したきっかけは「**三対象分析**（three-

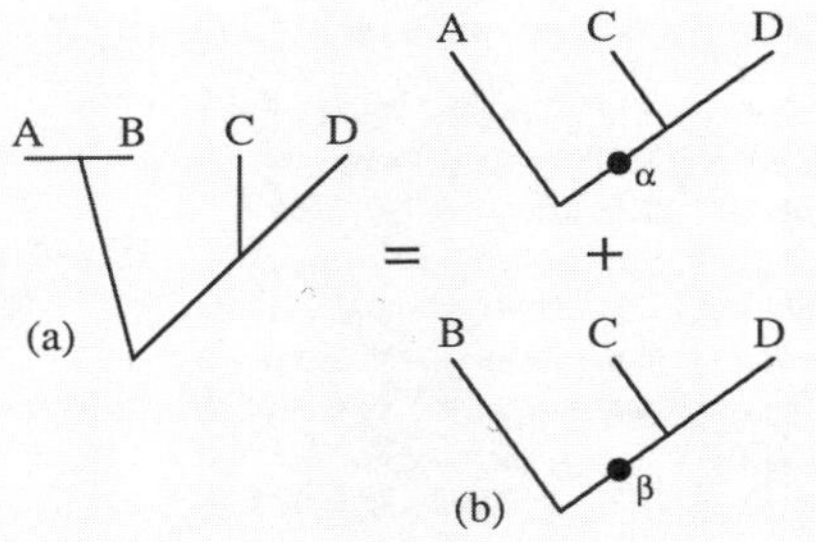

(c) component

area	α	β
A	0	?
B	?	0
C	1	1
D	1	1

【図３-22】三対象分析（三地域分析）
出典：三中 1993c, p. 173, 図７.
ある生物群が A と B には広域分布（A+B）し、CとDでは固有分布をすると仮定する（a）。広域分布地域を A と B に分け、ふたつの3地域に関する種分岐図をつくる（b）。種分岐図の成分（αとβ）に関する形質状態行列をコード化する（c）。

item analysis)」という新しい最節約法の提唱でした。ネルソンらが一九九一年に発表したこの方法は、生物体系学における**三分類群分析**（three-taxon analysis）と生物地理学における**三地域分析**（three-area analysis）の総称です（Nelson and Ladiges 1991a, b; Nelson and Platnick 1991; Kitching *et al.* 1998, pp. 168-186; Williams and Ebach 2008, pp. 210-227）。この三対象分析を【図３-22】の仮想例を用いて説明しましょう。

　いま四地域A〜Dに分布する生物群がいます。ただし、AとBについては広域分布（A＋B）するのに対し、CとDはそれぞれ固有分布をすると仮定します（a）。このとき、分岐学に基づいて推定された種分岐図からA〜Dに関する地域分岐図を最節約的に推定するという問題を考えましょう。まず、広域分布地域A＋Bと固有地域であるCとDの四地域をA、C、DとB、C、Dという二つの三地域部分集合の種分岐図に分割します（b）。それぞれの三地域に関してCとDが共有する派生形質状態の成分をαとβとします。その上で、この二つの三地域分岐図を、それぞれの地域が成分αとβをもつ（コー

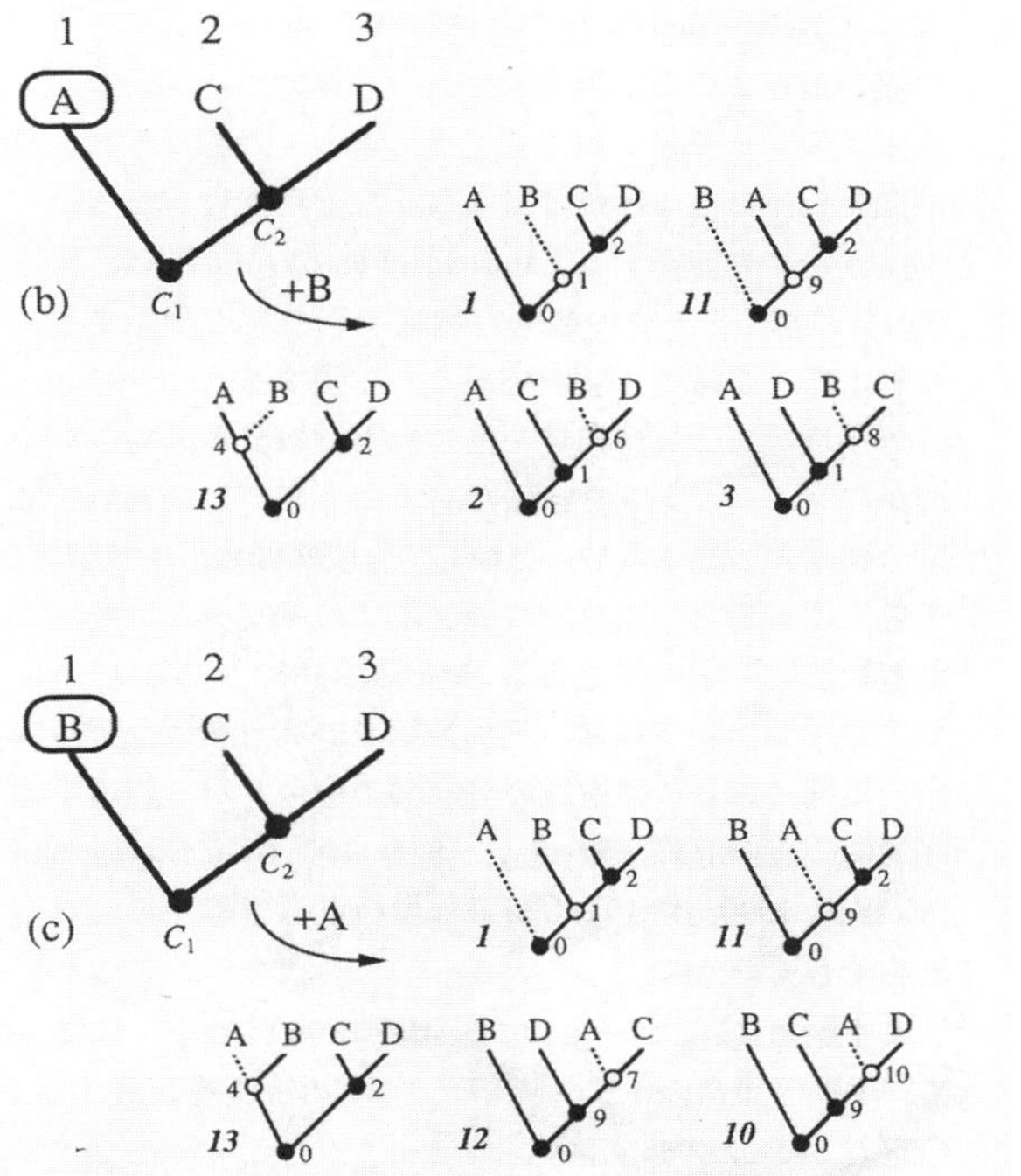

【図３-23】３地域分岐図から論理的に導出される４地域分岐図の枚挙
出典：三中1993b, p. 19, fig. 12.

ド「1」）あるいはもたない（コード「2」）によって形質状態行列としてコード化します（c）。A、C、DについてはBが成分αをもつかどうかは不明であり、同様にB、C、DについてはAが成分βに関する情報がないので、それぞれ形質状態を「?」と置きます。このようにして複数の地域に関する地域分岐図を三地域分岐図の組合せとして最節約分析するのが三地域分析と呼ばれる方法です。

もともと三対象分析の端緒は、分岐図の**多分岐**（multichotomy）をどのように解釈するかというパターン分岐学の問題解決と深く関わっていました（Nelson and Platnick 1980b; 三中 1993b, c)。この例でいえば、(A(CD))と(B(CD))という二分岐的な三地域分岐図のもとになったのは(AB(CD))という多分岐的な四地域分岐図です。(A(CD))にBを挿入する位置は五通りあり、同様に、(B(CD))にAを挿入する位置も五通りです。【図3-23】に示したように、三地域分岐図から四地域分岐図を導出するには、分岐図のどこの枝に第四の地域を挿入するかを枚挙すればいいことがわかります。

ネルソンとプラトニックは多分岐的分岐図に関する二つの解釈を提案しました(Nelson and Platnick 1980b)。彼らの「仮定1(Assumption 1)」によれば、それぞれの三対象分岐図から導出される四対象分岐図集合の「積集合(∩)」が多分岐の解釈となります。【図3-23】の場合、(A(CD))に対しては{1, 2, 3, 11, 13}が得られ、(B(CD))に対しては{1, 10, 11, 12, 13}となります。したがって、仮定1のもとでは積集合{1, 11, 13}という三つの四対象分岐図に絞り込まれます。もうひとつの多分岐の解釈である「仮定2(Assumption 2)」は、仮定1よりもゆるく、四対象分岐図集合の「和集合(∪)」を考えます。先の例だと、仮定2のもとでは{1, 2, 3, 10, 11, 12, 13}という七つの四対象分岐図が得られます。多分岐のもうひとつの解釈として広域分布地域を単系統とみなす「仮定0(Assumption 0)」が提唱されています(Zandee and Roos 1987)。この例で仮定0を当てはめるとA+Bが単系統となる{13}というただひとつの四対象分岐図が選ばれます。

ネルソンらの三対象分析は、分断生物地理学における広域分布に関するこれらの仮定(0, 1, 2)を生物地理学だけでなく生物体系学の最節約法にも拡張し、従来の最節約法に比べて欠点がより少ないと主張しました。広域分布あるいは重複分布がもたらす影響は、分子系統学でいう**直系相同**(orthology)ではなく**傍系相同**（paralogy）がもたらすバイアスに相当すると彼らは指摘し（Nelson and Ladiges 1991b, p. 481）、たとえば先述のブルックス最節約分析法はこのバイアスに弱いと批判します。

その後、三対象分析をめぐる論争は一九九〇年代の数年間にわたって続きました（Harvey 1992; Nelson 1992, 1993; Kluge 1993, 1994; Platnick 1993; Farris *et al.* 1995; Platnick *et al.* 1996; Nelson and Ladiges 1996）。この論争が分岐学派にとって軽く受け流せなかった大きな理由は、それが一般論としての最節約原理に対する改変の是非をめぐる論議にほかならなかったからです。しかし、分断生物地理学が直面した広域分布あるいは重複分布を論じるにあたっては、分岐図を分岐的なツリーではなく網状のネットワークとして一般化し（Nelson and Platnick 1981, pp. 428-447）、さらに多重集合（multiset）への一般化（Minaka 1990）も同時に必要になります。生物体系学で分岐学が扱ってきた形質分析への最節約原理の適用とは別の新たな状況が生じているようです。

私個人は、方法論として三対象分析は、傍系相同ではない**部分樹**（paralogy-free subtree: Nelson and Ladiges 1996）を組み合わせてある種の**スーパーツリー**（supertree: Bininda-Emonds 2004）を構築する別種の最節約法として再定式化できるのではないかと予想しています。三対象分析を単に形質データ行列の新たなコード化の方式とみなし、既存の最節約法ソフトウェアによる計算でよしとするのではなく、低次の部分樹からより高次の全体樹（あるいは全体ネットワーク）を推定する新たな手法として提示するという道があるのではないかということです。

この点から考えるならば、これまでの数量分岐学が行なってきた形質データの最節約計算（最節約復元と最節約樹）はまちがっているという三対象分析の支持者側からの指摘（Platnick 1993; Platnick *et al.*

1996; Williams and Ebach 2006, 2008）は、同じ最節約法という言葉が異なる意味で用いられていることを示唆します。それと同時に、分岐学派がたどってきた過去半世紀の歴史（第十一～十五景）を通じてけっして融和しなかった数量分岐学とパターン分岐学の対立が、ここにきてふたたび表面化してきたことがわかります。つくづく論争が絶えない学派です。

◇第十九景：分子体系学――確率論的モデリングに基づく系統推定論［一九八一～現在］【シーン19】

一九九〇年代以降、ポリメラーゼ連鎖反応法（PCR: polymerase chain reaction）の普及によりDNA塩基配列やタンパク質アミノ酸配列などの分子情報を用いた分子体系学（molecular systematics）の理論と実践に関する研究が長足の進歩を遂げています（Nei and Kumar 2000; Felsenstein 2004; Wheeler 2012; Saitou 2013; Chen *et al.* 2014; Yang 2014）。それとともに、コンピューターを用いた統計学的かつ数理的な分子系統推定のための新しい方法（距離法・最節約法・最尤法・ベイズ法）のアルゴリズムを実装したソフトウェアが次々に開発され、多くのエンドユーザーが利用できるようになりました（Lemey *et al.* 2009; Hall 2011; Drummond and Bouckaert 2015）。今世紀に入ってからは、次世代シーケンサー（NGS: next generation sequencer）によるハイ・スループット・シーケンシングがより大量の遺伝子情報の利用を可能にし、分子系統学の最前線はさらにその姿を変えていくでしょう（Olson *et al.* 2016）。

分子情報を用いた進化学・体系学・系統学の急速な進展のもとで、研究者コミュニティーは自らの分野がたどってきた足跡への科学史的関心をどのように保てばいいのでしょうか。第一幕冒頭でのジョゼ

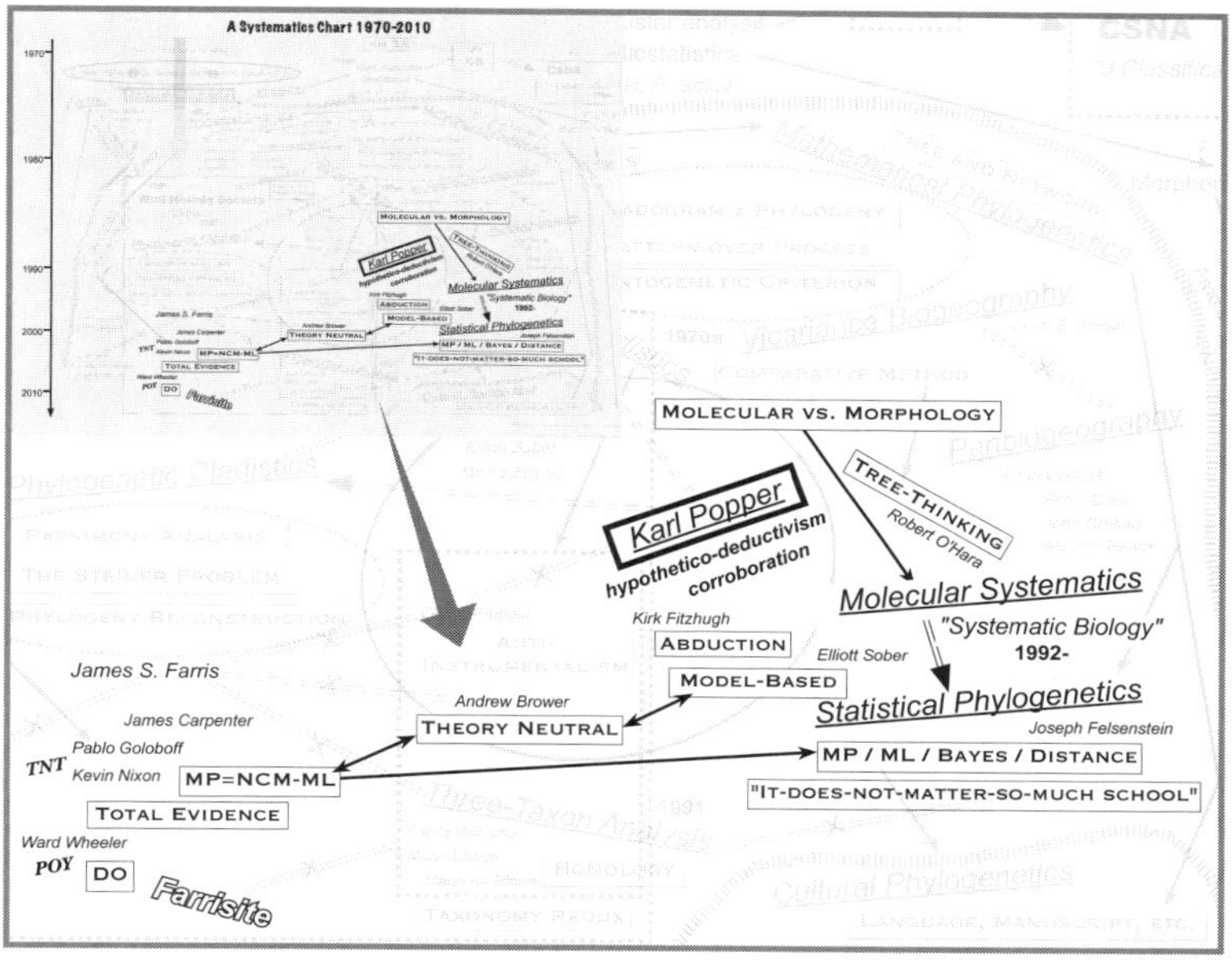

【シーン19】分子体系学の発展と系統推定論への統計学的・数理科学的アプローチ

フ・フェルゼンスタインの台詞を思い出しましょう。「あの体系学論争を生き延びたわれわれ旧世代の体験者は（中略）耳を傾けてくれる者たちに戦争物語を語り継ぐ。一九九〇年代後半の若い世代は、旧世代の体系学者たちがいったい何をめぐって戦っていたのかがわかっていないからだ」(Felsenstein 2001, p. 467) ——確かに苛烈な“戦争”の闇が深ければ深いほど、それだけよけいに平和な“戦後”の光を存分に浴びたいと思うのはむりもないでしょう。しかし、光と闇の落差はときとしてかつての歴史への視座を見失うことがあるのもまた事実です。いい意味でも悪い意味でも、現在は過去を引きずっています。その過去はふだんはその姿を見せないかもしれません。しかし、見えないことは存在しないことと同義ではありません。自分につごうがいいように過去を〝捏造〟したり、歴史を恣意的に〝曲解〟することの弊害を私たちは痛みとともに学び続ける必要があります。

これまで述べてきたように、生物体系学の一学派として数量表形学派は一九七〇年代以降は〝退場〟したとされてきました。ところが、分子系統学の興隆とともに表形学の理念がふたたび表舞台に立ち始めていると指摘されています（Hamilton and Wheeler 2008; Williams *et al.* 2010）。たとえば、出版直後から分子系統学の〝古典〟とみなされているフェルゼンスタインの『系統を推定する（*Inferring Phylogenies*）』は、七〇〇ページもの大著なのに、体系学の歴史と哲学についてはたった二〇ページそこそこの短い章——第一〇章「歴史と哲学についての余談（A digression on history and philosophy）」——しか書いていません（Felsenstein 2004, pp. 123-146）。分子系統学が登場する二〇年も前から、統計モデルに基づく系統推定論をめぐってファリス（Farris 1973, 1983）との間で一〇年間に及ぶ論争（Sober 1988a, ch. 5）を戦わせてきたフェルゼンスタインは、生物体系学の歴史や論争を全部ひっくるめて〝統計学〟の枠組みのなかでのみ位置づけ、対立する最節約法や形質整合性法についても、彼が開発した最尤法と同じく——ベイズ法は彼の好みではないようだが——あくまでも統計学的に評価しようとします（Felsenstein 1973, 1978b, 1981a, b, c, 1983a, b）。しかし、統計学という枠組みは体系学がたどってきた科学史とは異なる軸であり、たまたま分子データが確率論や統計学に基づくモデリングに適していたからといって（Neyman 1971）、歴史そのものをそれに無理に合わせて修正するという史観は受け入れられるものではありません。

第八景で見たように、分子体系学の黎明期である一九六〇年代を振り返ると、ＤＮＡやタンパク質の分子データが生物進化史の〝記録媒体〟として重要であるという認識はすでに広まりつつありましたが (Zuckerkandl and Pauling 1965)、実際にどのような方法論を用いて分子系統樹を推定するのかはまだ流動的でした。たとえば、ウォルター・フィッチとエマニュエル・マーゴリアシュ (Emanuel Margoliash：一九二〇–二〇〇八) による有名な分子系統樹が酵素チトクロームcの突然変異距離に基づいて推定されましたが、手法的にはクラスター分析を道具とする数量表形学すなわち**距離法** (distance method) にとても近い関係にありました (Fitch and Margoliash 1967)。その後の木村資生 (一九二四–一九九四) による分子進化の中立説の発展を踏まえた分子進化学と分子系統学は生物体系学に決定的な影響を与えたことは確かです (Kimura 1968, 1983)。初期の分子系統学で用いられたＤＮＡ–ＤＮＡ交雑法 (DNA-DNA hybridization) による種間距離から距離法によって構築された鳥類全一七〇〇〇種の巨大な系統樹は、分子系統学の時代がもたらすインパクトの大きさを見せつけました (Sibley and Ahlquist 1990)。そして、情報源としての従来の形態データと新しい分子データとの衝突あるいは和解が生じることは、この分子系統学が本格的に到来する直前の一九八〇年代末から一九九〇年代初頭には体系学者コミュニティーによって十分に予期されていました (Patterson 1987, 1988; Miyamoto and Cracraft 1991; Patterson *et al.* 1993)。

新しい分子体系学が出現した土俵と生物体系学がこれまで議論されてきた土俵との間には無視できない〝ずれ〟があったことは確かです。アンドリュー・ハミルトンとクエンティン・ウィーラー (Quentin D. Wheeler：一九五四–) は、一九七〇年代末には生物体系学の世界から撤退したはずの数量表形学が、なぜ二一世紀になって、比較的短い塩基配列情報 (たとえば、COI：チトクロームc酸化酵素I) に基づいて生物の同定と分類を行なう「ＤＮＡバーコーディング (DNA barcoding)」(Hebert *et al.* 2003; Meier 2008;

Miller 2016）などという新たな表形学をよみがえらせたのだろうかと問題提起をしました（Hamilton and Wheeler 2008）。彼らの指摘は、現場の体系学者たちが体系学の歴史と哲学とどのように向き合うべきかを再考する上でまたとないきっかけを与えています。

一般論としていえば、分子生物学は統計学に対してきわめて冷笑的であり、統計を使わなければ結論が出ないような〝汚い〟データはもともと救いようがないと考えているようです。それとまったく同様に、分子系統学者もまた高度な統計学とありあまるデータさえあれば、科学史とか科学哲学みたいなめんどうくさいものはまたいで通れると思い込んでいます。たとえば、統計学的系統学の歴史を振り返ったフェルゼンスタインの回想記事を見るとこんな一節があります。

「当時［一九七〇年代］の分子進化学の分野では数値基準が広まりつつあった。分子進化学者たちは生物分類に関わる哲学的な枠組みや論議には関心がなかった。彼らはもっとプラグマティックかつ折衷的だった」（Felsenstein 2001, p. 466）

「こうして、統計学的系統学と分岐論的最節約法という二つの学派が生まれた。若い世代の多くの体系学者たちは、系統推定は基本的に統計学的であり、どの系統推定法を選ぶかはプラグマティックに決めればよくて、前もって哲学的な立場をはっきりさせる必要はないと考えている」（同 p. 467）

私がこれまで述べてきた現代体系学の歴史と論争の系譜の叙述は、フェルゼンスタインの史観がそもそも〝偏向〟している可能性を示唆します（Williams *et al.* 2010, p. 177）。どれほど大量の分子データと高度な統計モデリング手法によって生物体系学の分野を〝初期化〟して、まっ平らな〝更地〟に変えようともくろんだとしても、過去半世紀あるいは一世紀に及ぶ過去の体系学史をなきものにすることはできないでしょう（誰かの〝ＰＴＳＤ〟は癒やされるかもしれませんが）。それだけではなく、過去から学ばない姿勢がもたらす損害を無視することはできません。

ハミルトンとウィーラーは、なぜ一九七〇年代までに数量表形学派が撤退に追い込まれたかを知ることが、生物体系学の今後にとって利得になるだろうと主張します。

「表形学派に関する歴史的・理念的な基礎の検討から得られる結論は、理論的な支えが心もとない分類法は、それらから得られるかもしれない利得に比べて、損失とリスクの方が大きいだろう。言うまでもなく、その結論は、科学史に基づいた見立て（diagnosis）を通して、ある研究プログラムを見限って、別の研究プログラムに乗り換えることにほかならない。見立てがあればこそ、踏みとどまることができるのだ」（Hamilton and Wheeler 2008, p. 340）

もっと俗な言い方をすれば、かつて批判されたことをすっかり忘れて（あるいは故意に隠して）、またぞろ同じことを繰り返すのは、結果的に研究リソース（資金・人材・時間）の無駄に終わるのではないかと彼らは指摘します。

私は前世紀末にインターネット上のニュースグループ「sci.bio.systematics」を読んでいて、フェルゼンスタインのある投稿にとても関心を惹かれました（Felsenstein 1996）。彼は生物体系学者の関心がかつての「分類」から「系統」に変わっていると指摘した上で、数量表形学派・進化分類学派・分岐学派と並ぶ第四の新しい学派として「分類なんかどうでもいい学派（the It-Doesn't-Matter-Very-Much school）」を公認すべきだと主張していました。この呼称は彼の〝古典〟でもそのまま引き継がれています（Felsenstein 2004, p. 145; Franz 2005; Williams *et al.* 2010）。確かに、分子系統学の表舞台で分類よりも系統の方がより重視されていることはまちがいないでしょう。しかし、そのこと自体は、生物体系学というより広いコミュニティーにおける分類学の軽視を何らかの意味で正当化する根拠にはなりません。逆に、生物分類学の薄暗がりの奥には「系統なんかどうでもいい学派」が、たとえ公認されなくても、公然と存在していることもまた周知の事実でしょう。分類学には分類学の、系統学には系統学のやるべき仕事がそれぞれあって、その二つはたがいに異なっているという単純な真理を示しているにすぎないからです（三中 1997, pp. 34-37, 2017a, 第3〜5章）。

歴史を見る視座はおそらく人それぞれです。ひょっとしたらフェルゼンスタインの史観の方が妥当で、私の方が偏った見方であると糾弾されるかもしれません。しかし、科学史は「何でもあり」が許されるわけではありません。これまでくわしく述べてきたとおり、科学史的なできごととその系譜を丹念に叙述することを通じて、私たちは「何が起こったのか」と「どうつながっているのか」に関する確実な知見を積み重ねることができるでしょう。

分子系統学をめぐる統計学と科学哲学との関わり合い、たとえば分子進化モデルの認識論的意義や最節約原理の統計学的前提、そしてモデルベースの系統推定論（最尤法やベイズ法）が分子データ以外のどこまで適用範囲を広げられるのかなどの話題については次章以降でくわしく議論することになります。

◇第二十景：文化系統学――言語・写本・文化・遺物の系統体系学［一九七七～現在］【シーン20】

これまで、私たちは生物の分類・系統・進化の研究史をたどることで、これらの学問分野が過去一世紀あまりにわたってどのような風景を形づくってきたかをいくつかの〝地点〟に立って眺めてきました。その景色は一見ばらばらのようで、実はそれぞれの景色の視野には共通する部分が必ず含まれています。本章最後の第二十景では、生物を対象とするこれまで論じてきた体系学から無生物を対象とする広義の**文化進化**（cultural evolution）に目を向けることにしましょう。

近年の**文化体系学**（cultural systematics）あるいは**文化系統学**（cultural phylogenetics）の発展を考えるとき、従来考えられてきた進化や系統の観念にまとわりついてきた生物と無生物を隔てる厳然とした先入観の〝壁〟をいったん崩す必要があります。生物か無生物かに関係なく、時空的に変遷するさまざまな事物（オブジェクト）がたどった軌跡をあえて歴史あるいは系統という同一の言葉で表現するとき、その事物が生物なのかそれとも無生物なのかという区別は本質的な問題とはいえません。実際、文化進化論における分類学と系統学のルーツをさかのぼると、何世紀も昔から共通するロジック――後述する派生的形質状態の共有に基づく最節約基準――が独立して編み出され、それぞれの分野で使われてきたという歴史的事実に出会います（O'Hara 1988, 1991, 1992, 1996, 三中 2012a, b, 2014, Minaka 2016, 2018）。

言語・写本・文化・遺物の時空的変遷と伝承系譜に関する広い意味での文化進化論に関しては、すでに英文の著作（O'Brien and Lyman 2003a, b; Mesoudi 2011; Numn 2011; Pereltsvaig and Lewis 2015）や論文集（Mace *et al.* 2005; Lipo *et al.* 2005; Forster and Renfrew 2006; Fangerau *et al.* 2013; Straffon 2016）、そして最近

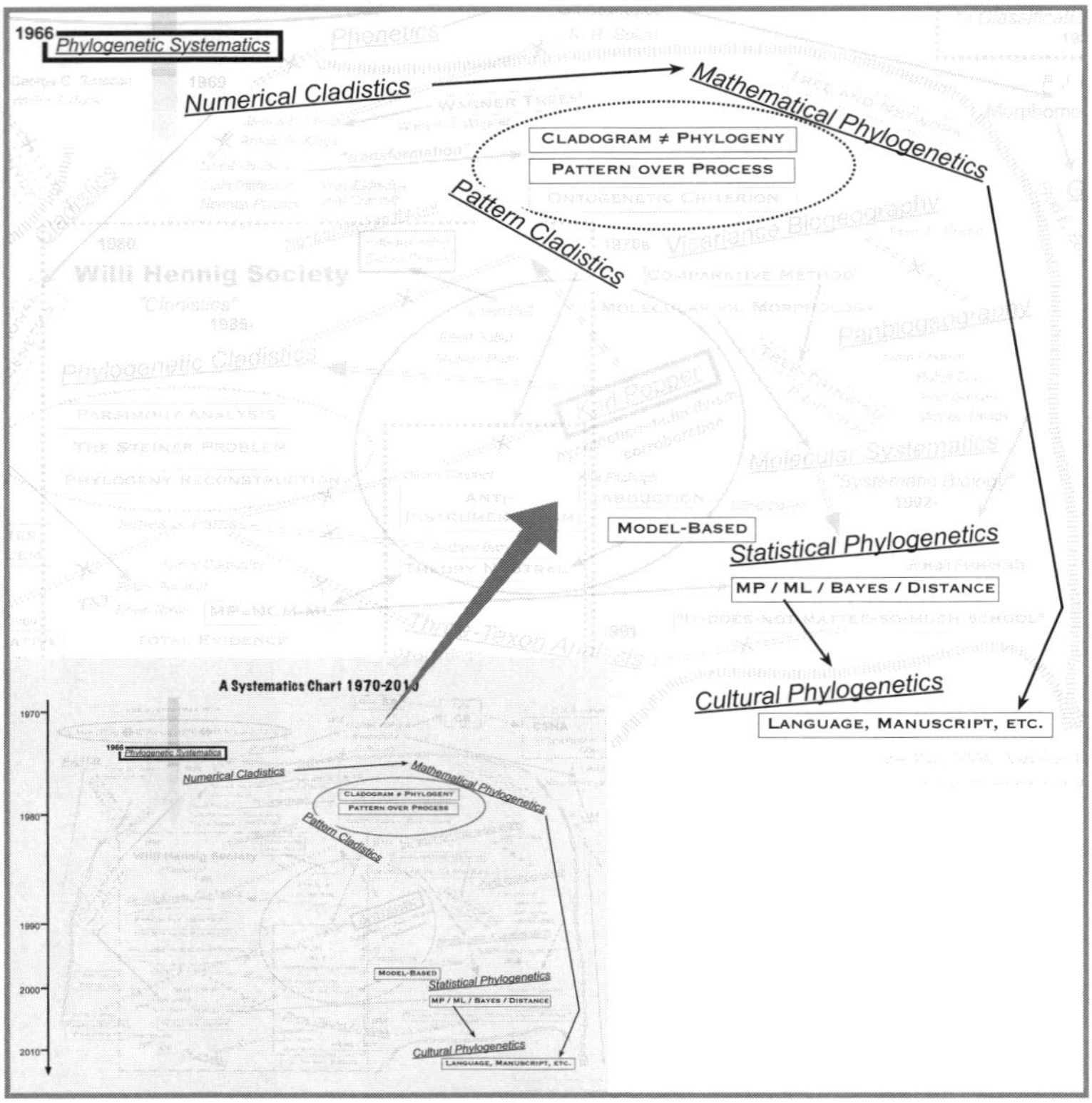

【シーン20】広義の文化系統学は非生物の進化・継承・系譜を論じる

では日本語の論文集（中尾・三中 2012; 中尾・松木・三中 2017）も編まれているので、数々の具体例についてはそれらの文献を参照してください。

生物の系統を推定するときとまったく同様に、**進化体**（evolver）としての一般的なオブジェクトの系統推定をする際にも、過去に生じた継承のパターンとプロセスを直接的に観察することはほとんど不可能です。したがって、現存する子孫オブジェクトについて観察できる諸形質を比較することで過去の系統関係に関するアブダクションをはてしなく繰り返さなければなりません。

科学史の上で生物系統学に先行する**歴史言語学**（historical linguistics）と**写本系図学**（manuscript stemmatics）における系統推定の方法論がどのような歴史をたどってきたかを見直すと、生物における系統推定論とのきわめて興味深い根本的な類似点が見いだされます（比較言語学史についてはAlter 1999を、比較文献学史についてはTimpanaro 1971, 2005を参照）。

複数の写本を比較校訂する技法である**本文批判**（textual criticism）は、もともとキリスト教の聖書やギリシャ・ローマ時代の古典を対象として確立されたものです。本文批判の原理を確立したとされる一八世紀の聖書学者ヨハン・アルブレヒト・ベンゲル（Johann Albrecht Bengel: 一六八七－一七五二）は、ギリシャ語版新約聖書の異本を校訂した研究のなかで、異本間の〝血縁関係〟に関して次の原理を示しました。

「複数の写本が、その本文や署名などに関して同一の古い特徴を共有しているならばたがいに近縁である」（Bengel 1734, Timpanaro 2005, p. 65に引用）

ベンゲルはこの共有形質の原理に基づけば、すべての写本（異本）群の共通祖先にあたる単一の祖本にまで到達できると考え、その写本の系譜を「**血縁表**（tabula genealogica）」と名付けました。ベンゲルの提唱した写本血縁表はのちに「**写本系図**（manuscript stemma）」と呼ばれることになります（Timpanaro 2005, p. 65）。

ベンゲルが写本系図学の原理を発表した一七三四年といえば、カール・フォン・リンネが近代生物分類学の出発点となった『自然の体系（*Systema Naturae*）』の初版を出版するわずか一年前のことです（Linné 1735）。リンネをはじめ同時代の生物体系学者たちはキリスト教創造説に則る神の摂理の顕現を自然界のなかに発見するために究極の分類体系——すなわち「自然の体系」——を構築するという目標を設定しました。そのまさに同じ時代に、ベンゲルは早くも写本間の〝類縁関係〟に基づく比較を踏まえた祖本の復元と写本系図の推定法を考案しました。生物進化とか系統発生という概念がきわめて希薄だった一八世紀の時点で、祖本から伝承された写本群が時空的に〝進化〟するという考え方がまったく別個に生まれていたという事実は、系統推定法が〝多元的〟に生じたという仮説を裏付けるものです（Percival 1987, p. 26）。

写本系図学の系譜は一九世紀に入ってさらに発展します。カール・ヨハン・シュリーター（Carl Johan Schlyter：一七九五‐一八八八）は、一八二七年に公刊した中世スウェーデンの『ヴェステルイェート法典（*Västgötalagen*）』の写本系図を初めて樹形図ダイアグラムとして描きました（Collin and Schlyter 1827; Holm 1972; Ginzburg 2004; 三中 2012a, p. 180）。【図3‐24】に示したように、共通祖本を最上部に配置して、下方に系図の枝を伸ばし、その末端に現存する子孫写本群を配置するという〝上下逆さま〟の描画様式は、シュリーターのこの系図が始まりです。

写本系図学の方法論を集大成したのは一九世紀の古典学者カール・ラハマン（Karl Lachmann：一七九三－一八五一）でした（Timpanaro 1971, 2005）。彼の名にちなんで「ラハマン法」と呼ばれることになる写本系図の推定法は、子孫写本群に観察されるさまざまな〝変異〟――それらの多くは祖本からの転写によって生じた過誤――を手がかりにして、写本間の類縁関係を推定します。たとえば、比較文献学者パウル・マース（Paul Maas：一八八〇－一九六四）――「文献系図学のヘニック」と称される（Cameron 1987, p. 229）――は、祖先写本から子孫写本への書写で生じうる過誤のうち、偶然による単純な過誤を除いた、情報をもつ過誤を次のように整理しました（Maas 1937, p. 289）。

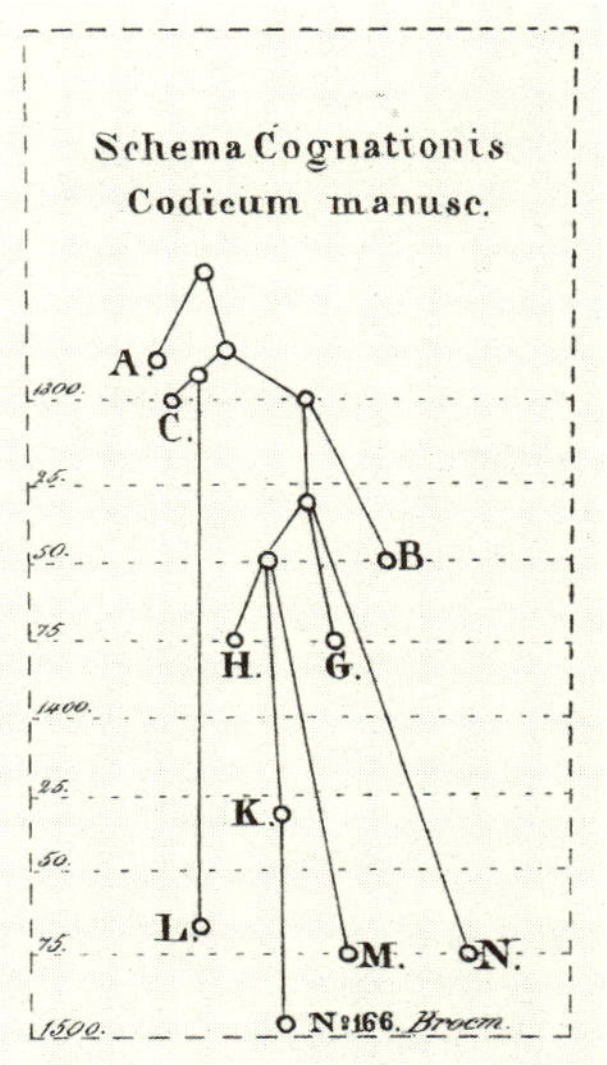

【図3-24】中世スウェーデンの『ヴェステルイェート法典』の写本系図

出典：Collín and Schlyter 1827, p. 597, Tabula III.

引用：Holm 1972, p. 53, fig.1.

シュリーターはまずはじめに写本群の類縁表（tabula consanguinitatis）を作成し、それに基づいて写本系図（schema cognationis codicum manusc [riptorum]）を描いた。この系図には絶対年代スケールが記入されていて、系統関係のみならず分岐年代の推定まで行なわれていることに注意しよう。

重要過誤（errores significativi）：偶然では生じえない意味のある過誤

・分離過誤（errores separativi）：特定写本にのみ固有の重要過誤

・結合過誤（errores coniunctivi）：複数写本に共有される重要過誤

書写される前の祖本はもちろん過誤をまったく含まないので、子孫写本に過誤が含まれるとすればそれらの過誤はすべて分岐学の言葉でいう「**派生的形質状態**（apomorphy）」とみなせます。そのなかでも、重要過誤は写本系統樹を復元すなわち姉妹群関係に基づく単系統群を構築する上で手がかりとなります。マースによる過誤の分類を見ると、分離過誤とは「**固有派生形質状態**（autapomorphy）」であり、結合過誤は「**共有派生形質状態**（synapomorphy）」と、正確に一対一の対応づけが可能になります。生物体系学と写本系図学が期せずして同一の概念体系に収斂していることがわかります。

歴史言語学に目を向けると、やはり言語の類縁関係を構築するための別の方法が「比較法（the comparative method）」の名のもとにつくられてきました（Hoenigswald 1963, 1973a; Maher 1966）。歴史言語学の比較法は、一九世紀後半に言語学者ベルトルト・デルブリュック（Berthold Delbrück：一八四二－一九二二）とカール・ブルクマン（Karl Brugmann：一八四九－一九一九）によって確立されたといわれています（Delbrück 1880; Brugmann 1884）。まず、デルブリュックの見解を引用しましょう。

「厳密にいえば、言語間の類縁関係を示す決定的な証拠は新規形質の共有性［gemeinsam vollzogene Neuerungen］しかない」（Delbrück 1880, p. 135）

ブルクマンもまた音韻論・統辞論・語彙論的な新規性が言語間の近縁性の証であると述べています。

「大きな語族に属する二つの言語が近縁であるかどうかという疑問は、新規形質が共有されている［gemeinsam vollzogene Neuerungen］かどうかを対応づけることによってのみ解決できるだろう」(Brugmann 1884, p. 252)

デルブリュックとブルクマンは、はからずもまったく同一の表現によって、比較法の根幹は派生的形質状態の共有による言語間類縁関係の構築にあると強調したことは注目すべき点です。歴史言語学者ヘンリー・ホーニクスワルド（Henry M. Hoenigswald：一九一五－二〇〇三）は、歴史言語学と写本系図学に共通するこの比較法の原理を次のようにまとめています。

「ある祖先から別々に分かれてきた多くの言語（あるいはある原本から書写された多くの写本）は、たまたま生じた重要な派生形質（あるいは共通の過誤）を共有していると考えられる。偶然による一致を除外し、派生形質（あるいは過誤）が独立に識別できるならば、祖先子孫関係にある一連の祖語（あるいは祖本）が再建できるだろう。そして復元された系統樹は、分裂や移動の歴史（あるいは修道院史、書写史、印刷史）の観点から歴史的に説明できるだろう」(Hoenigswald 1973b, p. 25)

さらに、ヘンリー・グリーソン（Henry A. Gleason：一九一七-二〇〇七）は、比較法のもとではある種の最節約原理は必然の帰結であると主張します。

「言語や単語の歴史において新形質や借用などの不連続性を生む変化はまれにしか起こらないと仮定することは歴史的方法の本質である。したがって、それらの変化が生じる回数を最小化するような歴史的説明がもっとも確率が高い」（Gleason 1959, p. 24）

ここまでくれば、言語を対象とする歴史言語学が生物を対象とする分岐学と方法論的にいったいどこがちがうのかと思わざるをえません。要するに、これら二つの科学はまったく独立に事実上同一の系統推定法をつくりあげてきたということです。

一九七〇年代のパターン分岐学は、すでに述べたように、生物だけを対象とせず、もっと一般化されたパターン分析のための樹形図の科学を構築しようとしました。その視野のなかに歴史言語学や写本系図学など、従来の生物体系学がまったく接点をもたなかった異分野の研究領域が意外にも関わりをもっていることが認識されるようになりました（Platnick and Cameron 1977; Hoenigswald and Wiener 1987）。ヘニックの系統体系学が生物学の〝中〟だけにとどまっていたのに対し、パターン分岐学はあえて〝外〟を見ようとしたことが、結果的に学問分野の壁を超える新たな連携を可能にしたといっても過言ではないでしょう（Minaka 2016）。

最近では、写本や言語の他に、考古学の分野でも生物体系学の方法論（とくに分岐学）を遺物の系統関係の推定に積極的に取り込もうとする動きがあります（O'Brien and Lyman 2003a, b; Lipo *et al.* 2005; 安達 2016; 三中 2017b）。また、分子系統学における最尤法やベイズ法などのモデルベース系統推定法を歴史言語学に〝逆輸入〟しようとする動きが見られます（Atkinson and Gray 2003）。確かに、ＤＮＡ塩基配列やタンパク質アミノ酸配列では置換の統計モデルを立てることは可能でしょう。一方、言語のもつ属性にそのようなモデルを当てはめることの妥当性は、生物における形態形質の統計モデル化の妥当性と同様、賛否が分かれそうです（たとえば、Pereltsvaig and Lewis 2015 の批判のように）。しかし、そのような個々の対立や異論を超えて、現在の生物体系学と非生物体系学には、さまざまな問題や論点に協力して取り組むことによって得られる利点は確かにあると、私は考えています（Howe *et al.* 2001; Grandcolas and Pellens 2005; 三中・杉山 2012, 2014; Lima 2014, 2017）。

以上をもって、第1章から第3章までひたすら歩き続けてきた私たちのトレッキングはやっとゴールにたどり着きました。たいへんお疲れさまでした。

第4章　生物学の哲学はどのように変容したか――科学と科学哲学の共進化の現場から

「分岐学者が鼻つまみ者なのはしかたがない。彼らのように過激なふるまいを見せつけ、長年にわたる分類学の伝統に背を向けようとすれば、反抗的な性格にならざるをえないからだ。共有派生形質『のみ』を用いて、人為的な分類群は認知『せず』、いっさいのあいまいさを許容『しない』という分岐学の原理は二者択一的な思考法を厳格に要求する。分岐学者には他人には目もくれずに我が道を貫く生き方しかなかったのだろう。いわば、彼らは大きくなりすぎたティーンエージャーであって、自分のしていることは自分にしかわからないと頭から信じているのは若気の至りだったのだろう。骨の髄まで信奉者として、ヘニック、ダーウィン、そしてカール・ポパー（科学的厳密さの守護神とみなされている有名な科学哲学者）の知的継承者であるという信念を持ち続けることが、分類学者の中で真の科学者であるための必須条件であると分岐学者はだれもがそう考えていた」（Yoon 2009, 訳書 p. 308）

前章までで私たちが歩いてきた進化学と体系学の現代史のさまざまな〝風景〟から見えてくることは、

これらの学問分野が単に生物学上のデータの蓄積だけではなく数学・統計学・歴史学などの広範な研究領域との〝交わり〟を通じて絶え間なく新たな仮説・理論・方法論が提唱されてきたという点です。もちろん、研究者コミュニティーのなかでの微妙な人間関係が数多くの論争をもたらしたことは否定できません。しかし、本章と次章の中核となる「**生物学の哲学**（philosophy of biology）」がほかのどこでもないその〝場〟で生じてきたことを考えるならば、科学と科学哲学の〝共進化〟について考察する格好の事例として捉えてみたいと私は考えます。

生物体系学者のコミュニティーはけっして〝均質〟な研究者集団ではないことは最初に認識しておかなければならないでしょう。特定の生物群に関する分類や進化に関心をもつ研究者の誰もが難解な数学理論やこみいった統計モデリングに通じていることなどあろうはずはないし、彼ら彼女らが続々と公開される新しいコンピューター・ソフトウェアの性能を知り尽くしているわけでもありません。むしろ、ごく一部の研究者たちが理論開発やプログラミングを主導し、その他大勢の研究者たちはエンドユーザーとしてその恩恵に預かっているというのがいつわらざる現実でしょう。もちろん、生物体系学・進化生物学の指導的な理論研究者やプログラマーたちの声高な主張に対して、多くのコミュニティー構成員が辟易してきたこともきっとあるかもしれません。

私たちが〝風景〟を遠目に眺めているかぎり、とてもよく目立つ地形的特徴の背後に隠れているさまざまなものに注意を払うことはなかなか難しいでしょう。しかし、ある時代のある場所の〝風景〟がもつ意味を考えるとき、目立つ特徴と隠れた背景はつねに全体として見渡す姿勢が求められます。過去半世紀の間に数学や統計学が生物体系学の分野に深く入り込んできたのはコンピューターという計算機器が科学研究の場に普及したからだという点は、第二幕の**数量表形学派**の登場以降の経緯（第七～十一景）と関連してすでに論じました。また、第三幕の第十五景では**最節約法**（**数量分岐学派**）がコンピューターの使用を前提とする新たな――そして分岐学派のみにとどまらない――知的視野（epistemic vision）を生物体系学にもたらしたとも指摘しました。

生物体系学コミュニティーの動態を科学史的に考察するとき、科学哲学がいったいどのような役割を演じてきたのかという点はきわめて重要な問題であると私は考えています。数学や統計学がおそらくは大多数の体系学者たちにとって〝無縁〟のものであったのと同じく、科学哲学もまたごく一部の体系学者たちそして彼らと歩調を合わせる科学哲学者たち――そのなかからのちに「生物学哲学者（philosophers of biology）」が出現することになる――を除けば、その他の生物体系学者たちにとっては〝無縁〟であり続けたかもしれません（日本の事例報告は三中・鈴木 2002 を参照）。しかし、声が大きな少数の体系学者たちが科学哲学に関する議論や論争を長く続けたことにより、生物体系学が経験科学としていかなる地位をもつのか、分類と系統に関わる仮説や理論が認識論的に検証あるいは反証されるためにはどのような条件が満たされなければならないかという論点が明示されることになりました。

一九七〇年代から八〇年代にかけての分岐学派といえば、カール・ポパーの科学哲学を生物体系学にもちこんだ張本人と目されています。パターン分岐学派のガレス・ネルソンとノーマン・プラトニックは、『生物体系学と生物地理学』の序文冒頭で次のように述べています。

「本書が提示する主張のもととなったのは、二人の生物学者の業績――ひとりは『系統体系学

(*Phylogenetic Systematics*)』[Hennig 1966] の著者である故ヴィリ・ヘニック、もうひとりは『空間・時間・形態：生物学的総合(*Space, Time, Form: The Biological Synthesis*)』[Croizat 1964] の著者レオン・クロイツァー――と科学哲学者カール・ポパー卿の著作である。(中略) われわれの主張によれば、ヘニックとクロイツァによる研究は科学的知識の本質とその成長に関するポパーの観点から捉えればよりよく(そして生産的に)理解することができる。そして、これら三者の主張は全体としてたがいに矛盾しない。同時に、もし彼らが本書を読んだとすれば、三人とも本書の内容の大部分に対して異論を唱えるだろう」(Nelson and Platnick 1981, p. ix)

動物体系学会(SSZ)の機関誌『システマティック・ズーロジー』の一九五二年から一九八五年までの総目次を確認すると、この雑誌にカール・ポパーの名前が登場するのは一九七〇年代前半以降のことです(Schnell *et al.* 1986)。後述するように、一九七〇年代前半という時代は、生物学の哲学という科学哲学の一分野が確立に至る時期と重なります。そこで、以下では二〇世紀を三つの時代に分割することにより、生物学の哲学がたどってきた道のりをふりかえることにしましょう。

(1) 統一科学運動とグローバルな生物学哲学の伝統

――ジョセフ・ウッジャーとジョン・グレッグの公理論的方法[一九五九年以前]

従来の科学哲学はもっぱら物理学を〝典型科学〟とみなし、生物学は全体として〝非典型科学〟のひとつとしての位置しか与えられませんでした。「科学の哲学」と称していても、その実態は「物理学の哲学」にすぎなかったということです。それが問題視されなかった背景には、二〇世紀前半から続いてきた「**論理実証主義**（logical positivism）」に由来する一九三〇年代以降の「**統一科学運動**（the unity of science movement）」の残響が挙げられます（Cat 2017）。一九三七年に出版されたエイブラム・C・ベンジャミン（Abram C. Benjamin：一八九七－一九六八）による『科学哲学入門（*An Introduction to the Philosophy of Science*）』は「科学哲学」と銘打たれた最初期の教科書です（Benjamin 1937）。しかし、論理実証主義と統一科学運動の動向に対して批判的に向き合いつつも、ベンジャミンが念頭に置いた科学は物理学であることに変わりはありませんでした。この傾向はのちの一九五〇年代に入っても大きくは変わらなかったようです（たとえば Toulmin 1953）。

一九世紀末に活躍した物理学者エルンスト・マッハ（Ernst Mach：一八三八－一九一六）ら当時の思想家たちが基礎を築いた論理実証主義は二〇世紀に入ってから急速に成長し、ポパーとも接点があった「**ウィーン学団**（the Vienna Circle）」の中心的教義となりました。この論理実証主義は科学という知の集積の全体は最終的には〝統一〟できると考え、その信念が統一科学運動として具体化されました。当時の典型科学のモデルとなった物理学はこの統一科学運動の中核に据えられ、その他すべての科学はこの物理学の基準に照らして判定されることになります。この統一科学運動の観点から見たとき、生物学とくに進化生物学や生物体系学は〝厳密科学〟である物理学や化学よりも格下の〝二級科学〟であるという判定は不可避でした。進化や系統という生物現象そのものがもつ歴史性・唯一性・実験不可能性のいずれから見ても、当時の論理実証主義が念頭に置いていた典型科学（すなわち物理学）のもつ科学として基準を満たしていなかったからです。生物体系学の現代史をふりかえると、この論理実証主義と統一科学運動からの影響は無視できません。一九三〇－四〇年代に確立した進化学の**現代的総合**（第一幕第二景）もまたこの統一科学運動の一環とみなされています（Smocovitis 1996）。

しかし、この時代の生物学者たちはけっして手をこまねいていたわけではありません。理論生物学者ジョゼフ・ヘンリー・ウッジャー（Joseph Henry Woodger：一八九四－一九八一）は統一科学運動を受けて生物学を改革しようとしたひとりでした。ウッジャーの『生物学の原理（*Biological Principles*）』（Woodger 1929）は彼にとっての理論生物学上の処女作であり、またウィーン留学から帰国したばかりで学位が得られたのもこの著作のおかげでした。生物学もまた物理学のような理論的中核が必要であると主張するウッジャーは、その序章の末尾で彼の信念を次のように言い表しました。

「私が〝体系化原理〟と呼ぶものに対してわれわれはもっと関心を払わねばならない。つまり、論理学と認識論の力を借りねばならない。これは物理学から得られた教訓といえよう。生物学者は物理学から概念を借用することにはとても熱心だったが、それらの概念をどのように使うか、そして生物学の認識論的な位置づけは何かについてじっくり学んではこなかった。（中略）生物学はこの点について辛抱強く学ぶ必要があることをまだ認識していない。それはまだ形而上学的な段階にとどまっている。すなわち、目をみはらせる〝結論〟を性急に出すことには熱心でも、生物学の概念の明確化とその基盤の確立に対して注意を払う批判的態度が足りないということだ。データを蓄積するだけでは不十分であり、ましてや単なる憶説を並べ立てるだけでは話にならない」（Woodger 1929, p. 84）

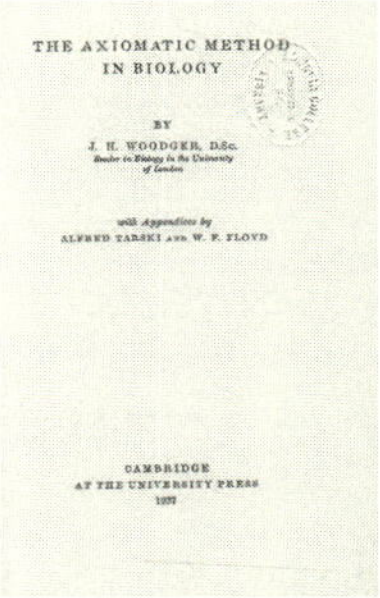
THE AXIOMATIC METHOD
IN BIOLOGY

BY

J. H. WOODGER, D.Sc.
Reader in Biology in the University of London

with Appendices by
ALFRED TARSKI AND W. F. FLOYD

CAMBRIDGE
AT THE UNIVERSITY PRESS
1937

【図4－1】ウッジャー『生物学の公理論的方法』の扉（Woodger 1937）

私が最初に本書のゼロックス・コピーを手にしたのは大学院生のころだった。当時の日本には本書の原書はほとんどなかったようで（CiNii Books で検索すると、現在でも国内には３つしか所蔵館がない）、私が見たコピーは原書（発生生物学者だった「白眼亭」白上謙一の私蔵本だったらしい）のコピーのさらに孫コピーにあたり、きわめて劣化した画質のせいか細かい活字で組版された数式はところどころ判別できないほどつぶれていた。ウッジャーは本書のなかで、同値関係と半順序関係（三中 2017a、第２章）を踏まえた「公理系（axiom-system）」を設定した上で、生物学への適用を試みた。全篇にわたって難解な論理式がはてしなく続く本書の景色は、生物学者にとってはまさに“荒野”だったが、論理学者や哲学者にとっては逆に“楽園”のように関心を惹きつけたようだった。実際、ウッジャーの古稀記念論文集（Gregg and Harris 1964）をひもとくと、生物学者だけでなく、科学哲学からはカール・ポパー、哲学からはウィラード・v・O・クワイン（Willard van Orman Quine: 1908-2000）、理論生物学からはニコラス・ラシェフスキー（Nicholas Rashevsky: 1899-1972）やリチャード・ルウィントン、そして構造生成アルゴリズム「*L*－システム」の開発者アリスティド・リンデンマイヤー（Aristid Lindenmayer: 1925-1989）ら幅広い分野からの寄稿が目につく。ウッジャーの業績をいまいちど再評価しようという気運が最近になって高まってきたのは喜ばしいことである（Nicholson and Gawne 2014）。

ウッジャーは、この信念を具現化するために、アルフレッド・ノース・ホワイトヘッド（Alfred North Whitehead：一八六一－一九四七）とバートランド・ラッセル（Bertrand Russell：一八七二－一九七〇）の『数学原理（*Principia Mathematica*）』（一九一〇－一九一三）が提示した科学の「**公理化**（axiomatization）」を生物学に適用するという目標を置きました。遺伝学・発生学・体系学・進化学など広範な生物学の分野を記号論理学に基づいて形式化する公理論は、ウッジャー自身の主著『生物学の公理論的方法（*The Axiomatic Method in Biology*）』として公刊されました（Woodger 1937【図４－１】）。さらに、生物分類学への**公理論的アプローチ**については、ジョン・R・グレッグ（John R. Gregg：一九一六－二〇〇九）による『分類学の言語：記号論理学の

【図4-2】グレッグ『分類学の言語』の扉（Gregg 1954）
ウッジャーの公理論的生物学を継承し、生物分類学への適用を発展させたグレッグの本書はたった80ページの薄さしかないハードカバー版である。ウッジャー『生物学の公理論的方法』と同じく、この本もまた私が大学院にいたときにコピーを入手した。生物分類のもつ階層構造を“公理論”として考察するというグレッグ流のアプローチは、彼自身によるその後の展開（Gregg 1967）を見るかぎり、今でいう離散数学に基づく集合-要素関係（set-member relationship）あるいは全体-部分関係（whole-part relationship）の構造解析と事実上等しいとみなすのが自然だろう。

分類体系研究への適用（*The Language of Taxonomy : An Application of Symbolic Logic to the Study of Classificatory Systems*）』として継承されることになります（Gregg 1954【図4-2】）。

しかし、ウッジャーやグレッグの公理論的アプローチに対する同時代の体系学者たちの反応はきわめて冷淡でした（Nicholson and Gawne 2014）。たとえば、第一幕第一景で登場したジョン・S・L・ギルモアは、現代的総合の論文集『新しい体系学』（Huxley 1940）に所収された、当時の生物体系学をめぐる哲学的背景に言及した論文「分類学と哲学」で、統一科学運動の継承者としてのウッジャーの公理論的研究について同時代の生物学者のなかでは「孤立無援というしかない」と評しています（Gilmour 1940, p. 463）。また、第一幕の第二景と第三景で登場した進化分類学者ジョージ・G・シンプソンは主著『動物分類学の基礎（*Principles of Animal Taxonomy*）』で、次のように書きました。

> 「ウッジャーによる生物学の他分野への記号論理学の適用と同じく、グレッグの公理論的な体系にもまた同義反復（tautology）であって、何かを発見することはできないという反対論が出されてきた。この同義反復であるとは、彼らの体系は別のことばによって（簡潔さには欠け

> ることがふつうだが）もっと単純に表現されていたことを言い換えているにすぎないではないかという批判である。もうひとつの批判は、それらの公理論的体系は（いまのところ）分類学の実践に対して何ひとつ有意義な変更をもたらさなかったし、重要な分類学的発見を導いたこともないという点である」（Simpson 1961, pp. 21-22）

生物分類学の〝公理化〟を大多数の生物学者たちが拒んだ最大の理由のひとつは、彼らがウッジャーやグレッグの著作を単に〝読めなかった〟からでしょう。ロジャー・バック（Roger C. Buck：一九二二-二〇〇二）とディヴィッド・ハルは科学哲学の立場からグレッグの公理論的アプローチを批判して次のように記しています。

> 「グレッグは、集合論という論理学（すなわち数学）の概念だけでなくその数式を用いて議論を進めた。そのせいで、彼の論文は読むことがほとんど不可能になってしまった。彼の研究が本来もったはずの読者層とインパクトを実際にはもてなかった理由はそこにあるとわれわれは考えている」（Buck and Hull 1966, p. 97）

しかし、系統体系学者であるヘニックは、二〇世紀前半の論理実証主義を中心とする哲学を学んだ際に、ウッジャーやグレッグの公理論的分類学の影響を強く受けたと考えられています（Hennig 1957, pp. 55-56, 1966, pp. 16-18; Rieppel 2007, 2016a, b; Schmitt 2013a, pp. 163-166）。ウッジャーやグレッグの研究は同時代の生物学者や生物学哲学者たちから総攻撃を浴びましたが、現在では階層構造を含む**半順序集合**（partially ordered set）について理論的考察をする際には離散数学の言語は不可欠です（Prin 2016; Varma 2013, 2016; Minaka 2016; 三中 2017a, 第4章）。**公理論的生物学**がたどった歴史をふりかえるとき、生物学者たちはむしろ自らの数学リテラシーのなさを深く恥じるべきではないでしょうか。そして、彼ら生物学者の側に立って援護射撃の片棒を担いだ次世代の生物学哲学者たちが何をもくろんでいたかについても注目する必要があります。

二〇世紀の前半から中盤にかけて、物理学を典型科学とみなす〝グローバル〟な科学哲学から生物学という個別の科学を念頭に置く〝ローカル〟な科学哲学への移行がどのように進んだかを考えると、そこにはおそらくさまざまな試行錯誤があったことでしょう。海洋生物学者ジェイムズ・ジョンストン（James Johnstone：一八七〇－一九三二）の著書『生物学の哲学（*The Philosophy of Biology*）』（Johnstone 1914）は確かに「生物学の哲学」という書名がついてはいるものの、内容的には二〇世紀初めの思想家アンリ・ベルクソン（Henri Bergson：一八五九－一九四一）や生物学者ハンス・ドリーシュの生気論（vitalism）に連なる生命論であって、けっして生物学の科学哲学を論じたわけではありません。このように、さまざまな哲学的生命論が二〇世紀前半から中盤にかけて提唱されたようですが（Callot 1957 を含めて）、ここではそれらについてこれ以上はくわしく触れません。

また、ベンジャミンの〝グローバル〟な科学哲学書とウッジャーの〝ローカル〟な公理論的生物学書が時を同じくして世に出た一九三七年は、昆虫学者ウィリアム・R・トンプソン（William Robin Thompson：一八八七－一九七二。彼の業績については Thorpe 1973 を参照）の生物学哲学書『科学と常識：アリストテレス的思索の旅（*Science and Common Sense: An Aristotelian Excursion*）』が出版された年でもあります（Thompson 1937）。トンプソンは応用昆虫学の害虫防除を専門とし、昆虫学分野では著名な『カナディアン・エントモロジスト（*The Canadian Entomologist*）』誌の編集にも携わった経歴をもつ生物学者でした。彼の著書『科学と常識』は、昆虫学の具体的な事例を挙げながら、科学的思考と常識との関わりを数理モデルと科学哲学の観点から考察するという点で特筆すべき著作でした。のちに、彼は生物体系学の哲学的基礎を論じた論考を発表し（Thompson 1952）、その後も分類体系と種概念に関する一連の論文を出しました（Thompson 1956, 1962, 1965）。トンプソンの著作や論文はその後も引用され、小さからぬ影響を及ぼしたと推測されています（Winsor 2006a, p. 163, n. 13）。その一方で、彼は筋金入りの創造論者（creationist）としても知られていました（McIver 1988, pp. 273-274; Numbers 1992, pp. 323-324）。実際、『科学と常識』では全篇にわたってトマス・アクィナスの『神学大全（*Summa Theologica*）』からの引用が散りばめられ、究極の知性（"the Intelligible"）を想定しないような科学には意味はないなどと断言していて（Thompson 1937, p. 190）、これはもう〝生物学の哲学〟のイメージからは遠く離れてしまったと言わざるをえません。

(2) ローカルな個別科学への生物学哲学の適応
――モートン・ベックナーの系譜とカール・ポパーの登場［一九五九年～一九六八年］

これまで述べてきたように、論理実証主義と統一科学運動に始まったグローバルな科学哲学からローカルな生物学哲学への道のりには、少なくとも二〇世紀なかばの一九五〇年代末にいたるまでは、さま

【図4-3】ベックナー『生物学的思考法』の扉
(Beckner 1959)
新しい生物学哲学の先駆となった本書は、ウッジャーやグレッグのように難解な論理式でページいっぱいを埋め尽くすことなく、ふつうの“文章”として読むことができる点でとてもありがたい。生物学における概念規定と説明様式に関する総論に続いて取り上げられているテーマは、体系学における分類群とその階層構造、遺伝学と系統学における歴史性、機能概念の解析、目的論、自然淘汰、生物組織の体制などである。この項目選択はのちに出版された生物学哲学の入門書数冊とも共通する部分が多い。本書に見られるベックナーの体系学哲学に関しては、カリッサ・ヴァーマ（Charissa S. Varma）の学位論文「集合論を越えて：1930年初頭から1960年にかけての論理学と分類学との関係（*Beyond Set Theory: The Relationship between Logic and Taxonomy from the Early 1930 to 1960*）」（Varma 2013）の第6章（pp. 217-262）で詳細に論じられている。

ざまな紆余曲折があったようです。そして、一九五九年になって新たな動きが同時多発的にいくつか生じます。

まずはじめに、ウッジャーの流れを汲む哲学者モートン・ベックナー（Morton O. Beckner: 一九二八－二〇〇一）が生物学分野の科学哲学を正面から論じた『生物学的思考法（*The Biological Way of Thought*）』をコロンビア大学出版局から出版したことが挙げられます（Beckner 1959【図4-3】）。

ベックナーは、序言の冒頭で、生物学の科学哲学を論じる意義を次のように宣言しました。

> 「現代の経験主義者が取り上げる科学の方法と手続きの中身は過度に物理科学に偏っているという哲学者は少なくない。その偏向のせいで、科学という営為の全体像が歪められ、科学が実際に行なっていること——おそらくはそれが目指していることまで含めて——に関する誤解を引き起こし、さらには生物科学や社会科学において重要な説明と理論形成の技法がまったく無視されていると懸念されてきた。本書は、これまで無視され、十分に論じられてこなか

ったと思われる生物学における概念形成と説明の様式について、私なりの検討を重ねた取り組みの成果である」(Beckner 1959, p. v)

ウッジャー (Woodger 1929, 1937, 1952a) やグレッグ (Gregg 1954) の先駆的業績と比較したとき、ベックナーの『生物学的思考法』のもっとも大きな特徴は、生物学の厳密な〝公理化〟そのものではなく、むしろ生物学特有の——すなわち物理科学にはない——概念や理論や説明のもつ特性を明らかにした上で、科学哲学の立場からどのような考察が可能であるかを論じようとする基本姿勢です。ベックナーは、まず、生物学の固有の概念として「**多型的** (polytypic)」「**歴史的** (historical)」および「**機能的** (functional)」という三つのクラスを設定します (Beckner 1959, p. 21)。そして、これらの概念クラスを踏まえた生物学的なモデル化と説明について考察を進めます。とくに、科学哲学者ルドルフ・カルナップ (Rudolf Carnap: 一八九一 - 一九七〇) が確立した**帰納論理学** (Carnap 1936, 1937) ならびにカール・ヘンペル (Carl G. Hempel: 一九〇五 - 一九九七) とパウル・オッペンハイム (Paul Oppenheim: 一八八五 - 一九七七) が提唱した**演繹-法則定立的説明モデル** (Hempel and Oppenheim 1948) に基づく科学的説明の範型を参照しつつ、生物学における説明と推論のあり方についてくわしく考察しています。のちの進化学や体系学で大きな論争を呼ぶことになるいくつかの科学哲学の論点が本書では先取りされていて、生物学哲学が進むべき新たな段階を示唆しました。

ウッジャーやグレッグらの公理論的アプローチには統一科学運動という〝グローバル〟な視点から個別科学を見下ろす構えがどうしてもついてまわります。諸科学を本気で統一しようとするならば、何ら

【図4-4】ポパー『探究の論理（第11版）』の書影
（Popper 2005）

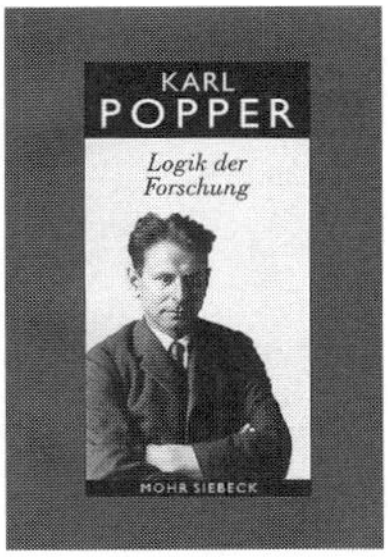

1934年（奥付では1935年）にウィーンで出版された『探究の論理』の初版は、第二次世界大戦後に英訳版『科学的発見の論理』（Popper 1959）が出て以降、英語圏の科学哲学に大きな影響を及ぼした。1980年までにはポパーの主要な著作（Popper 1945a, b, 1957, 1959, 1962, 1972）はほぼすべて日本語訳が刊行されていて、大学院に入ったばかりの1980年から科学哲学の勉強を始めた私にとってはとてもタイミングがよかった。しかし、あらためて『論理』を開いてみると、私がこれまでそうとう“かいつまんで”読んでいたことを自覚する。確率の傾向性解釈など本書の重要な論点のいくつかはとばしてしまったかもしれない。WHS 年次大会ではポパー本はまるで“毛語録”のように掲げられていたが、全体として『論理』はとても難解な本ではないだろうかといまさらながら感じる。

かの上からのトップダウン的な統制がなくては始まらないことは容易に想像できます。しかし、ベックナーの場合は、むしろ〝ローカル〟な科学を出発点としてボトムアップ的に問題提起を行なうという正反対の方向性が感知されます。生物体系学の現代史における科学哲学的武器の使われ方を見るとき、この両方向の動きの交叉に注目する必要があります。

さらに、同じ一九五九年には、科学哲学者カール・ポパーの『探究の論理（*Logik der Forschung*）』（Popper 1935）の英訳版『科学的発見の論理（*The Logic of Scientific Discovery*）』（Popper 1959）が出版され、大きな反響を呼びました（**【図4-4】**）。現代の科学哲学が科学に対してどのような影響を及ぼしたかを考察したウェルナー・カレボー（Werner Callebaut：一九五二－二〇一四）は、ポパー哲学が生物学に対してとりわけ強い影響を及ぼしたと述べています。

「哲学をよく知らない大多数の生物学者にとっては、ごく最近までポパーこそ科学方法論の唯一の権威であり、彼の著作は多くの生物学者の実際の研究活動に影響を与えた」（Callebaut 1993, p. 41［リチャード・M・ベリアンの発言として］）

確かに、一九七〇年代以降の生物体系学論争（第三幕の第十四～十六景）においてポパーの科学哲学がかまびすしく論議された経緯を考えるとき、彼の科学方法論（仮説の反証可能性の理論）にどうしても注目が集まるのはしかたがないことかもしれません。しかし、科学と非科学とを分ける境界設定基準としての反証可能性そして反証主義（falsificationism）が『科学的発見の論理』を通して英語圏で浸透する前は、ポパーは政治哲学者としての名声の方がむしろ高かったようです。たとえば、第二次世界大戦後すぐに出版された『開かれた社会とその敵（*The Open Society and Its Enemies*）』（Popper 1945a, b）やそれに続く『歴史主義の貧困（*The Poverty of Historicism*）』（Popper 1957）は政治哲学の分野での彼の代表作でした（Callebaut 1993, pp. 39-40）。

実際、一九六〇年代の生物体系学界では、ポパーの**反証主義**よりも前に、彼の政治哲学の根幹にある「**本質主義**（essentialism）」に対するポパーの批判的見解が影響を及ぼしました。**種問題**（the species problem）における本質主義の〝神話〟がどのようにして形成されたかをたどったマリー・ウィンザーの研究によれば、新世代の生物学哲学を率いることになるディヴィッド・ハルはインディアナ大学に在学中にポパーの指導を受ける機会を得ました。そして、ハルが知らないうちにポパーが勝手に雑誌投稿したハルの原稿が、「本質主義の分類学への影響：二千年に及ぶ停滞（The effects of essentialism on taxonomy: 2,000 years of stasis）」（Hull 1965a, b）という、新たな生物学哲学の幕開けを告げる、とても有名な論文となります（Winsor 2006a, pp. 165-166）。

本質主義という観念がなぜ生物分類学にとって意味があったかといえば、それは進化という観念に敵対する格好の〝藁人形〟としての役割を背負わせることができたからです（Sober 1980, p. 356）。第一幕第二景で見たように、一九四〇年代以降の現代的総合を中心となって推進してきたエルンスト・マイアーは、**集団的思考**（population thinking）に基づく生物進化の考えを普及させるにはその〝敵役〟が必要であると考えました。ウィンザーは次のように指摘します。

「一九五〇年代のマイアーが必要としたのは、集団的思考に抗する思考に対して誰にでもわかるレッテルを貼ることだった。〝類型学（typology）〟とは観念論形態学が抽象的な形態の科学を指す名称だった。（中略）マイアーのレトリック戦術は新手の実在しない類型主義者を生み出した。すなわち、種を繁殖集団ではなく論理的集合であるという立場には類型主義者というレッテルが貼られる。これはとても効き目のある論法だった。なぜなら、自分の立場を正確に公言する以前に、種レベルでの類型的思考（typological thinking）は誰もがそのレッテルを貼られたくない過ちだったからである」（Winsor 2006, p. 159）

マイアーが「**類型的思考**」というレッテルを最初に使用したのは一九五九年のことです（Chung 2003）。彼は、ギリシャ時代のプラトンに始まる類型的思考が一九世紀のダーウィンによって集団的思考に置き換わるというストーリーをつくりました（Mayr 1959, p. 2）。そして、その一〇年後の一九六八年に、彼は類型的思考とは本質主義思考にほかならないと明言します。

「本質主義のもとでは、事物の隠された本性（形相、本質）を発見することが純粋な知識が果たすべき役割であるとされる。本質主義を生物多様性にあてはめるならば、ある分類群の全メンバーは同一の本質的性質を共有する、すなわち同じ型（type）に一致するとみなされる。この理由により、本質主義的イデオロギーは類型主義（typology）とも呼ばれる。本質主義者にとって生物多様性の分類とは、自然界に見られる変異性をレベルごとに決まるある一定数の基本型に割り当てることである。哲学では長い歴史をもつ本質主義は、アリストテレスからリンネにいたるまでの生物分類を支配してきた（Cain 1958, 1959b）」（Mayr 1968［1976, p. 428］）

このように、一九六〇年代の生物体系学でのポパー哲学は、現代的総合における**生物学的種概念**を普及させるための戦略としての本質主義の用語と概念を提供するという役割を果たしました。

グローバルからローカルへという思潮のなかで、新参の生物学哲学の果たしてきた役回りを見直すと、その最初期から生物学側の問題状況がはじめにあって、生物学哲学は後からその議論に加わってくるというひとつの定型があったようです。一方には生物学が、他方には生物学哲学が対置され、両者の間で大局的な相互関係が議論されたのではなく、もっと末端の局所的な場面でたがいに絡み合いながら問題を解決していったというイメージの方がより妥当かもしれません。

(3) 現代的総合の残響のなかでの胎動——マイアー、ギゼリン、ハル［一九六九年］

前節で述べたように、一九五九年からの一〇年間はグローバルな科学哲学から芽生えたローカルな科学哲学としての生物学哲学がしだいに形をなし始めた時代といえます（Hull 1969a）。この移行はどのような論点を取り上げるべきかの選択にも大きな影響を及ぼしました。新しい生物学哲学のシンボル的存在となったエルンスト・マイアーは一九六九年の時点で、生物学哲学がこれから進むべき道を次のように示しています。

「科学哲学は物理学哲学よりももっと範囲が広い。とりわけ人類の将来とその繁栄に関する問題を論じようとするならば、あらゆる考察の出発点として適しているのは物理学ではなく生物学だろう。われわれは単一生起的な現象と事象の重要性に関する哲学をより深く究め、歴史を通じて進化してきた情報プログラムと複雑なシステムのもつ性質についてよりくわしく考察をめぐらせなければならない。これらに対して、数値万能主義とか類型的論理はもうどうでもいい。過去百年にわたって生物学が蓄積してきた重要な理念的な成果をしっかり踏まえて、物理学から導かれた諸概念と完全に統合しないかぎり、完璧な科学哲学に到達することは不可能だろう」（Mayr 1969b, p. 202）

直接的な実験や観察を実行したり反復することが原理的に不可能な**単一生起的**（unique）あるいは**歴**

史的（historical）な現象や事象は、物理学では考察の対象とはならなくても、生物学には広範に見られます。もともと統一科学運動の流れのなかで、生物学ははたして物理学や化学に**還元**（reduction）できるかという大問題が長年にわたって議論されてきました。確かに、ベックナーは理論的な「**還元可能性**（reducibility）」について言及しましたし（Beckner 1959, p. 45）、一九七〇年代に入ってもこの理論還元の問題は生物学哲学では繰り返し論じられてきました（van der Steen 1973; Ruse 1973; Hull 1974; Grene 1974; Ayala and Dobzhansky 1974）。しかし、理論還元という論点はグローバルな科学哲学の立場——すなわち統一科学——からは重要だったとしても、ローカルな生物学哲学から見れば解くべき問題そのものがしだいに希薄化していきました。

生物学から始まる哲学的な論議といえば、一九六〇年代のSSZの『システマティック・ズーロジー』誌バックナンバーをひもとくとその萌芽がすでに見られます。第一幕第三景で見たように、この雑誌は動物分類学に関わる「哲学的側面と原理」を議論するという目標が掲げられていたので、個別分類群に関する各論を超えた一般論について意見を述べ合う素地は創刊号からはっきりしていました。実際、この雑誌に投稿したのは動物体系学者だけではなく、植物学者もいれば、科学哲学者も見られました。一九六〇年代の早い時期に、ハルは、科学哲学者の立場から、系統関係と分類体系に関する理論的問題への考察を同誌に投稿しました（Hull 1964）。ハル自身の証言によれば、科学哲学者たちがSSZおよびその雑誌と関わりをもつにいたったきっかけはマイアーの導きによるとのことです（Hull 1994, p. 376; Winsor 2006a, pp. 165-168）。生物学哲学が進化生物学と生物体系学を母体として確立されていった背景には、学問分野を隔てる〝壁〟が低く、学問的出自の異なる研究者たちが入り交じる条件がきっと必要だったでしょう。進化学や体系学が物理学のような〝典型科学〟とは異なるタイプの科学であったことは結果として哲学的な議論の醸成を可能にしたと推測されます。

生物学哲学者の側から体系学への働きかけがあっただけではありません。逆に、体系学者が哲学に関わる主張をすることも一九六〇年代の『システマティック・ズーロジー』誌ではそれほどめずらしくありませんでした。たとえば、軟体動物の分類学者であるマイケル・ギゼリン（Michael T. Ghiselin：一九三九-）は、ハルとほぼ同時期に分類学的概念の定義論と分類論争の障壁となる**心理主義**（psychologism：Popper 1959）に関する論考をこの雑誌に投稿しました（Ghiselin 1966a, b）。ギゼリンは、後者の論文のなかで「種は個物である」という主張を初めて公表し（Ghiselin 1966b, pp. 208-209）、のちにハルとともに、「**種個物説**（species individuality thesis）」を主導することになります。しかし、ギゼリンは種個物説と並ぶもうひとつの論点として、ポパーの科学方法論の根幹である「**仮説演繹主義**（hypothetico-deductivism）」は生物体系学における科学的説明を検討する上で重要であると指摘しました（Ghiselin 1966b, pp. 210-212）。

ポパーの本質主義が現代的総合の生物進化学とどのように関わるかはマイアーやハルによってすでに議論されていました。ギゼリンはさらに一歩進めてポパーの仮説演繹主義もまた生物体系学の理論的基盤に関係することを初めて示したわけです。ポパーの仮説演繹主義すなわち**反証主義**（falsificationism）は科学的説明としての条件に焦点をしぼります。生物学におけるこれまでの説明様式がはたして科学的であるか否かについては一九五〇年代末から科学哲学者によって問題視されてきました。科学哲学者のマイケル・スクリーヴェン（Michael Scriven：一九二八-）やジョン・C・C・スマート（John C. C.

Smart：一九二〇‐二〇一二）は、生物学における説明とはどのような性格をもっているのか、そして、物理学と比較したとき生物学の理論や法則ははたしてありうるのかという根本的な問題を論じました（Scriven 1959; Smart 1959, 1963）。初期の生物学哲学者（ならびに哲学的生物学者）たちは、ポパーの科学哲学と科学方法論を〝武器〟として進化生物学や生物体系学の問題状況に切り込んでいきました。

一九六九年六月に米国科学アカデミー主催の生物体系学国際会議（National Research Council 1969）がミシガン大学（アナーバー）で開催されました。のちにＤＮＡ‐ＤＮＡ交雑法（第三幕第十八景を参照）に基づく鳥類全種の分子系統樹を構築した分子進化学者チャールズ・Ｇ・シブリー（Charles G. Sibley：一九一七‐一九九八）が大会委員長を務めたこともあり、時代に先駆けて分子進化学・分子系統学のセッションがいくつも並びました。そして、この国際会議の別のあるセッションは生物体系学者と生物学哲学者が公的に議論を交わしたもっとも初期の機会でした。ギゼリンの基調講演（Ghiselin 1969a）に続く討論者として、ハルと昆虫学者エルマン・ギサン（Hermann Gisin：一九一七‐一九六七。無翅昆虫であるトビムシ類の世界的権威だったギサンは一九六〇年代に系統的分類体系の理論化を進めた。Gisin 1964, 1967 参照）の二人が指定され（Hull 1969b; Gisin 1969）、さらにその後の自由討論（NRC 1969, pp. 64-66）では数量分岐学の論者としてファリスが登場しました。ギゼリンは数量表形学派に反対する立場から、進化と系統に基づく体系学のヴィジョンについてポパーの『科学的発見の論理』を引用しながら次のように述べています。

「自然淘汰に基づく変化を伴う由来という理念のもとでは、体系学は『あらゆる形質を考慮して、たがいにもっとも類似した対象物をひとくくりにする』（Cain 1962, P. 9）という立場を捨て去ることができる。そのかわりに、体系学者は進化の過程と現象に関する仮説的モデルを立て、予測能力、一貫性、そして自然の法則との無矛盾性に照らしてその仮説を検証する（Mayr 1965, pp. 75, 77）。新しいこの手続きすなわち仮説演繹的な科学的方法は、歴史科学か否かを問わず、すべての科学における推論の基盤である（Popper 1965; Cohen and Nagel 1934）」（Ghiselin 1969a, p. 53）

ギゼリンの引用文から示唆されるように、一九五九年に英訳出版されたポパーの『科学的発見の論理』は、およそ一〇年をかけて生物体系学というローカルな個別科学のなかに入り込み、この分野の科学的な推論と説明に関わるその後の議論の行く末に広く深い影響を及ぼすことになります。そして、この一〇年間は、ポパー自身の『科学的発見の論理』なども含めて、一般の科学哲学において「説明」の様式とその内容について活発に議論された時期ともちょうど重なっていたことに注意しましょう（たとえば Nagel 1961; Hempel 1965; Rescher 1970）。

同じ一九六九年に、ギゼリンはダーウィンの研究方法論を科学哲学の観点から論じた一冊の本『ダーウィン的方法の勝利（*The Triumph of the Darwinian Method*）』を出版しました（Ghiselin 1969b【図4-5】）。ギゼリンはダーウィンの進化学と体系学の研究がどのような方法論的原理に基づいて進められたかについて詳細に考察しました。序論で彼は次のように述べています。

「ダーウィンが現代科学にも通じる厳密な仮説演繹法を一貫して用いていたことを理解しないかぎり、彼の業績を評価できたとはいえない。ダーウィンの科学上の業績の全体は、事実を集積した

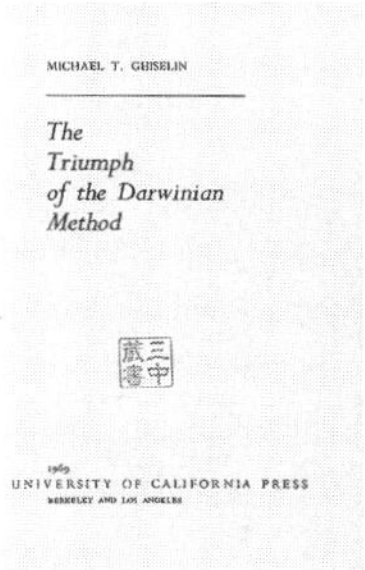

【図4-5】ギゼリン『ダーウィン的方法の勝利』の扉
(Ghiselin 1969b)

私が本書を東大正門前の本郷通り沿いに当時あった考古堂書店の店先で手にしたのは、学部を卒業してすぐの1980年のゴールデンウィーク明けのことだった。カバージャケットもなく、角はすり切れ、紙も日焼けした古書だったが、一期一会の出会いとはこのことをいうのだろう。19世紀のダーウィンが採用した科学方法論は現代のポパーの仮説演繹法にほかならないと主張した本書は、生物の進化学と体系学の原理と方法を科学哲学的に考えるとはどういうことかを私に教えてくれた。

ことに帰せられるのではなく、理論をつくったことにある。一見もっともらしい〝真のベーコン的方法〟すなわち単なる枚挙による帰納では、科学者たちが実際に行なっている営為を説明できはしない」(Ghiselin 1969b, p. 4)

「近年になって、とりわけポパーの研究のおかげで、科学はたいていの場合、仮説を支持する証拠をかき集めるのではなく、その仮説を反駁しようとする試みによって進歩するという考えがしだいに広まってきた」(同 p. 5)

そして、ダーウィンが手がけた自然淘汰や性淘汰の進化理論、フジツボ(蔓脚類)の分類研究、生物地理学、そして進化心理学の研究成果を広く見渡すことにより、ギゼリンはダーウィンの科学方法論が時代を先駆ける先見性があったことを示そうとしました。

以上述べてきたように、一九六〇年代の一〇年間は、現代的総合の枠組みのなかで、進化学と体系学の概念体系と科学方法論をポパー以降の新たな科学哲学に則して論じるという基本路線が敷かれました。生物学哲学がこのような歴史的文脈で発展していったことを知れば、続く一九七〇年代以降の潮流が理解できるでしょう。そこで、次に生物学哲学という新興分野が確立されたとされる一九七〇年代前半に話を進めましょう。その上で、本書の中核テーマである系統体系学とこの生物学哲学がどのように絡み合っていったのかについて以下でたどることにします。

(4) 生物学哲学のローカル化は体系学に何をもたらしたか
――学派間論争の時代を経て［一九七〇年〜現在］

前節で述べたように、一九六九年は生物体系学という個別科学と生物学哲学との関係を探る上でひとつの節目となる年でした。生物学に関心をもつ科学哲学者と哲学に関心をもつ生物学者が実際に接点をもち、正負両面の意味でたがいに影響を及ぼし合う学問的土俵ができあがった結果、両者を隔てる〝壁〟は心理的にも実際的にも低くなります。それとともに、哲学的生物学者と生物学哲学者の区別はしだいにあいまいになります。さらに、英語圏では、SSZという学会と『システマティック・ズーロジー』という雑誌が両者の協同体制を積極的に後押ししました。

まず、一九七〇年代前半の生物学哲学の動向に目を向けましょう。それまでの一〇年間に及ぶ助走期間を経て、英語圏での生物学哲学は教科書が登場する成熟期を迎えます。英語圏では初めての教科書となったルース『生物学の哲学（*The Philosophy of Biology*）』（Ruse 1973）は、メンデル遺伝学・集団遺伝学・進化学・分類学・目的論などベックナー（Beckner 1959）がかつて取り上げた一連のテーマについて解説し、最後に生物学と物理学との関係と理論還元を取り上げました。翌年に出たハル『生物科学の哲学（*Philosophy of Biological Science*）』（Hull 1974）もまたルースとほぼ同一の構成でした。これら二冊の生物学哲学の教科書は、それまでの一〇年あまりにわたって議論されてきた生物学固有の概念体系と説

【図4-6】ファン・デル・ステーン『生物学哲学への入門』の表紙（van der Steen 1973）

オランダは20世紀前半から科学哲学を含む「理論生物学（theoretische biologie）」の独自の伝統が続いていた。著者ファン・デル・ステーンは在籍していたアムステルダム自由大学（Vrije Universiteit te Amsterdam）での講義録として本書をまとめた。哲学と生物学をまたぐこの『生物学哲学への入門』は、個々のテーマについての各論を中心に展開するルースやハルの教科書と比べると、伝統的な哲学や論理学の基本から説き起こして生物学の科学哲学的問題につなげるという手堅い書き方となっている。

明理論を科学哲学の立場から考察するという共通の視点で書かれていることがわかります。

しかし、英語圏の外に目を向けるといささか異なる生物学哲学が立ち上がっていました。ルースの教科書と同じ年にユトレヒトで出版されたウィム・ファン・デル・ステーン（Wim J. van der Steen: 一九四〇－二〇一一）の著書『生物学哲学への入門（*Inleiding tot de wijsbegeerte van de biologie*）』（van der Steen 1973【図4-6】）は、オランダ語で書かれた生物学哲学の教科書だったこともあり、英語圏ではほとんど言及されないままになってしまいました。しかし、本書は、記号論理学と命題論理学から始まり、科学理論の構造、因果、決定論、目的論など科学哲学の基本を押さえた上で、ルースやハルの教科書ではまだほとんど取り上げられていなかったポパーの反証可能性理論まで解説され、当時の科学哲学と同期する生物学哲学を新たに構築しようとする著者の立場が明確に示されています。

生物学全般ではなく、生物体系学に範囲を限定するならば、第一幕第四景でくわしく論じたように、ドイツ語圏では英語圏とは異なる議論の系譜が長く続きました。観念論生物学の理念が支配的だった二〇世紀はじめから、ドイツの生物体系学は否応なく〝哲学〟の議論に関わらざるをえなかったという事情がありました。裏を返せば、英語圏ではあえて「生物学哲学」という看板を掲げなければ生物学の研究者コミュニティー内で科学哲学的な論議がそもそも成立しなかったということかもしれません。

いずれにしても、ドイツ語圏ではヘニックの系統体系学理論が世に出た一九五〇年代以降も、科学哲学的な研究の流れが途絶えることはありませんでした。たとえば、ゲルハルト・フェルス（Gerhard Fels）の『系統学の根本問題に対する科学論的研究（*Wissenschaftstheoretische Untersuchungen zur Grundlagenploblematik der Phylogenetik*）』（Fels 1957）は、一九五六年一月にドイツのボン大学哲学部に提出された博士学位申請論文です。一九五六年という第二次世界大戦直後の混乱期に、このような内容の科学哲学的研究がなされていたことに注目しましょう。内容的には、第一幕第四景の登場人物であるネフの観念論形態学、ツィンマーマンの系統学、そしてレマネの比較解剖学などを取り上げています（ただしヘニックには言及せず）。

さらに、英語圏で生物学哲学の看板が上がり始めた一九七〇年代に入ると、東西冷戦時代の〝鉄のカーテン〟の向こう側に隔てられた共産圏諸国で、マルクス－レーニン主義を信奉する生物学者たちが、体系学の科学哲学に関する考察を独自に進めました。共産主義政権下では、弁証法的唯物論が共産党公認のマルクス－レーニン主義を支える根本思想として、人文・社会科学はもとより、生物学を含む自然科学の全体にわたって強く拘束していました。生物進化や系統発生も自然界における弁証法的な〝歴史運動〟として解釈されます。体系学における「**種**（species）」の概念もその縛りから逃れることはできませんでした。

階層構造を構成する複数のレベルの物質がつくる統一性と全体性を兼ね備えた〝システム〟の挙動を

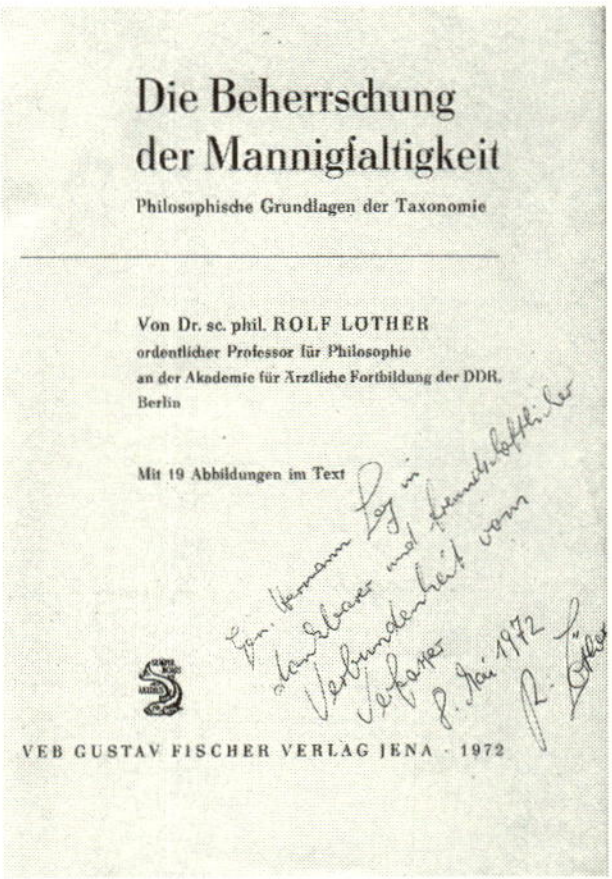

【図4-7】レーター『多様性を知りつくす：分類学の哲学的基礎』の扉（Löther 1972）
旧東ドイツ（DDR）で出版された本を手に入れることは今でもかなり難しい。共産主義体制下での「計画出版」のもとでは、本書の発行部数はおそらく少なかったのではないかと推測され、また増刷も原則的にありえなかっただろう。日本国内で本書を公的に所蔵している図書館が皆無なのはそのせいかもしれない。私が所有しているのはレーターの署名献呈本で、その贈り先はマルクス主義政治哲学者ヘルマン・レイ（Hermann Ley）と記されている。レイは本書に出版許可を与えたベルリン大学（Humboldt-Universität zu Berlin）哲学科の審査委員会委員だった。レーターの体系学哲学については三中（2017a, pp. 241-242, 265-269）でも考察した。

考察する「**システム論**（system theory）」である、ノーバート・ウィーナー（Norbert Wiener: 一八九四 - 一九六四）の「**サイバネティクス**（cybernetics）」あるいはルートヴィヒ・フォン・ベルタランフィ（Ludwig von Bertalanffy: 一九〇一 - 一九七二）の「**一般システム理論**（general system theory）」は当時の旧共産圏で受け入れられていました。東ドイツのマルクス主義生物学哲学者ロルフ・レーター（Rolf Löther: 一九三五 - 。Jahn and Wessel 2010 参照）の主著『多様性を知りつくす：分類学の哲学的基礎（*Die Beherrschung der Mannigfaltigkeit: Philosophische Grundlagen der Taxonomie*）』（Löther 1972【**図4-7**】）では、このシステム論の立場から種や高次分類群から構成される系統的体系は物理的な〝システム〟であると主張されます。

「種それ自身は、本質的に生物個体からなる類（Klassen）ではなく、物質的で、時空的に統一され、しかも全体として個体を超えたシステム（ganzheitliche überorganismische Systeme）である。栄枯盛衰をたどるこのシステムは、子孫を残さずに死に絶えることもあれば、古い種から新しい種が生じることによって発展していくこともある。種内の個体間類似度は論理的に類をつくることができる尺度ではあるが、種の帰属性を判定する規準ではない」(Löther 1972, p. 261)

種が時空的に統一された超個体的な〝物理システム〟であるというレーターの主張は、英語圏でギゼリンやハルがほぼ同時に提唱しつつあった「種個物説」にきわめて近いといえるでしょう。本書は生物体系学の哲学、とくに分類学と系統学との相互関係をヘニックの系統体系学の立場から考察している点で、同時代の英語圏での体系学論争とも深く関わりがあったにもかかわらず、全編にわたってマルクス－レーニン主義が振り撒かれ、しかもドイツ語で書かれた本だったために、あまり注目されなかったのは残念でした(Hull 2010; Ghiselin 2010)。その点では、ヘニックのドイツ語本『系統体系学理論の概要』(Hennig 1950)と同じ扱いを受けたということです。

双翅目昆虫の研究者グラハム・C・D・グリフィス(Graham C. D. Griffiths: 一九三七－二〇〇九)は、レーターの本が出版されて間もなくその書評と抄訳を『システマティック・ズーロジー』誌に掲載し(Griffiths 1973; Eigenbrod and Griffiths 1974)、一九七四年にはレーターのシステム論的アプローチを取り入れた生物体系学の哲学の論文を発表しました(Griffiths 1974)。グリフィスは、ギゼリンやハルによる種個物説とは独立に、種だけでなく高次分類群まで含めてすべてのランクの分類群は個物であると主張しました。

「体系学の基礎は主観的な認識論ではなく存在論にある。体系とその構成要素は、類似性によって形成される類とはちがうものである。分類（classifiaction）という用語は類に分けて秩序づける行為にだけ用いられるべきであり、体系的関係によって秩序づける行為は体系化（systematization）と呼べるだろう」（Griffiths 1974, p. 85）

グリフィスの主張によれば、**分類**（classification）とは類（class）をつくることであるのに対して、**体系化**（systematization）とは体系（system）をつくることです。分類ではなく体系化を重視するグリフィスは、レーターのシステム論を踏まえ、分類群とは物理的な体系（システム）であり、低次分類群は高次分類群の部分（part）であると言います。

「分類群は体系もしくは体系の部分であって、個体からなる類でない」（Griffiths 1974, pp. 86-87）

集合-要素関係（set-member relationship）に関して類が**普遍**（universals）として実在するかそれとも類に含まれる**個体**（individuals）だけが実在するかという問題は実在論対唯名論の普遍論争の現代版として、生物学哲学では現在に至るまでさまざまな主張が入り乱れる〝種問題産業〟にまで成長しました（次章参照）。しかし、レーターやグリフィスは、全体－部分関係（whole-part relationship）に関する論理学であるメレオロジー（mereology）の観点から、種個物説（種システム論）を打ち出したという点で画期的でした（三中 2017a, pp. 242-246, 250-275; de Queiroz 1988）。

科学哲学から派生した生物学哲学は、生物学全体を対象としている点で実はまだ守備範囲が広すぎるのかもしれません。実際、一九七〇年代以降は体系学に限定された生物学哲学が必要とされるようになります。英語圏の生物体系学の各学派がポパーをはじめとする科学哲学とどのように向き合ったかは必ずしも一様ではありません。しかし、少なくとも現代的総合に連なる進化分類学派——たとえばギゼリン——は一九六〇年代なかばにはポパーへの言及をしていたことはすでに述べました。数量表形学者コレスと進化分類学者ウォルター・J・ボック（Walter J. Bock）の間には、第二幕第十二景で触れた系統誤謬論文（Colless 1967）をきっかけとする論争で、たがいにポパーを引用しつつ論敵を批判するという、その後頻繁に見られるようになる論争スタイルがあらわれます（Bock 1969; Colless 1969a）。

ポパーのいう科学と非科学を分ける「境界設定基準」としての反証可能性（falsifiability）に照らしたとき、生物体系学がはたして〝科学〟といえるのかどうかについては一九七〇年代以降さかんに議論されました。たとえば、第一幕第四景で登場したレプトルプは、ヘニックの分岐学理論を〝公理化〟する際に、ポパーの基準のもとで「生物分類体系は科学理論である」という前提を最初に置きました（Løvtrup 1973, p. 49）。また、一九七〇年代の体系学論争に火を着けたボックの論文「古典的進化分類の哲学的基盤（Philosophical foundations of classical evolutionary classification）」でも、ポパーの科学哲学を踏まえて分類は構築されるべきだと明言しています。

「不幸なことに、ポパーの科学哲学はたとえ明言されなくても分類にはまだ広範に適用されていないようだ。実際、ポパーの主張に関心をもつ体系学者がほとんどいないことには驚くしかない。

マイアーやギゼリン（Ghiselin 1969a, b）はまれに見る例外である。生物分類の理論と方法論をポパーの科学哲学に準拠して定式化することが真に確実な基盤を構築する前提であると私は信じている」（Bock 1973, p.382）

一九六〇年代以降の英語圏の生物体系学研究者コミュニティーにポパーの科学哲学がしだいに染み込んでいくようすを見るとき、一九七〇年代なかばになって最後の分岐学派がいきなりポパーを大上段に振りかざすことになるのは、考えようによっては当然の流れでもあり、けっして予期できなかったことではありません。当時、アメリカ自然史博物館で魚類体系学を専攻する大学院生だったエドワード・O・ワイリーが、「カール・R・ポパー、体系学、および分類：ウォルター・ボックら進化分類学派への返答（Karl R. Popper, systematics, and classifications: A reply to Walter Bock and other evolutionary taxonomists）」（Wiley 1975）という論文を『システマティック・ズーロジー』誌に掲載したことが、その後の体系学論争に連なっていきました。同誌掲載の論文で「ポパー」の名前がタイトルに付いたのはワイリー論文が最初でした。

ワイリーの論文は、一般の原著論文とはちがって、同誌のコラム欄である〈論点（Points of View）〉に掲載されました。当時のSZ誌では、原著論文以上に、このコラムで活発な意見交換と議論が交わされていたのが大きな特徴で、学界の新しい動向や知見を知るには格好の場を読者に提供していました（Funk 2001, p. 153）。「コラム」という名称を見るとつい「短報」を連想してしまいますが、実際には印刷ページにして二〇ページを超えるような長文の〝コラム〟もめずらしくありませんでした。

ボック論文（Bock 1973）への反論として書かれた一〇ページあまりのワイリー論文は、はじめに帰納的推論に対する代替理論としてのポパーの仮説演繹法についておおまかに紹介した上で、ヘニックの分岐学はポパーの反証可能性を満たすが、ボックらの進化分類学はそうではないという論を展開しました。系統学ではつねに問題となる「**相同性**（homology）」について、ワイリーは相同形質とはある普遍性レベル（the level of universality: Popper 1959, 訳書上巻 pp. 91-94）のもとで立てられた共有派生形質に関する反証可能な仮説であるとみなせばよいと主張します。

「相同形質はそれが共有派生形質として存在すると仮定される普遍性レベルでのみ検証可能である。なぜなら相同性にとっての最良のテストは共通祖先をもつことだからである。それゆえ、仮定される相同形質はそれらの形質が共有原始形質として存在する普遍性のレベルにおける公理的規約としての性格を必然的に帯びることになる。したがって、この演繹システムのもとで相同性をまとめにテストするには、仮定された相同形質が共有派生形質であるという仮説を検証するしかないことになる」（Wiley 1975, p. 235）

ワイリーは、ある共有派生形質の仮説が直面する**潜在的反証者**（potential falsifier: Popper 1959, 訳書上巻 p. 104）――その仮説を反証する可能性がある言明――を考えることにより、ポパーの仮説演繹システムのもとでの反証可能性は担保されているとみなします（Wiley 1975, p. 236）。ここでいう共有派生形質の潜在的反証者とは、その共有派生形質が組み込まれている系統樹（分岐図）の他の共有派生形質との整合性すなわち最節約性によって判定されます。ワイリーはポパーのいう反証を生き延びた結果としての仮説の**裏付け**（corroboration：Popper 1959，訳書下巻 p. 311）の概念を踏まえて、次のように主張します。

「ある系統仮説を反証することなく組み込まれる共有派生形質仮説が多いほど、その系統仮説は裏付けられる。他の対立仮説と比べてもっとも強く裏付けられた系統仮説が選ばれる」（同 p. 238）

ワイリーは、分岐学派の中心教義をポパー哲学に沿って〝補強〟した上で、分岐学派と対立する進化分類学派が系統関係と並んで重要だとする類似性――適応進化による遺伝的あるいは表形的な類似性――は反証不可能であると切り捨てました（同 p. 242）。

一九七〇年代後半以降の分岐学派がポパーの科学哲学を〝武器〟として使いまわすときの基本作法は、ワイリーにすでにはっきり示されています。そして、ワイリー論文を皮切りに、以後の分岐学派はポパーの科学哲学にますます接近することになります。たとえば、一九七七〜七八年にかけては、ポパーの主要な著作群の書評や紹介が立て続けにSZ誌に掲載されました（Platnick, and Gaffney 1977, 1978a, b）。また、一九七八年度のSSZ年次大会でハルとクレイクラフトをオーガナイザーとして開催されたシンポジウム〈生物体系学における哲学的問題（Philosophical Issues in Systematics）〉では、ポパーの科学哲学を中心にした議論が交わされました（Hull and Cracraft 1979）。さらに同じ一九七八年に開催された科学哲学会（PSA：Philosophy of Science Association）の隔年会議（PSA 1978）では、〈生物分類学の目的（The Purposes of Biological Classification）〉というセッションがあり、生物体系学と生物学哲学の相互乗り入れがここでも見られました（Platnick and Nelson 1981; Hull 1981）。

このように、少なくとも英語圏では、一九八〇年代に入るまでに、生物体系学の学問的基礎を科学哲学（生物学哲学）の観点から考える姿勢が定着していたと考えられます。とりわけ、分岐学派は系統推定と分類体系構築の基盤をポパーの反証主義に求める傾向が顕著でした（たとえば、Gaffney 1979）。第三幕第十三景で見たように、一九八〇年代はじめに立て続けに出版された分岐学の教科書（Eldredge and Cracraft 1980; Nelson and Platnick 1981; Wiley 1981a）は、この学派の成立を物語るとともに、ヘニックの系統体系学からの大きな〝変容〟をも内外に示すことになりました。程度の差こそあれ、三冊いずれの教科書もポパーの仮説演繹主義によって理論武装されており、分岐学の理論体系を支持するにせよ批判するにせよ、ポパー哲学を無視することはもはやできなくなっていたというのが当時の状況だったと私は理解しています（三中・鈴木 2002）。

反証可能な科学的説明とはどうあるべきか、そしてトートロジーの論理循環を回避できる説明をどのようにして立てるかという論点は、けっして生物体系学だけにかぎられていたわけではなく、同時代の生態学や遺伝学を含む進化学全般にとって無視できない問題でした（Peters 1976, 1978; Simberloff 1980, 1983; Strong 1980; Rosen 1982）。とりわけ、一九八〇年一〇月にシカゴのフィールド自然史博物館で開催された大進化国際会議では、現代的総合がもたらした進化理論がはたして生物進化——小進化だけでなく大進化も含めて——を十分に説明できているのかという問題が提起され、その後の大きな論戦へとつながっていきました（たとえば Hull 1988, p. 222; Futuyma 2015, p. 43 を参照）。生物学哲学が一九七〇年代から一九八〇年代にかけて大きく成長した理由のひとつは、生物学において〝科学哲学〟的な問題状況がいくつも生じていたからと結論しても過言ではないでしょう。生物学哲学は生物学にとって確かに〝役に立った〟のです。

グローバルな科学哲学からローカルな生物学哲学へと変貌してきた道のりは、個別科学である生物学に固有の哲学的問題に対して科学哲学がどのように向き合ってきたかという側面とともに、生物学がその概念や理論的な基盤を検討する際に哲学的あるいは科学哲学的な視点を必要としたというもうひとつの側面がありました。この二つの側面が、学問的にも人脈的にも、たがいにさまざまな影響を及ぼし合いながら進展してきた経緯を私は生物学と生物学哲学の〝共進化〟と呼びます。この〝共進化〟の結果として、一九七〇年代なかば以降は生物学哲学よりもさらに細分化された「体系学哲学」とでも呼ぶべきものが立ち上がってきたように考えられます。

体系学だけでなく他の同時代の生物学諸分野における哲学的問題——たとえば社会生物学や創造論などを含む——の広がりと深まりを受けて、マイケル・ルースが生物学哲学のための新雑誌『バイオロジー&フィロソフィー（*Biology & Philosophy*）』を創刊したのは一九八六年のことでした。これをひとつの契機として、生物学哲学は新たな段階に入ることになり、続く世代の生物学哲学者たちが次々に頭角をあらわしてきました。それとともに、生物体系学や生物進化学に関わるさまざまな問題を科学哲学の観点から論じる教科書やモノグラフ（たとえば、Sober 1984a, 1988a, 1993, 2000, 2008, 2011, 2015; Rosenberg 1985; Lloyd 1988; Sober and Wilson 1998; Sterelny and Griffiths 1999; Ereshevsky 2001; 直海 2002; Grene and Depew 2004; Rosenberg and McShea 2007; Wilkins 2009a, b; Godfrey-Smith 2014; Richards 2016; 森元・田中 2016）ならびに論文集（Ruse 1989; Hull and Ruse 1998, 2007; Deleporte and Lecointre 2005; Matthen and Stephens

2007; Sarkar and Plutynski 2008）、さらにはアンソロジーまで含めて次々と出版され現在にいたっています。こうして生物学哲学はしっかり独立したひとつの研究分野としての地位を認知されました。

これまでの章でたどってきましたが、生物学哲学の黎明期は体系学を含む進化学と密接な関係があり、事実上の「体系学哲学」あるいは「進化学哲学」と同義とみなされる時代が二〇世紀末まで続きました。しかし、最近になって、この〝細分化〟ないし〝特殊化〟の傾向に対する疑念が湧きつつあるようです（Pradeu 2011, 2017）。生物学が広大な研究領域を有していることを考えれば、確かに、これまで生物学哲学が十分に論じてこなかった分子生物学やバイオインフォマティクス、あるいは人間に関わる医学や生命科学の問題群と今後向き合う動機は十分すぎるほどあると私は考えます。

本章で見てきたように、体系学と体系学哲学はもっとも〝地べた〟に近いところでの知的かつ人的な絡み合いを通じて、双方が利するような相互作用がありました。そして、体系学と体系学哲学との関係は状況に応じて変化してきたし、これからもさらに変化することが十分にありうるでしょう。ポパーの科学哲学はほんとうに体系学（とくに分岐学派）の方法論の基礎となりうるのかという問題（Hull 1983, 1999; Sober 1988a; Rieppel 2003, 2004）がふたたび浮上してきたことはその前兆といえるかもしれません。両者の関わり合いが今後どのようになっていくのかについて、続く最終章で考えてみましょう。

「プロセス理論としての進化理論は反証（falsify）することは困難だが，ポパーの意味で〝反証可能（falsifiable）〟ではある。過去の単一生起的な事象に関する仮説は普遍法則のようには〝反証〟ができない。にもかかわらず，それらの仮説は〝検証可能（testable）〟である。分岐学者たちは，彼らの分類が真に科学的といえるのは，ポパーの意味で〝反証可能〟だからであると主張する。しかし，ポパーによれば，地球上の生命の進化は〝単称（singular）〟的な言明であり，〝一般（general）〟的な言明ではない。したがって，厳密にいえば，〝反証可能性（falsifiability）〟はそもそも系統復元には適用されないのである（Hull 1983）」（Hull, 1999, p. 499）

進化生物学では「変化を伴う由来（descent with modification）」とは進化と同義であって，その歴史的系譜は**系統発生**として跡づけることができます。あるひとつの生物群がたどった系統発生パターンとその因果過程としての進化プロセスに関する考察のさらに先には，複数の生物群がたがいに関連しながら進化するという，より複雑な現象をどのように解明するかが問題となります。たとえば，私たち人間の体内にはさまざまな共生生物が棲みついています。それらのほとんどは人間にとって無害ですが、なかには私たちに害をなす寄生生物もいます。有害無害にかかわらず、これらの共生者は人類が進化してきた途上で私たちの祖先の体内にたまたま入る機会があり、以後そのまま宿主であるヒトとともに「**共進化**（coevolution）」を遂げてきました。

宿主と共生者が文字通りの〝運命共同体〟として進化を遂げるとき、宿主の系統発生と共生者の系統発生との間には何らかの類似点が見られることがあります。宿主の系統樹と共生者の系統樹との間に見いだされるこの対応関係は「**共系統**（cophylogeny）」と呼ばれます。パターンとしての共系統の背後にはプロセスとしての共進化——宿主と共生者が同時に種分化する「**共種分化**（cospeciation）」や宿主間を共生者が移動する「**水平伝搬**（lateral transfer）」など——が作用しているわけです。第三幕第十七景で示したように、宿主と共生者の系統樹の比較を通じて共系統パターンが成立させた共進化プロセスが何であるかを推定することはとても挑戦的な問題です（Page 1993, 2003）。この共系統－共進化の問題は歴史生物地理学やゲノム進化学ともよく似た構造をもつ問題であるという理解が深まったことにより、同一の方法論を用いることでより効果的に解明が進むのではないかと考えられています。

しかし、共系統－共進化を生物学だけに限定する必要はどこにもありません。**文化系統学**と**文化進化学**に目を向けると、文化的構築物の系統樹間の対応関係をめぐってまったく同様の問題が出現するからです（三中 2012b, pp. 206-207）。複数の系統樹がたがいに絡み合うという状況は対象物によらずいつでもどこでも生じうることが示唆されます。考えてみれば、科学も科学哲学も歴史をもつ文化的構築物ですから、前章で述べてきた生物学と生物学哲学との関係は、文化進化的な観点からは、共系統－共進化のもうひとつの実例とみなすことは自然でしょう。ディヴィッド・ハルは、**概念進化**(conceptual evolution)に関する科学哲学上の仮説を個別科学の実データを用いてテストするという態度で、生物進化学や生物体系学と向き合ってきました(Hull 1988, 2001)。科学哲学者にとっての〝実験動物〟である科学者の行動をデータとして利用してきたのであれば、逆に科学者もまた自らの生存を賭けた闘いのために科学哲学を積極的に利用してきたといえるでしょう。

以下では、科学にとっての科学哲学の価値と科学哲学にとっての科学の価値について、共系統－共進化の観点から考えてみることにしましょう。

(1) 序奏:科学者と科学哲学者のある対話

はじめに、五年前に出版された須藤靖・伊勢田哲治の対談本『科学を語るとはどういうことか:科学者、哲学者にモノ申す』(須藤・伊勢田 2013)を取り上げましょう。いささか口の悪い宇宙物理学者(須藤)と、さりげなく身をかわしつつも反撃する科学哲学者(伊勢田)との長い対話は、目線がそれぞれちがう方を向いているにもかかわらず、なお言葉が絶えず絡み合う流れが楽しめます。本書を読むと、科学者と科学哲学者が「いかに対話できるか」ではなく、「いかにすれちがえるか」が実感できるにちがいありません。

ノーベル物理学賞を受賞したリチャード・ファインマン(Richard P. Feynman:一九一八－一九八八)は、かつて「科学哲学は鳥類学者が鳥の役に立つ程度にしか科学者の役に立たない(Philosophy of science is about as useful to scientists as ornithology is to birds)」（訳文：須藤・伊勢田 2013, p. 14）と語ったと伝えられています。ファインマンの言葉を皮切りに、須藤は科学哲学に対する問題提起をします。

「私は科学哲学が物理学者に対して何らかの助言をしたなどということは訊いたことがないし、おそらく科学哲学と一般の科学者はほとんど没交渉であると言って差し支えない状況なのであろう」（須藤・伊勢田 2013, p. 14）

「最新の自然科学の成果を取り込むことなく、ずっと以前から繰り返されている哲学者のための哲学的疑問をいじることのどこに意味があるのだろう。科学哲学は科学を、あるいは世界を本当に語ろうとしているのだろうか」（同 p. 15）

ひとりの科学者としての私にとっては須藤の発言にはまったく同意できないし、私が知っている科学の〝現場〟は彼の主張を何百回も繰り返し反証しているとしか思えません。おそらく〝科学〟というおおざっぱな総称ではひとくくりにできないほど、個々のローカルな科学の成り立ちとそれを担っている科学者コミュニティーの事情は多様なのだろうと私は想像するしかありません。よくも悪くも典型科学である物理学は、私がなじんできた生物体系学とはまったく異次元世界の科学であるということなのでしょう。

この本の続く章では、物理学というローカルな個別科学にとってはなじみやすい話題である因果論や実在論をめぐるやりとりが中心となります。そして、科学者と科学哲学者との数々のすれちがいと交差の末に、科学哲学は何を目指しているのか、その目的は何かについて伊勢田はこう結論します。

「科学や科学者のために研究していると思っている科学哲学者はあまりいないと思います。基本は自らの知的好奇心に従って自分のやりたい研究をやっているわけです」(同 p. 270)

「科学哲学も、科学を素材として行っているとはいえ、哲学の一分野であり、哲学に内在的な問題意識で動いています」(同 p. 280)

これまた、私の立場からいえば、伊勢田の結論に対してもかなり強い違和感があります。その理由は、科学にとって科学哲学はもっと〝近い〟ところに位置するのではないか、両者はもっと深く関わりをもってしかるべきではないかという感覚を、私が自分の科学体験を踏まえてもっているからにちがいありません。

けっきょく、「決着はつかないでしょうね」(同 p. 284)という伊勢田と「私自身は『科学哲学』の目的に関して、結局あまり説得されなかった」(同 p. 293)という須藤との間で、科学と科学哲学の関係の議論は宙ぶらりんのまま結論を持ち越されることになってしまいました。しかし、なぜ私がどちら側にも同意できなかったのかについてはさらに考えてみる必要があります。

これまで指摘してきたように、過去半世紀にわたる生物体系学は、カール・ポパーをはじめ〝役に立つ〟科学哲学者の言説を好き放題に利用してきました。生物体系学という物理学とはまったく別のローカル個別科学の土俵の上で科学哲学が〝武器〟として使われてきた歴史は、科学全体のなかでは例外的な事例かもしれません。しかし、たとえそうであったとしても、ファインマンの〝格言〟の反証事例としては十分でしょう。生物体系学者たちは同時代の科学哲学を手にとって科学論争を戦い続け、科学哲学者たちは彼らの業界ではけっして期待できないほど高いインパクトファクターをもつ『システマティック・ズーロジー』誌や『クラディスティクス』誌に論文を掲載することができました。この意味で、科学と科学哲学は生物体系学においては長年にわたる文化的な〝共進化〟の関係を築いてきたといえるでしょう。少なくとも生物体系学では、ファインマンの言葉はとっくの昔に科学史的に反証されています。

前章で説明したように、生物学哲学は、かつての大上段に振りかぶったグローバルな姿から、ローカルな生物学に即した姿へと変容してきました。生物体系学での科学と科学哲学の表面的な〝共系統〟の内実は、〝鳥類学者〟が〝鳥〟を研究対象として利用したのと同時に、〝鳥〟の方も〝鳥類学者〟を利己的に利用したという二重の〝片利共生〟による〝共進化〟かもしれません。いずれにしても、その科学史的事実そのものはもはや否定しようがないでしょう。

この対話から透けて見えるのは、科学が多様であると同時に、科学哲学も多様になりつつあるという点です。「科学とは何か」あるいは「科学哲学とは何か」という本質主義的な設問が意味をもたないよりも前に、「科学」や「科学哲学」という総称それ自体がすでに意味をもたなくなっていると考えるのが妥当に思われます。かつてのカール・ヘンペルやカール・ポパーの時代ならば、科学哲学vs科学の「対話」の構図はもっとわかりやすかったかもしれません。現代よりももっとグローバルだった科学哲学が同じくかつてはグローバルな〝典型科学〟だった物理学ひとりを相手として「対話」すればすむからです。しかし、科学哲学がしだいにローカライズされ、個別のローカルな科学のなかに入る（あるいはかたわらにいる）ようになると、両者の対話もまたローカライズされます。科学哲学が対面して言葉を交わす相手が「どの科学」かによって、その対話の中身はおのずと変わらざるをえないでしょう。

(2) 主題：多様な科学のスペクトラムは連続している

誤解のないように注記しますが、科学が多様であることは科学の間に超えられない〝壁〟があることと同義ではありません。もちろん時空的に変遷する科学の系譜の末端どうしは一見遠く隔たっているように感じられ、それぞれの科学者コミュニティーでの平均的服装や言葉遣いや行動様式など学会文化に大きなちがいがあると、あたかもたがいに〝生殖隔離〟しているかのように受け取られることもきっとあるでしょう。しかし、その〝壁〟は外に実在しているわけではなく、私たちの心の中に築かれていま す。もし科学の間に〝表形学〟的な差異があるとしたら、その原因はむしろどのような対象についてのいかなる問題を解こうとしているかが科学によって大きく異なっているからだと私は考えています。

生物学や物理学だけではなく、どんな個別科学であっても、学問的に掘り下げればいずれどこかで〝哲学的〟な問題が出現することでしょう。しかし、生物体系学の場合は研究対象に関するさまざまな〝哲学的〟な疑問が日常的に浮上するという点に特徴があるかもしれません。たとえば、第一幕でたびたび言及した「種問題」は生物の**種**（species）の実在性に関する形而上学的問題と解釈できます。**種タクソン**（species taxon）が普遍として実在するか否かは実在論と唯名論の対置図式そのものであり、長年にわたって論争されてきたにもかかわらず決着がつかない難問です。種タクソンを「**個物**（individual）」とみなす考え方は、英語圏では一九五〇年代以降ウッジャー、ギゼリン、ハルらが提唱して以来、生物学者と生物学哲学者がそれぞれの立場から議論に加わってきました。逆に、種は「**自然種**（natural kind）」であるという主張も近年では支持を集めつつあります。種タクソンと**種カテゴリー**（species category）は、生物多様性の理解に直結するだけに、単に概念的問題としてだけではなく、実践的問題にもつながります。この点で、種の形而上学は生物学と生物学哲学が協同する格好の場となってきました。長年にわたって戦わされてきた種論争については『分類思考の世界』（三中 2009）、『思考の体系学』（三中 2017a）でくわしく論じました。

さらに、次節で述べるように、進化史という歴史はそもそも経験科学の対象でありうるのかという認識論的問題、あるいは系統推定をめぐる方法論的な問題など、体系学者としての日々を生きていくときに行く手を阻む、路傍に転がるさまざまな哲学的問題は〝日常風景〟と化しています。生物体系学が生物学哲学と〝近距離〟で相互に関わり合えたのは、ローカルな科学としての体系学が取り組んできた問題群の多くがもともと〝哲学的〟だったという特徴があったからです。ローカルな科学哲学としての生物学哲学はそのような生物体系学や進化生物学の土壌のなかで成長してきました。両者の間に共進化に基づく共系統が見いだされたとしても何ら不思議ではありません。

時空を超えた普遍的法則を追い求める「**法則定立的**（nomothetisch）」な物理学と例示的かつ歴史的な記載に基づく「**個例記述的**（ideographisch）」な生物学という対比は、確かに俗受けするわかりやすい二極化です。私も戦略的にこの対置を使うことがたまにありますが、よく考えてみるとその〝反例〟を見つけることはさほど難しくありません（三中 2006, pp. 72-80）。たとえば、自然淘汰や中立進化のような生物進化のプロセスは、特定の地質時代や分類群に限定される因果過程ではなく、生物が出現して以来という条件さえつけるならば、ほぼ普遍的な法則性とみなすことができるでしょう。特定の環境条件のもとでの遺伝子の淘汰や分子レベルでの遺伝子配列の中立的置換に関しては、これまでさまざまな理論的モデルを用いた研究が蓄積されてきました。それらのモデルに含まれるパラメーター値を変えることによりある程度の普遍性をもたせれば、時空的に異なる状況に対して共通の規則性が成り立つことが示せます。

他方、これまでクラス（類）に関する普遍的法則を論じてきた物理学であっても、問題の立て方によっては個別事例の記載あるいはその歴史を論じる状況が生じることも確かにありえます。たとえば、宇宙物理学では天体の起源と遷移は〝宇宙進化〟と銘打たれていても、その実体は〝定向的〟に決定づけられた遷移系列にすぎません。しかし、同じ天体学でも、ある特定の星がどのような歴史的変化をたどるのかという問題を解こうとするならば、法則定立的ではなく個例記述的なアプローチが必要となります（O'Hara 1997）。

一九一八年に天文学者・平山清次（一八七四－一九四三）によって発見された「平山ファミリー（Hirayama family）」は、火星と木星の中間にかつて存在していたある母星から分裂して生じたと推定される複数の小惑星からなる族です（Hirayama 1918）。祖先である母星から派生した子孫の小惑星は全体としてひとつの単系統群を構成します。小惑星のもつ公転軌道形状の特性値（離心率、軌道傾斜角など）のデータに基づいてファミリーを構築することは——平山はコロニス（Koronis）、エオス（Eos）およびテミス（Themis）という三つのファミリーを復元しました——、生物体系学における系統推定と事実上まったく同じ問題を解いているともいえます。その後、平山の発見は他の小惑星の系統推定にも適用され、たとえばアンドレア・ミラーニ（Andrea Milani：一九四八-）とパオロ・ファリネッラ（Paolo Farinella：一九五三-）はヴェリタス（Veritas）ファミリーの復元を試みました（Milani and Farinella 1994）。さらに、つい最近のことですが、電波を発するクエーサーの系統推定を分岐学（最節約法）の手法——「天体分岐学（astrocladistics）」と呼ばれる——を用いて行なった研究も発表されました（Fraix-Burnet *et al.* 2017）。

このように考えると、物理学は法則定立的であるのに対して生物学は個例記述的であるなどと紋切り的にレッテルを貼るのは科学の多様性を認識する上で大きな妨げとなるでしょう。むしろ、同じ個別科学のなかにあっても、ある問題の立て方によっては普遍法則の発見が目標となるが、別の問題の設定では個別事例の記載や復元が目的となることもあるという柔軟な科学観が私たちには求められています。多様な科学のスペクトラムを見渡すとき、一見したところ対極的なタイプの科学であってもどこかでつながっていて、それぞれの科学に対して微調整されたテイラーメイドの科学哲学がその場その場で密接に関係している——これが私が体験してきた科学の世界から得たひとつのイメージです。

(3) 変奏：三つのケース・スタディー

カール・ポパーの『開かれた社会とその敵』第II部では、**歴史科学**（historical sciences）は、普遍法則の発見を目指す**一般化科学**（generalizing sciences）や普遍法則に基づく将来予測を目指す**応用科学**（applied sciences）とは根本的に異なる科学であると指摘されています。

「原則的に、われわれが特殊な出来事とその説明に関心を抱いているならば、われわれは必要とされているあまたの普遍法則を当然視するのである。さて、特殊な出来事およびその説明にこのような関心を抱いている科学は、一般化科学からは鋭く区別して、歴史科学と呼べよう」(Popper 1945b, 訳書 p. 245)

歴史上の単一生起的な事象に関する言説を科学とみなすことができるかどうかは、自然科学と人文科学という見かけだけの垣根を超えた、共通問題のひとつです。アナール派の歴史学者であるマルク・ブロック(Marc Bloch: 一八八六 - 一九四四)は『歴史のための弁明』のなかで、「過去とはその定義からして、もはや何によっても変えられないような所与である。しかし、過去の知識は進歩するものであり、絶えず変化し改良される」(Bloch 1993 [1949], 訳書 p. 40) と述べ、歴史科学には科学としての地位が確かにあることを的確に指摘しています。まず問題となるのは、その科学的地位をどのようにして示せるのかという点です。

系統推定論にはポパーのいう歴史科学の定義がそのまま当てはまります。このとき、仮説である分岐図や系統樹は、ポパーの仮説演繹主義のもとで反証可能ないしテスト可能であるのかという点です。ポパー自身は、一般化科学における普遍言明(普遍クラスに関する言明)だけが反証可能であるとは考えていませんでした。実際、歴史科学における単一生起現象に関わる言明もまた反証可能であることは彼自身が指摘しています。

「古生物学、地球上の生命の進化史、文学史、技術史、科学史のような歴史科学は科学としての性格をもたないと私が主張したように考えている人がいる。しかし、それはまちがいである。私の考えではこういう歴史科学は科学としての性格を備えているのだ。私はそれを喜んで認めよう。多くの場合、歴史科学の仮説はテスト可能である。歴史科学は単一生起事象（unique events）を記述するがゆえにテスト不可能であるかのごとく考えている者が見受けられる。けれども、個別事象の記述は、ほとんどの場合それらの記述からテスト可能な将来予測（prediction）もしくは過去予測（postdiction）を導出すればテストは可能なのである」（Popper 1980, p. 611）

ポパーの見解によれば、歴史科学における言明がテスト可能であるのは、それが何らかの予測を生み、それが規則性ないし反復性を伴ってテストできなければならないという条件を課しています（Rieppel 2003）。しかし、生物体系学では、一般の進化生物学や歴史科学と同様に、**普遍言明**（universal statement）ではなく**単称言明**（singular statement）として仮説が立てられることがほとんどです。前節で書いたように、自然淘汰や中立進化のように進化プロセスに関わる因果的な素過程の仮説は、より普遍的な形式で述べることができるかもしれませんが、ほとんどの場合は特定の単系統群に関する仮説や、共通祖先についての単称的な仮説です。

前節の主題を踏まえて、ここでは三つのケース・スタディーに進みましょう。なかば歴史科学――より正確には「**歴史叙述科学**（historiographic sciences）」（Tucker 2004）――としての性格をもつという意味で特殊な生物体系学は、データや解析法だけでなく、もっと理論的・概念的な掘り下げを伴う科学哲学のレベルでの論争が繰り返し生じました。生物体系学者が科学哲学に一貫して求めてきたのは何よりもまず使える「武器」であるかどうかに尽きます。直面する問題を解決するための、科学としての理論的基盤を問い直すための、場合によっては論敵を打破するための「武器」として使えない科学哲学（者）の理論や主張は体系学者にとっては何の存在価値もありません。

以下で取り上げる「**系統推定論**」と「**最節約原理**」は、いずれも生物体系学の現代史のなかで長年にわたって論議が続いてきたにもかかわらず、いまだに未解決の問題を抱え込んでいるという特徴があります。体系学が、実験的に白黒の決着をつけることが原理的に可能なタイプの科学とはどういう点でちがいがあるのか、その結果としてどんなタイプの論議が生じうるのかは、末端の研究現場での生物学と生物学哲学の関わり合いを細かい粒度で理解するのにきっと役立つでしょう。

系統推定論——仮説演繹主義、反証、アブダクション

すでにくわしく述べてきたように、ポパーの科学哲学は、一九六〇年代なかば以降の体系学論争では頻繁に引用されました。学派の別なく〝ポパー〟の発言や引用をよりどころとして、分類体系や系統推定の〝反証可能性〟が論争のなかで言及されたことは、とりもなおさず「武器」としてのポパー哲学がまちがいなく体系学者にとってたいへん有用だったことを意味します。ワイリーによれば、分岐学におけるポパー的な〝反証〟とは、推定された共有派生形質状態を潜在的反証者とみなして系統樹の反証を仮説演繹的に行なうという手順です（Wiley 1975）。

たとえば、生物A、B、Cのある形質を観察したところ、派生的形質状態1と原始的形質状態0につ

いてAとBは状態1を、Cは状態0をもっていたとします。A、B、Cに関するこの形質状態分布をA(1), B(1), C(0)と表示しましょう。このとき、論理的に可能な姉妹群関係を表示する分岐図は、二分岐に限定するならば、次の三通りしかありません。

((AB)C) ――AとBはCよりもたがいに近縁である
((BC)A) ――BとCはAよりもたがいに近縁である
((CA)B) ――CとAはBよりもたがいに近縁である

観察された形質状態分布に照らして、これら三つの対立仮説をテストすると、分岐図((AB)C)は反証されないことがわかります。言い換えれば、分岐図((AB)C)はこの形質によって裏付けられた(**験証**: corroboration)ということになります。これに対して、残る二つの対立仮説((BC)A)と((CA)B)はこの形質によって**反証**(falsify)されています。なぜなら、形質状態の遷移を考えたとき、反証されなかった分岐図((AB)C)では1という派生的形質状態はAとBの共通祖先においてただ一回だけ状態0から1へと遷移したと仮定すれば説明できるのに対し、それ以外の分岐図((BC)A)と((CA)B)では、状態1がAとBそれぞれにおいて別々に二回生じたというアドホックな仮定(**補助仮説**)が必要になるからです。ポパーの主張によれば、ある仮説の反証可能性はアドホック補助仮説が増えるとともに減少するので、それがもっとも少ない仮説((AB)C)が選択されることになります。

この実例からわかるように、ポパーの仮説演繹主義に準拠した分岐学のもとでは、共通祖先に由来する相同な派生的形質状態の数を最大化し、他方で非相同的な形質状態の同一性――「ホモプラシー（homoplasy）」と呼ばれる――のアドホック仮定を最少化するような分岐図が最適であると判定されます。こうして選択された最適な分岐図は、仮定される形質進化の回数が必ず最小化されているので、最節約的と呼ばれてきたことはすでに述べたとおりです（第二幕第八景と第十一景、第三幕第十五景）。

この最節約原理に基づく分岐学の方法論に対して、進化人類学者マット・カートミル（Matt Cartmill: 一九四三－）は、次のような例を挙げて、系統仮説の最節約基準に基づく選択はそもそも非現実的であると批判しました（Cartmill 1981, pp. 76-77）。生物A、B、Cの二つの形質についてその派生的形質状態1と原始的形質状態0の分布を調べたところ、A(11), B(10), C(01)であったとしましょう。これは、生物Aには両形質の派生的形質状態があるのに対し、BとCについては第1形質と第2形質のいずれか一方のみについて派生的形質状態をもち、他方の形質は原始的形質状態だったという意味です。このとき、最節約原理のもとでは、第1形質によればAとBがたがいにより近縁である分岐図（(AB)C）が選ばれますが、第2形質によればAとCがたがいに近縁な分岐図（(AC)B）が選ばれるでしょう。残るひとつの対立仮説である分岐図（(BC)A）はどちらの形質によっても反証されています。カートミルは、論理的に可能な分岐図すべてがいずれかの形質によって反証されてしまうことを考えれば、対立仮説がすべて偽とみなされる仮説演繹主義は非現実的な科学哲学であると反論しました（Cartmill 1981, p. 93）。しかし、形質状態分布データのもとで特定の分岐図が選択されるかされないかは、その分岐図の真偽とはまったく関係がありません。データが増えたり変更されたりすれば、それに対応して最節約基準のもとで選ばれる分岐図は変わる可能性があるからです。系統推定とは、対立仮説間の絶対的ランキング

（受容されるか棄却されるか）ではなく、相対的ランキング（支持がより強いか弱いか）です（後述。三中 2018，第4講）。

カートミルと同様の批判はほかからも提起されました。ニック・スコット＝ラム（Nick R. Scott-Ram）は、ある形質のホモプラジーを仮定しなければならないような分岐図はすでにその形質によって反証されている、ホモプラジーを最少とする最節約分岐図はすでに反証されている仮説を受容することではないか、したがって最節約原理による分岐学の仮説選択基準はポパーの反証理論とはかけ離れていると批判しました（Scott-Ram 1990, p. 170）。また、直海俊一郎（一九五五－）は「反証された系統仮説は、新たな形質マトリックスに基づく研究で無数回蘇り、最適仮説として受け入れられる」のだから、最節約原理の方法論は「真のポパー哲学ではなかった」（直海 2002, p. 159）と結論しました。

仮説演繹主義に対するこれらの批判が的外れであることは、ホモプラジーというアドホック仮定の認識論的特徴を理解すればはっきりします。ある共有派生的形質状態が共通祖先由来の**相同形質**（ホモロジー）か、それとも系統的に別々の枝で生じた**非相同形質**（ホモプラジー）かの判定は分岐図に依存しており、分岐図と独立にホモロジーとホモプラジーが判別できるわけではありません。したがって、ある形質が特定の分岐図の上でホモプラジーとしてアドホックに説明されたからといって、この分岐図が〝反証〟されたことにはなりません。

スコット＝ラムの指摘が単なる誤解であることは、以下の極端な仮想例を考えればはっきりするでしょう。ある分岐図 A(BC) に対して二つの形質の整合的な形質状態分布が A(00), B(11), C(11) であるとします。ふつうに考えればこのときホモプラジーのアドホック仮定は不要です。両形質の派生的形質状態1はBとCの共通祖先において生じたホモロジー（共有派生形質状態）として説明できるからです。しかし、この例のもとであえてホモプラジーを仮定することは不可能ではありません。BとCを末端とするそれぞれの枝において独立に状態1が生じると仮定することが論理的には可能だからです。形質状態分布が分岐図と整合的であろうと非整合的であろうとホモプラジーの仮定はつねに置くことができます。したがって、スコット＝ラムの主張にしたがえば、どんな分岐図であっても任意の形質分布によってつねに反証されるという非合理的な結論を下すしかないでしょう。

エリオット・ソーバーは、分岐学で用いられてきた反証に対する上の批判を生物学哲学の観点から詳細に考察しています。

「分岐学に反対する多くの批判者は、ある形質によって反証された系統仮説は実際に偽であると考えている。だから、『反証の程度が最も小さい』（least falsified）系統仮説をなぜ議論しなければならないのかと彼らは言う。ある仮説がたとえ1形質によってであれ反証されたならば、その仮説は排除されるべきではないかという理屈である」（Sober 1988a, p.125, 訳書 p. 156）

ソーバーはこの批判を次の二つの観点から反論します。第一の反論は、分岐学の反証がポパーの仮説演繹主義に厳密に準拠しているとみなした場合です。

「反証の関係は『論理的不整合』（logical incompatibility）であると定義することである。ある形質が仮説を反証したとき、どちらかがまちがっているはずである。つまり、形質か仮説かどちらかを棄却しなければならないということである。系統仮説A(BC)が真であるならば、011形質(これまでと同様に〝0〟と〝1〟はそれぞれ原始的状態と派生的状態を表す)の形質分布とは論理的に整合しないから、その形質は上の意味で仮説(AB)Cを『反証』するといえるだろう。形質が系統仮説を『反証』したとしてもその仮説が実際には偽ではないかもしれない。肝心な点はどちらか一方が偽であると決定しなければならないということである(Gaffney [1979, p. 83]; Eldredge and Cracraft [1980, pp. 69-70]; Farris [1983, p. 9])。この意味での反証を**強反証**(strong falsification)と呼ぶことにする」(Sober 1988a, pp. 125-126, 訳書 pp. 156-157)

ソーバーのいう「強反証」とは仮説とデータとの矛盾が生じた場合には、両者は論理的に不整合なのだから、いずれか一方は〝偽〟でなければならないとする解釈です。しかし、たとえこの立場をとったとしても、形質はつねに〝無謬〟であると一方的に決めることはできません。形質が系統仮説を強反証できたとしても、形質が〝可謬〟であることを考えるならば、その系統仮説は実際には偽ではないかもしれないからです。したがって、カートミルやスコット＝ラムや直海の批判はこの時点で反駁できます。

しかし、ソーバーは、上述の「強反証主義」の立場は系統推定論にとって必ずしも適切とはいえないだろうと指摘します。強反証という解釈のもつ大きな欠点は、真のホモプラジーが実際にあるときに生じる形質も系統仮説もともに〝真〟である可能性に対応できないことです。たとえ系統仮説(AB)Cが〝真〟の分岐図であったとしても、011分布をする〝真〟のホモプラジー形質が存在するかもしれません。このとき形質011は系統仮説(AB)Cを〝反証〟してはいても、明らかに両者は「論理的不整合」ではないのです。どちらか一方が偽であるとする「強反証主義」はここでは不適切であるといわざるをえません。データと仮説の〝真偽〟を確定するという前提それ自体を再検討する必要があります。

そこで、ソーバーが提示する第二の解釈は、系統仮説と観察形質との間に強反証主義の論理整合性よりもっと弱い関係を想定しようとする立場です。

「いま観察Oが仮説Hに**反する証左を与える**(disconfirm)とき、HはOによって**弱反証**(weakly falsified)されると呼ぶことにする。重要なことは、たとえOとHがともに真であったとしても、OはHを弱反証できるという点である。上の強反証の関係では、この可能性は除外されていた。Popperの科学哲学は、ここでの議論にはほとんど何の役にも立たない。彼は**弱い**反証についてほとんど触れていないからである。何と言われようが、Popperは仮説**演繹主義者**だった」(Sober 1988a, p. 126, 訳書 p. 157)

このように、データと仮説との関係を、ポパーの仮説演繹主義に基づく絶対的真偽を要求する強反証主義ではなく、データに基づく対立仮説の相対的評価という弱反証主義の観点から見直すソーバーの立場は、カートミルやスコット＝ラムや直海の批判を退けるだけではなく、分岐学派が標榜してきた〝反証主義〟についても実態に即した再解釈が必要だろうと指摘します。

「分岐学の教義についての私の説明は、(弱) 反証主義であると同時に (弱) 実証主義の立場からの解釈であることに読者は気がつかれただろう。分岐学は派生的類似だけが系統仮説の**確証**(confirm) を与えると主張するが、言い換えれば、それはホモプラジーだけが系統仮説に**反する証左を与える** (disconfirm) ということである。石頭のポパー主義者はいい顔をしないだろう。彼らは『科学』というものは反証はできても実証はできないと言い張っているからである。しかし、すでに説明したとおり、形質分布は系統仮説を強実証も強反証もできない。系統仮説が弱反証されるとしたら、それは形質分布が特定の系統仮説だけを支持するからである。けれども、あるデータのもとで A(BC) の方が (AB)C よりも支持されないとしたら、それは (AB)C がより強く支持されているということである。ここでは『反証』(falsify) とか『実証』(verify) という言葉は捨てるべきだろう。そういう言葉を使うと、実際には存在しない演繹的関係があるかのような誤解を招くからである。それらの言葉のかわりに『支持する』(confirm)『支持しない』(disconfirm) を用い、仮説の評価は相対的な作業であると理解できれば、ある対立仮説が支持されるか支持されないかで迷うことは何もない。Popper のいう非対称性はここでは存在しない」(Sober 1988a, p. 127, 訳書 pp. 158-159 [一部改変])

データと仮説との関係を、ポパーのように論理的整合性すなわち真偽の決着をつけるという観点から捉えるのではなく、データによる仮説の相対的支持の程度を評価するという観点から理解することにより、形質データに基づく系統関係の推論は、帰納的一般化でも演繹的強反証でもない、弱反証に則った

非演繹的推論に基づいていると解釈できます（Kluge 1997a, p. 86）。この非演繹的推論とは、与えられたデータのもとで〝最良〟の説明を推論する「**アブダクション**」にほかなりません（Sober 1988a, p. 50, 訳書 p. 73）。

強反証に基づく厳密な演繹的推論は普遍クラス（たとえば元素のクラス）を適用対象とするのに対して、弱反証に基づく非演繹的推論は歴史的個別現象をも適用対象とすることができます（Kluge 1997a, p. 87）。実験や観察の反復が可能な普遍クラスならば、得られた観察データを用いて仮説の強反証を実行することが原理的には可能でしょう。しかし、反復や再現が困難な歴史科学（進化学・体系学を含む）は、たとえデータがあっても強反証はそもそも不可能です。一方、弱反証に基づく非演繹的推論（アブダクション）であれば、観察データが仮説に与える相対的支持の程度にしたがって対立する仮説間での選択を行なうことができます。

演繹法に基づく強反証／強確証から、アブダクションによる弱反証／弱確証への移行は、データのもつ証拠としての役割を重視する統計学哲学からも援護されています（三中 2018）。統計学者リチャード・ロイヤル（Richard Royall）は、近代統計学が意思決定にこだわってきたことが、データの仮説に対する証拠としての役割の軽視につながったと指摘します。

「統計学という分野はそれが取り組むべきある重要問題の解決を怠ってきた。その問題とは、得られた観測値は、どのようなときに一方の仮説を支持するが、他方の仮説は支持しないといえるのかという問題である。すなわち、その観測値が対立する仮説のうちの一方を支持する証拠とみなし

> てもいいのかということだ。（中略）過去半世紀にわたって統計理論は意思決定（decision making）のパラダイムに支配されてきた。一九三〇年代のネイマンとピアソンの研究以来、統計学の根本問題は対立する行為のいずれを選択するかの意思決定問題として定式化され、データを証拠（evidence）と扱ってはこなかった」（Royall, 1997, p. xi）

ロイヤルはデータを仮説に対する〝証拠〟とみなす立場を**尤度**（likelihood: Fisher 1921, 1922; Edwards 1992）の概念を踏まえた「**尤度パラダイム**」と称します（Royall, 1997, p. xiii）。尤度パラダイムはデータすなわち証拠から得られる尤度によって仮説間の相対的な重みづけをするだけで、仮説の受容や棄却の意思決定を伴いません。さらにいえば、第一章第五景で登場したフィッシャーはある時点で得られたデータに基づいてどこまで科学的（帰納的）推論を進めることができるかに関心がありました。データを〝定数〟とみなし、仮説を〝変数〟と考えて数値化された統計量である尤度はそのために考案された尺度にほかなりません。アブダクションもまた同一かつ唯一のデータを説明する複数の対立仮説の間で、データを証拠として相対的にもっともよい仮説の選択——絶対的な真偽の裁決ではなく——を目標としています。ロイヤルの尤度パラダイムがアブダクションときわめて親和性が高いことは明らかでしょう（Royall 2004; Forster and Sober 2004）。

一方、伝統的なネイマン－ピアソン流の**意思決定パラダイム**は、データを用いて帰無仮説と対立仮説の命運（絶対的な真偽）を決めることにより、単に推論をするだけではなく、もう一歩先の意思決定をすることを目指します（Neyman and Pearson 1933）。そのための仮定として、意思決定パラダイムは母集団からの無限回標本抽出を仮定しました。石田正次は次のように両者を比較しています。

「このネイマンの考えに於ては唯一回の標本抽出には信頼度としての意味を持たせることはできず、同一母集団からの無限回の標本抽出の結果にのみ確率を付与し得るのである。つまり一回一回の推論の結果信頼性に保証を与えるというのではなく、同じ推論を無限回行った場合の平均的成功率を示すというところが基本的である」（石田 1960, p. 21）

データの一意性を重視するフィッシャーとデータの無限回抽出を前提とするネイマン - ピアソンのちがいは、統計学哲学の論争を超えて、系統推定論における推論のあり方の論議にも大きな影響を及ぼします。厳密な仮説演繹法からアブダクションへと系統推定の捉え方が変わってきたことにより、反復できない一意的なデータからいかにして〝科学的〟な推論を実行するかという進化・系統・歴史に関わるすべての分野――直接的な観察や実験がまったくできない歴史叙述科学（Tucker 2004）――が共有する問題点へのひとつの方向性が示されました。情況証拠に基づくアブダクションによってベストの仮説をそのつど選び出していくという道が見えてきたからです（Fitzhugh 2006a, b, 2008）。

これまで私たちが見渡してきた生物体系学の〝風景〟のなかでは、質的にも量的にもかぎられたデータからいかにして納得できる推論を行なうかがいつも問われてきたことを思い出しましょう。最終的な真実を発見するのではなく、その時点で利用できる情報源から最善を尽くしてベストの仮説や説明を提出することがそのときどきの体系学コミュニティーに課せられた仕事でした。推論の論理的構造を検討するにはどうしても科学哲学の観点が求められます。生物体系学の推論の科学哲学的な基礎づけをめぐる議論の経緯は、研究の場の末端で科学と科学哲学がどのようなやりとりをしてきたかを知る上で格好の事例を提供しています。

験証可能性——論理確率、背景仮定、裏付け、厳格性

一九七〇年代初期の体系学方法論をめぐる論争では、ポパーの反証可能性の理論がそのまま体系学にあてはめられてきましたが、一九八〇年代に入ると論議の方向に変化があらわれます。その理由のひとつは、厳密な反証可能性の基準を生物体系学の問題にあてはめることの困難さを体系学者自身が自覚するようになってきたからでしょう。もともと、ポパー自身が典型科学としての物理学を前提に仮説演繹主義をつくりあげてきたわけですから、それを歴史叙述科学である生物体系学や生物進化学にまでそのままあてはめるというのは無理があります。そう考えると、体系学者たちによって繰り返し駆り出された〝ポパー〟は、いつも正しく使われたわけでは必ずしもなく、生物学哲学者が指摘するように、実は〝誤用〟ではないかと思われる事例もけっして少なくなかったようです（Hull 1999; Rieppel 2003, 2004）。

一九八〇年代以降、体系学者たちはポパーの後期の科学哲学に目を向け始めました。『科学的発見の論理』（Popper 1959）と『推測と反駁』（Popper 1962）に続く『ポストスクリプト』の一冊として公刊された『実在論と科学の目的』（Popper 1983）で、ポパーは「**験証度**（degree of corroboration）」の詳細な理論を展開しました。一九九〇年代以降の生物体系学者たちは、それに呼応して、ポパーの験証度理論がアブダクションとしての系統推定のなかで果たす役割についての議論を展開しました（Faith 1992, 1999;

Faith and Cranston 1992; Farris 1995, 2000, 2001; Carpenter *et al.* 1998; Faith and Trueman 2001a, b)。

アブダクションは与えられたデータのもとでの仮説間の競争です。しかし、新しいデータが付け加わったり、新たな対立仮説が出現すれば、それまで〝ベスト〟と判定されていた仮説があっけなく覆される可能性はいつでもあります。その意味で、アブダクションは終わりのない推論の連鎖です。生物の系統推定もまたその例外ではありません。第三幕第十九景で見たように、従来の形態学的なデータに加えて、前世紀末にはＤＮＡ塩基配列やタンパク質アミノ酸配列などの分子レベルの情報が、そして近年では次世代シーケンサーを駆使したハイスループットな遺伝子配列情報が用いられるようになってきました (Olson *et al.* 2016)。新たに利用可能となったこれらの情報源はアブダクションによる系統推定の連鎖をさらに伸ばしていくでしょう。その際、利用できるデータがたがいに対立する**系統仮説**（**分岐図**）に対してどれくらいの経験的支持を与えたのか、そして、証拠に基づく仮説のテストはどれほどの厳しさで実施されたのかについて知ることが重要です。

以下では、験証度に関するポパーの理論 (Popper 1962, 1983) を踏まえて、系統仮説すなわち分岐図 (*h*: hypothesis) と形質情報の証拠 (*e*: evidence) および背景知識 (*b*: background knowledge) との論理的関係を定式化するこれまでの議論をたどりましょう (Helfenbein and DeSalle 2005, Faith 2006 参照)。ここでいう背景知識とは「理論をテストする間は、問題のないものとして（仮に）受け入れる事柄すべて」(Popper 1962, 訳書 p. 435) という意味で用いられます。系統推定での背景知識とは、たとえば生物進化が生じたという根本的な仮定だったり、それぞれの形質の進化プロセス（形質状態間の遷移確率）だったりします。

ポパー『科学的発見の論理』の新付録*iv「確率の形式的理論」(Popper 1959, 訳書 pp. 397-424) には、以下の議論で必要となる確率に関する定義が与えられています。最初にその説明をします。ポパーによれば、一般に二つの命題A、Bに対して定義される確率「p(A, B)」は**相対的確率** (relative probability) と呼ばれ、「Bが与えられたときのAの確率」と定義されます (Popper 1959, 訳書 p. 398)。ここでの「確率」とは、数理統計学で用いられる事象の頻度確率でもベイズ的な主観確率でもなく、命題のもつ**論理確率** (logical probability) です (Popper 1959, 訳書 pp. 149-150)。ポパーの相対的確率はある種の条件付き確率 (conditional probability) と呼ばれる「p(A | B)」——Bによって条件付けられたAの確率——と解釈すればより理解しやすいでしょう (三中 2018, 第十三講)。

ポパーは『実在論と科学の目的』(Popper 1983) の第1部第4章「験証」のなかで、この論理確率を用いて仮説*h*と証拠*e*と背景仮定*b*の三者の関係をくわしく議論しました。彼が注目したのは「証拠*e*が仮説*h*を支持する」ことを論理確率を用いていかにして表現するかという点でした。ポパーは論理確率の差 p(*e*, *hb*)-p(*e*, *b*) をもって「背景仮定*b*のもとで証拠*e*が仮説*h*に対して与える支持」の程度を表すと考えました (Popper 1983, 訳書下巻 pp. 32-34)。この式の第一項「p(*e*, *hb*)」は仮説*h*と背景仮定*b*の連言命題「*hb*」——すなわち「*h*かつ*b*」——によって条件づけられた証拠*e*の論理確率です。同様に、第二項「p(*e*, *b*)」は仮説*h*を含まずに背景仮定*b*によって条件づけられた証拠*e*の論理確率です。したがって、これらの論理確率の差 p(*e*, *hb*)-p(*e*, *b*) は、共通の背景仮定*b*のもとで、ある仮説*h*が証拠*e*に対して与える条件付き確率の差を意味します。

ポパーは論理確率をフィッシャーの尤度と関連づけています (Popper 1983, 訳書下巻 p. 52)。たとえば

論理確率 $p(e, h)$ は「仮説 h の条件のもとでの証拠 e の確率」ですから、フィッシャーのいう尤度の定義と一致します。つまり、ポパーのいう「証拠 e が仮説 h を支持する程度」とは「仮説 h を条件として与えたときに生じる尤度差」とみなすことができるでしょう。$p(e, b)$ は仮説を与えないときの尤度であり、$p(e, hb)$ は仮説を与えたときの尤度ですから、差 $p(e, hb)-p(e, b)$ が大きいほど仮説 h は尤度の増加により大きく貢献した――すなわち e によって h が支持された――ことになります。

ポパーは、この論理確率の差 $p(e, hb)-p(e, b)$ をある定数 $p(e, hb)-p(eh, b)+p(e, b)$ ――「規格化係数（normalization factor）」と呼ばれる（Popper 1983, 訳書下巻 p. 34）――で割った値

$$C(h, e, b)=\frac{p(e, hb)-p(e, b)}{p(e, hb)-p(eh, b)+p(e, b)}$$

をもって、背景仮定 b のもとでの証拠 e による仮説 h の「験証度」と定義しました（Popper 1983, 訳書下巻 p. 35）。条件付き確率の定義により、分母である規格化係数の第二項は、

$$p(eh, b)=\frac{p(ehb)}{p(b)}=\frac{p(ehb)}{p(eb)}\times\frac{p(eb)}{p(b)}=p(h, eb)\times p(e, b)$$

$$p(eh, b)=\frac{p(ehb)}{p(b)}=\frac{p(ehb)}{p(hb)}\times\frac{p(hb)}{p(b)}=p(e, hb)\times p(h, b)$$

と二通りに変形できる験証度の最大値は $p(e, b)=0$ のときの $C(h, e, b)=1$、最小値は $p(e, hb)=0$ のときの $C(h, e, b)=-1$ で、験証度 $C(h, e, b)$ の取りうる値の範囲は $-1\leqq C(h, e, b)\leqq 1$ です。背景仮定 b のもとで証拠 e が仮説 h を支持するならば $C(h, e, b)>0$ となり、逆に支持しないならば $C(h,$

$e, b) < 0$ となります。

ポパーが提示した例は以下のとおりです（背景仮定 b はここでは除外します）。いま、仮説 h を「$\mathrm{p}(a, c) = r$」すなわち「条件 c を与えたときに a の属性をもつ確率が r である」とします。証拠 e を「条件 c を満たすサイズ n の標本において、$n(r \pm \delta)$ 個の標本が属性 a をもつ」とします。このとき、δ が小さければ $\mathrm{p}(e) \fallingdotseq 2\delta$ となります（Popper 1959, p. 429, 訳書 p. 503）。δ が十分に小さい場合は、験証度の分子は $\mathrm{p}(e, h) - \mathrm{p}(e) \fallingdotseq \mathrm{p}(e, h)$ となるので尤度と一致します。δ が大きくなるとともに両者のずれは大きくなりますが、験証度はフィッシャーの尤度概念のもつ欠点を克服した一般化であるとポパーは主張します。

「験証度の測度は**フィッシャーの尤度関数の一般化**——フィッシャーの尤度関数が明らかに不適切になるようなかなり大きな δ の場合をも包括する一般化——と解釈できる」（Popper 1959, p. 432, 訳書 p. 507）

系統推定論の観点からは、h は系統仮説としての分岐図、e は形質データ、そして b は進化プロセスの背景仮定とそれぞれ対応づけられます。ある分岐図 h の験証度を増加させるためには、分子第一項 $\mathrm{p}(e, hb)$ の値を大きくすると同時に、第二項 $\mathrm{p}(e, b)$ の値を小さくする必要があります。第一項は背景仮定のもとで分岐図が形質データに対して与える確率（尤度）ですから、分岐図によって値が異なり、データとの整合性が高い分岐図ほど高い値になります。ポパーの験証度理論のもとでは最大の験証度をもつ分岐図が選ばれます。験証度の最大化は、必要最少限の背景仮定bのもとで、形質間のホモロジー（共通祖先に由来する相同性）を最大化し、同時に形質データeを説明するためのアドホックなホモプラジー（同じ形質状態が別々に進化する非相同性）を最少化する分岐図hを選択することで実現されます。

この験証度と構造的に類似する尺度が、ある背景仮定bのもとで証拠eによる仮説hのテストの「**厳格度**（severity）」――$S(e, h, b)$――です。ポパーはテストの厳格度を

$$S(e, h, b) = \frac{p(e, hb) - p(e, b)}{p(e, hb) + p(e, b)}$$

と定義します（Popper 1962, p. 391, 訳書 p. 437）。すぐわかるように、厳格度と験証度とのちがいは、分母に$p(eh, b)$が含まれているかいないかの点だけです。

第三幕第十九景で概観した分子体系学の進展は、**モデルベース型**（model-based）の系統推定アプローチを広めました。たとえば最尤法やベイズ法のようなモデルベース型系統推定では、分子進化プロセスに関するさまざまな背景仮定を置くことが系統推定を実行する上での前提となります。先の験証度の式でいえば、論理確率$p(e, hb)$の値は分岐図hと形質データeとの整合性に比例した値をもちます。しかし、分岐図hの験証度を上げるためには、もうひとつの論理的確率$p(e, b)$の値を同時に小さくする必要があります（Kluge 1997a, b, 1999）。これは、背景仮定bを必要最少限にとどめることにより実現できます。この点からいえば、最尤法やベイズ法などモデルベース型の系統推定法は配列置換確率やその他多くの事前確率のパラメーターに関するモデルを仮定として積み上げるため、$p(e, b)$の値が不可避的に大きくなり、結果として分岐図の験証度は低下してしまうでしょう。験証度で測られる系統仮説の

論理確率ではなく、数値確率の大きさを追求することは、ポパーの反証主義とは対極に位置する実証主義を支持することであると分岐学派が批判する理由はここにあります（Siddall and Kluge 1997）。ポパー自身は、背景仮定が満たすべき資格あるいは条件について、常識的な指摘以上につっこんだ考察はしていないようです。

「ある問題を論じる間、われわれは、あらゆる種類のことがらを（一時的にすぎないにせよ）問題のないことがらとして受けいれるのがつねである。その間、この特定の問題の議論にたいして、それらのことがらは、わたくしが背景的知識と呼ぶものを構成する。この背景的知識の諸部分のうち、あらゆる文脈において絶対的に問題なしとして現われるものは、ほとんどない。いかなる部分であっても、いつでも、とくに、それを無批判に受け入れたことが行きづまりの原因かもしれないと疑ったときには、挑戦してもよい」（Popper 1962, 訳書 p. 404）

背景仮定は、議論の余地がないと一般的にみなされている前提にかぎらず、ある理論や仮説の構築に用いられた事実や仮定すべてからなる全体を指していると捉えるべきでしょう（Lakatos and Feyerabend 1999, p. 112）。たとえば、生物が進化したというもっとも普遍的な仮定は、確かに議論の余地がごく少ない仮定です。しかし実際に系統推定をする際には、それだけではなく、もっと個別的な知見や仮定が背景的知識として組み込まれています。ある対象生物群の系統関係を知ろうとするとき、ほとんどの場合、私たちは**外群**――第三幕第十五景で説明したように、対象生物群（内群）に対してもっとも近縁と仮定される分類群——を置くことにより、内群の系統解析を進めることができます。しかし、この外群の仮定は背景仮定にほかなりません。外群が妥当であるかどうかを確認するためにはさらに包括的な普遍性レベルでの系統解析が必要になります（Wiley 1981a, Ch. 4）。普遍的であれ個別的であれ、これらの背景仮定をまったく置かない系統推定は現実的ではないでしょう。

背景仮定の多くは単にまだテストの対象となってはいない仮説群にすぎません。ある科学理論にどのような背景仮定が組み込まれているのか、そしてそれらがどれほどの妥当性をもつのかはたえず批判的に検討する必要があります。生物体系学においても、経験的に十分に裏付けられた知見を背景仮定として段階的に取り込んでいくことは以下の二つの理由できっと必要になるでしょう。第一に、進化生物学のより新しい知見を踏まえれば、系統推定のための背景仮定を段階的に改訂することができるからです。第二に、背景仮定を厳しくテストすることにより、生物体系学の方法論的基盤はより確固たるものになるからです。

では、系統推定のための背景知識あるいは背景仮定として私たちはどこまで許容できるのでしょうか。ある仮説を背景仮定とみなすかどうかは明示的な根拠によって決定できるわけではなく、科学者コミュニティーにおけるその時点での合意を反映した「社会心理学的な事柄」でしかありません（Watkins 1984, 訳書 p. 254）。現代の生物体系学においてもまた、生物進化に関するいかなる背景仮定を置くべきかについては決着がついてはいるとはいえない状況にあります。第三幕第十四景で見たように、「モデルがなければ推論できない」（Sober 1988a, p. 199, 訳書 p. 239）ことを考えるならば、生物が進化したというもっとも普遍的な根本仮定（モデル）がなければ、形質データと分岐図との認識論的つながりは断たれてしまうでしょう。ほとんどの生物体系学者は、進化的な背景仮定の導入に消極的な分岐学者でさえ（たとえば Kluge 1997a, b）、生物進化の仮定は受け入れています。しかし、生物進化の仮定すら分岐学にとっては不要であると拒絶するパターン分岐学者も少数派ながら実際にいます（Brower 2000a, b）。一方、同じパターン分岐学者のパターソンは、理論ではなくデータから導き出された背景仮定あるいはモデルは体系学にとって考慮に値するだろうと主張します（Patterson 1994）。同じ分岐学派のなかでも見解は分かれています。

本格的に分子体系学の時代を迎えた二一世紀に入っても、ポパーの科学哲学は系統推定論との関連で頻繁に議論の俎上に上がっています。二〇〇一年の『システマティック・バイオロジー』誌の特集〈系統推定とカール・ポパーの著作〉（Olmstead 2001）は、生物体系学におけるポパー理論に分子系統学の観点から新たな光を当てています（de Queiroz and Poe 2001; Faith and Trueman 2001a; Kluge 2001a; Farris *et al.* 2001）。第三幕第十四〜十五景で見たように、一九七〇年代の体系学論争ではもっぱらポパーの反証主義が体系学者のための〝武器〟として用いられてきました。しかし、本節で論じてきたポパーの験証度の理論は体系学における証拠と仮説との関係を再考する機会を提供しました。その特集の冒頭で、ケヴィン・デケイロス（Kevin de Queiroz）とスティーヴン・ポウ（Steven Poe）は、ポパーの験証度は定義により尤度なのだから、分子系統学における最尤法は（最節約法とともに）ポパーの科学哲学の枠組みのなかで捉えることができると主張しました（de Queiroz and Poe 2001）。ダニエル・フェイス（Daniel P. Faith）とジョン・トゥルーマン（John W. H. Trueman）もまた、験証度と厳格度に基づく、より〝包括的〟な科学哲学が現代の系統推定論に求められていると主張します（Faith and Trueman 2001a）。従来の分岐学派によるポパー解釈（Kluge 2001a; Farris *et al.* 2001）にとどまらない拡張を提案した点で注目されます。もし最尤法がポパー科学哲学と整合的であるとみなされるなら、反証主義をずっと標榜してきた最節約法（分岐学派）との関係はどうなるのでしょうか。この論争はその後も尾を引いています（Faith and Trueman 2001b; Farris 2001; Siddall 2001; de Queiroz and Poe 2003; Rieppel 2003; de Queiroz 2004; Helfenbein and DeSalle 2005; Haber 2005; Kluge 2005, 2009; Faith 2006）。

本節の験証度理論に関する生物体系学での議論は、前節の反証主義の受容に続いてある個別科学のなかでの仮説のテスト可能性が科学哲学とどのように接してきたかを示すひと連なりの経緯です。科学哲学が変遷するとともに科学もまたそれに呼応して議論の場をそのつど移行してきたことがわかるでしょう。

最節約原理——オッカムの剃刀、最小化、最尤推定法

前節では、ポパーの科学哲学と系統推定論との関係と論点の移り変わりを通じて、生物体系学という個別科学が科学哲学とどのように交わってきたかを説明しました。本節では、生物学と生物学哲学の共進化と共系統のもうひとつの事例として最節約原理をめぐる半世紀におよぶ論争を取り上げます。験証度理論を通じて最節約法（分岐学）と最尤法の関連性が示唆されたこととは別の場面で、そもそも最節約原理がどのような観点から正当化されるのかという問題が未解決のまま現在にいたるまで残されてきました。

第二幕第八景で見た一九六〇年代前半のエドワーズ゠カヴァァリ゠スフォルツァによる最小進化法な

らびにカミン-ソーカルによる最節約法は、進化ステップの総数を〝最小化〟するという基準のもとで最適な系統関係の仮説を推定するという手法でした。第二幕第十一景では、一九六九年にデビューしたジェイムズ・ファリスがワーグナー法アルゴリズム（数量分岐学）という系統樹の全長を〝最短化〟する手法を開発したことを私たちは知りました。その後、一九七〇年代に入ると、主として分岐学派のなかで最節約原理が中心的役割を果たすようになったことは、第三幕第十四～十五景で詳述したとおりです。これらの最節約法の計算手順では、複数の枝での同一の形質状態はできるだけ共通祖先における共有派生形質状態（ホモロジー）として説明し、それぞれの枝で個別に派生したとするホモプラジーの仮定を置かないようにして系統関係の推定を行ないます。では、最節約法における〝最小化〟あるいは〝最短化〟という基準はどのような理由により正当化されるのでしょうか。

最節約基準は、中世形而上学では神学者オッカムのウィリアム（William of Ockham: 一二八五-一三四七）と結びつけられ、現在にいたるまで「**オッカムの剃刀**（Ockham's razor）」——「必要なしに多くのものを立てるべきではない（Pluralitas non est ponenda sine necessitate）」——と呼ばれています（清水 1990, p. 135）。クラス（類）が実在すると主張する**実在論**（realism）と、類ではなくそれに属する個物のみが存在すると反論する**唯名論**（nominalism）との何世紀にもおよぶ「**普遍論争**」（山内 1992）では、オッカムは唯名論を代表する論者として「オッカムの剃刀」を存分に振り回しました。本書では詳述しませんが、現代の生物体系学でなお延焼が続いている種問題（the species problem）——かつての普遍論争のよみがえりとしての——でも実在論 vs 唯名論の対立があります（三中 2009, 2010b, 2017a）。

中世思想家の稲垣良典（一九二八-）はオッカムの剃刀が抱える問題点を明示しています。

「こんにちなお論議されているのは、オッカム自身の『剃刀』の性格もしくは用途に関する問題である。すなわち、オッカムはかれの『剃刀』をふるって何を剃りおとそうとしたのか、余分な諸々の存在（entia）か、それとも不必要な仮説なのかが論議されており、一言でいうと、『オッカムの剃刀』は形而上学的原理であったのか、それとも方法論的原則であったと解釈すべきか、が問題とされている。そして、一般的に言って、オッカムに対して批判的な論者は前者を、オッカム哲学を積極的に評価する論者は後者の解釈をとる傾向がある」（稲垣 1990, p. 72）

稲垣の指摘とまったく同じく、分岐学派の支持者は、ファリスに同調して、最節約基準は〝単なる〟方法論的手法にすぎないと主張するのに抗して、反対者はその基準は生物進化に関する〝不自然〟な仮定を置いていると攻撃してきました。ポパーの仮説演繹主義のもとでは、アドホックなホモプラジーの仮定を最少化するという最節約基準は、もともとホモプラジーは少ないという非現実的な仮定を置いているのではないかという批判が提起できます。しかし、系統推定における最節約基準は、現象の発生頻度に関する最節約性（存在論的最節約性）ではなく、ある系統仮説によって説明上どうしても置かねばならないアドホック仮定に関する最節約性（方法論的最節約性）であると考えれば、その批判は反駁できるでしょう。

ファリスは、統計学における回帰分析を例にとって、方法論的最節約性と存在論的最節約性の違いを説明しました（Farris 1983; くわしくは Sober 1988a を参照）。たとえば、平面散布図として表示できる二次元データセットから回帰直線を推定するためには、直線とデータ点との残差を最小化するという基準のもとで直線の勾配と切片の最適値を計算する必要があります。しかし、この残差最小化という推定方法それ自体は、必ずしもデータセットのばらつきが自然界ではごく小さいという仮定をしているわけではありません。観察されたデータセットがどれほど大きなばらつきをもっていても、残差最小化による回帰分析は有効です。ファリスは、それとまったく同じことが、最節約基準のもとでの系統推定にもあてはまると反論しました。

しかし、たとえ現代の系統推定論で用いられている最節約基準が、存在論的ではなく、あくまでも方法論的にすぎないとしても、その基準がどのような前提を暗黙のうちに置いているのか、いかなる条件のもとで妥当な推論を導くのか——これらの問題点は長年にわたって研究されてきたにもかかわらず、いまなお最終的に解決されたとはいえません。現代を代表する生物学哲学者であるエリオット・ソーバーは一貫して最節約原理が抱える科学哲学的問題を問い続けてきました（Sober 1975, 1988a, 2008, 2015）。ソーバーは、もとはチョムスキーの生成文法理論を題材として理論的単純性に関する研究をしていましたが（Sober 1975）、一九八〇年代に入ってからは生物体系学における最節約原理の哲学的分析に軸足を移しました（Sober 1981, 1983a, b）。系統推定論における分岐論的最節約法を詳細に検討したソーバーの『過去を復元する：最節約原理・進化・推論』（Sober 1988a, ch. 5）は、一九七〇年代はじめから一〇年あまりも続いた最節約法をめぐるファリスとフェルゼンスタインの論争（Farris 1973, 1983; Felsenstein 1973, 1978b, 1981c, 1983a）から説き起こします。

分子系統学の時代が到来するおよそ三〇年も前から、最節約法と最尤法との結びつきについては何人かの研究者が気づいていました。第二幕第八景で見たように、一九六〇年代前半にエドワーズとカヴァリ＝スフォルツァが開発した最小進化法は、最尤法の〝近似的方法〟と位置づけられていました(Edwards and Cavalli-Sforza 1964, p. 75)。系統樹の枝ごとの尤度を集計して樹形の最尤推定を計算することは当時のコンピューターでは不可能でした。そこで、最尤系統樹の近似的な、しかも計算量的に負担が少ない〝射影〟として、最節約系統樹を計算するという便法が編み出されたのです。

ワーグナー法による最節約系統樹のアルゴリズムを一九六〇年代末に発表したファリスは(第二幕第十一景)、一九七〇年代に入ると最節約法と最尤法との間に関係があることを示すために、形質進化のさまざまな確率モデルを踏まえた統計学的な考察を行ないました(Farris 1973, 1977, 1978)。最節約法の統計学的議論の重要性について、ファリスは次のように述べています。

「進化史の復元は、理想をいえば、統計学的推論の一問題とみなすべきであることは一般に同意されている。しかし、進化的分類学のほとんどのアプローチはこの前提について真剣に考えてはいない。統計学的推論が可能であるのは、その方法が特定のモデルから導かれ、そのモデルのもとでひとつまたは複数個の最適性基準をもつことが証明されたときに限られる。進化プロセスの確率モデルが進化的推論問題のなかで議論されたことはこれまでほとんどなかったし、その結果、進化的推論法の統計学的最適性基準について明確に考察されたこともなかった。本論文の目的は、進化プロセスの単純な確率モデルを構築し、そのモデルのもとでいくつかの推論法の長所を論じることである」(Farris 1973, p. 250)

そして、ファリスは、系統樹の根から末端にいたる経路の微小時間区間に関してポアソン分布にしたがう形質進化モデルを仮定します。そして、ある樹形をもつ系統樹とその内部の形質状態を連言として最適化するならば、確かに最節約系統樹は最尤系統樹であるという結論を得ました（Farris 1973, p. 254）。最節約基準の尤度による正当化という長引く論議の発端はここにあります。

一方、のちにファリスの〝宿敵〟としての役回りを演じることになるフェルゼンスタインは、同じく最尤法の枠組みを採用しながら、ファリスとはまったく異なる方向を目指しました。一九七三年に発表された論文のなかで、最節約法と最尤法が同一の系統樹を導くための形質進化の条件について考察しました（Felsenstein 1973）。彼は、ファリスとは異なり、系統樹全体にわたる形質状態の遷移確率の大きさに注目します。もしある形質の状態間遷移確率が十分に小さかったとしたら、最節約法は最尤法と同じ結論を導くでしょう。その理由をフェルゼンスタインは次のように説明します。

> 「進化的変化それ自体の確率がきわめて小さいと仮定すれば、観察されたデータを説明するためには、そういう生起確率の低い事象をできるだけ少なく要求する系統樹がもっとも自然だろう」(Felsenstein 1973, p. 244)

ところが、形質状態の遷移確率の値が大きくなるにつれて、両者の一致は保証されなくなります。

「変化確率が小さいという仮定を緩めるならば、尤度と最節約性との間には必然的な関連性はなくなる」(Felsenstein 1973, p. 245)

ファリスとフェルゼンスタインの主張がくいちがう根本的な原因は、両者の尤度計算の方法が異なっていた点に帰せられます。

「Farris は系統樹と内部形質状態との連言を推定したのに対し、Felsenstein は系統樹と枝遷移確率との連言を推定した。最節約法と尤度の関連についてこれほど異なった結論が導かれたのだから、どちらの方法がより妥当なのかという疑問がすぐに出てくる」(Sober 1988a, 訳書 p. 199)

最尤法は統計的推定問題を解くために頻繁に用いられてきました (Edwards 1972, 1992; Royall 1997)。しかし、同じ最尤法の名のもとに異なるパラメーター集合の最尤推定を行なったとしたら、議論がすれちがうのは当然の結果であるとソーバーは指摘しました。後年、マイク・スティール (Micheal A. Steel) とディヴィッド・ペニー (David Penny) は、系統推定におけるさまざまな最尤法のタイプ——攪乱母数 (nuisance parameters) をどのように設定するかがそれぞれ異なる——を整理して議論しました (Steel and Penny 2000)。彼らの分類によると、フェルゼンスタインの最尤法は「**平均尤度** (average likelihood)」を最大化しているのに対して、ファリスの最尤法は「**進化経路尤度** (evolutionary pathway likelihood)」の最大化と区別されます (Steel and Penny 2000, p. 842)。

一方、ファリスとの論争に決着をつけるべくフェルゼンスタインが出してきたもうひとつの基準が「**統計学的一致性**（statistical consistency）」という概念でした（Felsenstein 1978b）。推測統計学で用いられる一致性の概念とは、母集団から抽出された標本から計算された推定量が、サンプルサイズを十分に大きくとれば、真値であるパラメーターにかぎりなく近づくという意味です（Sober 1988a, 訳書 pp. 200-201）。対立する二つの仮説の比較という点から一致性を言い換えれば、データセットがかぎりなく大きくなれば、偽である仮説が棄却される確率がかぎりなく1に近づくということです。

フェルゼンスタインは、形質状態の遷移確率をパラメーターとする樹形の最尤推定を考えます。いま、ある有根系統樹を考え、その端点をA、B、Cとします（**【図5-1】**）。枝I～Vでの形質状態遷移確率について、根に連なる枝Iには値Rを、枝Ⅲ、Vについては値Pを、残る枝Ⅱ、Ⅳについては値Qを割り振ることにします。ただし、形質状態は二値的（原始的状態0または派生的状態1をとる）であり、第二幕第八景で見たカミン - ソーカル最節約法と同じく形質状態遷移は不可逆的である――すなわち、いったん原始的状態0から派生的状態1に遷移したならば元の0には戻らない――という仮定を置きます。

フェルゼンスタインは、このモデル系統樹と形質進化仮定のもとで、可能な三つの系統仮説――(AB)C, A(BC), (AC)B――の比較を行ないました。端点A、B、Cのもつ形質状態の組合せのうち、最節約法的な情報をもつ形質状態分布は以下の三通りしかありません。

110　(AB)Cを支持する共有派生形質状態
011　A(BC)を支持する共有派生形質状態

101　(AC)B を支持する共有派生形質状態

枝ごとの遷移確率を計算すると、それぞれの形質状態分布が生じる確率——すなわち尤度 P[110], P[011], P[101]——が求められます (Felsenstein 1978b, pp. 403-404)。

$P[110] = (1-P)[Q+(1-Q)PQ](1-R)$

$P[011] = P(1-P)Q(1-Q)(1-R)$

$P[101] = P^2(1-Q)^2(1-R)$

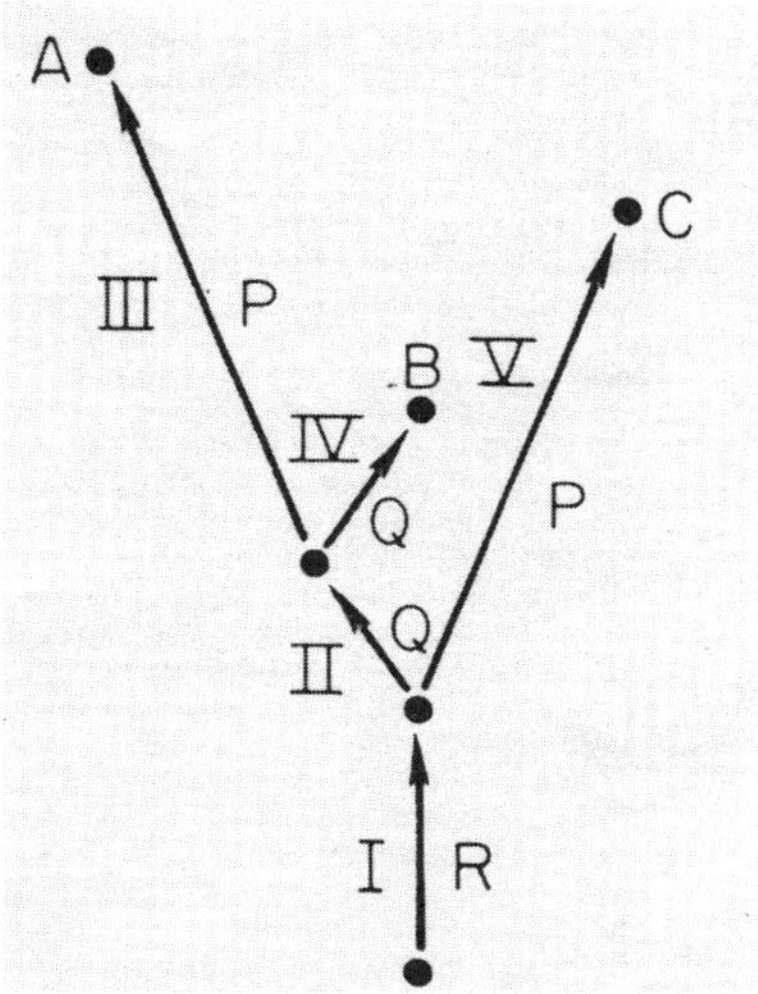

【図5-1】 あるモデル有根系統樹と形質状態の枝遷移確率 P, Q, R の設定。
出典：Felsenstein 1978b, p. 403, fig. 1.

【図5-1】 のモデル系統樹のもとでは (AB)C が真の系統関係です。フェルゼンスタインは形質状態遷移確率の値が変化したときに、共有派生形質状態に基づく最節約推定が〝真〟の系統関係を正しく推定できるかどうかを調べました。この確率計算では、すべてに共通する因数 (1-R) は除外できるので、残り二つのパラメーターPとQの関係が問題となります。系統仮説 (AB)C が A(BC) を上回る尤度をもつ条件式は次のとおりです。

$$(1-P)[Q+(1-Q)PQ] \geqq P(1-P)Q(1-Q)$$

$$\therefore \quad Q(1-P) \geqq 0$$

Qと1−Pはともに非負なので、この条件式はつねに満足されます。つまり、最節約法はつねに正しい系統仮説(AB)Cを導きます。

一方、系統仮説(AB)Cが(AC)Bを上回る尤度をもつのは次式が満たされている場合です。

$$(1-P)[Q+(1-Q)PQ] \geqq P^2(1-Q)^2$$

$$\therefore \quad (1-Q)P^2 + (Q^2)P - Q \leqq 0$$

この二次不等式を満たすパラメーターPとQの領域を図示したのが【図5-2】です。図中の「C」で示された一致性のある領域では系統仮説(AB)Cは(AC)Bを上回る尤度をもつので最節約推定は正しいモデル系統樹を推定します。しかし、「NC」で示された不一致性のパラメーター領域では、最節約法が選択する系統仮説(AC)Bは一貫して誤りを導きます。Pとは姉妹群ではないAとCに連なる枝での遷移確率なので、最節約法が誤りを犯すのは、近縁でない端点AとCがホモプラジーにより同一の派生的形質状態1をもつ確率よりも、姉妹群AとBが共有派生形質状態1をもつ確率の方が上回ったときであると説明できます。

フェルゼンスタインは、この例を用いて、最節約法は統計学的にみて一致性をもたない場合があるという問題点を指摘しました。この例は有根系統樹をモデル系統樹として用いていますが、無根系統樹でもまったく同じことが示されます。彼は【図5-3】の無根系統樹の例を挙げています。端点A、B、C、Dからなるこの無根系統樹は、根の指定がありませんので、枝ごとに0→1とともに逆方向の1→0の形質状態遷移を仮定します。端点AとCにいたる枝は遷移確率Pを、残りの枝に確率Qを割り振ります。このモデル系統樹と遷移確率のもとで、最節約法が正しい系統仮説（AB)(CD)を導く条件式は$P^2 \leqq Q(1-Q)$となります。Pが大きくなりすぎてこの条件を満たさなくなると、最節約法は誤った系

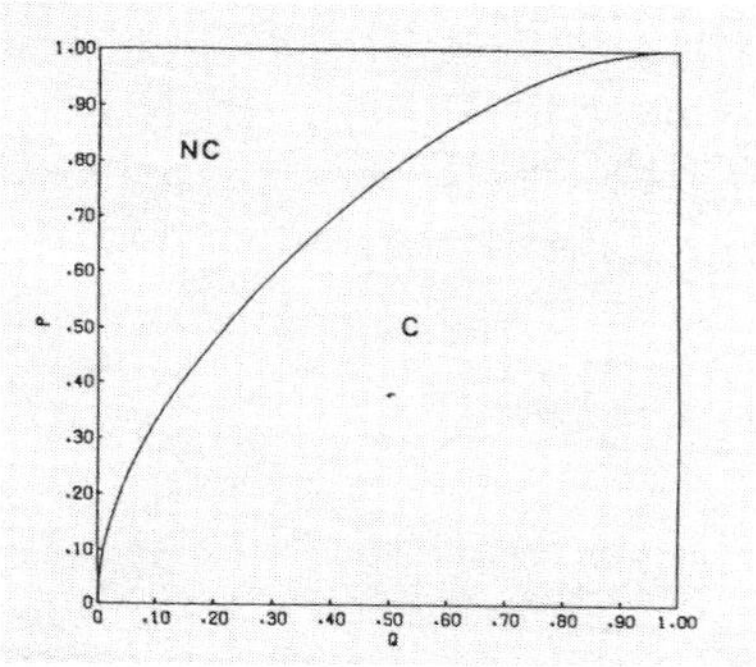

【図5-2】 枝遷移確率PとQのパラメーター空間に、系統仮説（AB)C が（AC)B を上回る尤度をもつ一致性（C）の領域と下回る不一致性(NC)の領域を図示した。
出典：Felsenstein 1978b, p. 405, fig. 2.

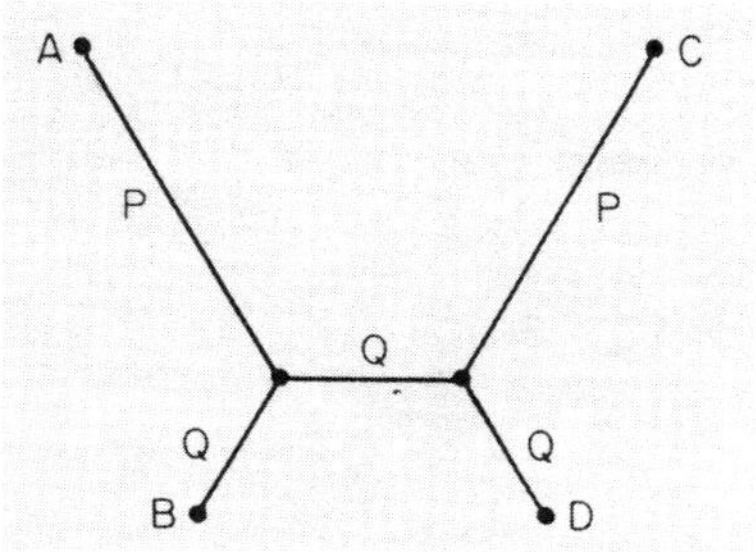

【図5-3】 無根ワーグナー系統樹と形質状態の枝遷移確率 P, Q の設定。
出典：Felsenstein 1978b, p. 407, fig. 3.

統仮説（AC）（BD）を選んでしまいます（Felsenstein 1978b, p. 407）。

フェルゼンスタインが行なったこれら一連の系統推定法の比較（Felsenstein 1979, 1981c, 1982, 1983b）は、一九九〇年代以降、コンピューターを用いた大規模な数値シミュレーション——**パラメトリック・ブーツストラップ**（parametric bootstrap: Huelsenbeck *et al.* 1996）と呼ばれる数値的方法——に基づく比較研究につながっていきます。その草分けとなったのは、一九九三年に『システマティック・バイオロジー』誌に公表されたジョン・ヒュールゼンベック（John P. Huelsenbeck）とディヴィッド・ヒリス（David M. Hillis）のシミュレーション研究でした（Huelsenbeck and Hillis 1993）。フェルゼンスタインと同じく四群の無根系統樹に対して、形質状態遷移確率のパラメーター空間の網羅的シミュレーションを通じて、彼らはフェルゼンスタインの結論と同じ最節約法がまちがった系統樹を導きやすいパラメーター領域——**フェルゼンスタイン領域**（Felsenstein zone）と命名された——が存在することを指摘しました。このフェルゼンスタイン領域では、ホモプラジーによる長い枝をもつ端点どうしをまちがって近縁であると判定するまちがいをおかしやすい「**長枝相引**（long-branch attraction）」のリスクが高まります。

モデル系統樹のパラメーター空間を一般的に図示すると【図5-4】のようになります。ヒュールゼンベックとヒリスの論文では、モデル空間内で$x=u$かつ$y=z$と設定したときのある平面（斜線を付けた平面）を枝遷移確率パラメーターxとyの可変領域と設定し、各パラメーターの組合せを網羅的にシミュレートして、系統推定法ごとに〝真〟のモデル系統樹がどれくらいの成功率で推定できたかを評価しました。そして、枝yがxと比べて不釣り合いに長くなる「フェルゼンスタイン領域」では最節約法も含めていずれの系統推定法であっても成功率が著しく低くなることを示しました。ヒュールゼンベックとヒリスによる先駆的業績に続く十数年間に、系統推定法の良し悪しを一致性の観点から数値シミュレーションによって評価する同様の研究がいくつも発表されましたが、最節約法と最尤法の相互比較はなかなか結論が出ませんでした（たとえば、Goldman 1990; Steel *et al.* 1993; Hillis *et al.* 1994; Gaut and Lewis 1995; Chang 1996; Siddall 1998; Swofford *et al.* 2001; Kolaczkowski and Thornton 2004, 2009; Schulmeister 2004; Spencer *et al.* 2005; Mossel and Vigoda 2005）。あくまでも一致性にこだわるのであれば、このような数値シミュレーションをもっと大規模に実施するというアプローチをこれからも続けるという選択肢は消えていませんが、シミュレーション研究に特有の〝はてしなさ〟がこれからも続くのかもしれません。

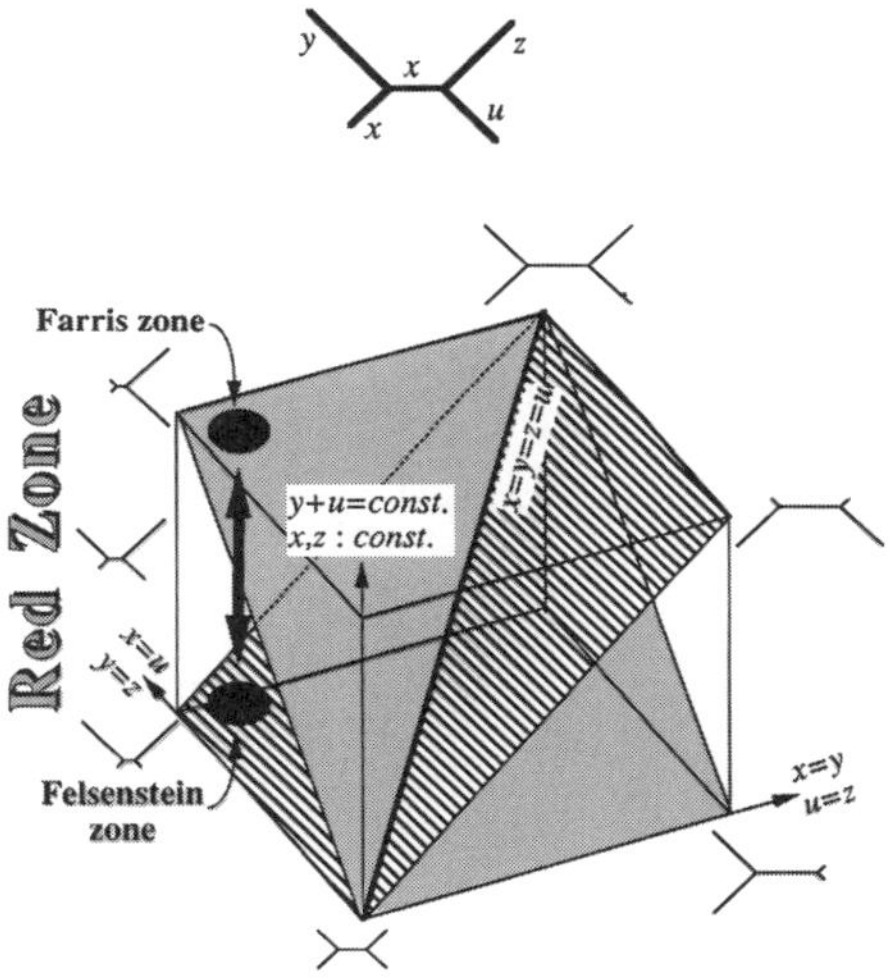

【図5-4】4群のモデル無根系統樹の枝遷移確率 *x*, *y*, *z*, *u* のパラメーター空間を立体的に視覚化する。
出典：原図

　進化的な〝真実〟をよりどころにできない系統推定論では、定義により〝真実〟であるモデル系統樹を正しく言い当てられるかどうかという研究はとても魅力的です。しかし、シミュレーション研究は最初に仮定したモデル系統樹によって結果ががらりと変わることもまた事実です。たとえば、マーク・シドール（Mark E. Siddall）はヒュールゼンベックとヒリスと同じ四群モデル系統樹を異なるパラメーター領域でシミュレートしました（Siddall 1998）。**【図5-4】**のパラメーター空間の$x=y$かつ$u=z$の平面（影をつけた平面）がシドールが考察したパラメーター領域です。この平面上で枝遷移確率パラメーターを動かして系統推定法の成功率を調べたところ、最節約法よりも最尤法の方が成功率が低くなるパラメーター領域——**ファリス領域**（Farris zone）——があることを見つけました。ファリス領域では、長い枝をもつ近縁な端点が近縁ではないと判定される「**長枝相反**（long-branch repulsion）」のリスクが高くなります。

【図5-4】を見ればわかるように、最節約法が誤るフェルゼンスタイン領域と最尤法がまちがうファリス領域は、三次元のパラメーター空間を異なる方向で切断する二次元のパラメーター平面を構成しています。そして、これら二つの危険領域はともに枝の長さが〝不釣り合い〟に異なっているパラメーター領域です。系統推定の際に生じうるこのリスクを軽減するためには、長い枝を細かく〝切断〟するように、より高密度なタクソン・サンプリングが望ましいと考えられています。

フェルゼンスタインに始まる系統推定法の一致性を問う姿勢は統計学哲学的にはたして妥当なのかというもうひとつの論点がここで浮上してきます。**尤度主義**（likelihoodism）の観点に立つソーバーは、ある推定量の長期的な挙動としての一致性——〝真〟にかぎりなく近づくこと——はそもそも問われる必要がないのではないかと指摘します（Sober 1985, 1988a, c, 1996, 2002, 2004; Felsenstein and Sober 1986; Forster and Sober 1994, 2004）。彼は、ある推定値がたどるデータ軸に沿った〝運命〟にこだわる一致性は**水平悲観論**（horizontal pessimism）であるのに対し、そのときのデータのもとでの対立仮説間の相対的支持だけを問題とする尤度は**垂直楽観論**（vertical optimism）であるとして、両者の根本的な差異を次のように要約します。

「私の考えでは、尤度と一致性の概念は適用対象が異なっているので、両者を混同するとわけがわからなくなってしまう。二つの仮説の尤度比は、どちらの仮説がより強く支持されているかを教えてくれるが、そのちがいに基づいて、一方を受容し、他方を棄却できるのかどうかについては何も言わない。しかし、一致性という考え方は観察に基づいて仮説を信じた長期的帰結がどうなるのかを問題にしている」(Sober 1985, p. 229)

データから得られた推定値が〝真偽〟とは関係のないアブダクションの産物であるとするならば、ある時点で得られた仮説(推定値)が一致性をもたず、それゆえ最終的にどうなろうとかまわないというのは当然の帰結でしょう。私たち系統学者は予言者ではありません。

一九七〇年代はじめにファリスが立てた最節約原理の尤度による正当化という目標に向かって、一九八〇年代以降のソーバーによる一連の研究では科学哲学と統計学の境界領域――尤度による仮説の経験的支持、赤池情報量基準(AIC: Akaike Information Criterion, Cf. 三中 2018)に基づくモデル選択論、共通原因と個別原因による説明など――で研究が進められてきました(Sober 1983a, b, 1984a, 1985, 1988a, c, 1996, 2002, 2004, 2005, 2011, 2015)。

その一方で、一九九〇年代に入ってからは離散数学の側からも最節約法と最尤法を結びつける研究成果が積み重ねられるようになりました。第二幕第八～九景で見たように、一九六〇年代には早くも最節約基準に基づく系統樹の構築がシュタイナー最短樹問題という離散数学の大テーマと関係していることを数学に通じた少数の生物体系学者たちは知っていました。先述したように、一九七〇年代に最節約法と最尤法との関わりが取り沙汰されて、系統学と統計学と生物学哲学の境界領域で研究が進められてきましたが、一九九〇年代に入ると数理系統学からの知見がその論議を大きく進展させることになりました。

一九九四年に出版された系統推定論における形質進化モデルを論じたある論文で、ディヴィッド・ペニーらは、形質進化プロセスに関する仮定が何もないときには、最節約法と最尤法とは同一の系統樹を選ぶという定理を証明しました（Penny *et al.* 1994）。ここでいう「仮定が何もない」の意味は正しく理解する必要があります。

「科学は、自然界に見られるパターンの背後に潜むメカニズムを見つけ出そうとする。それは物理学、化学、生物学、地質学の別を問わない。しかし、場合によっては、関与するメカニズムに関してまったく何もわからないこともあるだろう。そういうときには、パターンだけにしか注目しないだろう。生物学に目を向けると、たとえば形態学的なデータセットのように、形質の進化に影響する既知の共通メカニズムがまったくない状況を考えてみよう。そのようなときには、フィッチ（Fitch 1971）のアルゴリズムを用いた最節約系統樹は最尤系統樹と一致する。けれども、共通メカニズムがまったくないならば、最尤系統樹は統計学的一致性を満たさないので、正しい系統樹に収束することはない」（Penny *et al.* 1994, p. 213）

要するに、ペニーらが仮定する「共通メカニズムがまったくない（NCM: No Common Mechanism）」とは、形質進化上の仮定がないあるいはほとんどないという意味です。彼らは、以下の条件を満たす二値的形質を想定しました。

1　根における形質状態は一様分布をする。
2　形質状態遷移確率 p は枝ごとに異なってもよい。
3　ある形質状態は他のすべての形質状態に等確率で遷移する。
4　枝ごとの形質状態遷移はたがいに独立である。
5　形質状態遷移確率 p は $0 < p < 1/2$ を満たす。

ペニーらの定理は、これらの仮定のもとで得られる最尤樹は最節約樹と正確に一致するという内容です（Penny *et al.* 1994, p. 215）。のちに、タフリー（Christopher Tuffley）とスティールは二値的形質を含む r 値的形質に対してより一般的な定理を得ました（Tuffley and Steel 1997）。

このＮＣＭ仮定のもとで最節約法（ＭＰ）と最尤法（ＭＬ）が一致するという定理――第三幕の体系学曼荼羅〔３〕では「MP=NCM-ML」と記されている――はファリスやソーバーらの研究の系譜に対してきわめて重要な貢献を追加しました。その後、二一世紀に入ってからは、さらなる一般化と拡張を含む理論研究が現在にいたるまで続いています（Steel and Penny 2000, 2004; Fischer and Thatte 2010; Steel

2011, 2016)。

このNCM仮定のもたらす帰結のひとつは「**無限数パラメーター問題**(infinitely many parameters problem)」です(Goldman 1990)。先に挙げた五つの仮定はきわめて緩いので、形質状態遷移確率パラメーターはほとんど無制限に増えてしまいます。このような場合、統計学的な一致性がないので、引用文にも記されているように、NCMのもとでのMP＝MLという帰結は統計学的には一致性のない推定量を与えます。しかし、MPあるいはMLに推定量としての一致性を要求しないというソーバーの立場に立てば、この問題はとくに気にするには及ばないでしょう。

このNCM仮定に対しては、当然のことながら、反論が提出されています。無限数パラメーターをもつ形質進化モデルは一致性をもたないという統計学的な〝欠陥〟があるだけでなく、そもそもモデル選択論的に〝不適格〟な統計モデルにすぎないという数値シミュレーションに基づく批判がなされています(Holder *et al.* 2010; Huelsenbeck *et al.* 2011)。しかし、スティールは、それらの批判に対して、そこまで一致性にこだわる必要がどこにあるのかと疑念を呈しています(Steel 2011, p. 98)。論争のスレッドはこれからもまだ伸びそうな気配です。

ところが、一九七〇年代にフェルゼンスタインと一戦を交えたファリスは、一〇年後には手のひらを返したように統計モデルに対して冷淡になりました。

「系統推定へのモデルに基づくアプローチは最初からまちがっていた。それは、系統を研究しようとするには、進化がどのように進行したかについてまず詳細に知らなければならないという考えに立っているからである。それが科学的知識を得る最適な方法であるとはいえない。進化に関する知見は、別の手段によって得なければならないだろう」(Farris 1983, p. 17)

ファリスのいう「別の手段」とは、もっとも大きな**説明能力** (explanatory power) をもつ系統仮説を提示することです。そして、彼はNCM仮定に基づく最節約法がまさに最大の説明能力をもたらすといまでは考えているようです (Farris 1999, 2008)。

以上、本節では、系統推定の基準としての最節約原理がどのような論拠によって支えられているのかをめぐるおよそ半世紀の論争史をふりかえりました。一九六〇年代のエドワーズ＝カヴァリ＝スフォルツァの最小進化法とカミン＝ソーカルの存在論的な最節約法から始まった議論は、一九七〇年代にはファリスとフェルゼンスタインによる尤度原理との関連性が問われ、さらに一九八〇年代にはソーバーら生物学哲学者たちが参加したことにより論議の輪が広がりました。一九九〇年代以降は分子系統学の広まりとともに、統計学的な一致性あるいはモデル選択論の論争へと軸足が移ります。さらにその後、数理系統学からの新たな研究成果が降臨してきたことにより、最節約原理をめぐる土俵は、生物体系学・生物学哲学・離散数学そして統計学哲学をまたぐ文字通り〝学際的〟な交わりの場となって現在にいたっています。

最節約原理としての「オッカムの剃刀」をどのように使いまわすかは、系統推定論という個別の科学研究分野が置かれた状況によって必然的に変化してきました。一九八〇年代をふりかえると、系統樹を構築するためのコンピューター・ソフトウェアといえば最節約法の*PAUP*(星「*」のない旧バージョン：

David L. Swofford）や距離法・最節約法・最尤法の *PHYLIP*（Joseph Felsenstein）など、ユーザーが利用できるツールはほんの少ししか公開されていませんでした。ところが、現在は数百もの系統解析関連ソフトウェアが無償で公開される時代となりました（Felsenstein：Phylogeny Softwares）。

生物体系学や系統推定論がこの時代の流れと無縁でいられるはずがありません。距離法・最節約法・最尤法・ベイズ法など系統樹構築のための理論体系もまたその黎明期から始まる系譜を有しています。体系学者たちがそれぞれの理論系譜に対してどのように関わりをもってきたかは、それこそ人それぞれにちがっています。本書で中心的に論じた分岐学派もまた大きな変遷を遂げてきました。単一の手法ですべてをまかなえる時代ではありません。分子系統学全盛の今の時代にあっては、最節約法もまた〝適材適所〟で使う必要があるでしょう。そして、科学としての戦略という観点からいえば、生物体系学だけが分岐学の唯一の生息場所ではもはやなくなってきたのではないかと私は考えます。実際、言語学や考古学など第三幕第二十景で私たちが見た非生物系統学の世界に、分岐学（最節約法）の利用価値が残されていることはまちがいないでしょう。かつての表形学派が生物分類学の世界から撤退することにより他のもっと広い学問分野で成功を収めたように、分岐学派もまた統計学者やプログラマーたちの〝草刈り場〟と化しつつある生物系統学の場から少し離れた方が身のためであるように私は思います。

(4) コーダ：科学は科学哲学を利用し、科学哲学も科学を利用した

体系学の理論と方法論について論争が戦わされた時代には、体系学者たちは科学哲学（生物学哲学）の

動向を参照しながら、自らの立場を補強あるいは擁護しつつ、たびかさなる論戦に出陣できるだけの〝哲学的武装〟を整えました。生物学哲学者もまた同時代の体系学から浮かび上がる哲学的に興味深い論点に対して自らの立場からの考察を加えました。生物体系学と生物学哲学は心理的にも現実的にもきわめて〝距離〟が近かったと考えられます。その〝距離〟は実際にはどれくらいだったでしょうか。

ディヴィッド・ハルのように動物体系学会（SSZ）の会長（任期一九八四～一九八五年）にまでなった例はさすがに数少ないですが、学会大会への参加や『システマティック・ズーロジー』誌や『クラディスティクス』誌など学会誌への投稿という点ではもっと多くの生物学哲学者が登場しました。その傾向は今でも続いています。一方、生物体系学者たちもまた自らの哲学的基盤をつねに見直す努力を怠りませんでした。二〇〇四年初夏のWHSパリ大会（Hennig XXIII）のリヨン駅構内にある老舗レストラン〈ル・トラン・ブルー〉で開催されたバンケットで、向かい側のテーブルに座った知人のフランス人体系学者から、哲学志向の系統学者を意味する〝ファイロソファー（phylosopher）〟なる新造語を教えられました。時代と国境を越えて少なからぬ数の生物体系学者が自発的に哲学や科学哲学や歴史哲学あるいは形而上学への深い関心を向けてきたことは、これまでの章で書いたとおりです。

そんなわけで、生物体系学と生物学哲学の関係については、本章1節で言及した須藤や伊勢田の見解のどちらも当たっているとは言えません。〝鳥類学者〟たちは〝鳥〟たちの生活の場に深く入り込み、その習性と行動をよく観察しただけではなく、実験的操作——第3章で言及した非平衡的進化論のように——を行なうことにより〝鳥〟の集団がどのように振る舞うかについてのデータを集めることもありました。〝鳥〟たちもまた、〝鳥類学者〟たちの立ち居振る舞いをよく観察し、彼らから学ぶべき点は学び取って自分たちが〝鳥〟として厳しい環境を生き抜くための武器として使いまわしました。〝鳥〟と〝鳥類学者〟がおたがいに自分にとって利益となるように相手を利用する――私はこの両者の関係を「相利共生」と表現したことがあります（三中 2007c）。確かに、この半世紀にわたる生物体系学の歴史は事実上〝垣根のない〟科学と科学哲学の交流がもたらした産物だったことを実感します。そして、この交流により生物体系学と生物学哲学の双方の足腰を鍛えることができました。

かつて、マイケル・ルースは、科学哲学を使いまわそうとする科学者たちを批判して、「科学者は彼らの立場を前提とし、次にその立場を正当化するために科学哲学に目を向けるのだ」と述べました（Ruse 1979, p. 535）。ハルもまた、「専門的な科学哲学が科学論争で重要な役割を果たすことはまれだ。ところが、分岐学、創造論、そして進化理論のケースでは、それが起こったのだ――そして、その結果、いいことは何もなかった」と批判的に総括しました（Hull 1999, p. 500）。しかし、生物学哲学者としての彼らの立場からの評価は、必ずしも科学者側からの評価と同じである必要はありません。長年にわたって、生物体系学（とりわけ分岐学派）はポパーの科学哲学を引き合いに出してきました。ふりかえったとき、たとえポパーの反証や験証に関わる科学哲学が結果として体系学の理念と実践にとって不適合だったとしても、体系学者はその過程できわめて多くのことがらを学び取ることができたからです。

同時に、生物学と生物学哲学を行き来するこのような体系学コミュニティーの存在のもとでは、日本の体系学者の多くが科学史や科学哲学の議論に昔も今も深入りしてこなかったという歴史的事実（三中・鈴木 2002）は、大域的に見ればかなり特異な状況だったと私は考えます。そういう態度がもたらした（あるいはもたらしている）知的頽廃に私たちはそろそろ気づいてもいいのではないでしょうか。

「系統推定の理論がどこまでポパーについていけるのかを見極めるには簡単な方法がひとつある。系統学の概念は帰納的あるいはアブダクション的な推論とは論理的に区別しなければならない。また、裏付け（corroboration）と確証（confirmation）も論理的に区別しなければならない。けれども、時代とともに言葉の意味が変化することを考慮すれば、現代の体系学がもはや裏付けをポパーの意味で用いる必要がなくなったとしてもぜんぜん問題ないだろう。しかし、そうなれば、体系学者はもうポパー派を名乗ることはできない。むしろ、体系学は自らが手がけたあるべき哲学を掲げているのだ」（Rieppel 2003, p. 270）

エピローグ　科学の百態——生まれて育って変容し続ける宿命のもとに

「私が実際に［分岐学をめぐる］この論争に関わることができたのは運がよかった。新しい理論が生まれる場に居合わせ、その重要性をなんとか他人にわからせようと努め、徹底的に頑張り抜いたのはわくわくする体験だった。それと同時に、何事も完全無欠ではなく、状況はたえず変わり続け、場合によっては望まざる方向に進んでしまうことを学べたのも貴重だった。過ぎ去りしあの年月、私は確かに多くを得たが、同時に多くを失ってしまった」(Funk 2001, p. 155)

(1)　科学の本質をめぐる論争——スティーヴン・ジェイ・グールドvsディヴィッド・ハル

「科学とは何か？」という問いかけには何の意味もありません。なぜなら、その設問それ自体が科学は定義可能であり、その〝本質〟があるにちがいないという根拠のない前提に基づいているからです。生物体系学において「種とは何か？」という本質主義論争が長年にわたって続いてきたにもかかわらず、いまだに最終的に解決されていないことを思い起こすならば、「科学とは何か？」という設問もまたその本質主義的な前提により不毛な議論となりはてるでしょう。

本書のこれまでの章で登場した〝学派〟――たとえば〝数量表形学派〟とか〝パターン分岐学派〟――もまた「～とは何か？」という設問の格好の餌食となりえます。しかし、ハルが指摘するように、そのような設問を誘い込む本質主義的な科学観そのものが問題であるというべきでしょう（Hull 1989, pp. 5-6）。個々の科学は、もともと〝本質〟によっては定義できないものであり、ある歴史的系譜をもつ**進化体**（evolver）として扱われ、その変遷の跡は系統樹として図示できると私は考えています。本節では、科学にはたして〝本質〟はあるかについて、ある論争を通してあらためて考えてみましょう。

古生物学者スティーヴン・ジェイ・グールドの大著『進化理論の構造（*The Structure of Evolutionary Theory*）』（Gould 2002）は、彼がその生涯をかけて追究した進化生物学の新たな理論を後世に書き残した遺書でもあります。達筆のエッセイストでもあったグールドが生前最後に手がけた本書は、実に一五〇〇ページもの厚さの大著にして、彼ならではの大エッセイ――まさに〝one long argument〟と呼ぶしかない――にほかなりません。

もうすぐ工作舎から日本語訳が出ると聞く本書の第1章「進化理論の構造の定義と改訂（Defining and revising the structure of evolutionary theory）」では、グールドが科学というものをどのような観点から見ていたかがよくわかります。グールドはこの章の冒頭で、科学のある理論にはその科学史を通じて普遍的な〝本質（essence）〟があると明言します。進化学者であるグールドはもちろん悪名高い本質主義者であるわけが（たぶん）ありません。次に引用する彼の科学観はこの大著全体の骨格に関わる重要な点です。

「いやしくも〝進化理論の構造〟について議論しようとするならば、われわれはいくつかの重要な前提や仮定が有効であることを、さもなければ最低でもその概念的なまとまりが潜在的に定義できることを受け入れなければならない。しかしながら、それらの前提や仮定は、研究現場の科学者たちによって、しばしば明示されないことがあり、哲学者や社会批評家がしっかり議論できるほどいつもわかりやすくはない。もっとも重要な点は、〝進化理論〟なる構築物を文字通りの〝もの〟――くっきりした輪郭とはっきりした歴史をもつ実体――として書き表さなければならないという点にある。ここでいう〝もの〟とは、けっして姿形のない幻影ではなく、聖堂のモルタルやレンガのような手触り感のあるものにあえてたとえることができよう」(Gould 2002, p. 6)

グールドは、彼が念頭に置いている進化理論としての「ダーウィニズム」は、その〝本質〟となる教義を明示すれば〝定義〟することができる〝もの〟であると主張します。科学理論をこのように〝本質〟によって離散化して捉えようとする立場は、当然の帰結として、これまで言及してきたディヴィッド・ハルのいう科学理論の概念進化モデル(Hull 1988)と真っ向から衝突します。実際、グールドはハルの科学観に対して終始批判的な態度を取り続けます。

ハルは科学理論の概念進化における〝系譜〟に着目し、「過程としての科学」――彼の本(Hull 1988)の書名の由来――をその系譜的視点から見ようとします。生物進化における種や高次分類群が**自然種**(natural kind)ではないという考えは、そのまま概念進化に外挿できるとハルは主張します。

「種が歴史的実体（historical entities）であってしかも永遠不変の自然種であることなど同時には成り立たない。概念も同じである。あるものが時空的に制約され同時に時空的に限定されないといえば混乱しか生じない。さらに、概念変化が進化的に説明できるようであれば、進化生物学と概念進化論の基本単位は同一のもの、すなわち時空的に制約されないクラス（class）であるかまたは時空的につながった系譜（lineage）のいずれかということになる。私の見解では後者に軍配を上げたい。淘汰の結果として進化するものは、種であろうが概念であろうが、歴史的実体として扱われる必要がある」（Hull 1988, p. 17）

一方、グールドは系譜だけではない科学理論の〝形態〟的な定義形質――すなわち〝本質〟――によって、〝もの〟としての科学理論の特徴を把握しようとします。グールド自身があえて科学理論の「**固有派生形質**（autapomorphy）」という分岐学の言葉をわざわざ用いていることからもわかるように（Gould 2002, p. 6）、科学理論の進化における概念的単系統群の存在は認めつつ、本質的特徴を共有する理論の群（必ずしも単系統的ではない）をも認めていこうという立ち位置を表明します。概念や理論の進化を理解する際に、ハルの分岐学的な視座に対して、グールドは進化分類学的な考えをもっていたと解釈できます。

科学史が理論や概念さらにはパラダイムや研究プログラムの「連続性」ではなく「断絶性」を強調するようになったのは、いわゆる「**共約不可能性**（incommensurability）」への信念をもった科学論の特徴でしょう。とくに、科学理論間の直線的な連続性を前提とする論理的再構成派の科学哲学への対決テーゼとして、断絶性に着目する教条はきっと魅力的だったのでしょう。さらに穏健な深読みをするならば、科学思想の系譜はたがいに断絶する離散的な実体としてカテゴリー化されるのだというグールド的な概念的本質主義がそこに感じ取れます。連続派のハルの系譜論的概念進化論に対して、グールドがあえて本質主義的な科学論を展開したのは、彼が明白な断絶派だからです。

思い起こせば、生物学と生物学哲学の相互作用が表面化し始めた一九七〇年代初頭に、分岐学者ナイルズ・エルドレッジとグールドが提唱した「**断続平衡理論**（punctuated equilibrium）」（Eldredge and Gould 1972）は、生物学的にはエルンスト・マイアーの異所的種分化モデル（Mayr 1942）を古生物学に適用した穏健な内容だったと私は理解しています。断続平衡説はその後の古生物学の路線を変えさせるほどの変革をもたらしました。とりわけ、化石という一見確固とした資料の解釈が背景理論の負荷に影響されるという断続平衡理論の科学哲学的な意味は、伝統的古生物学のよって立つ素朴帰納主義に対する強力な反論となったことは確かです。

しかし、その論文のなかで、グールドとエルドレッジは同時代の科学哲学——彼らが引用しているのは、トーマス・S・クーン（Thomas S. Kuhn：一九二二－一九九六）の**パラダイム論**（Kuhn 1962）、ポール・ファイヤアーベント（Paul K. Feyerabend：一九二四－一九九四）の**アナーキズム科学論**（Feyerabend 1970）、そしてノーウッド・ラッセル・ハンソン（Norwood Russell Hanson：一九二四－一九六七）の**理論負荷性説**（Hanson 1969）など——を科学論争の〝武器〟として有効利用しました（ポパーは注意深く除外されていましたが）。科学と科学論を問わず、離散的カテゴリーが実在するという立場は、われわれヒトの直感への訴求性が強すぎて、根絶することはきっとできないでしょう。むしろ、生物学における「種」の概念と同じく、心理的・内面的にそれと共存していくしかありません。グールドに見られる科学と科学論に関する断絶派の主張は、それが何らかの意味で正しいからではなく、ヒトがもつ心理的本質主義者であるから生き延びているにすぎないと私は考えます。

他方で、ディヴィッド・ハルが描き出した連続派の視点からの生物体系学の歴史叙述がほんとうに彼の提示したとおりなのかどうかは、これまでの章でもたびたび言及したように、程度の差こそあれ再検討の余地があるようです。たとえば、彼の大著『過程としての科学』には、個々の科学を時空的に変化し続ける進化体とみなすハルの科学観がはっきりと示されています。

「すでに論じてきたように、社会学的に定義された研究グループが最重要であり、理念的に定義された研究プログラムはその下位に位置すると私が考えるもうひとつの理由がある——それは私が一般に科学というものは淘汰の過程（プロセス）であるとみなしているからだ。淘汰とは淘汰される実体が由来という類縁関係によってつながっている状況でのみ作用する。ここでいう由来こそ私が体系学や進化学の発展を分析する際にもっとも重要な意味をもっていた。私の研究に関していえば、パターンとプロセスの問題を避けて通るわけにはいかない。いままさに進行している科学研究の場にあっては、パターンはけっしてプロセスに先行しない。この点では、私は科学とは相互観照（reciprocal illumination）であると述べたヘニックと同意見である。［パターンである］分類を改善すればば自然のプロセスに関するわれわれの理解も改善される。そして、プロセスに関する知識が増えれば、われわれは分類をよりよいものにすることができる。要するに、科学にとってプロセスはパターンよりも根幹的である。プロセスを重視する私の立ち位置は本書の書名にもあらわれている。この本は『過程（プロセス）としての科学（*Science as a Process*）』であって『分類（パターン）としての科学（*Science as a Pattern*）』ではない」（Hull 1988, p. 241）

学問的な内容で定義される研究プログラムとして科学を切り分けて分類できるとするグールドの見解と、科学者が形成する研究グループが科学という系譜のなかでどのような役割を果たし、どのようなアウトプットを出し続けるかに着目することこそ重要であるとするハルの見解はたがいに相容れない科学観なのかもしれません。しかし、科学者コミュニティーに駆動されて時空的に変わり続ける科学というハルの立場をとったとしても、もっと徹底した分岐学的な科学観が可能ではないかと私は考えます。たとえば、科学の時空的変遷の過程（プロセス）とその概念進化要因の分析を重視するハルは、ヘニックの系統体系学から〝分派〟したパターン分岐学について次のように評します。

「体系学の歴史から私が読み取ったことは、ヘニックの後継者の何人かは、その学派の始祖が明言した原理から大きく乖離していったという点だ。ヘニックが系統的体系の構築に不可欠であるとした原理の多くはその後継者たちによって捨て去られたり重要性を低められたりした。実際、パターン分岐学派（Nelson and Platnick 1981）が支持する原理は、ヘニックのもともとの見解ではなく、むしろ彼の主たる論敵の見解に類似しているように見える。私の見方が正しければ、系統体系学は

正反対の対極にまで進化してしまった」(Hull 1988, p. 242)

しかし、第三幕第十四景で見たように、ヘニックの系統体系学に含まれていた進化生物学的に問題のある前提——二分岐的種分化モデル、偏差則、前進則など——をひとつひとつ除去することが分岐学における初期の変容であり、その後のパターン分岐学への後期の変容は樹形ダイアグラム——分岐図と系統樹——に関する数学的体系化でした。もともと生物体系学のみに限定されていた分岐学の理論と方法論をいったん形式化することにより、もっと広い分野への分岐学の進出を可能にしたのはパターン分岐学の大きな成果であると私は評価しています。ハルは、パターン分岐学が生物進化を仮定しないような〝表形学〟的な態度をヘニックからの「正反対の対極」と呼んでいるわけですが、形式化された数学的体系が生物進化的な仮定を必要としないのは当たり前でしょう。分岐学のこの変容を〝表形学〟への収斂と解釈するのは分岐学的な科学観からはおそらく妥当な結論ではありません。

(2) 科学の系譜が問われるとき——ある歴史の蹂躙から学ぶ

科学が実践される場が呈する〝地形〟の様相とその成立を論じる科学史は、過去から現代へと連なる科学の系譜を証拠によって跡づけるというかけがえのない役回りを演じます。現在から過去へとさかのぼることにより逆に過去から現代を照らすという科学史的な観点は単なる懐古趣味ではありません。それは今まさに目の前で進められている科学の営為を定位する上で欠くことのできない前提です。そして、科学史が本来もっている意義はそれが損なわれたときに初めて実感できるでしょう。

本書を通じて私は体系学という個別科学の〝地形〟について論じてきました。おそらく歴史研究の対象としてはまだ〝枯れ上がって〟いないこともあり、生物体系学と生物地理学の現代史をどのように捉えるかは見る人の立場によって大きく異なります。歴史あるいは史観の〝正しさ〟は到達不能であったとしても、もしも歴史叙述に〝誤り〟があったとすればその証拠を示すことが可能でしょう。そのひとつの事例が最近のある著書に見られます。

第二幕第十七景では、チャールズ・ダーウィンやアルフレッド・ウォレス（Alfred R. Wallace：一八二三－一九一三）らが活躍した一九世紀前半の近代生物地理学から二〇世紀に入ってアルフレート・ヴェゲナーの大陸移動説が提唱されたのちも陸橋説に代表される移動分散による説明――分散生物地理学――がずっと支持されてきた点を指摘しました。一九七〇年代以降になって激化した**分断生物地理学**や**汎生物地理学**を含む三つ巴の生物地理学論争は「分散vs分断」の対立軸をめぐって延々と続きました。

進化生物学者アラン・デケイロス（Alan de Queiroz）の最近の著書『サルは大西洋を渡った：奇跡的な航海が生んだ進化史（*The Monkey's Voyage: How Improbable Journeys Shaped the History of Life*）』（de Queiroz 2014）は、さまざまな生物が私たちの常識をはるかに越えた長距離分散能力をもっているという分子進化学の研究成果を踏まえて、移動分散こそ今日の地理的分布を形成してきた主たる要因であると主張します。生物の驚異的な分散能力に関する研究とそれらに携わった研究者群像がいきいきと描き出されている本書は、現代生物地理研究の最前線をたどる〝物語〟として読むかぎりは、とても楽しい内容です。

著者デケイロスは、分散を重視する「**ネオ分散主義**（neo-dispersalism）」の立ち位置から、分断に対しては一貫して批判的です。議論を進めるにあたり著者がよりどころとするのは、DNA塩基配列の分子データと化石較正による時間スケールが刻まれた「**時間系統樹**（timetree）」です。ほんの半世紀たらず前の生物地理学論争のときは頼りになる事例あるいはデータがほとんどなかったのが実情でした。分子進化過程に関しては数多くの仮定を置かねばならないとしても、時間軸をもつ分子系統樹を利用することにより、現在の生物地理研究は格段に進んだことはまちがいないでしょう。

著者が事例として挙げる数多くの事例――マメ科やウリ科植物が海を越えて長距離分散した例、アフリカ西部の孤島サントメ・プリンシペに生息するカエルがコンゴ川から流出した浮島に乗って海流に流されて漂着したという例、さらには大西洋上の島に分布するアシナシイモリは距離的に近い南米からではなくもっと遠いアフリカから海流とともにやってきたという例、そして、南米のサル類はアフリカから島伝いに長距離分散してきたのではないかという仮説など――は、生物が潜在的にもちうる長距離分散のみごとな解説となっています。

しかし、とても雄弁な〝物語〟がそのまま根拠のある〝歴史〟であるとは必ずしもいえません。デケイロスは、これらの長距離分散の実例を踏まえて、一九七〇年代以降の歴史生物地理学の「分散vs分断」論争は分岐学派という邪悪な学説に毒された分断主義者の悪しき〝ドグマ〟が支配する暗黒時代の象徴であり、新ミレニアムに燦然と輝く分子データのもとでは長距離分散こそ新たなデータ駆動型パラダイムにほかならないと主張します。著者は、最初から「分散vs分断」論争を生物地理学的なプロセスの問題にすりかえています。彼は、かつての分断主義が大陸移動のような地史的プロセスを重視したのに対し、分散主義は生物のもつ長距離移動という確率的プロセスを重視すると主張します。そして、DNA塩基配列データに基づく分岐年代推定によれば、地史的イベントと系統発生とは必ずしも地質時代的に一致しないのだから、分断主義の主張には根拠がないと糾弾し、分散主義を擁護します。

著者の論理のもとでは〝奇跡〟としての長距離分散プロセスがつねに要請されることになるわけですが、そのようなありえない長距離分散の反証可能性はいったいどのようにして担保されるのでしょうか？　本書を読むかぎり、著者はそういう科学哲学的な検証可能性の要請は一顧だにしていませんが、それこそ半世紀前の生物体系学と生物地理学での大きな論点だったのではないでしょうか。大量の分子データがありさえすれば、そのようなやっかいな科学哲学的問題はきれいさっぱり洗い流してくれるというのはあまりにも虫のいい楽観主義だと私には思えてなりません。

しかし、第十七景で私たちが見てきた「分散vs分断」論争は単にプロセスの問題ではありませんでした。同一の分布域をもつ複数の分類群の系統関係（種分岐図）の分岐パターンが一致したときに構築される地域分岐図の上で、はじめて共通要因としての分断と個別要因としての分散が対置できるというのが、分岐学に基づく分断生物地理学の考え方の基本でした。もちろん、当時の分岐学には時間軸を導入しようという考えはなかったし、分子系統学が登場する前だったのでそのような推定をするためのしかるべき分子データがそもそもなかったという時代的な事情は勘案されるべきでしょう。

幸いなことに、一九七〇〜八〇年代の分断生物地理学の後継にあたる研究分野が一九九〇年代直前に出現しました。それはジョン・C・エイビス（John C. Avise：一九四八－）が確立した「**分子系統地理学**（molecular phylogeography）」の方法論です（Avise *et al.* 1987; Avise 2000, 2004）。ミトコンドリアDNAの塩基配列データに基づいて分布域を同じくする複数の生物群の分子系統樹を推定し、それらの種分岐図を同時に説明する分断現象あるいは分散現象を探るという系統地理学の考え方は、正しく分断生物地理学の直系子孫にあたると考えてもかまわないでしょう。

ところが、驚くべきことに、デケイロスの本書には「系統地理学」という言葉はいっさい言及されず、索引にも載っていません。「ジョン・C・エイビス」という名前はもちろん、彼の先駆的な論文(Avise *et al.* 1987)にもその後の研究事例の蓄積にもまったく言及がありません。この〝偏向〟はいったいどうしたことでしょうか。分子データに基づく生物地理学の最先端を論じたはずの本に分子系統地理学に関する記述がいっさいないというのは現代生物地理学の歴史記述としてありえないことです。それとも、著者の見解では「分子系統地理学」はすでに過去のもので取り上げる価値すらないということでしょうか。現実には「系統地理学」は「長距離分散」に比べればはるかにメジャーな言葉であることは論を俟ちません。

この異様な科学史的バイアスは、著者がネオ分散主義のスタンスに立って本書を書いていることを考えれば十分に納得できます。生物体系学や生物地理学の現代史をひもとけば、いささか極端な主張どうしが衝突する論争が少なからずありました。半世紀前の生物地理学論争でも「分断のみ」vs「分散のみ」という対立よりも、共通要因としての分断に対して、個別要因としての分散を位置づけるという方向に議論は収束しつつあったように私は理解しています。ところが、デケイロスはまたしても「分散のみ」という極端な反動主義(二〇世紀前半に回帰するという意味で)をもちだそうとしているように見えます。エイビスの分子系統地理学は、分子データに基づく分断現象の検出を目指した点で、おそらくネオ分散主義にとってはつごうの悪い理論だったのかもしれませんが、だからといって無視していいわけはないでしょう。

科学史的に検討したとき、本書の欠点はこれだけではありません。たとえば、〝悪役〟として登場する分岐学者ガレス・ネルソンはかつての分断生物地理学派の領袖でした。本書ではその彼がどういうわけだか汎生物地理学派のレオン・クロイツァ――「Léon Croizat」の読みについてはハーヴァード大学アーノルド樹木園でかつて彼と同僚だった植物分類学者、原寛（一九一一－一九八六）の証言によっています（大場秀章談）――やマイケル・ヘッズ（Michael Heads）と一緒くたに「分断主義者」とひとくくりにされています。しかし、第十七景で述べたように、分断生物地理学と汎生物地理学が激しく反目し続けた経緯を考えればそれはありえません。

また、デケイロスは、分断主義は理論駆動型だったが、分散主義はデータ駆動型だからすぐれているとあっさり優劣をつけますが、そんなナイーヴな対比ですむわけがありません。そもそも本書のよりどころである時間系統樹は分岐年代推定の精度に完全に依存しています。その年代推定はほんとうにそのまま信頼していいのでしょうか。最尤法でもベイズ法でも、分子進化の確率モデルからパラメーターの事前分布にいたるまで、データ駆動型どころか、はるかに理論駆動型といわざるをえないでしょう。それとも、〝オッカムの剃刀〟を振り回す分岐学派は悪しきドグマの巣窟だから叩いてもかまわない？　そういうのであれば、分子系統推定のベイズ確証理論だって同じくらい後ろ暗いドグマだろうと反論するしかありません。

ある科学の過去の歴史を見ようとしないことは現在の〝風景〟の解釈をも歪めてしまう危険性があり

ます。デケイロスがこの本でどのような見解を示そうが、分断生物地理学の知的遺産は現在でも生き続けています。複数の系統樹の間の対応関係に基づいて高次の進化的関連性を推測するという問題は、第十七景で見たように、歴史生物地理学だけでなく、宿主－共生者の共進化解析や遺伝子系統樹／種系統樹の解析でも共通して出現します。デケイロスの視野狭窄な本ではまったく触れられていませんが、単に進化過程としての「分散vs分断」論議を越えたところで、歴史生物地理学の方法論は既存の複数の研究分野をまたいだ広がりをすでに見せています。

(3) クオ・ヴァディス？——"May you live in interesting times"

前節の事例から私たちが学び取れる教訓のひとつは、現在の科学は過去の科学から連なる系譜の末端であり、科学の変遷の歴史（パターン）は科学史の観点を通して、そしてその過程（プロセス）の詳細は科学哲学をよりどころとして初めて理解することができるということです。科学史であっても科学哲学であっても、ふだんはその存在を意識する機会がほとんどなかったとしても、いったん見失われたり損なわれたりしたときに初めてその価値に気づかされるという点では同じなのかもしれません。

しかし、科学が自らの足元を見つめその歴史から学ぶ姿勢はけっして〝悟りを開く〟ためではなく、もっと実利的な側面もあることを私たちは知る必要があります。第三幕第十九景で言及したように、ハミルトンとウィーラーは、DNAバーコーディングの事例を挙げて、生物体系学の過去の論争史を知ることは科学者が〝同じ轍を踏む〟愚を避ける上でとても有効であると指摘しました。その事例から一般化して彼らは次のように結論します。

「研究プログラムはありとあらゆる理由で頓挫する。研究プログラムとしての質の良し悪しではなく、研究資金の問題や対立する派閥の影響力によって行く末が決まってしまうこともある。科学史研究者の仕事のひとつは、ある理論を支持する研究者たちの思惑がどんな理由で受容されたりされなかったりしたのかを立証することである。(中略) 科学史家にはぜひ分類学と体系学の現代史研究に取り組んでほしい――それは結果として、科学史や科学哲学の研究者だけではなく、現場の分類学者にとっても興味深い議論につながるだろう」(Hamilton and Wheeler 2008, p. 340)

私が本書を通じてみなさんに示そうとしたのは、生物体系学の現在の様相はひとつの科学がたどってきた過去からの産物であり、それは同時に未来への方向をも予期させるということです。系譜としての科学はけっして完全な「白板(タブラ・ラサ)」ではありません。歴史的過去に生じた数多くのできごと――データ・学説・主義・論争・事件・人脈・資金・社会・政治など――を背負いつつ科学の〝いま〟は形づくられてきました。圧倒的なデータに基づく客観的な科学というステレオタイプは少なくとも生物体系学についていえば〝幻想〟にすぎません。それはもともと実験科学ではないという体系学の学問的特徴とも関係しているでしょう。世の中にはさまざまなタイプの科学がありうるという認識がそもそも必要なのだと私は考えます。生物が多様であるのとまったく同じ意味で科学もまた多様であるということです。

第一幕の冒頭で言及したように、半世紀前の体系学論争は、あれほど激しく戦わされそして巻き込まれて深く傷ついた犠牲者が——〝戦後〟の「ＰＴＳＤ」患者も含めて——少なからずいたにもかかわらず、少なくとも現在の体系学者の多くにとって、その〝戦争記憶〟は忘却の彼方へと静かに消え去ろうとしています。しかし、たとえ忘れ去られたとしても、形づくられた〝地形〟と〝風景〟は現役の科学者が日々の研究を進めるときに跡かたもなく〝整地〟してしまえるわけではありません。いま生きている科学の足元にはすでに死んでしまった科学や休眠しているだけの科学が累々と横たわっているはずです。

かつては主流だった進化分類学派や数量表形学派は後継がほとんどなく影がすでに薄くなってしまいました。また、一九八〇年代に華々しくデビューした非平衡進化論（第三幕）もたった一〇年足らずで誰も振り向かなくなりました。日本の生物学界に目を向けても、柴谷篤弘らの構造主義生物学や今西錦司（一九〇二–一九九二）の進化論などなど学説の栄枯盛衰の例はいくらでも挙げることができます。それらの科学の〝残骸（遺体？）〟を科学者コミュニティーは見ないふりをしていてもかまわないのかという問題が浮上してきます。たとえば、汎生物地理学は欧米では一九九〇年代以降は下火になりましたが、中南米ではいまでも受容され、学派としては息を吹き返しているようです。いったん科学の舞台から退いたからといって、いつまでもそのまま息を吹き返さないという保証はありません。ある学説に関してかつてどのような議論が尽くされたのかを知っていれば、将来その学説が予期せず〝蘇生〟したときに適切な手を打つことができるでしょう。科学史や科学哲学は確かに科学の営みにとって役に立っています。

ヴィリ・ヘニック学会（WHS）年次大会の参加記録（三中 1998-2016）をさかのぼると、生物体系学の〝あまりに人間的〟なできごとに遭遇した記憶が次々によみがえってきます。二〇〇四年のパリ大会（Hennig XXIII）がフランス国立科学研究センター（CNRS）で開催されたときのこと、最寄りのミケランジェ－モリトール駅からカルティエ・ラタン方面に向かう帰りの地下鉄のなかで、レンヌ大学から参加したある体系学者が「〝彼〟がいなくなればヘニック学会もずいぶん様変わりするだろうな」と語った一言を思い出します。また、別の記憶のスレッドでは、イギリスの某分岐学者が「ヘニック学会はわれわれのためにならない」と吐き捨てるようにつぶやいたことも脳裏に浮かびます。学派や学説の推移と相互関係だけでなく、インフォーマルかつ断片的なこれら数多くの〝ピース〟をうまくはめこんで大きな〝全体像〟を描きだすことが本書の目標となるべきだったのでしょうが、さすがにこの巨大な〝ジグソーパズル〟を完成させるには道いまだ遠しといわざるをえません。

「パターン分岐学が創造論と——ひょっとしたら悪魔とさえ——手を結んだなどと勘ぐるのはただの誹謗中傷であって、真に受ける必要はまるでない。しかし、その嫌疑をかけられたことは、故コリン・パターソンにとっては呪いの言葉であり、体系学全体にとっても災厄となった。その結果、体系学の進歩が妨げられたからだ。パターソン自身は、陽のあたる場所から身を引き、研究者たちからの数限りない個人攻撃に耐える日々が続いた。体系学界のマフィア的暗躍におそらく最初に気づいたディヴィッド・ハルもまた犠牲者のひとりだった。同性愛者であることを理由にヴィリ・ヘニック学会年会から追放されたハルは、さぞや恨みつらみがあっただろうが、未練がましく書き残したりはしなかった。望むらくは、役者たちが舞台からいなくなった後に、分岐学の歴史の全貌が明らかになり、薄汚い行為の数々が最終的に暴かれることを。その裁きの日までは、いまも演じられている劇を楽しむことにしよう――その顛末やいかに。

〝分岐学はこんなていたらくではなくもっと純粋であるべきだった〟(Farris 1985, p. 200)

まさに拍手喝采だ」(Williams and Ebach 2014, pp. 178-179)

"May you live in interesting times"

あとがき——とある曼荼羅絵師ができあがるまで

もう三〇年以上も前のことですが、当時の東京大学総合研究資料館（現・東京大学総合研究博物館）におられた植物学者・大場秀章さんに呼ばれて、彼が主宰していた生物地理研究会の第三二回談話会（一九八四年一〇月六日）で「Cladistic Vicariance Analysis——生物地理学における分布パターンの発見」というタイトルの講演をしたことがあります。そのころは分岐学の理論に関する学位論文をまとめている真っ最中だったので諸事てんてこ舞いしていたにちがいありません。それでも、年明けの一九八五年一月にはその講演に基づく記事「生物地理学：最近の諸学派の動向——汎生物地理学、系統生物地理学、および分断生物地理学」を会誌『生物地理研究会ニュース』の第四号に出すことができました（三中1985b）。その記事は私にとって最初の総説でしたが、内輪だけのインフォーマルな日本語出版物だったので購読範囲はきっと狭かったでしょう。しかし、ひとつの学問分野の全体を科学史的に見渡すという経験はその後の私の研究活動にとって大きな影響を与えました。

ある科学者が専門とする研究分野についての科学史や科学哲学について何か学んだとしても、彼／彼女が日々励んでいる科学の日常的営為にとって直接的な御利益はないかもしれません。もう過ぎてしまった昔のことにあれこれこだわるよりも、評判になっている新理論を勉強したりソフトウェアの新バージョンに慣れたりあるいは今日届いたばかりの機器の操作を学んだりする方がきっと短期的には〝役に立つ〟にちがいないからです。しかし、科学史や科学哲学の長期的な視座を欠く科学の危うさはもっと強調されていいと私は考えます。科学・科学史・科学哲学の三者は重なったり分かれたりしつつも、〝科学〟という同一の対象物を相手にしてきました。相異なる視点から〝科学〟を見ることは歴史的実体としての〝科学〟の全体を理解する上で必要でしょう。かつて科学哲学者イムレ・ラカトシュ（Imre Lakatos：一九二二－一九七四）は「科学史なき科学哲学は空虚であるが、科学哲学なき科学史は盲目である」というノーウッド・ラッセル・ハンソンの名言（Hanson 1962）を引用しました（Lakatos 1971, p. 91）。科学史を科学と置き換えた同一の警句もまたあてはまるにちがいありません。

日本の教育課程では科学者が科学史や科学哲学を学ぶ機会はほとんどありません。農学系の学部から大学院まで経験した私もまた独学を通じてそれらを知る以外に道はありませんでした。仄聞するかぎり、いまの若い世代の研究者たちの置かれている状況も前と大きく変わってはいないようです。本書が取り上げてきた生物体系学をめぐる科学史や科学哲学についても、彼らはきっと知らないままではないでしょうか。現代の生物体系学は使えるデータの質と量そして理論と方法論の点でかつての時代とは大きく様変わりしているように見えます。しかし、このことそれ自体は生物体系学がたどってきた歴史を学ばなくてよいという免罪符にはなりません。大量のデータを最新の手法を用いて分析しさえすれば「種問題」とか「体系学論争」みたいなめんどうくさい一切合切をまたいで通り過ぎることができると考えるのはもっとも悪い意味でナイーヴですね。

生物体系学の現在の〝風景〟を創り出した歴史を振り返るとき、私たちはそれを形成してきた研究者コミュニティーの動態と背景についてもっと知っておく方が体系学者の身のためではないかと思います。科学史的にあるいは科学哲学的に〝丸腰〟のままのこのこ出かければ瞬時になぎ倒されてしまうでしょう——生物体系学とはこれまでもそういう世界だったし、これからもそうであり続けるでしょう。もしかしたら私の主張に首肯しかねるという読者がいるかもしれません。しかし、たとえば現在の『システマティック・バイオロジー』誌や『クラディスティクス』誌あるいは分子進化学のトップジャーナルに掲載されるような論文を読むためには、統計学や離散数学やコンピューター科学の知識がある程度なければなりません。それとまったく同じく、科学史や科学哲学の基礎がなければ生物体系学の研究領域の〝地形〟の意味を読み取ることができません。統計学や数学のリテラシーがこれからの体系学者にとっての基本リテラシーであるのとみごとに同じ程度に、科学史や科学哲学の知識もまた求められるリテラシーと考えてください。

生物体系学にかぎらずどんな科学であっても、現時点での研究状況には〝山〟あり〝谷〟ありの〝地形〟が見渡せるにちがいありません。研究者は誰もがこの〝地形〟のなかのある狭い領域に特化して研究を進めているはずです。そのとき、なぜそこに〝山〟や〝谷〟があるのかをあえて問いかける動機はきっと薄いかもしれません。科学者の仕事はもっぱら〝山〟に登ったり〝谷〟を降りたりすることであって、〝山〟や〝谷〟の歴史的成因に関心をもつ科学史の視点とも、その登攀や降下の理念を論じる科学哲学の視点とも関わりをもっていないことが多いからです。しかし、盲目的に登り降りするだけが科学者の仕事ではけっしてないことを私は本書を通じて述べてきました。生物体系学というひとつの個別科学にかぎっても、科学としての〝地形〟は過去一世紀の歴史のなかで大きく変遷し、その結果として現在見るような〝風景〟をもたらしました。生物体系学という科学の〝風景〟の向こう側にあるはずの複雑でこみいった歴史と問題状況の系譜は、科学史と科学哲学の力を借りれば〝透視〟することが可能になるかもしれません。

ふりかえれば、私には「文字を書く」ことではなくむしろ「絵を描く」ことで全体を理解したいと考える傾向が前からあったようです。もちろんヘッケルのような画才があったわけではまったくなく、よくも悪くも素朴な絵心だけでへたな絵図をいくつも描いてきました。あとがきの冒頭でふれた最初の総説記事をめくると、大学院修了間際の私が理解していた生物体系学と生物地理学の鳥瞰図を〝曼荼羅〟として描いていました。【図】はそのひとつです。

当時は十分な機能をもつワープロ（ソフトウェア）がまだなかったので、「系統分類学と変形分岐学の関係」という仰々しいキャプションが付されたこの図は英文タイプライターとロットリングを駆使して作図したものです。それにしても、三〇年後のいま、この図をあらためて見直すと、「なんと無知であることか」と当時の私を目の前に正座させてこんこんと説教したい気分になります。こんな単純な構造のダイアグラムでは生物体系学の歴史はぜんぜん理解したことにはならない——本書を読まれた読者諸氏にはその点を十分にわかっていただけるはずです。

私がこのような不正確きわまりない〝曼荼羅〟を描いたのと同じ年に、高名な地質学者にして科学史研究者のマーティン・ラドウィック（Martin J. S. Rudwick：一九三二－）は一九世紀前半の地質学界で長年

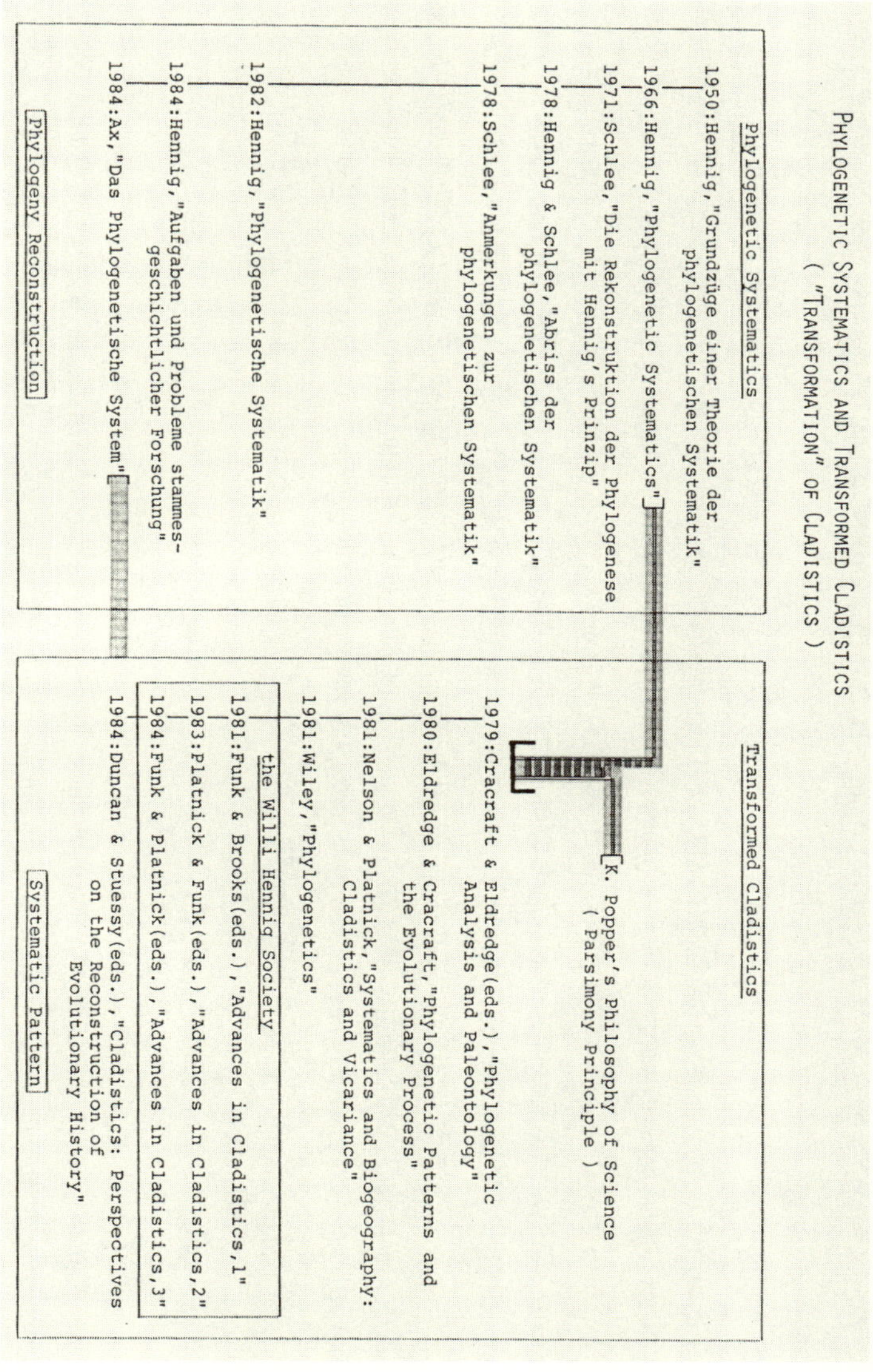

【図】かつて私が描いた生物体系学曼荼羅（三中 1985b, p. 12, 図2）

にわたって戦わされたある論争を詳述した著書『大デボン紀論争：郷紳専門家集団における科学的知識の形成（*The Great Devonian Controversy: The Shaping of Scientific Knowledge among Gentlemanly Specialists*）』のなかでこの論争の詳細を〝曼荼羅〟としてチャート化しました（Rudwick 1985, Ch. 15）。一九世紀の研究者コミュニティーでのある論争の経緯に関してこれほどまでに粒度の細かい（fine-grained）分析ができたことは驚異的であると同時に、生物体系学についてもいずれは実現できるのではないかと思いました。

ずっと後年のこと、札幌の北海道大学で開催された日本科学哲学会第三九回大会（二〇〇六年一〇月）に参加したおり、ある参加者から比較哲学でも同じような研究がありますよと教えられたのが、社会学者ランドル・コリンズ（Randall Collins：一九四一－）の大著『哲学の社会学：知性の変化のグローバル理論（*The Sociology of Philosophies: A Global Theory of Intellectual Change*）』（Collins 1998）でした。古今東西の哲学者たちの知的系譜を表示する〝曼荼羅〟がふんだんに盛り込まれたこの本は、思想界の知的（人的）ネットワークを鳥瞰することにより、世界史全体にわたる思想的な動態と社会学を明らかにするという目標を据えていました。著者は、哲学のさまざまな概念や思想は人を通じて媒介され伝搬するのだから、思想家の世代を時間的な物差しとすることにより、そのネットワークの様相と変化をたどれば比較世界史・比較哲学が可能だと主張します。人的ネットワークを支えた同僚、師弟、そして敵対者の存在が説明要因としてもっとも重要であるというコリンズの視点は、私が本書を通じて示した内容とも通じているでしょう。

生物体系学の科学者コミュニティーの動態を社会学的な観点から論じるという方針は、本書でも繰り返し参照したハルの『過程としての科学：科学の社会的および概念的発展の進化的説明』(Hull 1988) の考察にとっての枢軸でした。のちのマイケル・オブライエンらの『過程としての考古学：プロセス主義とその後継（*Archaeology as a Process: Processualism and Its Progeny*）』(O'Brien *et al.* 2005) は、ハルと同じ観点から（そして書名も準拠して）、現代考古学の歴史を論じました。このことを考えれば、科学をじっと観察する〝鳥類学者〟の視点から見れば、科学者という人間（それとも〝鳥〟？）の個人的な関係が、表に出にくいにもかかわらず、科学の営為にとって実質的に重要な要因であることは、体系学や考古学だけではなく他の科学にもあてはまるのかもしれません。しかし、〝鳥〟であるわれわれ科学者にとって何よりも優先しなければならないことは、どのようにして生き延びるのかという一点に尽きます。科学史や科学哲学は科学のための武器である――このことは過去も現在も将来も一貫して変わりがないと私は考えます。

本書とほぼ同時に刊行される私のもう一冊の新刊、『統計思考の世界：曼荼羅で読み解くデータ解析の基礎』(三中 2018) では、統計学の世界全体を描き出す「統計曼荼羅」が出発点となっています。そのプロローグで私はこう書きました。

「いまもチベットに残るタントラの教えでは、本来の曼荼羅は彩色した砂で描かれるそうです。そして、タントラ修法の終了とともにその曼荼羅は壊されるべきものなのだそうです。私の「大曼荼羅」もまた同じ運命をたどるべきであると考えます。それは、私自身、この「大曼荼羅」を改良していく意志を私がもっているという意味です。しかし、できることなら、読者のみなさんが自分

だけの〝統計曼荼羅〟を描くのが修行の上ではベストだろうと思います」（三中 2018, p. 3）

広大で錯綜した世界を理解するために〝曼荼羅〟を描くことは本来は修行者ひとりひとりが行なうべきことです。私は本書を通じて道案内（チャート）として生物体系学の〝曼荼羅〟を読者に示しました。しかし、あくまでも私にとっての修行の過程をみなさんにお見せしただけであって、それが最終的な正解であるとはまったく考えていません。三〇年前に自分が描いた〝曼荼羅〟がまちがっていたように、本書に示した〝曼荼羅〟もまたいずれその誤りが指摘されることを私は切に期待しています。

謝辞

最後の最後に「謝辞」を置いたものの、筆がぜんぜん進まずしばし立ち止まっている。私がこれまで書いてきた何冊もの本では、「謝辞」という独立した項目を目次に立てたことはこれまで一度もなかったからだ。たいていは「あとがき」の最後の方に謝意をこめた文を書くくらいですませていた。本書の本文は四〇〇字詰の原稿用紙にしておよそ一三〇〇枚の分量がある。二〇一七年五月の大型連休中から書き始めて師走までのおよそ八か月間で脱稿したのだから、まぁよく書いたものだと思わないでもない。しかし、いささか長すぎる本文よりも、この短い「謝辞」の方がはるかに心理的なハードルが高いようだ。

学術誌に査読付き論文を投稿するとき、その原稿の最後に置かれる「謝辞」にはふつうはがんじがらめの〝お作法〟があって、研究遂行のための資金の出どころとか直接的な指導を受けた教員名を挙げるのはもちろんのこと、有形無形の貢献をした同僚や技術補佐員や、はては投稿原稿を審査した匿名査読者まで、ありとあらゆる謝意をもれなく列挙しなければならない。お礼を言うだけでもタイヘンなことである。そのような形式的すぎる「謝辞」であっても当該著者にしてみれば必ず書かねばならない項目なのだが、関係者以外の一般読者にとっては、たいていの場合、論文の「謝辞」はたとえ読み飛ばしても論文内容を理解する上では何の問題もない〝埋め草〟であることもまた事実だろう。

その一方で、私が日常的に手にする某ジャーナルでは、この「謝辞」を〝武器〟として振り回している場面に出くわすことがときどきある。

「謝辞：どこかの隠れ家に潜んで哲学崩れのモグラ叩き装置をせっせと動かしている Gary Nelson に対してわれわれは謝意を表する」(Nixon and Carpenter 2012, p. 226)

「謝辞：Platnick は彼の原稿に対する有益なコメントを Andy Brower, Mario de Pinna, Gary Nelson そして Toby Schuh から受けたことに謝意を表している」(Farris 2013, p. 14)

私はもう慣れてしまっているからいいんだけど、フォーマルな科学論文しか見たことがないお上品な研究者たちにとっては、このような〝悪ふざけ〟はとても耐えられない品のなさと受け取られてもいたしかたないだろう。

しかし、本書を書こうと思ったそもそもの動機のひとつは、彼らが生物体系学の現代史のなかで果たしてきた役割りを科学史的に見直すことにあった。だから、私にとっては、かつての動物体系学会（SSZ）や今のヴィリ・ヘニック学会（WHS）のビッグネームたちをはじめ、国内外で出会った〝悪童クラディスト〟たちの遠慮会釈のない主張を聴いたり顰蹙を買う振る舞いを見たりすることができたのはとても貴重な体験だった。パターン分岐学派と数量分岐学派の別なく、クラディストすべてに幸あれ。

われわれにはまだ未来がある（はずだ）。

本書を手に取ってくれた奇特な読者のなかには研究者という人生を歩んでいる人もきっといるだろう。研究者は職業ではなく人生である。私個人の研究生活をふりかえれば、農林水産省系列の研究機関に入ってからもう三〇年が過ぎようとしている。日本の大学もそうだが、農林水産省系の国立研究開発法人もまた「役に立つ研究をしろ」という有形無形の〝逆風〟に日々さらされている。時間も金も単調に削られ続ける昨今の大学や研究機関では、個々の研究者が好き勝手なことができる環境あるいは雰囲気はすでにない。それでも、単なる〝歯車〟になることに納得できないならば、研究者として生きるすべ、すなわち、しなやかな〝したたかさ〟を身につけることが必要になるだろう。

「役に立つ研究をする」ことがとりわけ強く求められている農水省系独法研究機関に所属しながらも、本書のような「役に立たない本を書く」ことは難しいかと訊かれたら、即座に「いや、そんなことはないですよ」と軽やかに返事をする。対外的には公言していないが、自分がやらなければならないあるいはやりたい研究テーマは〝隠し田〟で——〝机の下〟でもいいが——ひとりで黙って続ける。言い換えれば、研究者が自分の手の内を外に全部見せるのはスジの悪い生き方ということだ。研究者として生きるつもりならばそれなりの〝面従腹背〟あるいは〝面の皮の厚さ〟はきっと必要だろう。どんな研究環境であっても研究者キャリアをこじらせずにちゃんと築いていけばまちがいなく生き残れる。昨今の社会状況では研究活動にとっていろいろと不自由さがあることは確かだが、世界はいつも自分を中心にまわっているという〝天動説〟は最後に勝つ——「隠れて生きよ（*Λάθε βιώσας*）」。

まえがきにも書いたように、本書にかぎらず、私が本を書くときはいつも読者の存在はまったく念頭にない。私は自分のためにだけ本を書いているので読者のことを意識したことはないということだ。自分が読みたい内容の本がこれまでなかったから自分で書いているとも言えるし、自分があとで参照文献としてちゃんと利用できるような本を自分で書いているとも言える。どうしようもない利己主義者である。しかし、そのような本であってもきっとどこかに読者はいるにちがいない（どの口がそれを言う）。

本書を手にしたすべての読者諸氏に感謝しつつ、快適なトレッキングを満喫してもらえれば著者としてこれ以上望むものは何もない。ボン・ヴォヤージュ。また、本書の原稿に数々のコメントをいただいた次の方々にこの場を借りてお礼したい。網谷祐一、大塚淳、斎藤成也、中尾暁、南部龍佑、森元良太、吉澤和徳の各氏。

最後に、本書を担当していただいた勁草書房編集部の鈴木クニエさんに深く感謝する。当初の予定を大幅に上回って肥大し続ける原稿を前に、果敢にも挑む姿勢はベテラン編集者の鑑である。本書が書店に並んだ暁には（そしてよく売れたら）、予定通り〈草喰なかひがし〉に行こうね。

二〇一八年一月

三中信宏

人名索引

ア行

アーベル，オテニオ（Othenio Abel） 72, 73, 75, 77
アイゼン，ジョナサン（Jonathan A. Eisen） 211
アガシー，ルイ（Louis Agassiz） 57, 92
アシュロック，ピーター（Peter D. Ashlock） 278
アステル，カール（Karl Astel） 99
アダンソン，ミシェル（Michel Adanson） 140
アリストテレス（Aristotle） v
アンダーソン，エドガー（Edgar Anderson） 45, 51, 115-117
伊勢田哲治 347, 349
稲垣良典 378, 379
今西錦司 416
ウィーナー，ノーバート（Norbert Wiener） 335
ウィーラー，クェンティン（Quentin D. Wheeler） 27, 295,297, 414
ウィリアムズ，デイヴィッド・M（David M. Williams） 215
ウィンザー，マリー（Mary P. Winsor） 39, 41, 57, 323, 324
ヴェゲナー，アルフレート（Alfred Lothar Wegener） 270, 409
ウォートン，ジョージ（George W. Wharton） 53, 56
ウォディントン，コンラッド（Conrad Hal Waddington） 10
ウッジャー，ジョゼフ・ヘンリー（Joseph Henry Woodger） 314-318, 320, 321, 352
ヴルフ，エフゲニ・ウラジミロヴィチ（Evgenii Vladimirovich Wulff） 270
エイビス，ジョン・C（John C. Avise） 411, 412
江崎悌三 16
エスタブルック，ジョージ・F（George F. Estabrook） 172-175, 177, 209, 245
エドワーズ，アンソニー・W・F（Anthony W. F. Edwards） 154-158, 161, 164, 175, 377, 381, 395
エマーソン，アルフレッド（Alfred E. Emerson） 48
エルドレッジ，ナイルズ（Niles Eldredge） 232, 233, 405
大場秀章 419
オッカムのウィリアム（William of Ockham） 378
オッペンハイム，パウル（Paul Oppenheim） 321
オブライエン，マイケル（Michael O'Brien） 425

カ行

カートミル，マット（Matt Cartmill） 359, 360, 362, 363
カヴァリ=スフォルツァ，ルイジ・L（Luigi L. Cavalli-Sforza） 154-156, 158, 161, 377, 381
カミン，ジョゼフ・H（Joseph H. Camin） 159-161, 173, 378
カルナップ，ルドルフ（Rudolf Carnap） 321
カレボー，ウェルナー（Werner Callebaut） 322
カント，イマニュエル（Immanuel

Kant)　68, 84
ギサン，エルマン（Hermann Gisin）　329
ギゼリン，マイケル（Michael T. Ghiselin）　328-331, 336, 338, 352
木村資生　295
ギュンター，クラウス（Klaus Günther）　108, 110, 142
キリアコフ，セルジウス（Sergius G. Kiriakoff）　110, 139, 141, 145
ギルモア，ジョン・S・L（John S. L. Gilmour）　39-41, 123, 142, 316
グールド，スティーヴン・ジェイ（Stephen Jay Gould）　ii, 4, 402-407
クーン，トーマス・S（Thomas S. Kuhn）　405
グラウアー，ダン（Dan Graur）　213
クランドール，キース（Keith A. Crandall）　214
グリーソン，ヘンリー（Henry A. Gleason）　306
グリフィス，グラハム・C・D（Graham C. D. Griffiths）　336, 337
クルーギー，アーノルド・G（Arnold G. Kluge）　182, 184, 185, 215
クレイクラフト，ジョエル（Joel Cracraft）　232, 236, 286, 341
グレッグ，ジョン・R（John R. Gregg）　315-317, 321
クロイツァ，レオン（Léon Croizat）　272-275, 281, 312, 413
クロウ，ロビン（Robin Craw）　110, 139, 273
クワイン，ウィラード・v・O（Willard van Orman Quine）　315
ケイン，ジョー（Joe Cain）　43, 47-49, 53, 59, 64, 66
ゲーテ，ヨハン・ヴォルフガング・フォン（Johann Wolfgang von Goethe）　68
ゴーディン，マイケル（Michael D. Gordin）　85
コリンズ，ランドル（Randall Collins）　424
コレス，ドナルド・H（Donald Henry Colless）　199, 200, 338

サ行

ジェプセン，グレン（Glenn L. Jepsen）　50
シェリング，フリードリッヒ・ヴィルヘルム・ヨーゼフ・フォン（Friedrich Wilhelm Joseph von Schelling）　68
シドール，マーク（Mark E. Siddall）　389
柴谷篤弘　273, 416
シブリー，チャールズ・G（Charles G. Sibley）　329
ジャネル，ルネ（René Jeannel）　270-272, 275
シュミット，ミハエル（Michael Schmitt）　102, 112, 194
シュミット，ワルド・ラサル（Waldo LaSalle Schmitt）　53, 56
シュリー，ディーター（Dieter Schlee）　108
シュリーター，カール・ヨハン（Carl Johan Schlyter）　302, 303
ジョンストン，ジェイムズ（James Johnstone）　318
シンデヴォルフ，オットー・H（Otto H. Schindewolf）　71, 72
シンプソン，ジョージ・ゲイロード（George Gaylord Simpson）　49, 51, 53, 56, 59, 62, 64, 117-120, 131, 141, 269, 316
スクリーヴェン，マイケル（Michael Scriven）　328
スコット＝ラム，ニック（Nick R.

Scott-Ram)　360-363
スティール，マイク（Micheal A. Steel）　383, 393, 394
ステーン，ウィム・ファン・デル（Wim J. van der Steen）　333
須藤靖　347, 349
スニース，ピーター・H・A（Peter H. A. Sneath）　140, 143, 144, 151, 170, 172, 175
スマート，ジョン・C・C（John C. C. Smart）　328
スモコヴィティス，ヴァシリキ・B（Vassiliki Betty Smocovitis）　43
ソーカル，ロバート・R（Robert R. Sokal）　26, 120-123, 139, 140, 144, 146, 150, 159-161, 170, 172, 175, 189, 201, 202, 265, 378
ソーバー，エリオット（Elliott Sober）　162, 361, 380, 383, 390, 391, 393, 395

タ行

ダーウィン，チャールズ（Charles Robert Darwin）　8
ダーリントン，フィリップ（Darlington, Philip J., Jr.）　272, 278
ダンサー，ベネディクトゥス・H（Benedictus H. Danser）　177-179
千葉秀幸　273
ツィンマーマン，ヴァルター（Walter Zimmermann）　75, 86-91, 100, 104, 169, 176, 252
ツュンドルフ，ヴェルナー（Werner Zündolf）　100
ディヴィス，D・ドワイト（D. Dwight Davis）　111, 112
ティモフェーエフ-レゾフスキー，ニコライ（Nikolai Wladimirowitsch Timoféeff-Resovsky）　98
ディルタイ，ヴィルヘルム（Wilhelm Dilthey）　105
ディングラー，フーゴー（Hugo Dingler）　100
ティンバーゲン，ニコラース（Nikolaas Tinbergen）　91
デケイロス，アラン（Alan de Queiroz）　409, 410, 412
デケイロス，ケヴィン（Kevin de Queiroz）　376
テューキー，ジョン・W（John Wilder Tukey）　116
デュピュイ，クロード（Claude Dupuis）　13, 16-19, 110
デルブリュック，ベルトルト（Berthold Delbrück）　304, 305
トゥリル，ウィリアム・B（William Bertram Turrill）　39-41, 142
トゥルーマン，ジョン（John W. H. Trueman）　376
ドブジャンスキー，テオドシウス（Theodosius Dobzhansky）　44-46, 49, 51
ドリーシュ，ハンス（Hans Driesch）　70, 318
トロル，ヴィルヘルム（Willhelm Troll）　87
トンプソン，ウィリアム・R（William Robin Thompson）　318, 319

ナ行

直海俊一郎　360, 362, 363
根井正利　213
ネフ，アドルフ（Adolf Naef）　72, 80-82, 84, 86, 100, 104, 144, 178, 334
ネルソン，ガレス（Gareth Nelson）　200, 207, 223-230, 232-240, 245, 247, 266, 274, 279, 284, 311, 413

ハ行

ハーディン，ジェイムズ・W（James

W. Hardin)　180
ハインロート，オスカー（Oskar Heinroth）　93, 94, 103
ハクスリー，ジュリアン（Julian Huxley）　37, 39, 40, 42, 43, 48, 56, 59, 61, 64
パターソン，コリン（Colin Patterson）　207, 215, 238, 251, 266, 376, 417
バック，ロジャー（Roger C. Buck）　317
ハミルトン，アンドリュー（Andrew Hamilton）　27, 217, 223, 295, 297
ハル，ディヴィッド（David Hull）　25, 27, 112, 143, 146, 189, 207-209, 235, 240, 273, 285, 317, 323, 332, 347, 398, 403, 425
ハンソン，ノーウッド・ラッセル（Norwood Russell Hanson）　405, 420
ピアソン，カール（Karl Pearson）　113, 336
ビーティ，ジョン（John Beatty）　238
ビゲロー，R・S（R. S. Bigelow）　137-139, 142, 144
ヒムラー，ハインリヒ（Heinrich Himmler）　99, 100
ヒュールゼンベック，ジョン（John P. Huelsenbeck）　388, 389
平山清次　353, 354
ヒリス，ディヴィッド（David M. Hillis）　388, 389
ファイヤアーベント，ポール（Paul K. Feyerabend）　405
ファインマン，リチャード（Richard P. Feynman）　347, 350
ファリス，ジェイムズ・S（James S. Farris）　102, 182, 184-194, 214, 265, 284, 286, 294, 329, 378-384, 395
フィッシャー，ロナルド・A（Ronald A. Fisher）　113, 161, 366
フィッチ，ウォルター・M（Walter M. Fitch）　284, 295
フェイス，ダニエル（Daniel P. Faith）　376
フェルス，ゲルハルト（Gerhard Fels）　334
フェルゼンスタイン，ジョゼフ（Joseph Felsenstein）　25, 26, 293, 294, 296-298, 382-385, 387, 388, 394, 395
フツイマ，ダグラス・J（Douglas J.Futuyma）　15
ブラックウェルダー，リチャード（Richard E. Blackwelder）　54, 56-58, 60-63, 120, 131, 137, 142
プラトニック，ノーマン・I（Norman I. Platnick）　209, 230, 266, 311
ブリッジマン，パーシー・W（Percy Williams Bridgman）　147
フリッシュ，カール・フォン（Karl von Frisch）　91
プリム，ロバート（Robert C. Prim）　163
プルースト，マルセル（Marcel Proust）　6
ブルクマン，カール（Karl Brugmann）　304, 305
ブルンディン，ラルシュ（Lars Z. Brundin）　111, 223-225, 276
ブロック，マルク（Marc Bloch）　355
ベーサー，フランシス（Francis A. Bather）　142
ベックナー，モートン（Morton O. Beckner）　320-322, 327, 332
ヘッケル，エルンスト（Ernst Haeckel）　70, 267, 268, 422
ヘッズ，マイケル（Michael Heads）　413

ペニー，ディヴィッド（David Penny）
176, 383, 392, 393
ヘニック，ヴィリ（Willi Hennig）
iv, 13, 24, 75, 101-112, 139, 176, 189-201, 231, 249-255, 275, 284, 312
ヘベラー，ゲルハルト（Gerhard Heberer） 98-100
ベルクソン，アンリ（Henri Bergson）
318
ベルタランフィ，ルートヴィヒ・フォン（Ludwig von Bertalanffy） 335
ベンゲル，ヨハン・アルブレヒト（Johann Albrecht Bengel） 301
ベンジャミン，エイブラム・C（Abram C. Benjamin） 313, 318
ヘンペル，カール（Carl G. Hempel）
321, 350
ホイットマン，チャールズ・オーティス（Charles Otis Whitman） 92, 93
ポウ，スティーヴン（Steven Poe）
376
ボウラー，ピーター・J（Peter J. Bowler） 66, 67, 85
ホーニクスワルド，ヘンリー（Henry M. Hoenigswald） 305
ホールデン，J・B・S（J. B. S. Haldane） 116
ボック，ウォルター・J（Walter J. Bock） 338-340
ポパー，カール・R.（Karl R. Popper）
22, 227, 233, 249, 256, 311, 312, 315, 322, 349, 350, 354
ボルクマイアー，トマス（Thomas Borgmeier） 83
ホワイトヘッド，アルフレッド・ノース（Alfred North Whitehead） 315

マ行

マーゴリアシュ，エマニュエル（Emanuuel Margoliash） 295
マース，パウル（Paul Maas） 303
マイアー，エルンスト（Ernst Mayr）
iv, 15, 26, 28, 37, 44, 51, 52, 56, 145, 148, 195, 324, 326, 405
マスリン，T・ポール（T. Paul Maslin）
252
マッハ，エルンスト（Ernst Mach）
313
ミシュナー，チャールズ・D（Charles D. Michener） 121, 126
ミッチェル，ピーター・チャルマーズ（Peter Chalmers Mitchell） 77, 80
ミュールマン，ヴィルヘルム・エミール（Wilhelm Emil Mühlmann） 106
メンデル，グレゴール・ヨハン（Gregor Johann Mendel） 8
モース，エドワード・シルヴェスター（Edward Sylvester Morse） 92

ヤ行

ユクスキュル，ヤーコプ・フォン（Jakob von Uexküll） 70
ヨーン，キャロル・キサク（Carol Kaesuk Yoon） 24, 25, 124

ラ行

ライト，セウォール（Sewall Wright）
116
ライナー・ツァンゲール（Rainer Zangerl） 112
ライフ，ヴォルフ－エルンスト（Wolf-Ernst Reif） 71
ラカトシュ，イムレ（Imre Lakatos）
420
ラシェフスキー，ニコラス（Nicholas Rashevsky） 315
ラッセル，バートランド（Bertrand Russell） 315
ラドウィック，マーティン（Martin J. S. Rudwick） 422

ラハマン，カール（Karl Lachmann） 303
ラム，ヘルマン・J（Herman Johanes Lam） 41
リーペル，オリヴィエ（Olivier Rieppel） 69, 70
リンデンマイヤー，アリスティド（Aristid Lindenmayer） 315
リンネ，カール・フォン（Carl von Linné） v, 302, 325
ルー，ヴィルヘルム（Wilhelm Roux） 70
ルウィントン，リチャード・C（Richard Charles Lewontin） 119, 315
ルース，マイケル（Michael Ruse） 332, 343, 398
レーター，ロルフ（Rolf Löther） 335-337
レーボック，フィリップ・F（Philip Rehbock） 68
レプトルプ，セーレン（Søren Løvtrup） 111, 338
レマネ，アドルフ（Adolf Remane） 84, 85, 252, 334
レンシュ，ベルンハルト（Bernhard Rensch） 100
ロイヤル，リチャード（Richard Royall） 365, 366
ローズ，ジョン・ベネット（John Bennet Lawes） 114
ローゼン，ドン（Don Eric Rosen） 200, 266, 273, 274
ローレンツ，コンラート（Konrad Lorenz） 91-98, 100, 176, 255
ロス，ハーバート・H（Herbert H. Ross） 145

ワ行

ワーグナー，ワレン（Warren H. Wagner, Jr.） 79, 174-177, 179-183, 188, 191
ワイリー，エドワード・O（Edward O. Wiley） 235-237, 239, 286, 339-341, 357
渡辺政隆 14

事項索引

タ行

ナ行

ハ行

マ行

ヤ行

ラ行

ワ行

文献リスト

A

Abel, Othenio (1910) . Kritische Untersuchungen über die paläogenen Rhinocerotiden Europas. *Abhandlungen der kaiserlich-königlichen Geologischen Reichsanstalt, Wien*, **20** (3) : 1-52 mit zwei Tafeln.

Abel, Othenio (1911). *Grundzüge der Palaeobiologie der Wirbeltiere*. E. Schweizerbart'sche Verlagsbuchhandlung, Stuttgart.

安達香織 (2016). 縄紋土器の系統学：型式編年研究の方法論的検討と実践. 慶應義塾大学出版会.

Agassiz, Louis [Edward Lurie 編] (1859[1962]). *Essay on Classification*. Harvard University Press, Cambridge [Reprinted in 2004, Dover Publications, Mineola].

Agnarsson, Ingi and Jeremy A. Miller (2008). Is ACCTRAN better than DELTRAN? *Cladistics*, **24** (6) : 1032-1038.

Albert, Victor A. (ed.) (2005). *Parsimony, Phylogeny, and Genomics*. Oxford University Press, Oxford.

Alter, Stephen G. (1999). *Darwinism and the Linguistic Image : Language, Race, and Natural Theology in the Nineteenth Century*. The Johns Hopkins University Press, Baltimore.

Anderson, Edgar (1935). The irises of the Gaspé Peninsula. *Bulletin of the American Iris Society*, **59**: 2-5.

Anderson, Edgar (1936). The species problem in *Iris*. *Annals of the Missouri Botanical Garden*, **23** (3) : 457-509 with 2 plates.

Anonymous (2016). Editorial. *Cladistics*, **32** (1) : 1.

Ashlock, Peter D. (1974). The uses of cladistics. *Annual Review of Ecology and Systematics*, **5**: 81-99.

Atkinson, Quentin D. and Russell D. Gray (2003). Curious parallels and curious connections: phylogenetic thinking in biology and historical linguistics. *Systematic Biology*, **54**(4) : 513-526.

Avise, John C. (2000). *Phylogeography: The History and Formation of Species*. Harvard University Press, Cambridge. (ジョン・C・エイビス [西田睦・武藤文人監訳／馬渕浩司・向井貴彦・野原正広訳] (2008). 生物系統地理学：種の進化を探る. 東京大学出版会)

Avise, John C. (2004). *Molecular Markers, Natural History, and Evolution, Second Edition*. Chapman and Hall, New York.

Avise, John C. (2006). *Evolutionary Pathways in Nature: A Phylogenetic Approach*. Cambridge University Press, Cambridge.

Avise, John C., J. Arnold, R. M. Ball, E. Birmingham, T. Lamb, J. E. Neigel, C. A. Reeb and N. C. Saunders (1987). Intraspecific phylogeography: The mitochondrial DNA bridge between population genetics and systematics. *Annual Review of Ecology and Systematics*, **18**: 489-522.

Ax, Peter (1984). *Das phylogenetische System: Systematisierung der lebenden Natur aufgrund ihrer Phylogenese*. Gustav Fischer Verlag, Stuttgart. (Ax, Peter [R. P. S.

Jefferies 訳] (1987). *The Phylogenetic System: The Systematization of Organisms on the Basis of Their Phylogenies*. John Wiley & Sons, Chichester)
Ayala, Francisco J. and Theodosius Dobzhansky (eds.) (1974). *Studies in the Philosophy of Biology: Reduction and Related Problems*. The Macmillan Press, London.

B

Ball, Ian R. (1981). The order of life — towards a comparative biology. *Nature*, **294**: 675-676.
Bather, Francis A. (1927). Biological classification: Past and future. An Address to the Geological Society of London at its Anniversary Meeting on the Eighteenth of February 1927. Proceedings of the Geological Society of London: Session 1926–1927. *The Quarterly Journal of the Geological Society*, **lxxxiii** (part 2): lxii–civ.
Beatty, John (1982). Classes and cladists. *Systematic Zoology*, **31**(1): 25-34.
Beatty, John (1994). Theoretical Pluralism in biology, including systematics. Pp. 33-60 in: Lance Grande and Olivier Rieppel (eds.), *Interpreting the Hierarchy of Nature: From Systematic Patterns to Evolutionary Process Theories*. Academic Press, San Diego.
Beckner, Morton (1959). *The Biological Way of Thought*. Columbia University Press, New York.
Bengel, Johann Albrecht (1734). *Novum Testamentum Græcum*. Georg Cotta, Tübingen.
Benjamin, Abram Cornelius (1937). *An Introduction to the Philosophy of Science*. The Macmillan Company, New York.
Berlocher, Stewart H. (1998). Origins: A brief history of research on speciation. Pp. 3-15 in: Daniel J. Howard and Stewart H. Berlocher (eds.), *Endless Forms: Species and Speciation*. Oxford University Press, New York.
Berry, Dominic (2015). The resisted rise of randomisation in experimental design: British agricultural science, c.1910–1930. *History and Philosophy of the Life Sciences*, **37**(3): 242-260.
Bigelow, R. S. (1956). Monophyletic classification and evolution. *Systematic Zoology*, **5**(4): 145-146.
Bigelow, R. S. (1958). Classification and phylogeny. *Systematic Zoology*, **7**(2): 49-59.
Bigelow, R. S. (1959). Similarity, ancestry, and scientific principles. *Systematic Zoology*, **8** (3): 165-168.
Bigelow, R. S. (1961). Higher categories and phylogeny. *Systematic Zoology*, **10**(2): 86-91.
Bininda-Emonds, Olaf R. P. (ed.) (2004). *Phylogenetic Supertrees: Combining Information to Reveal the Tree of Life*. Kluwer Academic Publishers, Dordrecht.
Birkhoff, Garrett (1940). *Lattice Theory*. American Mathematical Society, New York.
Blackwelder, Richard E. (1962). Animal taxonomy and the new systematics. Pp. 1-57 in: Bentley Glass (ed.), *Survey of Biological Progress, Volume IV*. Academic Press, New York.
Blackwelder, Richard E. (1967a). A critique of numerical taxonomy. *Systematic Zoology*, **16** (1): 64-72.
Blackwelder, Richard E. (1967b). *Taxonomy: A Text and Reference Book*. John Wiley & Sons, New York.
Blackwelder, Richard E. (1977). Twenty five years of taxonomy. *Systematic Zoology*, **26**(2):

107-137.

Blackwelder, Richard E. (1979). *The Zest for Life or Waldo Had a Pretty Good Run: The Life of Waldo LaSalle Scmitt*. The Allen Press, Lawrence.

Blackwelder, Richard E. and Alan A. Boyden (1952). The nature of systematics. *Systematic Zoology*, **1**(1): 26-33.

Bloch, Kurt (1956). Zur Theorie der naturwissenschaftlichen Systematik unter besonderer Berücksichtigung der Biologie. *Acta Biotheoretica, Supplementum Primum, additum Actorum Biotheoreticorum Voluminì XI° [i.e., Bibliotheca Biotheoretica Vol. VII]*, E. J. Brill, Leiden.

Bloch, Marc (1993[1949]). *Apologie pour l'histoire ou métier d'historien*. Librairie Armand Colin, Paris. (マルク・ブロック［松村剛訳］(2004). 新版・歴史のための弁明：歴史家の仕事. 岩波書店)

Bock, Walter J. (1968). [Book review] Phylogenetic systematics, cladistics and evolution. *Evolution*, **22**(3): 646-648.

Bock, Walter J. (1969). Nonvalidity of the "phylogenetic Fallacy". *Systematic Zoology*, **18**(1): 111-115.

Bock, Walter J. (1973). Philosophical foundations of classical evolutionary classification. *Systematic Zoology*, **22**(4): 375-392.

Borgmeier, Thomas (1957). Basic questions of systematics. *Systematic Zoology*, **6**(2): 53-69.

Bowler, Peter J. (1983). *The Eclipse of Darwinism: Anti-Darwinian Evolution Theories in the Decades Around 1900*. Johns Hopkins University Press, Baltimore.

Bowler, Peter J. (1996). *Life's Splendid Drama: Evolutionary Biology and the Reconstruction of Life's Ancestry 1860-1940*. The University of Chicago Press, Chicago.

Boylan, Michael (1983). *Method and Practice in Aristotle's Biology*. University Press of America, Washington, D.C.

Brady, Ronald H. (1982). Theoretical issues and "pattern cladistics". *Systematic Zoology*, **31**(3): 286-291.

Brady, Ronald H. (1985). On the independence of systematics. *Cladistics*, **1**(2): 113-126.

Brady, Ronald H. (1994). Pattern description, process explanation, and the history of morphological sciences. Pp. 7-31 in: Lance Grande and Olivier Rieppel (eds.), *Interpreting the Hierarchy of Nature: From Systematic Patterns to Evolutionary Process Theories*. Academic Press, San Diego.

Breidbach, Olaf and Michael T. Ghiselin. (2006). Baroque classification: A missing chapter in the history of systematics. *Annals of the History and Philosophy of Biology*, **11**: 1-30.

Bridgman, Percy Williams (1927). *The Logic of Modern Physics*. Macmillan, New York.

Brooks, Daniel R. (1981). Hennig's parasitological method: A proposed solution. *Systematic Zoology*, **30**(3): 229-249.

Brooks, Daniel R. (1982). [Review of Nelson and Platnick (1981)] *Systematic Zoology*, **31**(2): 206-208.

Brooks, Daniel R. (1985). Historical ecology: A new approach to studying the evolution of ecological associations. *Annals of Missouri Botanical Garden*, **72**(4): 660-680.

Brooks, Daniel R. (1988a). Macroevolutionary comparisons of host and parasite phylogenies. *Annual Review of Ecology and Systematics*, **19**: 235-259.

Brooks, Daniel R. (1988b). Scaling effects in historical biogeography and coevolution: A new view of space, time and form. *Systematic Zoology*, **37**(3): 237-244.

Brooks, Daniel R. (1990). Parsimony analysis in historical biogeography and coevolution: Methodological and theoretical update. *Systematic Zoology*, **39**(1): 14-30.

Brooks, Daniel R. and Deborah A. McLennan (1991). *Phylogeny, Ecology, and Behavior: A Research Program in Comparative Biology*. The University of Chicago Press, Chicago.

Brooks, Daniel R. and Deborah A. McLennan (2002). *The Nature of Diversity: An Evolutionary Voyage of Discovery*. The University of Chicago Press, Chicago.

Brooks, Daniel R. and Edward O. Wiley (1985). Theories and methods in different approaches to phylogenetic systematics. *Cladistics*, **1**(1): 1-11

Brooks, Daniel R. and Edward O. Wiley (1986). *Evolution as Entropy: Toward a Unified Theory of Biology*. The University of Chicago Press, Chicago.

Brooks, Daniel R. and Edward O. Wiley (1988). *Evolution as Entropy: Toward a Unified Theory of Biology, Second Edition*. The University of Chicago Press, Chicago.

Brower, Andrew V. Z. (2000a). Evolution is not a necessary assumption of cladistics. *Cladistics*, **16**(1): 143-154.

Brower, Andrew V. Z. (2000b). Homology and the inference of systematic relationships: Some historical and philosophical perspectives. Pp.10-21 in: Robert Scotland and R. Toby Pennigton (eds.), *Homology and Systematics: Coding Characters for Phylogenetic Analysis*. Taylor & Francis, London.

Brower, Andrew V. Z. (2012). The meaning of "phenetic". *Cladistics*, **28**(2): 113-114.

Browne, Janet (1983). *The Secular Ark: Studies in the History of Biogeography*. Yale University Press, New Haven.

Brugmann, Karl (1884). Zur Frage nach den Verwandtschaftsverhältnissen der indogermanischen Sprachen. *Internationale Zeitschrift für allgemeine Sprachwissenschaft*, **1**(1): 226-256.

Brundin, Lars (1965). On the real nature of transantarctic relationships. *Evolution*, **19**(4): 496-505.

Brundin, Lars (1966). Transantarctic Relationships and Their Significance, as Evidenced by Chironomid Midges with a Monograph of the Subfamilies Podonominae and Aphroteniinae and the Austral Heptagyiae. *Kungliga Svenska Vetenskapsakademiens Handlingar, Fjärde Serien*, Band 11, Nr. 1, Almqvist & Wiksell, Stockholm.

Brundin, Lars (1972). Phylogenetics and biogeography, a reply to Darlington's "practical criticism" of Hennig-Brundin. *Systematic Zoology*, **21**(1): 69-79.

Brundin, Lars (1981). Croizat's panbiogeography versus phylogenetic biogeography. Pp. 94-158 in: Gareth Nelson and Don E. Rosen (eds.), *Vicariance Biogeography: A Critique — Symposium of the Systematics Discussion Group of the American Museum of Natural History, May 2–4, 1979*. Columbia University Press, New York.

Brundin, Lars (1988). Phylogenetic biogeography. Pp. 343-369 in: Alan A. Myers and Paul S. Giller (eds.), *Analytical Biogeography: An Integrated Approach to the Study of Animal and Plant Distributions*. Chapman and Hall, London.

Buck, Roger C. and David L. Hull (1966). The logical structure of the Linnaean hierarchy. *Systematic Zoology*, **15**(2): 97-111.

Burckhardt, Richard W., Jr. (2005). *Patterns of Behavior: Konrad Lorenz, Niko Tinbergen,*

and the Founding of Ethology. The University of Chicago Press, Chicago.
Byers, George W (1969). [Book review of Hennig 1966 and Brundin 1966]. *Systematic Zoology*, **18**(1): 105-107.

C

Cain, Arthur J. (1958). Logic and memory in Linnaeus's system of taxonomy. *Proceedings of the Linnean Society of London*, **169**(1-2): 144-163.
Cain, Arthur J. (1959a). Deductive and inductive methods in post-Linnaean taxonomy. *Proceedings of the Linnean Society of London*, **170**(2): 185-217.
Cain, Arthur J. (1959b). The post-Linnaean development of taxonomy. *Proceedings of the Linnean Society of London*, **170**(3): 234-244.
Cain, Arthur J. (1959c). Taxonomic concepts. *Ibis*, **101**(3-4): 302-318.
Cain, Arthur J. (1962). The evolution of taxonomic principles. Pp. 1-13 in: Geoffrey C. Ainsworth and Peter H. A. Sneath (eds.), *Microbial Classification: Twelfth Symposuim of the Society for General Microbiology held at the Royal Institution, London, April 1962*. Cambridge University Press, Cambridge.
Cain, Arthur J. (1967). [Book review] One phylogenetic system. *Nature*, **216**: 412-413.
Cain, Arthur J. and G. A. Harrison (1958). An analysis of taxonomic judgment of affinity. *Proceedings of the Zoological Society of London*, **131**(1): 85-98.
Cain, Arthur J. and G. A. Harrison (1960). Phyletic weighting. *Proceedings of the Zoological Society of London*, **135**(1): 1-31.
Cain, Joe (1993). Common problems and cooperative solutions: Organizational activity in evolutionary studies, 1936-1947. *Isis*, **84**(1): 1-25.
Cain, Joe (1994). Ernst Mayr as community architect: Launching the Society for the Study of Evolution and the journal Evolution. *Biology and Philosophy*, **9**(3): 387-427.
Cain, Joe (2000a). Toward a 'greater degree of integration': The Society for the Study of Speciation, 1939-1941. *The British Journal for the History of Science*, **33**(1): 85-108.
Cain, Joe (2000b). For the 'promotion' and 'integration' of various fields: First years of Evolution, 1947-1949. *Archives of Natural History*, **27**(2): 231-259.
Cain, Joe (2001). The Columbia Biological Series, 1894-1974: A bibliographic note. *Archives of Natural History*, **28**(3): 353-366.
Cain, Joe (2002a). Epistemic and community transition in American evolutionary studies: The "Committee on the Common Problems of Genetics, Paleontology, and Systematics" (1942-1949). *Studies in the History and Philosophy of Biological and Biomedical Sciences*, **33**(2): 283-313.
Cain, Joe (2002b). Co-opting colleagues: Appropriating Dobzhansky's 1936 lectures at Columbia. *Journal of the History of Biology*, **35**(2): 207-219.
Cain, Joe (2003). A matter of perspective: Disparate voices in the evolutionary synthesis. *Archives of Natural History*, **30**(1): 28-39.
Cain, Joe (2004). Launching the Society of Systematic Zoology in 1947. Pp. 19-48 in: David M. Williams and Peter L. Forey (eds.), *Milestones in Systematics*. CRC Press, Boca Raton.
Cain, Joe (2009). Rethinking the synthesis period in evolutionary studies. *Journal of the History of Biology*, **42**(4): 621-648.

Callebaut, Werner (ed.) (1993). *Taking the Naturalistic Turn or How Real Philosophy of Science Is Done*. The University of Chicago Press, Chicago.

Callot, Émile (1957). *Philosophie biologique*. G. Doin & Cie, Paris.

Cameron, H. Don (1987). The upside-down cladogram: problems in manuscript affiliation. Pp.227-242 in: Henry M. Hoenigswald and Linda F. Wiener (eds.). *Biological Metaphor and Cladistic Classification: An Interdisciplinary Perspective*. University of Pennsylvania Press, Philadelphia.

Camin, Joseph H. and Robert R. Sokal (1965). A method for deducing branching sequences in phylogeny. *Evolution*, **19**(3): 311-326.

Carnap, Rudolf (1936). Testability and meaning. *Philosophy of Science*, **3**(4): 419-471.

Carnap, Rudolf (1937). Testability and meaning [continued]. *Philosophy of Science*, **4**(1): 1-40.

Carpenter, James M. (1987). Cladistics of cladists. *Cladistics*, **3**(4): 363-375.

Carpenter, James M., Pablo A. Goloboff, and James S. Farris (1998). PTP is meaningless, T-PTP is contradictory: A reply to Trueman. *Cladistics*, **14**(1): 105-116.

Carpenter, James M., Kevin C. Nixon and Dennis W. Stevenson (2006). "Cladistics of cladists" 20 years on : A reanalysis. Banquet talk at *Hennig XXV: The 25th Annual Meeting of the Willi Hennig Society*. Oaxaca, México, 2006.

Cartmill, Matt (1981). Hypothesis testing and phylogenetic reconstruction. *Zeitschrift für zoologische Systematik und Evolutionsforschung*, **19**(2): 73-96.

Cat, Jordi (2017). The unity of science. Edward N. Zalta (ed.), *The Stanford Encyclopedia of Philosophy* (*Fall 2017 Edition*). URL: <https://plato.stanford.edu/archives/fall2017/entries/scientific-unity/> Accessed on 12 November 2017.

Cavalli-Sforza, Luigi L. and Anthony W. F. Edwards (1967a). Phylogenetic analysis: Models and estimation procedures. *American Journal of Human Genetics*, **19**(3, Part 1): 233-257.

Cavalli-Sforza, Luigi L. and Anthony W. F. Edwards (1967b). Phylogenetic analysis: Models and estimation procedures. *Evolution*, **21**(3): 550-570.

Chang, Joseph T. (1996). Inconsistency of evolutionary tree topology reconstruction methods when substitution rates vary across characters. *Mathematical Biosciences*, **134**(2): 189-215.

Chen, Ming-Hui, Lynn Kuo and Paul O. Lewis (eds.) (2014). *Bayesian Phylogenetics: Methods, Algorithms, and Applications*. CRC Press, Boca Raton.

Charig, Alan J. (1982). Cladistics clarified. *Nature*, **295**: 720-721.

Chiba, Hideyuki (1986). Systematics and panbiogeography. Paper presented at *Osaka Workshop on the Structuralism in Biology, 7–10 November 1986, Osaka*. Handout 4pp.

千葉秀幸 (1991). 分類学と汎生物地理学. Pp. 216-223 in: 柴谷篤弘・斎藤嘉文・法橋登 (編), 生物学にとって構造主義とは何か：R・トム／J・ニーダム／F・ヴァレーラを含む国際討論の記録. 吉岡書店.

Chrétien, C. Douglas (1963). Shared innovations and subgrouping. *International Journal of American Linguistics*, **29**(1): 66-68.

Chung, Carl (2003). On the origin of the typological/population distinction in Ernst Mayr's changing views of species, 1942–1959. *Studies in History and Philosophy of Biology and Biomedical Sciences*, **34**(2): 277-296.

Churchill, Steven P., Edward O. Wiley, and Larry A. Hauser (1984). A critique of Wagner groundplan-divergence studies and a comparison with other methods of phylogenetic analysis. *Taxon*, **33**(2): 212-232.

Cohen, Morris R. and Ernest Nagel (1934). *An Introduction to Logic and Scientific Method*. Harcourt Brace and Co., New York.

Colless, Donald H. (1967). The phylogenetic fallacy. *Systematic Zoology*, **16**(4): 289-295.

Colless, Donald H. (1969a). The phylogenetic fallacy revisited. *Systematic Zoology*, **18**(1): 115-126.

Colless, Donald H. (1969b). The interpretation of Hennig's "phylogenetic systematics" - a reply to Dr. Schlee. *Systematic Zoology*, **18**(1): 134-144.

Colless, Don H. (1982). [Review of Wiley (1981)] *Systematic Zoology*, **31**(1): 100-104.

Collín, Hans Samuel and Carl Johan Schlyter (eds.) (1827). *Corpus iuris Sueo-Gotorum antiqui: Samling af Sweriges gamla lagar, på Kongl. Maj:ts. nådigste befallning, Volumen I* (*Västgötalagen*). Haeggström, Stockholm.

Collins, Randall (1998). *The Sociology of Philosophies: A Global Theory of Intellectual Change*. Harvard University Press, Cambridge.

Cook, Orator F. (1906). Factors of species-formation. *Science*, **23**: 506-507.

Cracraft, Joel (1974). Phylogenetic models and classification. *Systematic Zoology*, **23**(1): 71-90.

Cracraft, Joel (1979). Phylogenetic analysis, evolutionary models, and paleontology. Pp.7-39 in: Joel Cracraft and Niles Eldredge (eds.), *Phylogenetic Analysis and Paleontology: Proceedings of a Symposium Entitled "Phylogenetic Models," Convened at the North American Paleontological Convention II, Lawrence, Kansas, August 8, 1977*. Columbia University Press, New York.

Craw, Robin C. (1984). Never a serious scientist: The life of Leon Croizat. *Tuatara*, **27**(1): 5-7.

Craw, Robin C. (1986). Panbiogeography and structuralist biology. Paper presented at *Osaka Workshop on the Structuralism in Biology, 7–10 November 1986, Osaka*. Summaries, pp. 30-35.

クロー，ロビン（1991）．汎生物地理学と構造主義生物学；ポスト構造主義的展望．Pp. 201-215 in：柴谷篤弘・斎藤嘉文・法橋登（編），生物学にとって構造主義とは何か：R・トム／J・ニーダム／F・ヴァレーラを含む国際討論の記録．吉岡書店．

Craw, Robin C. (1992). Margins of cladistics: Identity, difference and place in the emergence of phylogenetic systematics, 1864-1975. Pp. 65-107 in: Paul Griffiths (ed.), *Trees of Life: Essays in Philosophy of Biology*. Kluwer, Dordrecht.

Craw, Robin C. and G. W. Gibbs (eds.) (1984). Croizat's *Panbiogeography* & *Principia Botanica*: Search for a Novel Biological Synthesis. *Tuatara*, **27**(1): 1-75.

Craw, Robin C., John R. Grehan, and Michael J. Heads (1999). *Panbiogeography: Tracking the History of Life*. Oxford University Press, New York.

Crisci, Jorge V. (2001). The voice of historical biogeography. *Journal of Biogeography*, **8**(2): 157-168.

Crisci, Jorge V., Liliana Katinas and Paula Posadas (2003). *Historical Biogeography: An Introduction*. Harvard University Press, Cambridge.

Crisci, Jorge V. and Tod F. Stuessy (1980). Determining primitive character states for

phylogenetic reconstructions. *Systematic Botany*, **5**(2): 112-135.

Croizat, Léon (1952). *Manual of Phytogeography, or an Account of Plant-dispersal throughout the World*. W. Junk, The Hague.

Croizat, Léon (1958). *Panbiogeography, or an Introductory Synthesis of Zoogeography, Phytogeography, and Geology, with Notes on Evolution, Systematics, Ecology, Anthropology, etc., I, IIa, and IIb*. Published by the author, Caracas.

Croizat, Léon (1961). *Principia Botanica, or Beginnings of Botany, Ia and Ib*. Published by the author, Caracas.

Croizat, Léon (1964). *Space, Time, Form: The Biological Synthesis*. Published by the author, Caracas.

Croizat, Léon (1975). Biogeografía analítica y sintetica ("Panbiogeografía") de las Américas. *Boletín de la Academia de Ciencias Físicas, Matemáticas y Naturales, Caracas*, **35**(1): 11-225, **35**(2): 226-454, **35**(3): 455-678, **35**(4): 679-890.

Croizat, Léon (1976a). *Biogeografía analítica y sintetica ("Panbiogeografía") de las Américas, Tomo I*. Biblioteca de la Academia de Ciencias Físicas, Matemáticas y Naturales, Caracas, Volumen XV, pp. 1-454.

Croizat-Chaley, Léon (1976b). *Biogeografía analítica y sintetica ("Panbiogeografía") de las Américas, Tomo II*. Biblioteca de la Academia de Ciencias Físicas, Matemáticas y Naturales, Caracas, Volumen XVI, pp. 455-890.

Croizat-Chaley, Léon (1978). Hennig (1966) entre Rosa (1918) y Lovtrup (1977): Medio siglo de sistematica filogenetica. *Boletín de la Academia de Ciencias Físicas, Matemáticas y Naturales, Caracas*, **38**: 59-147.

Croizat, Léon (1982). Vicariance/vicariism, panbiogeography, "vicariance biogeography," etc.: A clarification. *Systematic Zoology*, **31**(3): 291-304.

Croizat, Léon (1984). Mayr vs Croizat: Croizat vs Mayr — an enquiry. *Tuatara*, **27**(1): 49-66.

Croizat, Léon, Gareth Nelson and Don Eric Rosen (1974). Centers of origin and related concepts. *Systematic Zoology*, **23**(2): 265-287.

Crowson, Richard A. (1965). Classification, statistics and phylogeny. *Systematic Zoology*, **14**(2): 144-148.

D

Danser, Benedictus H. (1940). Typologische en phylogenetische systematiek. *Vakblaad voor Biologen*, **21**(8): 137-145.

Danser, Benedictus H. (1950). A theory of systematics. *Bibliotheca Biotheoretica, Series D*, **4**(3): 117-180.

Darlington, Philip J., Jr. (1957). *Zoogeography: The Geographical Distribution of Animals*. John Wiley and Sons, New York.

Darlington, Philip J., Jr. (1965). *Biogeography of the Southern End of the World*. Harvard University Press, Cambridge.

Darlington, Philip J., Jr. (1970). A practical criticism of Hennig-Brundin "phylogenetic systematics" and Antarctic biogeography. *Systematic Zoology*, **19**(1): 1-18.

Darwin, Charles Robert (1859). *On the Origin of Species by Means of Natural Selection, or the Preservation of Favoured Races in the Struggle for Life*. John Murrey, London. (チ

ャールズ・ダーウィン［渡辺政隆訳］(2009). 種の起源（上・下). 光文社)
Daudin, Henri (1926a), *De Linné à Jussieu: Méthodes de la classification et idée de série en botanique et en zoologique (1740-1790)*. Férix Alcan, Paris. (Reprinted: Editions des archives contemporaines, Paris, 1983)
Daudin, Henri (1926b), *Cuvier et Lamarck: les classes zoologiques et l'idée de série animale (1790-1830) . Tome I et II*. Férix Alcan, Paris. (Reprinted: Editions des archives contemporaines, Paris, 1983)
Davey, B. A. and H. A. Priestley (2002). *Introduction to Lattices and Order, Second Edition*. Cambridge University Press, Cambridge.
de Carvalho, Claudio J. B. and Eduardo A. B. Almeida (eds.) (2011). *Biogeografia da América do Sul: Padrões e Processos*. Editora ROCA, São Paulo.
de Carvalho, Claudio J. B. and Eduardo A. B. Almeida (eds.) (2016). *Biogeografia da América do Sul: Analise de Tempo, Espaço e Forma*. Editora ROCA, São Paulo.
de Carvalho, Marcelo R. and Matthew T. Craig (eds.) (2011). Morphological and Molecular Approaches to the Phylogeny of Fishes: Integration or Conflict? *Zootaxa*, **2946**: 1-142. URL: <http://www.mapress.com/zootaxa/list/2011/2946.html>
Delbrück, Berthold (1880). *Einleitung in das Sprachstudium: Ein Beitrag zur Geschichte und Methodik der vergleichenden Sprachforschung*. Breitkopf und Härtel, Leipzig.
Deleporte, Pierre and Guillaume Lecointre (2005). La philosophie de la systématique. Pp. 9-16 in: Pierre Deleporte and Guillaume Lecointre (eds.), *Philosophie de la systématique*. Biosystema, no. 24, Société française de systématique.
Deleporte, Pierre and Guillaume Lecointre (eds.) (2005). *Philosophie de la systématique*. Biosystema, no. 24, Société française de systématique.
de Queiroz, Alan (2014). *The Monkey's Voyage: How Improbable Journeys Shaped the History of Life*. Basic Books, New York. (アラン・デケイロス［柴田裕之・林美佐子訳］(2017), サルは大西洋を渡った：奇跡的な航海が生んだ進化史. みすず書房)
de Queiroz, Kevin (1985). The ontogenetic method for determining character polarity and its relevance to phylogenetic systematics. *Systematic Zoology*, **34**(3): 280-299.
de Queiroz, Kevin (1988). Systematics and the Darwinian revolution. *Philosophy of Science*, **55**(2): 238-259.
de Queiroz, Kevin (2004). The measurement of test severity, significance tests for resolution, and a unified philosophy of phylogenetic inference. *Zoologica Scripta*, **33**(5): 463-473.
de Queiroz, Kevin and Michael J. Donoghue (1990). Phylogenetic systematics or Nelson's version of cladistics? *Cladistics*, **6**(1): 61-75.
de Queiroz, Kevin and Steven Poe (2001). Philosophy and phylogenetic inference: A comparison of likelihood and parsimony methods in the context of Karl Popper's writings on corroboration. *Systematic Biology*, **50**(3): 305-321.
de Queiroz, Kevin and Steven Poe (2003). Failed refutations: Further comments on parsimony and likelihood methods and their relationship to Popper's degree of corroboration. *Systematic Biology*, **52**(3): 352-367.
Desmond, Adrian (1989). *The Politics of Evolution: Morphology, Medicine, and Reform in Radical London*. The University of Chicago Press, Chicago.
Dobzhansky, Theodosius (1935). A critique of the species concept in biology. *Philosophy of*

Science, **2**(3): 344-355.

Dobzhansky, Theodosius (1937). *Genetics and the Origin of Species*. Columbia University Press, New York.

Donoghue, Michael J. (1990). Sociology, selection, and success: A critique of David Hull's analysis of science and systematics. *Biology and Philosophy*, **5**(4): 459-472.

Donoghue, Michael J. and Philip D. Cantino (1984). The logic and limitations of the outgroup substitution approach to cladistic analysis. *Systematic Botany*, **9**(2): 192-202.

Donoghue, Michael J. and Wayne P. Maddison (1986). Polarity assessment in phylogenetic systematics: A response to Meacham. *Taxon*, **35**(3): 534-538.

Donoghue, Michael J. and Joachim W. Kadereit (1992). Walter Zimmermann and the growth of phylogenetic theory. *Systematic Biology*, **41**(1): 74-85.

Dress, Andreas, Katharina T. Huber, Jakobus Koolen, Vincent Moulton and Andreas Spillner (2012). *Basic Phylogenetic Combinatorics*. Cambridge University Press, Cambridge.

Drummond, Alexei J. and Remco R. Bouckaert (2015). *Bayesian Evolutionary Analysis with BEAST*. Cambridge University Press, Cambridge.

Duncan, Thomas (1984). Willi Hennig, character compatibility, Wagner parsimony, and the "Dendrogrammaceae" revisited . *Taxon*, **33**(4): 698-704.

Duncan, Thomas (1986). Semantic fencing: A final riposte with a Hennigian crutch. *Taxon*, **35**(1): 110-117.

Duncan, Thomas, Raymond B. Phillips and Warren H. Wagner, Jr. (1980). A comparison of branching diagrams derived by various phenetic and cladistic methods. *Systematic Botany*, **5**(3): 264-293.

Dupuis, Claude (1978). Permanence et actualité de la systématique: La "Systématique phylogénétique" de W. Hennig (Historique, discussion, choix de références). *Cahiers des Naturalistes (Bulletin des Naturistes Parisiens), N. S.*, **34**(1): 1-69.

Dupuis, Claude (1980). The Hennigo-cladism, a reappraisal of the taxonomy, born in entomology [会場配布資料]. Oral presentation at 16th International Congress of Entomology, Kyoto.

Dupuis, Claude (1984). Willi Hennig's impact on taxonomic thought. *Annual Review of Ecology and Systematics*, **15**: 1-24.

E

Ebach, Malte C. (2017). *Reinvention of Australasian Biogeography: Reform, Revolt and Rebellion*. CSIRO Publishing, Clayton.

Ebach, Malte C., Juan J. Morrone, and David M. Williams (2008). A new cladistics of cladists. *Biology and Philosophy*, **23**(1):153-156.

Ebach, Malte C. and David M. Williams (2008). O cladistics, where art thou? *Cladistics*, **24**(6): 851-852.

Ebach, Malte C. and David M. Williams (2010) [Book review] Nelson G. and Platnick, N. I. (1981) *Systematics and biogeography: Cladistics and vicariance*. New York: Columbia University Press. *Systematic Biology*, **59**(5): 612-614.

Ebach, Malte C. and David M. Williams (2011). A devil's glossary for biological systematics. *History and Philosophy of the Life Sciences*, **33**(2): 251-258.

Ebach, Malte C. and David M. Williams (2012). E quindi uscimmo a riveder le stelle. *Cladistics*, **29**(3): 227.

Edwards, Anthony W. F. (1972). *Likelihood*. Cambridge University Press, Cambridge.

Edwards, Anthony W. F. (1992). *Likelihood, Expanded Edition*. The Johns Hopkins University Press, Baltimore.

Edwards, Anthony W. F. (1996). The origin and early development of the method of minimum evolution for the reconstruction of phylogenetic trees. *Systematic Biology*, **45** (1): 79-91.

Edwards, Anthony W. F. (2004). Parsimony and computer. Pp. 81-90 in: David M. Williams and Peter L. Forey (eds.), *Milestones in Systematics*. CRC Press, Boca Raton.

Edwards, Anthony W. F. and Luigi L. Cavalli-Sforza (1963). The reconstruction of evolution. [Abstract] *Annals of Human Genetics*, **27**(1): 104-105.

Edwards, Anthony W. F. and Luigi L. Cavalli-Sforza (1964). Reconstruction of evolutionary trees. Pp. 67-76 in: Vernon H. Heywood and John McNeill (eds.), *Phenetic and Phylogenetic Classification*. The Systematics Association, London.

Eigenbrod, Renate and Graham C. D. Griffiths (1974). *Die Beherrschung der Mannigfaltigkeit* – Translation of author's summary. *Systematic Zoology*, **23**(2): 291-296.

Eisen, Jonathan A. (2016). The Tree of Life: Cladistics Journal Drops Science for Dogma, 15 January 2016. URL: <https://phylogenomics.blogspot.jp/2016/01/cladistics-journal-drops-science-for.html> Accessed on 31 July 2017.

Eldredge, Niles (1979). Cladism and common sense. Pp.165-198 in: Joel Cracraft and Niles Eldredge (eds.), *Phylogenetic Analysis and Paleontology: Proceedings of a Symposium Entitled "Phylogenetic Models," Convened at the North American Paleontological Convention II, Lawrence, Kansas, August 8, 1977*. Columbia University Press, New York.

Eldredge, Niles and Joel Cracraft (1980). *Phylogenetic Patterns and the Evolutionary Process: Method and Theory in Comparative Biology*. Columbia University Press, New York. (N・エルドリッジ，J・クレイクラフト［篠原明彦・駒井古実・吉安裕・橋本里志・金沢至訳］(1989)．系統発生パターンと進化プロセス：比較生物学の方法と理論．蒼樹書房)

Eldredge, Niles and Stephen Jay Gould (1972). Punctuated equilibria: An alternative to phyletic gradualism. Pp. 82-115 in: Thomas J. M. Schopf (ed.), *Models in Paleobiology*. Freeman, Cooper & Co., San Francisco.

Engel, Michael S. and Niels P. Kristensen (2013). A history of entomological classification. *Annual Review of Entomology*, **58**: 585–607.

Ereshevsky, Marc (2001). *The Poverty of the Linnaean Hierarchy: A Philosophical Study of Biological Taxonomy*. Cambridge University Press, Cambridge.

Estabrook, George F. (1966). A mathematical model in graph theory for biological classification. *Journal of Theoretical Biology*, **12**(3): 297-310. [Errata: *Journal of Theoretical Biology*, **14**(3): 328, 1967)]

Estabrook, George F. (1968). A general solution in partial orders for the Camin-Sokal model in phylogeny. *Journal of Theoretical Biology*, **21**(3): 421-438.

Estabrook, George F. (1972a). Cladistic methodology: A discussion of the theoretical basis for the induction of evolutionary history. *Annual Review of Ecology and Systematics*, **3**: 427-456.

Estabrook, George F. (1972b). Theoretical methods in evolutionary studies. Pp. 23-86 in: Robert R. Rosen and Fred M. Snell (eds.), *Progress in Theoretical Biology, Volume 2.* Academic Press, New York.

Estabrook, George F. (1977). Does common equal primitive? *Systematic Botany*, **2**(1): 36-42.

Estabrook, George F. (1978). Some concepts for the estimation of evolutionary relationships in systematic botany. *Systematic Botany*, **3**(2): 146-158.

F

Faith, Daniel P. (1992). On corroboration: A reply to Carpenter. *Cladistics*, **8**(3): 265-273.

Faith, Daniel P. (1999). [Review] Deborah G. Mayo 1996. *Error and the Growth of Experimental Knowledge*. The University of Chicago Press, Chicago. *Systematic Biology*, **48**(3): 675-679.

Faith, Daniel P. (2006). Science and philosophy for molecular systematics: Which is the cart and which is the horse? *Molecular Phylogenetics and Evolution*, **38**(2): 553-557.

Faith, Daniel P. and Peter S. Cranston (1992). Probability, parsimony, and Popper. *Systematic Biology*, **41**(2): 252-257.

Faith, Daniel P. and John W. H. Trueman (2001a). Towards an inclusive philosophy for phylogenetic inference. *Systematic Biology*, **50**(3): 331-350.

Faith, Daniel P. and John W. H. Trueman (2001b). Corroboration, goodness-of-fit, and competing methods of phylogenetic inference. *Hennig XX: 20th Annual Meeting of the Willi Hennig Society, Oregon State University, Corvallis, Oregon, 26–30 August 2001.* Program and Abstract Volume, p. 13.

Fangerau, Heiner, Hans Geisler, Thorsten Halling and William Martin (eds.) (2013). *Classification and Evolution in Biology, Linguistics and the History of Science: Concepts — Methods — Visualization*. Franz Steiner Verlag, Stuttgart.

Farrar, Donald R. (2003). Warren H. Wagner, Jr. 1920-2000: A biographical memoir. *Biographical Memoirs of the National Academy of Sciences*, **83**: 300-319.

Farris, James S. (1967). The meaning of relationship and taxonomic procedure. *Systematic Zoology*, **16**(1): 44-51.

Farris, James S. (1970). Methods for computing Wagner trees. *Systematic Zoology*, **19**(1): 83-92.

Farris, James S. (1973). A probability model for inferring evolutionary trees. *Systematic Zoology*, **22**: 250-256.

Farris, James S. (1977a). On the phenetic approach to vertebrate classification. Pp.823-850 in: Max K. Hecht, Peter C. Goody and Bessie M. Hecht (eds.), *Major Patterns in Vertebrate Evolution.* Plenum Press, New York.

Farris, James S. (1977b). Phylogenetic analysis under Doloo's law. *Systematic Zoology,* **26**(1): 77-88.

Farris, James S. (1978). Inferring phylogenetic trees from chromosome inversion data. *Systematic Zoology*, **27**(3): 275-284.

Farris, James S. (1979a). On the naturalness of phylogenetic classification. *Systematic Zoology*, **28**(2): 200-214.

Farris, James S. (1979b). The information content of the phylogenetic system. *Systematic Zoology*, **28**(4): 483-519.

Farris, James S. (1980a). Naturalness, information, invariance, and the consequences of phenetic criteria. *Systematic Zoology*, **29**(4): 360-381.

Farris, James S. (1980b). The efficient diagnoses of the phylogenetic system. *Systematic Zoology*, **29**(4): 386-401.

Farris, James S. (1982a). Outgroups and parsimony. *Systematic Zoology*, **31**(3):328-334.

Farris, James S. (1982b). Simplicity and informativeness in systematics and phylogeny. *Systematic Zoology*, **31**(4): 413-444.

Farris, James S. (1983). The logical basis of phylogenetic analysis. Pp.7-36 in: Norman I. Platnick and Vicki A. Funk (eds.), *Advances in cladistics, Volume 2: Proceedings of the Second Meeting of the Willi Hennig Society*. Columbia University Press, New York.

Farris, James S. (1985). The pattern of cladistics. *Cladistics*, **1**(2): 190-201.

Farris, James S. (1986). On the boundary of phylogenetic systematics. *Cladistics*, **2**(1): 14-27.

Farris, James S. (1990). Haeckel, history, and Hull. *Systematic Zoology*, **39**(1): 81-88.

Farris, James S. (1995). Conjectures and refutations. *Cladistics*, **11**(1): 105-118.

Farris, James S. (1999). Likelihood and inconsistency. *Cladistics*, **15**(2): 199-204.

Farris, James S. (2000). Corroboration versus "strongest evidence". *Cladistics*, **16**(4): 385-393.

Farris, James S. (2001). Corroboration versus PTP. *Hennig XX: 20th Annual Meeting of the Willi Hennig Society, Oregon State University, Corvallis, Oregon, 26–30 August 2001*. Program and Abstract Volume, p. 14.

Farris, James S. (2008). Parsimony and explanatory power. *Cladistics*, **24**(5): 825-847.

Farris, James S. (2011). Systemic foundering. *Cladistics*, **27**(2): 207-221.

Farris, James S. (2012a). Early Wagner trees and "the cladistic redux" . *Cladistics*, **28**(5): 545-547.

Farris, James S. (2012b). Nelson' s arrested development. *Cladistics*, **28**(6): 551-553.

Farris, James S. (2012c). Counterfeit cladistics. *Cladistics*, **28**(3): 227-228.

Farris, James S. (2012d). Fudged "phenetics". *Cladistics*, **28**(3): 231-233.

Farris, James S. (2012e). 3ta sleeps with the fishes. *Cladistics*, **28**(4): 422-436.

Farris, James S. (2013). Pattern taxonomy. *Cladistics*, **29**(3): 228-229.

Farris, James S. (2014). Pattern poses. *Cladistics*, **30**(2): 116-119.

Farris, James S., Mari Källersjö, Victor A. Albert, Marc Allard, Arne Anderberg, Brunella Bowditch, Carol Bult, James M. Carpenter, Timothy M. Crowe, Jan De Laet, Kirk Fitzhugh, Darryl Frost, Pablo Goloboff, Christopher J. Humphries, Ulf Jondelius, Darlene Judd, Per Ola Karis, Diana Lipscomb, Melissa Luckow, David Mindell, Jyrki Muona, Kevin Nixon, William Presch, Ole Seberg, Mark E. Siddall, Lena Struwe, Anders Tehler, John Wenzel, Quentin Wheeler and Ward Wheeler (1995). Explanation. *Cladistics*, **11**(2): 211-218.

Farris, James S. and Arnold G. Kluge (1979). A botanical clique. *Systematic Zoology*, **28**(3): 400-411.

Farris, James S. and Arnold G. Kluge (1985). Parsimony, synapomorphy, and explanatory power: A reply to Duncan. *Taxon*, **34**(1): 130-135.

Farris, James S. and Arnold G. Kluge (1997). Parsimony and history. *Systematic Biology*, **46**(1): 215-218.

Farris, James S., Arnold G. Kluge, and James M. Carpenter (2001). Popper and likelihood versus "Popper*". *Systematic Biology*, **50**(3): 438-444.

Farris, James S., Arnold G. Kluge and Michael J. Eckardt (1970). A numerical approach to phylogenetic systematics. *Systematic Zoology*, **19**(2): 172-189.

Farris, James S. and Norman I. Platnick (1989). Lord of the fries: The systematist as study animal. *Cladistics*, **5**(3): 295-310.

Fels, Gerhard (1957). *Wissenschaftstheoretische Untersuchungen zur Grundlagenploblematik der Phylogenetik*. Rheinische Friedrich Wilhelms-Universität Bonn.

Felsenstein, Joseph (1973). Maximum likelihood and minimum-steps methods for estimating evolutionary trees from data on discrete characters. *Systematic Zoology*, **22**(3): 240-249.

Felsenstein, Joseph (1978a). The number of evolutionary trees. *Systematic Zoology*, **27**(1): 27-33.

Felsenstein, Joseph (1978b). Cases in which parsimony or compatibility methods will be positively misleading. *Systematic Zoology*, **27**(4): 401-410.

Felsenstein, Joseph (1979). Alternative methods of phylogenetic inference and their interrelationships. *Systematic Zoology*, **28**(1): 49-62.

Felsenstein, Joseph (1981a). Evolutionary trees from DNA sequences: A maximum likelihood approach. *Journal of Molecular Evolution*, **17**(6): 368-376.

Felsenstein, Joseph (1981b). Evolutionary trees from gene frequencies and quantitative characters: Finding maximum likelihood estimates. *Evolution*, **35**(6): 1229-1242.

Felsenstein, Joseph (1981c). A likelihood approach to character weighting and what it tells us about parsimony and compatibility. *Biological Journal of the Linnean Society*, **16**(3): 183-196.

Felsenstein, Joseph (1982). Numerical methods for inferring evolutionary trees. *The Quarterly Review of Biology*, **57**(4): 379-404.

Felsenstein, Joseph (1983a). Parsimony in systematics: biological and statistical issues. *Annual Review of Ecology and Systematics*, **14**: 313-333.

Felsenstein, Joseph (1983b). Methods for inferring phylogenies: A statistical view. Pp. 315-334 in: Joseph Felsenstein (ed.), *Numerical Taxonomy*. Springer-Verlag, Berlin.

Felsenstein, Joseph (1986). Waiting for post-neo-Darwin. *Evolution*, **40**(4): 883-889.

Felsenstein, Joseph (1996). Does classification matter (much)? (was: Re: cladistics). sci.bio.systematics. 16 December 1996. Archive: <https://groups.google.com/forum/#!topic/sci.bio.systematics/tDhHxsyPV9Y%5B176-200%5D> Accessed on 13 October 2017.

Felsenstein, Joseph (2001). The troubled growth of statistical phylogenetics. *Systematic Biology*, **50**(4): 465–467.

Felsenstein, Joseph (2004). *Inferring Phylogenies*. Sinauer Associates, Sunderland.

Felsenstein, Joseph. Phylogeny Softwares. URL: <http://evolution.gs.washington.edu/phylip/software.html> Accessed on 19 December 2017.

Felsenstein, Joseph and Elliott Sober (1986). Parsimony and likelihood: An exchange. *Systematic Zoology*, **35**(4): 617-626.

Feyerabend, Paul K. (1970). Classical empiricism. Pp. 150-170 in: R. E. Butts and J. W. Davis (eds.), *The Methodological Heritage of Newton*. University of Toronto Press,

Toronto.
Fink, Sara V. (1982). Report on the second annual meeting of the Willi Hennig Society. *Systematic Zoology*, **31**(2): 180-197.
Fischer, Mareike and Bhalchandra Thatte (2010). Revisiting an equivalence between maximum parsimony and maximum likelihood methods in phylogenetics. *Bulletin of Mathematical Biology*, **72**(1): 208–220.
Fisher, Ronald A. (1921). On the 'probable error' of a coefficient of correlation deduced from a small sample. *Metron*, **1**: 3-32.
Fisher, Ronald A. (1922). On the mathematical foundations of theoretical statistics. *Philosophical Transactions of the Royal Society A*, **222**: 309–368.
Fisher, Ronald A. (1925). *Statistical Methods for Research Workers*. Oliver and Boyd, Edinburgh.
Fisher, Ronald A. (1926). The arrangement of field experiments. *Journal of the Ministry of Agriculture of Great Britain*, **33**: 503-513
Fisher, Ronald A. (1935). *The Design of Experiments*. Oliver and Boyd, Edinburgh. (Eighth Edition: 1966 — R・A・フィッシャー［遠藤健児・鍋谷清治訳］1971. 実験計画法. 森北出版)
Fisher, Ronald A. (1936). The use of multiple measurements in taxonomic problems. *Annals of Eugenics*, **7**(2): 179–188.
Fitch, Walter M. (1971). Toward defining the course of evolution: Minimum change for a specific tree topology. *Systematic Zoology*, **20**(4): 406-416.
Fitch, Walter M. (1981). The fourteenth annual Numerical Taxonomy Conference. *Systematic Zoology*, **30**(1): 81-83.
Fitch, Walter M. and Emanuel Margoliash (1967). Construction of phylogenetic trees. *Science*, **155**: 279-284.
Fisher, Daniel C. (1994). Stratocladistics: Morphological and temporal patterns and their relations to phylogenetic process. Pp. 133-171 in: Lance Grande and Olivier Rieppel (eds.), *Interpreting the Hierarchy of Nature: From Systematic Patterns to Evolutionary Process Theories*. Academic Press, San Diego.
Fitzhugh, Kirk (2006a). The abduction of phylogenetic hypotheses. *Zootaxa*, **1145**: 1-110.
Fitzhugh, Kirk (2006b). The 'requirement of total evidence' and its role in phylogenetic systematics. *Biology and Philosophy*, **21**(3): 309–351.
Fitzhugh, Kirk (2008). Fact, theory, test and evolution. *Zoologica Scripta*, **37**(1): 109-113.
Forster, Malcolm and Elliott S. Sober (1994). How to tell when simpler, more unified, or less *ad hoc* theories will provide more accurate predictions. *The British Journal for the Philosophy of Science*, **45**(1): 1-36.
Forster, Malcolm and Elliott S. Sober (2004). Why likelihood? Pp. 153-190 in: Mark L. Taper and Subhash Lele (eds.), *The Nature of Scientific Evidence: Statistical, Philosophical, and Empirical Considerations*. The University of Chicago Press, Chicago.
Forster, Peter and Colin Renfrew (eds.) (2006). *Phylogenetic Methods and the Prehistory of Languages*. The McDonald Institute for Archaeological Research, Cambridge.
Foulds, Leslie R. and Ronald L. Graham (1982). The Steiner problem in phylogeny is NP-complete. *Advances in Applied Mathematics*, **3**(1): 43-49.
Fraix-Burnet, Didier, Mauro D'Onofrio, and Paola Marziani (2017). Phylogenetic analyses

of quasars and galaxies. Frontiers in Astronomy and Space Sciences, 10 October 2017. URL: <https://www.frontiersin.org/articles/10.3389/fspas.2017.00020/full> Accessed on 3 December 2017.

Franz, Nico M. (2005). On the lack of good scientific reasons for the growing phylogeny/classification gap. *Cladistics*, **21**(5): 495-500.

Funk, Vicki A. (2001). SSZ 1970-1989: A View of the Years of Conflict. *Systematic Biology*, **50**(2): 153-155.

Funk, Vicki A. and Daniel R. Brooks (1981). Foreword. Pp. iii-iv in: Vicki A. Funk and Daniel R. Brooks (eds.), *Advances in Cladistics: Proceedings of the First Meeting of the Willi Hennig Society*. The New York Botanical Garden, Bronx.

Funk, Vicki A. and Daniel R. Brooks (eds.) (1981). *Advances in Cladistics: Proceedings of the First Meeting of the Willi Hennig Society*. The New York Botanical Garden, Bronx.

Futuyma, Douglas J. (1979). *Evolutionary Biology*. Sinauer Associates, Sunderland.

Futuyma, Douglas J. (2015). Can modern evolutionary theory explain macroevolution? Pp. 29-85 in: Emanuele Serrelli and Nathalie Gontier (eds.), *Macroevolution: Explanation, Interpretation and Evidence*. Springer International Publishing Switzerland.

G

Gaffney, Eugene S. (1979). An introduction to the logic of phylogeny reconstruction. Pp. 79-111 in: Joel Cracraft and Niles Eldredge (eds.), *Phylogenetic Analysis and Paleontology: Proceedings of a Symposium Entitled "Phylogenetic Models," Convened at the North American Paleontological Convention II, Lawrence, Kansas, August 8, 1977*. Columbia University Press, New York.

Gaut, B. S. and Paul O. Lewis (1995). Success of maximum likelihood phylogeny inference in the four-taxon case. *Molecular Biology and Evolution*, **12**(1): 152–162.

Gendron, Robert P. (2000). The classification and evolution of Caminalcules. *The American Biology Teacher*. **62**(8): 570–576.

Ghiselin, Michael T. (1966a). An application of the theory of definitions to systematic principles. *Systematic Zoology*, **15**(2): 127-130.

Ghiselin, Michael T. (1966b). On psychologism in the logic of taxonomic controversies. *Systematic Zoology*, **15**(3): 207-215.

Ghiselin, Michael T. (1969a). The principles and concepts of systematic biology. Pp. 45-54 in: National Research Council (ed.), *Systematic Biology: Proceedings of an International Conference*. The National Academies Press, Washington, DC.

Ghiselin, Michael T. (1969b). *The Triumph of the Darwinian Method*. University of California Press, Berkeley.

Ghiselin, Michael T. (2010). Der Bauplan ist ein Aberglaube. Pp. 37-41 in: Ilse Jahn and Andreas Wessel (eds.), *Für eine Philosophie der Biologie / For A Philosophy of Biology: Festschrift to the 75th Birthday of Rolf Löther*. Kleine Verlag, München.

Gilmour, John S. L. (1936). Whither taxonomy? *Report of the British Association for the Advancement of Science of the Annual Meeting*, **1936**: 417.

Gilmour, John S. L. (1940). Taxonomy and philosophy. Pp. 461-474 in: Julian Huxley (ed.), *The New Systematics*. Oxford University Press, London.

Ginzburg, Carlo (2004). Family resemblances and family trees: Two cognitive metaphors.

Critical Inquiry, **30**(3): 537-556.

Gisin, Hermann (1964). Synthetische Theorie der Systematik. *Zeitschrift für zoologische Systematik und Evolutionsforschung*, **2**(1): 1-17.

Gisin, Hermann (1967). La systématique idéale. *Zeitschrift für zoologische Systematik und Evolutionsforschung*, **5**(2): 111-128.

Gisin, Hermann (1969). Discussion. Pp. 61-64 in: National Research Council (ed.), *Systematic Biology: Proceedings of an International Conference*. The National Academies Press, Washington, DC.

Gleason, Henry A. (1959). Counting and calculating for historical reconstruction. *Anthropological Linguistics*, **1**(2): 22-32.

Godfrey-Smith, Peter (2014). *Philosophy of Biology*. Princeton University Press, Princeton.

Goldman, Nick (1990). Maximum likelihood inference of phylogenetic trees, with special reference to a Poisson process model of DNA substitution and to parsimony analysis. *Systematic Zoology*, **39**(4): 345-361.

Gordin, Michael D. (2015). *Scientific Babel: How Science Was Done Before and After Global English*. The University of Chicago Press, Chicago.

Gould, Stephen Jay (1977). *Ontogeny and Phylogeny*. Harvard University Press, Cambridge. (スティーヴン・J・グールド［仁木帝都・渡辺政隆訳］(1987), 個体発生と系統発生：進化の観念史と発生学の最前線. 工作舎)

Gould, Stephen Jay (1983). *Hen's Teeth and Horse's Toes: Further Reflections in Natural History*. W. W. Norton, New York. (スティーヴン・ジェイ・グールド［渡辺政隆・三中信宏訳］(1988). ニワトリの歯：進化論の新地平（上・下). 早川書房)

Gould, Stephen J. (1986). Evolution and the triumph of homology, or why history matters. *American Scientist*, **74**(1): 60-69.

Gould, Stephen Jay (2002). *The Structure of Evolutionary Theory*. Harvard University Press, Cambridge.

Grandcolas, Philippe and Roseli Pellens (2005). Evolving *sensu lato*: All we need is systematics. *Cladistics*, **21**(5): 501-505.

Grande, Lance (1994). Repeating patters in nature, predictability, and "impact" in science. Pp.61-84 in: Lance Grande and Olivier Rieppel (eds.), *Interpreting the Hierarchy of Nature: From Systematic Patterns to Evolutionary Process Theories*. Academic Press, San Diego.

Grande, Lance (2017). *Curators: Behind the Scenes of Natural History Museums*. The University of Chicago Press, Chicago.

Grande, Lance and Olivier Rieppel (1994). Glossary. Pp. 257-292 in: Lance Grande and Olivier Rieppel (eds.), *Interpreting the Hierarchy of Nature: From Systematic Patterns to Evolutionary Process Theories*. Academic Press, San Diego.

Grande, Lance and Olivier Rieppel (eds.) (1994). *Interpreting the Hierarchy of Nature: From Systematic Patterns to Evolutionary Process Theories*. Academic Press, San Diego.

Grauer, Dan (2016). Judge Starling: Once Upon a Time at a Willi Hennig Society Meeting #ParsimonyGate, 16 January 2016. URL: <http://judgestarling.tumblr.com/post/137441551016/once-upon-a-time-at-a-willi-hennig-society-meeting> Accessed on 31 July 2017.

Gregg, John R. (1954). *The Language of Taxonomy : An Application of Symbolic Logic to*

the Study of Classificatory Systems. Columbia University Press, New York.

Gregg, John R. (1967). Finite Linnaean structures. *The Bulletin of Mathematical Biophysics*, **29**(2): 191-206.

Gregg, John R. and F. T. C. Harris (eds.) (1964). *Form and Strategy in Science: Studies Dedicated to Joseph Henry Woodger on the Occasion of his Seventieth Birthday*. D. Reidel Publishing Company, Dordrecht.

Grene, Marjorie (1958). Two evolutionary theories. *The British Journal for the Philosophie Science*, **9**(34): 110-127, **9**(35): 185-193. (Reprinted in: Marjorie Grene (1974). *The Understanding of Nature: Essays in the Philosophy of Biology*. D. Reidel Publishing Company, Dordrecht, pp. 124-153)

Grene, Marjorie (1974). *The Understanding of Nature: Essays in the Philosophy of Biology*. D. Reidel, Dordrecht.

Grene, Marjorie and David Depew (2004). *The Philosophy of Biology: An Episodic History*. Cambridge University Press, Cambridge.

Griffiths, Graham C. D. (1973). Die Beherrschung der Mannigfaltigkeit. *Systematic Zoology*, **22**(3): 334.

Griffiths, Graham C. D. (1974). On the foundations of biological systematics. *Acta Biotheoretica*, **23**(3-4): 85-131.

Griffiths, Paul (2017). Philosophy of biology. Zalta, Edward N. (ed.), *The Stanford Encyclopedia of Philosophy (Spring 2017 Edition)*. URL: <https://plato.stanford.edu/archives/spr2017/entries/biology-philosophy/> Accessed on 1 November 2017.

Günther, Klaus (1956). Systematik und Stammesgeschichte der Tiere 1939-1953. *Fortschritte der Zoologie, Neue Folge*, **10**: 33-237.

Günther, Klaus (1962). Systematik und Stammesgeschichte der Tiere 1954-1959. *Fortschritte der Zoologie, Neue Folge*, **14**: 269-547.

H

Haber, Matthew H. (2005). On probability and systematics: Possibility, probability, and phylogenetic inference. *Systematic Biology*, **54**(5): 831-841.

八馬高明 (1987). 理論分類学の曙. 武田書店.

Haeckel, Ernst (1868 [1911]). *Natürliche Schöpfungs-Geschichte, Elfte verbesserte Auflage*. Georg Reimar, Berin.

Haffer, Jürgen (2007). *Ornithology, Evolution, and Philosophy: The Life and Science of Ernst Mayr 1904-2005*. Springer-Verlag, Berlin.

Hagen, Joel B. (1983). The development of experimental methods in plant taxonomy, 1920–1950. *Taxon*, **32**(3): 406-416.

Hagen, Joel B. (1984). Experimentalists and naturalists in twentieth century biology: Experimental taxonomy, 1920-1950. *Journal of the History of Biology*, **17**(2): 197-214.

Hagen, Joel B. (1986). Ecologists and taxonomists: Divergent traditions in twentieth-century plant geography. *Journal of the History of Biology*, **19**(2): 197-214.

Hagen, Joel B. (1999). Naturalists, molecular biologists, and the challenges of molecular evolution. *Journal of the History of Biology*, **32**(2): 321-341.

Hagen, Joel B. (2000). The origins of bioinformatics. *Nature Reviews Genetics*, **1**: 231-236.

Hagen, Joel B. (2001). The introduction of computers into systematic research in the

United States during the 1960s. *Studies in the History and Philosophy of Biological and Biomedical Sciences*, **32**(2): 291-314.

Hagen, Joel B. (2003). The statistical frame of mind in systematic biology from *Quantitative Zoology* to *Biometry*. *Journal of the History of Biology*, **36**(2): 353-384.

Hall, Barry G. (2011). *Phylogenetic Trees Made Easy: A How-To Manual, Fourth Edition*. Sinauer Associates, Sunderland.

Hamilton, Andrew (2014). Introduction. Pp. 1-14 in: Andrew Hamilton (ed.), *The Evolution of Phylogenetic Systematics*. University of California Press, Berkeley.

Hamilton, Andrew (ed.) (2014). *The Evolution of Phylogenetic Systematics*. University of California Press, Berkeley.

Hamilton, Andrew and Quentin D. Wheeler (2008). Taxonomy and why history of science matters for science: A case study. *Isis*, **99**(2): 331-340.

Hanazawa, Masazumi and Hiroshi Narushima (1997). A more efficient algorithm for MPR problems in phylogeny. *Discrete Applied Mathematics*, **80**(2-3): 231-238.

Hanazawa, Masazumi, Hiroshi Narushima and Nobuhiro Minaka (1995). Generating most parsimonious reconstructions on a tree: A generalization of the Farris-Swofford-Maddison method. *Discrete Applied Mathematics*, **56**(2-3): 245-265.

Hanson, Norwood R. (1962). The irrelevance of history of science to philosophy of science. *The Journal of Philosophy,* **59**: 574-576.

Hanson, Norwood R. (1969). *Perception and Discovery: An Introduction to Scientific Inquiry*. Freeman, Cooper & Co., San Francisco. (ノーウッド・R・ハンソン著, W・C・ハンフリース編. [野家啓一・渡辺博訳] (1982). 知覚と発見：科学的探究の論理（上・下). 紀伊國屋書店)

Hardin, James. W. (1957). A revision of the American Hippocastanaceae. *Brittonia*, **9**(3): 145-171.

Harper, Charles W. Jr. (1976). Phylogenetic inference and paleontology. *Journal of Paleontology*, **50**(1): 180-193.

Harrington, Anne (1996). *Reenchanted Science: Holism in German Culture from Wilhelm II to Hitler*. Princeton University Press, Princeton.

Harvey, A. H. (1992). Three-taxon statements: More precisely, an abuse of parsimony? *Cladistics*, **8**(4): 345-354.

Harvey, Paul H., Andrew J. Leigh Brown, John Maynard Smith, and Sean Nee (eds.) (1996). *New Uses for New Phylogenies*. Oxford University Press, Oxford.

Harvey, Paul H. and Mark D. Pagel (1991). *The Comparative Method in Evolutionary Biology*. Oxford University Press, Oxford. (P・H・ハーヴェイ, M・D・ページェル [粕谷英一訳] (1996), 進化生物学における比較法. 北海道大学図書刊行会, 札幌)

Heads, Michael (1985). On the nature of ancestors. *Systematic Zoology*, **34**(2): 205-215.

Heads, Michael and Robin C. Craw (1984). Bibliography of the scientific work of Leon Croizat, 1932-1982 . *Tuatara*, **27**(1): 67-75.

Heberer, Gerhard (ed.) (1943). *Die Evolution der Organismen: Ergebnisse und Probleme der Abstammungslehre*. Verlag von Gustav Fischer, Jena.

Hebert, Paul, Alina Cywinska, Shelly Ball, and Jeremy deWaard (2003). Biological identifications through DNA barcodes. *Proceedings of the Royal Society of London, Series B*, **270**: 313–321.

Hegberg, Don. (1977). *Systematics*. Systematics Development Inc., Pasadena.

Heinroth, Oskar (1911). Beiträge zur Biologie, namentlich Ethologie und Psychologie der Anatiden. Pp. 589-702 in: Herman Schalow (ed.), *Verhandlungen des V. Internationalen Ornithologen-Kongresses in Berlin 30. Mai bis 4. Juni 1910*. Deutsche Ornithologische Gesellschaft, Berlin. (Reprinted in 1990 by Verein für Ökologie und Umweltforschung, Wien)

Helfenbein, Kevin G. and Rob DeSalle (2005). Falsifications and corroborations: Karl Popper's influence on systematics. *Molecular Phylogenetics and Evolution*, **35**(1): 271-280. [Corrigendum: *Molecular Phylogenetics and Evolution*, **36**(1): 200, 2005]

Hempel, Carl G. (1965). *Aspects of Scientific Explanation and other Essays in the Philosophy of Science*. The Free Press, New York. (カール・ヘンペル［長坂源一郎訳］(1973). 科学的説明の諸問題. 岩波書店（抄訳))

Hempel, Carl G. and Paul Oppenheim (1948). Studies in the logic of explanation. *Philosophy of Science*, **15**(2): 135-175.

Hendy, Michael D. and David Penny (1984). Cladogrmas should be called trees. *Systematic Zoology*, **33**(2): 245-247.

Hennig, Willi (1947). Probleme der biologischen Systematik. *Forschungen und Fortschritte*, **21/23**: 276-279.

Hennig, Willi (1948-52). *Die Larvenformen der Dipteren: Eine Übersicht über die bisher bekannten Jugendstadien der zweiflügeligen Insekten, Teil 1-3*. Akademie-Verlag, Berlin.

Hennig, Willi (1949). Zur Klärung einige Begriffe der phylogenetischen Systematik. *Forschungen und Fortschritte*, **25**: 136-138.

Hennig, Willi (1950). *Grundzüge einer Theorie der phylogenetischen Systematik*. Deutscher Zentralverlag, Berlin.

Hennig, Willi (1952). Autorreferat: *Grundzüge einer Theorie der phylogenetischen Systematik*. *Beiträge zur Entomologie*, **2**(2/3): 329-331.

Hennig, Willi (1953). Kritische Bemerkungen zum phylogenetischen System der Insekten. *Beiträge zur Entomologie*, **3** (Sonderheft): 1-85.

Hennig, Willi (1957). Systematik und Phylogenese. Pp. 50-71 in: H. J. Hannemann (ed.), *Bericht über die Hundertjahrfeier der Deutschen Entomologischen Gesellschaft Berlin, 30. September bis 5. Oktober 1956*. Akademie-Verlag, Berlin.

Hennig, Willi (1960). Die Dipteren-Fauna von Neuseeland als systematisches und tiergeographisches Problem. *Beiträge zur Entomologie*, **10**(3/4): 221-329. [P. Wygodzinsky 訳: Willi Hennig 1966. The diptera fauna of New Zealand as a problem in systematics and zoogeography. *Pacific Insects Monograph*, **9**: 1-81]

Hennig, Willi [Graham C. D. Griffiths 訳] (1965). Phylogenetic systematics. *Annual Review of Entomology*, **10**: 97-116. (ヴィリ・ヘニック［九州大学農学部昆虫学教室訳］(1974). 系統分類学. 昆虫分類学若手懇談会ニュース, (7): 1-22)

Hennig, Willi [D. Dwight Davis and Rainer Zangerl 訳] (1966). Phylogenetic Systematics. University of Illinois Press, Urbana.

Hennig, Willi [Horstpeter H. G. J. Ulbrich 訳／Osvaldo Reig 監修] (1968). *Elementos de una sistemática filogenética*. Editorial Universitaria de Buenos Aires, Buenos Aires.

Hennig, Willi (1969). *Die Stammesgeschichte der Insekten*. Verlag von Waldemar Kramer, Frankfurt am Main. (A. C. Pont 訳: Willi Hennig 1981. *Insect Phylogeny*. John Wiley

& Sons, Chichester)

Hennig, Willi (1971). Zur Situation der biologischen Systematik. Pp. 7-15 in: Rolf Siewing (ed.), *Methoden der Phylogenetik: Symposion vom 12. bis 13. Februar 1970 im I. Zoologischen Institut der Universität Erlangen-Nürnberg*. Erlanger Forschungen, Reihe B (Naturwissenschaften), Band 4.

Hennig, Willi (1974). Kritische Bemerkungen zur Frage "Cladistic analysis or cladistic classification?" *Zeitschrift für zoologische Systematik und Evolutionsforschung*, **12**(1): 279-294. (Graham C. D. Griffiths 訳：Willi Hennig 1975. Cladistic analysis or cladistic classification?: A reply to Ernst Mayr. *Systematic Zoology*, **24**(2): 244-256)

Hennig, Willi (1978). Die Stellung der Systematik in der Zoologie. *Entomologica Germanica*, **4**: 193-199.

Hennig, Willi [D. Dwight Davis and Rainer Zangerl 訳／Foreword by Donn E. Rosen, Gareth Nelson, and Colin Patterson] (1979). *Phylogenetic Systematics*. University of Illinois Press, Urbana.

Hennig, Willi [Wolfgang Hennig 編] (1982). *Phylogenetische Systematik*. Verlag Paul Parey, Berlin.

Hennig, Willi [Wolfgang Hennig 編] (1983). *Stammesgeschichte der Chordaten*. Verlag Paul Parey, Hamburg.

Hennig, Willi [Wolfgang Hennig 編](1984). *Aufgaben und Probleme der stammesgeschichtliher Forschung*. Verlag Paul Parey, Berlin.

Hennig, Willi and Dieter Schlee (1978). Abriß der phylogenetischen Systematik. *Stuttgarter Beiträge zur Naturkunde, Serie A*, (319): 1-11. (ヴィリ・ヘニック，ディーター・シュリー［上田恭一郎訳］(1980). Phylogenetic systematicsの概要. 昆虫分類学若手懇談会ニュース, (29): 1-22)

Hennig, Wolfgang (1982). Vorwort des Herausgegebers. Pp. 5-6 in: Willi Hennig (1982), *Phylogenetische Systematik*. Verlag Paul Parey, Berlin.

Heywood, Vernon H. and John McNeill (eds.) (1964). *Phenetic and Phylogenetic Classification*. The Systematics Association, London.

Hillis, David M., John P. Huelsenbeck, and C. W. Cunningham (1994). Application and accuracy of molecular phylogenies. *Science*, **264**: 671–677.

Hirayama, Kiyotsugu (1918). Groups of asteroids probably of common origin. *Astronomical Journal*, **31**: 185-188.

Hoenigswald, Henry M. (1963). On the history of the comparative method. *Anthropological Linguistics*, **5**(1): 1-11.

Hoenigswald, Henry M. (1973a). The comparative method. *Current Trends in Linguistics*, **11**: 51-62.

Hoenigswald, Henry M. (1973b). *Studies in Formal Historical Linguistics*. D. Reidel Publishing Company, Dordrecht.

Hoenigswald, Henry M. and Linda F. Wiener (eds.) (1987). *Biological Metaphor and Cladistic Classification: An Interdisciplinary Perspective*. University of Pennsylvania Press, Philadelphia.

Holder, Mark T., Paul O. Lewis and David L. Swofford (2010). The Akaike Information Criterion will not choose the No Common Mechanism model. *Systematic Biology*, **59**(4): 477–485.

Holm, Gösta (1972). Carl Johan Schlyter and textual scholarship. *Saga och Sed (Kungliga Gustav Adolf Akademiens Aarsbok)*, **1972**: 48-80.

Howe, Christopher J., Adrian C. Barbrook, Matthew Spencer, Peter Robinson, Barbara Bordalejo and Linne R. Mooney (2001). Manuscript evolution. *Trends in Genetics*, **17** (3): 147-152.

Huelsenbeck, John P., Michael E. Alfaro and Marc A. Suchard (2011). Biologically inspired phylogenetic models strongly outperform the no common mechanism model. *Systematic Biology*, **60**(2): 225–232.

Huelsenbeck, John P. and David M. Hillis (1993). Success of phylogenetic methods in the four-taxon case. *Systematic Biology*, **42**(3): 247-264.

Huelsenbeck, John P., David M. Hillis, and Robert Jones (1996). Parametric bootstrapping in molecular phylogenetics: Applications and performance. Pp. 19-45 in: Joan D. Ferraris and Stephen R. Palumbi (eds.), *Molecular Zoology: Advances, Strategies, and Protocols*. Wiley-Liss, New York.

Hull, David L. (1964). Consistency and monophyly. *Systematic Zoology*, **13**(1): 1-11.

Hull, David L. (1965a). The effects of essentialism on taxonomy: Two thousand years of stasis (I). *The British Journal for the Philosophy of Science*, **15**(60): 314-326.

Hull, David L. (1965b). The effects of essentialism on taxonomy: Two thousand years of stasis (II). *The British Journal for the Philosophy of Science*, **16**(61): 1-18.

Hull, David L. (1968). The operational imperative: sense and nonsense in operationism. *Systematic Zoology*, **17**(4): 438-457.

Hull, David L. (1969a). What philosophy of biology is not. *Journal of the History of Biology*, **2**(2): 241-268.

Hull, David L. (1969b). Discussion: The natural system and the species problem. Pp. 56-61 in: National Research Council (ed.), *Systematic Biology: Proceedings of an International Conference*. The National Academies Press, Washington, DC.

Hull, David L. (1970). Contemporary systematic philosophies. *Annual Review of Ecology and Systematics*, **1**: 19-54.

Hull, David L. (1974). *Philosophy of Biological Science*. Prentice-Hall, Englewood-Cliffs. (D・L・ハル［木原弘二訳］(1985). 生物科学の哲学. 培風館)

Hull, David L. (1979). The limits of cladism. *Systematic Zoology*, **28**(4): 414-438.

Hull, David L. (1981). The principles of biological classification: The use and abuse of philosophy. Pp. 130-153 in: Peter D. Asquith and Ian Hacking (eds.), *PSA 1978: Proceedings of the 1978 Biennial Meeting of the Philosophy of Science Association, Volume Two: Symposia*. Philosophy of Science Association, East Lansing.

Hull, David L. (1983). Karl Popper and Plato's metaphor. Pp. 177-189 in: Norman I. Platnick and Vicki A. Funk (eds.), *Advances in Cladistics, Volume 2: Proceedings of the Second Meeting of the Willi Hennig Society*. Columbia University Press, New York.

Hull, David L. (1988). *Science as a Process: An Evolutionary Account of the Social and Conceptual Development of Science*. The University of Chicago Press, Chicago.

Hull, David L. (1989). *The Metaphysics of Evolution*. State University of New York, Albany.

Hull, David L. (1990). Farris on Haeckel, history, and Hull. *Systematic Zoology*, **39**(4): 397-399.

Hull, David L. (1994). Ernst Mayr's influence on the history and philosophy of biology: A

personal memoir. *Biology and Philosophy*, **9**(3): 375-386.

Hull, David L. (1999). The use and abuse of Sir Karl Popper. *Biology and Philosophy*, **14**(4): 481-504.

Hull, David L. (2001). *Science and Selection: Essays on Biological Evolution and the Philosophy of Science*. Cambridge University Press, Cambridge.

Hull, David L. (2006). Essentialism in taxonomy: Four decades later. *Annals of the History and Philosophy of Biology*, **11**: 47-58.

Hull, David L. (2010). Science and Language. Pp. 35-36 in: Ilse Jahn and Andreas Wessel (eds.), *Für eine Philosophie der Biologie / For A Philosophy of Biology: Festschrift to the 75th Birthday of Rolf Löther*. Kleine Verlag, München.

Hull, David L. and Joel Cracraft (conveners) (1979). Philosophical Issues in Systematics. *Systematic Zoology*, **28**(4): 520-553.

Hull, David L. and Michael Ruse (eds.) (1998). *The Philosophy of Biology*. Oxford University Press, Oxford.

Hull, David L. and Michael Ruse (eds.) (2007). *The Cambridge Companion to the Philosophy of Biology*. Cambridge University Press, Cambridge.

Humphries, Christopher J. and Lynne R. Parenti (1999). *Cladistic Biogeography: Interpreting Patterns of Plant and Animal Distributions, Second Edition*. Oxford University Press, New York.

Huxley, Julian (ed.) (1940). *The New Systematics*. Oxford University Press, London.

Huxley, Julian (1942). *Evolution: The Modern Synthesis*. George Allen & Unwin, London.

Hwang, F. K., D. S. Richards and P. Winter (1992). *The Steiner Tree Problem*. Annals of Discrete Mathematics Volume 53, North-Holland, Amsterdam.

I

稲垣良典 (1990). 抽象と直観：中世後期認識理論の研究. 創文社.

石田正次 (1960). 統計推論に関するフィッシャーとネイマンの論争について. 科学基礎論研究, **5**(1): 17-31.

J

Jahn, Ilse and Andreas Wessel (eds.) (2010). *Für eine Philosophie der Biologie / For A Philosophy of Biology: Festschrift to the 75th Birthday of Rolf Löther*. Kleine Verlag, München.

Jardine, Nikolas (1967). The concept of homology in biology. *The British Journal for the Philosophy of Science*, **18**(2): 125-139.

Jardine, Nikolas and C. J. Jardine (1967). Numerical homology. *Nature*, **216**: 301-302.

Jeannel, René (1938). Les migadopides (Coleoptera Adephaga), une lignée subantarctique. *Revue française d'entomologie*, **5**(1): 1-55.

Jeannel, René (1942). *La génèse des faunes terrestres: elements de biogéographie*. Presses Universitaires de France, Paris.

Jepsen, Glenn L. and Kenneth W. Cooper (1948). *Genetics, Paleontology, and Evolution*. Princeton University Bicentennial Conferences, Series 2, Conferences 3. Princeton University, Princeton.

Jepsen, Glenn L., Ernst Mayr, and George G. Simpson (eds.) (1949). *Genetics, Paleon-*

tology, and Evolution. Princeton University Press, Princeton.

Johnstone, James (1914). *The Philosophy of Biology*. Cambridge University Press, Cambridge.

Junker, Thomas (2004). *Die zweite Darwinsche Revolution: Geschichte des Synthetischen Darwinismus in Deutschland 1924 bis 1950*. Basilisken-Presse, Marburg.

K

Kimura, Motoo (1968). Evolutionary rate as the molecular level. *Nature*, **217**: 624-626.

Kimura, Motoo (1983). *The Neutral Theory of Molecular Evolution*. Cambridge University Press, Cambridge.（木村資生［向井輝美・日下部真一訳］(1986). 分子進化の中立説. 紀伊國屋書店）

Kiriakoff, Sergius G. (1948). *De huidige problemen van de taxonomische terminologie in de dierkunde*. Verhandelingen van de Koninklijke Vlaamse Academie voor Wetenschappen, Letteren en Schone Kunsten van België, Klassen der Wetenschappen, Vol. 10, No. 27. Paleis der Academiën, Brussel.

Kiriakoff, Sergius G. (1956). *Beginselen der dierkundige systematiek voor hoogstudenten en biologen*. Uitgeverij De Sikkel, Antwerpen.

Kiriakoff, Sergius G. (1959). Phylogenetic systematics versus typology. *Systematic Zoology*, **8**(2): 117-118.

Kiriakoff, Sergius G. (1962). On the neo-Adansonian school. *Systematic Zoology*, **11**(4): 180-185.

Kiriakoff, Sergius G. (1965). Some remarks on Sokal and Sneath's *Principles of Numerical Taxonomy*. *Systematic Zoology*, **14**(1): 61-64.

Kitching, Ian J., Peter L. Forey, Christopher J. Humphries, and David M. Williams (1998). *Cladistics: The Theory and Practice of Parsimony Analysis, Second Edition*. Oxford University Press, Oxford.

Kitts, David B. (1980). Review: Niles Eldredge and Joel Cracraft (1980). *Phylogenetic Patterns and the Evolutionary Process: Method and Theory in Comparative Biology*. Columbia University Press, New York. *Systematic Zoology*, **30**(1): 94-98.

Kleinman, Kim (1999). His own synthesis: Corn, Edgar Anderson, and evolutionary theory in the 1940s. *Journal of the History of Biology*, **32**(2): 293-320.

Kleinman, Kim (2002). How graphical innovations assisted Edgar Anderson's discoveries in evolutionary biology. *Chance*, **15**(3): 17-21.

Kleinman, Kim (2013). Systematics and the Origin of Species from the Viewpoint of a Botanist: Edgar Anderson prepares the 1941 Jesup Lectures with Ernst Mayr. *Journal of the History of Biology*, **46**(1): 73-101.

Kluge, Arnold G. (1982). The cladistic perspective. *Science*, **215**: 51-52.

Kluge, Arnold G. (1984). The relevance of parsimony to phylogenetic inference. Pp. 24-38 in: Thomas Duncan and Tod F. Stuessy (eds.), *Cladistics: Perspectives on the Reconstruction of Evolutionary History*. Columbia University Press, New York.

Kluge, Arnold G. (1985). Ontogeny and phylogenetic systematics. *Cladistics*, **1**(1): 13-27.

Kluge, Arnold G. (1993). Three-taxon transformation in phylogenetic inference: Ambiguity and distortion as regards explanatory power. *Cladistics*, **9**(2): 246-259.

Kluge, Arnold G. (1994). Moving targets and shell games. *Cladistics*, **10**(4): 403-413.

Kluge, Arnold G. (1997a). Testability and the refutation and corroboration of cladistic hypotheses. *Cladistics*, **13**(1-2): 81-96.

Kluge, Arnold G. (1997b). Sophisticated falsification and research cycles: consequences for differential character weighting in phylogenetic systematics. *Zoologica Scripta*, **26**(4): 349-360.

Kluge, Arnold G. (1999). The science of phylogenetic systematics: explanation, prediction, and test. *Cladistics*, **15**(4): 429-436.

Kluge, Arnold G. (2001a). Philosophical conjectures and their refutations. *Systematic Biology*, **50**(3): 322-330.

Kluge, Arnold G. (2001b). Parsimony with and without scientific justification. *Cladistics*, **17**(2): 199-210.

Kluge, Arnold G. (2005). What is the ratinale for 'Ockham's razor' (a.k.a parsimony) in phylogenetic inference? Pp. 15-42 in: Victor A. Albert (ed.), *Parsimony, Phylogeny, and Genomics*. Oxford University Press, New York.

Kluge, Arnold G. (2009). Explanation and falsification in phylogenetic inference: Exercises in Popperian philosophy. *Acta Biotheoretica*, **57**(1-2): 171-189.

Kluge, Arnold G. and James S. Farris (1969). Quantitative phyletics and the evolution of anurans. *Systematic Zoology*, **18**(1): 1-32.

Knight, David (1981). *Ordering the World: A History of Classifying Man*. Burnett Books, London.

Kolaczkowski, Bryan and Joseph W. Thornton (2004). Performance of maximum parsimony and likelihood phylogenetics when evolution is heterogeneous. *Nature*, **431**: 980-984.

Kolaczkowski, Bryan and Joseph W. Thornton (2009). Long-branch attraction bias and inconsistency in Bayesian phylogenetics. *PLoS ONE*. **4**(12): e7891. URL: <https://doi.org/10.1371/journal.pone.0007891>

Kuhn, Thomas S. (1962). *The Structure of Scientific Revolutions*. The University of Chicago Press, Chicago.（トーマス・クーン［中山茂訳］(1971). 科学革命の構造. みすず書房）

倉谷滋 (2016). 分節幻想：動物のボディプランの起源をめぐる科学思想史. 工作舎.

倉谷滋 (2017). 新版 動物進化形態学. 東京大学出版会.

L

Lakatos, Imre (1971). History of science and its rational reconstructions. Pp. 91-136 in: Roger C. Buck and Robert S. Cohen (eds.), *PSA 1970: Proceedings of the Biennial Meeting of the Philosophy of Science Association*. Boston Studies in the Philosophy of Science VIII. D. Reidel Publishing Company, Dordrecht.

Lakatos, Imre and Paul K. Feyerabend (1999). *For and Against Method: Including Lakatos's Lectures on Scientific Method and the Lakatos-Feyerabend Correspondence*. Edited and with an introduction by M. Motterlini. The University of Chicago Press, Chicago.

Lam, Herman J. (1936). Phylogenetic symbols, past and present (Being an apology for genealogical trees). *Acta Biotheoretica, Series A*, **2**(3): 153-194.

Laporte, Léo F. (ed.) (1987). *Simple Curiosity: Letters from George Gaylord Simpson to His Family, 1921-1970*. University of California Press, Berkeley.

Laporte, Léo F. (ed.) (2000). *George Gaylord Simpson: Paleontologist and Evolutionist*.

Columbia University Press, New York.

Lemey, Philippe, Marco Salemi, Anne-Mieke Vandamme (eds.) (2009). *The Phylogenetic Handbook: A Practical Approach to Phylogenetic Analysis and Hypothesis Testing, Second Edition*. Cambridge University Press, Cambridge.

Lienau, E. Kurt and Rob DeSalle (2009). Evidence, content and corroboration and the tree of life. *Acta Biotheoretica*, **57**(1-2): 187-199.

Lima, Manuel (2014). *The Book of Trees: Visualizing Branches of Knowledge*. Princeton Architectural Press, New York. (マニュエル・リマ［三中信宏訳］(2015). The Book of Trees ― 系統樹大全：知の世界を可視化するインフォグラフィックス. ビー・エヌ・エヌ新社)

Lima, Manuel (2017). *The Book of Circles: Visualizing Spheres of Knowledge*. Princeton Architectural Press, New York. (マニュエル・リマ［三中信宏監訳｜手嶋由美子訳］(2018). The Book of Circles ― 円環大全：知の輪郭を体系化するインフォグラフィックス. ビー・エヌ・エヌ新社)

Linné, Carl von (1735). *Systema Naturae, sive regna tria naturae systematice proposita per classes, ordines, genera, & species*. Theodor Haak, Leiden. (カール・フォン・リンネ［遠藤泰彦・高橋直樹・駒井智幸訳］(1994), 自然の体系（初版). Pp. 155-160 所収：千葉県立中央博物館（編), リンネと博物学：自然誌科学の源流．平成６年度特別展図録)

The Linnean Society of London (2013). Willi Hennig (1913–1976): His Life, Legacy and the Future of Phylogenetic Systematics. URL: <https://www.linnean.org/meetings-and-events/events/willi-hennig-1913-1976-his-life-legacy-and-the-future-of-phylogenetic-systematics>. Accessed on 28 November 2017.

Lipo, Carl L., Michael J. O'Brien, Mark Collard, and Stephen J. Shennan (eds.) (2005). *Mapping Our Ancestors: Phylogenetic Approaches in Anthropology and Prehistory*. Transaction Publishers, New Brunswick.

Llorente-Bousquets, Jorge and Juan J. Morrone (eds.) (2001). *Introduccíon a la biogeografía en Latinoamérica: Teorías, conceptos, métodos y aplicaciones*. Universidad Nacional Autónoma de México, Ciudad Universitaria.

Llorente, Jorge, Juan J. Morrone, Alfredo Bueno, Roger Pérez-Hernández, Ángel Viloria and David Espinosa (2000). Historia del desarrollo y la recepción de las ideas panbiogeográficas de Léon Croizat. *Revista de la Academia Colombiana de Ciencias Exactas, Físicas y Naturales, Santafe de Bogota*, **24**(93): 549-577.

Lloyd, Elisabeth (1988). *The Structure and Confirmation of Evolutionary Theory*. Greenwood Press, New York.

Lorenz, Konrad (1941). Vergleichende Bewegungsstudien an Anatinen. *Journal für Ornithologie*, **89** (Ergänzungsband 3: Festschrift Oskar Heinroth): 194-293. Reprinted: Konrad Lorenz (1965). *Über tierisches und menschliches Verhalten: Aus dem Werdegang der Verhaltenslehre. Gesammelte Abhandlungen, Band II.* R. Piper & Co. Verlag, München, pp. 13-113. (コンラート・ローレンツ［丘直通・日高敏隆訳］(1980) 動物行動学（第II-上巻), 思索社, pp. 9-138)

Lorenz, Konrad (1951-53). Comparative studies on the behaviour of the Anatinae. *Avicultural Magazine*, **57**:157-182 (1951), **58**:8-17, 61-72, 86-94, 172-184 (1952), **59**: 24–34, 80–91 (1953).

Lorenz, Konrad [Edited by Agnes von Cranach / Translated by Robert D. Martin] (1996).

The Natural Science of the Human Species: An Introduction to Comparative Behavioral Research — The "Russian Manuscript" (1944-1948). The MIT Press, Massachusetts.

Lorenzen, Sievert (1993). The role of parsimony, outgroup analysis, and theory of evolution in phylogenetic systematics. *Zeitschrift für zoologische Systematik und Evolutionsforschung*, **31**(1): 1-20.

Lorenzen, Sievert (1994). Phylogenetische Systematik gestern, heute und morgen. *Biologie in unserer Zeit*, **24**(4): 200-206.

Löther, Rolf (1972). *Die Beherrschung der Mannigfaltigkeit: Philosophische Grundlagen der Taxonomie*. VEB Gustav Fischer Verlag, Jena.

Løvtrup, Søren (1973). Classification, convention and logic. *Zoologica Scripta*, **2**(2-3): 49-61.

Løvtrup, Søren (1974). *Epigenetics: A Treatise on Theoretical Biology*. John Wiley & Sons, London.

Løvtrup, Søren (1975). On phylogenetic classification. *Acta Zoologica Cracoviencia*, **20**(14): 499-523.

Løvtrup, Søren (1977). *The Phylogeny of Vertebrata*. John Wiley & Sons, London.

Lundberg, John G. (1972). Wagner networks and ancestors. *Systematic Zoology*, **21**(4): 398-413.

M

Maas, Paul (1937). Leitfehler und stemmatische Typen. *Byzantinische Zeitschrift*, **37**(2): 289-294.

Mace, Ruth, Clare J. Halden, and Stephen Shennan (eds.) (2005). *The Evolution of Cultural Diversity: A Phylogenetic Approach*. UCL Press, London.

Maddison, Wayne P., Michael J. Donoghue and David R. Maddison (1984). Outgroup analysis and parsimony. *Systematic Zoology*, **33**(1): 83-103.

Maddison, Wayne P. and David R. Maddison (2017). *Mesquite: A Modular System for Evolutionary Analysis, Version 3.2*. Available from the Internet: <http://mesquiteproject.org>

Maher, John P. (1966). More on the history of the comparative method: The tradition of Darwinism in August Schleicher. *Anthropological Linguistics*, **8**(3): 1-11.

Maslin, T. Paul (1952). Morphological criteria for phyletic relationships. *Systematic Zoology*, **1**(2): 49-70.

Mason, Herbert L. (1950). Taxonomy, systematic botany and biosystematics. *Madroño*, **10**(7): 193-208.

Matthen, Mohan and Christopher Stephens (eds.) (2007). *Philosophy of Biology*. North Holland, Amsterdam.

Mayden, Richard L. and Edward O. Wiley (1992). The fundamentals of phylogenetic systematics. Pp.114-185 in: Richard L. Mayden (ed.), *Systematics, Historical Ecology, and North American Freshwater Fishes*. Stanford University Press, Stanford.

Mayo, Deborah G. (1996). *Error and the Growth of Experimental Knowledge*. The University of Chicago Press, Chicago.

Mayr, Ernst (1942). *Systematics and the Origin of Species from the Viewpoint of a Zoologist*. Columbia University Press, New York.

Mayr, Ernst (1959). Darwin and the evolutionary theory in biology. Pp. 1-10 in: Betty J. Meggers (ed.), *Evolution and Anthropology: A Centennial Appraisal*. The Anthropological Society of Washington, Washington DC. [Reprint: Ernst Mayr (1976). Typological versus population thinking. *Evolution and the Diversity of Life: Selected Essays*. Harvard University Press, Cambridge, pp. 26-29]

Mayr, Ernst (1965). Numerical phenetics and taxonomic theory. *Systematic Zoology*, **14**(2): 73-97.

Mayr, Ernst (1969a). *Principles of Systematic Zoology*. McGraw-Hill, New York.

Mayr, Ernst (1969b). Footnotes on the philosophy of biology. *Philosophy of Science*, **36**(2): 197-202.

Mayr, Ernst (1968). Theory of biological classification. *Nature*, **220**: 545-558. [所収：Mayr, Ernst (1976). *Evolution and the Diversity of Life: Selected Essays.* Harvard University Press, Cambridge, pp. 425-432]

Mayr, Ernst (1970). *Populations, Species, and Evolution*. Harvard University Press, Cambridge.

Mayr, Ernst (1974). Cladistic analysis or cladistic classification? *Zeitschrift für zoologische Systematik und Evolutionsforschung*, **12**(1): 94-128.

Mayr, Ernst (1980). Prologue: Some thughts on the history of the evolutionary synthesis. Pp. 1-48 in: Ernst Mayr and William B. Provine (eds.), *The Evolutionary Synthesis: Perspectives on the Unification of Biology*. Harvard University Press, Cambridge.

Mayr, Ernst (1981). Biological classification: Toward a synthesis of opposing methodologies. *Science*, **214**: 510-516.

Mayr, Ernst (1982a). *The Growh of Biological Thought: Diversity, Evolution, and Inheritance*. Harvard University Press, Cambridge.

Mayr, Ernst (1982b). [Book review] *Systematics and biogeography. Cladistics and vicariance* – Gareth Nelson and Norman Platnick. *The Auk*, **99**(3): 621-622.

Mayr, Ernst (1990). Die drei Schulen der Systematik. *Verhandlungen der Deutsche Zoologischen Gesellschaft*, **83**: 263-276.

Mayr, Ernst and Peter D. Ashlock (1991). *Principles of Systematic Zoology, Second Edition.* McGraw-Hill, New York.

Mayr, Ernst and Walter J. Bock (2002). Classifications and other ordering systems. *Journal of Zoological Systematics and Evolutionary Research*, **40**(4): 169-194.

Mayr, Ernst, E. Gordon Linsley, and Robert L. Usinger (1953). *Methods and Principles of Systematic Zoology*. McGraw-Hill, New York.

Mayr, Ernst and William B. Provine (eds.) (1980). *The Evolutionary Synthesis: Perspectives on the Unification of Biology*. Harvard University Press, Cambridge.

McIver, Tom (1988). *Anti-Evolution: A Reader's Guide to Writings before and after Darwin*. The Johns Hopkins University Press, Baltimore.

McNeill, John (1982). Report on the fifteenth annual Numerical Taxonomy Conference. *Systematic Zoology*, **31**(2): 197-201.

Meacham, Christopher A. (1984). The role of hypothesized direction of characters in the estimation of evolutionary history. *Taxon*, **33**(1): 26-38.

Meacham, Christopher A. (1986). More about directed characters: A reply to Donoghue and Maddison. *Taxon*, **35**(3): 538-540.

Meacham, Christopher A. and Thomas Duncan (1987). The necessity of convex groups in biological classification. *Systematic Botany*, **12**(1): 78-90.

Meacham, Christopher A. and George F. Estabrook (1985). Compatibility methods in systematics. *Annual Review of Ecology and Systematics*, **16**: 431-446.

Meier, Rudolf (2008). DNA sequences in taxonomy: Opportunities and challenges. Pp. 95-127 in: Quentin D. Wheeler (ed.), *The New Taxonomy*. CRC Press, Boca Raton.

Mendel, Gregor Johann (1866). Versuche über Pflanzen-Hybriden. *Verhandlungen des naturforschenden Vereins Brünn*, **4**: 3-47.（グレゴール・ヨハン・メンデル［岩槻邦男・須原準平訳］(1999). 雑種植物の研究. 岩波書店）

Mesoudi, Alex (2011). *Cultural Evolution: How Darwinian Theory Can Explain Human Culture and Synthesize the Social Sciences*. The University of Chicago Press, Chicago.（アレックス・メスーディ［野中香方子訳］(2016). 文化進化論：ダーウィン進化論は文化を説明できるか. NTT出版）

Michener, Charles D. and Robert R. Sokal (1957). A quantitative approach to a problem in classification. *Evolution*, **11**(2): 130-162.

Milani, Andrea and Paolo Farinella (1994). The age of the Veritas asteroid family deduced by chaotic chronology. *Nature*, **370**: 40–42.

Miller, S. E. (2016). DNA barcoding in floral and faunal research. Pp. 296-311 in: Mark F. Watson, Chris Lyal, and Colin Pendry (eds.), *Descriptive Taxonomy: The Foundation of Biodiversity Research*. Cambridge University Press, Cambridge.

三中信宏（1982). 鱗翅目昆虫における刺毛配列の比較方法に関する研究. 東京大学大学院農学系研究科農業生物学専門課程修士論文.

三中信宏（1985a). 農業生物の分類における分岐分類学的方法に関する研究. 東京大学大学院農学系研究科農業生物学専門課程博士論文.

三中信宏（1985b). 生物地理学：最近の諸学派の動向――汎生物地理学，系統生物地理学，および分断生物地理学. 生物地理研究会ニュース（東京大学総合研究資料館), (4): 8-30.

Minaka, Nobuhiro (1987). Branching diagrams in cladistics: their definitions and implications for biogeographic analyses. *Bulletin of the Biogeographical Society of Japan*, **42**: 65-78.

Minaka, Nobuhiro (1988). Order and causality: logical and biological implications of cladistic strtuctures. *Bulletin of the Biogeographical Society of Japan*, **43**: 79-85.

Minaka, Nobuhiro (1990). Cladograms and reticulated structures: A proposal for graphic representation of cladistic structures. *Bulletin of the Biogeographical Society of Japan*, **45**: 1-10.

三中信宏（1993a). 組合せ論的視点から見た系統推定：最節約法と離散数学の接点. 千葉県立中央博物館自然誌研究報告, **2**(2): 83-98.

三中信宏（1993b). 分岐分類学の生物地理学への適用：分岐図，成分分析および最節約原理. 日本生物地理学会会報, **48**(2): 1-27.

三中信宏（1993c). 歴史生物地理学における分断概念：地域分岐図の構築に関する系統推定論上の問題点. 植物分類，地理（*Acta Phytotaxonomomica et Geobotanica*), **44**(2): 151-184.

Minaka, Nobuhiro 1993. Algebraic properties of the most parsimonious reconstructions of the hypothetical ancestors on a given tree. *Forma*, **8**(4): 277-296.

三中信宏（1996). 訳者あとがき――「かみそり」を系統学的に鍛えること. Pp. 298-304 所収：エリオット・ソーバー［三中信宏訳］(2010). 過去を復元する：最節約原理・進化・推

論．勁草書房．
三中信宏（1997）．生物系統学．東京大学出版会．
三中信宏（1998）．サンパウロでの鮮烈な学会体験―Hennig XVII 報告―．URL: <http://leeswijzer.org/files/SaoPaulo1998.html> Accessed on 25 July 2017.
三中信宏（1999）．ダーウィンとナチュラル・ヒストリー．所収：長谷川眞理子・三中信宏・矢原徹一著，現代によみがえるダーウィン．文一総合出版，pp.153-212.
三中信宏（2005）．Ernst Mayr と Willi Hennig：生物体系学論争をふたたび鳥瞰する．タクサ（日本動物分類学会和文誌），(19)：95-101.
三中信宏（2006）．系統樹思考の世界：すべてはツリーとともに．講談社．
三中信宏（2007a）．トリヴィア，マルジナリア，そしてマドレーヌ．本（講談社），2007年7月号，pp. 12-19.
三中信宏（2007b）．宝ヵ池1980．本（講談社），2007年8月号，pp. 18-25.
三中信宏（2007c）．科学哲学は役に立ったか：現代生物体系学における科学と科学哲学の相利共生．科学哲学（日本科学哲学会会誌），**40**：43-54.
三中信宏（2009）．分類思考の世界：なぜヒトは万物を「種」に分けるのか．講談社．
三中信宏（2010a）．進化思考の世界：ヒトは森羅万象をどう体系化するか．日本放送出版協会．
三中信宏（2010b）．訳者解説――余波：「かみそり」をさらに鍛えること．Pp. 305-317 所収：エリオット・ソーバー［三中信宏訳］（2010）．過去を復元する：最節約原理・進化・推論．勁草書房．
三中信宏（2012a）．文化系統学と系統樹思考：存在から生成を導くために．Pp. 171-199 所収：中尾央・三中信宏（編著），文化系統学への招待：文化の進化パターンを探る．勁草書房．
三中信宏（2012b）．おわりに：系統樹思考の裾野の広がり．Pp. 201-211 所収：中尾央・三中信宏（編著），文化系統学への招待：文化の進化パターンを探る．勁草書房．
三中信宏（2013）．昆虫分類学若手懇談会の40年にわたる歴史から見えてくる展望．日本昆虫学会第73回大会・昆虫分類学若手懇談会企画シンポジウム〈分類学の過去・現在・未来〉，北海道大学農学部（札幌）講演要旨集，p. 8.
三中信宏（2014）．生物・言語・写本：系統推定論の歴史とその普遍性について．Pp. 219-239 所収：松田隆美・徳永聡子（編著），世界を読み解く一冊の本．慶應義塾大学出版会．
Minaka, Nobuhiro (2014). Analytical Notes on Nelson and Platnick's Systematics and Biogeography (1981). URL: <http://leeswijzer.org/files/AnalyticalNotes.html> [In Japanese]
三中信宏（2015a）．昆虫分類学若手懇談会：40年にわたる歴史から見えてくる展望．Panmixia（昆虫分類学若手懇談会），(18)：3-9.
三中信宏（2015b）．みなか先生といっしょに 統計学の王国を歩いてみよう：情報の海と推論の山を越える翼をアナタに！ 羊土社．
三中信宏（2016a）．別軸としての科学哲学（a.k.a. #ParsimonyGate）．archief voor stambomen：系統樹ハンターの狩猟記録，URL: <http://leeswijzer.hatenablog.com/entry/2016/01/23/105058> Accessed on 7 July 2017.
三中信宏（2016b）．Gary Was Not So Bad a Guy, or a Rape of History. leeswijzer: boeken annex van dagboek, URL: <http://d.hatena.ne.jp/leeswijzer/20160126/1453854925> Accessed on 4 October 2017.
Minaka, Nobuhiro (2016). Chain, tree, and network: The development of phylogenetic systematics in the context of genealogical visualization and information graphics. Pp. 410-430 in: David M. Williams, Michael Schmitt, and Quentin D. Wheeler (eds.), *The*

Future of Phylogenetic Systematics – The Legacy of Willi Hennig. Cambridge University Press, Cambridge.

三中信宏 (2017a). 思考の体系学：分類と系統から見たダイアグラム論. 春秋社.

三中信宏 (2017b). 考古学は進化学から何を学んだか. Pp. 125-165 所収：中尾央・松木武彦・三中信宏（編著), 文化進化の考古学. 勁草書房.

三中信宏 (2018). 統計思考の世界：曼荼羅で読み解くデータ解析の基礎. 技術評論社.

Minaka, Nobuhiro (2018). Tree and network in systematics, philology, and linguistics: Structural model selection in phylogeny reconstruction. In: Ritsuko Kikusawa and Lawrence A. Reid (eds.), *Let' s Talk about Trees: Tackling Problems in Representing Phylogenetic Relationships among Languages*. Senri Ethnological Studies. National Museum of Ethnology, Ōsaka.

三中信宏 (1998–2016). The Willi Hennig Society Meeting Reports [In Japanese]. URL: <http://leeswijzer.org/files/WHS.html> Accessed on 30 November 2017.

三中信宏・杉山久仁彦 (2012). 系統樹曼荼羅：チェイン・ツリー・ネットワーク. NTT出版.

三中信宏・杉山久仁彦 (2014). 生命の樹から系統樹へ／系統樹の森を逍遥して想うこと. 神戸芸術工科大学〈系統樹の森：芸術工学とインフォグラフィックス〉大阪展・公開講座図録.

三中信宏・鈴木邦雄 (2002). 生物体系学におけるポパー哲学の比較受容. 所収：日本ポパー哲学研究会（編)批判的合理主義・第2巻：応用的諸問題. Pp. 71-124. 未來社.

Mitchell, Peter Chalmers (1901). On the intestinal tract of birds; with remarks on the valuation and nomenclature of zoological characters. *Transactions of the Linnean Society of London (Zoology), Series 2*, **8**: 173-275.

宮川幹平・成嶋弘 (2000). 系統樹最節約復元の部分木に関する最小性について. 京都大学数理解析研究所講究録, 1148: 106-111.

宮川幹平・成嶋弘 (2001). 系統樹最節約復元の部分木に関する最小性について II. 数理解析研究所講究録, (1205): 125-130.

宮川幹平・成嶋弘 (2002). 系統樹最節約復元の部分木に関する最小性について. 電子情報通信学会論文誌 D, **J85-D1**(2): 132-142.

Miyakawa, Kampei and Hiroshi Narushima (2004). Lattice-theoretic properties of MPR-posets in phylogeny. *Discrete Applied Mathematics*, **134**(1-3): 169-192.

Miyamoto, Michael M. and Joel Cracraft (eds.) (1991). *Phylogenetic Analysis of DNA Sequences*. Oxford University Press, New York.

Moon, John W. (1970). *Counting Labelled Trees*. Canadian Mathematical Monographs, no. 1. Canadian Mathematical Congress, Ottawa.

森元良太・田中泉吏 (2016). 生物学の哲学入門. 勁草書房.

Morrison, Donald F. (1990). *Multivariate Statistical Methods, Third Edition*. McGraw-Hill, New York.

Morrone, Juan J. (2008). *Evolutionary Biogeography: An Integrative Approach with Case Studies*. Columbia University Press, New York.

Morrone, Juan J. and Jorge V. Crisci (1995). Historical biogeography: Introduction to methods. *Annual Review of Ecology and Systematics*, **26**: 373-401.

Morrone, Juan J. and Tania Escalante (2016). *Introducción a la biogeografía*. Universidad Nacional Autónoma de México, Ciudad Universitaria.

Mossel, Elchanan and Eric Vigoda (2005). Phylogenetic MCMC algorithms are misleading on mixtures of trees. *Science*, **309**: 2207-2209.

Mühlmann, Wilhelm Emil (1939). Geschichtliche Bedingungen, Methoden und Aufgaben der Völkerkunde. Pp. 1-43 in: Konrad Theodor Preuße and Richard Thurnwald (eds.), *Lehrbuch der Völkerkunde, Zweite Auflage*. Ferdinand Enke Verlag, Stuttgart.

Mulkay, Michael and G. Nigel Gilbert (1981). Putting philosophy to work: Karl Popper's influence on scientific practice. *Philosophy of the Social Sciences*, **11**(3): 389-407.

N

Naef, Adolf (1917). *Die individuelle Entwicklung organischer Formen als Urkunde ihrer Stammesgeschichte (Kritsche Betrachtungen über das sogennante "biogenetsche Grundgesetz")*. Verlag von Gustav Fischer, Jena.

Naef, Adolf (1919). *Idealistische Morphologie und Phylogenetik (Zur Methodik der systematischen Morphologie)*. Verlag von Gustav Fischer, Jena.

Naef, Adolf (1933). *Die Vorstufen der Menschwerdung: Eine anschauliche Darstellung der menschlichen Stammesgeschichte und eine kritische Betrachtung ihrer allgemeinen Voraussetzungen*. Verlag von Gustav Fischer, Jena.

Naef, Adolf [Olivier Rieppel 訳](2013). On foundational concepts and principles of systematic morphology. Pp. 494-503 in: Olivier Rieppel, David M. Williams and Malte C. Ebach (2013). Adolf Naef (1883-1949): On foundational concepts and principles of systematic morphology. *Journal of the History of Biology*, **46**(3): 445-510.

Nagel, Ernest (1961). *The Structure of Science: Problems in the Logic of Scientific Explanation*. Routledge & Kegan Paul, London.

中尾央・三中信宏（編著）(2012). 文化系統学への招待：文化の進化パターンを探る．勁草書房．

中尾央・松木武彦・三中信宏（編著）(2017). 文化進化の考古学．勁草書房．

並松信久 (2016). 農の科学史：イギリス「所領知」の革新と制度化. 名古屋大学出版会.

直海俊一郎 (2002). 生物体系学. 東京大学出版会.

Narushima, Hiroshi and Natalia Misheva (2002). On characteristics of ancestral character-state reconstructions under the accelerated transformation optimization. *Discrete Applied Mathematics*, **122**(1-3): 195-209.

Nascimento, Fabrícia F., Mario dos Reis, and Ziheng Yang (2017). A biologist' s guide to Bayesian phylogenetic analysis. *Nature Ecology & Evolution*, **1**(10): 1446–1454.

National Research Council (ed.) (1969). *Systematic Biology: Proceedings of an International Conference*. The National Academies Press, Washington, DC. URL: <https://doi.org/10.17226/21293>.

Nei, Masatoshi and S. Kumar (2000). *Molecular Evolution and Phylogenetics*. Oxford University Press, New York.（根井正利，S・クマー［大田竜也・竹崎直子訳］(2006). 分子進化と分子系統学. 培風館）

Nelson, Gareth J. (1969a). The problem of historical biogeography. *Systematic Zoology*, **18**(2): 243-246.

Nelson, Gareth J. (1969b). Nelson's 1969 presentation to the American Museum of Natural History. Pp. 702-712 in: David M. Williams and Malte C. Ebach (2004). The reform of palaeontology and the rise of biogeography - 25 years after 'Ontogeny, phylogeny, paleontology and the biogenetic law' (Nelson, 1978). *Journal of Biogeography*, **31**(5): 685-712.

Nelson, Gareth J. (1970). Outline of a theory of comparative biology. *Systematic Zoology*,

19(4): 373-384.
Nelson, Gareth (1971). "Cladism" as a philosophy of classification. *Systematic Zoology*, **20**(3): 373-376.
Nelson, Gareth J. (1972a). Phylogenetic relationship and classification. *Systematic Zoology*, **21**(2): 227-231.
Nelson, Gareth J. (1972b). Comments of Hennig's "Phylogenetic Systematics" and its influence on ichthyology. *Systematic Zoology*, **21**(4): 364-374.
Nelson, Gareth J. (1973a). Comments on Leon Croizat's biogeography. *Systematic Zoology*, **22**(3): 312-320.
Nelson, Gareth J. (1973b). Classification as an expression of phylogenetic relationships. *Systematic Zoology*, **22**(4): 344-359.
Nelson, Gareth (1974a). Darwin-Hennig classification: A reply to Mayr. *Systematic Zoology*, **23**(3): 452-458.
Nelson, Gareth (1974b). Historical biogeography: An alternative formalization. *Systematic Zoology*, **23**(4): 555-558.
Nelson, Gareth (1976). *Classification*. Unpublished manuscript.
Nelson, Gareth (1978a). Ontogeny, phylogeny, paleontology, and the biogenetic law. *Systematic Zoology*, **27**(3): 324-345.
Nelson, Gareth (1978b). From Candolle to Croizat: Comments on the history of biogeography. *Journal of the History of Biology*, **11**(2): 269-305.
Nelson, Gareth (1979). Cladistic analysis and synthesis: Principles and definitions, with a historical note on Adanson's *Familles des plantes* (1763-1764). *Systematic Zoology*, **28**(1): 1-21.
Nelson, Gareth (1985). Ontgroups and ontogeny. *Cladistics*, **1**(1): 29-45.
Nelson, Gareth (1989). Cladistics and evolutionary models. *Cladistics*, **5**(3): 275-289.
Nelson, Gareth (1992). Reply to Harvey. *Cladistics*, **8**(4): 355-360.
Nelson, Gareth (1993). Reply. *Cladistics*, **9**(2): 261-265.
Nelson, Gareth (1996). *Nullius in Verba*. Published by the author. (Reprinted: pp. 430-447 in: David M. Williams and Malte C. Ebach (2005). Drowning by numbers: Rereading Nelson's "Nullius in Verba." *The Botanical Review*, **71**(4): 415-447)
Nelson, Gareth (2000). Ancient perspectives and influence in the theoretical systematics of a bold fisherman. Pp. 9-23 in Peter L. Forey, Brian G. Gardner and Christopher J. Humphries (eds.), *Colin Patterson (1933-1998): A Celebration of His Life*. The Linnean, Special Issue No. 2, The Linnean Society of London, London.
Nelson, Gareth (2014). Cladistics at an earlier time. Pp. 139-149 in: Andrew Hamilton (ed.), *The Evolution of Phylogenetic Systematics*. University of California Press, Berkeley.
Nelson, Gareth and Pauline Y. Ladiges (1991a). Standard assumptions for biogeographic analysis. *Australian Systematic Botany*, **4**: 41-58. (Addendum: *Australian Systematic Botany* **5**: 247)
Nelson, Gareth and Pauline Y. Ladiges (1991b). Three-area statements: Standard assumptions for biogeographic analysis. *Systematic Zoology*, **40**(4): 470-485.
Nelson, Gareth and Pauline Y. Ladiges (1996). Paralogy in cladistic biogeography and analysis of paralogy-free subtrees. *American Museum Novitates*, (3167): 1-57.

Nelson, Gareth and Pauline Y. Ladiges (2001). Gondwana, vicariance biogeography, and the New York School revisited. *Australian Systematic Botany,* **49**: 389-409.

Nelson, Gareth and Colin Patterson (1993). Cladistics, sociology and success: a comment on Donoghue's critique of David Hull. *Biology and Philosophy,* **8**(4): 441-443.

Nelson, Gareth and Norman I. Platnick (1980a). A vicariance approach to historical biogeography. *BioScience,* **30**(5): 339-343.

Nelson, Gareth and Norman I. Platnick (1980b). Multiple branching in cladograms: Two interpretations. *Systematic Zoology,* **29**(1): 86-91.

Nelson, Gareth and Norman I. Platnick (1981). *Systematics and biogeography: Cladistics and vicariance.* Columbia University Press, New York.

Nelson, Gareth and Norman I. Platnick (1984). *Biogeography.* Carolina Biology Reader 119, Carolina Biology Supply Co., Burlington.

Nelson, Gareth and Norman I. Platnick (1991). Three-taxon statements: A more precise use of parsimony? *Cladistics,* **7**(4): 351-366.

Nelson, Gareth and Donn E. Rosen (eds.) (1981). *Vicariance Biogeography: A Critique — Symposium of the Systematics Discussion Group of the American Museum of Natural History, May 2-4, 1979.* Columbia University Press, New York.

Neyman, Jerzy (1971). Molecular studies of evolution: A source of novel statistical problems. Pp. 1-27 in: Shanti S. Gupta and James Yackel (eds.), *Statistical Decision Theory and Related Topics: Proceedings of a Symposium held at Purdue University November 23-25, 1970.* Academic Press, New York.

Neyman, Jerzy and Egon S. Pearson (1933). On the problem of the most efficient tests of statistical hypotheses. *Philosophical Transactions of the Royal Society of London, Series A,* **231**: 289-337.

Nicholson, Daniel J. and Richard Gawne (2014). Rethinking Woodger's legacy in the philosophy of biology. *Journal of the History of Biology,* **47**(2): 243-292.

Nixon, Kevin C. and James M. Carpenter (1993). On outgroups. *Cladistics,* **9**(4): 413-426.

Numbers, Ronald L. (1992). *The Creationists: The Evolution of Scientific Creationism.* University of California Press, Berkeley.

Nixon, Kevin C. and James M. Carpenter (2012). More on homology. *Cladistics,* **28**(3): 225-226.

Nunn, Charles L. (2011). *The Comparative Approach in Evolutionary Anthropology and Biology.* The University of Chicago Press, Chicago.

O

O'Brien, Michael J. and R. Lee Lyman (2003a). *Cladistics and Archaeology.* The University of Utah Press, Salt Lake City.

O'Brien, Michael J. and R. Lee Lyman (2003b). *Style, Function, Transmission: Evolutionary Archaeological Perspectives.* The University of Utah Press, Salt Lake City.

O'Brien, Michael J., R. Lee Lyman, and Michael Brian Schiffer (2005). *Archaeology as a Process: Processualism and Its Progeny.* The University of Utah Press, Salt Lake City.

Ogilvie, Brian W. (2006). *The Science of Describing: Natural History in Renaissance Europe.* The University of Chicago Press, Chicago.

O'Hara, Robert J. (1988). Homage to Clio, or, toward an historical philosophy for

evolutionary biology. *Systematic Zoology*, **37**(2): 142-155.
O'Hara, Robert J. (1991). Representations of the natural system in the nineteenth century. *Biology and Philosophy*, **6**(2): 255-274.
O'Hara, Robert J. (1992). Telling the tree: narrative representation and the study of evolutionary history. *Biology and Philosophy*, **7**(2): 135-160.
O'Hara, Robert J. (1996). Trees of history in systematics and philology. *Memorie della Societa Italiana di Scienze Naturali e del Museo Civico di Storia Naturale di Milano*, **27**(1): 81-88.
O' Hara, Robert J. (1997). Population thinking and tree thinking in systematics. *Zoologica Scripta*, **26**(4): 323–329.
太田邦昌（1989）. 自然選択と進化：その階層論的枠組みII. 日本動物学会（編）, 進化学：新しい総合. 学会出版センター, pp. 123-248.
Olmstead, Richard (2001). Phylogenetic inference and the writings of Karl Popper. *Systematic Biology*, **50**(3): 304.
Olson, Peter D., Joseph Hughes, and James A. Cotton (eds.) (2016). *Next Generation Systematics*. Cambridge University Press, Cambridge.
Overmann, Ronald J. (2000). David Hull, hod carrier. *Biology and Philosophy*, **15**(3): 311–320.

P

Page, Roderic D. M. (1990). Component analysis: a valiant failure? *Cladistics*, **6**(2): 119-136.
Page, Roderic D. M. (1993). Genes, organisms, and areas: The problem of multiple lineages. *Systematic Biology*, **42**(1): 77-84.
Page, Roderic D. M. (1994). Maps between trees and cladistic analysis of historical associations among genes, organisms, and areas. *Systematic Zoology*, **43**(1): 58-77.
Page, Roderic D. M. (ed.) (2003). *Tangled Trees: Phylogeny, Cospeciation, and Coevolution*. The University of Chicago Press, Chicago.
Page, Roderic D. M. and Michael A. Charleston (1998). Trees within trees: Phylogeny and historical associations. *Trends in Ecology and Evolution*, **13**(9): 356-359.
Papavero, Nelson and Jorge Llorente Bousquets (2007). *Historia de la Biología Comparada, con Especial Referencia a la Biogeografía: del Génesis al Siglo de las Luces, Volumen I – VIII*. Universidad Nacional Autónoma de México, Ciudad Universitaria.
Papavero, Nelson and Jorge Llorente Bousquets (2008). *Principia Taxonomica: Una Introducción a los Fundamentos Lógicos, Filosóficos y Metodológicos de las Escuelas de Taxonomía Biológica, Volumen I – IX*. Universidad Nacional Autónoma de México, Ciudad Universitaria.
Parenti, Lynne R. and Malte C. Ebach (2009). *Comparative Biogeography: Discovering and Classifying Biogeographical Patterns of a Dynamic Earth*. University of California Press, Berkeley.
Parolini, Giuditta (2015a). The emergence of modern statistics in agricultural science: Analysis of variance, experimental design and the reshaping of research at Rothamsted Experimental Station, 1919-1933. *Journal of the History of Biology*, **48**(2): 301-335.
Parolini, Giuditta (2015b). In pursuit of a science of agriculture: The role of statistics in field experiments. *History and Philosophy of the Life Sciences*, **37**(3): 261-281.

Patterson, Colin (1980). Cladistics. *Biologist*, **27**(5): 234-240.

Patterson, Colin (1982a). Classes and cladists or individuals and evolution. *Systematic Zoology*, **31**(3): 284-286.

Patterson, Colin (1982b). Morphological characters and homology. Pp.21-74 in: K. A. Joysey and A. E. Friday (eds.), *Problems of Phylogenetic Reconstruction*. Academic Press, London.

Patterson, Colin (ed.) (1987). *Molecules and Morphology in Evolution: Conflict or Compromise?* Cambridge University Press, Cambridge.

Patterson, Colin (ed.) (1988). Homology in classical and molecular biology. *Molecular Biology and Evolution*, **5**(6): 603-625.

Patterson, Colin (1994). Null or minimum models. Pp. 173-192 in: Robert W. Scotland, Darrell J. Siebert and David M. Williams (eds.), *Models in Phylogeny Reconstruction*. Oxford University Press, Oxford.

Patterson, Colin (2011). Adventures in the fish trade. *Zootaxa*, **2946**: 118-136.

Patterson, Colin, David M. Williams, and Christopher J. Humphries (1993). Congruence between molecular and morphological phylogenies. *Annual Review of Ecology and Systematics*, **24**: 153-188.

Pauling, Linus and Emile Zuckerkandl (1963). Chemical paleogenetics: Molecular "restoration studies" of extinct forms of life. *Acta Chemica Scandinavica*, **17** (Supplement 1): S9-S16.

Penny, David, Peter J. Lockhart, Michael A. Steel and Michael D. Hendy (1994). The role of models in reconstructing evolutionary trees. Pp. 211-230 in: Robert W. Scotland, D. J. Siebert and David M. Williams (eds.), *Models in Phylogeny Reconstruction*. Oxford University Press, Oxford.

Percival, W. Keith (1987). Biological analogy in the study of languages before the advent of comparative grammar. Pp. 3-38 in: Henry M. Hoenigswald and Linda F. Wiener (eds.). *Biological Metaphor and Cladistic Classification: An Interdisciplinary Perspective*. University of Pennsylvania Press, Philadelphia.

Pereltsvaig, Asya and Martin W. Lewis (2015). *The Indo-European Controversy: Facts and Fallacies in Historical Linguistics*. Cambridge University Press, Cambridge.

Peters, Robert Henry (1976). Tautology in evolution and ecology. *The American Naturalist*, **110**: 1-12.

Peters, Robert Henry (1978). Predictable problems with tautology in evolution and ecology. *The American Naturalist*, **112**: 759-762.

Platnick, Norman I. (1977). Cladograms, phylogenetic trees, and hypothesis testing. *Systematic Zoology*, **26**(4): 438-442.

Platnick, Norman I. (1979). Philosophy and the transformation of cladistics. *Systematic Zoology*, **28**(4): 537-546.

Platnick, Norman I. (1982). Defining characters and evolutionary groups. *Systematic Zoology*, **31**(3): 282-284.

Platnick, Norman I. (1986). On justifying cladistics. *Cladistics*, **2**(1): 83-85.

Platnick, Norman I. (1993). Character optimization and weighting: Differences between the standard and three-taxon approaches to phylogenetic inference. *Cladistics*, **9**(2): 267-272.

Platnick, Norman I. and H. Don Cameron (1977). Cladistic methods in textual, linguistic, and phylogenetic analysis. *Systematic Zoology*, **26**(4): 380-385.

Platnick, Norman I. and Vicki A. Funk (eds.) (1983). *Advances in Cladistics, Volume 2: Proceedings of the Second Meeting of the Willi Hennig Society*. Columbia University Press, New York.

Platnick, Norman I. and Eugene S. Gaffney (1977). *Systematics: A Popperian perspective. Systematic Zoology*, **26**(3): 360-365.

Platnick, Norman I. and Eugene S. Gaffney (1978a). Evolutionary biology: A Popperian perspective. *Systematic Zoology*, **27**(1): 137-141.

Platnick, Norman I. and Eugene S. Gaffney (1978b). Systematics and the Popperian paradigm. *Systematic Zoology*, **27**(3): 381-388.

Platnick, Norman I. and Charles W. Harper, Jr. (1978). Phylogenetic and cladistic hypotheses: A debate. *Systematic Zoology*, **27**(3): 354-362.

Platnick, Norman I., Christopher J. Humphries, Gareth Nelson and David M. Williams (1996). Is Farris optimization perfect?: Three-taxon statements and multiple branching. *Cladistics*, **12**(3): 243-252.

Platnick, Norman I. and Gareth Nelson (1978). A method of analysis for historical biogeography. *Systematic Zoology*, **27**(1): 1-16.

Platnick, Norman I. and Gareth Nelson (1980). Review: Willi Hennig (1979), *Phylogenetic Systematics*. *Philosophy of Science*, **47**(3): 499-502.

Platnick, Norman I. and Gareth Nelson (1981). The purpose of biological classification. Pp. 117-129 in: Peter D. Asquith and Ian Hacking (eds.), PSA 1978: *Proceedings of the Biennial Meeting of the Philosophy of Science Association, Volume Two*. Philosophy of Science Association, East Lansing.

Platnick, Norman I. and Gareth Nelson (1988). Spanning-tree biogeography: Shortcut, detour, or dead-end? *Systematic Zoology*, **37**(4): 410-419.

Popper, Karl R. (1935). *Logik der Forschung: Zur Erkenntnistheorie der Modernen Naturwissenschaft*. Verlag von Julius Springer, Wien.

Popper, Karl R. (1945a). *The Open Society and Its Enemies. Volume I — The Spell of Plato*. George Routledge & Sons, London.（カール・R・ポパー［内田詔夫・小河原誠訳］(1980). 開かれた社会とその敵・第一部：プラトンの呪文. 未來社）

Popper, Karl R. (1945b). *The Open Society and Its Enemies. Volume II — The High Tide of Prophecy: Hegel, Marx, and the Aftermath*. George Routledge & Sons, London.（カール・R・ポパー［小河原誠・内田詔夫訳］(1980). 開かれた社会とその敵・第二部. 予言の大潮：ヘーゲル、マルクスとその余波. 未來社）

Popper, Karl R. (1957). *The Poverty of Historicism*. Routledge & Kegan Paul, London.（カール・R・ポパー［久野収・市井三郎訳］(1961). 歴史主義の貧困：社会科学の方法と実践. 中央公論社）

Popper, Karl R. (1959). *The Logic of Scientific Discovery*. Hutchinson, London.（カール・R・ポパー［大内義一・森博訳］(1971-2). 科学的発見の論理（上・下）. 恒星社厚生閣）

Popper, Karl R. (1962). *Conjectures and Refutations: The Growth of Scientific Knowledge*. Basic Books, New York.（カール・R・ポパー［藤本隆志・石垣壽郎・森博訳］(1980). 推測と反駁：科学的知識の発展. 法政大学出版局）

Popper, Karl R. (1965). *The Logic of Scientific Discovery, Third Edition*. Harper & Row,

New York.

Popper, Karl R. (1972). *Objective Knowledge: An Evolutionary Approach*. Oxford University Press, Oxford.（カール・R・ポパー［森博訳］(1974). 客観的知識：進化論的アプローチ. 木鐸社）

Popper, Karl R. (1980). Evolution. *New Scientist*, **87**: 611.

Popper, Karl R. (1983). *Realism and the Aim of Science: From the* Postscript to the Logic of Scientific Discovery *Edited by W. W. Bartley, III*. Routledge, London.（カール・R・ポパー［小河原誠・蔭山泰之・篠﨑研二訳］(2002). 実在論と科学の目的：W・W・バートリー三世編『科学的発見の論理へのポストスクリプト』より（上・下）. 岩波書店）

Popper, Karl R. [Herbert Keuth (ed.)] (2005). *Logik der Forschung, 11 Auflage*. Mohr Siebeck, Tübingen.

Pradeu, Thomas (2011). What philosophy of biology should be. *Biology & Philosophy*, **26** (1): 119–127.

Pradeu, Thomas (2017). Thirty years of Biology & Philosophy: Philosophy of which biology? *Biology & Philosophy*, **32**(2): 149-167.

Prim, Robert C. (1957). Shortest connection networks and some generalizations. *Bell Labs Technical Journal*, **36**(6): 1389–1401.

Prin, Stéphane (2016). The relational view of phylogenetic hypotheses and what it tells us on the phylogeny/classification relation problem. Pp. 431-468 in: David M. Williams, Michael Schmitt, and Quentin D. Wheeler (eds.), *The Future of Phylogenetic Systematics – The Legacy of Willi Hennig*. Cambridge University Press, Cambridge.

R

Rehbock, Philip F. (1983). *The Philosophical Naturalists: Themes in Early Nineteenth-Century British Biology*. The University of Wisconsin Press, Madison.

Reif, Wolf-Ernst (1983). Evolutionary theory in German paleontology. Pp. 173-203 in: Marjorie Grene (ed.), *Dimensions of Darwinism: Themes and Counterthemes in Twentieth-Century Evolutionary Biology*. Cambridge University Press, Cambridge.

Remane, Aodlf (1952). Die grundlagen des natürlichen Systems, der vergleichenden Anatomie und Phylogenetik: theoretische Morphologie und Systematik I. Akademische Verlagsgesellschaft Geest & Portig K.-G., Leipzig.

Rensch, Bernhard (1959). *Evolution above the Species Level*. Columbia University Press, New York.（原書：Bernhard Rensch (1954). *Neuere Probleme der Abstammungslehre, Zweite Auflage*. Ferdinand Enke Verlag, Stuttgart）

Rescher, Nicholas (1970). *Scientific Explanation*. The Free Press, New York.

Richards, Richard (2016). *Biological Classification: A Philosophical Introduction*. Cambridge University Press, Cambridge.

Richards, Robert J. (2002). *The Romantic Conception of Life : Science and Philosophy in the Age of Goethe*. The University of Chicago Press, Chicago.

Richards, Robert J. (2008). *The Tragic Sense of Life: Ernst Haeckel and the Struggle over Evolutionary Thought*. The University of Chicago Press, Chicago.

Richter, Stefan (2013). Willi Hennig und die Phylogenetische Systematik: Gedanken zum 100. Geburtstag des Revolutionärs der Systematik. Pp. 31-40 in: Rudolf Alexander Steinbrecht (ed.), *Zoologie 2013: Mitteilungen der Deutschen Zoologischen*

Gesellschaft.

Richter, Stefan and Rudolf Meier (1994). The development of phylogenetic concepts in Hennig's early theoretical publications (1947-1966). *Systematic Biology*, **43**(2): 212-221.

Ridley, Mark (1983). *The Explanation of Organic Diversity: The Comparative Method and Adaptations for Mating*. Oxford University Press, Oxford.

Ridley, Mark (1986). *Evolution and Classification: The Reformation of Cladism*. Longman, London.

Rieppel, Olivier (1983). *Kladismus oder die Legende vom Stammbaum*. Birkhäuser Verlag, Basel.

Rieppel, Olivier (1985). Muster und Prozess: Komplementarität im biologischen Denken. *Naturwissenschaften*, **72**: 337-342.

Rieppel, Olivier (1988). *Fundamentals of Comparative Biology*. Birkhäuser Verlag, Basel.

Rieppel, Olivier (1989). Über die Beziehung zwischen Systematik und Evolution. *Zeitschrift für zoologische Systematik und Evolutionsforschung*, **27**(3): 193-199.

Rieppel, Olivier (1999). *Einführung in die computergestrützte Kladistik*. Verlag Dr. Friedrich Pfeil, München.

Rieppel, Olivier (2003). Popper and systematics. *Systematic Biology*, **52**(2): 259-271.

Rieppel, Olivier (2004). What Happens When the Language of Science Threatens to Break Down in Systematics - A Popperian Perspective. Pp. 57-100 in: David M. Williams and Peter L Forey (eds.), *Milestones in Systematics*. CRC Press, Boca Raton.

Rieppel, Olivier (2007). The metaphysics of Hennig's phylogenetic systematics: Substance, events and laws of nature. *Systematics and Biodiversity*, **5**(4): 345-360.

Rieppel, Olivier (2012a). Adolf Naef (1883–1949), systematic morphology and phylogenetics. *Journal of Zoological Systematics and Evolutionary Research*, **50**(1): 2-13.

Rieppel, Olivier (2012b). Othenio Abel (1875-1946): The rise and decline of paleobiology in German paleontology. *Historical Biology*, **25**(3): 77-97.

Rieppel, Olivier (2013a). Styles of scientific reasoning: Adolf Remane (1898–1976) and the German evolutionary synthesis. *Journal of Zoological Systematics and Evolutionary Research*, **51**(1): 1-12.

Rieppel, Olivier (2013b). Othenio Abel (1875-1946) and "the phylogeny of parts". *Cladistics*, **29**(3): 328-335.

Rieppel, Olivier (2014). The early cladogenesis of cladistics. Pp. 117-137 in: Andrew Hamilton (ed.), *The Evolution of Phylogenetic Systematics*. University of California Press, Berkeley.

Rieppel, Olivier (2016a). *Phylogenetic Systematics: Haeckel to Hennig*. CRC Press, Boca Raton.

Rieppel, Olivier (2016b). Willi Hennig as philosopher. Pp. 356-376 in: David M. Williams, Michael Schmitt, and Quentin D. Wheeler (eds.), *The Future of Phylogenetic Systematics – The Legacy of Willi Hennig*. Cambridge University Press, Cambridge.

Rieppel, Olivier, David M. Williams and Malte C. Ebach (2013). Adolf Naef (1883-1949): On foundational concepts and principles of systematic morphology. *Journal of the History of Biology*, **46** (3): 445-510.

Rogers, David J. and George F. Estabrook (1966). A general method of taxonomic

description for a computed similarity measure. *BioScience*, **16**(11): 789-799.

Ronquist, Frederik (1995). Reconstructing the history of host-parasite associations using generalised parsimony. *Cladistics*, **11**(1): 73-89.

Ronquist, Frederik (1997). Dispersal-vicariance analysis: A new approach to the quantification of histortical biogeography. *Systematic Biology*, **46**(1): 195-203.

Ronquist, Frederik (2003). Parsimony analysis of coevolving associations. Pp. 22-64 in: Roderic D. M. Page (ed.), *Tangled Trees: Phylogeny, Cospeciation, and Coevolution*. The University of Chicago Press, Chicago.

Ronquist, Frederik and Isabel Sanmartín (2011). Phylogenetic methods in biogeography. *Annual Review of Ecology, Evolution, and Systematics*, **42**: 441-464.

Rosen, Don E. (1974). Cladism or gradism?: A reply to Ernst Mayr. *Systematic Zoology*, **23**(3): 446-451.

Rosen, Don E. (1975). A vicariance model of Caribbean biogeography. *Systematic Zoology*, **24**(4): 431-464.

Rosen, Don E. (1978). Vicariant patterns and historical explanation in biogeography. *Systematic Zoology*, **27**(2): 159-188.

Rosen, Don E. (1982). Do current theories of evolution satisfy the basic requirements of explanation? *Systematic Zoology*, **31**(1): 76-85.

Rosen, Don E., Gareth Nelson, and Colin Patterson (1979). Foreword. Pp. vii-xiii in: Willi Hennig [D. Dwight Davis and Rainer Zangerl 訳], *Phylogenetic Systematics*. University of Illinois Press, Urbana.

Rosenberg, Alexander (1985). *The Structure of Biological Science*. Cambridge University Press, Cambridge.

Rosenberg, Alexander and Daniel W. McShea (2007). *Philosophy of Biology: A Contemporary Introduction*. Routledge, London.

Ross, Herbert H. (1964). [Review] *Principles of Numerical Taxonomy*. *Systematic Zoology*, **13**(2): 106-108.

Ross, Herbert H. (1974). *Biological Systematics*. Addison-Wesley, Reading.

Rothamsted Experimental Station (1977). *Rothamsted Experimental Station Guide*. Lawes Agricultural Trust, Harpenden.

Royall, Richard (1997). *Statistical Evidence: A Likelihood Paradigm*. Chapman & Hall / CRC, Boca Raton.

Royall, Richard (2004). The likelihood paradigm for statistical evidence. Pp. 119-152 in: Mark L. Taper and Subhash Lele (eds.), *The Nature of Scientific Evidence: Statistical, Philosophical, and Empirical Considerations*. The University of Chicago Press, Chicago.

Rudwick, Martin J. S. (1985). *The Great Devonian Controversy: The Shaping of Scientific Knowledge among Gentlemanly Specialists*. The University of Chicago Press, Chicago.

Ruse, Michael (1973). *The Philosophy of Biology*. Humanities Press, Atlantic Highlands.

Ruse, Michael (1979). Falsifiability, consilience, and systematics. *Systematic Zoology*, **28**(4): 530-536.

Ruse, Michael (ed.) (1989). *What the Philosophy of Biology Is: Essays Dedicated to David Hull*. Kluwer Academic Publishers, Dordrecht.

S

Saitou, Naruya (2013). *Introduction to Evolutionary Genomics*. Springer Verlag, Berlin.

Sarkar, Sahotra and Anya Plutynski (eds.) (2008). *A Companion to the Philosophy of Biology*. Wiley-Blackwell, Chichester.

Schindewolf, Otto, H. (1950), *Grundfragen der Paläontologie: Geologische Zeitmessung, organische Stammesentwicklung, biologische Systematik*. E. Schweizerbart'sche Verlagsbuchhandlung, Stuttgart. (Judith Schaefer 訳：Schindewolf, Otto, H. (1993), *Basic Questions in Paleontology: Geologic Time, Organic Evolution, and Biological Systematics*. The University of Chicago Press, Chicago)

Schlee, Dieter (1969). Hennig's principle of phylogenetic systematics, an "intuitive, statistico-phenetic taxonomy" ? *Systematic Zoology*, **18**(1): 127-134.

Schlee, Dieter (1971). *Die Rekonstruktion der Phylogenese mit Hennig's Prinzip*. Aufsätze und Reden der Senckenbergschen Naturforschenden Gesellschaft 20, Verlag Dr. Waldemar Kramer, Frankfurt am Main.

Schlee, Dieter (1978a). Anmerkungen zur phylogenetischen Systematik: Stellungsnahme zu einigen Missverständnissen. *Stuttgarter Beiträge zur Naturkunde, Serie A*, (320): 1-14. (上田恭一郎訳: Dieter Schlee 1981. Phylogenetic Systematicsの注釈：誤解に対する意見. 昆虫分類学若手懇談会ニュース, (34): 1-19)

Schlee, Dieter (1978b). In memoriam Willi Hennig 1913-1976: eine biographische Skizze. *Entomologica Germanica*, **4**: 377-391.

Schmitt, Michael (2001). Willi Hennig 1913-1976. Pp. 316-343, 541-546 in: Ilse Jahn and Michael Schmitt (eds.) 2001. *Darwin & Co.: Eine Geschichte der Biologie in Portraits, Band II*. Verlag C. H. Beck, München.

Schmitt, Michael (2010). Willi Hennig, the cautious revolutioniser. *Paleodiversity*, **3** (Supplement): 3-9.

Schmitt, Michael (2013a). *From Taxonomy to Phylogenetics: Life and Work of Willi Hennig*. Brill, Leiden.

Schmitt, Michael (2013b). Willi Hennig: ein wissenschaftlicher Revolutionär aus der Oberlausitz. *Berichte der Naturforschenden Gesellschaft der Oberlausitz*, **21**: 83-93.

Schmitt, Michael (2013c). Willi Hennig's way from taxonomy to phylogenetics. Oral presentation at *the XXXII Meeting of the Willi Hennig Society, August 3rd - 7th, 2013. Rostock, Germany*. Abstract, p. 20.

Schmitt, Michael (2016). Hennig, Ax, and present-day mainstream cladistics, on polarising characters. *Peckiana*, **11**: 35-42.

Schnell, Mary Sue, Daniel J. Hough, and Steven M. Schnell (1986). Comprehensive Index, 1952-1985. *Systematic Zoology*, **35**(2) Supplement: 1-185.

Schomann, Stefan (2008) . *Letzte Zuflucht Schanghai: Die Liebesgeschichte von Robert Reuven Sokal und Julie Chenchu Yang*. Wilhelm Heyne Verlag, München. (李士勋訳 2010. 最后的避难地——上海：罗伯特・劳伊文・索卡尔和朱丽叶・杨珍珠的爱情故事. 人民文学出版社)

Schuh, Randall T. (1981). Willi Hennig Society: Report of the first annual meeting. *Systematic Zoology*, **30**(1): 76-81.

Schuh, Randall T. and Andrew V. Z. Brower (2009), *Biological Systematics: Principles and*

Applications, Second Edition. Cornell University Press, Ithaca.

Schulmeister, Susanne (2004). Inconsistency of maximum parsimony revisited. *Systematic Biology*, **53**(4): 521-528.

Schwartz, Randy (2012). A tall figure in biomathematics. *The Right Angle*, **19**(8): 8-12.

Scotland, Robert W., Darrell J. Siebert and David M. Williams (eds.) (1994). *Models in Phylogeny Reconstruction*. Oxford University Press, Oxford.

Scott-Ram, N. R. (1990). *Transformed Cladistics, Taxonomy and Evolution*. Cambridge University Press, Cambridge.

Scriven, Michael (1959). Explanation and prediction in evolutionary theory. *Science*, **130**: 477-482.

Seberg, Ole, Torbjørn Ekrem, Jaakko Hyvönen and Per Sundberg (2016). Willi Hennig's legacy in the Nordic countries. Pp. 31-69 in: David M. Williams, Michael Schmitt, and Quentin D. Wheeler (eds.), *The Future of Phylogenetic Systematics – The Legacy of Willi Hennig*. Cambridge University Press, Cambridge.

Semple, Charles and Mike Steel (2003). *Phylogenetics*. Oxford University Press, Oxford.

清水哲郎 (1990). オッカムの言語哲学. 勁草書房.

柴谷篤弘・斎藤嘉文・法橋登 (編)(1991). 生物学にとって構造主義とは何か：R・トム／J・ニーダム／F・ヴァレーラを含む国際討論の記録. 吉岡書店.

Sibley, Charles G. and Jon E. Ahlquist (1990). *Phylogeny and Classification of Birds: A Study in Molecular Evolution*. Yale University Press, New Haven.

Siddall, Mark E. (1998). Success of parsimony in the four-taxon case: Long-branch repulsion by likelihood in the Farris zone. *Cladistics*, **14**(3): 209-220.

Siddall, Mark E. (2001). Philosophy and phylogenetic inference: A comparison of likelihood and parsimony methods in the context of Karl Popper's writings on corroboration. *Cladistics*, **17**(4): 395-399.

Siddall, Mark E. and Arnold G. Kluge (1997). Probabilism and phylogenetic inference. *Cladistics*, **13**(4): 313-336.

Simberloff, Daniel (1980). A succession of paradigms in ecology: Essentialism to materialism and probabilism. *Synthèse*, **43**(1): 3-39.

Simberloff, Daniel (1983). Competition theory, hypothesis-testing, and other community ecological buzzwords. *The American Naturalist*, **122**(5): 626-635.

Simpson, George Gaylord (1940a). Mammals and land bridges. *Journal of the Washington Academy of Sciences*, **30**(4): 137-163.

Simpson, George Gaylord (1940b). Antarctica as a faunal migration route. Pp. 755-768 in: *Proceedings of the Sixth Pacific Science Congress of the Pacific Science Association, Volume 2*. University of California Press, Berkeley.

Simpson, George Gaylord (1944). *Tempo and Mode in Evolution*. Columbia University Press, New York.

Simpson, George Gaylord (1945). The principles of classification and a classification of mammals. *Bulletin of the American Museum of Natural History*, **85**: 1-350.

Simpson, George Gaylord (1953). *Major Features of Evolution*. Columbia University Press, New York.

Simpson, George Gaylord (1961). *Principles of Animal Taxonomy*. Columbia University Press, New York. (G・G・シンプソン［白上謙一訳］(1974). 動物分類学の基礎. 岩波書

店)

Simpson, George Gaylord (1965). Current issues in taxonomic theory. *Science*, **148**: 1078.

Simpson, George Gaylord and Anne Roe (1939). *Quantitative Zoology: Numerical Concepts and Methods in the Study of Recent and Fossil Animals*. McGraw-Hill, New York.

Simpson, George Gaylord, Anne Roe, and Richard C. Lewontin (1960). *Quantitative Zoology, Revised Edition*. Harcourt, Brace and Company, New York.

Smart, John Jamieson Carswell (1959). Can biology be an exact science? *Synthese*, **11**(4): 359-368.

Smart, John Jamieson Carswell (1963). *Philosophy and Scientific Realism*. The Humanities Press, New York.

Smocovitis, Vassiliki B. (1992). Unifying biology: The evolutionary synthesis and evolutionary biology. *Journal of the History of Biology*, **25**(1): 1-65.

Smocovitis, Vassiliki B. (1994). Organizing evolution: Founding the Society for the Study of Evolution (1939-1950). *Journal of the History of Biology*, **27**(2): 241-309.

Smocovitis, Vassiliki B. (1996). *Unifying Biology: The Evolutionary Synthesis and Evolutionary Biology*. Princeton University Press, Princeton.

Sneath, Peter H. A. (1961). Recent developments in theoretical and quantitative taxonomy. *Systematic Zoology*, **10**(3): 118-139.

Sneath, Peter H. A. (1982). Review: Gareth Nelson and Norman I. Platnick (1981). *Systematics and biogeography: Cladistics and vicariance*. Columbia University Press, New York. *Systematic Zoology*, **31**(2): 208-217.

Sneath, Peter H. A. (1995). Thirty years of numerical taxonomy. *Systematic Biology*, **44**(3): 281-298.

Sneath, Peter H. A. and Robert R. Sokal (1962). Numerical taxonomy. *Nature*, **193**: 855-860.

Sneath, Peter H. A. and Robert R. Sokal (1973). *Numerical Taxonomy: The Principles and Practice of Numerical Classification*. W. H. Freeman, San Francisco.

Sober, Elliott (1975). *Simplicity*. Clarendon Press, Oxford.

Sober, Elliott (1980). Evolution, population thinking, and essentialism. *Philosophy of Science*, **47**(3): 350-383.

Sober, Elliott (1981). The principle of parsimony. *The British Journal for the Philosophy of Science*, **32**(2): 145-156.

Sober, Elliott (1983a). Parsimony methods in systematics. Pp.37-47 in: Norman I. Platnick and Vicki A. Funk (eds.), *Advances in Cladistics, Volume 2: Proceedings of the Second Meeting of the Willi Hennig Society*. Columbia University Press, New York.

Sober, Elliott (1983b). Parsimony in systematics: Philosophical issues. *Annual Review of Ecology and Systematics*, **14**: 335-357.

Sober, Elliott (1984a). Common cause explanation. *Philosophy of Science*, **51**(2): 212-241.

Sober, Elliott (1984b). *The Nature of Selection: Evolutionary Theory in Philosophical Focus*. The MIT Press, Massachusetts.

Sober, Elliott (1985). A likelihood justification of parsimony. *Cladistics*, **1**(3): 209-233.

Sober, Elliott (1988a). *Reconstructing the Past: Parsimony, Evolution, and Inference*. The MIT Press, Massachusetts. (エリオット・ソーバー [三中信宏訳](2010). 過去を復元する：最節約原理・進化論・推論. 勁草書房)

Sober, Elliott (1988b). The conceptual relationship of cladistic phylogenetics and vicariance biogeography. *Systematic Zoology*, **37**(3): 245-253.

Sober, Elliott (1988c). Likelihood and convergence. *Philosophy of Science*, **55**(2): 228-237.

Sober, Elliott (1993). *Philosophy of Biology*. Westview Press, Boulder.

Sober, Elliott (1996). Parsimony and predictive equivalence. *Erkenntnis*, **44**(2): 167-197.

Sober, Elliott (2000). *Philosophy of Biology, Second Edition*. Westview Press, Boulder (エリオット・ソーバー［松本俊吉・網谷祐一・森元良太訳］(2009). 進化論の射程：生物学の哲学入門. 春秋社)

Sober, Elliott (2002). What is the problem of simplicity? Pp.13-32 in: Arnold Zellner, Hugo A. Keuzenkamp, and Michael McAleer (eds.), *Simplicity, Inference, and Modelling: Keeping It Sophistically Simple*. Cambridge University Press, Cambridge.

Sober, Elliott (2004). The contest between parsimony and likelihood. *Systematic Biology*, **53**(4): 644-653.

Sober, Elliott (2005). Parsimony and its presuppositions. Pp. 43-53 in: Victor A. Albert (ed.), *Parsimony, Phylogeny, and Genomics*. Oxford University Press, New York.

Sober, Elliott (2008). *Evidence and Evolution: The Logic Behind the Science*. Cambridge University Press, Cambridge. (第1章訳：エリオット・ソーバー［松王政浩訳］(2012). 科学と証拠：統計の哲学入門. 名古屋大学出版会)

Sober, Elliott (2011). *Did Darwin Write the* Origin *Backwards?: Philosophical Essays on Darwin's Theory*. Prometheus Books, New York.

Sober, Elliott (2015). *Ockham's Razors: A User's Manual*. Cambridge University Press, Cambridge.

Sober, Elliott and David Sloan Wilson (1998). *Unto Others : The Evolution and Psychology of Unselfish Behavior*. Harvard University Press, Cambridge.

Sokal, Robert R. (1961). Distance as a measure of taxonomic similarity. *Systematic Zoology*, **10**(2): 70-79.

Sokal, Robert R. (1962). Typology and empiricism in taxonomy. *Journal of Theoretical Biology*, **3**(2): 230-267.

Sokal, Robert R. (1966). Numerical taxonomy. *Scientific American*, **215**(6): 106-116.

Sokal, Robert R. (1967). [Book review] Principles of taxonomy. *Science*, **156**: 1356.

Sokal, Robert R. (1975). Mayr on cladism — and his critics. *Systematic Zoology*, **24**(2): 257-262.

Sokal, Robert R. (1981). Branching patterns in organic diversity. *The Quarterly Review of Biology*, **56**(2): 173-176.

Sokal, Robert R. (1983a). A phylogenetic analysis of the Caminalcules: I. The data base. *Systematic Zoology*, **32**(2): 159-184.

Sokal, Robert R. (1983b). A phylogenetic analysis of the Caminalcules: II. Estimating the true cladogram. *Systematic Zoology*, **32**(2): 185-201.

Sokal, Robert R. (1983c). A phylogenetic analysis of the Caminalcules: III. Fossils and classification. *Systematic Zoology*, **32**(3): 248-258.

Sokal, Robert R. (1983d). A phylogenetic analysis of the Caminalcules: IV. Congruence and character stability. *Systematic Zoology*, **32**(3): 259-275.

Sokal, Robert R. (1985). The continuing search for order. *The American Naturalist*, **126**(6): 729-749.

Sokal, Robert R. (1986). Phenetic taxonomy: theory and methods. *Annual Review of Ecology and Systematics*, **17**: 423-442.

Sokal, Robert R. and Joseph H. Camin (1965). The two taxonomies: Areas of agreement and conflict. *Systematic Zoology*, **14**(3): 176-195.

Sokal, Robert R., Joseph H. Camin, F. James Rohlf and Peter H. A. Sneath (1965). Numerical taxonomy: Some points of view. *Systematic Zoology*, **14**(3): 237-243.

Sokal, Robert R. and Theodore J. Crovello (1970). The biological species concept: A critical evaluation. *The American Naturalist*, **104**: 127-153.

Sokal, Robert R. and Charles D. Michener (1958). A statistical method for evaluating systematic relationships. *University of Kansas Science Bulletin*, **38**: 1409-1438.

Sokal, Robert R. and F. James Rohlf (1969). *Biometry: The Principles and Practice of Statistics in Biological Research*. W. H. Freeman, San Francisco.

Sokal, Robert R. and Peter H. A. Sneath (1963). *Principles of Numerical Taxonomy*. W. H. Freeman, San Francisco.

Spencer, Matthew, Edward Susko, and Andrew J. Roger (2005). Likelihood, parsimony, and heterogeneous evolution. *Molecular Biology and Evolution*, **22**(5): 1161–1164.

Starney, Donald O. (1981). A framework for systematics. *Science*, **214**: 788-789.

Stebbins, George Ledyard (1950). *Variation and Evolution in Plants*. Columbia University Press, New York.

Stebbins, George Ledyard (1978). *A Biographical Memoir of Edgar Anderson 1897-1969*. National Academy of Sciences, Washington, D. C.

Steel, Mike (2011). Can we avoid “SIN” in the house of “No Common Mechanism” ? *Systematic Biology*, **60**(1): 96-109. [Corrigendum: *Systematic Biology*, **60**(3): 392, 2011]

Steel, Mike (2016). *Phylogeny: Discrete and Random Processes in Evolution*. Society for Industrial and Applied Mathematics, Philadelphia.

Steel, Michael A., Michael D. Hendy, and David Penny (1993). Parsimony can be consistent! *Systematic Biology*, **42**(4): 581-587.

Steel, Mike and David Penny (2000). Parsimony, likelihood, and the role of models in molecular phylogenetics. *Molecular Biology and Evolution*, **17**(6): 839-850.

Steel, Mike and David Penny (2004). Two further links between MP ad ML under the Poisson model. *Applied Mathematics Letters*, **17**(7): 785–790.

Steel, Mike and David Penny (2005). Maximum parsimony and the phylogenetic information in multistate characters. Pp. 163-178 in: Victor A. Albert (ed.), *Parsimony, Phylogeny, and Genomics*. Oxford University Press, New York.

Steen, Wim J. van der (1973). *Inleiding tot de wijsbegeerte van de biologie*. Oosthoek's Uitgeversmaatschappij, Utrecht.

Sterelny, Kim and Paul E. Griffiths (1999). *Sex and Death : An Introduction to Philosophy of Biology*. The University of Chicago Press, Chicago. (キム・ステレルニー, ポール・E・グリフィス［太田紘史・大塚淳・田中泉吏・中尾央・西村正秀・藤川直也訳］(2009). セックス・アンド・デス：生物学の哲学への招待. 春秋社)

Sterner, Beckett (2014). Well-structured biology: Numerical taxonomy's epistemic vision for systematics. Pp. 213-244 in: Andrew Hamilton (ed.), *The Evolution of Phylogenetic Systematics*. University of California Press, Berkeley.

Stevens, Peter F. (1980). Evolutionary polarity of character states. *Annual Review of Ecology and Systematics*, **11**: 333-358.

Stevens, Peter F. (1983). Report of third annual Willi Hennig Society meeting. *Systematic Zoology*, **32**(3): 285-291.

Stevens, Peter F. (1994). *The Development of Biological Systematics: Antoine-Laurent de Jussieu, Nature, and the Natural System*. Columbia University Press, New York.

Stiassny, Melanie L. J. (1982). Comparative biology: Form, time and space. *Netherlands Journal of Zoology*, **32**(4): 586-588.

Straffon, Larissa Mendoza (ed.) (2016). *Cultural Phylogenetics: Concepts and Applications in Archaeology*. Springer International Publishing, Switzerland.

Strong, Donald R., Jr. (1980). Null hypotheses in ecology. *Synthèse*, **43**(2): 271-285.

Suárez-Díaz, Edna (2014). The long and winding road to molecular data in phylogenetic analysis. *Journal of the History of Biology*, **47**(2): 443-478.

須藤靖・伊勢田哲治 (2013). 科学を語るとはどういうことか：科学者、哲学者にモノ申す. 河出書房新社.

Swofford, David L. (2017). *PAUP*: Phylogenetic Analysis Using Parsimony (* and Other Methods). Version 4.0a152*. Sinauer Associates, Sunderland.

Swofford, David L. and Wayne P. Maddison (1987). Reconstructing ancestral character states under Wagner parsimony. *Mathematical Biosciences*, **87**(2): 199-229.

Swofford, David L. and Wayne P. Maddison (1992). Parsimony, character-states reconstructions and evolutionary inferences. Pp. 186-223 in: Richard L. Mayden (ed.), *Systematics, Historical Ecology, and North American Freshwater Fishes*. Stanford University Press, Stanford.

Swofford, David L. and Jack Sullivan (2009). Phylogeny inference based on parsimony and other methods using PAUP* — Theory. Pp. 267-288 in: Phillipe Lemey, Marco Salemi, and Anne-Mieke Vandamme (eds.), *The Phylogenetic Handbook: A Practical Approach to Phylogenetic Analysis and Hypothesis Testing, Second Edition*. Cambridge University Press, Cambridge.

Swofford, David L., Peter J. Waddell, John P. Huelsenbeck, Peter G. Foster, Paul O. Lewis, and James S. Rogers (2001). Bias in phylogenetic estimation and its relevance to the choice between parsimony and likelihood methods. *Systematic Biology*, **50**(4): 525-539.

T

Tassy, Pascal (1991). *L'arbre à remonter le temps: Les recontres de la systématique et de l'evolution**. Christian Bourgois Éditeur Paris.

Tassy, Pascal (2016). Hennigian systematics in France, a historical approach with a glimpse of sociology. Pp. 70-87 in: David M. Williams, Michael Schmitt, and Quentin D. Wheeler (eds.), *The Future of Phylogenetic Systematics – The Legacy of Willi Hennig*. Cambridge University Press, Cambridge.

Tax, Sol (ed.) (1960). *Evolution after Darwin: The University of Chicago Centennial, Three Volumes*. The University of Chicago, Chicago.

The Classification Society. A historical document: setting up the Classification Society on 17 April 1964. URL: <https://tcs.wildapricot.org/resources/Documents/ClassSoc1964.

pdf> Accessed on 21 August 2017.

Theunissen, B. and M. Donath (1986). De plaats van de morfologie in de Nederlands zoologie, 1880-1940: een terreinverkenning. *Tijdschrift voor de geschiedenis van de geneeskunde, natuurwetenschappen, wiskunde en techniek*, **9**(2): 47-67.

Thompson, William R. (1937). *Science and Common Sense: An Aristotelian Excursion*. Longmans Green and Co., London.

Thompson, William R. (1952). The philosophical foundations of systematics. *The Canadian Entomologist*, **84**(1): 1-16.

Thompson, William R. (1956). Systematics: The ideal and the reality. *Bollettino del Laboratorio di Zoologia Generale e Agraria della Facolta Agraria in Portici*, **33**: 320-329.

Thompson, William R. (1960). Systematics: The ideal and the reality. *Studia Entomologica*, **3**: 493-499.

Thompson, William R. (1962). Evolution and taxonomy. *Studia Entomologica*, **5**: 549-570.

Thompson, William R. (1965). The status of species. Pp. 67-128: Smith, Vincent E. (ed.), *Philosophical Problems in Biology*. St. John's University Philosophical Series, 5. (Reprinted: *Studia Entomologica*, **14**: 399-456, 1971)

Thorpe, William T. (1973). William Robin Thompson, 1887-1972. *Biographical Memoirs of Fellows of the Royal Society*, **19**: 654-678.

Throckmorton, Lynn H. (1968). Concordance and discordance of taxonomic characters in Drosophila classification. *Systematic Zoology*, **17**(4): 355-387.

Timpanaro, Sebastiano (1971). *Die Entstehung der Lachmannschen Methode*. Translated by Dieter Irmer. Hermut Buske, Hamburg.

Timpanaro, Sebastiano (2005). *The Genesis of Lachmann's Method*. Translated by Glenn W. Most. The University of Chicago Press, Chicago.

泊次郎 (2008). プレートテクトニクスの拒絶と受容：戦後日本の地球科学史. 東京大学出版会.

Toulmin, Stephen (1953). *The Philosophy of Science*. Hutchinson, London.

Traub, Hamilton P. (1964). *Lineagics*. The American Plant Life Society, La Jolla.

Trienes, Rudie (1988). The influence of German idealistic morphology on the development of C. J. van der Klaauw's epistemology. *Acta Biotheoretica*, **37**(2): 91–119.

Tucker, Avezier (2004). *Our Knowledge of the Past: A Philosophy of Historiography*. Cambridge University Press, Cambridge.

Tuffley, Chris and Mike Steel (1997). Links between maximum likelihood and maximum parsimony under a simple model of site substitution. *Bulletin of Mathematical Biology*, **59**(3): 581-607.

Turrill, William B. (1935). The investigation of plant species. *Proceedings of the Linnean Society of London*, **147**: 104-105.

Turrill, William B. (1942). Taxonomy and phylogeny. [Part III] *The Botanical Review*, **8**(10): 655-707.

V

Varma, Charissa Sujata (2013). *Beyond Set Theory: The Relationship between Logic and Taxonomy from the Early 1930 to 1960*. Doctoral thesis. Institute for the History and Philosophy of Science and Technology, University of Toronto.

Varma, Charissa S. (2016). Hennig and hierarchies. Pp. 377-409 in: David M. Williams, Michael Schmitt, and Quentin D. Wheeler (eds.), *The Future of Phylogenetic Systematics – The Legacy of Willi Hennig*. Cambridge University Press, Cambridge.

Vernon, Keith (1988). The founding of numerical taxonomy. *The British Journal for the History of Science*, **21**(2): 143-159.

Vernon, Keith (1993). Desperately seeking status: Evolutionary systematics and the taxonomists' search for respectability 1940-1960. *The British Journal for the History of Science*, **26**(2): 207-227.

Vernon, Keith (2001). A truly taxonomic revolution? Numerical taxonomy 1957-1970. *Studies in the History and Philosophy of Biological and Biomedical Sciences*, **32**(2): 315-341.

Vergara-Silva, Francisco (2009). Pattern cladistics and the 'realism–antirealism: Debate' in the philosophy of biology. *Acta Biotheoretica*, **57**(1-2): 269-294.

Vogel, Jürgen and Willi Xylander (1999). Willi Hennig — Ein Oberlausitzer Naturforscher mit Weltgeltung: Recherchen zu seiner Familiengeschichte sowie Kinder- und Jugendzeit. *Berichte der Naturforschenden Gesellschaft der Oberlausitz*, **7/8**: 145-156.

W

Wägele, Johann-Wolfgang (1994). Review of methodological problems of 'Computer cladistics' exemplified with a case study on isopod phylogeny (Crustacea: Isopoda). *Zeitschrift für zoologische Systematik und Evolutionsforschung*, **32**(2): 81-107.

Wägele, Johann-Wolfgang (2001). *Grundlagen der phylogenetischen Systematik, Zweite, überarbeitete Auflage*. Verlag Dr. Friedrich Pfeil, München.

Wägele, Johann-Wolfgang [C. Stefan and J. -W. Wägele 訳, B. Sinclair 改訂] (2005). *Foundations of Phylogenetic Systematics*. Verlag Dr. Friedrich Pfeil, München.

Wägele, Johann-Wolfgang (2004). Hennig's phylogenetic systematics brought up to date. Pp. 101-125 in: David M. Williams and Peter L Forey (eds.) (2004), *Milestones in Systematics*. CRC Press, Boca Raton.

Wägele, Johann-Wolfgang (2014). [Book Review] The Evolution of Phylogenetic Systematics — Edited by Andrew Hamilton. *Systematic Biology*, **63**(3): 450-451.

Wagner, Warren H., Jr. (1952). *The fern genus* Diellia : *Structure, affinities and taxonomy*. University of California Publications in Botany, Volume 26, No. 1.

Wagner, Warren H., Jr. (1953a). The genus *Diellia* and the value of characters in determining fern affinities. *American Journal of Botany*, **40**(1): 34-40.

Wagner, Warren H., Jr. (1953b). An *Asplenium* prototype of the genus *Diellia*. *Bulletin of the Torrey Botanical Club*, **80**(1): 76-94.

Wagner, Warren H., Jr. (1961). Problems in the classification of ferns. *Recent Advances in Botany*, **1**: 841-844. (Reprinted in: Thomas Duncan and Tod F. Stuessy (eds.) (1985), *Cladistic Theory and Methodology*. Van Nostrand Reinhold, New York, pp. 32-36)

Wagner, Warren H., Jr. (1969). The construction of a classification. Pp. 67-90 in: National Research Council (ed.), *Systematic Biology: Proceedings of an International Conference*. National Academy of Sciences, Washington, D.C.

Wagner, Warren H., Jr. (1980). Origins and philosophy of the Groundplan-Divergence method of cladistics. *Systematic Botany*, **5**(2): 173-193.

Wagner, Warren H., Jr. (1984). Applications of the concepts of Groundplan-Divergence. Pp. 95-118 in: Thomas Duncan and Tod F. Stuessy (eds.), *Cladistics: Perspectives on the Reconstruction of Evolutionary History*. Columbia University Press, New York.

Wake, David B. (1980). A view of evolution. *Science*, **210**: 1239-1240.

Wake, David B. (1982). Toward a comparative biology. *Evolution*, **36**(3): 631-633.

Watkins, John (1984). *Science and Scepticism*. Princeton University Press, Princeton. (ジョン・ワトキンス［中才敏郎訳］(1992). 科学と懐疑論. 法政大学出版局)

Watrous, Larry E. (1982). Review: Edward O. Wiley (1981), *Phylogenetics: The Theory and Practice of Phylogenetic Systematics*. John Wiley & Sons, New York. *Systematic Zoology*, **31**(1): 98-100.

Watrous, Larry E. and Quentin D. Wheeler (1981). The out-group comparison method of character analysis. *Systematic Zoology*, **30**(1): 1-11.

Wegener, Alfred (1915 [1929]). *Die Entstehung der Kontinente und Ozeane, Vierte umgearbeitete Auflage*. Friedrich Vieweg und Sohn, Braunschweig (アルフレート・ヴェーゲナー［都城秋穂・紫藤文子訳］(1981). 大陸と海洋の起源：大陸移動説（上・下）. 岩波書店)

Weston, Paul H. (1988). Indirect and direct methods in systematics. Pp. 27-56 in: Christopher J. Humphries (ed.), *Ontogeny and Systematics*. Columbia University Press, New York.

Weston, Paul H. (1994). Methods for rooting cladistic trees. Pp. 125-155 in: Robert W. Scotland, Darrell J. Siebert and D.M. Williams (eds.), *Models in Phylogeny Reconstruction*. Oxford University Press, Oxford.

Wheeler, Quentin D. (1981). Review: Niles Eldredge and Joel Cracraft (1980). *Phylogenetic Patterns and the Evolutionary Process: Method and Theory in Comparative Biology*. Columbia University Press, New York. *Systematic Zoology*, **30**(1): 88-94.

Wheeler, Quentin D., Leandro Assis, and Olivier Rieppel (2013). Heed the father of cladistics. *Nature*, **496**: 295-296.

Wheeler, Ward C. (2012). *Systematics: A Course of Lectures*. Wiley-Blackwell, Hoboken.

Whitehead, Alfred N. and Bertrand Russell (1910-13). *Principia Mathematica, Three Volumes*. Cambridge University Press, Cambridge.

Whitman, Charles Otis (1899). Animal behavior. Pp. 285-338 in: *Biological Lectures from the Marine Laboratory Wood's Hall, Mass., 1898*. Ginn and Company, Chicago.

Wiley, Edward O. (1975). Karl R. Popper, systematics, and classifications: A reply to Walter Bock and other evolutionary taxonomists. *Systematic Zoology*, **24**(2): 233-243.

Wiley, Edward O. (1978). The evolutionary species concept reconsidered. *Systematic Zoology*, **27**(1): 17-26.

Wiley, Edward O. (1979a). Ancestors, species, and cladograms - remarks on the symposium. Pp. 211-225 in: Joel Cracraft and Niles Eldredge (eds.), *Phylogenetic Analysis and Paleontology: Proceedings of a Symposium Entitled "Phylogenetic Models," Convened at the North American Paleontological Convention II, Lawrence, Kansas, August 8, 1977*. Columbia University Press, New York.

Wiley, Edward O. (1979b). Cladograms and phylogenetic trees. *Systematic Zoology*, **28**(1): 88-92.

Wiley, Edward O. (1980). Phylogenetic systematics and vicariance biogeography. *Systematic Botany*, **5**(2): 194-220.

Wiley, Edward O. (1981a). *Phylogenetics: The Theory and Practice of Phylogenetic Systematics*. John Wiley & Sons, New York. (E. O. ワイリー著［宮正樹・西田周平・沖山宗雄訳］(1991). 系統分類学：分岐分類の理論と実際, 文一総合出版)

Wiley, Edward O. (1981b). Convex groups and consistent classifications. *Systematic Botany*, **6**(4): 346-358.

Wiley, Edward O. (1987a). Process and pattern: Cladograms and trees. Pp.233-247 in: P. Hovenkamp, E. Gittenberger, E. Hennipman, R. de Jong, M. C. Roos, R. Sluys and M. Zandee (eds.), *Systematics and Evolution: A Matter of Diversity*. Utrecht University, Utrecht.

Wiley, Edward O. (1987b). Methods in vicariance biogeography. Pp.283-306 in: P. Hovenkamp, E. Gittenberger, E. Hennipman, R. de Jong, M.C. Roos, R. Sluys and M. Zandee (eds.), *Systematics and Evolution: A Matter of Diversity*. Utrecht University, Utrecht.

Wiley, Edward O. (1988a). Parsimony analysis and vicariance biogeography. *Systematic Zoology*, **37**(3): 271-290.

Wiley, Edward O. (1988b). Vicariance biogeography. *Annual Review of Ecology and Systematics*, **19**: 513-542.

Wiley, Edward O. and Daniel R. Brooks (1982). Victims of history — A nonequilibrium approach to evolution. *Systematic Zoology*, **31**(1): 1-24.

Wiley, Edward O. and Bruce S. Lieberman (2011). *Phylogenetics: Theory and Practice of Phylogenetic Systematics, Second Edition*. Wiley-Blackwell, Hoboken.

Wiley, Edward O., D. Siegel-Causey, D. R. Brooks and V. A. Funk (1991). *The Compleat Cladist: A Primer of Phylogenetic Procedures*. Special Publication No.19, The University Kansas Museum of Natural History, Lawrence. (E. O. ワイリー, D. R. ブルックス, D. シーゲル・カウジー, V. A. ファンク［宮正樹訳］(1992), 系統分類学入門：分岐分類の基礎と応用, 文一総合出版)

Wilkins, John S. (2009a). *Species: A History of the Idea*. University of California Press, Berkeley.

Wilkins, John S. (2009b). *Defining Species: A Sourcebook from Antiquity to Today*. Peter Lang, New York.

Wilkins, John S. and Malte C. Ebach (2014). *The Nature of Classification: Relationships and Kinds in the Natural Sciences*. Palgrave Macmillan, Hampshire.

Williams, David M. and Malte C. Ebach (2004). The reform of palaeontology and the rise of biogeography - 25 years after 'Ontogeny, phylogeny, paleontology and the biogenetic law' (Nelson, 1978). *Journal of Biogeography*, **31**(5): 685-712.

Williams, David M. and Malte C. Ebach (2005). Drowning by numbers: Rereading Nelson's "Nullius in Verba." *The Botanical Review*, **71**(4): 415-447.

Williams, David M. and Malte C. Ebach (2006) The data matrix. *Geodiversitas*, **28**(3): 409-420.

Williams, David M. and Malte C. Ebach (2008). *Foundations of Systematics and Biogeography*. Springer-Verlag, New York.

Williams, David M. and Malte C. Ebach (2009). What, exactly, is cladistics? Re-writing the

history of systematics and biogeography. *Acta Biotheoretica*, **57**(1-2): 249-68.

Williams, David M. and Malte C. Ebach (2012a). Confusing homologs as homologies: A reply to "On homology." *Cladistics*, **28**(3): 223-224.

Williams, David M. and Malte C. Ebach (2012b). "Phenetics" and its application. *Cladistics*, **28**(3): 229-230.

Williams, David M. and Malte C. Ebach (2014). Patterson's curse, molecular homology, and the data matrix. Pp. 151-187 in: Andrew Hamilton (ed.), *The Evolution of Phylogenetic Systematics*. University of California Press, Berkeley.

Williams, David M., Malte C. Ebach, and Quentin D. Wheeler (2010). Beyond belief: The steady resurrection of phenetics. Pp. 169-195 in: David M. Williams and Sandra Knapp (eds.), *Beyond Cladistics: The Branching of a Paradigm*. University of California Press, Berkeley.

Williams, David M. and Sandra Knapp (eds.) (2010). *Beyond Cladistics: The Branching of a Paradigm*. University of California Press, Berkeley.

Williams, David M., Michael Schmitt, and Quentin D. Wheeler (eds.) (2016). *The Future of Phylogenetic Systematics – The Legacy of Willi Hennig*. Cambridge University Press, Cambridge.

Willmann, Rainer (2003). From Haeckel to Hennig: The early development of phylogenetics in German-speaking Europe. *Cladistics*, **19**(6): 449-479.

Willmann, Rainer (2016). The evolution of Willi Hennig's phylogenetic systematics. Pp. 128-199 in: David M. Williams, Michael Schmitt, and Quentin D. Wheeler (eds.), *The Future of Phylogenetic Systematics – The Legacy of Willi Hennig*. Cambridge University Press, Cambridge.

Winsor, Mary P. (1991). *Reading the Shape of Nature: Comparative Zoology at the Agassiz Museum*. The University of Chicago Press, Chicago.

Winsor, Mary P. (1995). The English debate on taxonomy and phylogeny, 1937-1940. *History and Philosophy of the Life Sciences*, **17**(2): 227-252.

Winsor, Mary P. (2000). Species, demes, and the omega taxonomy: Gilmour and *The New Systematics*. *Biology and Philosophy*, **15**(3): 349-388.

Winsor, Mary P. (2001). Cain on Linnaeus: The scientist-historian as unanalysed entity. *Studies in History and Philosophy of Biology and Biomedical Sciences*, **32**(2): 239-254.

Winsor, Mary P. (2003). Non-essentialist methods in pre-Darwinian taxonomy. *Biology and Philosophy*, **18**(3): 387-400.

Winsor, Mary P. (2004). Setting up milestones: Sneath on Adanson and Mayr on Darwin. Pp. 1-17 in: David M. Williams and Peter L. Forey (eds.), *Milestones in Systematics*. CRC Press, Boca Raton.

Winsor, Mary P. (2006a). The creation of the essentialism story: An exercise in metahistory. *History and Philosophy of the Life Sciences*, **28**(2): 149-174.

Winsor, Mary P. (2006b). Linnaeus's biology was not essentialist. *Annals of the Missouri Botanical Garden*, **93**(1): 2-7 .

Wirth, Michael, George F. Estabrook, and David J. Rogers (1966). A graph theory model for systematic biology, with an example for the Oncidiinae (Orchidaceae). *Systematic Zoology*, **15**(1): 59-69.

Woodger, Joseph H. (1929). *Biological Principles: A Critical Study*. Routledge & Kegan

Paul, London.
Woodger, Joseph H. (1937). *The Axiomatic Method in Biology, with Appendices by Alfred Tarski and W. F. Floyd*. Cambridge University Press, Cambridge.
Woodger, Joseph H. (1939). *The Technique of Theory Construction*. The University of Chicago Press, Chicago.
Woodger, Joseph H. (1952a). *Biology and Language: An Introduction to the Methodology of the Biological Sciences Including Medicine (The Tarner Lectures 1949–50)*. Cambridge University Press, Cambridge.
Woodger, Joseph H. (1952b). From biology to mathematics. *The British Journal for the Philosophy of Science*, **3**(1): 1-21.

Y

山内志朗（1992）普遍論争：近代の源流としての．哲学書房．
Yang, Ziheng (2014). *Molecular Evolution: A Statistical Approach*. Oxford University Press, Oxford.
Yoon, Carol Kaesuk (2009). *Naming Nature: The Clash between Instinct and Science*. W. W. Norton, New York.（キャロル・キサク・ヨーン［三中信宏・野中香方子訳］(2013). 自然を名づける：なぜ生物分類では直感と科学が衝突するのか. NTT出版）

Z

Zandee, M. and M. C. Roos (1987). Component-compatibility in historical biogeography. *Cladistics*, **3**(4): 305-332.
Zimmermann, Walter (1931). Arbeitsweise der botanischen Phylogenetik und anderer Gruppierungswissenschaften. Pp. 941-1053 in: *Handbuch der biologischen Arbeitsmethoden. Abteilung IX: Methoden zur Erforschung der Leistungen des tierischen Organismus, Teil 3: Methoden der Vererbungsforschung, Heft 6 (Lieferung 356)*, edited by Emil Abderhalden. Urban & Schwarzenberg, Berlin.
Zuckerkandl, Emile and Linus Pauling (1965). Molecules as documents of evolutionary history. *Joutnal of Theoretical Biology*, **8**(2): 357-66.
Zündolf, Werner (1943). Idealistishe Morphologie und Phylogenetik. Pp. 86-104 in: Gerhard Heberer (ed.), *Die Evolution der Organismen: Ergebnisse und Probleme der Abstammungslehre*. Verlag von Gustav Fischer, Jena.
Zunino, Mario (1992). Per rileggere Croizat. *Biogeographia*, **16**: 11-23.
Zunino, Mario and M. S. Colomba (1997). *Ordinando la natura: Elementi di storia del pensiero sistematico in biologia*. Medical Books, Palermo.
Zunino, Mario and Aldo Zunini (2003). *Biogeografía: La dimensión espacial de la evolucion*. Fondo de Cultura Económica, Ciudad de México.

その他

Вульф, Евгений Владимирович (1932). *Введение в историческую географию растений*. Сельхозгиз, Москва.（Evgenii Vladimirovich Wulff［Elizabeth Brissenden 訳］(1943). *An Introduction to Historical Plant Geography*. The Chronica Botanica Company, Waltham）

著者略歴

国立研究開発法人農研機構・農業環境変動研究センター専門員／東京農業大学客員教授。1958年、京都市生まれ。東京大学大学院農学系研究科修了。農学博士。専門は、生物統計学・生物体系学。さまざまな事物の分類と知識の体系化を人間がどのように実行してきたのかを科学・科学史・科学哲学そして情報可視化の観点から研究している。
著書に『統計思考の世界』（技術評論社）、『思考の体系学』（春秋社）、『みなか先生といっしょに統計学の王国を歩いてみよう』（羊土社）、『系統樹曼荼羅』（NTT 出版）、『文化系統学への招待』（共編、勁草書房）など、訳書にエリオット・ソーバー『過去を復元する』（勁草書房）、マニュエル・リマ『The Book of Trees ― 系統樹大全』『THE BOOK OF CIRCLES ― 円環大全』（ビー・エヌ・エヌ新社）、キャロル・キサク・ヨーン『自然を名づける』（共訳、NTT 出版）などがある。

系統体系学の世界
生物学の哲学とたどった道のり　　けいそうブックス

2018年 4 月20日　第 1 版第 1 刷発行

著　者　三《み》　中《なか》　信《のぶ》　宏《ひろ》

発行者　井　村　寿　人

発行所　株式会社　勁《けい》　草《そう》　書　房

112-0005 東京都文京区水道 2-1-1　振替 00150-2-175253
（編集）電話 03-3815-5277／FAX 03-3814-6968
（営業）電話 03-3814-6861／FAX 03-3814-6854
堀内印刷所・松岳社

ISBN978-4-326-15451-7　　Printed in Japan

勁草書房
創立70周年企画

けいそうブックス

「わかりやすい」とは、
はたして どういう ことか——。

「けいそうブックス」は、広く一般読者に届く言葉をもつ著者とともに、「著者の本気は読者に伝わる」をモットーにおくるシリーズです。

どれほどむずかしい問いにとりくんでいるように見えても、著者が考え抜いた文章を一歩一歩たどっていけば、学問の高みに広がる景色を望める——。私たちはそう考えました。

齊藤 誠
〈危機の領域〉
非ゼロリスク社会における責任と納得

三中信宏
系統体系学の世界
生物学の哲学とたどった道のり

岸 政彦
マンゴーと手榴弾〈近刊〉

以後、続刊